AF667125

Konstruktive Geometrie in der Technik

Von

Dr. Fritz Hohenberg
o. ö. Professor an der Technischen Hochschule in Graz
Honorarprofessor an der Universität in Graz

Dritte, ergänzte Auflage

Mit 459 Textabbildungen

1966
Springer-Verlag
Wien · New York

Alle Rechte,
insbesondere das der Übersetzung in fremde Sprachen, vorbehalten
Ohne schriftliche Genehmigung des Verlages
ist es auch nicht gestattet, dieses Buch oder Teile daraus
auf photomechanischem Wege (Photokopie, Mikrokopie)
oder sonstwie zu vervielfältigen
© 1956, 1961, and 1966 by Springer-Verlag/Wien
Softcover reprint of the hardcover 3rd edition 1966
Library of Congress Catalog Card Number 66-17751

ISBN-13: 978-3-7091-8149-2 e-ISBN-13: 978-3-7091-8148-5
DOI: 10.1007/ 978-3-7091-8148-5

Titel Nr. 8352

Vorwort zur ersten Auflage

Der Name „Darstellende Geometrie“ ist zu weit und zu eng. Zu eng, denn es wird nicht nur Gegebenes, Fertiges dargestellt, sondern man konstruiert auch Neues, z. B. Durchdringungen. Zu weit, denn eine Darstellung von Punkten gibt es auch in der analytischen Geometrie, nämlich durch Koordinaten, und man könnte die Abbildungen des Raumes auf die Ebene auch an Hand ihrer Abbildungsgleichungen untersuchen. E. Kruppa hat in seiner Inaugurationsrede (Technische Hochschule Wien, 1953) den Namen „Konstruktive Geometrie“ vorgeschlagen. In den Rahmen einer konstruktiven Geometrie passen die bekannten Abbildungsverfahren und manches Notwendige aus der Geometrie der Ebene. In diesen Rahmen paßt auch eine Einführung in die Geometrie der Getriebe und Verzahnungen, wie sie an vielen Technischen Hochschulen in die Vorlesungen der Geometer eingebaut ist.

„Konstruktive Geometrie“ soll geometrische Formen und Vorgänge verstehen, vorstellen, gestalten und zeichnen lehren. Gelingt ihr das, so leistet sie einen organischen Beitrag zum Werdegang des Ingenieurs. Hervorragende Techniker wie A. Riedler und F. Porsche haben betont, wie wichtig dies für den Ingenieur ist. Eine solche Grundlage und Voraussetzung seiner technischen Bildung soll der junge Techniker zu Beginn seines Studiums erwerben. Fachstudium und Berufsarbeit sollten nicht durch geometrische oder zeichnerische Unzulänglichkeit belastet sein.

In der Auswahl, Gliederung und Darbietung des Stoffes müssen neue Wege beschritten werden, um jenes Ziel zu erreichen und den Wirkungsgrad des Studiums zu erhöhen. Denn Auge und Hand der Achtzehnjährigen sind heute viel schlechter geschult als Mund und Ohr, und die Ausbildungszeit an der Hochschule ist sehr knapp. Geändert haben sich auch Einstellung, Geschmack und Bedürfnisse der Techniker.

Um diesen Bedürfnissen zu genügen und um die Konstruktionsübungen an der Hochschule individuell, technisch interessant und fruchtbar gestalten zu können, wurden weit über tausend geometrische Formen von technischer Bedeutung gesammelt. Die notwendigen geometrischen Kenntnisse ergaben methodisch geordnet Inhalt und Aufbau dieses Buches. Bedeutende Vertreter der technischen Forschung und Lehre haben diese Entwicklung begrüßt und durch wertvolle Hinweise gefördert.

So ergibt sich eine Stoffauswahl, die von der herkömmlichen stark abweicht. Metrisch bestimmte Formen stehen im Vordergrund, während z. B. der projektive Gesichtspunkt zurücktritt. Das technisch Wichtige hat den Vorrang vor dem geometrisch Wertvollen. Dabei sollen die technischen Anwendungen die Aufmerksamkeit des Lesers nicht vom Geometrischen ablenken, vielmehr soll die durch das Berufsinteresse geschärfte Aufmerksamkeit dem Erfassen des geometrischen Gehalts zugute kommen. Ohne jenes Interesse können im Studium auch die formalen Bildungswerte dieses Faches nicht zur Geltung kommen.

Der Verfasser hält an der Technischen Hochschule in Graz getrennte Vorlesungen und Übungen für die Studienrichtungen des Bauwesens und für die Studienrichtungen des Maschinenwesens. Sie sind in der Auswahl der Stoffgebiete und Einzelbeispiele den fachlichen Interessen und der Reife der Hörer angepaßt. Der Aufbau dieses Buches ist elastisch genug, daß aus ihm solche getrennte Vorlesungen herausgehoben werden können. — Doch blicke der Lernende hie und da über den Zaun der eigenen Fakultät; er wird manches finden, was zum Inhalt technischer Allgemeinbildung gehört. Er wird vielleicht auch einen Eindruck von der kulturellen Bedeutung dieses Faches bekommen. Es träfe nicht den Kern der Sache, wollte man dieses Fach allein nach seinem geometrischen Gehalt oder allein nach seinem technischen Nutzen beurteilen.

Besondere geometrische Kenntnisse werden nicht vorausgesetzt; deshalb findet der Leser hier auch sein Schulwissen vor, aber in einer für den Techniker brauchbaren Form und durch technische Anwendungen ergänzt. An welche technischen Berufe sich die einzelnen Kapitel oder Abschnitte wenden, wird jeder Leser leicht erkennen. Manche Abschnitte geben Ergänzungen oder Vertiefungen dessen, was Vorlesungen zu bringen pflegen; derlei kann bei einem flüchtigen Studium überschlagen werden. Unter den technischen Anwendungen und Übungsbeispielen möge der Leser eine Auswahl treffen. Die geometrischen Grundlagen sind einfach, die Anwendungen mannigfaltig. Wer sich auf die Betrachtung typischer Anwendungen beschränken möchte, gelangt nicht zu hochschulgemäßem Verständnis und Überblick. Wer sich mit der Theorie begnügt, bleibt blind gegenüber den Anwendungen; er bekommt ein Werkzeug, versteht es aber nicht zu gebrauchen und bleibt im Formalen stecken. Darum entwickle der Leser sein Wissen zum Können, indem er einen Teil der Beispiele selbst zeichnet und bei einem anderen Teil sich wenigstens den Gang der Lösung überlegt.

Es ist die Absicht dieses Buches, mit einem geringen geometrischen Rüstzeug ein Optimum an technisch brauchbarem Wissen und Können zu vermitteln. Dem Leser soll die Brücke von der Theorie zur Praxis gezeigt werden. Schon in der Auswahl und Darbietung des Stoffes sollen sich Theorie und Praxis verzahnen. Anschauliches Erfassen und begriffliches Denken sollen die Vorstellung in jener Richtung schulen, die dem Techniker gemäß ist. Der Leser soll im technischen Gegenstand die geometrischen Eigenschaften erkennen lernen. An einer nicht zu geringen Zahl technischer Beispiele soll er sehen, wie ein und derselbe geometrische Gedanke in verschiedenen technischen Gebieten auftritt.

Unpraktisches, Unnötiges und Ungebräuchliches wird vermieden, z. B. Rißachse, Spuren, Ineinanderlegen der Risse, Bevorzugung der allgemeinen Lage, schwierige Schattenkonstruktionen. Ist eine Konstruktion geometrisch erläutert, so kann der Text zu den Anwendungen knapp gehalten werden; dies fördert die Fähigkeit, technische Zeichnungen zu lesen.

Dieses Buch ist für Techniker geschrieben. Die Begründungen, die hier zu geben sind, müssen genetischer und anschaulicher sein, als mathematische Beweise heute zu sein pflegen; sie dürfen aber nicht immer die Schärfe und Allgemeinheit mathematischer Entwicklungen anstreben, wollen sie nicht ermüden und vom Hauptzweck — der Entwicklung der Anschauung — ablenken.

Man könnte mit der Perspektive (wie z. B. FIEDLER) oder auch mit der kotierten Projektion (wie SCHEFFERS) beginnen. In der historischen Entwicklung treten diese Abbildungen aber erst spät auf. Genetisch folgerichtig und methodisch vorteilhaft erscheint es, mit der Darstellung durch Normalrisse zu beginnen. Dies führt unmittelbar zur Hauptregel des technischen Zeichnens, jeden Gegenstand und jeden Teil eines Gegenstandes in der einfachsten Lage durch Normalrisse darzustellen. Wie ursprünglich diese Darstellung ist, zeigt ihre Verwendung im naiven Zeichnen der Frühgeschichte und des Kindes. Die kotierte Projektion kommt trotz ihrer Einfachheit spät, denn diese Abbildung entfaltet ihre Vorteile gerade bei empirischen Kurven und Flächen und das Konstruieren erfordert hier erhöhtes zeichnerisches Geschick.

Einige geschichtliche Angaben und Literaturhinweise auf weniger bekannte Dinge sind dem Text eingefügt. Was sonst sachlich oder methodisch neu ist, wird der Fachmann erkennen.

Ich danke den Herren J. Tschupik, J. Dobnig und H. Starmühler. Für die Druckstöcke haben sie die Abbildungen ins reine gezeichnet und dabei manch guten Rat beigesteuert. Für andere Hilfe danke ich Frau Dr. W. Mothwurf und den Herren H. Croce und Dr. W. Almer. Dem Springer-Verlag und seinen Mitarbeitern danke ich für das Verständnis und die Sorgfalt, die sie dem Buch haben angedeihen lassen.

Graz, Neujahr 1956

Fritz Hohenberg

Vorwort zur zweiten Auflage

In der zweiten Auflage wurden zahlreiche Stellen des Textes ausführlicher geschrieben, einige Umordnungen im Text vorgenommen, Literaturangaben ergänzt und Abbildungen hinzugefügt. Inhaltliche Erweiterungen finden sich bei der Raumkollineation und Reliefperspektive, beim Einschneideverfahren in Perspektive, bei der Konstruktion von Krümmern, bei der Schraubtorse, beim Fräsen und Schleifen von Schraubflächen, bei angenäherten Geradführungen, bei der Krümmung von Bahnkurven und Hüllkurven einer ebenen Bewegung, beim Abschnitt über Trochoiden usw.

Hinzugekommen sind die dreifache Erzeugung der Koppelkurven, die Wattschen Kurven, vor allem aber die geometrischen Grundlagen des Wankel-NSU-Motors.

Hinzugekommen sind auch Übersichtsfragen am Schlusse jedes Kapitels. Sie sollen den Leser veranlassen, sich Rechenschaft über die erworbenen geometrischen Kenntnisse zu geben.

Wiederum danke ich den Herren Dr. J. Tschupik, H. Starmühler und J. Dobnig für ihre wertvolle Hilfe. Fräulein G. Kristjan danke ich für ihre Hilfe beim Lesen der Korrekturen.

Dem Springer-Verlag und seinen Mitarbeitern danke ich erneut für die gewohnte Sorgfalt und für das freundliche und verständnisvolle Entgegenkommen.

Graz, Herbst 1960

Fritz Hohenberg

Vorwort zur dritten Auflage

Schon in seiner ersten Auflage wandte sich dieses Buch nicht allein an die Studierenden, sondern auch an die in der technischen Praxis Stehenden. Dies ist in den durchwegs positiven Beurteilungen, die das Buch erfahren hat, verstanden und gutgeheißen worden. Es hat auch dazu geführt, daß in steigendem

Maß geometrische Fragen aus der technischen Praxis an den Verfasser und seine Mitarbeiter herangetragen werden. Nach ihrem geometrischen Gehalt sind diese Fragen mit nahezu allen Themen dieses Buches eng verknüpft. Nach ihrer technischen Herkunft erstrecken sich diese Fragen auf weite Bereiche des Bauwesens und des Maschinenwesens und auch auf interessante Einzelprobleme anderer technischer Gebiete. So erweist sich der Fachgeometer in schwierigeren geometrischen Fragen der technischen Praxis immer mehr als Helfer und Berater des Ingenieurs.

Die zweite Auflage dieses Buches wurde ins Spanische übersetzt; die Übersetzung ist 1965 im Verlag Editorial Labor, Barcelona, erschienen.

Für die dritte Auflage wurde der Text durchgesehen und durch einige Angaben neuerer Literatur ergänzt. Herrn Senator OTTO LANGE und seinen Mitarbeitern im Springer-Verlag Wien danke ich für die Förderung, die sie auch der neuen Auflage haben angedeihen lassen.

Graz, Sommer 1966

Fritz Hohenberg

Inhaltsverzeichnis

A. Normalrisse, Schrägrisse und Zentralrisse

Bezeichnungen und Abkürzungen

Punkte werden mit großen Kursiv-Buchstaben oder -Ziffern bezeichnet, Linien mit kleinen Kursiv-Buchstaben, Flächen mit kleinen oder großen griechischen Buchstaben.

Das Schneiden wird manchmal durch runde Klammern, das Verbinden durch eckige Klammern angedeutet, z. B.: $(a\,b)$ = Schnittpunkt der Geraden a, b. $(\alpha\,\beta)$ = Schnittgerade der Ebenen α, β. $(\alpha\,a)$ = Schnittpunkt der Ebene α mit der Geraden a. $(\alpha\,\beta\,\gamma)$ = Schnittpunkt der Ebenen α, β, γ. $[AB]$ = die durch A und B gelegte Gerade. $[ABC]$ = die durch die Punkte A, B, C gelegte Ebene, $[A\,a]$ = die durch Punkt A und Gerade a gelegte Ebene.

$\parallel$ = parallel, $\perp$ = normal, $\overline{AB}$ = Länge der Strecke mit den Endpunkten A, B. $\overline{A\,a}$ = Abstand des Punktes A von der Geraden a. $\overline{A\,\alpha}$ = Abstand des Punktes A von der Ebene α. $\sphericalangle\, ABC$ = Winkel mit dem Scheitel B und den Schenkeln BA und BC. $\sphericalangle\, a\,b$ bzw. $\sphericalangle\, \alpha\,\beta$ = Winkel zweier Geraden bzw. Ebenen. Rechte Winkel werden in den Figuren mit $\llcorner$ bezeichnet. $k(O; r)$ oder $(O; r)$ = Kreis mit der Mitte O und dem Radius r. $(O; A)$ = Kreis um O durch A.

Wenn keine Verwechslungen zu befürchten sind, werden Klammern, Querstriche usw. weggelassen.

A. Normalrisse, Schrägrisse und Zentralrisse

Die Abb. 1, 2, 3 zeigen drei Darstellungsweisen. Abb. 1 enthält Fluchtpunkte, in denen die Bilder paralleler Kanten zusammenlaufen. Solche Perspektiven oder Zentralrisse entstehen, wenn aus einem punktförmig gedachten Auge Sehstrahlen zu den Punkten des Gegenstandes gelegt und mit einer Bildebene geschnitten werden (Kap. VII). In Abb. 2 wurden Längen, Breiten und Höhen

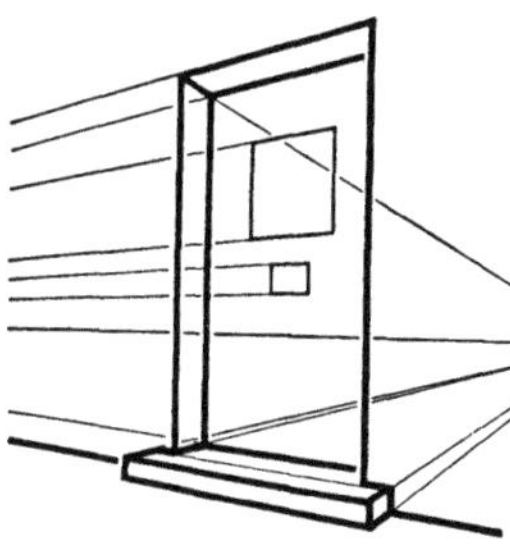

Abb. 1. Zentralriß oder Perspektive (Haustür)

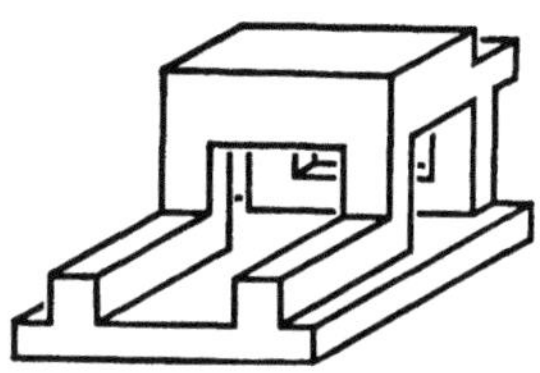

Abb. 2. Parallelriß (Stapelblock einer Konservenfüllmaschine)

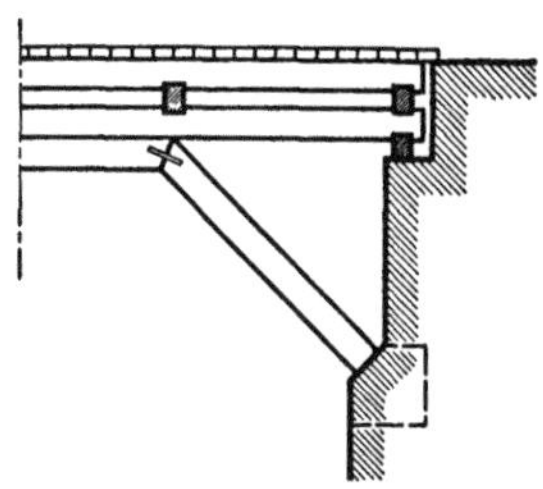

Abb. 3. Normalriß (Trapezsprengwerk, rechte Hälfte)

in je einer gewählten Richtung in beliebigen Maßstäben aufgetragen. Solche Bilder werden häufig zur Verdeutlichung räumlicher Formen gezeichnet. Die Axonometrie lehrt, daß parallele Kanten hier als Parallelen erscheinen und daß ein solches Bild ein Parallelriß ist, das heißt mittels paralleler Sehstrahlen zustandekommt (Kap. V, VI). Abb. 3 läßt sich noch einfacher zeichnen. Man kann ihr die Längen und Höhen entnehmen, aber nicht die normal zur Ebene des Sprengwerks zu messenden „Tiefen".

I. Grund- und Aufriß, Kreuzriß, Seitenrisse

Hier werden die Grundbegriffe des technischen Zeichnens entwickelt.

1. Grund- und Aufriß. Beim technischen Zeichnen werden Gegenstände möglichst einfach so dargestellt, daß sie mit allen nötigen Maßen ohne besondere Mühe aus der Zeichnung erkannt werden. Zu diesem Zweck stellt man den Gegenstand meist in *Grund- und Aufriß* dar. Man nimmt eine waagrechte *Grundrißebene* Π_1 und eine lotrechte *Aufrißebene* Π_2 an (Abb. 4 *a*)[1]. In Π_1 zeichnet man die Ansicht von oben (Grundriß), in Π_2 die Ansicht von vorne (Aufriß)[2]. Durch jeden Raumpunkt P geht ein lotrechter Grundrißsehstrahl s_1, der zum Grund-

[1] Unsichtbare (verdeckte) Kanten werden im technischen Zeichnen weggelassen oder gestrichelt gezeichnet.

[2] „Riß" kommt von ritzen, stammverwandt mit to write.

riß P' von P führt, ebenso ein Aufrißsehstrahl s_2, der normal[1] auf Π_2 steht und zum Aufriß P'' von P führt. Der Bezeichnung Sehstrahl liegt die Vorstellung zugrunde, daß diese Geraden sich in einem (fernliegenden) Auge schneiden. Π_1, s_1, P' heißen auch *erste Bildebene, erster Sehstrahl, erstes Bild,* Π_2 *zweite Bildebene usw.* Der Grundriß einer lotrechten Geraden ist ein Punkt. Eine nicht lotrechte Gerade g erscheint im Grundriß als Gerade, denn die Sehstrahlen durch die Punkte von g erfüllen eine lotrechte „*Sehebene*" und deren Schnitt g' mit Π_1 ist eine Gerade. Zu parallelen (nicht lotrechten) Geraden gehören parallele *erste Sehebenen,* sie besitzen daher parallele Grundrisse. Analoges gilt für den Aufriß.

Um Grundriß und Aufriß in einer Ebene zu vereinigen, klappt man Π_1 um die Schnittgerade von Π_1 und Π_2 (die *Rißachse* x_{12}) nach Π_2 herunter (Abb. 4*b*).

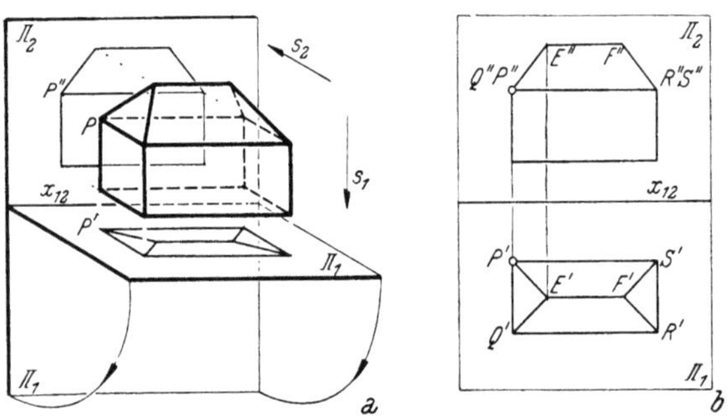

Abb. 4 *a*, *b*. Grund- und Aufriß (Haus mit Walmdach), *a*) räumlich, *b*) in der Zeichenebene

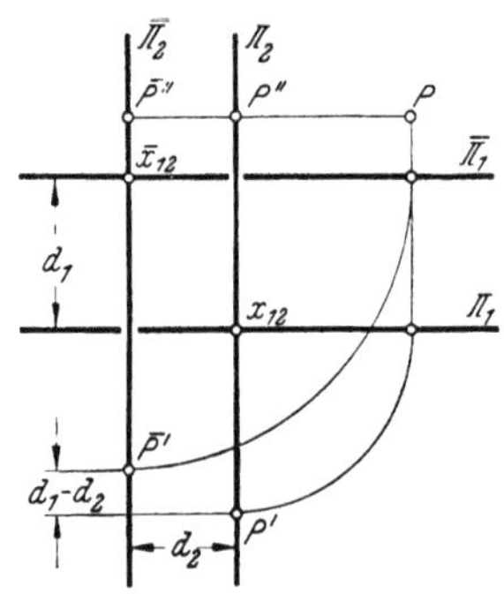

Abb. 5. Verschiebung der Bildebenen

Ebenso könnte man Π_2 um x_{12} nach Π_1 klappen. Im ersten Fall ist Π_2 die *Zeichenebene,* im zweiten Π_1. Die zu x_{12} normale Gerade $P'P''$ in Abb. 4 *b* heißt *Ordner* (des Punktes P). Jeder Ordner ist Grund- und Aufriß einer zu x_{12} normalen Ebene (siehe z. B. Schmalseiten des Hauses in Abb. 4). Die Rißachse ist Aufriß von Π_1 und zugleich Grundriß von Π_2, also $x_{12} = \Pi_1'' = \Pi_2'$.

In Abb. 5 wurde die Ebene, die beide Sehstrahlen von P enthält, herausgezeichnet. Ihre Schnittgerade mit Π_1 sei mit Π_1 bezeichnet usw. Hebt man Π_1 um eine Strecke d_1 in die Lage $\overline{\Pi}_1$ und verschiebt man zugleich Π_2 um d_2 nach hinten in die Lage $\overline{\Pi}_2$, so ergibt sich eine neue Rißachse $\overline{x}_{12}$ und P besitzt die Bilder $\overline{P}'$ und $\overline{P}''$. Man erkennt, daß Grund- und Aufriß eines Gegenstandes kongruent mit dem früheren Grund- und Aufriß sind, nur ist die Entfernung zwischen dem Aufriß und dem heruntergeklappten Grundriß jedes Punktes P um $d_1 - d_2$ verkleinert. Ist $d_1 = d_2$, so bleibt diese Entfernung gleich. Hält man demnach beide Risse in der Zeichenebene fest und verschiebt die Rißachse, so bedeutet dies nur eine Parallelverschiebung der Bildebenen. Für das Erkennen des Gegenstandes aus seinen Bildern ist diese Verschiebung unwesentlich. *Die Rißachse wird daher im allgemeinen nicht gezeichnet, jeder Gegenstand ist auch ohne Rißachse durch Grund- und Aufriß bestimmt.*

[1] Normal bedeutet rechtwinklig, dagegen ist senkrecht = lotrecht = vertikal die Richtung der Erdschwere. Waagrecht = horizontal ist jede zum Lot normale Gerade oder Ebene.

Beispiel:

1. Welche geraden Kanten erscheinen a) im Grundriß, b) im Aufriß als Punkte, welche ebenen Flächen erscheinen als Strecken? Welche Kanten erscheinen a) im Grundriß, b) im Aufriß unverkürzt, welche Flächen erscheinen in wahrer Größe[1]?

2. Kreuzriß. Abb. 5 ist eine Ansicht von links. Solch ein „*Kreuzriß*" entsteht, wenn ein Gegenstand mittels Sehstrahlen s_3, die zu x_{12} parallel sind, auf eine zu x_{12} normale Ebene Π_3 abgebildet wird (Abb. 6*a*). Π_3 heißt Kreuzrißebene, $x_{23} = (\Pi_2 \Pi_3)$ die Kreuzrißachse, P''' der Kreuzriß von P. Dabei ist $x_{23} = \Pi_2''' = \Pi_3''$. Klappt man Π_1 um x_{12} und Π_3 um x_{23} nach Π_2, so ergibt sich Abb. 6 *b*. Die Kreuzrißordner $P''P'''$ stehen auf x_{23} normal. Der Abstand y des Punktes P von Π_2 erscheint als Abstand $P'x_{12}$ und zugleich als Abstand $P'''\,x_{23}$. Aus P' und P'' erhält man P''' durch Übertragen von y.

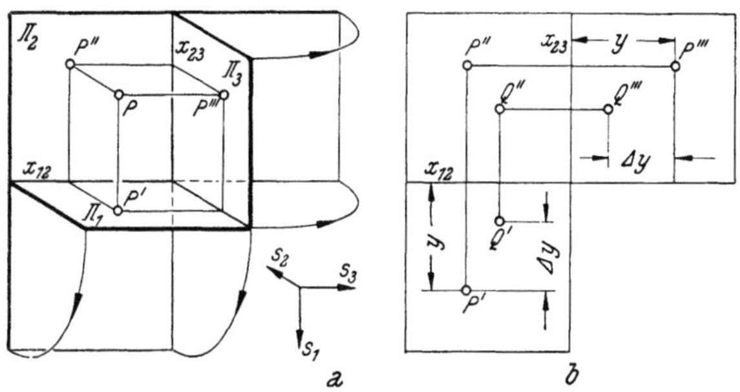

Abb. 6 *a*, *b*. Kreuzriß

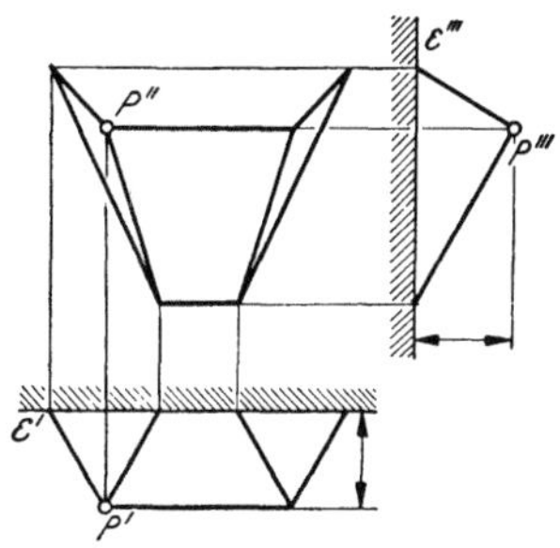

Abb. 7. Fülltrichter

Die Abstandsdifferenz Δy je zweier Punkte P und Q bleibt gleich, wenn man deren drei Risse festhält, aber x_{23} durch eine zu x_{23} parallele Gerade $\overline{x}_{23}$ ersetzt. Diese Ersetzung bedeutet nur, daß Π_3 parallel in eine neue Lage $\overline{\Pi}_3$ verschoben wurde. Daher wird x_{23} in technischen Zeichnungen weggelassen. Sind Grund- und Aufriß eines Gegenstandes gegeben, so darf man den Kreuzriß eines Punktes P (auf dem Kreuzrißordner durch P'') annehmen und hat auf den Ordnern der übrigen Punkte die Strecken Δy aus dem Grundriß zu übertragen. Abb. 7 zeigt als Beispiel einen an der Wand ε befestigten Trichter.

Beispiele:

2. Wie ändern sich Abb. 6 *b* und 7, wenn a) Π_2 um x_{12} und Π_3 um x_{13} nach Π_1, b) Π_1 um x_{13} und Π_2 um x_{23} nach Π_3 geklappt werden?

3. Welche Strecken erscheinen in einem der Risse von Abb. 7 unverkürzt? Ermittle aus solchen Strecken die wahren Größen der Seitenflächen des Trichters!

4. Zeichne bekannte Gegenstände in Grund-, Auf- und Kreuzriß!

3. Anordnung und Bezeichnung von Ansichten und Schnitten. Dem Grund- und Aufriß lassen sich außer dem Kreuzriß (Ansicht von links) noch andere

[1] Selten läßt sich ein Gegenstand in natürlicher Größe darstellen, meist werden Grund- und Aufriß in einem bestimmten Maßstab verkleinert oder vergrößert. Eine solche Zeichnung kann als Grund- und Aufriß des maßstäblich veränderten Gegenstandes oder als maßstäblich veränderter Grund- und Aufriß des ursprünglichen Gegenstands aufgefaßt werden. In der Frage sind die Kanten und Flächen des maßstäblich veränderten Gegenstandes gemeint. — Im technischen Zeichnen sind für Verkleinerungen die Maßstäbe 1 : 2,5, 1 : 5, 1 : 10, 1 : 20, 1 : 50, 1 : 100, 1 : 200, 1 : 500, 1 : 1000 und für Vergrößerungen die Maßstäbe 2 : 1, 5 : 1, 10 : 1 üblich.

Ansichten anfügen. Die Ansichten von rechts, von hinten und von unten unterscheiden sich von Kreuzriß, Aufriß und Grundriß nur in der Sichtbarkeit, aber gerade das ist der Vorteil dieser „Gegenrisse“: man kann Kanten, die in einem Riß sichtbar sind, im Gegenriß aber unsichtbar sind, im Gegenriß weglassen und erreicht dadurch bei komplizierteren Gegenständen deutlichere Zeichnungen.

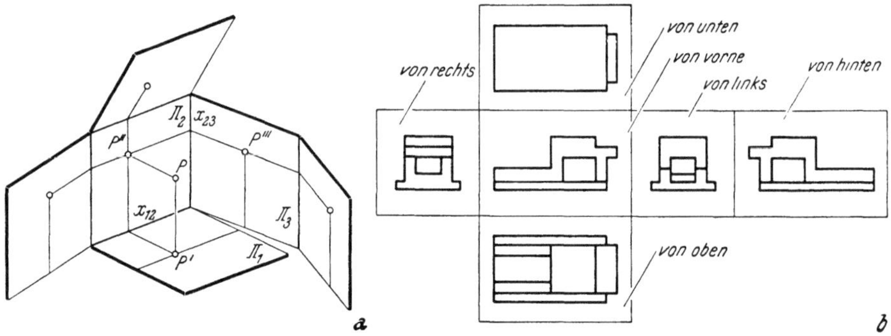

Abb. 8 *a*, *b*. Anordnung der Hauptrisse nach DIN 8 (Stapelblock von Abb. 2)

Π_1, Π_2, Π_3 und die neuen Rißebenen bilden die Seitenflächen eines Quaders, in dessen Inneren sich der Gegenstand befindet. Es werden die Ansichten auf die *Innenflächen* des Quaders gezeichnet. Beim Ausbreiten in die Zeichenebene ergibt sich Abb. 8 *a*, *b*. Diese Anordnung dieser sechs „Hauptrisse“ ist in den meisten europäischen Ländern üblich, sie wird durch DIN-Buch 8 (Zeichnungsnormen) und durch Önorm M 1104 empfohlen. In Amerika ist die Anordnung

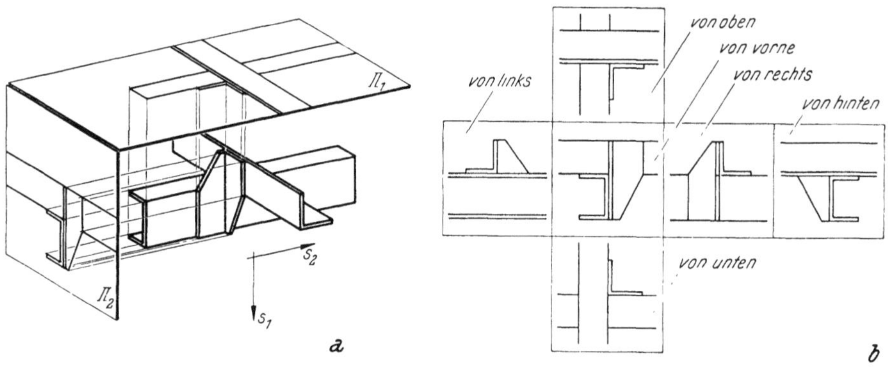

Abb. 9 *a*, *b*. Amerikanische Anordnung der Hauptrisse (Verbindung U-Eisen-Winkeleisen mittels Beiwinkel)

nach Abb. 9 *a*, *b* üblich. Dort werden die Bilder auf die *Außenflächen* des umschließenden Quaders gezeichnet. Mit anderen Worten: In Europa liegt der Gegenstand — in der Blickrichtung gesehen — vor der Bildebene und das Bild entsteht wie ein Schatten, den der Gegenstand auf die Bildfläche wirft, wenn die Sehstrahlen als Lichtstrahlen aufgefaßt werden. In Amerika hingegen befindet sich der Gegenstand hinter der Bildebene und das Bild entsteht so, als ob der Betrachter den Gegenstand durch die Bildebene hindurch anblickte und darauf nachzeichnete. Wird die Anordnung der Risse in der Werkstätte mißverstanden, so entsteht statt des gewünschten Gegenstands ein spiegelbildlicher Gegenstand.

Diese Anordnungen der Risse werden nicht ausnahmslos eingehalten, z. B. werden in Europa bei Werkstücken, die in der x_{12}-Richtung sehr lang sind, die Ansichten von links und rechts oft wie in Amerika angeordnet. Dasselbe geschieht bei Gebäudeansichten im Hochbau. Manchmal wird die *geordnete Lage der Risse* überhaupt aufgehoben, die Risse werden nach dem vorhandenen Platz auf der Zeichenfläche verteilt oder auf getrennten Blättern gezeichnet.

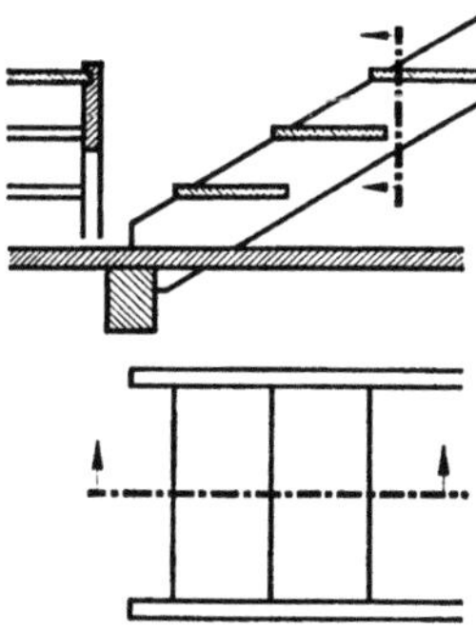

Abb. 10. Eingeschobene Holztreppe

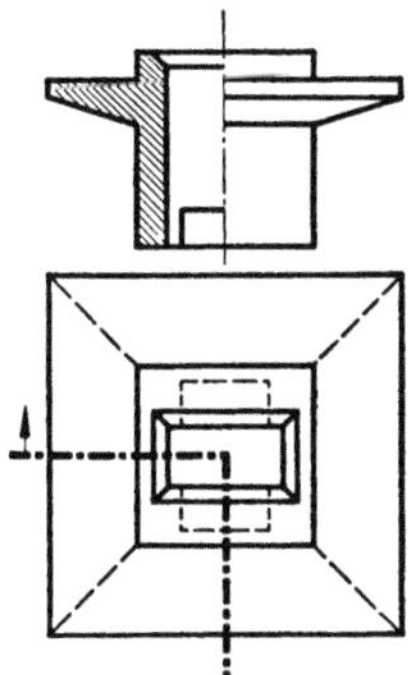

Abb. 11. Ankerplatte mit rechteckigem Loch für Hammerkopfschraube

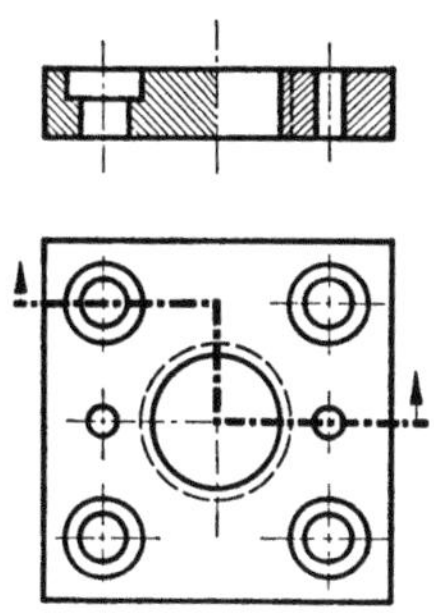

Abb. 12. Deckplatte eines Schnittstempels

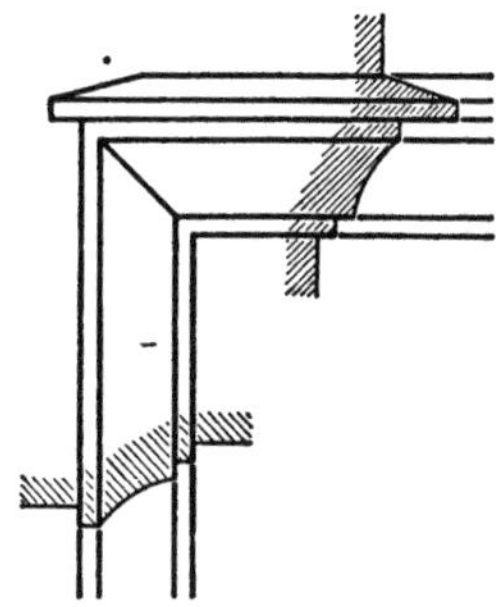

Abb. 13. Türgesims

Wird ein Riß wegen zahlreicher unsichtbarer Kanten undeutlich, so denke man sich Teile des Gegenstandes mit einer Ebene oder mehreren Ebenen weggeschnitten und bilde nur den Rest ab. Zum Beispiel stellen Hausgrundrisse waagrechte Schnitte dar. Gebräuchlich sind Schnitte parallel und normal zur Rißebene (Abb. 10), Viertelschnitte (Abb. 11), gebrochene Schnitte (Abb. 12, rund um das mittlere Loch ist gestrichelt ein Gewinde angedeutet). Schnitte werden manchmal in eine Ansicht verlegt (Abb. 13, aufrißparallele Hauswand). Man spricht auch von Waagschnitt ($\| \Pi_1$), Stirnschnitt ($\| \Pi_2$) und Lotschnitt ($\| \Pi_3$).

Technische Zeichnungen enthalten meist keine Ordner und keine Bezeichnungen von Punkten, Geraden usw. Diese und andere zeichnerische Vereinfachungen stellen an das Lesen von Zeichnungen erhöhte Ansprüche.

Beispiele:

5. Zeichne bekannte Gegenstände in den sechs Hauptansichten!
6. Welche zeichnerischen Vereinfachungen treten ein, wenn bei Gegenständen mit einer oder zwei oder drei Symmetrieebenen diese Symmetrieebenen als Rißebenen verwendet werden?

4. Einfache Seitenrisse. Weist ein Gegenstand drei deutlich erkennbare Hauptrichtungen auf, die paarweise zueinander normal stehen, wie Länge, Breite und Höhe, so wähle man diese Hauptrichtungen als Sehrichtungen für Grund-, Auf- und Kreuzriß („Grundstellung" des Gegenstands). Oft aber sind andere Blickrichtungen zweckmäßig.

Grund und Aufriß eines Gegenstandes seien gegeben und es werde eine *Seitenrißebene* Π_3 eingeführt, die normal zu Π_1, aber im allgemeinen nicht normal zu Π_2 stehe und daher nicht mit der Kreuzrißebene verwechselt werden darf (Abb. 14 *a*). Π_3 schneidet Π_1 in der neuen Rißachse x_{13}. Die Normale s_3 aus P auf Π_3 trifft Π_3 im *Seitenriß* P''' von P. Klappt man Π_2 um x_{12} und Π_3 um x_{13} nach

Π_1, so entsteht Abb. 14 *b* mit zu x_{13} normalen *Seitenrißordnern.* P''' wird aus P' und P'' konstruiert, indem die Höhe z von P aus dem Aufriß in den Seitenriß übertragen wird. Die Höhendifferenz Δz zweier Punkte P und Q erscheint unverkürzt in Π_2 und in Π_3. Man erkennt wie früher, daß man x_{13} verschieben oder weglassen kann, das heißt *man darf den Seitenriß P''' eines Punktes wählen und hat auf den Seitenrißordnern der übrigen Punkte die Strecke Δz aus dem Aufriß*

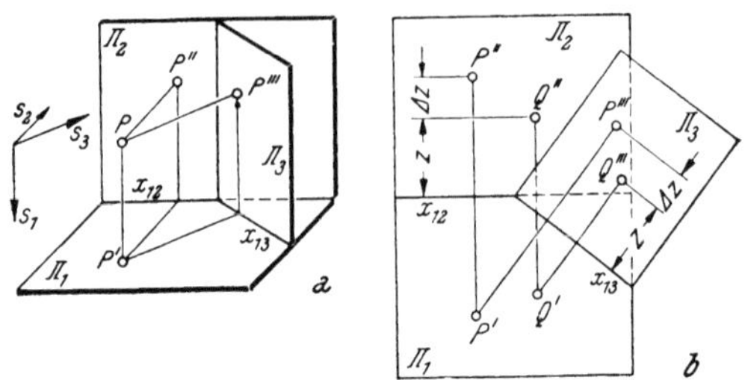

Abb. 14 *a, b.* Seitenriß zum Grundriß

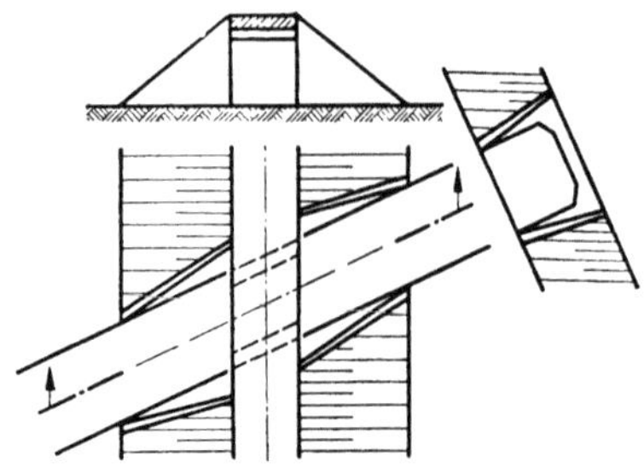

Abb. 15. Schiefer Durchlaß (Gelände, Straße und Bahn waagrecht)

zu übertragen. Grund- und Seitenriß bestimmen den Gegenstand ebenso wie Grund- und Aufriß. Der Seitenriß ersetzt den Aufriß. — Aufriß und Kreuzriß sind besondere Seitenrisse. — Abb. 15 enthält einen Grundriß und die Risse auf zwei lotrechte Ebenen, die als Aufriß und Seitenriß oder als zwei Seitenrisse aufzufassen sind.

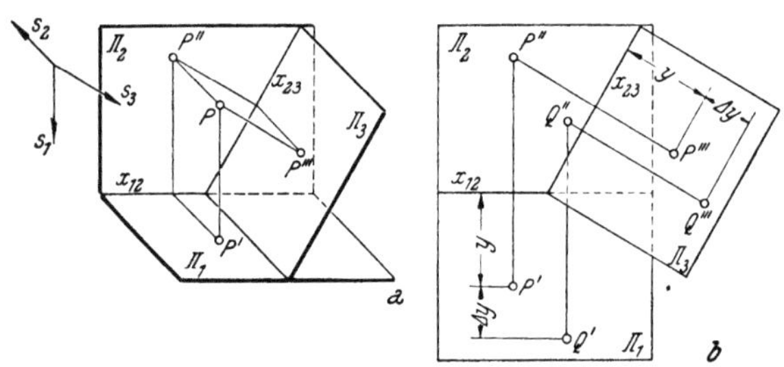

Abb. 16 *a, b.* Seitenriß zum Aufriß

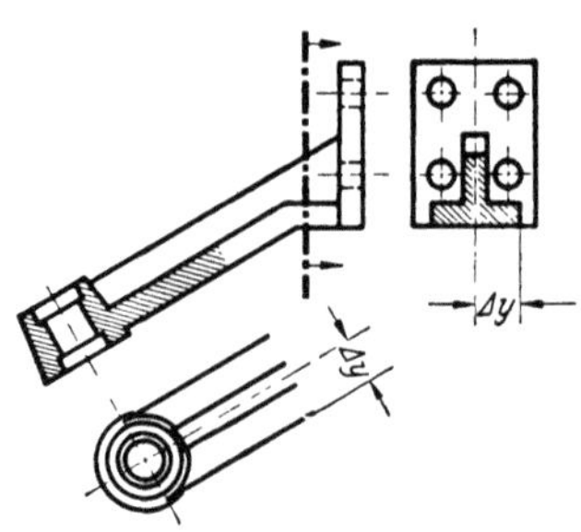

Abb. 17. Schräglager

Man kann ebenso eine zu Π_2 normale Seitenrißebene Π_3 verwenden (Abb. 16 *a, b*) und sie um die Rißachse x_{23} nach Π_2 klappen. Die Seitenrißordner $P''P'''$ stehen auf x_{23} normal. Die Tiefen y erscheinen in Π_1 und in Π_3 unverkürzt, ebenso die Tiefendifferenzen Δy je zweier Punkte. Wie früher folgt, daß x_{23} verschoben oder weggelassen werden darf. Man darf den Seitenriß P''' eines Punktes P wählen, die Seitenrisse aller übrigen Punkte ergeben sich dann durch Übertragung der Strecken Δy auf den Seitenrißordnern. Aufriß und Seitenriß bestimmen den Gegenstand, dieser Seitenriß ersetzt also den Grundriß.

Maße wie z, y heißen Koten, Δz, Δy Kotendifferenzen. Nach Einführung des Seitenrisses kann in Abb. 14 *b* der Aufriß, in Abb. 16 *b* der Grundriß wegfallen. Man erkennt: *Die Kotendifferenz der Seitenrisse zweier Punkte ist gleich der Kotendifferenz der wegfallenden Risse dieser Punkte.*

Abb. 17 zeigt ein Beispiel, wo statt des Grundrisses der Kreuzriß gezeichnet ist und diesem die Strecken Δy entnommen werden. Aufriß und Kreuzriß sind als Schnitte gezeichnet, das Zapfenlager ist in einem Seitenriß nach Abb. 16 *b* dargestellt. Weitere Beispiele von Seitenrissen enthalten die Abb. 26, 48, 49, 79, 87, 210, 287, 299, 305, 309, 318, 319, 323. — Immer, wenn ein Gegenstand schiefliegende Teile enthält, kann man auf eine vollständige Darstellung in zwei Rissen verzichten und die einzelnen Teile wie in Abb. 17 durch Seitenrisse so darstellen, wie sie am einfachsten zu zeichnen sind. *Man trachtet den Gegenstand oder seine Teile so darzustellen, daß die meisten Kanten entweder unverkürzt oder als Punkte erscheinen* — selbst auf Kosten der Anschaulichkeit der Bilder.

Umgekehrt kann man durch Seitenrisse aus unanschaulichen Bildern anschauliche Bilder herstellen. Abb. 18 zeigt zunächst, daß der Aufriß anschaulicher wird, wenn der Grundriß „verkantet" liegt. Links ist der Seitenriß auf eine lotrechte Symmetrieebene Π_3 des Gegenstands gezeichnet, rechts der Seitenriß auf eine zu Π_2 normale Ebene Π_4. Der dritte Riß ist unanschaulich, zeigt aber viele Maße unverkürzt; der vierte Riß ist anschaulich, enthält aber keine unverkürzten Maße des Gegenstands und ist daher umständlicher zu zeichnen. Die Rißachse zur Übertragung der Höhen ins dritte Bild wurde in der Lage x_{12}, die Rißachse zur Konstruktion des vierten Bildes wurde in der Lage $\overline{x}_{12}$ angenommen. Warum? Muß man die Koten aller Punkte übertragen? Welche Vereinfachungen bzw. Genauigkeitsproben gestattet die Konstruktion?

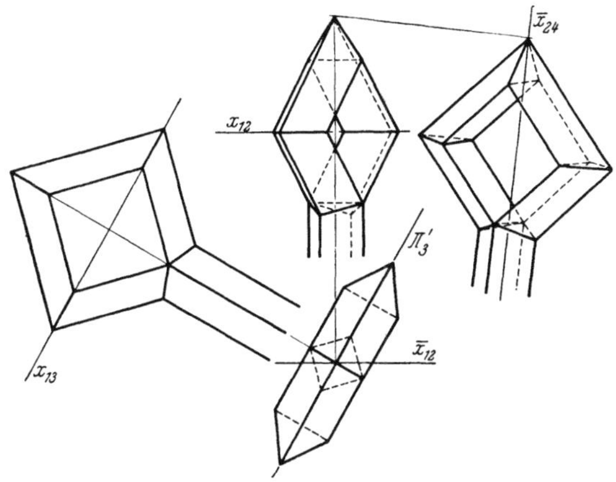

Abb. 18. Gitterstab mit Öse

Entsteht ein Bild durch Sehstrahlen, die auf der Bildebene normal stehen, so nennt man es einen Normalriß. Zwei Normalrisse, deren Ebenen (und deren Sehstrahlen) aufeinander normal stehen, nennen wir gepaarte (oder zugeordnete) Normalrisse. Grund- und Aufriß, überhaupt je zwei Hauptansichten, die nicht Gegenrisse sind, aber auch Grund- und Seitenriß in Abb. 14, 15, ebenso Auf- und Seitenriß in Abb. 16, 17 sind gepaarte Normalrisse. *Ein Gegenstand ist durch zwei gepaarte Normalrisse bestimmt.*

Beispiel:

7. Zeichne den Kreuzriß zu Abb. 15!

5. Doppelte Seitenrisse. Abb. 19 zeigt Π_1, Π_2, die lotrechte Seitenrißebene Π_3 und eine Rißebene Π_4, die normal zu Π_3 steht. Die Normalrisse eines Punktes P auf diese Ebenen seien P', P'', P''', P^{IV}. P ist durch P', P'' oder durch P', P''' bestimmt. P ist auch durch P''' und P^{IV} bestimmt, das heißt der Grundriß auf Π_1 ist durch den Normalriß auf Π_4 ersetzbar. Die Normalrisse auf Π_3 und Π_4 sind gepaart. Wir sprechen von *doppeltem Seitenriß*. — Nun werde Π_2 um x_{12} nach Π_1 geklappt. Zugleich werde Π_4 um x_{34} nach Π_3, dann samt Π_3 um x_{13} nach Π_1 geklappt. Es ergibt sich Abb. 20, wo für jeden Punkt P die

Risse P''' und P^{IV} auf einem zu x_{34} normalen Ordner liegen. Abb. 19 zeigt, daß in Abb. 20 $P_{13}P''' = P_{12}P''$ $(= P'P)$ und $P_{34}P^{IV} = P_{13}P'$ $(= P'''P)$ ist, das heißt die Koten im vierten Riß sind gleich denen im ersten Riß. Wie früher erkennt man, daß eine Parallelverschiebung von Π_4 nur eine Parallelverschiebung des vierten Risses in der Ordnerrichtung bewirkt. Man darf also zunächst P''' und dann P^{IV} willkürlich in der Zeichenebene annehmen, dann sind die Ordnerrichtungen gegeben und für jeden anderen Punkt Q, der durch Q' und Q'' vorgegeben ist, sind Q''' und Q^{IV} bestimmt. Die Kotendifferenz der neuen (vierten) Risse zweier Punkte ist gleich der Kotendifferenz der wegfallenden (ersten) Risse. Die Rißachsen werden im technischen Zeichnen im allgemeinen weggelassen, erleichtern aber oft die Konstruktion des dritten und vierten Bildes eines Gegenstandes. Es ist $x_{12} = \Pi_1'' = \Pi_2'$, $x_{13} = \Pi_1''' = \Pi_3'$, $x_{34} = \Pi_3^{IV} = \Pi_4'''$.

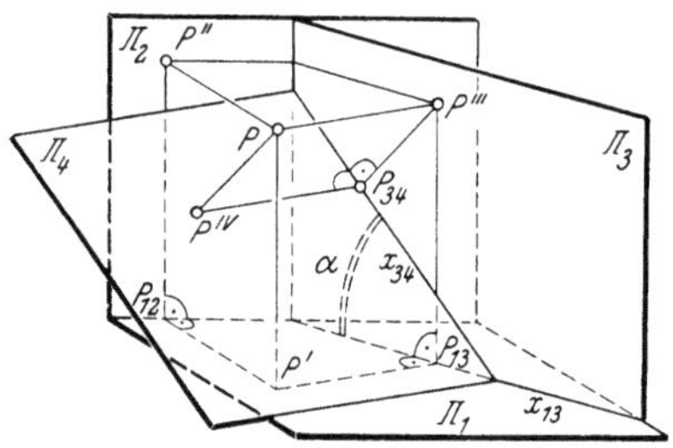

Abb. 19. Doppelter Seitenriß

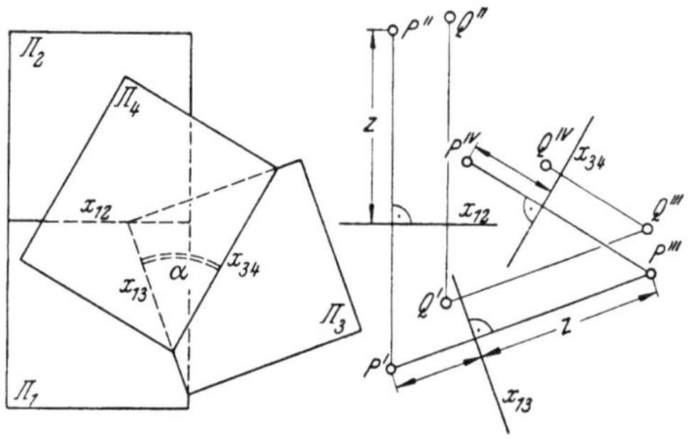

Abb. 20. Doppelter Seitenriß

Doppelte Seitenrisse werden im technischen Zeichnen verwendet, um schiefliegende Teile eines Gegenstandes so darzustellen, daß die Zeichnung möglichst einfach ist und die räumlichen Formen möglichst deutlich und unverzerrt wiedergegeben werden, z. B. Abb. 47, 80, 130. Vertauscht man in Abb. 18 die Bezeichnungen Π_2 und Π_3, x_{12} und x_{13}, so bedeutet Abb. 18 einen doppelten Seitenriß wie Abb. 19. — Doppelte Seitenrisse als konstruktives Hilfsmittel werden uns in Kap. II begegnen.

Den Winkel zweier Ebenen mißt man bekanntlich so: normal zur Schnittgeraden beider Ebenen legt man eine Hilfsebene; deren Schnittgeraden mit den beiden gegebenen Ebenen schließen den gesuchten Winkel ein. In Abb. 19 ist nun $\Pi_3 \perp \Pi_1$ und $\Pi_3 \perp \Pi_4$, daher ist $\sphericalangle \Pi_1 \Pi_4 = \sphericalangle x_{13} x_{34}$. — Es sei nun umgekehrt eine Ebene Π_4 gegeben, etwa durch ihre Schnittgerade e mit Π_1 und den Winkel α, den sie mit Π_1 einschließt. Dann läßt sich aus Grund- und Aufriß jedes Punktes P sein Normalriß auf Π_4 konstruieren: man wähle x_{13} als eine zu e normale Gerade (Abb. 19, 20) und konstruiere aus P' und P'' den Punkt P'''. Hierauf lege man x_{34} unter dem Winkel α gegen x_{13} und konstruiere P^{IV}. Man erkennt: *Aus Grund- und Aufriß (allgemeiner: aus zwei gepaarten Normalrissen) läßt sich der Normalriß auf jede beliebige Ebene konstruieren.*

Beispiele:

8. Zeichne (analog zu Abb. 19 und 20) einen doppelten Seitenriß, bei dem Π_3 mit Π_2 gepaart ist!

9. Ein einfacher Gegenstand sei in Grundstellung gegeben. Zeichne einen doppelten Seitenriß, um ein anschauliches Bild zu erhalten!

6. Entwicklung des technischen Zeichnens. Die darstellende Geometrie hat eine lange Vergangenheit als praktische Lehre und handwerkliches Können, aber eine kurze Geschichte als Wissenschaft. Die Grundkenntnisse des technischen Zeichnens sind uraltes Kulturgut. Schon in der älteren Steinzeit entstanden in lebendiger und freier Gestaltung Aufrisse von Menschen und Tieren. Grundrisse treten erst später auf. Aus der Bronzezeit stammen Darstellungen von Gespannen, Wagen und Deichsel im Grundriß, Räder, Zugtiere und Kutscher im Aufriß. Die gleiche Mischung verschiedener Ansichten findet sich im alten Ägypten; Kopf und Glieder einer menschlichen Figur werden von der Seite, der Rumpf von vorne gesehen. Ein Teich wird im Grundriß gezeichnet, die umgebenden Bäume erscheinen in nach außen geklappten Seitenrissen, Wellen, Boote und Menschen in einem nach oben geklappten Aufriß. Jeder Teil wird in der Ansicht gezeichnet, in der er deutlich und charakteristisch erscheint. Der Betrachter erhält nicht den unmittelbaren Seheindruck, er soll vielmehr aus dem Bild die nötigen Einzelheiten zum Erkennen des Dargestellten herauslesen. Auch unsere Kinderzeichnungen sind solche „graphische Erzählungen"[1].

Technische Zeichnungen im engeren Sinne sind aus dem alten Ägypten und Mesopotamien erhalten. Tempelgrundrisse wurden im Boden vorgeritzt, aber auch maßstäblich verkleinerte Gebäudegrundrisse (z. B. 1 : 60) sind gefunden worden, mit Raumeinteilung, Mauerstärken und Maueröffnungen. Ägyptische Werkzeichnungen stellen einen Altar in Auf- und Kreuzriß, eine Sphinx in Grund-, Auf- und Kreuzriß dar. Auch Landmesser unter Tag (Markscheider) gab es schon, die Karte eines Goldbergwerks zeigt oben und unten Berge im Aufriß, dazwischen Stollen im Grundriß.

Griechen und Römer kannten Grund- und Aufriß. Bekannt sind die zeichnerischen Leistungen der mittelalterlichen Bauhütten. Zumeist genügten einfache Zeichenregeln, denn die Formen waren traditionell gebunden und der Handwerker beherrschte sie. Selbst Steinschnitte, gewundene Gewölberippen, Turmdachkonstruktionen usw. wurden im wesentlichen richtig dargestellt, manchmal durch beigefügte Schrägrisse oder schriftliche Zusätze verdeutlicht. Aber die Regeln und Kunstgriffe im Zeichnen der Bauhütten gehörten zu „der Zünfften Heimlichkeiten" und mancher Plan wurde nach Vollendung des Bauwerks vernichtet. Bei Regeln und Verfahren wurde nicht nach Einsicht oder Beweis gefragt. Selbst Albrecht Dürers „Underweysung der Messung..." (1525) gibt keine Beweise; seine Stärke liegt vielmehr in der Konstruktion neuer Formen.

Der Aufschwung der Technik, vor allem der Maschinentechnik, führte zu neuen Konstruktionen und Formen, denen keine Tradition zugrunde lag und bei denen sich die herkömmlichen Darstellungsweisen als unzulänglich erwiesen. Und die fortschreitende Arbeitsteilung erforderte ein klares und allgemein zugängliches Verständigungsmittel zwischen Planenden und Ausführenden. So entwickelte sich aus praktischem Anlaß die darstellende Geometrie, 2100 Jahre nach Euklid. Techniker und Mathematiker haben sie gefördert, zunächst vornehmlich aufs Praktische bedacht, bis 1769 Frézier als erster die theoretischen Grundgedanken heraushob.

[1] Kein menschliches Auge vermag einen Gegenstand so zu erblicken, wie er im Grundriß oder im Aufriß erscheint. Denn die Lichtstrahlen, die von den Punkten des Gegenstands zum Auge laufen, sind nicht parallel. Um so erstaunlicher ist das frühe Auftreten solcher Bilder in der Entwicklung der Kultur und in der Entwicklung des kindlichen Zeichnens. Dies zeigt, daß unser Sehen nicht nur naives Schauen ist, sondern von einem Denkvorgang begleitet wird. Im technischen Zeichnen tritt noch die Aufgabe hinzu, aus zwei oder mehreren Bildern eine klare Vorstellung des Gegenstands zu gewinnen. So ist es verständlich, daß der Anfänger hier nicht mühelos eindringen kann, sondern Kenntnisse erwerben und Fähigkeiten entwickeln muß.

Gaspard Monge (1746—1818) ordnete, vereinfachte, vertiefte, vermehrte und erweiterte die vorhandenen Kenntnisse. Sobald er von der Verpflichtung, diese Kenntnisse aus militärischen Gründen geheimzuhalten, entbunden war, erschien 1795 seine Géométrie descriptive. Von ihr ging eine wissenschaftliche Entwicklung aus. Im Studienplan der École polytechnique zu Paris, der ersten Technischen Hochschule der Welt, nahm die darstellende Geometrie eine zentrale Stellung ein. Dort lehrte Monge. Sein Wirken als Forscher und Lehrer war von nachhaltigem Einfluß auf die technische Entwicklung Frankreichs.

In Deutschland herrschte damals das neuhumanistische Streben nach zweckfreier Wissenschaft vor und drängte das Interesse an der technischen Entwicklung zurück. Obwohl kein Geringerer als C. Fr. Gauss die Bedeutung der darstellenden Geometrie anerkannte, fand sie erst spät Förderung durch Geometer wie K. Pohlke, Chr. Wiener, G. Hauck, W. Fiedler, L. Burmester, K. Rohn, E. Papperitz. In Wien war 1877—1891 R. Staudigl der erste namhafte Vertreter dieses Faches. 1902—1927 wirkte E. Müller, der Begründer der „Wiener Schule" dieses Faches.

Eine Geschichte der darstellenden Geometrie bis etwa 1906 gab E. Papperitz in der Enzyklopädie der mathematischen Wissenschaften (III AB 6). Über Fortschritte bis 1924 berichtet E. Kruppa [Z. angew. Math. Mechan. **4** (1924), 411—431]. Siehe auch die mathematischen Referatenblätter, z. B. für Arbeiten seit 1931 das Zentralblatt für Mathematik.

Übersichtsfragen

Wann erscheint in einem Normalriß eine Gerade als Punkt, eine Ebene als Gerade? Wann erscheint eine Ebene in zwei gepaarten Normalrissen als Gerade? Welche Strecken erscheinen unverkürzt a) in einem Normalriß, b) in zwei gepaarten Normalrissen? Welche ebenen Figuren erscheinen in einem Normalriß unverzerrt? Was bedeutet Parallelverschiebung oder Weglassung der Rißachse zwischen gepaarten Normalrissen? Was ist ein Seitenriß? Was ist doppelter Seitenriß? Wie kann man damit anschauliche Bilder konstruieren? Welche Beispiele von gepaarten Normalrissen treten in diesem Kapitel auf?

II. Geraden und Ebenen

Der Inhalt des I. Kapitels genügt zur Darstellung sehr einfacher Gegenstände. Häufig erfordern aber schon ebenflächig begrenzte Gegenstände weitergehende Kenntnisse. Es empfiehlt sich, die Darstellung von Geraden, ebenen Figuren, Kreisen usw. einzeln zu studieren. Als wichtigste konstruktive Hilfsmittel dienen Seitenrisse und Drehungen. Die Konstruktionen werden hier meist für Grund- und Aufriß entwickelt, sie gelten aber (mit geänderten Bezeichnungen) für beliebige gepaarte Normalrisse.

7. Darstellung von Geraden. Ein Punkt P hat einen Grundriß P' und einen Aufriß P''. Umgekehrt stellt jedes auf einem Ordner liegende Punktepaar P', P'' einen Raumpunkt P dar, wenn die Rißachse festgelegt ist. Eine Gerade g besitzt einen Grundriß g' und einen Aufriß g''. Umgekehrt ist die räumliche Lage von g durch g' und g'' bestimmt — außer in dem Sonderfall, daß g die Rißachse x_{12} normal schneidet oder kreuzt. g' und g'' fallen hier in einen Ordner und g wird erst bestimmt, wenn man Grund- und Aufriß zweier Punkte von g oder wenn man den Kreuzriß von g angibt. Praktisch wird dies wegen schleifender Schnitte der Ordner mit g' bzw. g'' schon dann notwendig, wenn g nahezu normal zu x_{12} läuft. — Parallele Geraden, die nicht Sehstrahlen sind, erscheinen als Parallelen. Umgekehrt sind zwei Geraden parallel, wenn sie in gepaarten Normalrissen als Parallelen erscheinen – ausgenommen den Fall, daß sie als Ordner erscheinen. Sie können dann, müssen aber nicht parallel sein.

Liegt eine Strecke zu einer Bildebene parallel, so erscheint sie dort unverkürzt. Die *Länge einer Strecke* AB *von allgemeiner Lage* erhält man mittels Seitenriß; Abb. 21 zeigt den Seitenriß auf die durch $g = AB$ gelegte lotrechte Ebene; es wurde x_{12} durch A'' gelegt und $x_{13} = g'$ gewählt. Wegen $A''' = A'$, $B' B''' = \Delta z$ ist $A''' B'''$ die Länge von AB. Zugleich ergibt sich der *Neigungswinkel* α_1 *von* g *gegen* Π_1. Warum erscheint α_1 im Aufriß vergrößert? Ist auf g eine gegebene Länge l von A aus aufzutragen, so hat man l im Seitenriß von A''' bis C''' bzw. D''' aufzutragen; daraus konstruiert man C', D', C'', D''. – Abb. 22 zeigt eine andere Lösung.

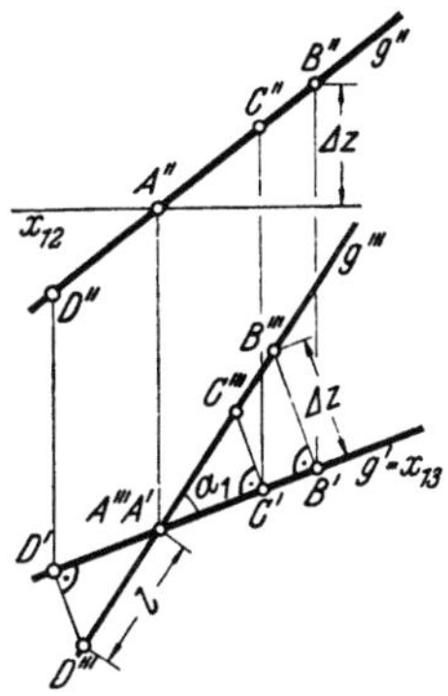

Abb. 21. Streckenlänge (mittels Seitenriß)

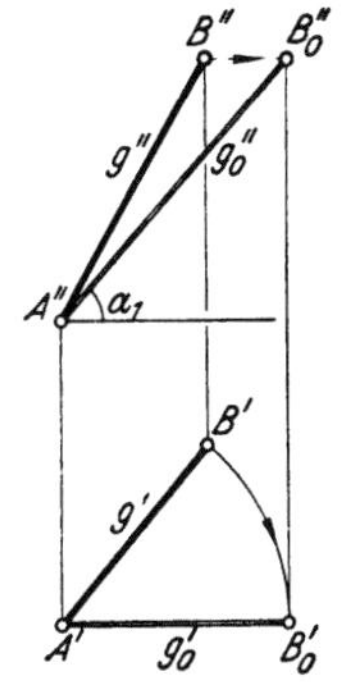

Abb. 22. Streckenlänge (mittels Drehung)

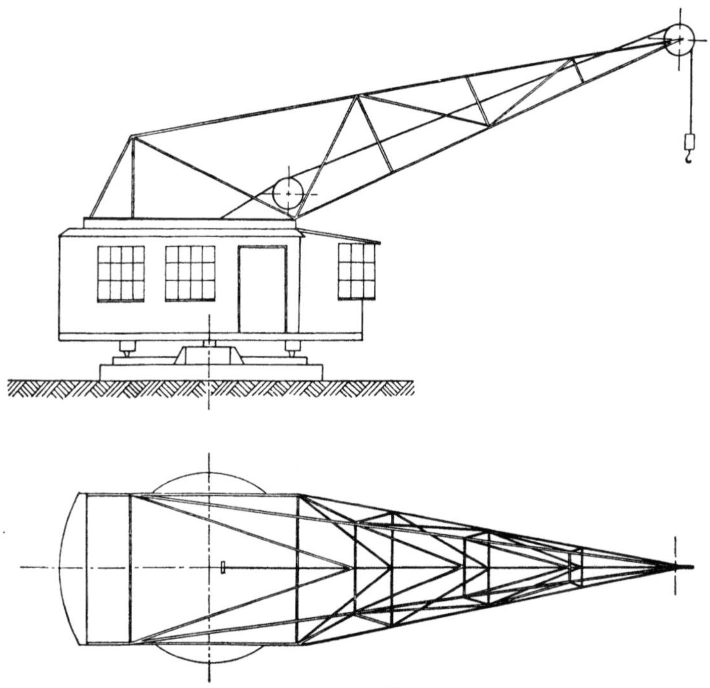

Abb. 23. Kran

Man dreht g in eine zu Π_2 parallele Lage; als Drehachse diene z. B. die lotrechte Gerade durch A. B beschreibt einen Kreisbogen, der in einer waagrechten Ebene liegt und daher im Grundriß als Kreisbogen um A' und im Aufriß als Waagrechte erscheint. g gelangt in die Lage g_0, B nach B_0; die gesuchte Länge ist $A''B_0''$.

Beispiele:

10. Verwende in Abb. 21 eine zu Π_2 normale Seitenrißebene und in Abb. 22 eine zu Π_2 normale Drehachse!

11. Bestimme Längen und Neigungen von schiefen Kranggliedern in Abb. 23! Zeichne den Grundriß und drehe den Kran (ohne Fahrgestell) um die lotrechte Achse seiner Drehscheibe durch 30^0 nach vorne!

12. Abb. 22 zeigt, wie eine Drehung um eine lotrechte Achse durchgeführt wird. Ein einfacher Körper K sei in einfachster Lage in Grund- und Aufriß gegeben. Man stelle ein anschauliches Bild von K her, indem K zuerst um eine lotrechte Achse a_1 durch einen Winkel φ_1, hierauf die neue Lage von K um eine aufrißnormale Achse a_2 durch einen Winkel φ_2 gedreht wird.

8. Perspektive Affinität zwischen ebenen Figuren. Es seien zwei Ebenen ε und ε_1 im Raum gegeben, ferner eine Geradenrichtung s, die weder zu ε noch zu ε_1 parallel sei (Abb. 24). Durch jeden Punkt P von ε geht eine zu s parallele Gerade; ihr Schnittpunkt mit ε_1 heiße P_1. *Man sagt, ε werde in der Richtung s auf ε_1 projiziert.*

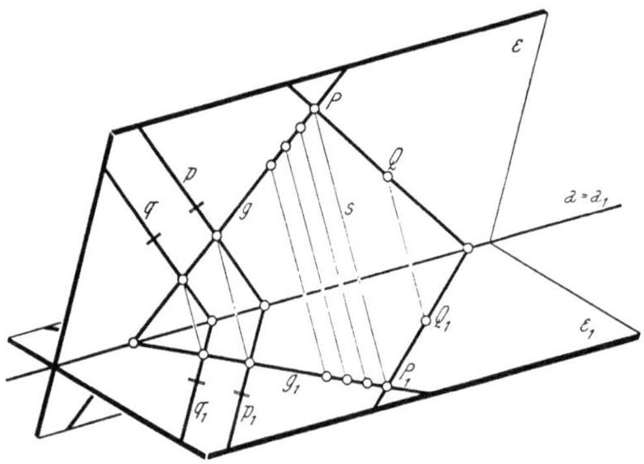

Abb. 24. Perspektive Affinität zwischen zwei Ebenen

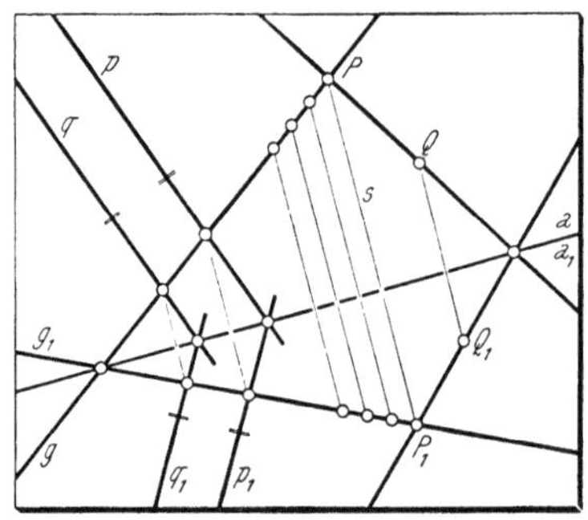

Abb. 25. Perspektive Affinität in einer Ebene

Diese wichtige Zuordnung (Verwandtschaft) zwischen den Punkten P von ε und den Punkten P_1 von ε_1 heißt *perspektive Affinität zwischen ε und ε_1*. Sie hat folgende *Eigenschaften:*

1. Jedem Punkt P von ε entspricht ein Punkt P_1 von ε_1, jedem Punkt P_1 von ε_1 ein Punkt P von ε. Man spricht daher von einer *eineindeutigen Punktverwandtschaft.*

2. Durchläuft P in ε eine Gerade g, so durchläuft P_1 in ε_1 eine Gerade g_1 (denn die Strahlen s durch die Punkte von g erfüllen eine Ebene und diese schneidet ε_1 in einer Geraden, nämlich g_1). Die Geraden g in ε und g_1 in ε_1 sind einander eineindeutig zugeordnet. — Einer gleichmäßigen Skala auf g entspricht (nach dem Strahlensatz der Elementargeometrie) eine gleichmäßige Skala auf g_1. Dem Mittelpunkt einer Strecke auf g entspricht der Mittelpunkt der entsprechenden Strecke auf g_1.

3. Parallelen Geraden in ε entsprechen parallele Geraden in ε_1 (denn wenn p und q parallele Geraden in ε sind, so bilden die Strahlen s zwei parallele Ebenen und diese schneiden ε_1 in parallelen Geraden p_1, q_1).

4. Die Verbindungsgeraden s entsprechender Punkte, z. B. PP_1 oder QQ_1, sind parallel. Sie heißen *Affinitätsstrahlen.*

5. Die Schnittpunkte entsprechender Geraden, z. B. g und g_1, liegen auf einer festen Geraden a (in Abb. 24 ist a die Schnittgerade von ε und ε_1). a entspricht sich selbst, $a = a_1$; jeder Punkt von a entspricht sich selbst. a heißt *Affinitätsachse.*

Diese Eigenschaften besitzt die *perspektive Affinität zwischen* ε *und* ε_1 *im Raum.* Bilden wir nun ε und ε_1 in einem Parallelriß (z. B. in einem Normalriß) auf eine Zeichenebene Π ab, so liegen in Π die Bilder der Punkte von ε und ε_1; dies ist in Abb. 25 angedeutet. Die Bilder bestimmen eine *perspektive Affinität zwischen den Punkten in* Π. Auch diese perspektive Affinität besitzt die Eigenschaften 1 bis 5. — *Eine solche perspektive Affinität kann durch die Achse a und ein Punktepaar* P, P_1 *festgelegt werden.* Ist nämlich Q ein anderer Punkt in Π, so läßt sich der entsprechende Punkt Q_1 konstruieren (Abb. 25): der Geraden PQ entspricht die Gerade durch P_1 und den Schnittpunkt von PQ mit a; diese Gerade schneidet den zu PP_1 parallelen Affinitätsstrahl durch Q in Q_1.

Sind ε und ε_1 parallele Ebenen im Raum, so geht ε in ε_1 durch *Parallelverschiebung* in Richtung s über; entsprechende Figuren in ε und ε_1 sind kongruent.

Sind in Abb. 25 die Affinitätsstrahlen normal zu a, so spricht man von einer *normalen perspektiven Affinität.* Sind sie zu a parallel, so heißt die perspektive Affinität *Scherung.*

Manchmal bestehen zwischen zwei Figuren in einer Ebene oder in zwei verschiedenen Ebenen die Beziehungen 1., 2., 3., nicht aber die Beziehungen 4. und 5.; man spricht dann von einer *allgemeinen Affinität.* Zwischen einer ebenen Figur im Raum und ihrem (noch nicht heruntergeklappten) Grundriß besteht perspektive Affinität; Affinitätsstrahlen sind die ersten Sehstrahlen, Affinitätsachse ist die Schnittgerade von Π_1 mit der Ebene der Figur. Klappt man Π_1 herunter (Abb. 5), so „geht der perspektive Zusammenhang verloren", zwischen der Ebene im Raum und ihrem heruntergeklappten Grundriß besteht allgemeine Affinität.

Andere Beispiele werden uns später begegnen. — Die Begriffe perspektive Affinität und allgemeine Affinität erleichtern in vielen Fällen das Verständnis und das Konstruieren.

9. Darstellung von Ebenen. Eine zur Grundrißebene normale Ebene wird eine *erste Sehebene* genannt; sie erscheint im Grundriß als Gerade. Eine zur Aufrißebene normale Ebene heißt eine *zweite Sehebene;* sie erscheint im Aufriß als Gerade.

Steht eine Ebene ε *auf einer Bildebene normal, so kann sie als Seitenrißebene verwendet werden und jede in ihr liegende Figur erscheint im Seitenriß in wahrer Größe.* In Abb. 26 ist eine zu Π_2 normale und gegen Π_1 unter dem Winkel α_1 geneigte Dachfläche ε mit Öffnung für ein Dachfenster gegeben. Aus Grund- und Aufriß wurde der Seitenriß auf ε konstruiert.

Die wahre Größe ergibt sich aber auch, indem man ε *um die Traufe a* (oder um eine zu a parallele Gerade) *in waagrechte Lage dreht.* Ein Punkt P beschreibt dabei einen Kreisbogen vom Winkel α_1 (oder bei Drehung nach der anderen Seite $180^0 - \alpha_1$), dessen Mitte auf a und dessen Ebene normal zu a liegt. Im Aufriß erscheint der Kreisbogen in wahrer Größe, im Grundriß als eine zu a' normale Gerade. Die Drehlage zeigt die Dachfläche samt Öffnung in wahrer Größe. In der Drehlage ε_0 wurde die Dachdeckung angedeutet und von hier nach ε zurückgedreht, wodurch sich ihr Grundriß ergibt. — Die Drehlage g_0 einer Geraden g erhält man durch Drehung zweier Punkte von g. Jeder Punkt von a bleibt bei der Drehung in Ruhe, auch der Schnittpunkt von g mit a, daher schneiden sich g und g_0 auf a, g' und g_0' auf a'. Parallele Geraden b und c in ε haben parallele

Grundrisse und bleiben auch nach der Drehung parallel; aus $b' \parallel c'$ folgt $b_0' \parallel c_0'$. Zwischen Grundriß und Drehlage der zweiten Sehebene in Abb. 26 besteht normale perspektive Affinität (Affinitätsachse = Grundriß a' der Drehachse a, Affinitätsstrahlen = Grundrisse der Drehungskreise), zwischen Grundriß und Seitenriß der zweiten Sehebene in Abb. 26 besteht allgemeine Affinität.

Nun soll eine Ebene von allgemeiner Lage abgebildet werden.

Durch drei Punkte, die nicht auf einer Geraden liegen, läßt sich eine (und nur eine) Ebene legen. Auch durch zwei einander schneidende oder parallele Geraden, oder durch eine Gerade und einen ihr nicht angehörenden Punkt ist eine (und nur eine) Ebene bestimmt. In Abb. 27 ist die Ebene ε durch die Punkte A, B, C gegeben. Zum angenommenen Grundriß P' eines Punktes P von ε findet man P'' etwa so: $A'P'$ schneidet $B'C'$ in $1'$, daraus folgt $1''$; P'' liegt im Schnitt von $A''1''$ mit dem Ordner durch P'. Ist g eine Gerade in ε und ist g' gegeben, so ergibt sich g'' mittels der Aufrisse zweier Punkte von g, z. B. der Schnittpunkte 2 und 3 mit AB bzw. BC. Ebenso kann man P' und g' konstruieren, wenn P'' und g'' gegeben sind.

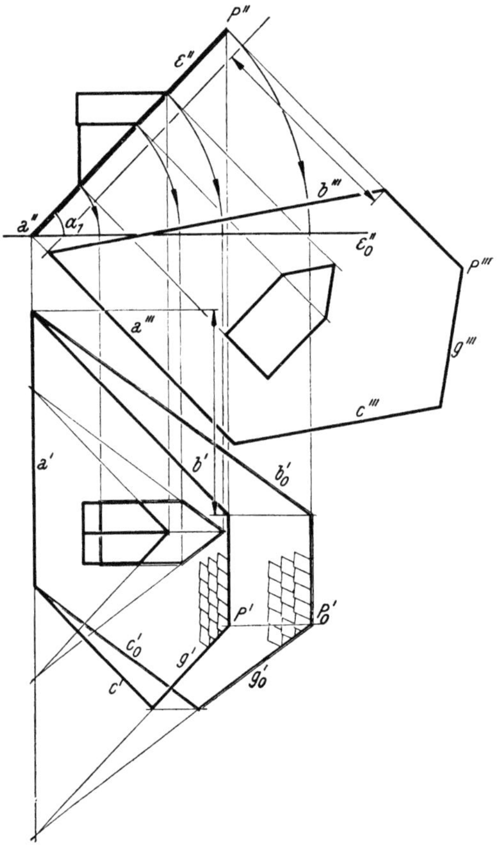

Abb. 26. Dachfläche

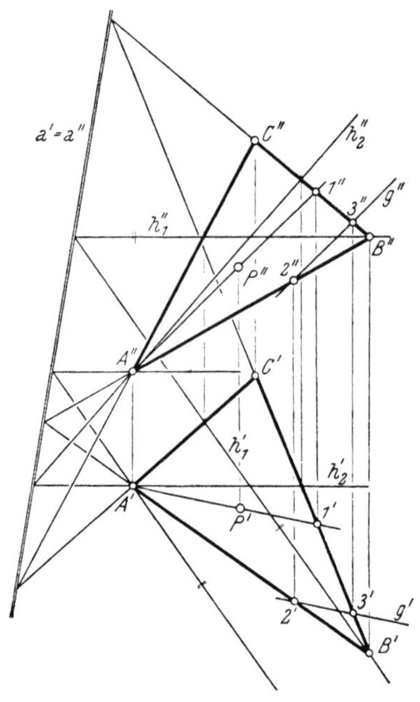

Abb. 27. Darstellung einer Ebene

Zwischen Grund- und Aufriß einer ebenen Figur besteht eine perspektive Affinität. Die Eigenschaften 1. und 2. wurden soeben nachgewiesen. Eigenschaft 3. folgt daraus, daß die ersten Sehebenen durch zwei parallele Geraden selbst parallel sind und ε nach zwei Parallelen schneiden; diese haben parallele Aufrisse. Affinitätsstrahlen sind die Ordner. Um die Affinitätsachse nachzuweisen, wird man nach allen Punkten fragen, deren Grundriß und Aufriß sich in der Zeichenebene decken. Abb. 28 ist ein zu Abb. 5 analoger Kreuzriß; man sieht, daß alle Punkte Q des Raumes, für die $Q' = Q''$ ist, der Ebene δ angehören, die durch x_{12} geht und hinter Π_2 unter 45° ansteigt. δ heißt Deckebene oder Koinzidenzebene. Die Affinitätsachse ist dann offenbar zugleich Grund- und Aufriß der Schnittgeraden a von δ und ε (Abb. 27).

Diese und die folgenden Überlegungen gelten sinngemäß für beliebige gepaarte Normalrisse, die sich in geordneter Lage befinden. Zwischen beiden Bildebenen liegt jedesmal eine Deckebene, deren Punkte identische Risse haben. Dagegen besteht z. B. zwischen Grund- und Kreuzriß einer ebenen Figur eine allgemeine Affinität.

Jene Geraden in ε, die zu einer Rißebene parallel sind, heißen *Hauptgeraden* (*Hauptlinien*) von ε. Abb. 27 zeigt eine erste Hauptgerade (Höhenlinie) h_1

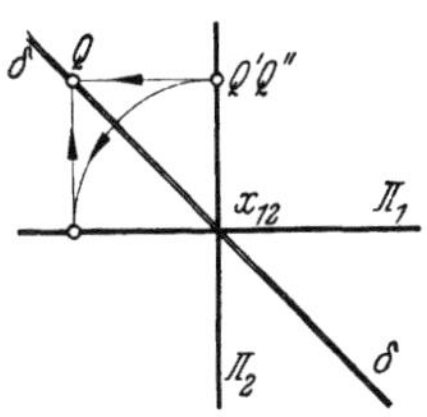

Abb. 28. Deckebene

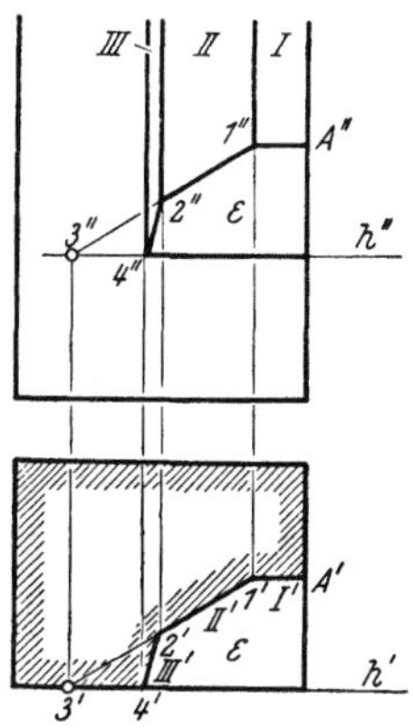

Abb. 29. Gewändestein (Fensterumrahmung)

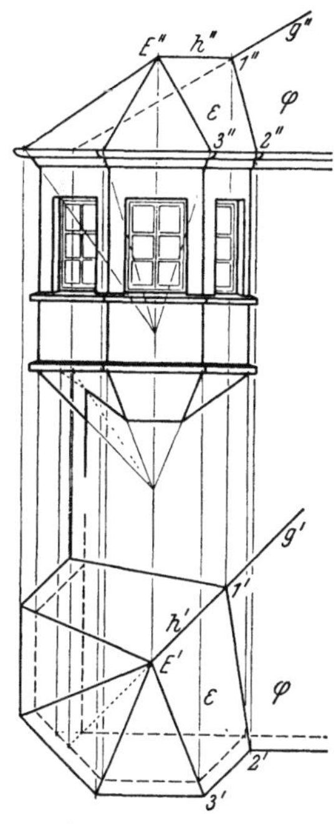

Abb. 30. Eckerker

($h_1 \| \Pi_1$, h_1'' normal zu den Ordnern) und eine zweite Hauptgerade (Frontlinie) h_2 ($h_2 \| \Pi_2$, h_2' normal zu den Ordnern). Bei einer zu x_{12} parallelen Ebene sind die ersten Hauptgeraden zugleich zweite Hauptgeraden. Parallele Ebenen haben parallele erste und parallele zweite Hauptgeraden. Umgekehrt sind zwei Ebenen mit parallelen ersten und parallelen zweiten Hauptgeraden im allgemeinen parallel. Wenn diese Hauptgeraden jedoch zu x_{12} parallel sind, müssen die Ebenen nicht parallel sein. Sie sind parallel, wenn sie im Kreuzriß als parallele Geraden erscheinen.

Die Schnittgerade s einer Ebene ε allgemeiner Lage mit einer lotrechten Ebene φ ist im Grundriß unmittelbar gegeben, $s' = \varphi'$; daraus folgt wie oben s''. In Abb. 29 ist der Grundriß (Querschnitt des Gewändesteins) gegeben, ferner die durch A und h gehende Abfasungsebene ε. ε schneidet die lotrechten Ebenen I, II, III, die durch den geschrafften Querschnitt gegeben sind. Die zu Π_2 parallele Ebene I schneidet ε nach einer zu Π_2 parallelen Geraden $A1$ und wegen $A'1' \| h'$ ist $A''1'' \| h''$. Die Ebene II schneidet ε nach der Geraden 12; $2''$ wird gefunden, indem zum Schnittpunkt $3'$ von II' mit h' der Aufriß $3''$ auf h'' bestimmt und mit $1''$ verbunden wird. $2''$ und der auf h'' gelegene Punkt $4''$ bestimmen die Schnittgerade von ε mit III. — Als Leseübung diene Abb. 30. Von der Spitze E des Erkerdaches wurde ein waagrechter First h zum Dachgrat g geführt. Durch die Punkte *1* und *2* geht die Schnittgerade der Ebenen ε und φ. Hätten alle Dachflächen dieselbe Horizontalneigung, so müßte $E3 \parallel 12$ sein (warum?).

Bei allgemeiner Lage von ε findet man den *Schnittpunkt S einer Geraden g mit* ε, indem man durch g z. B. eine lotrechte Ebene φ legt (Abb. **31**, wo ε etwa durch a und b gegeben ist). φ schneidet ε nach einer Geraden s. Es ist $s' = g' = \varphi'$, daraus s'' wie in Abb. 27. S'' ist der Schnittpunkt von s'' mit g'', darunter liegt S' auf g'. Ist z. B. in Abb. 32 eine durch OP dargestellte Kraft in Komponenten zu zerlegen, die in den Geraden OA, OB und OC liegen, so lege man durch P die Parallele g zu OA und suche nach Abb. **31** ihren Schnittpunkt D mit der Ebene OBC. Die Parallele zu OD durch P schneide OA in P_1; OP ist in die Komponenten OD und OP_1 zerlegt. OD wird noch durch Parallelen zu OB und OC in die Komponenten OP_2 und OP_3 zerlegt.

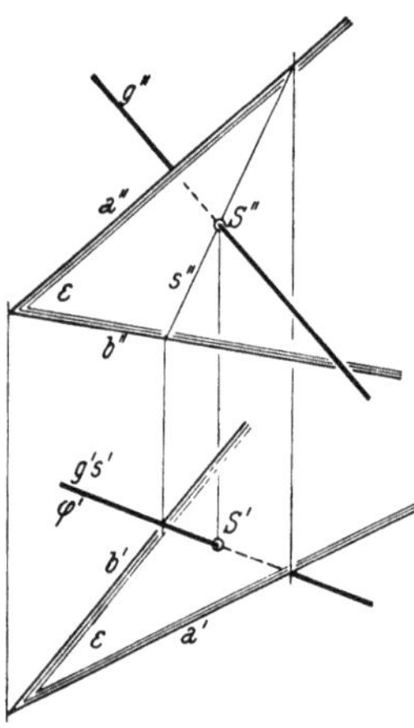

Abb. **31**. Schnittpunkt einer Geraden mit einer Ebene

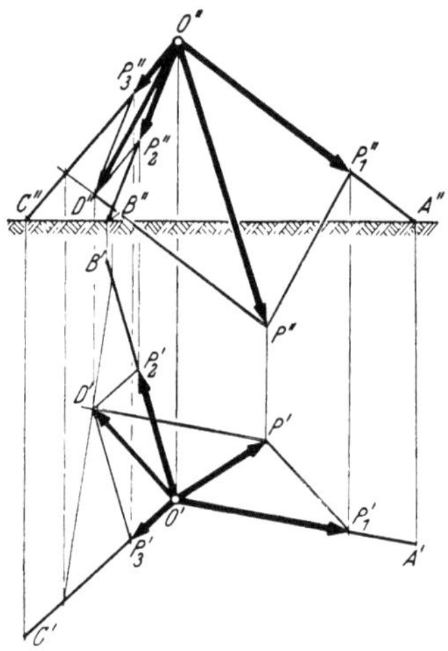

Abb. **32**. Zerlegung einer Kraft in drei Komponenten gegebener Richtung

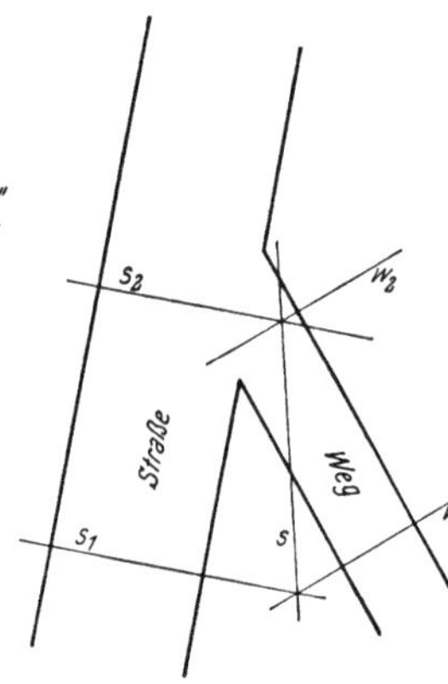

Abb. **33**. Einmündung eines geneigten Weges in eine geneigte Straße

Die Schnittgerade s zweier Ebenen ε *und* φ allgemeiner Lage erhält man, indem man z. B. zwei Geraden von ε mit φ schneidet und die Schnittpunkte verbindet. Manchmal verwendet man auch geeignete (z. B. waagrechte) Hilfsebenen. Abb. **33** zeigt den Grundriß einer geneigten Straße und eines geneigten Weges samt den Schnittgeraden s_1 und s_2 bzw. w_1 und w_2 mit zwei beliebigen waagrechten Ebenen. Durch die Schnittpunkte $(s_1\,w_1)$ und $(s_2\,w_2)$ geht die Schnittkante s von Weg und Straße; sie ist durch eine krumme Übergangsfläche zu ersetzen (siehe Abb. **354**). Den Schnittpunkt dreier Ebenen erhält man, indem man die Schnittgerade zweier Ebenen bestimmt und sie mit der dritten Ebene schneidet.

Beispiele:

13. Eine ebene Figur sei nach Abb. **8** oder **9** in den sechs Hauptansichten dargestellt. Zwischen welchen Rissen besteht perspektive Affinität? Wie liegen die Deckebenen? Zwischen welchen Rissen besteht allgemeine Affinität?

14. Wie vereinfacht sich die Ermittlung von P'' aus P' und die von g'' aus g' in Abb. **27**, wenn a zur Konstruktion verwendet wird?

15. Wie läßt sich mittels der Umlaufsinne der Dreiecke $A'B'C'$ und $A''B''C''$ in der Zeichenebene entscheiden, ob in Grund- und Aufriß dieselbe Seite oder verschiedene Seiten von ABC sichtbar sind? (Vgl. auch die Risse der Ebenen in Abb. 7.)

16. Zeichne Abb. 27 und 31, wenn ε in anderer Weise gegeben ist, z. B. durch zwei parallele Geraden!

17. Eine Kraft ist in eine Komponente von gegebener Richtung und in eine Komponente, die zu einer gegebenen Ebene parallel ist, zu zerlegen.

18. Konstruiere den Schnittpunkt dreier Ebenen! Sonderfälle?

10. Dachausmittlungen. Dachausmittlung ist die Bestimmung des Dachgrundrisses zu einem gegebenen Gebäudegrundriß. Abb. 34 *a* bis *f* zeigt übliche Dachformen zu rechteckigem Grundriß. Pfeile geben die Richtung des abrinnenden Regenwassers an. An Kanten mit Schraffung können Nachbargebäude stehen, ohne daß das Regenwasser zu ihnen rinnt. Das Pultdach eignet sich für kleinere Anbauten. Bei freistehenden Häusern eignen sich *b* bis *f*, bei geschlossener Bauweise wird meist *b*, manchmal auch *e* verwendet.

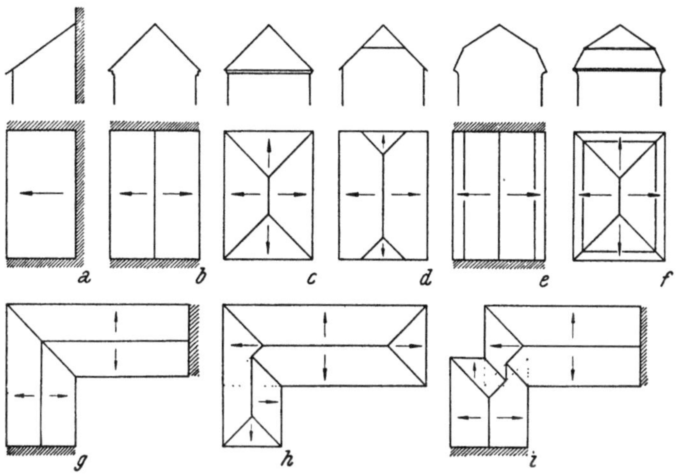

Abb. 34. Dachformen. *a*) Pultdach, *b*) Satteldach, *c*) Walmdach (bei quadratischem Grundriß: Zeltdach), *d*) Krüppelwalmdach, *e*) Mansardendach, *f*) Mansardenwalmdach, *g*) Satteldach über Eckhaus, *h*) Walmdach über freistehendem Haus mit zwei Flügeln ungleicher Tiefe, *i*) Eckhaus mit einspringender Ecke

Waagrechte unterste Dachkanten heißen Traufen, waagrechte oberste Dachkanten Firste. Eine geneigte Dachkante heißt Grat oder Kehle (auch Ixc), je nachdem Regenwasser von der Kante wegrinnt oder zu ihr hinrinnt. Meist besitzen alle Dachebenen gleiche Horizontalneigung; dann erscheinen Grate und Kehlen im Grundriß als Winkelsymmetralen der anschließenden Traufen (denn eine Spiegelung an der lotrechten Ebene durch den Grat bzw. durch die Kehle vertauscht beide Dachebenen). Walmdach und Krüppelwalmdach enthalten je vier Grate. Ein Beispiel mit einer Kehle und einem Grat zeigt Abb. 34 *g*. Abb. 34 *h* zeigt eine Dachausmittlung mit sechs Traufen, zwei Firsten, fünf Graten, einer Kehle und einer „Verfallung" (Grat zwischen Firsten verschiedener Höhe). Ein anderes Beispiel zeigt Abb. 34 *i*. — Zur Probe bei schwierigeren Dachausmittlungen diene, daß von jedem Schnittpunkt zweier Dachkanten noch mindestens eine Dachkante ausgehen muß. Denn bei drei Dachebenen $\varepsilon_1, \varepsilon_2, \varepsilon_3$ schneiden sich die Schnittgeraden $(\varepsilon_1 \varepsilon_2)$ und $(\varepsilon_1 \varepsilon_3)$

in einem Punkt von ε_1, durch den auch die Schnittgerade $(\varepsilon_2\, \varepsilon_3)$ geht. In Sonderfällen (z. B. bei Turmdächern) können in einem Punkt auch mehr als drei Dachebenen und daher mehr als drei Dachkanten zusammenstoßen.

Zu jedem gegebenen Grundriß lassen sich geeignete Dachausmittlungen finden. Dabei können alle Dachflächen dieselbe Neigung oder die einzelnen Dachflächen verschiedene vorgeschriebene Neigungen erhalten.

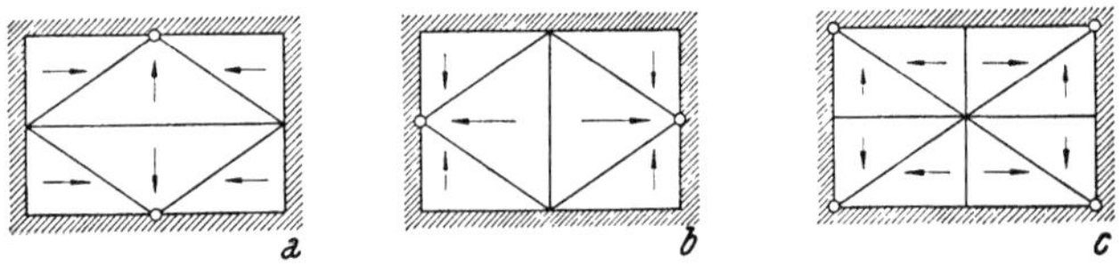

Abb. 35 *a*, *b*, *c*. Überdachung eines rechteckigen Innenhofes

Bei der Überdachung von Innenhöfen oder von Gebäuden, bei denen die Außenmauern über die Traufen hochgeführt werden, kommen Lösungen wie Abb. 35 *a* bis *c* in Frage, wenn das Regenwasser nicht längs der Traufen abgeleitet werden soll. Die Lage der Abfallrohre (durch Ringe angedeutet) kann vorgeschrieben werden. Beispiele krummer Dachflächen enthalten die Abb. 245 bis 247.

Beispiele:

19. Ändere Abb. 35 *a* bis *c* so ab, daß alle Dachebenen dieselbe Neigung haben!

20. Suche Dachausmittlungen zu komplizierteren Gebäudegrundrissen! In engverbauten alten Stadtteilen treten auch bei Neubauten manchmal unregelmäßige Grundrißformen auf, die besondere Dachformen erfordern.

11. Abbildung rechter Winkel. Die waagrechten Geraden a und b mögen sich in P rechtwinklig schneiden (Abb. 36). Dreht man b um a, so überstreicht b die zu a normale Ebene ν durch P. c sei eine gedrehte Lage von b. Dann ist $c' = b' = \nu'$ und $c' \perp a'$. In Worten: *Ist ein Schenkel eines rechten Winkels zu einer Bildebene parallel, der andere Schenkel nicht normal zur Bildebene, so erscheint der rechte Winkel im Normalriß auf diese Bildebene als rechter Winkel.*

Abb. 37 zeigt eine zu Π_2 parallele Gerade g, gestützt durch zwei zu g normale Streben s und t. Es ist $s'' = t'' \perp g''$.

Erste *Fallgeraden* (*Fallinien*) einer Ebene ε nennt man jene Geraden in ε, die normal zu den ersten Hauptgeraden von ε verlaufen. Der rechte Winkel zwischen einer ersten Hauptgeraden und einer ersten Fallgeraden erscheint im Grundriß als rechter Winkel. Danach wurden in Abb. 34 und 35 Fallgeraden (Pfeile) gezeichnet. Zweite Fallgeraden einer Ebene stehen normal auf den zweiten Hauptgeraden und erscheinen im Aufriß als Normalen zu den Aufrissen der zweiten Hauptgeraden. Zum Beispiel ist s in Abb. 37 eine zweite Fallgerade der Ebene $[s\, g]$. Analog erklärt man die Fallgeraden einer Ebene ε bezüglich einer beliebigen Normalrißebene; sie sind jene Geraden in ε, die mit der Bildebene den größten Neigungswinkel einschließen[1].

Steht eine Gerade n auf einer Ebene ε normal, so schließt sie mit jeder Geraden von ε einen rechten Winkel ein, auch mit jeder ersten Hauptgeraden h_1. Daher liegt n' normal zu h_1', analog n'' normal zum Aufriß der zweiten Hauptgeraden. Allgemein: *Eine Normale zu einer Ebene erscheint in jedem Normalriß als Normale zum Bild der bildparallelen Hauptgeraden.*

[1] Mit der Lotrichtung, in der Körper fallen, haben Fallgeraden nichts gemein.

Wir wenden dies auf zwei Beispiele an. In Abb. 38 soll ein Strahl s an einer Ebene ε gespiegelt werden[1]. Lösungsgang: Ein Punkt A von s wird an ε gespiegelt; der Spiegelpunkt $\overline{A}$ und der Schnittpunkt S von s mit ε bestimmen den gespiegelten Strahl $\overline{s}$. In Abb. 38 wurde angenommen, daß S bereits konstruiert sei. Die durch S gehenden Hauptgeraden h_1 und h_2 von ε bestimmen ε. Um einen Punkt A von s an ε zu spiegeln, ist durch A die Normale n zu ε zu legen ($n' \perp h_1'$, $n'' \perp h_2''$), mit ε zu schneiden (mit Hilfe der ersten Sehebene durch n) und A am Schnittpunkt P zu spiegeln ($A'' P'' = P'' \overline{A}''$). — Als weiteres Beispiel werde der Abstand eines Punktes P von einer Geraden g konstruiert (Abb. 39).

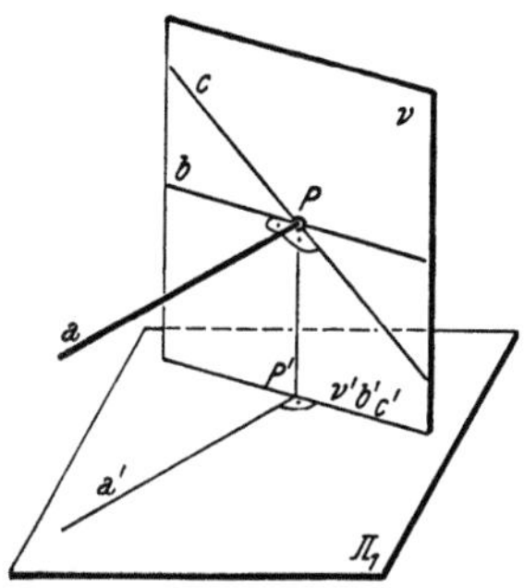

Abb. 36. Normalriß eines rechten Winkels

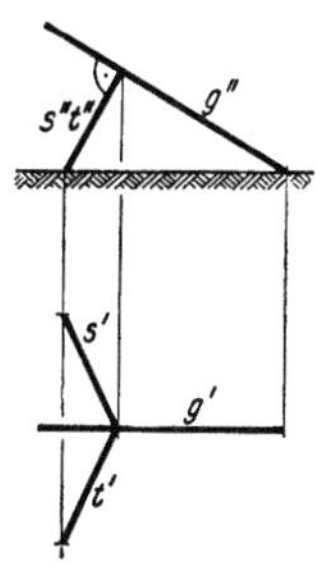

Abb. 37. Abstützung der Geraden g

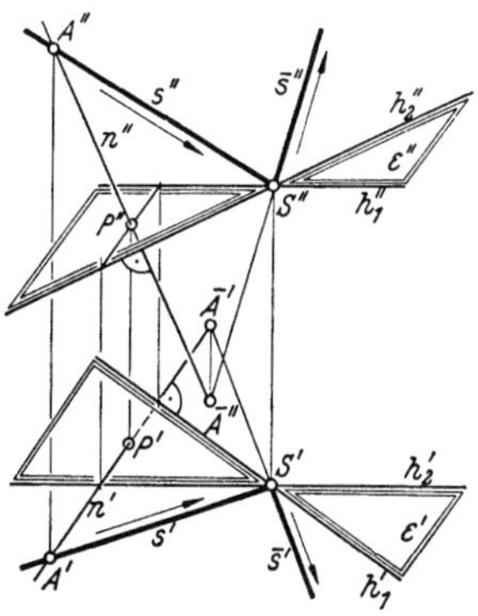

Abb. 38. Spiegelung des Strahls s an der Ebene ε

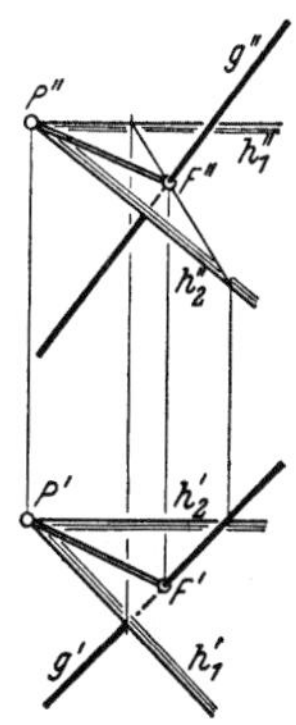

Abb. 39. Abstand des Punktes P von der Geraden g

Wir konstruieren zunächst den Fußpunkt F der Normalen aus P auf g. Die Normale PF gehört der durch P normal zu g gelegten Ebene ε an. Von ε zeichnen wir die durch P gehenden Hauptgeraden ($h_1' \perp g'$, $h_2'' \perp g''$, h_1'' und h_2' normal zu den Ordnern) und suchen den Schnittpunkt F von g mit ε. Die Länge PF ist der gesuchte Abstand[2].

Beispiele:

21. Ermittle den Abstand eines Punktes von einer Ebene (Länge AP in Abb. 38)!

22. Errichte in einem Punkt einer Ebene eine Normale und trage eine bestimmte Strecke auf (Umkehrung von Beispiel 21)!

23. Konstruiere den Winkel einer Geraden g mit einer Ebene ε (mittels der Längen AP und SP in Abb. 38; z. B. Befestigung von g an ε durch ein Winkelblech; stelle auch das Winkelblech dar)!

24. Eine Kraft ist in zwei Komponenten zu zerlegen, von denen die eine in der gegebenen Ebene ε liegt und die andere zu ε normal ist.

[1] Anwendung z. B. bei der konstruktiven Behandlung von Turbinenschaufeln; ε ist die Tangentialebene der Schaufel in jenem Punkt, wo der Wasserstrahl s die Schaufel trifft. Die Aufgabe ist auch wichtig für die Untersuchung des Strahlenganges in optischen Geräten, die Spiegel enthalten.

[2] Zum Beispiel soll eine Auslaufstelle P mittels eines T-Stückes an eine Rohrleitung g angeschlossen werden; es ist die Lage F des T-Stückes und die Länge PF des Verbindungsrohres zu bestimmen. Ebenso: kürzester Weg von einem Gebäude P zu einer Straße g in geneigtem ebenem Gelände.

12. Verwendung einfacher Seitenrisse. Im Normalriß auf eine lotrechte Seitenrißebene Π_3 erscheint eine waagrechte Gerade g als Punkt, wenn Π_3 normal zu g gewählt wird. Damit läßt sich z. B. eine *Drehung um eine waagrechte Gerade* g durchführen; jeder auf g liegende Punkt bleibt fest; ein nicht auf g liegender Punkt beschreibt einen Kreis in einer zu g normalen Ebene, der im Seitenriß als Kreis um g''' und im Grundriß als eine zu g' normale Gerade erscheint (Abb. 40, wo P um g durch den Winkel α in die Lage P_1 bzw. P_2 gedreht wurde; M ist Mittelpunkt des Drehkreises). — *Eine Ebene ε erscheint im Normalriß auf eine lotrechte Seitenrißebene Π_3 als Gerade, wenn Π_3 normal zu den ersten Hauptgeraden von ε gewählt wird.*

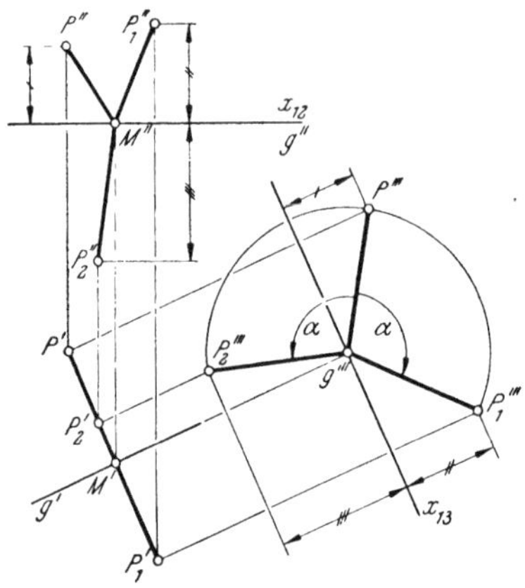

Abb. 40. Drehung von P um g

Technische Gegenstände werden meist in der einfachsten Lage (*Grundstellung*) dargestellt. Enthalten sie „schiefliegende" Teile, so können diese für sich in Seitenrissen dargestellt werden (siehe 4.). Anschaulichere Bilder erhält man jedoch, wenn man jene Teile (oder den ganzen Gegenstand) in „allgemeiner Lage" zeichnet. Es ist dabei vorteilhaft, den Gegenstand in ein Achsenkreuz (kartesisches Koordinatensystem) zu legen, dessen drei Achsen zu den Hauptrichtungen des Gegenstands parallel sind. Dieses Achsenkreuz (Ursprung U, Einheitspunkte X, Y, Z auf den Achsen x, y, z) ist in Abb. 41 in Grund- und Aufriß dargestellt. Die Einheitsstrecke $UX = UY = UZ$ heiße e. Gegeben sei die Lage von U, eine erste Hauptgerade h der $[xy]$-Ebene ε und der Grundriß x' der x-Achse. Aus $1' = (h'\, x')$ erhält man $1''$ auf h'' und daraus $x'' = U''1''$. Im Seitenriß $\perp h$ erscheint h als Punkt h''', ε als Gerade ε'''. α_1 ist der Winkel von ε mit Π_1. ε wird um h durch den Winkel α_1 in die waagrechte Lage ε_0 gedreht. ε_0''' ist die zu h' normale Gerade durch h'''. Auf ε_0''' liegt U_0''', daraus ergibt sich U_0' im Schnitt des Seitenrißordners von U_0''' mit dem Grundriß des Drehungskreises durch U'. 1 bleibt bei der Drehung fest, durch 1 und U_0 geht die Drehlage x_0 von x. ε_0 erscheint im Grundriß in wahrer Größe, daher kann man $y_0 \perp x_0$ und die Einheitspunkte X_0, Y_0 eintragen. y' geht durch U' und den Schnittpunkt $2'$ von y_0' mit h', X' liegt im Schnitt von x' mit dem Grundriß des Drehungskreises durch X_0; analog folgt Y'. Mittels $2''$ folgt y''. Die Ordner durch X', Y' ergeben X'', Y''. Im Seitenriß kann man $z''' \perp \varepsilon'''$ zeichnen und darauf e unverkürzt von U''' bis Z''' auftragen. Z' liegt auf $z' \perp h'$, Z'' ergibt sich durch Übertragung der Höhe aus dem Seitenriß in den Aufriß. Um einen Punkt P des abzubildenden Gegenstandes darzustellen, hat man seine Koordinaten x, y, z richtig verkürzt aufzutragen, z. B. $U'P_x' = x \cdot U'X'$, $U'P_y' = y \cdot U'Y'$, $P_1'P' = z \cdot U'Z'$, $U''P_x'' = x \cdot U''X''$ usw. Zweckmäßig verwendet man dabei Achsenmaßstäbe oder Verkürzungswinkel (siehe 31.).

Wird eine (nicht lotrechte) Ebene ε um eine erste Hauptgerade h in eine zu Π_1 parallele Lage ε_0 gedreht, so besteht zwischen ε und ε_0 Kongruenz, zwischen ε' und ε_0' normale perspektive Affinität. Jedem Punkt P' entspricht eine Drehlage P_0', jeder Geraden g' eine Drehlage g_0' und umgekehrt. Parallele Geraden von ε haben parallele Grundrisse und parallele Drehlagen. *Affinitätsstrahlen sind die Grundrisse der Drehungskreise, Affinitätsachse ist der Grundriß der Drehachse.* Zufolge dieser

Affinität muß die Drehung im Seitenriß nicht für jeden Punkt von ε durchgeführt werden. — In gleicher Weise kann man aus Grund- und Aufriß einer ebenen Figur durch Paralleldrehung um eine Hauptgerade die wahre Größe der Figur ermitteln. — Ebenso kann man ε um eine zweite Hauptgerade in eine zu Π_2 parallele Lage drehen.

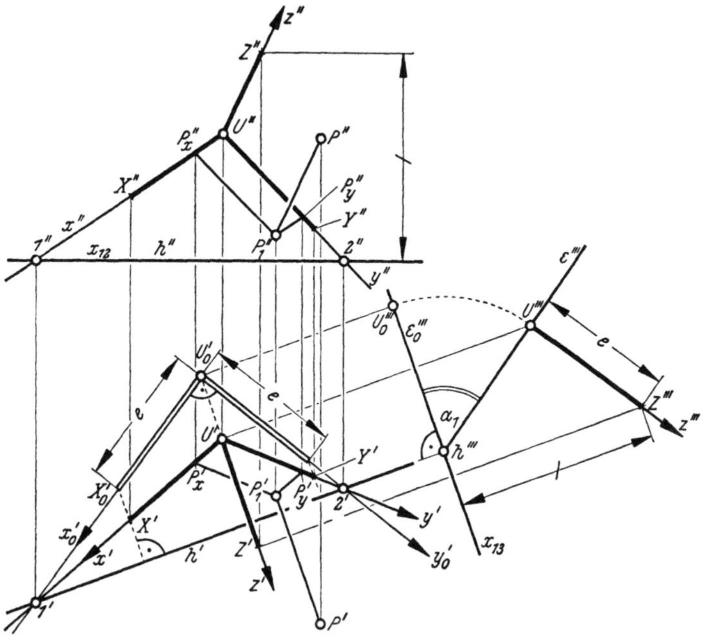

Abb. 41. Darstellung eines Achsenkreuzes in allgemeiner Lage

Beispiele:

25. Bestimme in Abb. 7 durch Drehungen der ebenen Flächen um die in der Wand ε liegenden Kanten die wahren Größen der Seitenflächen des Fülltrichters!

26. Es sei angenommen, daß die wahren Größen der Seitenflächen in Abb. 7 aus Fertigungsgründen (z. B. Rücksicht auf Verschnitt) geringfügig abgeändert werden, jedoch so, daß die in ε liegende Öffnung dieselbe bleibt. Wie findet man dann P in Grund- und Aufriß?

27. Um eine Stange g an einer ebenen Fläche ε zu befestigen, werde ein quergeknickter Blechstreifen mit dem einen Ende an ε, mit dem anderen Ende an g angeschweißt, wobei g in der Längsachse des anderen Endes liegt. Stelle die Verbindung bei allgemeiner Lage von g und ε dar! Wo wird dies technisch angewandt?

28. Stelle einen Gegenstand nach Abb. 41 in allgemeiner Lage dar!

29. Beim Kran in Abb. 23 benötigt man den Winkel zweier benachbarter Glieder zur Bestimmung der Form des zwischenliegenden Nietbleches. Ermittle ihn durch Paralleldrehen der Verbindungsebene!

30. Zur Bestimmung des Querschnitts des Gratsparrens eines Walmdaches (Abb. 34 *c*) benötigt man den Winkel benachbarter Dachflächen. Ermittle ihn a) als Winkel zwischen den Schnittgeraden beider Dachebenen mit einer normal zum Grat gelegten Hilfsebene, oder b) als Winkel zwischen den Normalenrichtungen beider Dachebenen!

31. $ABCD$ und $A_1B_1C_1D_1$ seien flächengleiche, aber nicht kongruente Rechtecke in aufrißparallelen Ebenen, und es sei $AB \| A_1B_1$ usw. Die Rechtecke sind Endquerschnitte von Kanälen. Zwischen ihnen soll ein Übergangsstück eingeschaltet werden,

das aus den Trapezen ABA_1B_1 usw. besteht. Zur Herstellung aus Blech soll das Netz des Übergangsstückes ermittelt werden. Hierauf sollen die Biegewinkel bestimmt werden, um die benachbarte Flächen des Netzes längs AA_1 usw. zu verbiegen sind. Stelle auch ein Papiermodell her!

32. Einstellbare Winkelplatte. In Π_1 liege das Rechteck $ABCD$. AB und CD seien zu Π_2 parallel. $ABCD$ werde zuerst um AD durch den Winkel ϑ_1 in die Lage AB_1C_1D gedreht, dann werde AB_1C_1D um AB_1 durch ϑ_2 in die Endlage $AB_1C_2D_2$ gedreht. Zeichne die Endlage der Platte und irgend eines mitgedrehten einfachen Gegenstands! Technische Ausführung in drei Platten ε, ε_1, ε_2; ε_1 ist mit ε durch das Scharnier AD verbunden, ε_2 mit ε_1 durch das Scharnier AB_1. Verwendung als Ersatz für Kardangelenk.

33. Die Endlage der Winkelplatte in Beispiel **32** sei durch eine Normale zur Ebene $AB_1C_2D_2$ vorgegeben. Zeichne die Endlage, bestimme die Zwischenlage und die Winkel ϑ_1 und ϑ_2!

34. Konstruiere das innere Produkt zweier Vektoren allgemeiner Lage! (Wähle einen gemeinsamen Anfangspunkt beider Vektoren und drehe die Verbindungsebene in bildparallele Lage.)

35. Konstruiere das Moment einer Kraft $\mathfrak{a}$ bezüglich eines Punktes O! (Drehe die Ebene $[O\,\mathfrak{a}]$ in bildparallele Lage.)

13. Verwendung doppelter Seitenrisse. *Mittels doppelten Seitenrisses kann erreicht werden, daß a) eine gegebene Ebene ε von allgemeiner Lage Bildebene wird, oder b) daß eine gegebene Gerade g von allgemeiner Lage als Punkt erscheint.*

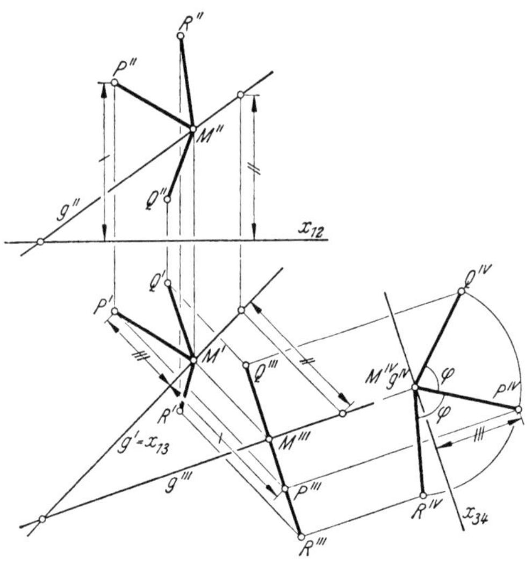

Abb. 42. Drehung um die Gerade g

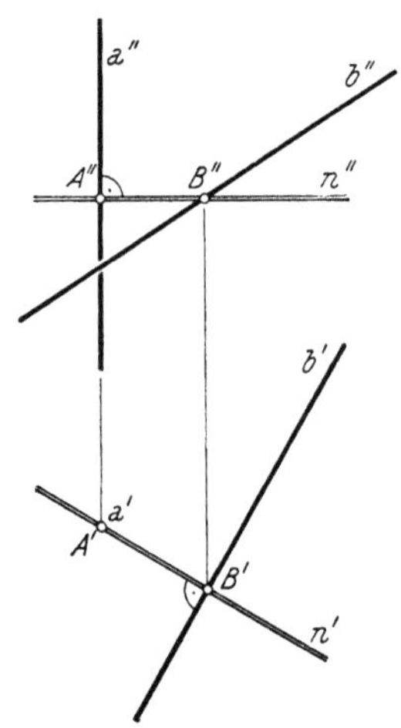

Abb. 43. Abstand zweier Geraden

Im Fall a) sei h eine erste Hauptgerade von ε. Dann wähle man Π_3 normal zu h, also $x_{13} \perp h'$; hierauf wähle man $x_{34} = \varepsilon'''$; dann ist $\varepsilon = \Pi_4$ (vgl. auch Abb. 19 und 20). Man kann dies verwenden, um einen auf ε aufgebauten Gegenstand in allgemeiner Lage darzustellen. Der Normalriß des Gegenstands auf ε tritt dann nicht mehr wie in 12. als Drehlage ε_0 auf, sondern als vierter Riß. Der Gegenstand wird zuerst im vierten und dritten Riß gezeichnet, daraus erhält man Grund- und Aufriß durch Übertragen der Koten.

Im Fall b) (Abb. 42) wird man Π_3 etwa als eine lotrechte Ebene durch g legen, also $x_{13} = g'$. Hierauf ist $x_{34} \perp g'''$ zu wählen. — Dies kann z. B. verwendet werden, um eine Drehung um g durchzuführen. In Abb. 42 wurde P um g durch den Winkel φ in die Lage Q bzw. R gedreht. φ erscheint in Π_4 in wahrer Größe, die Drehkreise erscheinen in Π_4 als Kreise um g^{IV}, in Π_3 erscheinen sie als Normalen zu g'''.

Auch den *Abstand zweier Geraden a und b* im Raum[1] kann man durch doppelten Seitenriß bestimmen. Nehmen wir zunächst an, a sei lotrecht (Abb. 43). Wir suchen eine Gerade n, die a und b rechtwinklig schneidet. Wegen $n \perp a$ ist n waagrecht und der rechte Winkel zwischen n und b erscheint daher im Grundriß als rechter Winkel. Der Grundriß des Schnittpunkts A von n mit a liegt in a', der Schnittpunkt B von n mit b erscheint als Fußpunkt B' der Normalen aus a' auf b'. Aus B' folgt B'', n'' ist die Waagrechte durch B'', sie schneidet a'' in A''. Die Länge AB heißt Abstand der Geraden a, b. n heißt Gemeinlot[2] von a und b. — Schneiden sich a und b, so haben sie den Abstand Null; n geht durch den Schnittpunkt und steht auf der Ebene $[ab]$ normal. Sind a und b parallel, so gibt es unendlich viele Gemeinlote. Im allgemeinen Fall, wo a und b nicht parallel sind und sich nicht schneiden, nennt man sie „kreuzende" oder „windschiefe" Geraden. — Besitzen a und b allgemeine Lage, so kann durch doppelten Seitenriß erreicht werden, daß etwa a als Punkt a^{IV} erscheint. Die Normale n^{IV} aus a^{IV} auf b^{IV} zeigt dann AB in wahrer Größe.

Beispiele:

36. Entnimm Abb. 40 eine Konstruktion des Abstandes eines Punktes von einer Geraden! (Erscheint g als Punkt g^{IV}, so ist der Abstand $= P^{IV} g^{IV}$.)

37. Entnimm Abb. 40 eine Konstruktion des Winkels zweier Ebenen und löse damit Beispiel 26! (Erscheint die Schnittgerade g beider Ebenen als Punkt g^{IV}, so erscheinen die Ebenen als Geraden, die den gesuchten Winkel einschließen.)

38. Bestimme in Beispiel 32 die Achse und den Winkel der Drehung, die die Anfangslage $ABCD$ unmittelbar in die Endlage $AB_1C_2D_2$ überführt! (Die Achse ist Schnittgerade der Symmetrieebenen der Strecken BB_1, CC_2 und auch DD_2.)

39. Einziehbare Räder eines Flugzeugs. Eine Radachse habe beim Landen die gegebene Lage AB, während des Fluges die gegebene Lage A_1B_1; dabei ist $\overline{A_1B_1} = \overline{AB}$. Das Einziehen erfolge durch Drehung um eine Gerade. Bestimme diese Gerade (durch Schnitt der Symmetrieebenen der Strecken AA_1 und BB_1) und den Winkel der Drehung!

40. Zwei Rohre mit windschiefen Achsen a, b sind mittels eines geraden Zwischenstückes, das an beide Rohre mit je einem T-Stück angeschlossen wird, zu verbinden.

41. Eine Hochspannungsleitung im Gebirge überkreuzt eine Schwachstromleitung. In der Umgebung der Kreuzungsstelle seien die Leitungen durch Geraden a, b angenähert, die nicht waagrecht verlaufen. An der Kreuzungsstelle ist ein Mindestabstand von a und b vorgeschrieben, der in der Praxis auf der Lotrechten, die a und b schneidet, zwischen den Schnittpunkten gemessen wird. Untersuche für verschiedene Lagen von a und b, wievielmal größer dieser Abstand ist als der wirkliche Abstand von a und b. Zum Beispiel sollen a und b längs eines unter 30^0 geneigten ebenen Berghangs ε nach verschiedenen Seiten ansteigen und mit den ersten Hauptgeraden von ε die Winkel $\pm 15^0$ einschließen.

42. Untersuche, ob zwei Rohre mit gegebenen windschiefen Achsen a, b allgemeiner Lage und gegebenen Durchmessern aneinander vorbeikommen. Wenn sie einander zu nahe sind, um wieviel muß das eine Rohr lotrecht gehoben werden, damit sich die Rohre nur berühren?

---

[1] Wichtig für die räumliche Kinematik (Kap. XVIII)!

[2] Wir verwenden diesen gebräuchlichen Ausdruck, obwohl n im allgemeinen nicht lotrecht steht.

43. Abb. **44** zeigt einen Schneidstahl (Drehstahl) und seine Lage zum runden Werkstück. Bezeichnungen: Hauptschneide a, Nebenschneide b, Spanfläche $\sigma = [ab]$, Freifläche φ der Hauptschneide $=$ die andere durch a gehende Ebene, Schnittfläche $\psi =$ lotrechte Ebene durch a. Gesucht sind: Freiwinkel (oder Rückenwinkel) $\alpha = \sphericalangle\, \varphi\, \psi$, Keilwinkel $\beta = \sphericalangle\, \varphi\, \sigma$, Spanwinkel (oder Brustwinkel) $\gamma =$ (näherungsweise) $90^0 - \alpha - \beta$, Neigungswinkel $\lambda = \sphericalangle\, a\, \Pi_1$.

44. Konstruiere das äußere Produkt zweier Vektoren! (Erscheint das Gemeinlot beider Vektoren $\mathfrak{a}$, $\mathfrak{b}$ als Punkt n^{IV}, so ist der Vektor $\mathfrak{a}^{IV} \times \mathfrak{b}^{IV}$ auf n aufzutragen.)

45. Konstruiere das Moment einer Kraft $\mathfrak{a}$ bezüglich einer Geraden g! (Erscheint g als Punkt g^{IV}, so ist das Moment von $\mathfrak{a}^{IV}$ bezüglich g^{IV} zu berechnen.)

46. Stelle ein räumliches Fachwerk oder ein räumliches Faltwerk dar und bestimme die für die Ausführung der Knotenpunkte erforderlichen Winkel zwischen Stäben und Winkel zwischen ebenen Flächen!

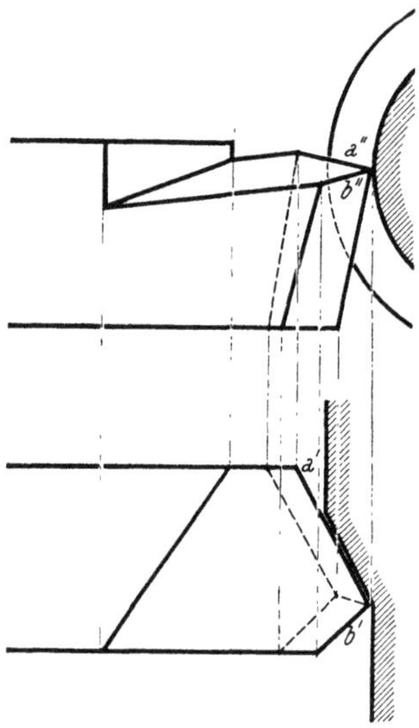

Abb. **44**. Schneidstahl

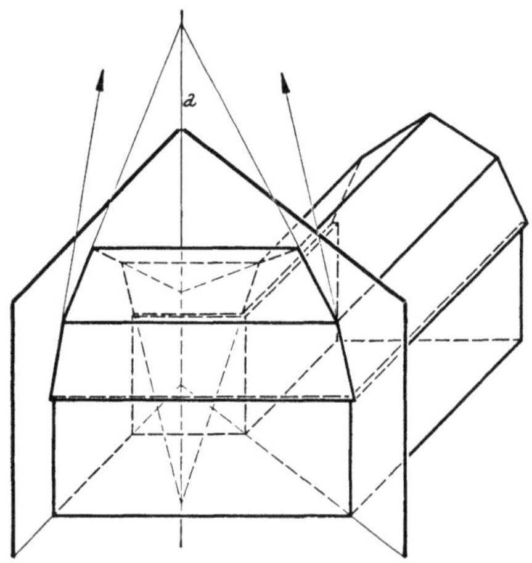

Abb. **45**. Eckhaus mit Mansardendach

14. Prismen. In einer Ebene α liege ein offener oder geschlossener Streckenzug. Eine Gerade, die nicht in α liege und nicht zu α parallel sei, werde längs des Streckenzugs geführt und behalte dabei ihre Richtung. Die überstrichene Fläche, bestehend aus ebenen Parallelstreifen („Seitenflächen"), heißt Prisma, jede Lage der bewegten Geraden eine *Erzeugende* des Prismas. Die Erzeugenden durch die Ecken des Streckenzugs heißen *Prismenkanten.*

Prismen in technischen Gegenständen sind oft durch ebene Schnitte begrenzt. Zum Beispiel stoßen die Prismen in Abb. 45 längs eines ebenen Schnittes zusammen. — *Zwischen zwei ebenen Schnitten eines Prismas besteht perspektive Affinität; Affinitätsstrahlen sind die Erzeugenden, Affinitätsachse ist die Schnittgerade beider schneidenden Ebenen* (a in Abb. 45 für das linke Prisma; wo ist die Affinitätsachse für die beiden ebenen Schnitte des rechten Prismas?). Auch im Bild (Parallelriß) besteht perspektive Affinität; Affinitätsstrahlen sind die Bilder der Erzeugenden, Affinitätsachse ist das Bild der Schnittgeraden beider Ebenen. — Dies gilt aber nicht ohne Ausnahmen; eine schneidende Ebene kann zur Erzeugendenrichtung parallel sein, auch kann ein ebener Schnitt oder es können beide ebenen Schnitte im Bild als Geraden erscheinen. Auf den Sonderfall, daß die schneidenden Ebenen parallel sind, kommen wir in 17. zurück.

Ein normal zu den Erzeugenden geführter ebener Schnitt heißt *Normalschnitt* (z. B. in Abb. 45 an den Feuermauern). Normalschnitte dienen als „Arbeitslehren" (Abb. 46) zur Bestimmung oder Prüfung der Form des Werkstückes oder zu seiner Herstellung (z. B. Gesimsschlitten). Man benötigt sie auch zur „Abwicklung" eines Prismas, das aus ebenem Blech hergestellt werden soll. Schneidet man ein Prisma längs einer Erzeugenden auf und breitet alle Seitenflächen in eine Ebene Π aus, so gehen die Erzeugenden in parallele Geraden in Π über und jeder Normalschnitt in eine zu diesen Parallelen normale Gerade (denn jede Erzeugende wird vom Normalschnitt rechtwinklig getroffen). Soll z. B. zwischen zwei versetzten quadratischen Querschnitten einer Leitung ein prismatisches Übergangsstück aus Blech gelegt werden (Abb. 47), so kann eine Normalebene ν zu den Prismenkanten durch doppelten Seitenriß zur Bildebene Π_5 gemacht werden. Dort erscheint der Normalschnitt $ABCD$ in wahrer Größe, kann also in einer Nebenfigur (Abb. 47) in die Strecken A_0B_0 usw. auf der Geraden n_0 abgewickelt werden. Im Seitenriß auf Π_4 erscheinen die Prismenkanten a, b, c, d in wahrer Länge, dort können die Strecken von $A, \ldots$ bis zu den Endpunkten von $a, \ldots$ entnommen und in der Abwicklung aufgetragen werden. Der Normalschnitt zeigt zugleich die Winkel $\alpha, \ldots$, durch die benachbarte Seitenflächen gegeneinander zu verbiegen sind. Warum sind die in der Abwicklung gleichartig bezeichneten Winkel gleich groß?

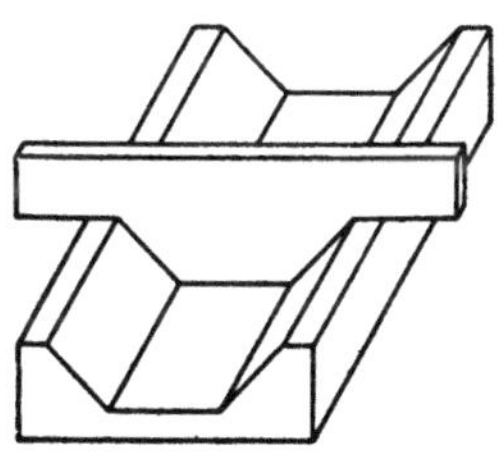

Abb. 46. Arbeitslehre für prismatisches Werkstück

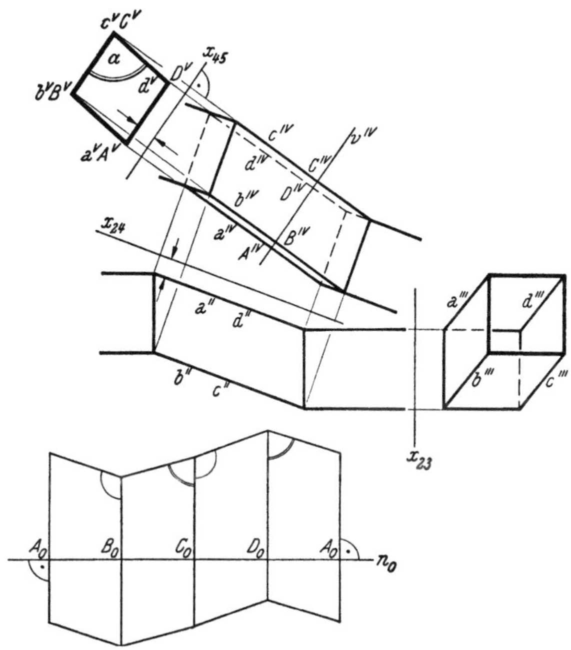

Abb. 47. Prismatisches Übergangsstück zwischen zwei versetzten quadratischen Querschnitten

Statt doppelten Seitenrisses kann eine Drehung und ein Seitenriß verwendet werden. Abb. 48 zeigt zunächst die Ermittlung des fünfeckigen Querschnittes des Gratsparrens eines Walmdaches, der aus einem Balken von gegebenem rechteckigem Querschnitt ϱ herausgeschnitten werden soll. In der Gratkante g des Walmdaches stoßen zwei Dachebenen, die gleiche Neigung gegen Π_1 besitzen mögen, aneinander. Man pflegt den Gratsparren so zu verlegen, daß die Mittellinie der oberen Seitenfläche des Rechteckbalkens mit g zusammenfällt. Demnach kann man im Grundriß zu beiden Seiten von g' die halbe Breite von ϱ auftragen. Nun werde der Gratsparren in aufrißparallele Lage gedreht, z. B. um die lotrechte

Gerade a, die den „Anfallspunkt" A des Grates an den First enthält. Der Endpunkt B der Gratkante g gelangt nach B_0, C nach C_0 usw. In der Drehlage läßt sich die Höhe von ϱ in wahrer Größe auftragen. Ein zu g_0 normaler Seitenriß ergibt dann den Querschnitt des Gratsparrens (geschrafft). — Der Gratsparren

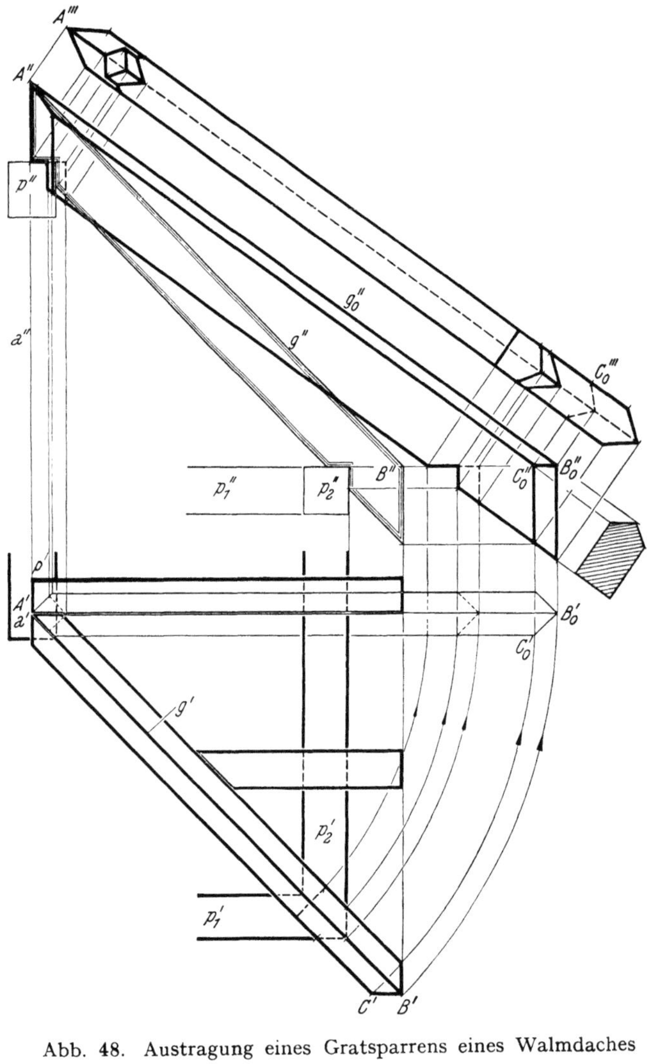

Abb. 48. Austragung eines Gratsparrens eines Walmdaches

ist mit dem oberen Ende auf das Ende der Firstpfette p und mit dem unteren Ende auf die Fußpfetten p_1 und p_2 „aufgeklaut". Er wird durch lotrechte Ebenen abgeschnitten, die parallel bzw. normal zu Π_2 stehen. Die Konstruktion der entstehenden Schnitte und Einkerbungen erfordert nichts als die wiederholte Bestimmung der Schnittgeraden zweier Ebenen. Abb. 48 enthält noch als Seitenriß die Untersicht des Gratsparrens[1].

[1] Neben dieser Ausführung gibt es auch andere Ausführungen.

Abb. 49 diene als Leseübung. Die Aufrißebene wurde durch den Grat g und die Kehle k gelegt, so daß die Grundrisse f_1' und f_2' der Firste unter 45^0 gegen die Ordner geneigt sind. Grat- und Kehlsparren wurden mit lotrechten Ebenen durch f_1 und f_2 abgeschnitten. Abb. 49 enthält auch die Querschnitte und Untersichten von Grat- und Kehlsparren und zeigt deren Verschneidungen mit den (nur im Grundriß gezeichneten) Firstpfetten. Warum sind die in den Untersichten gleichartig gekennzeichneten Kanten parallel[1]?

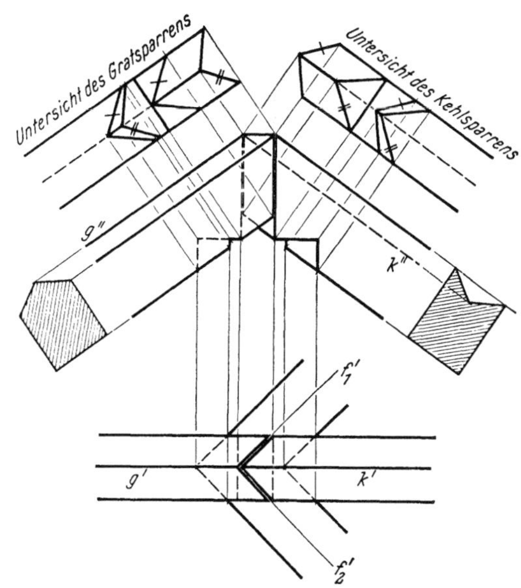

Abb. 49. Austragung des Gratsparrens und des Kehlsparrens eines Wiederkehrdaches (Abb. 34 g)

Die Abb. 48 und 49 enthalten *Durchdringungen von Prismen.* Wenn zwei Prismen nicht aneinander vorbeigehen, tritt eine Durchdringungsfigur auf, die die gemeinsamen Punkte beider Prismen enthält und aus einem oder mehreren Streckenzügen besteht. Die Ecken dieser Streckenzüge sind Schnittpunkte der Kanten eines Prismas mit dem anderen Prisma, die Strecken sind Schnitte der Seitenflächen eines Prismas mit denen des anderen Prismas.

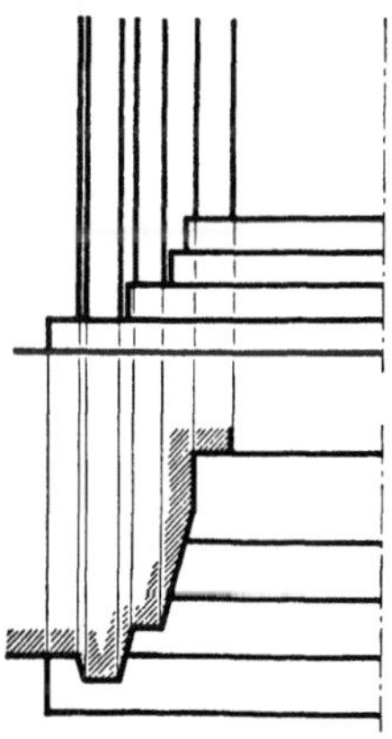

Abb. 50. Türgesims und Vortreppe

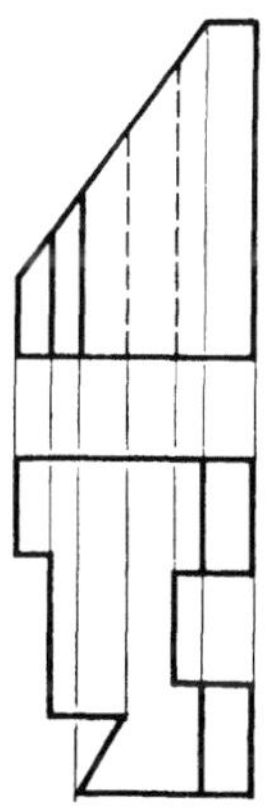

Abb. 51. Anschlagnocke für Spanngetriebe

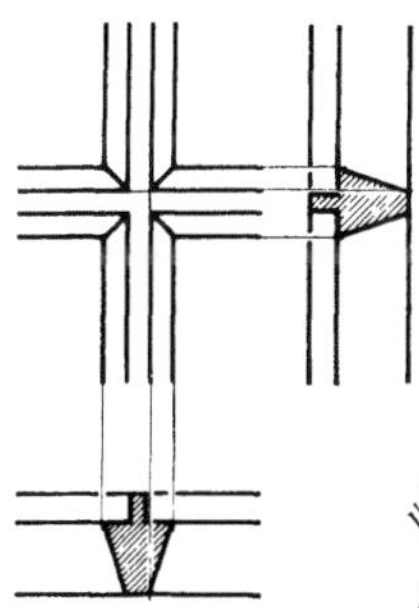

Abb. 52. Kreuzung zweier Fenstersprossen

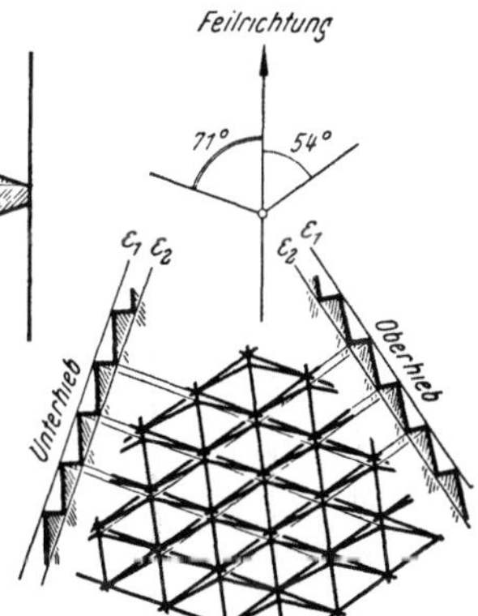

Abb. 53. Doppelter Feilenhieb in verschiedener Winkellage

Erscheinen die Kanten des einen Prismas in einem Riß als Punkte, so ist der Normalriß des Prismas zugleich Normalriß seiner Durchdringung mit dem anderen Prisma. So sind in Abb. 48 und 49 die Durchdringungen ohneweiters gegeben.

[1] Neben dieser Ausführung gibt es auch andere Ausführungen.

In Abb. 50 sind die Erzeugenden normal zu Π_1 bzw. Π_3, in Abb. 51 normal zu Π_1 bzw. Π_2. Technisch wichtig ist der Sonderfall, daß zwei Prismen sich längs ebener Schnitte durchdringen, z. B. Abb. 52 (vollständige Durchdringung) und Abb. 45 (unvollständige Durchdringung, das heißt jede Haushälfte bildet für sich ein Prisma und bei der Weiterführung beider Prismen über das Hauseck träten neue Durchdringungskanten auf).

Auf einfache Weise konstruiert man auch die Durchdringung zweier Prismen, deren Erzeugenden zu einer Bildebene parallel sind. Sind die Erzeugenden z. B. waagrecht, so lege man durch jede Kante des einen Prismas eine waagrechte Hilfsebene; diese schneidet das andere Prisma nach Erzeugenden, deren Schnittpunkte mit der Kante des ersten Prismas zur Durchdringung gehören. Abb. 53 zeigt z. B. stark vergrößert die Entstehung der Feilenzähne durch doppelten Feilenhieb, das heißt als Durchdringung waagrechter Zickzackprismen. Deren Winkel zur Feilrichtung sind so gewählt, daß die Feilenzähne nicht in der Feilrichtung hintereinander stehen und Rillen im Werkstück erzeugen. Zur Konstruktion genügen hier die Hilfsebenen ε_1 und ε_2.

Bei allgemeiner Lage beider Prismen kann man auf die gezeigten Konstruktionen, wo die Erzeugenden eines Prismas als Punkte erscheinen oder die Erzeugenden beider Prismen zur Bildebene parallel sind, durch doppelten Seitenriß zurückkommen.

Beispiele:

47. Der Gratsparren in Abb. 48 wird aus einem Balken vom Rechteckquerschnitt ϱ und von der Länge l hergestellt. Zeichne die nötigen Sägeschnitte! (Die Ebenen des Gratsparrens werden mit den Ebenen des Rechteckbalkens geschnitten. Zuerst werden an beiden Sparrenenden die nötigen Sägeschnitte und Ausstemmungen durchgeführt, zuletzt erfolgt die Abgratung des Sparrens.)

48. Austragung eines Schiftsparrens. In der Richtung der Fallgeraden in Abb. 48 laufen die Schiftsparren, die mit dem unteren Ende auf die Fußpfette aufgeklaut sind und sich mit dem oberen Ende stumpf an den Gratsparren legen und dort angenagelt werden. Zeichne den Sägeschnitt! Zeige, daß man einen Rechteckbalken durch einen einzigen Sägeschnitt in zwei Schiftsparren zersägen kann!

49. Zeichne die Sägeschnitte für Gratsparren und Kehlsparren in Abb. 49!

50. Zeichne die Austragung eines Grat- oder Kehlsparrens, wenn beide Dachflächen ungleiche Neigung besitzen! Der Sparrenquerschnitt werde so gelegt, daß die Dachflächen gleich hohe Dreiecke vom rechteckigen Balkenquerschnitt abschneiden.

15. Pyramiden. In einer Ebene ε liege ein Streckenzug, außerhalb ε ein Punkt S. Eine Gerade, die in S drehbar gelagert ist und längs des Streckenzugs geführt wird, überstreicht eine Pyramide. Jede Lage der bewegten Geraden heißt eine Erzeugende der Pyramide. Die durch die Ecken des Streckenzugs laufenden Erzeugenden heißen Pyramidenkanten. S heißt Spitze der Pyramide. Meist tritt nur der Teil der Pyramide auf, der durch Bewegung einer von S ausgehenden Halbgeraden entsteht.

In Abb. 54 wird ein *ebener Schnitt einer Pyramide* konstruiert. In der waagrechten Ebene ε befindet sich das Siebeneck $ABC\ldots$, das mit S zu einer Pyramide verbunden wird. Die durch die Traufe s gehende Dachebene ε_1 schneidet die Pyramide nach dem Siebeneck $A_1B_1C_1\ldots$ Im Kreuzriß erscheint ε_1 als Gerade, die Punkte A_1''',... auf ε_1''' können mittels Ordner in den Aufriß und von da in den Grundriß geführt werden. Der unterhalb ε liegende Teil des Schnittes tritt im Beispiel nicht wirklich auf und ist dünner gezeichnet. Je zwei von drei Ebenen haben im allgemeinen eine Schnittgerade, die drei Schnittgeraden gehen durch den Schnittpunkt der drei Ebenen. Daher müssen sich die Schnittgeraden einer Seitenfläche mit ε und ε_1 in einem Punkt von s schneiden (z. B. *1*).

In Abb. 55 durchdringt ein lotrechtes Prisma eine gerade quadratische Pyramide. In Abb. 56 durchdringt eine niedrige quadratische eine hohe achtseitige Pyramide. Die Flächen *I* und *II* erscheinen im Aufriß als Geraden, ihre Schnittkante g als Punkt. g' liegt auf dem Ordner, durch Vierteldrehungen um S' erhält man weitere drei Schnittkanten. Eine Hilfsebene ε durch die Kante $\boldsymbol{a}$ der niedrigen und die Spitze S der hohen Pyramide schneidet aus der hohen Pyramide zwei Erzeugenden b und b_1, die mittels der Schnittpunkte von ε' mit dem Achteck gefunden und im Aufriß gezeichnet werden. Aus dem Schnittpunkt P'' von a'' und b'' findet man P' auf $\boldsymbol{a}' = \varepsilon'$. P und ein Endpunkt von g begrenzen die Schnittkante von *II* und *III*.

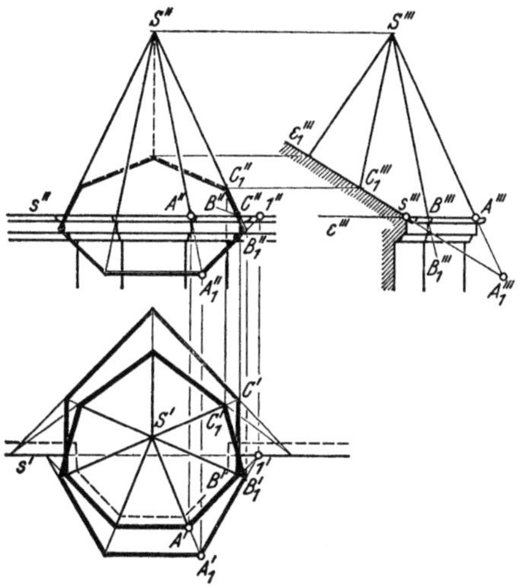

Abb. 54. Turmdach

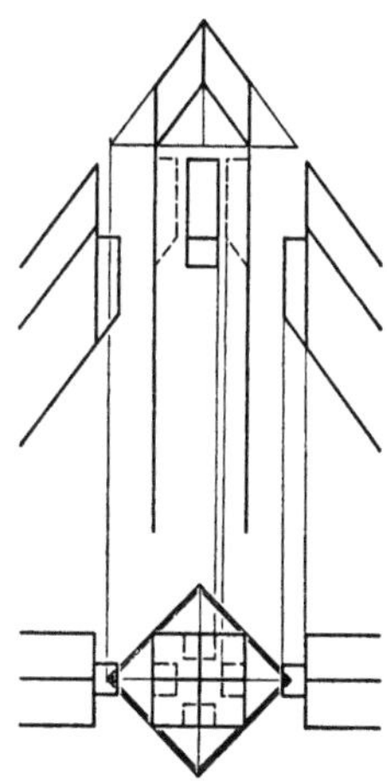

Abb. 55. Kaiserstiel (Zeltdach)

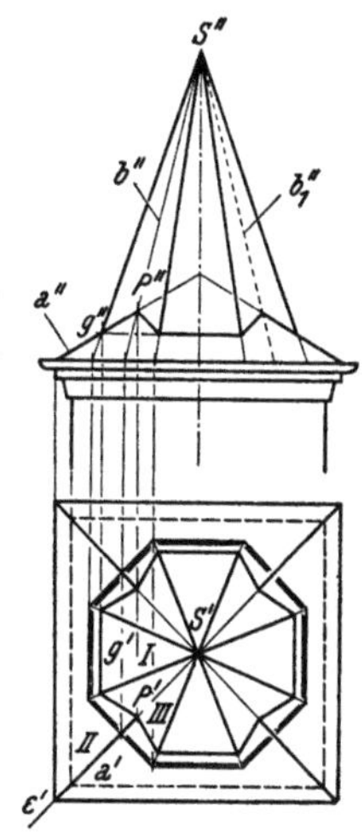

Abb. 56. Romanischer Vierungsturm

Allgemein findet man die *Durchdringung zweier Pyramiden* mit verschiedenen Spitzen, indem man Hilfsebenen ε durch die Verbindungsgerade beider Spitzen legt. Legt man ε durch eine Kante der einen Pyramide, so schneidet ε die andere Pyramide nach Erzeugenden, die die Kante der ersten Pyramide in Eckpunkten der Durchdringung treffen. Haben beide Pyramiden aber dieselbe Spitze, so schneide man beide Pyramiden mit einer Ebene, die nicht durch die Spitze geht; die Durchdringung besteht dann aus den Erzeugenden durch die gemeinsamen Punkte beider Schnitte.

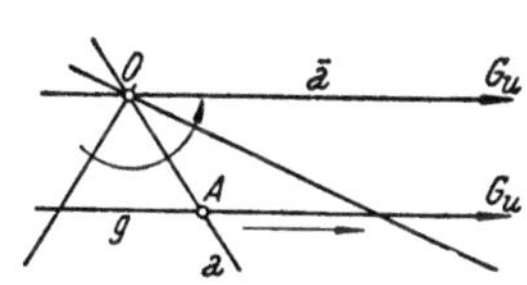

Abb. 57. Fernpunkt

16. Fernpunkt, Ferngerade, Fernebene. Gegeben sei eine Gerade g. O sei ein Punkt außerhalb g (Abb. 57). Ein Punkt A durchlaufe g. Dann dreht sich $\boldsymbol{a} = OA$ um O und nimmt dabei jede Richtung an, ausgenommen die von g (denn in der herkömmlichen Auffassung schneiden sich zwei Parallelen nicht, das heißt für die Parallele zu g durch O existiert A nicht). Um diese Ausnahme zu beseitigen und jeder Geraden $\boldsymbol{a}$ durch O einen Schnittpunkt A auf g zuordnen zu können, führen wir die Redeweise ein, *auch die Parallele $\bar{a}$ durch O zu g schneide g in einem Punkt G_u. G_u heißt der unendlich ferne Punkt oder Fernpunkt*[1] *von g.*

ε sei eine Ebene, S ein Punkt außerhalb ε (Abb. 58). Einem Punkt A in ε ordnen wir die Gerade SA, einer Geraden g in ε die Ebene Sg zu. Ist G_u ein Fernpunkt in ε, so ist SG_u zu ε parallel. Sind g und $\bar{a}$ in ε parallel, so schneiden sich Sg und $S\bar{a}$ in einer zu ε parallelen Geraden. — *Parallele Geraden besitzen daher denselben Fernpunkt.* Die Geraden von S nach allen Fernpunkten in ε bilden die zu ε parallele Ebene durch S; diese Ebene schneidet ε nach der Gesamtheit der Fernpunkte von ε. Damit nicht nur jeder Geraden g in ε eine Ebene durch S entspricht, sondern umgekehrt auch jeder Ebene durch S eine Gerade in ε, werden wir die Gesamtheit der Fernpunkte in ε als eine Gerade bezeichnen, als die *Ferngerade* von ε. *Parallele Ebenen besitzen dieselbe Ferngerade,* denn zu jeder Geraden der einen Ebene gibt es parallele Geraden in der anderen Ebene, jeder Fernpunkt der einen Ebene ist also auch Fernpunkt in der anderen Ebene.

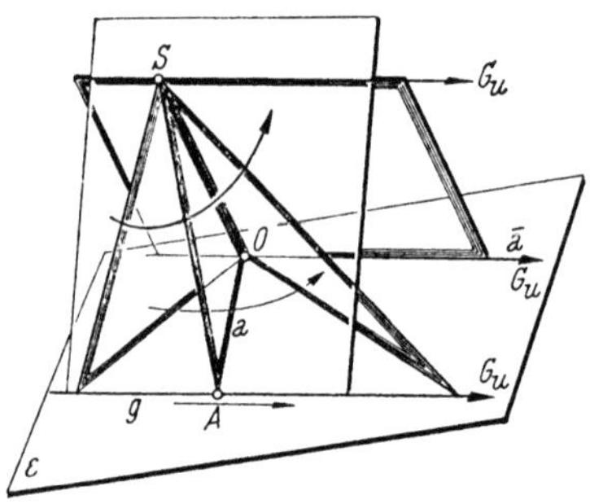

Abb. 58. Ferngerade

Punkte und Geraden, die nicht unendlich fern liegen, nennt man *eigentliche Punkte bzw. eigentliche Geraden.* Eine durch ihren Fernpunkt ergänzte eigentliche Gerade nennt man eine *projektive Gerade,* eine durch ihre Ferngerade ergänzte Ebene *projektive Ebene.* Auch Ferngeraden werden projektive Geraden genannt.

Parallele Geraden haben denselben Fernpunkt, sie haben auch dieselbe Richtung[2]. Nichtparallele Geraden haben verschiedene Fernpunkte und verschiedene Richtungen. Fernpunkt bedeutet daher dasselbe wie Richtung. Ferngerade bedeutet ebenso wie „Stellung" dasjenige, was parallelen Ebenen gemeinsam ist (die Stellung einer Ebene kann durch die Richtung ihrer Normalen festgelegt werden). Die Ausdrücke „Fernpunkt" und „Ferngerade" sind vielleicht weniger naheliegend als „Richtung" und „Stellung", aber sie vereinfachen die geometrische Ausdrucksweise. Zwei Geraden in einer Ebene haben jetzt *immer* einen Schnittpunkt, zwei Ebenen haben *immer* eine Schnittgerade; der Schnittpunkt kann ein Fernpunkt sein, die Schnittgerade eine Ferngerade. Daß eine Gerade durch zwei Punkte oder durch einen Punkt und die Richtung bestimmt ist, lautet nun: „Durch zwei Punkte läßt sich eine Gerade legen." Darin ist auch enthalten, daß durch zwei Fernpunkte die Ferngerade bestimmt ist. Der Satz „Durch drei Punkte, die nicht einer Geraden angehören, läßt sich eine Ebene legen" hat im Fall dreier

[1] Daß man auch G_u als einen *Punkt* bezeichnet, bedeutet eine Erweiterung des Begriffes Punkt. Derlei Begriffserweiterungen kommen auch anderswo vor, z. B. im Recht: Der naive Begriff *Person* wird erweitert, indem man auch „juristische" Personen definiert, die rechtlich wie „physische" (gewöhnliche, eigentliche) Personen zu behandeln sind.

[2] Im gewöhnlichen Leben unterscheidet man die Richtungen nach Norden und nach Süden als entgegengesetzte Richtungen. In der Geometrie könnte man ebenfalls auf jeder Geraden zwei (entgegengesetzte) Richtungen unterscheiden. Gewöhnlich aber sieht man von diesem Unterschied ab und *schreibt parallelen Geraden dieselbe Richtung zu.* In diesem Sinne spricht man z. B. in der analytischen Geometrie vom Richtungsfaktor m einer Geraden $y = m\,x + n$.

eigentlicher Punkte die übliche Bedeutung. Ist einer der Punkte Fernpunkt, so sagt der Satz, daß durch die Verbindungsgerade der anderen beiden Punkte eine Ebene gelegt werden kann, die eine gegebene Richtung enthält. Sind zwei der gegebenen Punkte Fernpunkte, so bestimmen diese eine Ferngerade und der Satz sagt aus, daß durch den dritten Punkt eine Ebene von bestimmter Stellung gelegt werden kann.

Wir wollen die Gesamtheit aller Fernpunkte und Ferngeraden des Raumes als die *Fernebene des Raumes* bezeichnen. Jede andere Ebene heiße eine eigentliche Ebene. — Der durch die Fernebene ergänzte Raum heißt *projektiver Raum.* — Dann läßt sich durch drei Fernpunkte eine Ebene legen, nämlich die Fernebene. — In einer eigentlichen Ebene läßt sich durch zwei Punkte eine Gerade legen und zwei Geraden schneiden sich in einem Punkt. Dasselbe gilt in der Fernebene: a) Durch zwei Fernpunkte P_1 und P_2 läßt sich eine Ferngerade legen, nämlich die Ferngerade jeder Ebene, die P_1 und P_2 enthält, und b) zwei Ferngeraden schneiden sich in einem Fernpunkt, nämlich im Fernpunkt der Schnittgeraden zweier Ebenen, die je eine der beiden Ferngeraden enthalten.

Mit den Ausdrücken Fernpunkt usw. soll nichts über die „wahre" Struktur der Geraden, der Ebene und des Raumes ausgesagt werden. Man kann Aussagen über Richtungen und Stellungen in Aussagen über Fernpunkte und Ferngeraden verwandeln und umgekehrt.

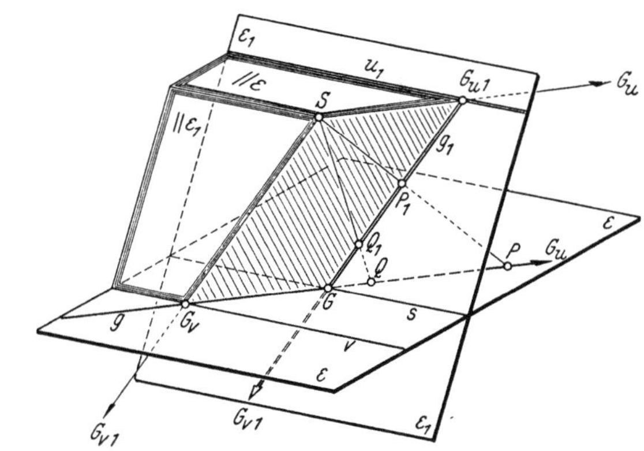

Abb. 59. Perspektive Kollineation zwischen zwei Ebenen

17. Perspektive Kollineation zwischen ebenen Figuren. Gegeben seien zwei *projektive* Ebenen ε und ε_1 und ein Punkt S, der weder ε noch ε_1 angehört (Abb. 59). Jedem Punkt P von ε werde der Schnittpunkt P_1 von SP mit ε_1 zugeordnet. Man sagt, ε werde aus S auf ε_1 projiziert. Die entstehende geometrische Beziehung (Verwandtschaft) zwischen den Ebenen ε und ε_1 heißt *perspektive Kollineation.* Sie besitzt folgende Eigenschaften:

1. Jedem Punkt P in ε entspricht ein Punkt P_1 in ε_1; umgekehrt entspricht jedem Punkt in ε_1 ein Punkt in ε (*eineindeutige Zuordnung*). Dies gilt auch für Fernpunkte; ist z. B. G_u der Fernpunkt der Geraden g in ε, so erhält man den entsprechenden Punkt G_{u1}, indem man die Gerade SG_u mit ε_1 schneidet. G_{u1} heißt *Fluchtpunkt* von g. Der Punkt G_v auf g, dem der Fernpunkt G_{v1} von g_1 entspricht, heißt *Verschwindungspunkt* von g.

2. Zu jeder Geraden g in ε gehört eine Gerade g_1 in ε_1 und umgekehrt; denn die Ebene Sg schneidet ε_1 nach einer Geraden g_1. Dies gilt auch für Ferngeraden; der Ferngeraden u von ε entspricht die „*Fluchtgerade*" u_1 in ε_1, der „*Verschwindungsgeraden*" v in ε entspricht die Ferngerade v_1 von ε_1. Es ist $Su_1 || \varepsilon$ und $Sv || \varepsilon_1$. Man nennt u_1 und v auch die *Gegenachsen der Kollineation.* — Ist $g || h$, so schneiden sich g_1 und h_1 in G_{u1}.

3. Die Verbindungsgeraden entsprechender Punkte gehen laut Erklärung durch einen Punkt S. Sie heißen *Kollineationsstrahlen*, S heißt *Kollineationszentrum.*

4. Die Schnittpunkte entsprechender Geraden liegen auf einer Geraden, der „*Kollineationsachse*" (in Abb. 59 die Schnittgerade $s = (\varepsilon\varepsilon_1)$).

5. Jeder Punkt der Kollineationsachse entspricht sich selbst. Jeder Kollineationsstrahl entspricht sich selbst.

Eine perspektive Kollineation besteht zum Beispiel zwischen zwei ebenen Schnitten einer Pyramide (Abb. 54; die Pyramidenspitze ist Kollineationszentrum, die Schnittgerade beider schneidenden Ebenen ist Kollineationsachse, die Erzeugenden sind Kollineationsstrahlen).

Ist S ein Fernpunkt, so sind die Kollineationsstrahlen parallel und die perspektive Kollineation zwischen ε und ε_1 wird eine perspektive Affinität. Im Beispiel wird aus der Pyramide ein Prisma mit der Kantenrichtung S und man erhält die perspektive Affinität zwischen zwei ebenen Schnitten eines Prismas. Ist S ein eigentlicher Punkt und sind ε und ε_1 parallel, so wird die perspektive Kollineation eine Streckung aus S (zentrische Ähnlichkeit); s ist die Ferngerade von ε und ε_1. Im Beispiel wird die Pyramide mit zwei parallelen Ebenen geschnitten. Ist S ein Fernpunkt und sind ε und ε_1 parallel, so ist die perspektive Kollineation eine gewöhnliche Parallelverschiebung. Im Beispiel wird ein Prisma mit zwei parallelen Ebenen geschnitten.

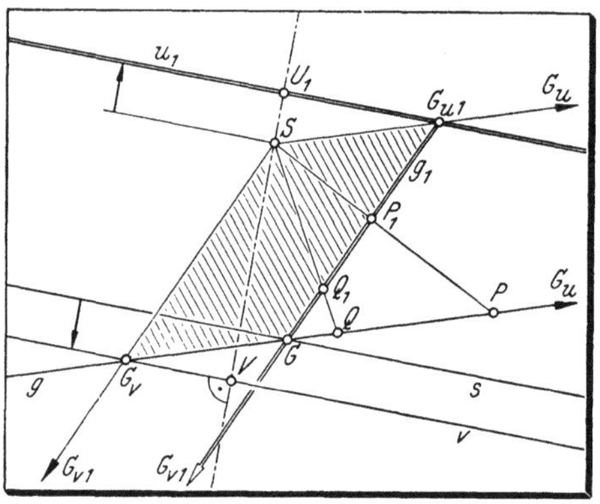

Abb. 60. Perspektive Kollineation in einer Ebene

Deutet man Abb. 59 als eine ebene Figur, und zwar etwa als Parallelriß der dargestellten räumlichen Figur, so ergibt sich *in der Bildebene eine perspektive Kollineation* zwischen den Bildfiguren von ε und ε_1 (Abb. 60, Kollineationszentrum S, Kollineationsachse s, Fluchtgerade u_1, Verschwindungsgerade v). Das Parallelogramm SG_vGG_{u1} zeigt, daß der Abstand der einen Gegenachse von S entgegengesetzt gleich dem Abstand der anderen Gegenachse von s ist.

Eine perspektive Kollineation zwischen zwei Figuren in einer Ebene ist bestimmt, wenn S, s und ein (auf einem Kollineationsstrahl liegendes) *Punktepaar P, P_1 gegeben sind.* Denn zu einem anderen Punkt Q findet man den ent sprechenden Punkt Q_1 so (Abb. 60): Der Geraden $g = PQ$ entspricht die Gerade g_1, die durch P_1 und den Schnittpunkt von g mit s geht; g_1 schneidet den Kollineationsstrahl SQ in Q_1. Ferner ergibt sich der Fluchtpunkt G_{u1} von g im Schnitt von g_1 mit dem zu g parallelen Kollineationsstrahl, analog der Verschwindungspunkt G_v von g im Schnitt von g mit dem zu g_1 parallelen Kollineationsstrahl. Die Fluchtgerade u_1 geht dann parallel zu s durch G_{u1}, die Verschwindungsgerade v parallel zu s durch G_v.

Die Normale zu s durch S schneidet u_1 in U_1, v in V. U_1 ist Fluchtpunkt der zu s normalen Geraden; die Geraden durch V gehen in Geraden über, die zu s normal sind. U_1 heißt *Hauptfluchtpunkt*, V *Hauptverschwindungspunkt*.

18. Perspektive Kollineation zwischen räumlichen Figuren. Bisher haben wir eine perspektive Kollineation zwischen zwei ebenen Figuren betrachtet. Zu einer perspektiven Kollineation zwischen räumlichen Figuren kann man so gelangen:

Abb. 61 zeigt wie Abb. 60 eine perspektive Kollineation in der Zeichenebene, jedoch ist das Zentrum mit $S'S''$ bezeichnet, die Kollineationsachse mit $\sigma'\sigma''$, die Fluchtgerade mit $\omega_1'\omega_1''$, die Verschwindungsgerade mit $\omega_v'\omega_v''$, der Hauptfluchtpunkt mit $U_1'U_1''$, der Hauptverschwindungspunkt mit $V'V''$. Um zu einem Punkt P' den entsprechenden Punkt P_1' zu finden, kann man irgend eine Gerade durch P' legen und dann nach Abb. 60 verfahren. Wir wählen speziell die zu $\sigma'\sigma''$ normale Gerade a' mit dem Fernpunkt $U'U''$; die entsprechende Gerade a_1' geht durch $U_1'U_1''$ und durch den Schnittpunkt von a' mit $\sigma'\sigma''$. P_1' ist Schnittpunkt von a_1' mit dem Kollineationsstrahl durch P'. Man könnte aber auch die Gerade b' durch P' und $V'V''$ legen (in Abb. 61 gestrichelt); ihr entspricht die zu $\sigma'\sigma''$ normale Gerade b_1', die durch den Schnittpunkt $\overline{P'}$ von b' mit $\sigma'\sigma''$ geht. In Abb. 61 wurde ebenso zu einem Punkt P'' der entsprechende Punkt P_1'' konstruiert. Dabei wurde die Gerade $P'P''$ parallel zu $\sigma'\sigma''$ angenommen; da entsprechende Geraden einander auf der Kollineationsachse $\sigma'\sigma''$ schneiden, ist auch die Gerade $P_1'P_1''$ zu $\sigma'\sigma''$ parallel.

Wir fassen nun P' als Grundriß, P'' als Aufriß eines Raumpunktes P auf, analog P_1' und P_1'' als Grund- und Aufriß eines Raumpunktes P_1. Die Ordner sind, wie es sein muß, parallele Geraden. Die Zuordnung der Punkte P und P_1 bezeichnet man als eine *perspektive Raumkollineation*, mit dem *Kollineationszentrum* S (gegeben durch $S'S''$), mit der zur Grundrißebene und zur Aufrißebene normalen *Kollineationsebene* σ (gegeben durch $\sigma'\sigma''$), mit der *Fluchtebene* ω_1 (gegeben durch $\omega_1'\omega_1''$), mit der *Verschwindungsebene* ω_v (gegeben durch $\omega_v'\omega_v''$), mit dem *Hauptfluchtpunkt* U_1 (gegeben durch $U_1'U_1''$) und dem *Hauptverschwindungspunkt* V (gegeben durch $V'V''$). Die perspektive Raumkollineation hat demnach folgende *Eigenschaften:*

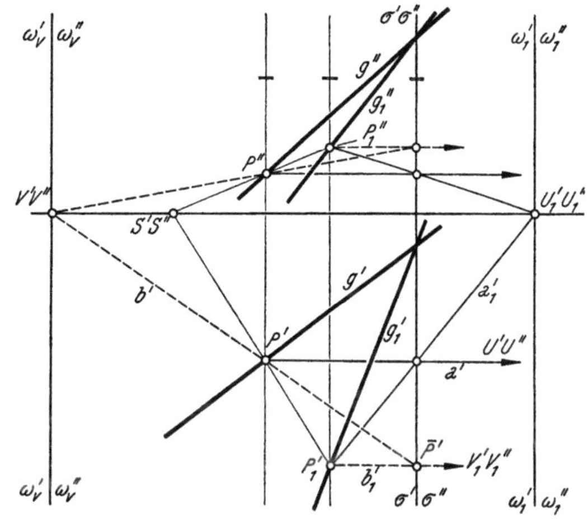

Abb. 61. Perspektive Kollineation im Raum

1. Entsprechende Punkte P und P_1 liegen auf einer Geraden (Kollineationsstrahl) durch das Kollineationszentrum S. S entspricht sich selbst.
2. Jeder Punkt der Kollineationsebene σ entspricht sich selbst.
3. Einem Fernpunkt entspricht ein Punkt auf der Fluchtebene ω_1.
4. Einem Punkt der Verschwindungsebene ω_v entspricht ein Fernpunkt.
5. Durchläuft P im Raum eine Gerade g, so durchläuft P_1 eine Gerade g_1. Beweis: Wenn P' eine Gerade g' und P'' eine Gerade g'' in Abb. 61 durchläuft, so gehen g' und g'' durch die Kollineation in der Zeichenebene in zwei Geraden g_1' und g_1'' über, und jeder Ordner, der g' im Grundriß und g'' im Aufriß eines Punktes Q von g trifft, geht in einen Ordner über, der g_1' im Grundriß Q_1' und g_1'' im Aufriß Q_1'' des entsprechenden Raumpunktes Q_1 schneidet; durch g_1' und g_1'' ist daher jene Gerade g_1 bestimmt, die g in der perspektiven Raumkollineation entspricht. Der Schnittpunkt von g mit σ entspricht sich selbst, daher schneiden

sich g und g_1 auf σ. — Jede Gerade in σ entspricht sich (punktweise) selbst. Jeder Kollineationsstrahl geht in sich über.

6. Durchläuft P im Raum eine Ebene ε, so durchläuft P_1 eine Ebene ε_1. Beweis: Einem Dreieck PQR in ε entspricht ein Dreieck $P_1Q_1R_1$; eine Gerade g in ε schneidet die Seiten des Dreiecks PQR in je einem Punkt, daher muß die entsprechende Gerade g_1 die Seiten des Dreiecks $P_1Q_1R_1$ in je einem Punkt schneiden. Daher muß g_1 in der Ebene $P_1Q_1R_1$ liegen; der Ebene ε entspricht daher die Ebene $\varepsilon_1 = P_1Q_1R_1$. Die Schnittgerade von ε mit σ entspricht sich selbst, daher liegt die Schnittgerade von ε und ε_1 in σ. Jede Ebene durch S geht in sich über; σ geht punktweise in sich über. Der Fernebene ω entspricht die Fluchtebene ω_1, der Verschwindungsebene ω_v entspricht die Fernebene ω_{v1}.

Einige Sonderfälle der Raumkollineation. a) Ist das Zentrum S ein Fernpunkt, σ eine eigentliche Ebene, so geht die Fernebene in sich über und die Zuordnung heißt *perspektive Raumaffinität.* Die Verbindungsgeraden entsprechender Punkte heißen Affinitätsstrahlen; sie sind zueinander parallel. Parallele Geraden gehen in parallele Geraden, parallele Ebenen in parallele Ebenen über. b) Ist S ein eigentlicher Punkt, σ die Fernebene, so liegt eine *zentrische Ähnlichkeit* (*Streckung aus* S) vor. c) Ist S ein Fernpunkt und σ die Fernebene, so ergibt sich eine Parallelverschiebung im Raum.

Übersichtsfragen

Was ist perspektive Affinität zwischen ebenen Figuren? Welche Beispiele von perspektiver Affinität zwischen ebenen Figuren treten in diesem Kapitel auf? Wie konstruiert man die Schnittgerade zweier Ebenen, den Schnittpunkt dreier Ebenen, den Schnittpunkt einer Geraden mit einer Ebene? Wie erscheinen Hauptgeraden, Fallgeraden und Normalen zu einer Ebene? Wie konstruiert man den Abstand zweier Punkte, den Abstand eines Punktes von einer Geraden, den Abstand eines Punktes von einer Ebene, den Abstand zweier Geraden, den Winkel zweier Geraden, den Winkel einer Geraden mit einer Ebene, den Winkel zweier Ebenen? Wie führt man eine Drehung um eine Gerade durch? Wie konstruiert man die Risse einer Figur in einer Ebene? Wie konstruiert man die wahre Größe einer ebenen Figur? Was bedeuten Fernpunkt, Ferngerade, Fernebene? Was ist perspektive Kollineation zwischen a) zwei ebenen Figuren, b) zwei räumlichen Figuren?

III. Kreise und Kugeln

19. Abwicklung von Kreisen und Kreisbögen. Es ist nicht möglich, mit Lineal und Zirkel eine Strecke zu konstruieren, die genau so lang ist wie der Umfang eines gegebenen Kreises. Ebensowenig läßt sich mit Lineal und Zirkel ein Quadrat konstruieren, dessen Flächeninhalt gleich dem des Kreises ist. LINDEMANN hat 1882 bewiesen, daß dieses Problem der „Quadratur des Kreises" nicht lösbar ist und daß daher alle Lösungsversuche fehlschlagen mußten. — Für das praktische Zeichnen benötigt man Näherungskonstruktionen, deren unvermeidliche theoretische Fehler neben der Zeichenungenauigkeit nicht ins Gewicht fallen.

Zunächst soll eine *Näherungskonstruktion für die Länge eines Kreisbogens* gewonnen werden. Der Winkel $\sphericalangle AOB$ (Abb. 62 *a*) sei durch die Radien OC und OD in drei gleiche Teile geteilt. Die Tangente in D schneide OB in B_1 und die Tangente von A in C_1. Dreht man B_1 um C_1 nach B_2, so erhält man die abgewickelte Länge AB_2 des Streckenzugs AC_1B_1. Dabei ist die Grundseite B_1B_2 des gleichschenkligen Dreiecks $B_1B_2C_1$ parallel zur Winkelsymmetralen OC_1 des Außenwinkels AC_1D. Wegen $C_1B_2 = 2 \cdot AC_1$ schneiden sich B_1B_2 und OA in einem Punkt Z, für den $ZA = 3\,r$ ist. Das legt den Versuch nahe, als Abwicklung des Bogens AB in Abb. 62 *b* die Strecke AB_0 zu betrachten, wo B_0 von ZB auf der Tangente in A ausgeschnitten wird und $ZA = 3\,r$ ist. Die Konstruktion ist sehr günstig, denn es ist $\widehat{AB} = r\alpha$ und $\overline{AB_0} = 3\,r\,\mathrm{tg}\,\beta = 3\,r \cdot \frac{B'B}{ZB'} = \frac{3\,r\sin\alpha}{2+\cos\alpha} =$

$$= r\left(\alpha - \frac{\alpha^5}{180} - \ldots\right),$$

das heißt AB_0 ist bis $\alpha = \frac{\pi}{3}$ um weniger als 0,01 r kleiner als $\widehat{AB}$. Abb. 62 *b* zeigt auch, wie man näherungsweise den Kreisbogen $(r;\alpha)$ in einen längengleichen Kreisbogen von gegebenem Radius $\bar{r}$ verwandelt; es ergibt sich der Winkel $\bar{\alpha}$.

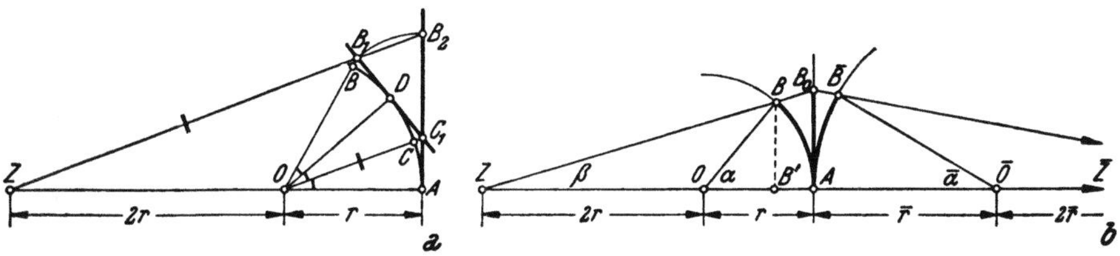

Abb. 62 *a*, *b*. Abwicklung eines Kreisbogens

Zur *Abwicklung des ganzen Kreises* eignet sich eine von KOCHANSKY (1685) gefundene Konstruktion (Abb. 63). Ein Durchmesser AB wird um O durch 30^0 gedreht und nachher mit der Tangente von A geschnitten. Vom Schnittpunkt C aus wird in Richtung A die Strecke $3\,r$ bis D aufgetragen. Dann ist BD angenähert der halbe Kreisumfang, denn nach dem Satz des Pythagoras ist

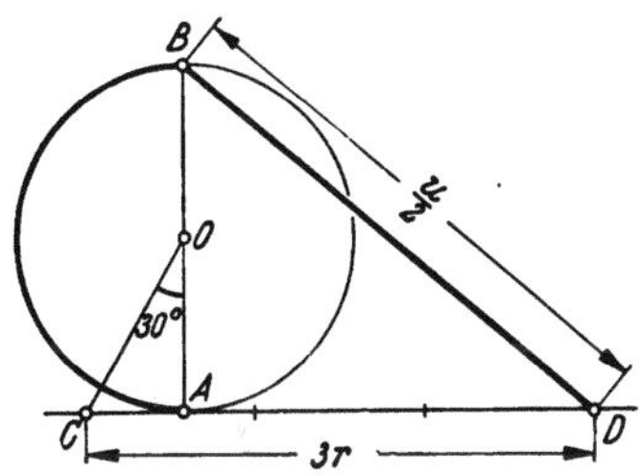

Abb. 63. Abwicklung des Kreisumfangs

$$BD = \sqrt{4\,r^2 + \left(3\,r - \frac{r}{\sqrt{3}}\right)^2} = 3{,}14153\ldots\,r,$$

während $r\,\pi = 3{,}14159\ldots\,r$ ist. Die Genauigkeit genügt für alle praktischen Bedürfnisse, bei einem Kreis vom Radius 1 m beträgt der Fehler nur rund 0,06 mm [1].

20. Berührung von Kreisen. Zwei Kreise berühren sich von außen (innen), wenn der Abstand ihrer Mitten gleich der Summe (Differenz) der Radien ist. Mehrere berührend aneinander anschließende Kreisbögen bilden einen sogenannten *Korbbogen.*

Statt des Rundbogens (Halbkreis) werden seit der Barockzeit oft gedrückte Bögen verwendet, seltener in elliptischer Form, häufiger als Korbbögen ausgebildet. In Abb. 64 sind A und B Kämpferpunkte, C ist der Scheitel [2]. Die Kreisbögen um O_A durch A, um O_C durch C und um O_B durch B sollen berührend ineinander übergehen. Es sei $r_B = r_A$. Wird O_A auf AB gewählt, so sind O_C und die Berührpunkte D, E zu konstruieren. Der mit DCE konzentrische Kreisbogen durch O_A hat den Radius $r_C - r_A$ und schneidet MC in C_1. Trägt man daher

[1] Eine solche Näherungskonstruktion kann nicht „bewiesen" werden, denn sie ist nicht wahr oder falsch, sondern gut oder schlecht, das heißt man hat nur ihre Genauigkeit abzuschätzen.

[2] Die Höhe MC wird aus ästhetischen Gründen manchmal so gewählt, daß sie MA nach dem goldenen Schnitt teilt, das heißt $MA : MC = MC : (MA - MC)$.

r_A von C nach abwärts bis C_1 auf, so ergibt sich O_C als Mitte des Kreises durch O_A, O_B, C_1. D liegt auf $O_A O_C$, E auf $O_B O_C$. Für $r_A = 0$ ergibt sich der Kreis durch A, C, B (Abb. 65), für $r_A = MC$ ein Viertelkreis AD und die Strecke DC. Für $0 < r_A < MC$ verläuft der Korbbogen im geschrafften Gebiet.

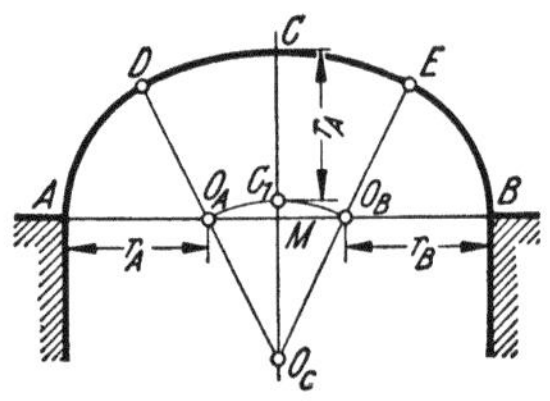

Abb. 64. Korbbogen

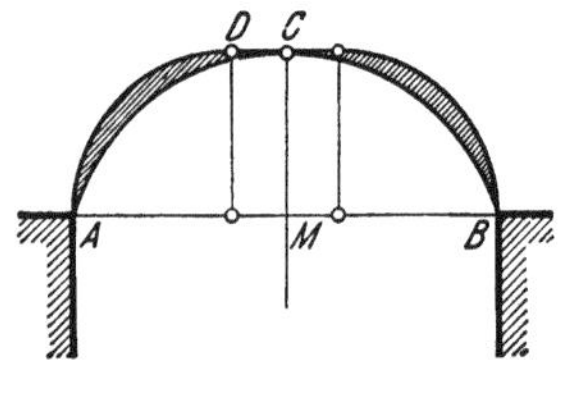

Abb. 65. Bereich der Korbbögen

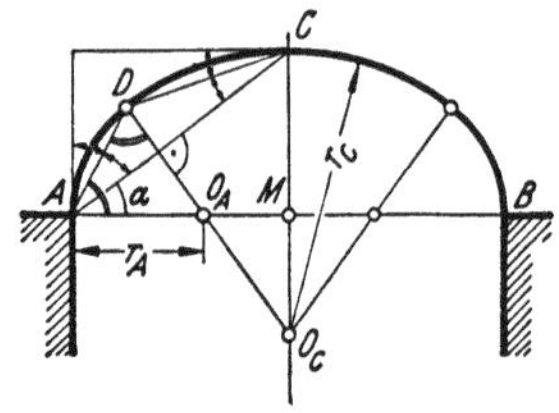

Abb. 66. Günstigster Korbbogen

Einen besonderen Korbbogen (Abb. 66) erhält man, wenn die Winkel von AC mit den Tangenten in A und C gehälftet werden und aus dem Schnittpunkt D der Winkelsymmetralen die Normale zu AC gezogen wird. Sie schneidet MA in O_A und MC in O_C. In D berühren sich beide Kreise. Beweis: Ist α der Winkel CAM, so ist $\sphericalangle DAC = 45^0 - \alpha/2$, $\sphericalangle DAO_A = \alpha + (45^0 - \alpha/2) = 45^0 + \alpha/2$, $\sphericalangle ADO_A = 90^0 - (45^0 - \alpha/2) = 45^0 + \alpha/2$; daher ist das Dreieck ADO_A gleichschenklig, $O_A A = O_A D$. Analog folgt $O_C C = O_C D$. Man kann zeigen, daß bei diesem Korbbogen das Verhältnis $r_A : r_C$ näher an 1 herankommt als bei jedem anderen durch A, C, B gehenden Korbbogen. Darauf beruht die gute Wirkung dieses Korbbogens; der Krümmungswechsel in D ist hier ein Minimum. — Korbbögen über Maueröffnungen werden manchmal auch aus fünf Kreisbögen zusammengesetzt. — Steigende Bögen können aus zwei Kreisbögen zusammengesetzt werden, wenn $MA = MB = MC$ ist (Abb. 67). Die Normale aus C auf AB schneidet die Waagrechte durch A in O_A, die Waagrechte durch B in O_B. Beweis: $\sphericalangle O_A AM$ und $\sphericalangle MCO_A$ sind gleich (Normalwinkel); wegen $MA = MC$ ist $\sphericalangle MAC = \sphericalangle ACM$, daher ist $\sphericalangle O_A AC = \sphericalangle O_A CA$ und $O_A A = O_A C$. Ebenso folgt $O_B B = O_B C$.

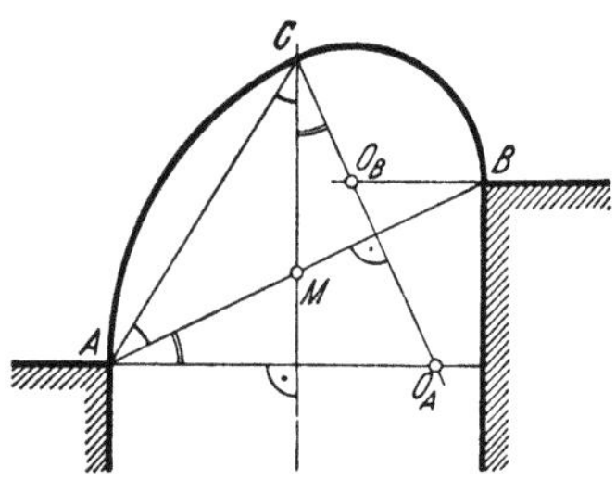

Abb. 67. Steigender Korbbogen

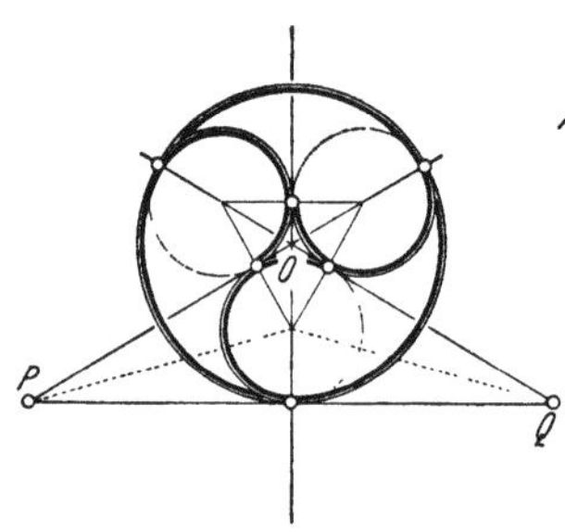

Abb. 68. Dreischneuß (aus drei Fischblasen; spätere französische Gotik)

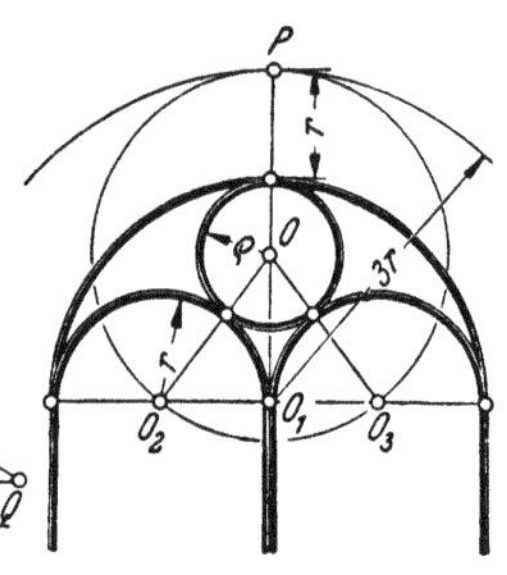

Abb. 69. Arbelus (romanische Bogenform)

Manche historischen Bauformen enthalten berührende Kreise, z. B. Abb. 68 und 69. In Abb. 68 ergibt sich ein kleiner Kreis als Inkreis des Dreiecks OPQ.

In Abb. 69 sollen die Kreise $(O_1; 2r)$, $(O_2; r)$, $(O_3; r)$ vom Kreis $(O; \varrho)$ berührt werden; der Kreis $(O; r + \varrho)$ geht durch O_2 und O_3 und berührt $(O_1; 3r)$ im obersten Punkt P. Daher findet man O als Mittelpunkt des Umkreises von O_2O_3P. Abb. 69 enthält einen Sonderfall des „*Apollonischen Problems*", Kreise zu finden, die drei gegebene Kreise berühren[1].

Nockenprofile, Höhenlinien von Staumauern, Kanalprofile usw. sind oft Korbbögen. Zum Beispiel zeigt Abb. 70 das „*genormte Eiprofil*" für Kanäle, zusammengesetzt aus einem Halbkreis (Mitte O_1; Radius $2r$) über AB, einem Kreisbogen CD (Mitte O_2, Radius r) und verbindenden Kreisbögen AC und BD; dabei soll $O_1O_2 = 3r$ sein; gehört der Bogen AC einem Kreis mit der Mitte O_3 und dem Radius R an, so ist im Dreieck $O_1O_2O_3$ nach dem Pythagoräischen Lehrsatz $(3r)^2 + (R - 2r)^2 = (R - r)^2$, daher $R = 6r$, $O_1O_3 = 4r$, $O_2O_3 = 5r$. — Von altersher werden „*Spiralen*" in der Architektur aus Viertelkreisen zusammengesetzt, die berührend ineinander übergehen (Abb. 71); als Mittelpunkte der Viertelkreise dienen reihum die Ecken eines Quadrates. — Im Maschinenbau werden Profile (Normalschnitte) allgemeiner zylindrischer Flächen aus Kreisbögen zusammengesetzt, sogenannte *K-Profile*, die ohne Mitnehmerzapfen eine Zapfen-Loch-Verbindung ermöglichen[2].

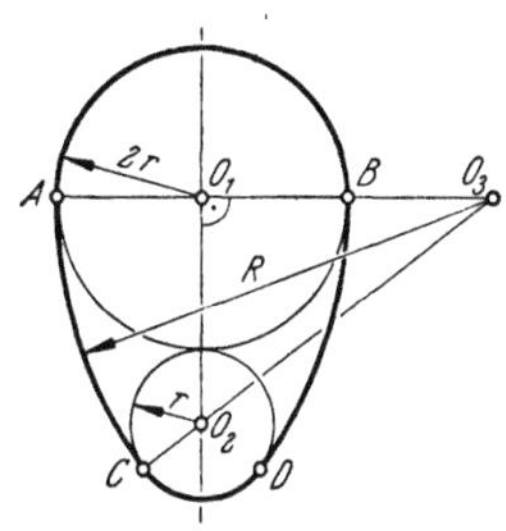

Abb. 70. Genormtes Eiprofil

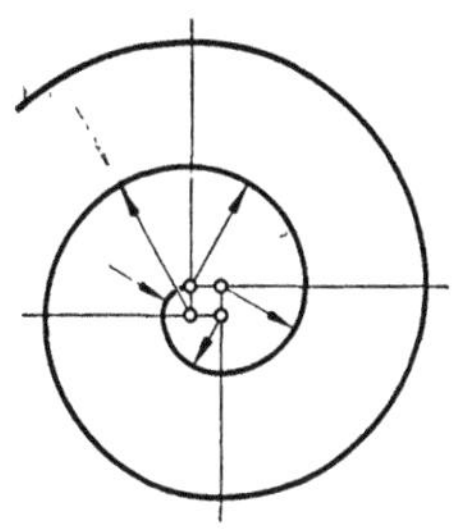

Abb. 71. Spirale aus Viertelkreisen

21. Normalriß des Kreises. Ein Kreis k in einer schiefliegenden Ebene ε hat als Grundriß eine Kurve k', die nach 8. perspektiv affin zu k ist. Man nennt k' eine *Ellipse*. Analog Abb. 41 drehen wir in Abb. 72 den Kreis um den waagrechten Durchmesser h in die waagrechte Lage k_0 und finden zu jedem Punkt P_0' von k_0' einen Punkt P' von k'. Die Affinität zwischen k_0' und k' ergibt aus der Tangente t_0' von k_0' in P_0' die Tangente t' von k' in P'; t_0' und t' schneiden sich auf h'. — Zwei zum Mittelpunkt O symmetrische Punkte P und Q von k ergeben zwei zu O' symmetrische Punkte P' und Q' von k', das heißt O' ist Mittelpunkt von k', die Ellipse ist zentrisch symmetrisch. Auf h' liegt der längste Durchmesser $A'B'$ von k', auf dem Grundriß f' der durch O gehenden Fallgeraden f von ε liegt der kürzeste Durchmesser $C'D'$ von k'. A' und B' heißen *Hauptscheitel*, C' und D'

[1] Das Problem ist 2200 Jahre alt. Es hat z. B. im Maschinenbau folgende Anwendung gefunden: Zu drei nach Lage und Teilkreis vorgegebenen Stirnzahnrädern soll ein viertes gefunden werden, das die ersten drei in bestimmten Drehrichtungen antreibt [P. Beckers, Werkzeugmaschine **46** (1942), 673—676]. Eine andere Anwendung stellen die Einrollmaschinen dar, mit denen ebenes Stahlblech in drehzylindrische Form gebogen wird. An das zu biegende Blech werden auf der einen Seite eine, auf der anderen Seite zwei drehzylindrische Walzen mit parallelen Achsen angelegt. Die Walzen drehen sich um ihre Achsen und ziehen das Blech durch. Dabei wird eine der Walzen solange normal zu ihrer Achsenrichtung gedrückt und verschoben, bis das Blech einen Drehzylinder vom verlangten Radius bildet.

[2] Verwendung bei Rädern, die auf der Welle verschoben werden sollen, bei festsitzenden oder verschiebbaren Kupplungsscheiben, Schalträdern, Nocken usw. Eine eigene Schleifmaschine erzeugt ein durch Kreisbögen und Strecken begrenztes Profil, bei Wellen durch Außenschleifen, bei Bohrungen durch Innenschleifen. (Maschinenfabrik Krause, Wien.)

Nebenscheitel von k'. Die *Hauptachse* h' und die *Nebenachse* f' sind Symmetrieachsen der Ellipse. Ihre Längen seien mit $2\,a$ bzw. $2\,b$ bezeichnet.

Mittels der Affinität zwischen k' und k_0' konstruiert man auch die Schnittpunkte einer Geraden g' mit k' oder die Tangenten aus einem Punkt G' an k'.

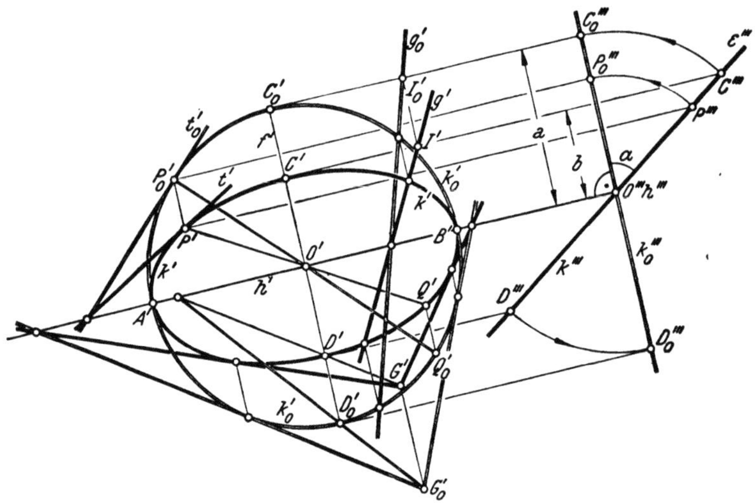

Abb. 72. Normalriß des Kreises

In Abb. 72 wurde zu g' die Gerade g_0' konstruiert, die g' in der Affinität zwischen k' und k_0' entspricht. g_0' wurde gefunden, indem der Schnittpunkt I' von g' mit der Scheiteltangente von C' nach I_0' gedreht wurde. G_0' folgt aus G' mittels der Geraden $D'G'$ (analog Abb. 25).

α sei der Winkel von ε gegen Π_1. Abb. 72 zeigt, daß sich die Abstände von P' und P_0' von der Affinitätsachse h' wie $b : a = \cos\alpha$ verhalten. Verkürzt man demnach die Abstände der Punkte eines Kreises von einem Durchmesser in festem Verhältnis, so erhält man eine Ellipse. Dies führt zur „*Scheitelkreiskonstruktion*" der Ellipse (Abb. 73): Ein Halbstrahl aus O' schneide den Hauptscheitelkreis k_0' in P_0' und den Nebenscheitelkreis $\overline{k}$ in $\overline{P}$; die Geraden, die parallel zu $A'B'$ durch $\overline{P}$ und parallel zu $C'D'$ durch P_0' gelegt werden, schneiden sich dann in einem Ellipsenpunkt P', denn $P'Q : P_0'Q = \overline{P}O' : P_0'O' = b : a$. — Die Abstände der Punkte P' und $\overline{P}$ von der Nebenachse verhalten sich wie $a : b$; aus dem Nebenscheitelkreis entsteht daher die Ellipse, indem man alle Abstände von der Nebenachse in festem Verhältnis $a : b$ vergrößert. Zwischen einer Ellipse und ihrem Nebenscheitelkreis besteht daher ebenfalls eine perspektive Affinität.

Wir ergänzen $\overline{P}P'P_0'$ zu einem Rechteck $\overline{P}P'P_0'P_1$. Die Parallele zu $O'P_0'$ durch P' schneide die Ellipsenachsen in *1* und *2*; $P'P_1$ schneide die Ellipsenachsen in *3* und *4*. Da die Seiten des Rechtecks $\overline{P}P'P_0'P_1$ zu den Ellipsenachsen parallel sind, sind die Diagonalen $\overline{P}P_0'$ und $P'P_1$ und auch die Gerade $P'12$ gegen die Ellipsenachsen gleich geneigt und es folgt $P'1 = P'3 = \overline{P}O' = b$, $P'2 = P'4 = P_0'O' = a$. Ein Papierstreifen (Abb. 73, links), auf dessen geradem Rand die Strecken $21 = a - b$ und $1P' = b$ aufgetragen sind und der mit *1* längs der Hauptachse und mit *2* längs der Nebenachse geführt wird, ergibt in jeder Lage einen Ellipsenpunkt P'. Ein anderer Papierstreifen (Abb. 73, rechts), auf dessen geradem Rand die Strecken $3P' = b$ und $P'4 = a$ aufgetragen sind und der mit *3* längs der Hauptachse und mit *4* längs der Nebenachse geführt wird, ergibt in jeder Lage ebenfalls einen Ellipsenpunkt P'. Diese bequemen Arten, eine Ellipse zu zeichnen, heißen *Papierstreifenkonstruktionen der Ellipse.* Auf ihnen beruhen auch Apparate zum Zeichnen von Ellipsen, sogenannte *Ellipsographen* oder *Ellipsenzirkel.*

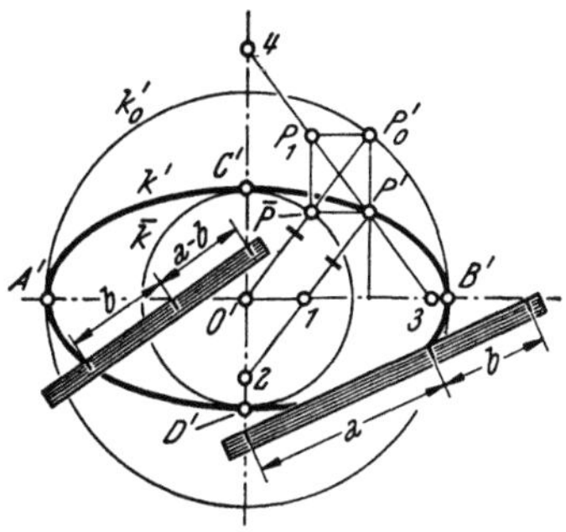

Abb. 73. Scheitelkreiskonstruktion der Ellipse

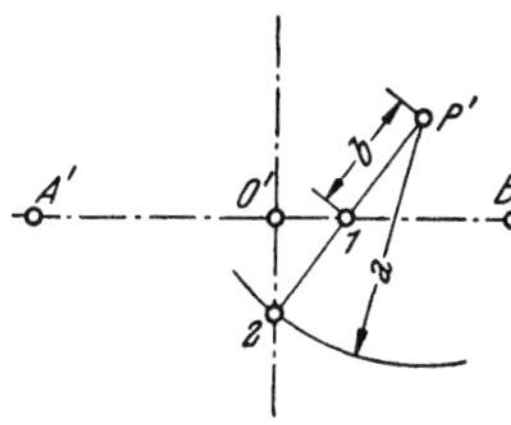

Abb. 74. Ellipse aus A', B', P'

Sind von einer Ellipse die Hauptscheitel A', B' und ein Punkt P' gegeben, so findet man b nach Abb. 74, indem man auf der Nebenachse einen Punkt *2* in der Entfernung a von P' aufsucht und daraus *1* und $P'1 = b$ bestimmt. — Dies kann man bei der Darstellung eines Kreises $k = (O; r)$ in zwei gepaarten Normalrissen verwenden, wenn k einer schiefliegenden Ebene ε angehört. Ist h_1 die erste, h_2 die zweite Hauptgerade von ε durch O, so liegt die Hauptachse von k' auf h_1' und hat die Länge $2r$. Die Hauptachse von k'' liegt auf h_2'' und hat die Länge $2r$. Mittels Ordnern ergeben sich daraus zwei diametrale Punkte von k' auf h_2' und zwei diametrale Punkte von k'' auf h_1'', woraus nach Abb. 74 die Nebenachsen von k' und k'' folgen.

Beispiele:

51. Zeichne den Grundriß eines schiefgestellten Lenkrades mit Speichen! (Rad und Speichen schematisch als Kreis bzw. Geraden.)

52. Zeichne einen elliptischen Mauerbogen mit einer Unterteilung nach Lagerfugen, die die Ellipse rechtwinklig treffen! Die Punkte, wo die Lagerfugen die Ellipse treffen, sollen bei der Scheitelkreiskonstruktion aus einer regelmäßigen Unterteilung der Scheitelkreise hervorgehen.

53. Der Grundriß eines Eckhauses werde an der Ecke unter 45° abgeschrägt. In der schräggestellten Außenmauer befinde sich eine Öffnung mit einem Korbbogen nach Abb. 66. Zeichne den Aufriß des Korbbogens auf die Hauptfront des Gebäudes!

54. Umlenkung einer Seilbahn oder eines Schnurzugs. In der Umgebung der Umlenkstelle sei das Seil durch zwei Geraden u und v angenähert, die sich in einem Punkt schneiden. Die Umlenkung erfolge über eine Rolle vom Radius r. Stelle bei allgemeiner Lage von u und v die Rolle schematisch als Kreis dar, der u und v berührt!

55. Zeichne Anfangs- und Endlage des Rades in Beispiel 39!

56. Winkelriementrieb zwischen weit entfernten Wellen. Um eine Drehung von einer Welle mit der Achse w_1 auf eine Welle mit der zu w_1 windschiefen Achse w_2 zu übertragen, kann man zwei kreisförmige Rollen k_1 und k_2 anordnen, deren Achsen w_1 bzw. w_2 sind und deren Radien im verlangten Übersetzungsverhältnis stehen. Auf der Schnittgeraden der Ebenen von k_1 und k_2 wähle man zwei Punkte U, V. Aus U lege man eine Tangente u_1 an k_1 und eine Tangente u_2 an k_2, aus V eine Tangente

v_1 an k_1 und eine Tangente v_2 an k_2. Eine Leitrolle von beliebigem Durchmesser sei schematisch als Kreis l_u berührend an u_1 und u_2 gelegt, eine andere Leitrolle als Kreis l_v an v_1 und v_2. Ein Seil, eine Schnur oder ein Riemen werde längs $k_1\, u_1\, l_u\, u_2\, k_2\, v_2\, l_v\, v_1\, k_1$ geschlungen. Zeichne diesen Trieb für verschiedene Lagen von k_1, k_2, U und V, z. B. so, daß UV als Punkt erscheint. Um welchen Winkel verwindet sich der Riemen zwischen zwei aufeinanderfolgenden Rollen? Konstruiere die Gesamtlänge des Riemens nach Abb. 62 *b* und 63!

57. Pfadfinderregel. Die Sonne durchläuft täglich scheinbar einen Kreis in einer zur Erdachse normalen Ebene, mit einer Winkelgeschwindigkeit von 15^0 je Stunde. Stelle diesen Kreis samt den Sonnenständen zu den vollen Tagesstunden im Grundriß auf die waagrechte Ebene im Beobachtungsort (nach Abb. 72 bzw. nach der Scheitelkreiskonstruktion) dar und beurteile danach die Ungenauigkeit der Pfadfinderregel! Nach dieser Regel legt man eine Uhr waagrecht, den Stundenzeiger im Grundriß der Geraden Uhr—Sonne; die Winkelsymmetrale zwischen dem Stundenzeiger und der 12 des Zifferblattes zeigt dann angeblich nach Süden. Von der Zeitgleichung ist abzusehen.

58. Zeichne zu Abb. 130 den Normalriß auf die Ebene des Mittelteils.

22. Normalriß der Kugel. Die ersten Sehstrahlen, die eine Kugel $\varkappa$ (Mitte O, Radius r) berühren, bilden einen Drehzylinder, der $\varkappa$ längs eines waagrecht liegenden Kreises $k(O; r)$ berührt. k heißt *wahrer erster Umriß, der Kreis* $k'(O'; r)$ *scheinbarer erster Umriß* von $\varkappa$. k teilt $\varkappa$ in eine von oben sichtbare und eine von oben unsichtbare Hälfte. Jeder Sehstrahl, der im Inneren des durch k gehenden und $\varkappa$ berührenden Sehstrahlenzylinders liegt, enthält einen sichtbaren und einen unsichtbaren Punkt von $\varkappa$. Analog für andere Normalrisse.

Wird $\varkappa$ von einer Ebene ε geschnitten und ist M der Fußpunkt der aus O zu ε gelegten Normalen, so ist der Schnitt der Kreis $(M; \sqrt{r^2 - \overline{OM}^2})$ in ε. Geht ε durch O, so ist $M = O$ und der Schnittkreis hat den Radius r; ein solcher Kreis heißt ein *Großkreis* (oder Hauptkreis) der Kugel. Ist $\overline{OM} = r$, so ist ε Tangentialebene von $\varkappa$.

Die Abb. 75 bis 77 zeigen Schnitte einer Kugel mit bildparallelen Ebenen. Abb. 76 zeigt auch, wie man mittels eines aufrißparallelen Schnittes der Kugel zum Aufriß $P'' = Q''$ eines Kugelpunktes den Grundriß (zweideutig) bestimmen kann. Schnittkreise mit anderen Ebenen erscheinen als Ellipsen und werden nach 21. dargestellt. In Abb. 78 ist der Kreis k der „wahre dritte Umriß"; er schneidet die Kreise p und q in je zwei Umrißpunkten, die die im Kreuzriß sichtbaren Bögen von p und q begrenzen.

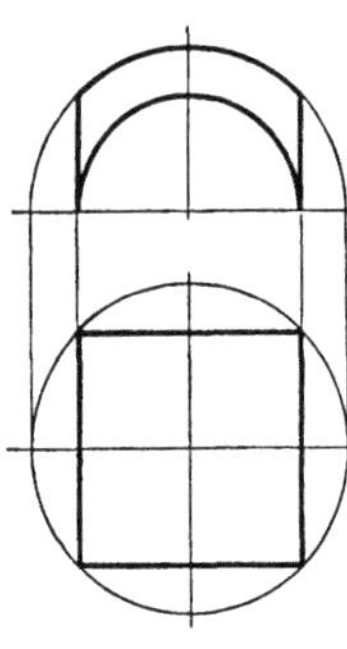

Abb. 75. Hängekuppel

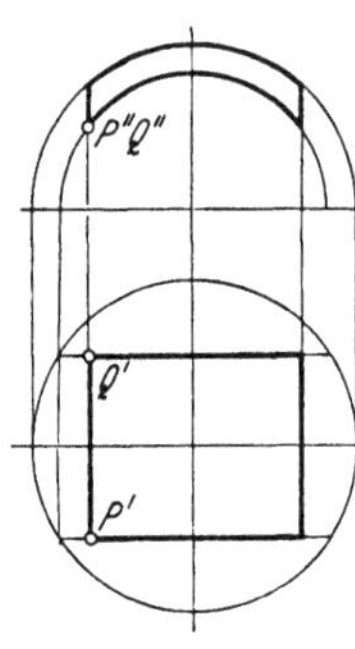

Abb. 76. Böhmische Kappe

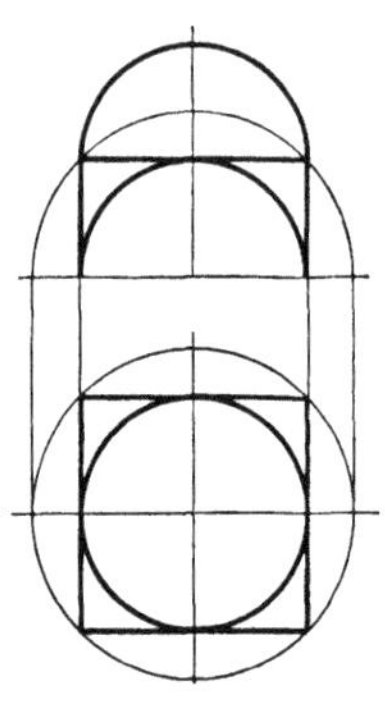

Abb. 77. Byzantinische Kuppel

Zur Übung noch zwei Beispiele über die Erdkugel. Abb. 79 werde als Grund- und Aufriß der Erdkugel aufgefaßt, mit dem Nordpol N und dem Südpol S. Um größer und genauer zeichnen zu können, werde $O' = O''$ angenommen. Zwei Punkte P und Q der nördlichen Halbkugel seien im Grundriß gegeben; mittels der Parallelkreise durch P und Q werden P'' und Q'' bestimmt. Nun soll durch

P und Q der Großkreis k gelegt werden. Durch O werde die erste Hauptgerade h der Ebene $\varepsilon = OPQ$ von k gelegt. h ist durch O und den Schnittpunkt G von PQ mit der Äquatorebene bestimmt. Die Hauptachse der Ellipse k' liegt auf h' und hat die Länge $2r$. Nach Abb. 74 findet man aus der Hauptachse und P' die Nebenachse von k'. Dreht man k um h in die Äquatorebene nach k_0, so gelangt P nach P_0 und Q nach Q_0. Dies gibt die „*sphärische Entfernung*" von P und Q, gemessen durch den Zentriwinkel $P_0'O'Q_0'$, wobei eine Winkelminute auf der Erde eine Seemeile bedeutet. — Ein Schiff oder Flugzeug, das längs k von P nach Q fährt, besitzt in jedem Punkt R von k einen bestimmten *Kurswinkel*, das heißt einen bestimmten Winkel seiner Fahrtrichtung (gegeben durch die Tangente in R an k) mit der jeweiligen Nordrichtung (gegeben durch die Tangente an den Meridian in R). In Abb. 79 wurde der Kurswinkel α in P konstruiert. Zu diesem Zweck wurde mittels der Affinität zwischen k' und k_0' die Tangente t' in P' an k' gezeichnet; t' und t_0' schneiden sich in T' auf h'. Die Tangentialebene τ an $\varkappa$ in P schneidet die Äquatorebene in einer Geraden p, die durch T geht und offenbar normal zum Grundriß m' des Meridians von P liegt. Die Meridiantangente f in P ist Fallgerade von τ. Dreht man τ (mittels Seitenriß auf eine zu p normale Ebene) um p in die Äquatorebene, so gelangen P, t, f nach (P), (t), (f) und der Winkel α zwischen f und t erscheint in wahrer Größe als Winkel zwischen (f) und (t). — Steht in P ein Kurzwellensender, so ist der Richtstrahler unter dem Winkel α gegen Nord einzustellen, damit der Sender in Q (und in anderen Punkten von k) gehört werde. Der Kurswinkel ändert sich längs k (außer wenn k der Äquator oder ein Meridian ist), z. B. beträgt er 90^0 im höchsten Punkt von k.

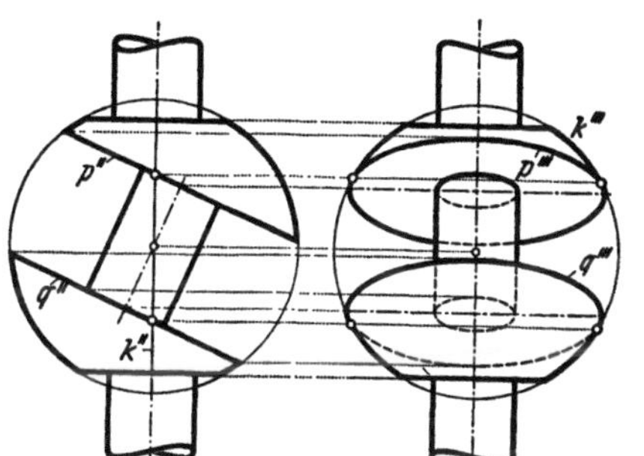

Abb. 78. Kurbelwelle einer Kapselpumpe

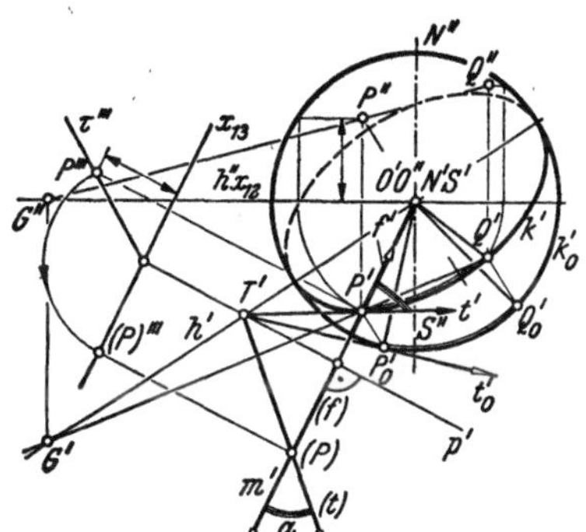

Abb. 79. Kürzeste Entfernung zweier Kugelpunkte, Kurswinkel

Liegen P und Q auf gleicher geographischer Breite, so wäre der Weg längs ihres Parallelkreises der Weg mit festem Kurswinkel, nämlich 90^0 bzw. 270^0. Dagegen erfordert der kürzeste Weg (auf der nördlichen Halbkugel) ein Ausweichen nach Norden, die nördlichste Stelle wird auf halbem Weg erreicht. Der größte Umweg (nämlich **4213 km**) ergibt sich, wenn man in der geographischen Breite $39{,}5^0$ den halben Parallelkreis befährt. Auch zwischen zwei Punkten ungleicher geographischer Breite gibt es einen kürzesten Weg längs eines Großkreisbogens und einen anderen Weg längs einer komplizierteren Kurve festen Kurses (Kursgleiche oder Loxodrome).

Einen Normalriß der Erdkugel bezeichnet man in der Kartenentwurfslehre als *orthographische Kartenprojektion*. Wir zeichnen einen solchen Normalriß bei geneigter Erdachse NS. Abb. 80 enthält Auf- und Kreuzriß, NS ist zu Π_3 parallel. Der Aufriß werde als Landkarte aufgefaßt, in der eine vom Kreis k begrenzte Kugelhälfte sichtbar ist. Der vorderste Punkt P ergibt den „Kartenmittelpunkt" P''. Aus N''' und S''' folgen N'' und S''. Der Äquator a erscheint im Kreuzriß als Durchmesser, im Aufriß als Ellipse mit der Hauptachse $A_1''A_2''$. Im Kreuzriß erscheint die geographische Breite von P als Winkel δ_0. Der Parallelkreis b mit der geographischen Breite δ erscheint im Kreuzriß als Sehne b''', die durch Auftragen von δ gefunden wird. Im Aufriß erscheint er als Ellipse b'' vom Mittelpunkt B'', deren Hauptachsenlänge $B_1''\,B_2''$ gleich dem Durchmesser von b ist und deren Nebenscheitel durch den höchsten und tiefsten Punkt von b''' geliefert werden. Die Schnittpunkte von k und b ergeben die Umrißpunkte U'' und V'' von b''. Um einen Meridian m darzustellen, der z. B. um λ Längengrade westlicher als der Meridian von P liegt, kann man eine zu Π_3 normale Seitenrißebene Π_4 durch O legen. Es ist dann $x_{34} = a'''$, P^{IV} liegt auf x_{34}, NS erscheint als Punkt und der Meridian von P hat das vierte Bild in x_{34}. Der Meridian m erscheint als Gerade m^{IV}, die mit x_{34} den Winkel λ einschließt. Von den beiden Schnittpunkten von m und a ist A im Aufriß sichtbar, A^{IV} und A''' ergeben A''. AS schneidet die Ebene von k in einem Punkt 1; $1'''$ ist der Schnittpunkt von k''' mit $A'''S'''$, $1''$ liegt auf dem Ordner und auf $A''S''$. Damit ist die Schnittgerade $O1$ der Ebenen von k und m bekannt, $O''1''$ ist Hauptachse von m'', die Nebenachse folgt nach Abb. 74. Die sichtbaren Bögen von m'' und b'' schneiden sich im Aufriß des Punktes Q, der um λ westlicher als P und um δ nördlicher als a liegt. Q'' läßt sich genau als Schnittpunkt der Parallelen $B''Q''$ zu $P''A''$ mit der Parallelen $B_1''Q''$ zu $A_1''A''$ konstruieren (warum?).

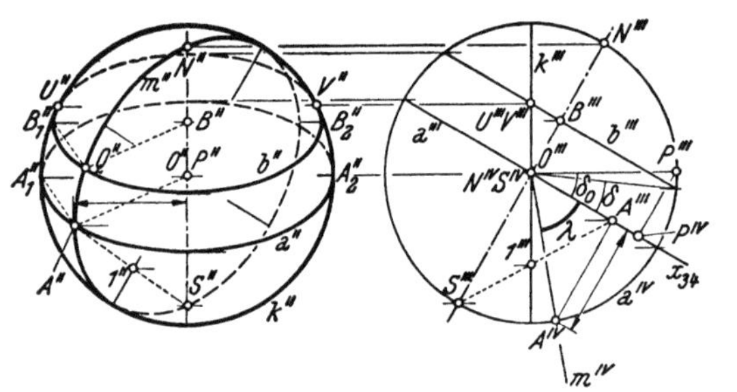

Abb. 80. Orthographische Kartenprojektion

Zeichnet man in dieser Weise genügend viele Breitenkreise und Meridiane, so ergibt sich das Gradnetz der Karte. Wegen der Verzerrungen am Rande ist die Karte nur zur Darstellung kleinerer Gebiete um P brauchbar.

Hätte die Erde die Gestalt eines Zylinders oder Kegels, so könnte man eine ebene Landkarte, der man Weglängen maßstäblich entnehmen kann, einfach durch Abwicklung herstellen. Aber die Kugel läßt sich weder als Ganzes noch in einem ihrer Teile in die Ebene abwickeln. Jede ebene Landkarte stellt die Erdoberfläche daher verzerrt dar und die Angabe eines Maßstabes auf einer Landkarte kennzeichnet nur die durchschnittliche Verkleinerung. Kürzeste Wege (Großkreise) stellen sich — außer auf der gnomonischen Karte (siehe Beispiel 68) — im allgemeinen nicht einmal als Geraden dar.

Beispiele:

59. EULERsche Drehwinkel. OX, OY, OZ seien drei von O ausgehende Kanten eines Würfels in Grundstellung, das heißt $[OXY] \parallel \Pi_1$, $[OXZ] \parallel \Pi_2$. Zuerst erfolge eine Drehung um OZ durch den Winkel ψ in die Lage $OX_1Y_1Z_1$, dann eine Drehung von $OX_1Y_1Z_1$ durch ϑ um die „Knotenlinie" OX_1 in die Lage $OX_2Y_2Z_2$; schließlich werde $OX_2Y_2Z_2$ durch φ um OZ_2 in die Endlage $OX_3Y_3Z_3$ gedreht. Es ist natürlich

$Z_1 = Z$, $X_2 = X_1$, $Z_3 = Z_2$. Stelle die Endlage des Würfels dar! Zeichne auch einige der Kreisbögen XX_1, X_1X_2, X_2X_3, $YY_1, \ldots, Z_2Z_3$. Beachte, daß diese Kreisbögen auf der Kugel um O durch X liegen.

60. Rohrkugelgelenk in Drehstellung (schematisch). Die Ebene ε des Kreises $k(O; r)$ sei zu Π_3 parallel, a sei die Normale zu ε durch O. Drehe k und a zuerst um den zu Π_2 normalen Durchmesser von k durch den Winkel δ in die Lage k_1 bzw. a_1, hierauf k_1 und a_1 um die Lotrechte durch O durch den Winkel λ.

61. Funkpeilung. An zwei Orten A und B der Erdkugel werden aus Richtungen, die mit dem Großkreis AB in A und B die Winkel α bzw. β bilden, Funksprüche gehört. Wo steht der Sender C? (Die Großkreisbögen AC und BC schließen mit AB die Winkel α bzw. β ein und schneiden sich in C. Man wähle OAB als Bildebene. Die Bögen AC und BC brauchen nicht gezeichnet zu werden.)

62. Verbindung zweier sich kreuzender Rohre. Zwei Rohre mit windschiefen Achsen a und d sollen mittels zweier gerader Rohrzwischenstücke mit den Achsen b und c verbunden werden, wobei die Anschlußstellen I auf a und III auf d vorgeschrieben sind. Die Anschlüsse I von a und b, II von b und c, III von c und d sollen mittels T-Stücken oder Viertelkrümmern hergestellt werden. a und b, b und c, c und d schneiden einander normal, daher liegt Π in der Normalebene α zu a durch I und in der Normalebene δ zu d durch III, ferner auf der Kugel $\varkappa$ mit dem Durchmesser I, III. II liegt in einem Schnittpunkt von α, δ und $\varkappa$. Die Gerade $(\alpha\delta)$ wird mit $\varkappa$ geschnitten, indem durch $(\alpha\delta)$ eine z. B. lotrechte Ebene Π_3 gelegt und ihr Schnittkreis mit $\varkappa$ samt $(\alpha\delta)$ im Seitenriß gezeichnet wird. Geht $(\alpha\, \delta)$ an $\varkappa$ vorbei, so existiert keine Lösung. Man könnte dann $b \perp a$ durch I und $c \perp d$ durch III wählen und hätte b und c durch ihre gemeinsame Normale n zu verbinden.

63. Zeichne einen Kreis, der die Randkreise eines Gewölbezwickels in Abb. 77 berührt! (Kartusche, Barockstil.)

23. Komplexe Erweiterung der Ebene und des Raumes. Hier soll eine theoretisch wichtige Ergänzung gegeben werden, durch die manches Spätere erst verständlich werden wird. P_1 und P_2 seien die Schnittpunkte einer Geraden p mit dem Kreis $k(O; r)$, P sei Fußpunkt der Normalen aus O auf p, $\overline{OP} = a$; dann ist $PP_1 = PP_2 = \sqrt{r^2 - a^2}$. Wächst a von 0 bis r, so nimmt $PP_1 = PP_2$ von r bis 0 ab, p wird Tangente in P an k. — In der Elementargeometrie sagt man, eine Gerade schneide einen Kreis in zwei Punkten oder sie berühre ihn oder sie schneide ihn nicht. Nun wollen wir im Fall der Tangente sagen, daß sich P_1 und P_2 in P vereinigt haben, oder *daß eine Tangente mit dem Kreis zwei vereinigte Punkte gemein habe.*

Im Fall $a > r$ ergibt sich $\sqrt{r^2 - a^2}$ als eine rein imaginäre Zahl und wir führen die Redeweise ein, *daß p den Kreis in zwei konjugiert komplexen Punkten schneide*, die von P die rein imaginäre Entfernung $\sqrt{r^2 - a^2}$ haben[1].

Die Punkte der Ebene kann man durch kartesische Koordinaten x, y kennzeichnen. Sind x und y reell, so nennt man den Punkt (x, y) reell. Sind nicht beide Koordinaten reell, so sagt man, durch x, y sei ein *komplexer Punkt* bestimmt. Ist $\overline{x}$ konjugiert komplex zu x und $\overline{y}$ konjugiert komplex zu y, so nennt man die Punkte (x, y) und $(\overline{x}, \overline{y})$ *konjugiert komplex.* Eine Gerade $y = m\,x + n$ heißt komplex, wenn m und n nicht beide reell sind. Liegt ein Punkt auf $y = m\,x + n$, so liegt der konjugiert komplexe Punkt auf der konjugiert komplexen Geraden $y = \overline{m}\,x + \overline{n}$. Konjugiert komplexe Fernpunkte werden als

[1] Projiziert man den Kreis in der Richtung p, so erscheint er nach elementarer Auffassung als Strecke. Da die reelle Gerade p den Kreis aber auch im Falle $a > r$ schneidet (allerdings in komplexen Punkten) und p die Bildebene reell schneidet, ergibt sich als Bild des Kreises eine unbegrenzte Gerade. — Reelle Bildpunkte von komplexen Punkten einer Kurve nennt man *parasitische Punkte* der Bildkurve.

die Fernpunkte konjugiert komplexer Geraden erklärt, für die $m \neq \overline{m}$ ist. (Für $m = \overline{m}$, $n \neq \overline{n}$ haben die konjugiert komplexen Geraden dieselbe reelle Richtung.) — *Durch die Einführung der Begriffe „komplexer Punkt, komplexe Gerade usw." vereinfachen sich die Sätze der Geometrie in ähnlicher Weise wie durch die Einführung des Begriffes Fernpunkt. Ein Kreis schneidet eine Gerade nunmehr immer in zwei Punkten (die reell und getrennt oder reell und vereinigt oder konjugiert komplex sein können)*[1].

Im Raum heißt ein Punkt komplex, wenn seine Koordinaten x, y, z nicht alle reell sind. (x, y, z) und $(\overline{x}, \overline{y}, \overline{z})$ heißen konjugiert komplexe Punkte. — Wie schneidet eine Kugel $\varkappa(O; r)$ eine Ebene ε? Ist P Fußpunkt der Normalen aus O auf ε und $\overline{OP} = a$, so schneiden sich $\varkappa$ und ε im Falle $a < r$ nach einem Kreis im gewohnten Sinn („einteiliger Kreis"), im Falle $a = r$ nach einem „Nullkreis" (ε ist Tangentialebene) und im Falle $a > r$ nach einem „nullteiligen Kreis" (Mittelpunkt P, Radius $\sqrt{r^2 - a^2}$ rein imaginär)[2].

Übersichtsfragen

Wie stellt man einen Kreis in gepaarten Normalrissen dar? Welche Eigenschaften und Konstruktionen der Ellipse haben sich in 21. ergeben? Was bedeutet komplexe Erweiterung der Ebene und des Raumes?

IV. Kegelschnitte

24. Ebener Schnitt des Drehzylinders. Wir schneiden einen Drehzylinder ζ vom Radius r mit einer Ebene ε (Abb. 81). ε schneide die Zylinderachse im Punkt O unter dem Winkel α. Wir stellen ζ lotrecht, ε normal zu Π_2 und zeichnen Grund- und Aufriß und den Seitenriß auf ε. Bei einem Zylinder sind (ebenso wie bei einem Prisma) je zwei ebene Schnitte perspektiv affin (Affinitätsstrahlen parallel zu den Zylindererzeugenden, Affinitätsachse = Schnittgerade beider schneidender Ebenen). Zum Beispiel sind die Schnittkurve k von ζ und ε und der Parallelkreis $\overline{k}$ von ζ in der waagrechten Ebene $\overline{\varepsilon}$ durch O perspektiv affin, die Abstände entsprechender Punkte P auf k und $\overline{P}$ auf $\overline{k}$ von der Affinitätsachse $(\varepsilon\overline{\varepsilon})$ verhalten sich wie $1 : \sin\alpha$. *k ist daher nach 21. eine Ellipse* (Halbachsen $a = r/\sin\alpha$, $b = r$, Hauptscheitel A_1, A_2, Nebenscheitel B_1, B_2 auf $(\varepsilon\overline{\varepsilon})$, Mitte O).

Eine Kugel $\varkappa_P$, die ζ längs eines Parallelkreises p_P berührt, schneidet ε nach einem Kreis k_P. Da sich ζ und $\varkappa_P$ längs p_P berühren, müssen sich k und k_P in

[1] Schneidet der Kreis auch die Ferngerade in zwei Punkten? Um dies zu erkennen, lassen wir p in die Ferngerade übergehen, indem a über alle Grenzen wächst. Für den Winkel $\varphi = \sphericalangle POP_1$ ist $\operatorname{tg}\varphi = \frac{\sqrt{r^2 - a^2}}{a} = \sqrt{\frac{r^2}{a^2} - 1}$ und es ist $\lim\limits_{a\to\infty} \operatorname{tg}\varphi = \pm i$. Die zwei Schnittpunkte des Kreises mit der Ferngeraden sind also die konjugiert komplexen Fernpunkte der Geraden $y = \pm i x + n$ (n beliebig). Diese Fernpunkte sind unabhängig von r und sie bleiben dieselben, wenn der Kreis parallel verschoben oder ähnlich vergrößert wird. Daher gehen alle Kreise der Ebene durch diese konjugiert komplexen „absoluten Kreispunkte" auf der Ferngeraden. Diese Punkte haben grundlegende Bedeutung beim theoretischen Aufbau der Geometrie. Da z. B. bei einer Bewegung, ebenso bei einer Streckung in der Ebene Kreise in Kreise übergehen, folgt: Bewegungen und Streckungen (und die aus ihnen zusammengesetzten gleichsinnigen Ähnlichkeiten) in der Ebene lassen die absoluten Kreispunkte fest.

[2] Wie in der Ebene zeigt sich, daß alle Kugeln des Raumes die Fernebene nach derselben Kurve schneiden. Diese Kurve nennt man den absoluten Kegelschnitt des Raumes.

den Schnittpunkten P, Q von p_P mit ε berühren. So kann man im Seitenriß Kreise k_P''' zeichnen, die k''' doppelt berühren. — Rückt p_P tiefer bis A_1, so vereinigen sich P und Q in A_1 und die Kugel $\varkappa_A$ schneidet ε im „*Scheitelkrümmungskreis*“[1] k_A von A_1; k läßt sich in der Umgebung von A_1 graphisch durch k_A annähern. Der Aufriß zeigt, daß k_A den Radius $r_A = r \sin\alpha = b^2/a$ hat. Zu A_2 gehört derselbe Scheitelkrümmungsradius r_A. Im Grundriß erscheint k_A als Ellipse k_A' (Halbachsenlängen $r \sin\alpha = b^2/a$, $r \sin^2\alpha = b^3/a^2$). Die Ellipse k_A' besitzt im Nebenscheitel A_1' den Scheitelkrümmungskreis k' vom Radius r. Durch ähnliche Vergrößerung im Verhältnis a^2/b^2 folgt: Eine Ellipse mit den Halbachsenlängen a, b hat in den Nebenscheiteln den Krümmungsradius $r_B = a^2/b$. Das ergibt eine einfache *Konstruktion der Scheitelkrümmungskreise einer Ellipse* (Abb. 82); aus dem Schnittpunkt der Scheiteltangenten in A_1 und B_1 wird die Normale zu A_1B_1 gezogen; sie schneidet Hauptachse und Nebenachse in den Mittelpunkten der Krümmungskreise von A_1 bzw. B_1. Man verwende diese Krümmungskreise beim Zeichnen von Ellipsen[2]!

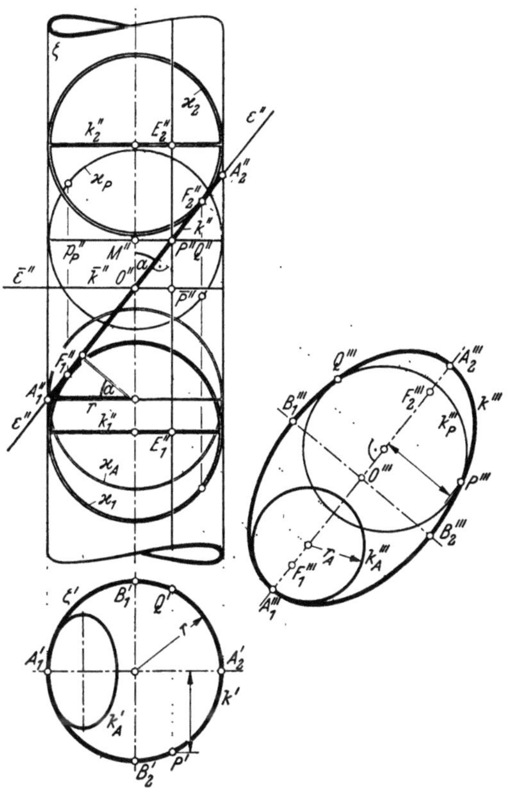

Abb. 81. Ebener Schnitt des Drehzylinders (Ellipse)

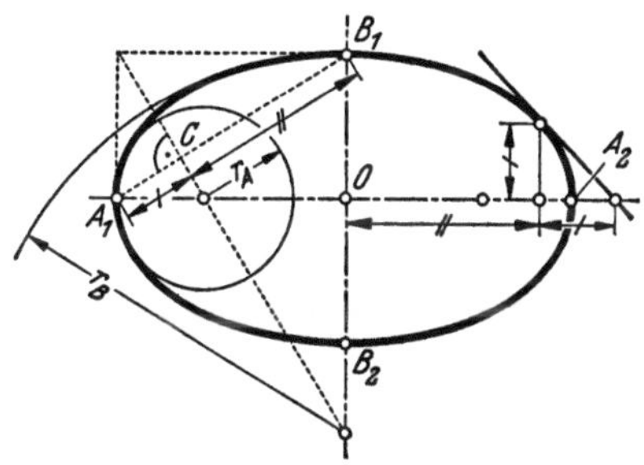

Abb. 82. Scheitelkrümmungskreise der Ellipse

Nach G. P. Dandelin (1822) zeichnen wir nun in Abb. 81 jene beiden Kugeln $\varkappa_1$, $\varkappa_2$ vom Radius b, die ζ längs eines Parallelkreises k_1 bzw. k_2 berühren und deren Mitten von ε den Abstand b haben. ε wird von $\varkappa_1$ in F_1, von $\varkappa_2$ in F_2 berührt. F_1, F_2 heißen *Brennpunkte der Ellipse k*. Sie liegen symmetrisch zur Mitte O von k. Die Zylindererzeugende durch einen Punkt P von k treffe k_1 in E_1 und k_2 in E_2. PE_1 und PF_1 sind zwei Tangentenstrecken aus P an $\varkappa_1$, daher gleich lang. Ebenso ist $PF_2 = PE_2$. Daher hat $PF_1 + PF_2$ für alle Punkte P

[1] Über diesen Begriff siehe Abschnitt 64.

[2] Günstig liegende Zwischenpunkte ergeben sich, wenn man im Abstand A_1C die beiden Parallelen zur Hauptachse, im Abstand B_1C beide Parallelen zur Nebenachse zeichnet. Man kann zeigen, daß die Schnittpunkte dieser Geraden der Ellipse angehören und daß die Tangenten in ihnen die Achsen unter 45^0 schneiden.

von k die konstante Länge E_1E_2. Liegt P in A_1, so folgt wegen $A_1F_1 = A_2F_2$, daß $E_1E_2 = 2a$ ist, das heißt: *Die Summe der Abstände eines Ellipsenpunktes von den Brennpunkten ist konstant und* $= 2a$. Für $P = B_1$ ergibt sich aus dem rechtwinkligen Dreieck F_1OB_1, wenn man $OF_1 = OF_2 = e$ setzt, $e^2 = a^2 - b^2$. — In F_1 und F_2 seien die Enden eines Fadens von der Länge $2a$ befestigt; ein Stift, der den Faden spannt, beschreibt in der Zeichenebene die Ellipse.

In 21. wurde die Ellipse als Normalriß eines Kreises definiert. Die Eigenschaften, die sich in 24. mittels ζ ergeben haben (Krümmungskreise, Brennpunkte), gelten für jede Ellipse k, denn man kann durch k einen Drehzylinder ζ legen und k als ebenen Schnitt von ζ betrachten. (k sei durch ihre Scheitel gegeben; ζ berührt die Kugel über dem Nebenscheitelkreis längs eines Großkreises, der durch die Nebenscheitel geht und dessen Ebene gegen die Ebene von k unter $\arccos b/a$ geneigt ist.)

Beispiel:

64. Vergleiche in einer nicht zu kleinen Zeichnung eine Viertelellipse samt den Scheitelkrümmungskreisen mit dem Korbbogen nach Abb. **66**. — Es läßt sich — besonders bei größerer Strichstärke — auch bei der Ellipse theoretisch rechtfertigen, statt der Scheitelkrümmungskreise andere Kreise zu verwenden, deren Mitten etwas gegen die Ellipsenmitte hin verschoben sind. — Maueröffnungen mit elliptischen Bögen wirken gedrückt, Korbbögen wirken günstiger.

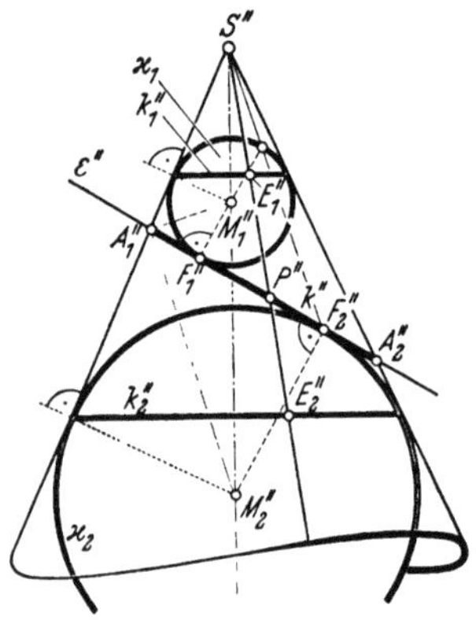

Abb. 83. Ellipsenschnitt eines Drehkegels

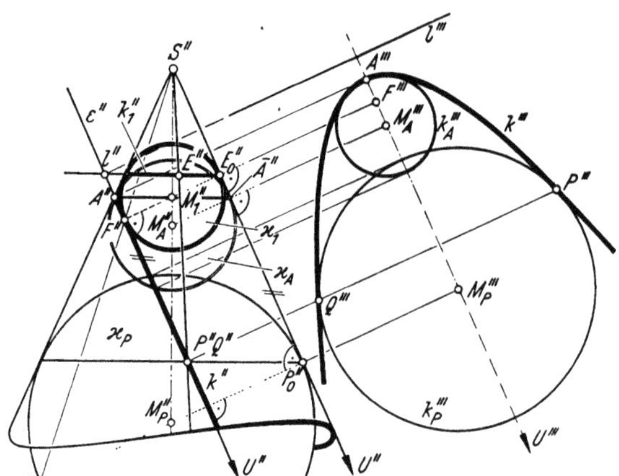

Abb. 84. Parabelschnitt eines Drehkegels

25. Ebene Schnitte des Drehkegels. Wir schneiden einen Drehkegel $\varkappa$ mit einer Ebene ε, die nicht die Kegelspitze S enthält. Die Kegelachse stehe lotrecht, ε sei zu Π_2 normal. Es sind drei Fälle zu unterscheiden:

a) *Ellipsenschnitt.* In Abb. 83 liegt ε flacher als die Tangentialebenen von $\varkappa$. A_1 ist der höchste, A_2 der tiefste Punkt der Schnittkurve k. Mittels der Winkelsymmetralen in A_1 bestimmen wir auf der Kegelachse die Mitten M_1, M_2 der DANDELINschen Kugeln $\varkappa_1$, $\varkappa_2$, die $\varkappa$ eingeschrieben sind (das heißt $\varkappa$ längs eines Parallelkreises k_1 bzw. k_2 berühren) und zugleich ε berühren (in den Punkten F_1, F_2). P sei ein Punkt von k und E_1 bzw. E_2 der Schnittpunkt der Kegelerzeugenden SP mit k_1 bzw. k_2. PF_1 und PE_1 sind zwei Tangentenstrecken aus P an $\varkappa_1$, daher gleich lang. Ebenso ist $PF_2 = PE_2$. Daher ist $PF_1 + PF_2$ gleich der konstanten Länge E_1E_2 der Kegelerzeugenden zwischen k_1 und k_2, das heißt *k ist eine Ellipse mit den Brennpunkten* F_1, F_2. A_1, A_2 sind Hauptscheitel von k.

b) *Parabelschnitt.* In Abb. 84 ist ε parallel zu einer Tangentialebene von $\varkappa$. A ist der höchste Punkt der Schnittkurve k. In gleicher Höhe liegt die Mitte M_1 der Kugel $\varkappa_1$, die $\varkappa$ längs eines Parallelkreises k_1 und ε in F berührt. Die Ebene von k_1 schneidet ε in einer zu Π_2 normalen Geraden l. Ist P ein Punkt von k und E der Schnittpunkt von SP mit k_1, so ist $PF = PE = P_0E_0 = P''l''$. *Jeder Punkt von k hat daher gleichen Abstand von F und von l. Eine Kurve mit dieser Eigenschaft heißt Parabel. F heißt Brennpunkt, l Leitgerade, A Scheitel, AF Achse der Parabel.* Die Parabel ist bezüglich ihrer Achse symmetrisch.

$\varkappa$ wird längs des durch P gehenden Parallelkreises von einer Kugel $\varkappa_P$ berührt, deren Mitte M_P im Schnittpunkt der Kegelachse mit der Kegelnormalen in P bzw. P_0 ($\sphericalangle S''P_0''M_P'' = 90^0$) liegt. $\varkappa_P$ schneidet ε nach einem Kreis k_P, der k in P und im Spiegelpunkt Q von P bezüglich AF berührt. — Läuft P längs k nach A, so gelangt auch Q nach A, $\varkappa_P$ nach $\varkappa_A$, und aus k_P wird der *Scheitelkrümmungskreis* k_A von k in A; sein Radius ist $2 \cdot AF = lF$ (wegen $A\overline{A} = 2 \cdot AM_1$ und $A''A'''\|M_1''F'''\|\overline{A}''M_A'''$).

Die Tangente von k in P ist die Schnittgerade von ε mit der Tangentialebene, die den Kegel längs SP berührt[1]. Zu k gehört auch der Fernpunkt U der zu ε parallelen Kegelerzeugenden. Die Kegeltangentialebene längs SU ist zu ε parallel, sie schneidet ε in der Ferngeraden von ε. *Daher berührt die Parabel k die Ferngerade von ε in U.*

Dreht man die Ebene von k_1 um l nach ε, so erkennt man, wie diese Ebene den Kegel nach immer länglicher werdenden Ellipsen schneidet und diese schließlich in die Parabel k übergehen. In diesem Sinne kann man die *Parabel als Grenzform einer Ellipse* auffassen, bei der die Mitte, ein Brennpunkt und ein Scheitel in den Fernpunkt der Hauptachse entschwunden sind.

c) *Hyperbelschnitt.* Zunächst zeigt Abb. 85 den technisch wichtigen Sonderfall, daß ε zur Kegelachse parallel ist. ε schneidet jeden der beiden in S zusammenhängenden Kegelmäntel nach je einem „Ast" der Schnittkurve k. A_1 ist der tiefste Punkt des oberen, A_2 der höchste Punkt des unteren Astes. Die Winkelsymmetralen in A_1 treffen die Kegelachse in den Mitten M_1 und M_2 der DANDELINschen Kugeln $\varkappa_1$ und $\varkappa_2$, die den Kegel $\varkappa$ längs je eines Parallelkreises k_1 bzw. k_2 berühren und zugleich ε berühren (in F_1 bzw. F_2). Ist P ein Punkt des unteren Astes von k und E_1 bzw. E_2 der Schnittpunkt von SP mit k_1 bzw. k_2, so sind PF_1 und PE_1 als Tangentenstrecken aus P an $\varkappa_1$ gleich lang; ebenso ist $PF_2 = PE_2$. Daher ist $PF_1 - PF_2$ gleich der konstanten Länge E_1E_2 der Kegelerzeugenden zwischen k_1 und k_2. Liegt P in A_2, so folgt, daß $E_1E_2 = A_1A_2$ ist. Die Länge A_1A_2 bezeichnet man mit $2\,a$. Liegt P auf dem oberen Ast, so ist $PF_2 - PF_1 = 2\,a$. *Die Abstände jedes Punktes von k bis F_1 und F_2 haben also die Differenz $\pm 2\,a$. Eine Kurve mit dieser Eigenschaft heißt Hyperbel. F_1, F_2 heißen Brennpunkte, A_1, A_2 Scheitel, A_1A_2 die Hauptachse, die Streckensymmetrale von A_1A_2 die Nebenachse der Hyperbel. Der Schnittpunkt O beider Achsen heißt Hyperbelmittelpunkt.* k ist bezüglich beider Achsen und bezüglich des Mittelpunktes symmetrisch.

Die parallel zu ε durch S gelegte Ebene σ enthält zwei Kegelerzeugende, nämlich die Kreuzriß-Umrißerzeugenden, die ε in den Fernpunkten U_1, U_2 schneiden. U_1 und U_2 gehören k an. Die Kegeltangentialebenen längs SU_1 bzw. SU_2, die im Kreuzriß als Umrißerzeugende erscheinen, schneiden ε in den Tan-

[1] Die Tangenten, die man im Punkt P einer Fläche Φ an alle durch P laufenden Kurven der Fläche Φ legen kann, liegen in der Tangentialebene von Φ in P. Ist k die Schnittkurve von Φ mit einer Ebene ε, so ist die Tangente von k in P die Schnittgerade von ε mit der Tangentialebene von Φ in P. In Sonderfällen versagt diese Überlegung (siehe **66.**).

genten u_1, u_2 der Punkte U_1, U_2 von k. Die Tangenten in den Fernpunkten einer Hyperbel heißen die *Asymptoten der Hyperbel.* Sie schneiden sich im Mittelpunkt der Hyperbel. k''' hat die Asymptoten u_1''', u_2'''.

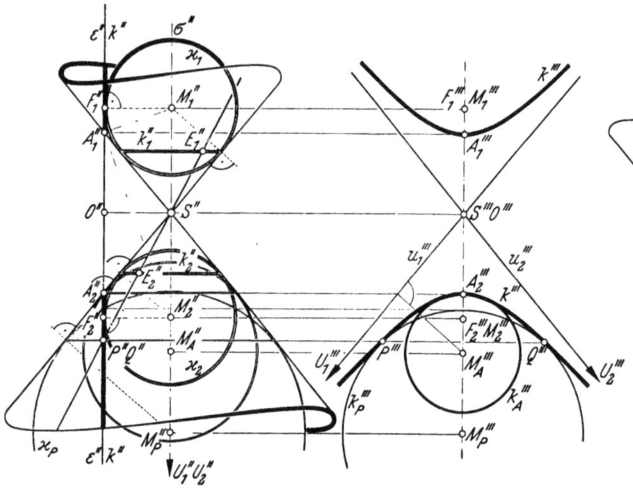

Abb. 85. Hyperbelschnitt eines Drehkegels

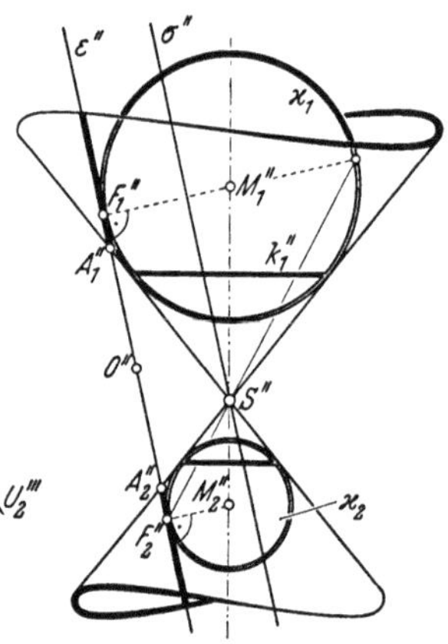

Abb. 86. Hyperbelschnitt eines Drehkegels

Der Kegel $\varkappa$ wird längs des durch P gehenden Parallelkreises von einer Kugel $\varkappa_P$ berührt. $\varkappa_P$ schneidet ε nach einem Kreis k_P, der k in P und in dem zur Hauptachse symmetrischen Punkt Q berührt. Läuft P längs k nach A_2, so gelangt auch Q nach A_2 und die Mitte M_P von $\varkappa_P$ nach M_A. Aus k_P wird der *Scheitelkrümmungskreis* k_A von k in A_2. Der Kreuzriß zeigt, daß M_A erhalten wird, indem im Schnittpunkt einer Asymptote mit der Scheiteltangente die Normale zur Asymptote gezogen und mit der Hauptachse geschnitten wird.

Nun sei ε eine beliebige aufrißnormale Ebene, die steiler als die Kegeltangentialebene ist (Abb. 86). Wie in Abb. 85 folgt, daß ε den Kegel $\varkappa$ nach einer Hyperbel mit den Brennpunkten F_1, F_2 und den Scheiteln A_1, A_2 schneidet. Die parallel zu ε durch S gelegte Ebene σ schneidet $\varkappa$ nach zwei Erzeugenden, deren Tangentialebenen ε in den Asymptoten von k schneiden.

Dreht man ε in Abb. 85 um PQ, so ergeben sich Schnittellipsen jeder Form (darunter ein Parallelkreis), zwei Parabeln und unendlich viele Hyperbeln, deren Asymptoten jedoch höchstens den Winkel $u_1'''\, u_2'''$ einschließen. — Geht ε durch die Kegelspitze, so „zerfällt" der Kegelschnitt in zwei Erzeugende.

Beispiele:

65. Funkenfänger (Abb. 87). ε schneidet einen Drehzylinder und einen Drehkegel. Konstruiert wurde die wahre Größe der von beiden Schnittellipsen begrenzten Rußfangzwischenplatte in ε.

66. Schirm einer Wandleuchte (Abb. 88). Die Wand ε schneidet aus einem Drehkegel $\varkappa$ (Spitze S, Parallelkreis l) eine Ellipse k; Brennpunkte mittels der DANDELINschen Kugeln. Im Kreuzriß erscheint l als Ellipse, k in wahrer Größe. Die Kugel, die $\varkappa$ längs l berührt, hat im Kreuzriß den Umrißkreis m'''. m'' ist eine zu den Ordnern normale Gerade und schneidet l'' in $U_1'' = U_2''$. In U_1 haben die Kugel und $\varkappa$ dieselbe kreuzrißnormale Tangentialebene, ebenso in U_2. Daher sind U_1S und U_2S die Umrißerzeugenden des Kegels im Kreuzriß. Ihre Schnittpunkte V_1 und V_2 mit ε sind Umrißpunkte von k.

67. MOHRsche Sicherheitsparabel k zu zwei gegebenen Spannungskreisen s_1, s_2 (Abb. 89). Gesucht ist eine Parabel k, die s_1 und s_2 doppelt berührt. Wir legen die Ebene ε von s_1 und s_2 waagrecht, wählen eine zu ε parallele Ebene σ und zeichnen den Aufriß als Hilfsfigur. Dort konstruieren wir die scheinbaren Umrisse der Kugeln $\varkappa_1$, $\varkappa_2$, die σ berühren und durch s_1 bzw. s_2 gehen. Die zweite gemeinsame Tangente der Umrißkreise schneidet σ'' in S''. Der Tangentialkegel aus S berührt $\varkappa_1$ längs des Kreises k_1, $\varkappa_2$ längs k_2. Er schneidet ε in der gesuchten Parabel k (Scheitel A, Brennpunkt F) und berührt s_1 unterhalb des Schnittpunktes $(\varepsilon'' k_1'')$, s_2 unterhalb $(\varepsilon'' k_2'')$.

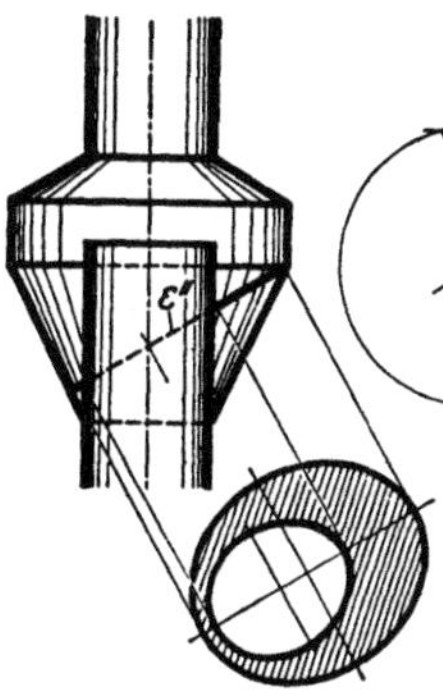

Abb. 87. Funkenfänger an Blechrauchfang

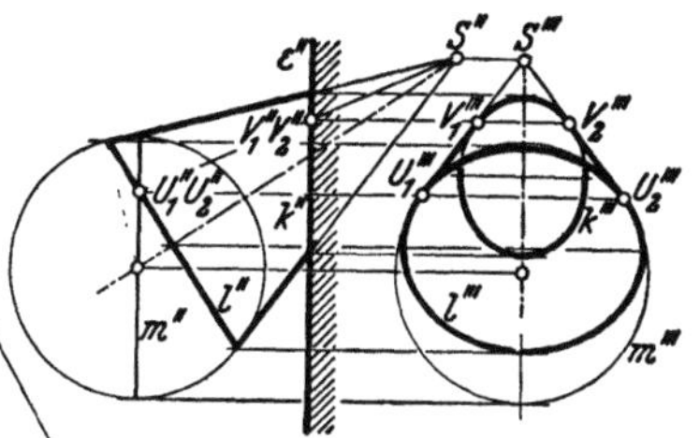

Abb. 88. Schirm einer Wandleuchte

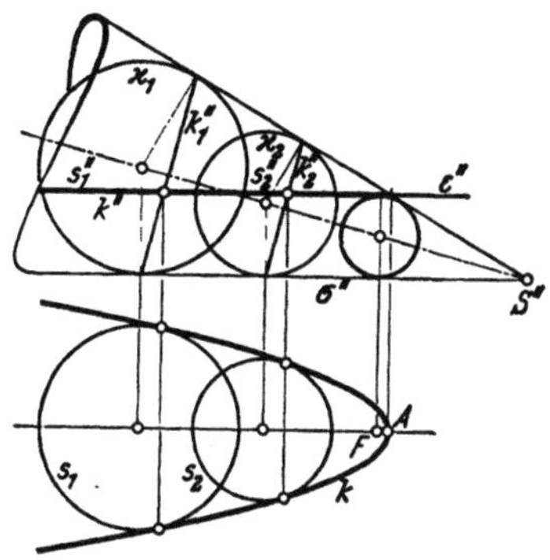

Abb. 89. MOHRsche Sicherheitsparabel

68. *Gnomonische Projektion der Erdkugel* (Abb. 90). Die Erdkugel bzw. der kugelförmige Globus $\varkappa$ werde aus dem Mittelpunkt O auf eine Ebene ε projiziert, die wir waagrecht annehmen. Das Kartenbild eines Punktes P von $\varkappa$ ist der Schnittpunkt $\overline{P}$ der Geraden OP mit ε. O liege unterhalb ε (sonst entstünde im Grundriß das Spiegelbild einer Landkarte). N sei Nordpol, S Südpol von $\varkappa$. Die Aufrißebene sei parallel zur Erdachse NS. — Der Parallelkreis p_β mit der geographischen Breite β (die im Aufriß in wahrer Größe erscheint) hat als Kartenbild $\overline{p}_\beta$ den Schnitt des Drehkegels aus O durch p_β mit ε. $\overline{p}_\beta$ ist daher eine Ellipse, Parabel oder Hyperbel, wenn $\beta \neq 0$. In Abb. 90 ist $\overline{p}_\beta$ eine Ellipse (Brennpunkte F_1, F_2 mittels der DANDELINschen Kugeln). Außerdem wurde der Parallelkreis dargestellt, der als Parabel erscheint, und ein weiterer, der als Hyperbel erscheint. — Läuft P auf einem Großkreis g von $\varkappa$, so dreht sich OP in der Ebene von g; das Kartenbild von g ist die Schnittgerade $\overline{g}$ jener Ebene mit ε. Insbesondere ist das Bild des Äquators a die Schnittgerade $\overline{a}$ von ε mit der Äquatorebene. Ein Meridian bildet sich auf eine Gerade durch $\overline{N} = \overline{S}$ ab, z. B. der aufrißparallele Meridian m auf $\overline{m}$. Um das Bild $\overline{m}_\lambda$ des Meridians m_λ zu finden, dessen geographische Länge um λ von der von m abweicht, werde die Äquatorebene z. B. um h in waagrechte Lage gedreht. $\overline{a}$ gelangt nach $\overline{a}_0$. Der Winkel λ, der von beiden Meridianebenen auf der Äquatorebene ausgeschnitten wird, erscheint nach der Drehung in O' in wahrer Größe, wird dort aufgetragen und der Punkt $\overline{1}_0$ auf $\overline{a}_0$ nach $\overline{1}$ auf $\overline{a}$ zurückgeführt. So gewinnt man aus den Bildern von Parallelkreisen und Meridianen das gnomonische Bild des Gradnetzes der Erde bzw. des Globus und kann jeden Punkt nach geographischer Breite und Länge eintragen. Den Schnittpunkt $\overline{P}$ von $\overline{p}_\beta$ mit $\overline{m}_\lambda$ kann man genauer bestimmen, indem man p_β nach ε in die Lage (p_β) dreht. Man erhält (P), $(P)''$, P'', $\overline{P}''$, $\overline{P}$.

Für die Navigation besitzt die gnomonische Karte den Vorteil, daß Kugelgroßkreise als Geraden erscheinen. Daher läßt sich der kürzeste Weg zwischen zwei Kugelpunkten sofort als Gerade zwischen den zugehörigen Kartenpunkten einzeichnen[1]. — Der Fußpunkt $\overline{M}$ der Normalen aus O auf ε heißt Kartenmittelpunkt. In der Nähe von $\overline{M}$ sind die unvermeidlichen Verzerrungen der Abbildung von $\varkappa$ auf ε am geringsten. — Wie sieht eine gnomonische Karte aus, bei der M a) auf dem Äquator, b) in einem Pol liegt[2]?

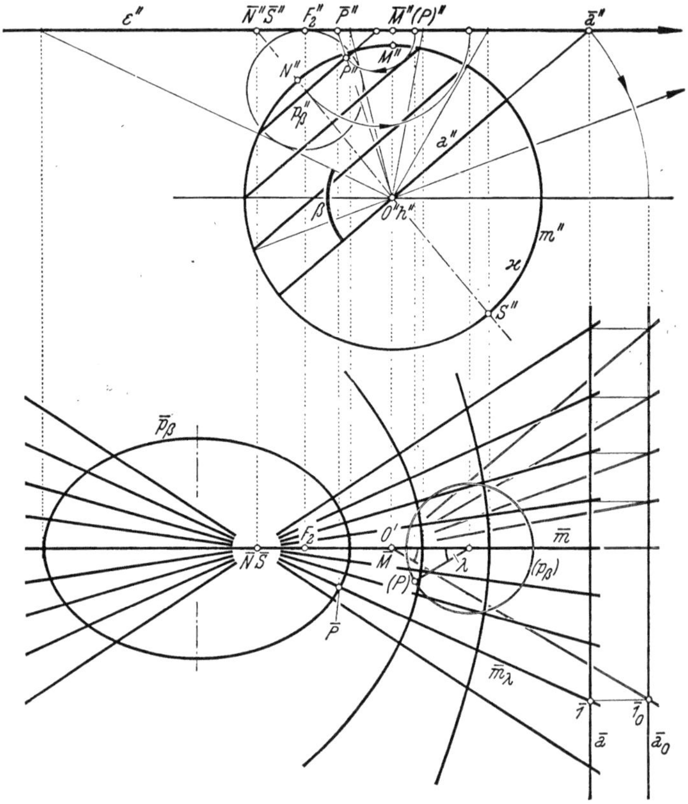

Abb. 90. Gnomonische Projektion der Erdkugel

69. *Sonnenuhr* (Abb. 91). Gegeben seien eine Ebene ε und ein zur Erdachse paralleler Stab (Strecke) $g = NS$. Die Sonnenstrahlen durch die Punkte von g bilden in jedem Zeitpunkt (ungefähr) eine Ebene σ, die ε im Schatten des Stabes auf ε schneidet.

[1] Für die Navigation wird der kürzeste Weg zwischen P und Q auf einer gnomonischen Karte als Gerade zwischen den Kartenpunkten $\overline{P}$ und $\overline{Q}$ gezeichnet und hierauf punktweise nach dem Gradnetz in eine MERCATOR-Seekarte eingetragen. Die MERCATOR-Karte hat die Eigenschaft, daß in ihr die Loxodromen als Geraden erscheinen. Die Kurve, die sich durch punktweise Übertragung in der MERCATOR-Karte ergibt, wird durch einen Streckenzug angenähert, der dann wirklich befahren wird. Man hat also auf der Kugel den Großkreis durch eine endliche Anzahl von Loxodromenbögen ersetzt, fährt in den einzelnen Wegstücken mit festem Kurswinkel und ändert den Kurswinkel in den Knickpunkten des Streckenzuges.

[2] Die gnomonische Projektion findet auch bei der konstruktiven Behandlung sphärischer Getriebe Anwendung, siehe K. MACK, Geometrie der Getriebe, S. 57. Berlin: Springer, 1931.

Zufolge der scheinbaren Bewegung der Sonne um die Erde steht σ mittags 12 Uhr lotrecht und dreht sich um g in einem Sonnentag durch 360^0, in einer Stunde durch 15^0. Damit läßt sich der Schatten des Stabes zu verschiedenen Tageszeiten konstruieren. ε sei z. B. lotrecht; wir zeichnen den Aufriß auf ε und den Grundriß. N liege in ε. g' liegt in der Nordrichtung, der Winkel $\beta = \sphericalangle g'g = \sphericalangle N'S'(N)$ gibt die geographische Breite des Beobachtungsortes an (warum?). Wir legen durch g eine zu ε normale Seitenrißebene Π_3, konstruieren g''' und legen durch S die zu g normale Ebene ν, $\nu''' \perp g'''$. ν schneidet ε in der zu g'' normalen Geraden n. σ schneidet ε um 12 Uhr mittags im lotrechten Stundenstrich XII. Um die übrigen Stundenstriche zu erhalten, drehe man ν um n nach ε, wodurch S nach S^0 gelangt. Die Umlegung der Schnittgeraden $(\sigma\,\nu)$ geht um 12 Uhr mittags durch S^0 und den Schnittpunkt von n mit XII. Um 11 Uhr ist sie durch 15^0 gedreht, durch ihren Schnittpunkt mit n geht der Stundenstrich XI. In gleicher Weise ergeben sich die übrigen Stundenstriche.

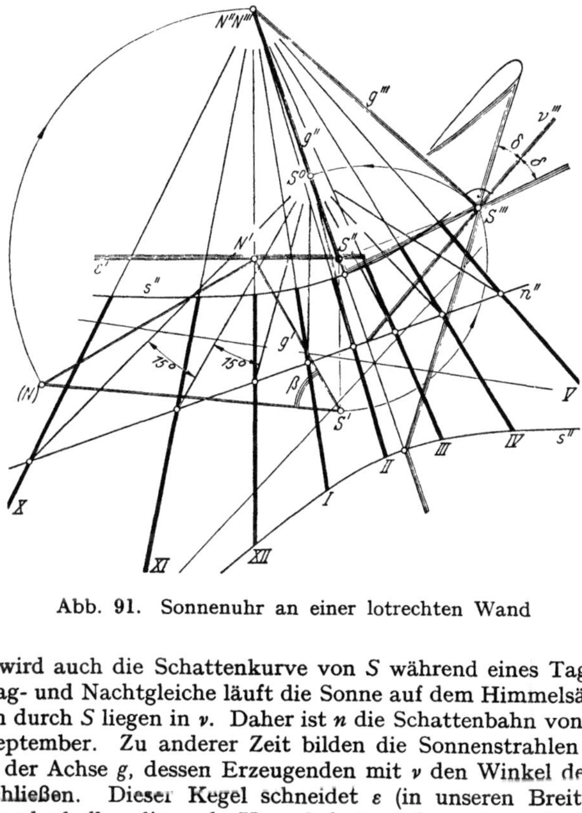

Abb. 91. Sonnenuhr an einer lotrechten Wand

Manchmal wird auch die Schattenkurve von S während eines Tages konstruiert. Zur Zeit der Tag- und Nachtgleiche läuft die Sonne auf dem Himmelsäquator und die Sonnenstrahlen durch S liegen in ν. Daher ist n die Schattenbahn von S am 21. März und am 23. September. Zu anderer Zeit bilden die Sonnenstrahlen durch S einen Drehkegel mit der Achse g, dessen Erzeugenden mit ν den Winkel der Sonnendeklination δ einschließen. Dieser Kegel schneidet ε (in unseren Breiten) nach einer Hyperbel. Der oberhalb n liegende Hyperbelast wird an einem Tag zwischen dem 23. September und 21. März durchlaufen, der andere Ast an einem Tag zwischen dem 21. März und 23. September, denn ein bestimmter Wert δ (zwischen 0^0 und $23{,}5^0$) wird an zwei Tagen des Jahres angenommen, die vom 21. März gleich lang abstehen. Abb. 91 zeigt die Schattenbahn von S für $\delta = 23{,}5^0$ (oberer Ast am 21. Dezember, unterer Ast am 21. Juni). — Die Sonnenuhr zeigt die wahre Ortszeit. Aus ihr folgt mittels der Zeitgleichung die mittlere Ortszeit.

70. Konstruiere eine Horizontalsonnenuhr (ε waagrecht)!

26. Kurven 2. Ordnung. Bisher hat sich ergeben, daß eine Ebene ε einen Drehkegel nach einer Ellipse, Parabel oder Hyperbel schneidet, je nachdem die durch S gelegte und zu ε parallele Ebene σ den Kegel nur in S schneidet, berührt oder nach zwei (reellen) Erzeugenden schneidet. Wegen dieser gemeinsamen Entstehungsweise heißen jene Kurven *Kegelschnitte.*

Wird eine Pyramide oder ein Kegel mit zwei Ebenen geschnitten, die nicht durch die Spitze gehen, so besteht zwischen beiden Schnittfiguren eine perspektive Kollineation, deren Zentrum die Spitze und deren Achse die Schnittgerade beider Ebenen ist. Insbesondere sind ein Parallelkreis und ein anderer ebener Schnitt eines Drehkegels perspektiv kollinear. *Ein Kreis kann daher durch Kollineation in eine Ellipse, Parabel oder Hyperbel übergehen.*

Läßt sich eine Kurve durch eine Gleichung $f(x, y) = 0$ in kartesischen Koordinaten x, y darstellen, wo $f(x, y)$ ein Polynom in x und y ist, so heißt die Kurve *algebraisch.* Die x-Werte (Abszissen) ihrer Schnittpunkte mit einer Geraden $y = m x + n$ sind die Wurzeln der Gleichung $f(x, m x + n) = 0$. Der Grad dieser Gleichung gibt die Anzahl der Schnittpunkte der Kurve mit der Geraden an. Treten komplexe Wurzeln auf, so gehören sie zu komplexen Schnittpunkten. Treten mehrfache Wurzeln auf, so sind die zugehörigen Schnittpunkte in gleicher Vielfachheit zu zählen; z. B. sind im Berührungspunkt einer gewöhnlichen Tangente zwei Schnittpunkte vereinigt. In diesem Sinne hat eine algebraische Kurve mit jeder Geraden dieselbe Anzahl von Schnittpunkten. Diese Anzahl ist der Grad der Gleichung $f(x, m x + n) = 0$ und heißt die *Ordnung der Kurve.* In gleichem Sinne erweist sich die Anzahl der (reellen und komplexen) Tangenten aus jedem Punkt an eine algebraische Kurve als konstant; diese Anzahl heißt die *Klasse der Kurve.* Wird auf eine algebraische Kurve k eine perspektive Kollineation ausgeübt, so ist die entsprechende Kurve k_1 ebenfalls algebraisch, denn die Koordinaten eines Punktes erweisen sich als linear gebrochene Funktionen der Koordinaten des entsprechenden Punktes. Den Schnittpunkten von k mit einer Geraden g entsprechen die Schnittpunkte von k_1 mit der entsprechenden Geraden g_1, den Tangenten aus einem Punkt T an k entsprechen die Tangenten aus dem entsprechenden Punkt T_1 an k_1. Daher haben k und k_1 dieselbe Ordnung und dieselbe Klasse.

Ordnung und Klasse eines Kreises sind 2. Daher sind auch Ellipse, Parabel und Hyperbel Kurven 2. Ordnung und 2. Klasse. Kegelschnitte gehen durch Kollineation in Kegelschnitte über.

Ein Drehkegel wird von einer durch die Spitze gehenden Ebene σ nach zwei Erzeugenden geschnitten, die reell und voneinander verschieden sind oder vereinigt (wenn σ den Kegel berührt) oder komplex sind (wenn σ keinen reellen Punkt des Kegels außer der Spitze enthält; die komplexen Schnittgeraden enthalten die Spitze und die komplexen Schnittpunkte von σ mit den Parallelkreisen). Ein solches Geradenpaar besitzt zwei Schnittpunkte mit einer Geraden allgemeiner Lage und wird durch eine Gleichung 2. Grades dargestellt, z. B. (wenn es in der $[x, y]$-Ebene liegt) $(y - m_1 x - n_1)(y - m_2 x - n_2) = 0$. Man bezeichnet es als eine „*zerfallende*“ *Kurve 2. Ordnung.* — Im komplexen Gebiet gibt es noch andere (nichtzerfallende) Kurven 2. Ordnung, z. B. den „nullteiligen Kreis“ $x^2 + y^2 = -r^2$ (r reell).

27. Einige Brennpunktseigenschaften der Kegelschnitte. Nach 25. ist für jeden Punkt P einer Ellipse $PF_1 + PF_2 = 2a$, für jeden Punkt P einer Hyperbel $|PF_1 - PF_2| = 2a$; dabei sind F_1, F_2 die Brennpunkte der Ellipse bzw. Hyperbel, und $2a$ bedeutet die Hauptachsenlänge. Nach 25. ist für jeden Punkt P einer Parabel $PF = Pl$; dabei ist F der Brennpunkt, l die Leitgerade der Parabel. Diese Eigenschaften kann man benützen, um Punkte und Tangenten von Ellipsen, Parabeln und Hyperbeln zu konstruieren und weitere Eigenschaften dieser Kurven zu erkennen.

a) *Ellipse* k (Abb. 92), Hauptscheitel A_1, A_2, Brennpunkte F_1, F_2. Die Nebenscheitel sind die Schnittpunkte der Kreise $(F_1; a)$ und $(F_2; a)$. Nimmt man einen Punkt X zwischen F_1 und F_2 an, so sind die Schnittpunkte der Kreise $(F_1; A_1X)$ und $(F_2; A_2X)$ weitere zwei Punkte P und $\bar{P}$ von k. — Verlängert man den „*Leitstrahl*" PF_2 um die Strecke PF_1 bis zum „Gegenpunkt" G_1, so ist $F_2G_1 = 2a$, das heißt für alle Ellipsenpunkte P liegen die ersten Gegenpunkte G_1 auf dem „*Leitkreis*" $l_1 = (F_2; 2a)$. Verlängert man PF_1 um PF_2 bis G_2, so liegen die zweiten Gegenpunkte G_2 auf dem Leitkreis $l_2 = (F_1; 2a)$.

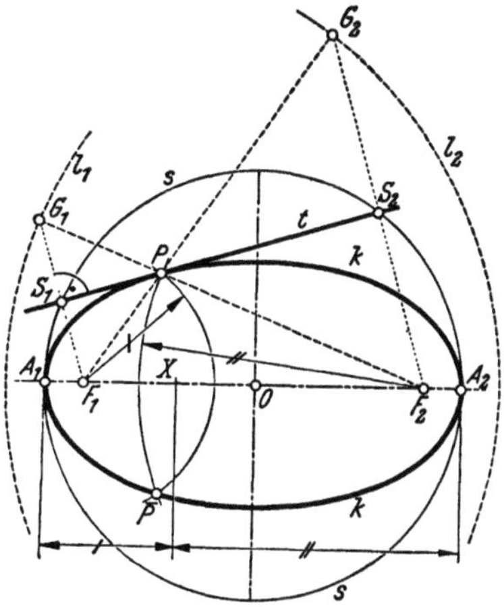

Abb. 92. Ellipse

Ist t die Symmetrale des Winkels F_1PG_1 und Q ein von P verschiedener Punkt auf t, so ist $QF_1 + QF_2 = QG_1 + QF_2 > F_2G_1 = 2a$ (Dreiecksungleichung), daher liegt Q außerhalb k, t trifft k nur in P, das heißt t berührt k in P, *die Ellipsentangente hälftet den Außenwinkel der Leitstrahlen.* — Die Tangenten aus einem Punkt T an k findet man, indem man den Kreis $(T; F_1T)$ mit l_1 schneidet. Die Schnittpunkte G_1, $\bar{G}_1$ sind die Gegenpunkte der gesuchten Tangenten t, $\bar{t}$. t ist die Normale aus T auf F_1G_1, der Berührungspunkt liegt auf F_2G_1; analog für $\bar{t}$. — Sind die Tangenten an k gesucht, die zu einer gegebenen Geraden g parallel sind, so erhält man deren Gegenpunkte als Schnittpunkte von l_1 mit der Normalen aus F_1 zu g.

Durch zentrische Verkleinerung aus F_1 im Verhältnis $1:2$ geht F_2 in O, G_1 in den Fußpunkt S_1 der Normalen aus F_1 auf t und der Kreis $l_1 = (F_2; 2a)$ in den Hauptscheitelkreis $s = (O; a)$ über, das heißt: Die Fußpunkte der Normalen aus den Brennpunkten auf die Ellipsentangenten liegen auf dem Hauptscheitelkreis.

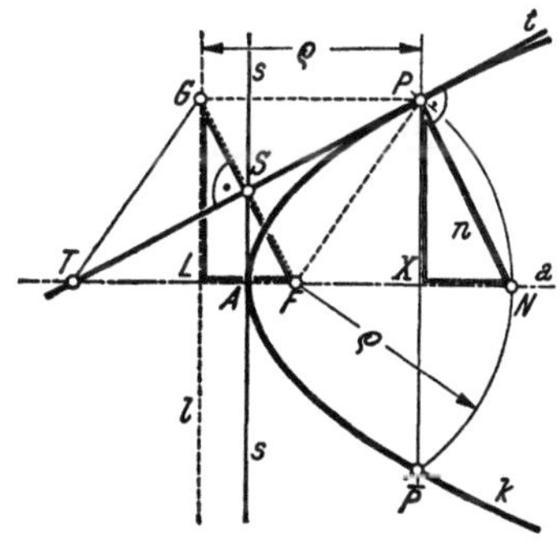

Abb. 93. Parabel

b) *Parabel* k (Abb. 93), gegeben durch Brennpunkt F und Leitgerade l. Der Abstand Fl heiße p (Parameter von k). Die Achse a ist die Normale aus F auf l; auf ihr liegt mitten zwischen F und l der Scheitel A. Man zeichne rechts von A eine Parallele zu l im Abstand ϱ; ihre Schnittpunkte mit dem Kreis $(F; \varrho)$ sind weitere zwei Punkte P, $\bar{P}$ von k. Die Normale aus P auf l trifft l im „Gegenpunkt" G; es ist $PF = PG$. — Ist t die Symmetrale des Winkels FPG und Q ein von P verschiedener Punkt auf t, so ist $QF = QG > Ql$; daher liegt Q nicht auf k, t trifft k nur in P, das heißt t berührt k in P. Die Parabelnormale n ist normal zu t. „*Parabeltangente und Parabelnormale hälften die Winkel zwischen den Leitstrahlen.*" (Dabei wird der Fernpunkt der Achse als ein Brennpunkt aufgefaßt, siehe 25., b.) — Durch zentrische Verkleinerung 1 : 2 aus F folgt: Der Fußpunkt S der Normalen aus F auf t liegt auf der Scheiteltangente s. Die Tangenten aus einem Punkt an k werden wie bei der Ellipse gefunden.

t schneide a in T. $FPGT$ ist ein Rhombus, denn die Dreiecke FST, FSP, GSP sind kongruent; daher ist $TA = AX$ (der Scheitel A hälftet die „Subtangente" TX) und $TF = PF$. n schneide a in N. Da $LFG \cong XNP$ ist, gilt $XN = LF = p$ (die „Subnormale" XN hat die Länge p).

c) *Hyperbel* k (Abb. 94) mit den Hauptscheiteln A_1, A_2 und den Brennpunkten F_1, F_2. Wir setzen $A_1A_2 = 2\,a$, $F_1F_2 = 2\,e$. Nimmt man auf der Hauptachse einen Punkt X außerhalb F_1F_2 an, so schneiden sich die Kreise $(F_1; A_1X)$ und $(F_2; A_2X)$ in zwei Punkten P, $\overline{P}$ von k. — Verkürzt man den Leitstrahl PF_2 um die Strecke PF_1 bis zum Gegenpunkt G_1, so ist $F_2G_1 = 2\,a$, das heißt für alle Hyperbelpunkte liegen die ersten Gegenpunkte G_1 auf dem Leitkreis $l_1 = (F_2; 2\,a)$. Verkürzt man PF_1 um PF_2 bis G_2, so liegen die zweiten Gegenpunkte G_2 auf dem Leitkreis $l_2 = (F_1; 2\,a)$.

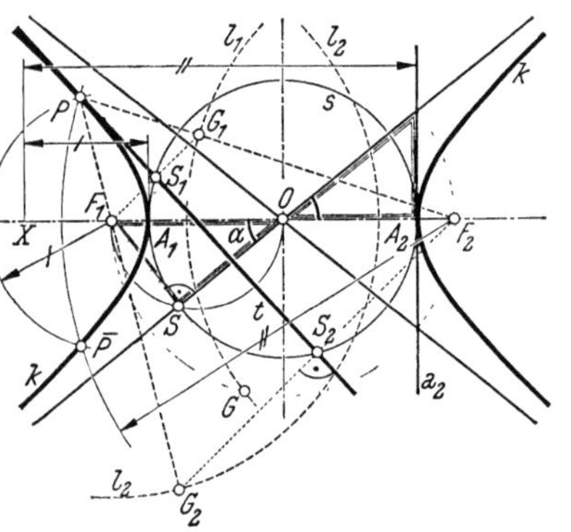

Abb. 94. Hyperbel

Ist t die Symmetrale des Winkels F_1PG_1 und Q ein von P verschiedener Punkt auf t, so ist $|QF_1 - QF_2| = = |QF_2 - QF_1| = |QF_2 - QG_1| < F_2G_1 = = 2\,a$ (Dreiecksungleichung). Daher liegt Q nicht auf k, t trifft k nur in P, das heißt t berührt k in P, *die Hyperbeltangente hälftet den Innenwinkel der Leitstrahlen.* Durch zentrische Verkleinerung 1 : 2 aus F_1 geht F_2 in O, G_1 in den Fußpunkt S_1 der Normalen aus F_1 auf t und l_1 in den Scheitelkreis $s = (O; a)$ über, das heißt: Die Fußpunkte der Normalen aus den Brennpunkten auf die Hyperbeltangenten liegen auf dem Scheitelkreis.

Die Tangenten aus einem Punkt T an k findet man wie bei der Ellipse, ebenso die Tangenten, die zu einer gegebenen Geraden parallel sind. Liegt insbesondere T in O, so ergeben sich als Tangenten aus O die *Asymptoten* von k (Abb. 94); die Gegenpunkte sind hier die Schnittpunkte der Kreise l_1 und $(O; OF_1 = e)$. Ist G einer der beiden Gegenpunkte, so liegt der zugehörige Punkt S in halber Entfernung von F_1, also auf dem Kreis s und auf dem Kreis über OF_1. Der Berührungspunkt ergibt sich wegen $OS \| F_2G$ wirklich als Fernpunkt von OS. Aus OSF_1 folgt für den Winkel α der Asymptoten mit der Hauptachse $\cos\alpha = a/e$. Daher gewinnt man die Asymptoten einfacher, indem man O mit den Punkten verbindet, in denen eine Scheiteltangente (z. B. a_2 in Abb. 94) den Kreis $(O; e)$ schneidet.

Beispiele:

71. Konstruiere einige der in den Beispielen 65 bis 70 auftretenden Kegelschnitte!

72. Lichtstrahlen, die von einem Brennpunkt ausgehen und am Kegelschnitt reflektiert werden, vereinigen sich bei der Ellipse im anderen Brennpunkt, bei der Parabel gehen sie in achsenparallele Lichtstrahlen über und bei der Hyperbel gehen sie in Lichtstrahlen über, die vom anderen Brennpunkt auszugehen scheinen. Wo wird dies angewandt?

73. Eine Last wird verschiebbar an einem Seil aufgehängt, das an zwei verschieden hoch gelegenen Punkten F_1, F_2 befestigt ist. Konstruiere die tiefste Lage (Gleichgewichtslage) der Last, wenn das Eigengewicht des Seiles vernachlässigt wird!

74. Zeichne einen elliptischen oder parabolischen Mauerbogen aus Stein. Die Lagerfugen sollen die Ellipse bzw. Parabel normal treffen.

75. Schallmeßverfahren. An drei Orten F_i ($i = 1, 2, 3$) hört man zu den Uhrzeiten t_i einen Schall. Es sei z. B. $t_1 < t_2 < t_3$. Die Schallgeschwindigkeit sei c. Setzt man voraus, daß die unbekannte Schallquelle P in der Ebene $F_1F_2F_3$ liegt, so muß $PF_2 - PF_1 = c(t_2 - t_1)$ und $PF_3 - PF_2 = c(t_3 - t_2)$ sein, das heißt P kann als Schnittpunkt zweier Hyperbeln konstruiert werden. Es können bis zu vier reelle Schnittpunkte auftreten; wie findet man unter ihnen den richtigen Punkt P? Analog „Hyperbelnavigation" (Ortung eines Schiffes P mittels Langwellensignalen, die von F_1, F_2, F_3 ausgesandt und deren Laufzeiten gemessen werden). Ist P weit entfernt vom Dreieck $F_1F_2F_3$, so kann man die Hyperbeln näherungsweise durch ihre Asymptoten ersetzen.

76. Es gibt technische Fragen, bei deren Lösung zu zwei gegebenen Kreisen $k_1 = (O_1; r_1)$ und $k_2 = (O_2; r_2)$ ein dritter Kreis $k = (O; r)$ konstruiert werden muß, der k_1 und k_2 berührt. Es gibt unendlich viele solche Kreise k. Sollen k_1 und k_2 von k von außen berührt werden, so ist $|OO_1 - OO_2| = |r_1 - r_2|$, das heißt O ist auf einer Hyperbel mit den Brennpunkten O_1, O_2 und der Hauptachsenlänge $|r_1 - r_2|$ wählbar. Was ergibt sich, wenn k_1 von innen, k_2 von außen berührt wird oder wenn k_1 und k_2 von innen berührt werden? Was ergibt sich, wenn k_1 in einen Punkt oder in eine Gerade ausartet? Was ergibt sich, wenn auch k_2 in einen Punkt oder in eine Gerade ausartet? Anwendungen:

a) Sind bei einem K-Profil (siehe 20.) alle Kreisbögen bis auf den letzten gewählt, so muß der letzte so gewählt werden, daß er den ersten und vorletzten berührt.

b) Korbbogen aus fünf Kreisen; wähle r_A und r_C in Abb. 64 beliebig und suche einen günstig wirkenden Übergangskreis!

c) Eiförmiges Kanalprofil mit lotrechter Symmetrieachse. Vom oberen und unteren Kreis sind Mitte und Radius gegeben, links und rechts sind Übergangsbögen gesucht, die berührend in den oberen und unteren Kreis übergehen. Auf dem einen der gegebenen Kreisbögen können die Übergangspunkte vorgegeben werden.

77. Apollonisches Problem. Gesucht ist ein Kreis $k = (O; r)$, der drei gegebene Kreise berührt. O kann nach Beispiel 76 als Schnittpunkt von Kegelschnitten konstruiert werden (insgesamt im allgemeinen acht Lösungen). Es gibt hiefür andere Konstruktionen, die zeichnerisch einfacher, aber gedanklich schwieriger sind.

28. Affines Bild eines Kegelschnittes. Durch Kollineation gehen Kegelschnitte in Kegelschnitte über. *Durch eine (reelle) Affinität* gehen reelle Fernpunkte in reelle Fernpunkte über, daher *gehen Ellipsen in Ellipsen, Parabeln in Parabeln und Hyperbeln in Hyperbeln über.* Durch Ausübung einer Affinität erkennt man die „affinen Eigenschaften" der Kegelschnitte.

a) *Ellipse* (Abb. 95). Auf eine Ellipse k werde eine perspektive Affinität ausgeübt. Die Affinität sei durch ihre Achse g und den Punkt $\overline{O}$ gegeben, der dem Mittelpunkt O von k entspricht. Der Mittelpunkt einer Strecke geht in den Mittelpunkt der entsprechenden Strecke über; alle Durchmesser von k werden in O gehälftet, daher werden alle durch $\overline{O}$ gehenden Sehnen der entsprechenden Ellipse $\overline{k}$ in $\overline{O}$ gehälftet, $\overline{O}$ ist Mittelpunkt von $\overline{k}$. Dem Scheiteltangentenrechteck von k entspricht ein Tangentenparallelogramm von $\overline{k}$, die Berührpunkte liegen in den Seitenmitten. k ist symmetrisch bezüglich beider Achsen, die Tangenten in symmetrisch gelegenen Punkten schneiden sich auf einer Achse, daher gilt für $\overline{k}$: *Die Mitten paralleler Sehnen* $\overline{s}_1$ *einer Ellipse* $\overline{k}$ *liegen auf einem Durchmesser* $\overline{d}_2$; die Mitten der zu $\overline{d}_2$ parallelen Sehnen $\overline{s}_2$ liegen auf dem zu $\overline{s}_1$ parallelen Durchmesser $\overline{d}_1$. Die Tangenten in den Endpunkten von $\overline{d}_1$ bzw. $\overline{d}_2$ sind zu $\overline{d}_2$

bzw. $\overline{d}_1$ parallel. Die Tangenten in den Endpunkten einer Sehne $\overline{s}_1$ bzw. $\overline{s}_2$ schneiden sich auf $\overline{d}_2$ bzw. $\overline{d}_1$. *Zwei solche Ellipsendurchmesser heißen konjugierte Durchmesser.* — Zu jedem Durchmesser $\overline{d}_1$ läßt sich der konjugierte $\overline{d}_2$ bestimmen (mittels der zu $\overline{d}_1$ parallelen Tangenten). — Bei einem Kreis sind je zwei zueinander normale Durchmesser konjugiert. — Übt man auf eine Ellipse (z. B. $\overline{k}$ in Abb. 95) eine Affinität aus, so gehen konjugierte Durchmesser in konjugierte Durchmesser jener Ellipse über, die $\overline{k}$ entspricht.

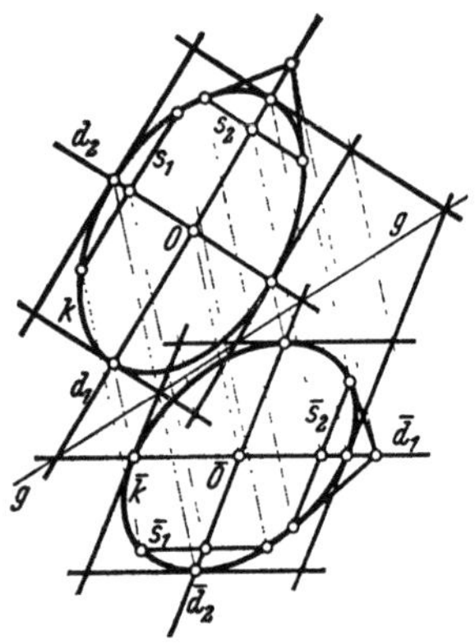

Abb. 95. Ellipse

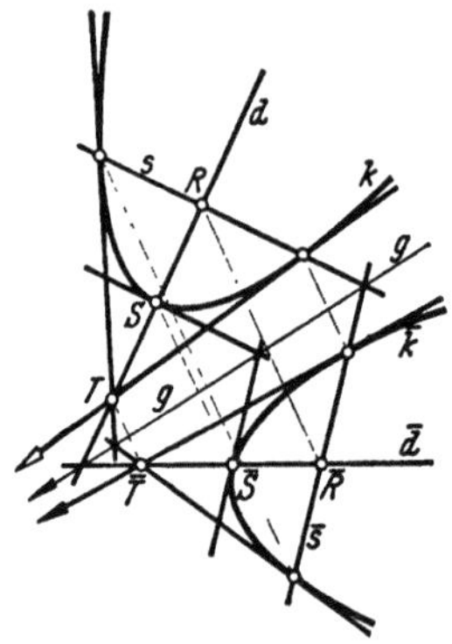

Abb. 96. Parabel

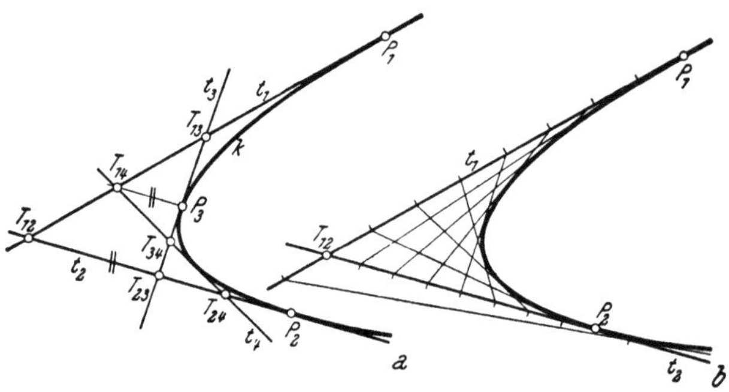

Abb. 97 *a*, *b*. Parabelkonstruktion

b) *Parabel* (Abb. 96). Hält man bei einer Ellipse A_1 und F_1 fest und läßt O längs der Hauptachse ins Unendliche wandern, so geht die Ellipse nach 25., b in eine Parabel über, in deren Fernpunkt O, F_2 und A_2 vereinigt liegen. Daher kann man jede zur Parabelachse parallele Gerade als einen Durchmesser und auch als einen Leitstrahl der Parabel auffassen. Aus Abb. 96 folgt wie bei a): *Die Mitten paralleler Sehnen $\overline{s}$ einer Parabel liegen auf einem Durchmesser $\overline{d}$.* $\overline{d}$ heißt der zur Richtung $\overline{s}$ konjugierte Durchmesser. Auf $\overline{d}$ liegt auch der Berührpunkt $\overline{S}$ der zu $\overline{s}$ parallelen Tangente. Die Tangenten in den Endpunkten einer Sehne $\overline{s}$ schneiden sich in einem Punkt $\overline{T}$ auf $\overline{d}$. Schneiden sich $\overline{s}$ und $\overline{d}$ in $\overline{R}$, so ist $\overline{R}\overline{S} = \overline{S}\overline{T}$.

Hieraus folgt eine wichtige *Konstruktion der Parabel, von der zwei Punkte P_1, P_2 mit den Tangenten t_1, t_2 gegeben sind* (Abb. 97 *a*). Es sei $T_{12} = (t_1 t_2)$,

T_{13} Mitte von $T_{12}P_1$, T_{23} Mitte von $T_{12}P_2$, dann ist $t_3 = T_{13}T_{23}$ Tangente der Parabel k, mit dem Berührpunkt P_3 in der Mitte zwischen T_{13} und T_{23}. T_{14} sei Mitte von $T_{12}T_{13}$, T_{24} Mitte von $T_{23}P_2$. Wegen $T_{14}P_3 \| t_2$ und $T_{14}P_3 = 1/2\ T_{12}T_{23} = T_{23}T_{24}$ ist $t_4 = T_{14}T_{24}$ zu P_2P_3 parallel, also ist $T_{34} = (t_3t_4)$ Mitte von $T_{23}P_3$. t_4 berührt daher k. Setzt man dies fort, so folgt die tangentenweise Konstruktion von k in Abb. 97 *b*: $T_{12}P_1$ und $T_{12}P_2$ werden in eine gleiche Anzahl gleicher Teile geteilt; die gezeichneten Verbindungsgeraden sind Tangenten des Parabelbogens zwischen P_1 und P_2. Wird die Teilung außerhalb $T_{12}P_1$ und $T_{12}P_2$ fortgesetzt, so ergeben sich weitere Parabeltangenten. Man sagt, „die Parabel wird durch ähnliche Punktreihen erzeugt", das heißt entsprechende Punkte zweier gleichförmiger Skalen auf t_1 und t_2 ergeben durch Verbindung Parabeltangenten.

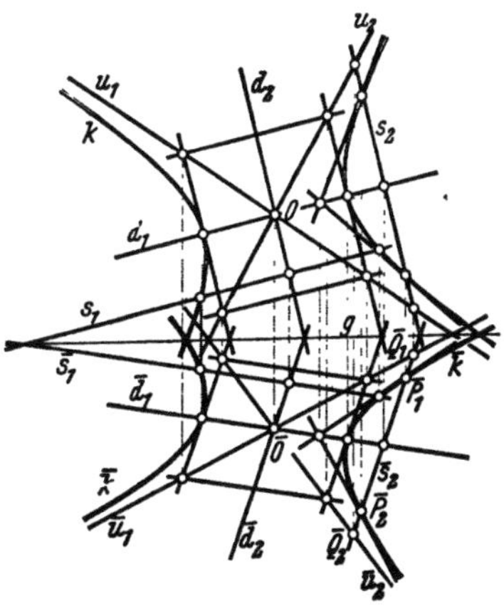

Abb. 98. Hyperbel

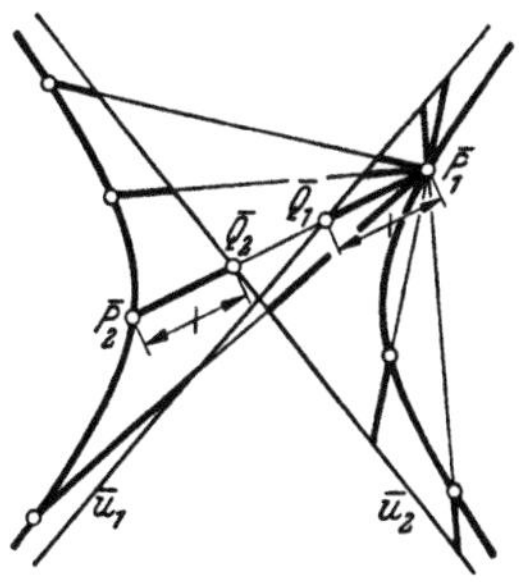

Abb. 99. Hyperbelkonstruktion

c) *Hyperbel* (Abb. 98). Wie bei der Ellipse geht auch hier die Mitte O von k in die Mitte $\overline{O}$ von $\overline{k}$ über. Den Fernpunkten von k entsprechen die Fernpunkte von $\overline{k}$, den Asymptoten u_1, u_2 von k die Asymptoten $\overline{u}_1$, $\overline{u}_2$ von $\overline{k}$. *Die Mitten paralleler Sehnen* $\overline{s}_1$ *liegen auf einem Durchmesser* $\overline{d}_2$; die Mitten der zu $\overline{d}_2$ parallelen Sehnen $\overline{s}_2$ liegen auf dem zu $\overline{s}_1$ parallelen Durchmesser $\overline{d}_1$. Die Tangenten in den Endpunkten von $\overline{d}_1$ sind zu $\overline{d}_2$ parallel. Die Tangenten in den Endpunkten einer Sehne $\overline{s}_1$ bzw. $\overline{s}_2$ schneiden sich auf $\overline{d}_2$ bzw. $\overline{d}_1$. *Zwei solche Durchmesser heißen konjugiert.* Zu jedem Durchmesser läßt sich der konjugierte bestimmen (mittels der Schnittpunkte des gegebenen Durchmessers mit $\overline{k}$ oder, wenn diese nicht reell sind, mittels der zu ihm parallelen Tangenten an $\overline{k}$). — Abb. 98 zeigt ferner: *Der Berührpunkt einer Hyperbeltangente liegt in der Mitte zwischen ihren Schnittpunkten mit den Asymptoten. Schneidet eine Gerade die Hyperbel in* $\overline{P}_1$, $\overline{P}_2$ *und die Asymptoten in* $\overline{Q}_1$, $\overline{Q}_2$, so ist $\overline{P}_1\overline{Q}_1 = \overline{P}_2\overline{Q}_2$. Ist daher eine Hyperbel durch die Asymptoten $\overline{u}_1$, $\overline{u}_2$ und einen Punkt $\overline{P}_1$ gegeben (Abb. 99), so findet man beliebig viele weitere Punkte, indem man Geraden durch $\overline{P}_1$ zieht und auf jeder die Strecke $\overline{P}_1\overline{Q}_1$ von $\overline{Q}_2$ aus bis $\overline{P}_2$ aufträgt.

Eine ebene Figur und ein Normalriß derselben sind perspektiv affin (wenn die Ebene nicht als Gerade erscheint). Daher ist der Normalriß, z. B. der Grundriß eines Kegelschnitts k ein Kegelschnitt k' gleicher Art. Konjugierte Durchmesser von k erscheinen als konjugierte Durchmesser von k'. Auch die Achsen einer Ellipse oder Hyperbel erscheinen als konjugierte Durchmesser, die aber im allgemeinen keinen rechten Winkel einschließen. Bei der konstruktiven Durchführung betrachten wir zuerst einen Sonderfall und dann den allgemeinen Fall.

a) In dem *Sonderfall*, wo die Achsen einer Ellipse oder Hyperbel k Haupt- und Fallgerade der Ebene ε von k sind, erscheinen die Achsen von k als Achsen von k'. Im Sonderfall, wo die Achse einer Parabel k Haupt- oder Fallgerade von ε ist, erscheint sie als Achse von k'. Aber die Grundrisse der Brennpunkte von k sind nicht die Brennpunkte von k' (außer wenn ε bildparallel liegt)! Beim Grundriß zu Abb. 83, 84 oder 86 zeigt sich das deutlich, wenn man $\varkappa$ und ε einer lotrechten Pressung unterwirft, das heißt alle von einer waagrechten Ebene Π_1 gemessenen Höhen mit einem Faktor λ multipliziert (Abb. 100; $\overline{S}\Pi_1 = \lambda \cdot S\Pi_1$, $\overline{S}' = S'$, $\varepsilon \to \overline{\varepsilon}$, $k \to \overline{k}$, $\overline{k}' = k'$). Der Parallelkreis in Π_1 bleibt fest, aus dem Drehkegel $\varkappa$, den ε in k schneidet, wird ein Drehkegel $\overline{\varkappa}$ mit der Spitze $\overline{S}$, den $\overline{\varepsilon}$ in $\overline{k}$ schneidet. Von k und $\overline{k}$ wurde je ein Brennpunkt (mittels DANDELINscher Kugel) konstruiert; ersichtlich haben diese Brennpunkte nicht denselben Grundriß.

Eine solche Pressung gestattet k zu konstruieren, wenn ein Teil des Aufrisses außerhalb der Zeichenfläche liegt (siehe Beispiel 85). — Für $\lambda \to 0$ folgt $\overline{k} \to k'$ und die DANDELINsche Kugel schrumpft auf den Schnittpunkt O der Kegelachse mit Π_1 zusammen, das heißt: *Der Normalriß der Kegelspitze auf eine Parallelkreisebene ist Brennpunkt der Normalrisse der ebenen Schnitte des Drehkegels.* (Ist k eine Ellipse oder Hyperbel, so erhält man durch Spiegelung an der Nebenachse von k einen zweiten Drehkegel mit lotrechter Achse, der k enthält; dessen Spitze hat als Grundriß den zweiten Brennpunkt von k'.)

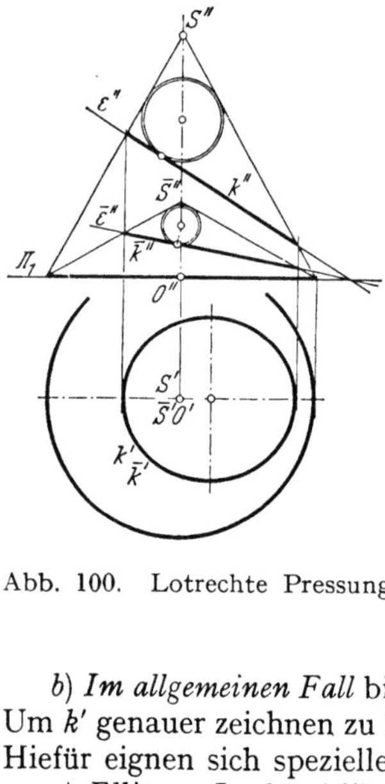

Abb. 100. Lotrechte Pressung

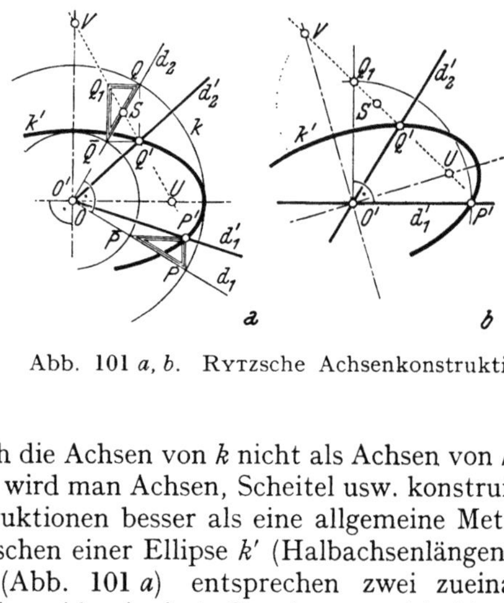

Abb. 101 *a*, *b*. RYTZsche Achsenkonstruktion

b) *Im allgemeinen Fall* bilden sich die Achsen von k nicht als Achsen von k' ab. Um k' genauer zeichnen zu können, wird man Achsen, Scheitel usw. konstruieren. Hiefür eignen sich spezielle Konstruktionen besser als eine allgemeine Methode.

α) *Ellipse.* In der Affinität zwischen einer Ellipse k' (Halbachsenlängen a, b) und ihrem Hauptscheitelkreis k (Abb. 101 *a*) entsprechen zwei zueinander normalen Durchmessern d_1, d_2 von k zwei konjugierte Durchmesser d_1', d_2' von k'. Die Endpunkte P', Q' ergeben sich aus den Endpunkten P, Q nach Abb. 73. Dreht man $PP'\overline{P}$ um O' durch 90^0 in die Lage $QQ_1\overline{Q}$, so ist $QQ_1\overline{Q}Q'$ ein Rechteck, dessen Seiten zu den Achsen von k' parallel sind. Die Diagonale $Q'Q_1$ schneide $Q\overline{Q}$ in S und die Achsen in U und V. Beide Diagonalen sind gegen die Achsen gleich geneigt, daher ist $SO' = SU = SV$, $UQ' = O'\overline{Q} = b$, $VQ' = O'Q = a$. Sind nun umgekehrt O', P', Q' gegeben (Abb. 101 *b*), so drehe man P' um O' durch 90^0 nach Q_1 und bestimme die Mitte S von $Q'Q_1$. U und V liegen dann auf $Q'Q_1$ im Abstand SO' von S, $O'U$ und $O'V$ sind die Achsen von k', UQ' und VQ' die Halbachsenlängen. Die Hauptachse verläuft im spitzen Winkel von d_1' und d_2'! Diese „*Rytzsche Achsenkonstruktion*" liefert die Achsen einer Ellipse, von der zwei konjugierte Durchmesser bekannt sind. Ist k' selbst ein Kreis, so sind je zwei zueinander normale Durchmesser zueinander konjugiert und die RYTZsche Konstruktion wird unbestimmt, weil $Q_1 = Q'$ ist und daher $Q'Q_1$ unbestimmt ist. Hat k' fast Kreisform, so wird die Konstruktion ungenau, weil die Verbindungsgerade zweier sehr naher Punkte Q_1 und Q' nur ungenau gezeichnet werden kann[1].

β) *Parabel.* Um von einer Parabel k das affine Bild k' zu finden, führe man zwei Punkte von k mit ihren Tangenten ins affine Bild über. Die Parabel k' ist dann durch P_1' mit t_1' und P_2' mit t_2' bestimmt (Abb. 102). Ist R Mitte von $P_1'P_2'$ und $T_{12}' = (t_1't_2')$, so ist der Fernpunkt U' (die Achsenrichtung) von k' durch $T_{12}'R$ gegeben. Durch Spiegelung des Durchmessers von P_1' bzw. P_2' an t_1' bzw. t_2' erhält man zwei Geraden; deren Schnittpunkt ist der Brennpunkt F von k'. Die Scheiteltangente s von k' geht durch die Fußpunkte der Normalen aus F zu t_1' bzw. t_2'. Die Achse FU' schneidet s im Scheitel A.

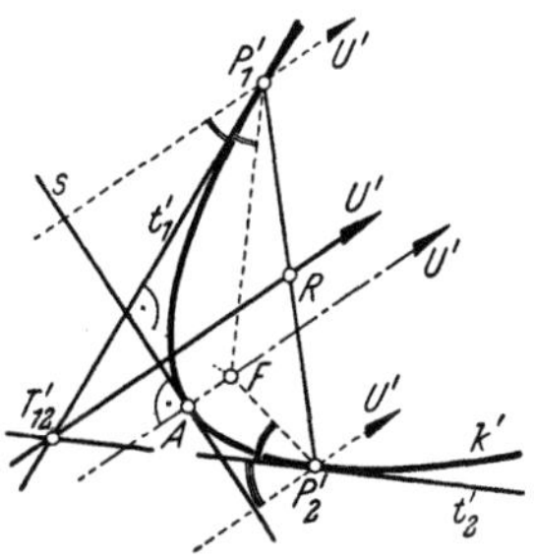

Abb. 102. Achsenkonstruktion der Parabel

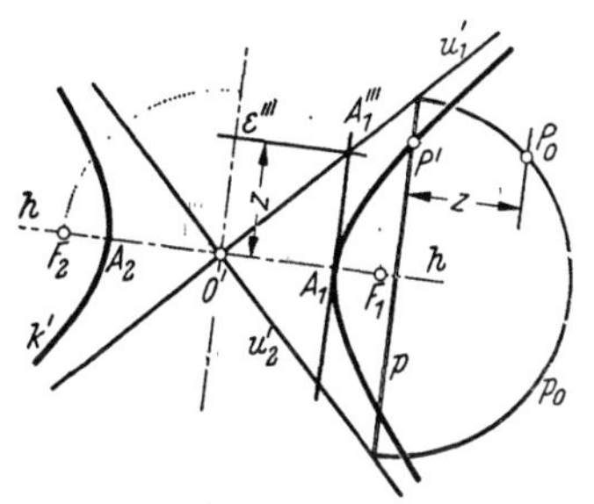

Abb. 103. Achsenkonstruktion der Hyperbel

γ) *Hyperbel.* Führt man die Asymptoten u_1, u_2 und einen Punkt P von k ins affine Bild über, so ist die Hyperbel k' durch die Asymptoten u_1', u_2' und einen Punkt P' bestimmt. Die Hauptachse h von k' ist die Symmetrale jenes Winkels von u_1', u_2', in dem P' liegt (Abb. 103). Man fasse die Figur dann (analog Abb. 85) als Normalriß eines Drehkegels auf, der von einer bildparallelen Ebene ε geschnitten wird. Die Umlegung des Parallelkreises p von P' liefert den Abstand z der Kegelachse von ε. Damit kann man den Seitenriß ε''' auf eine durch h gelegte Ebene zeichnen und erhält aus A_1''' die Scheitel A_1, A_2 und nach Abb. 94 die Brennpunkte F_1, F_2 von k'.

Beispiele:

78. Fräser (Abb. 104), mit schrägen Schneiden s, lotrechten Spanflächen σ, $\sigma' = s'$, und schrägen Freiflächen φ, die den zylindrischen Schaft nach Ellipsen schneiden. Die Schnittfläche ψ entsteht durch Drehung von s um a. Bestimme den Freiwinkel $\alpha = \sphericalangle\, \varphi\, \psi$ und den Keilwinkel $\beta = \sphericalangle\, \varphi\, \sigma$! Zeichne den Seitenriß auf eine Spanfläche!

[1] Merke: Eine Konstruktion, die in einem Sonderfall theoretisch versagt, versagt praktisch infolge der unvermeidlichen Zeichenungenauigkeiten schon in der Nähe des Sonderfalls (HESSENBERG).

79. Läßt man vom Fräser in Beispiel 78 alles weg, was im Innern eines koaxialen dünneren Zylinders liegt, so entsteht ein Hohlfräser. Zeichne ihn in derselben Stellung wie Abb. **104**. sowie den Seitenriß auf eine Spanfläche!

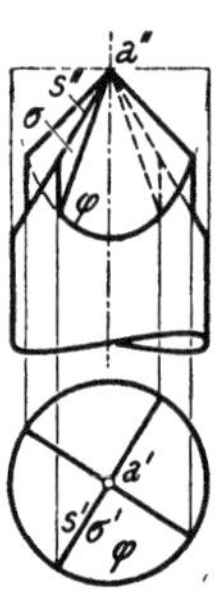

Abb. **104**. Fräser

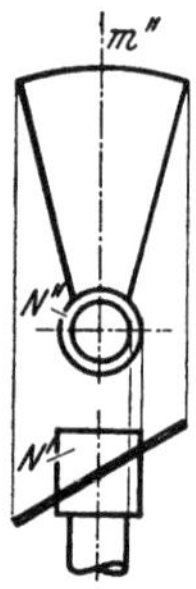

Abb. 105. Ventilator

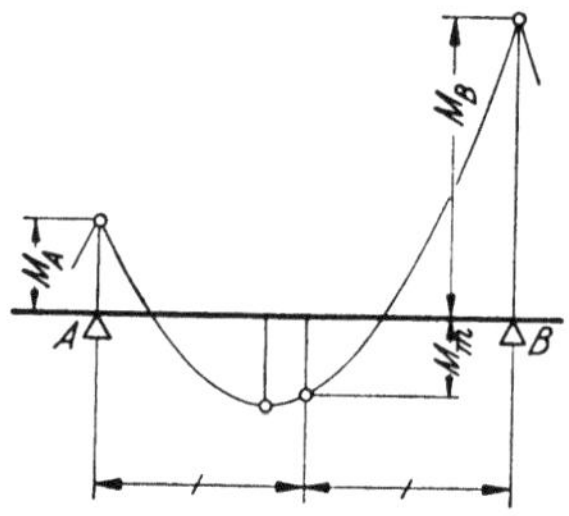

Abb. 106. Momentenkurve

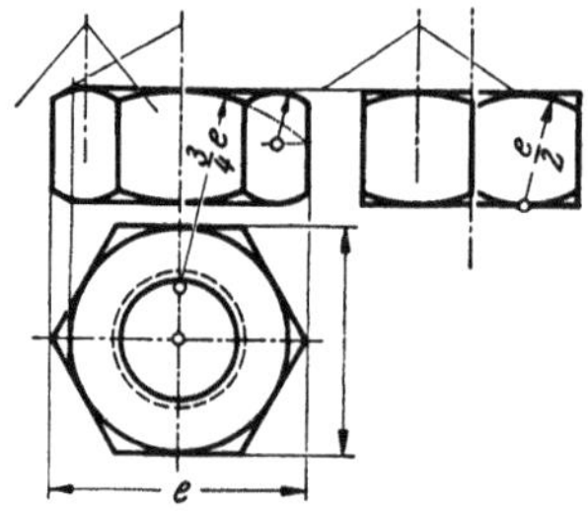

Abb. **107**. Sechskantmutter

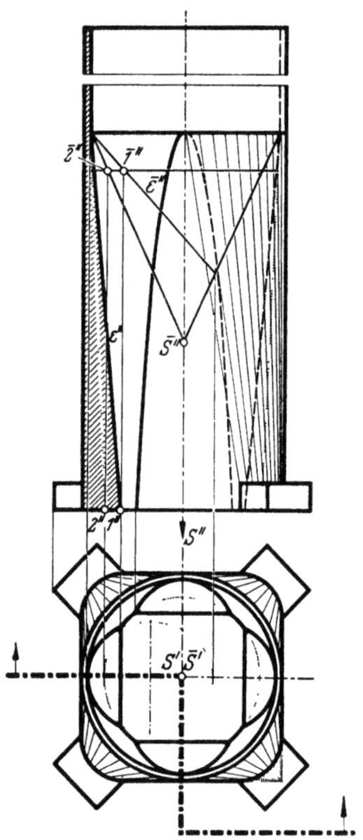

Abb. **108**. **Auswurftrichter** (Bergbau)

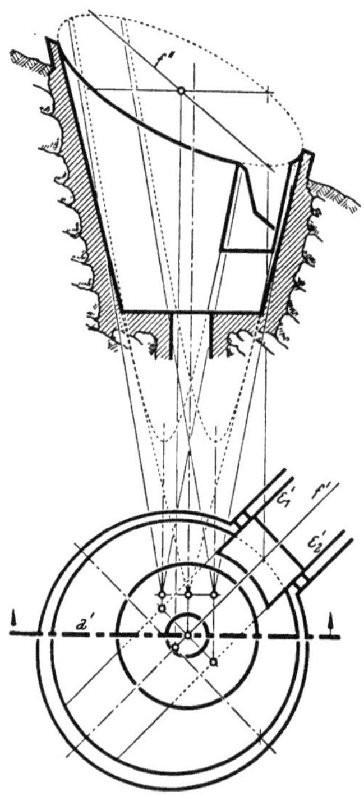

Abb. 109. Sammelbecken einer Ausgleichskammer

80. Ventilator (Abb. 105). Auf der Nabe N sitzen drei oder vier Flügel; einer ist gezeichnet. Stelle die anderen dar! Bestimme durch Paralleldrehen um m die wahre Größe der Flügel!

81. Wie ändert sich die Zeichnung, wenn jeder Flügel außen durch einen Kreis mit zwei Tangenten, die zur Nabe laufen, begrenzt ist?

82. Vergleiche den Korbbogen in Abb. 67 mit der Ellipse, die ihn in A, B, C berührt!

83. Bei einem durchlaufenden Träger mit gleichförmiger Belastung (Abb. 106) sind die negativen Stützmomente M_A und M_B über den Stützen A bzw. B gegeben, ferner das (positiv angenommene) Feldmoment M_m in der Mitte zwischen A und B. Zeichne den Momentenverlauf zwischen A und B (Parabel nach Abb. 97 *b*)! Bestimme das maximale positive Feldmoment und die Lage des gefährdeten Querschnitts, das heißt den Scheitel der Parabel (nach Abb. 102)!

84. Sechskantmutter, kegelig abgedreht (Abb. 107). In Auf- und Kreuzriß links die geometrische Konstruktion, rechts sinnbildliche Darstellung nach DIN 27, wo statt der Hyperbelbögen Kreisbögen mit den eingetragenen Radien gezeichnet sind.

85. Auswurftrichter (Bergbau), etwa 15 m hoch (Abb. 108, im Aufriß links Schnitt, rechts Ansicht). Konstruiere die Schnittellipsen des Drehkegels $\varkappa$ mit den vier Ebenen ε (mittels Pressung 1 : 10 nach Abb. 100, $S \rightarrow \overline{S}$, $\varepsilon \rightarrow \overline{\varepsilon}$, $1 \rightarrow \overline{1}$, $2 \rightarrow \overline{2}$).

86. Sammelbecken einer Ausgleichskammer, Wasserkraftanlage Bucks Creek, Kalifornien (Abb. 109). Der Drehkegel $\varkappa$ wird von der Geländeebene ε und von den lotrechten Seitenwänden ε_1, ε_2 des Überlaufes geschnitten. ε ist durch die Fallgerade f bestimmt. Konstruiere die Schnitte von $\varkappa$ mit ε, ε_1, ε_2! Der Aufriß ist Ausschnitt aus einer größeren Zeichnung, in der die Druckstollenachse a aufrißparallel liegt. Bei einem Längsschnitt durch das Gesamtobjekt wird es notwendig, das Sammelbecken in der gezeichneten Lage darzustellen.

87. Ausmündung eines geneigten Kanals. Ein drehzylindrischer Kanal ζ (Achse a, Radius r, Horizontalneigung 10^0) münde in einer ebenen Böschungsmauer ε (Horizontalneigung 70^0, erste Hauptgerade h, $\sphericalangle a'h' = 75^0$). Zeichne die Schnittellipse k! (Die oberste und die unterste Erzeugende von ζ und beide Erzeugenden in halber Höhe schneiden ε in den Endpunkten konjugierter Durchmesser von k.)

88. Wie Beispiel 87, jedoch sei das Kanalprofil aus Kreisen zusammengesetzt (siehe Beispiel 76).

89. Einschüttöffnung bei einem Salzbehälter (Abb. 110). Ein Drehkegel ϕ (Spitze S, Basiskreis k, lotrechte Achse) wird von den lotrechten Ebenen ε_1 und ε_2 nach Hyperbeln k_1, k_2 geschnitten, von den Ebenen ε_3 und ε_4 nach Parabeln k_3, k_4. Die Ebenen ε_1, ε_2, ε_3, ε_4 bilden die Seitenwände für die Einschüttöffnung in den Drehkegel ϕ. Gezeichnet wurden Grund- und Aufriß und der Seitenriß auf eine Ebene, die zu ε_1 und ε_2 parallel, zu ε_3 und ε_4 normal ist. k_1 und k_2 ergeben sich zunächst in Grund- und Seitenriß wie in Abb. 85; von k_1 werden der Mittelpunkt O_1, ein Scheitel A_1 und die Asymptoten u, v, die die Ebene von k in *1* bzw. *2* schneiden, aus Grund- und Seitenriß in den Aufriß übertragen. So ergibt sich die Aufrißhyperbel k_1''; analog wird k_2'' konstruiert. Von k_3 ist der Scheitel A_3 im Seitenriß unmittelbar gegeben, die Schnittpunkte *3* und *4* von k_3 mit k ergeben sich im Seitenriß im Schnitt von k''' mit $\varepsilon_3''' = k_3'''$. Nun sind von der Grundrißparabel k_3' der Scheitel A_3' und die Punkte *3'* und *4'* bekannt. S' ist nach Abb. 100 Brennpunkt von k_3' und die Tangenten von k_3' in *3'* und *4'* schneiden sich nach Abb. 93 in einem Punkt T_3' von k' (weil $S'3' = S'4' = S'T_3'$ sein muß). T_3' ist Grundriß eines Punktes T_3 in ε_3; der Seitenrißordner durch T_3' schneidet ε_3''' in T_3'''; aus T_3' und T_3''' ergibt sich T_3''. Von der Aufrißparabel k_3'' sind nunmehr die Punkte *3''*, *4''* und der Schnittpunkt T_3'' ihrer Tangenten bekannt und man erhält daraus nach Abb. 102 Scheitel und Brennpunkt von k_3''. Analog wurden die Schnittpunkte *5* und *6* von k mit k_4 bestimmt. k_4' wurde wie k_3' konstruiert; k_4'' jedoch wurde aus den Punkten *5''*, *6''* und deren Tangenten, die sich in T_4'' schneiden, nach Abb. 97 *b* konstruiert.

Man könnte auch die Eckpunkte der vierseitigen Öffnung des Drehkegels ϕ genau konstruieren. Man hätte nach Abb. 111 z. B. die Schnittgerade von ε_1 und ε_3 mit ϕ zu schneiden; einer der beiden Schnittpunkte ist der in Abb. 110 auftretende Schnittpunkt *I* von k_1 und k_3.

29. Zylinder und Kegel 2. Ordnung. In der Ebene ε sei ein Kegelschnitt k, außerhalb ε sei ein Punkt S gegeben. Verbindet man S mit allen Punkten von k durch Geraden, so entsteht ein Kegel $\varkappa$. Ist S ein Fernpunkt, so sind die Geraden parallel und es entsteht ein Zylinder ζ. Die auf $\varkappa$ bzw. ζ liegenden Geraden durch S nennt man Erzeugenden. — Um die Schnittpunkte von $\varkappa$ oder ζ mit

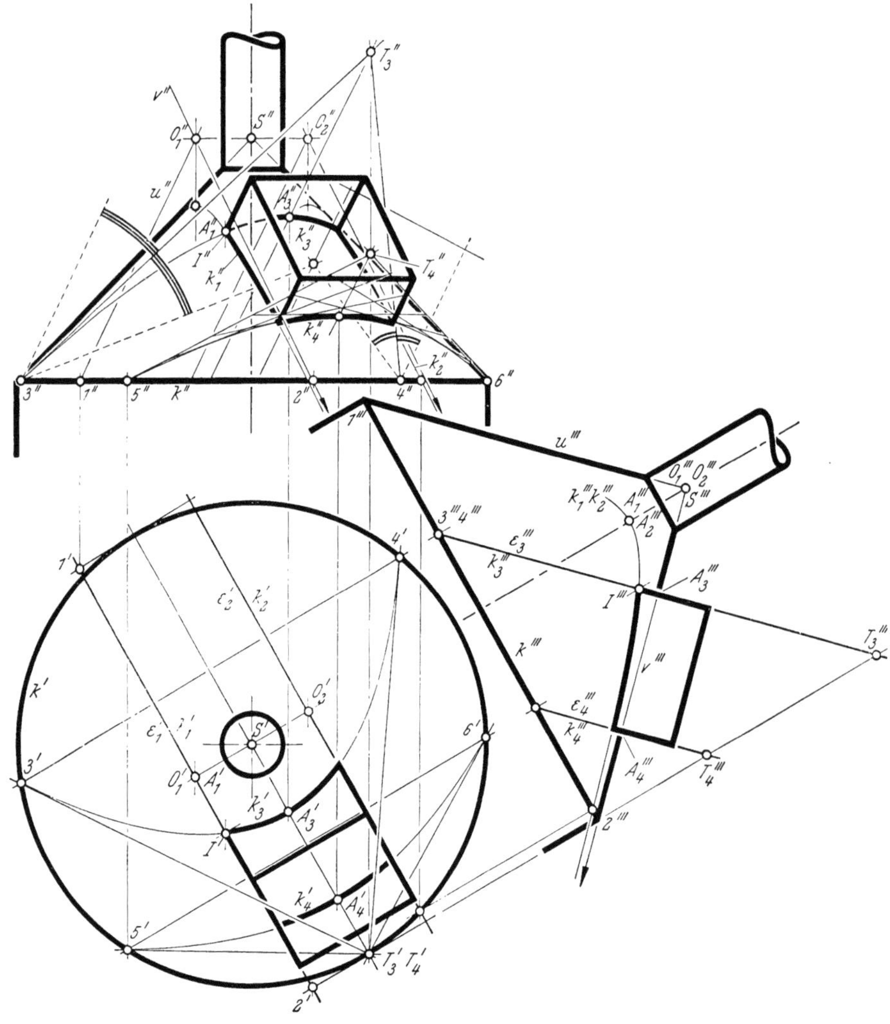

Abb. 110. Einschüttöffnung bei einem Salzbehälter (Salzsilo)

einer Geraden g zu bestimmen, die nicht durch S geht (Abb. **111**), schneide man die Ebene Sg mit ε in g_0. g_0 trifft k in zwei Punkten P_0 und Q_0, SP_0 und SQ_0 schneiden g in P und Q. P_0 und Q_0 können komplex sein, dann sind auch P und Q komplex, g geht an $\varkappa$ bzw. ζ vorbei. P_0 und Q_0 können zusammenfallen, das heißt g_0 berührt k, g berührt $\varkappa$ bzw. ζ. *Da eine Gerade g mit $\varkappa$ bzw. ζ zwei* ***Punkte*** *P, Q* ***gemein hat, nennt man*** *$\varkappa$ und ζ Flächen 2. Ordnung.* Drehkegel und Drehzylinder sind Sonderfälle.

Die Tangentialebene in einem Punkt A von k enthält die Erzeugende SA und die Tangente von k in A. Sie berührt $\varkappa$ bzw. ζ in allen Punkten von SA. Von einer durch S gehenden Geraden t gehen zwei Tangentialebenen aus; man bestimmt sie, indem man aus $T = (t\,\varepsilon)$ die Tangenten an k legt.

Jede nicht durch S gehende Ebene ε_1 schneidet $\varkappa$ bzw. ζ nach einem Kegelschnitt k_1, denn jede Gerade in ε_1 hat mit $\varkappa$ bzw. ζ zwei Punkte gemein. Eine Erzeugende von $\varkappa$, die ε_1 in einem Fernpunkt schneidet, enthält einen Fernpunkt von k_1. *Daher schneidet ε_1 den Kegel nach einer Ellipse, Parabel oder Hyperbel, je nachdem die Ebene σ, die parallel zu ε_1 durch S gelegt ist, den Kegel nur in S reell schneidet, längs einer Erzeugenden berührt oder nach zwei reellen Erzeugenden schneidet.* Zwischen k und k_1 besteht eine perspektive Kollineation mit dem Zentrum S und der Achse $(\varepsilon\varepsilon_1)$; die Gerade $(\varepsilon\sigma)$ ist eine Gegenachse[1]. Dagegen besteht zwischen je zwei ebenen Schnitten eines Zylinders eine perspektive Affinität (Achse $= (\varepsilon\varepsilon_1)$, Affinitätsstrahlen durch den Fernpunkt S). *Je nach ihren ebenen Schnitten lassen sich daher elliptische, parabolische und hyperbolische Zylinder unterscheiden*[2]. Abb. 112 *a, b, c* zeigt diese drei Zylinder

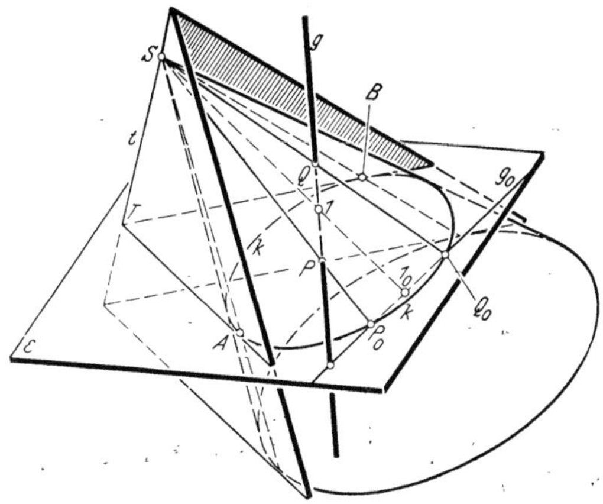

Abb. 111. Kegel 2. Ordnung

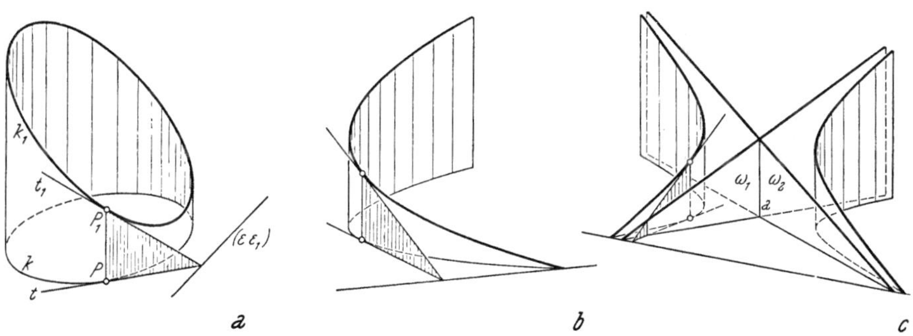

Abb. 112. *a*) Elliptischer, *b*) parabolischer, *c*) hyperbolischer Zylinder

2. Ordnung, mit den ebenen Schnitten k und k_1. In der Affinität zwischen ε und ε_1 geht k in k_1, P in P_1, t in t_1 über. Die Erzeugenden in Abb. 112 *a, b, c,* die Parabeln in Abb. 112 *b* und die Hyperbeln in Abb. 112 *c* sind selbstverständlich über den gezeichneten Teil hinaus fortgeführt zu denken. Die Mittelpunkte

[1] Konstruktive Verwendung in der Perspektive (VII. Kap.).

[2] Eine solche Unterscheidung wäre bei Kegeln 2. Ordnung sinnlos, denn man kann sie nach Ellipsen, Parabeln und Hyperbeln schneiden. Sie lassen sich auch nach Kreisen schneiden, daher werden Kegel 2. Ordnung, die nicht Drehkegel sind, manchmal schiefe Kreiskegel genannt. Auch elliptische Zylinder, die nicht Drehzylinder sind, können nach Kreisen geschnitten werden; sie werden manchmal schiefe Kreiszylinder genannt.

aller ebenen Schnitte eines elliptischen oder hyperbolischen Zylinders liegen auf einer Geraden, der Achse *a* des Zylinders. Ein hyperbolischer Zylinder besitzt zwei Fernerzeugenden, längs denen er von den asymptotischen Ebenen ω_1, ω_2 berührt wird; in diesen liegen die Asymptoten aller Schnitthyperbeln. Ein parabolischer Zylinder berührt die Fernebene längs einer Fernerzeugenden.

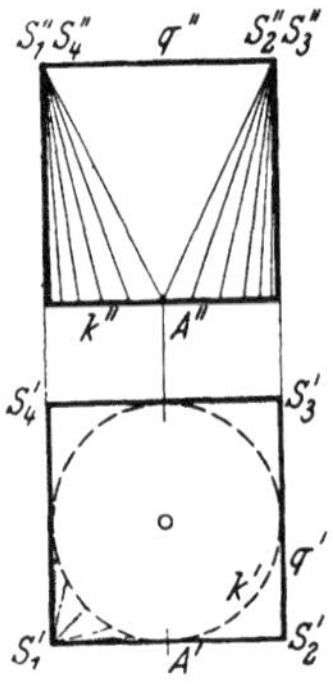

Abb. 113. Würfelkapitäl

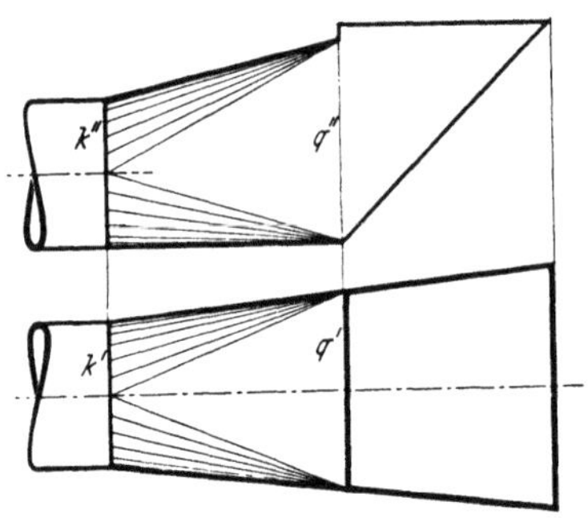

Abb. 114. Saugtrichter eines NIWE-Gebläses.

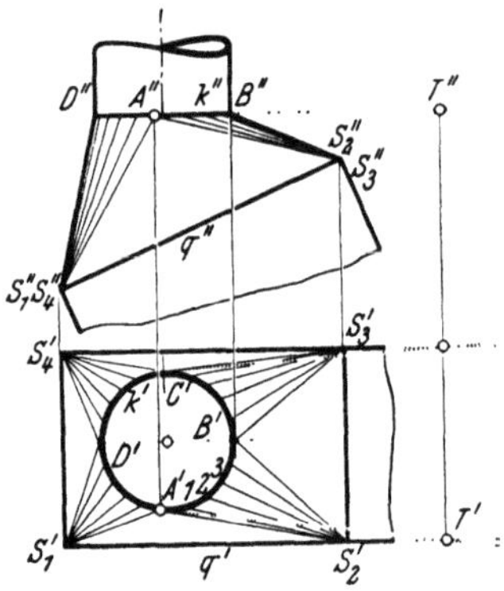

Abb. 115. Übergangsstück

Elliptische Zylinder kommen als Schalen im Stahlbetonbau vor (durch Binderscheiben ausgesteift), parabolische Zylinder als Rahmenbinder im Stahlbeton-Hallenbau. Kegel 2. Ordnung treten z. B. als Übergangsflächen auf. Abb. 108 enthält außen als Abrundungsflächen Teile von vier Kegeln 2. Ordnung. Abb. 113 zeigt den Übergang von kreisförmigem Querschnitt *k* zu quadratischem Querschnitt *q* durch vier Ebenen (Dreiecke S_1AS_2 usw.) und vier Kegel 2. Ordnung durch *k* (Spitzen S_1, S_2 usw.), die je zwei Ebenen berühren[1]. Abb. 114 zeigt eine andere Blechkonstruktion, links den Übergang vom Kreis *k* zum Rechteck *q* durch vier Ebenen und vier Kegel 2. Ordnung, die je zwei dieser Ebenen berühren, rechts die Einschüttöffnung. Abb. 115 zeigt den Fall, wo die Ebenen von *k* und *q* nicht parallel sind; damit die Ebene S_1AS_2 beide anschließenden Kegel berühre, muß *k* diese Ebene berühren; daher wurde aus dem Schnittpunkt *T* von S_1S_2 mit der Ebene von *k* eine Tangente an *k* gelegt; der Berührpunkt ist *A*; analog sind *B*, *C*, *D* zu bestimmen. — In gleicher Weise kann man zwischen einem beliebigen prismatischen und einem beliebigen zylindrischen Stück ein Übergangsstück konstruieren, das aus Ebenen und kegeligen Teilen berührend zusammengesetzt ist. Ist der Zylinder von 2. Ordnung, so sind auch die Kegel von 2. Ordnung.

Beispiele:

90. Zeichne den Kreuzriß zu Abb. 114 oder 115!

91. Zeichne einen Sonderfall von Abb. 115, wo *k* und *q* flächengleich sind (Konstruktion von KOCHANSKY, Abb. 63) und in parallelen Ebenen liegen! Beide Leitungen sollen dieselbe Achse haben.

---

[1] Derlei kommt als Würfelkapitäl vor. Mit größerer Höhe tritt diese Form bei schweren Behältern aus Blech auf, die mit *k* auf dem Boden gerollt und mit einer Quadratseite an eine Einschüttöffnung angelegt werden. Dieselbe Form dient in Blechleitungen zum Übergang von einem kreisförmigen zu einem quadratischen Leitungsquerschnitt.

30. Abwicklung von Zylindern und Kegeln. Blechkonstruktionen haben wachsende technische Bedeutung, denn sie sind wirtschaftlicher als gegossene oder geschmiedete Erzeugnisse, die noch einer Bearbeitung bedürfen. In der Werkstatt zeichnen eigene Vorzeichner mit der Reißnadel auf ebenem Blech, das mit dünner Kalkmilch bestrichen worden ist. Es muß sehr genau gezeichnet werden, damit nach dem Zusammenbiegen nicht nachgeschnitten oder angeflickt werden muß (z. B. werden die Tangenten aus einem Punkt P an einen Kreis um O nicht einfach angelegt, sondern es werden die Berührpunkte mittels des Kreises über OP konstruiert). Auch der Konstrukteur bedarf solcher Kenntnisse, damit er die Bleche vom Walzwerk bestellen und die Arbeit in der Werkstatt prüfen und beraten kann. Hier sollen Abwicklungen von Zylindern und Kegeln in die Ebene ohne Berücksichtigung des Einflusses der Blechstärke und der Zuschläge für Falzverbindungen usw. konstruiert werden.

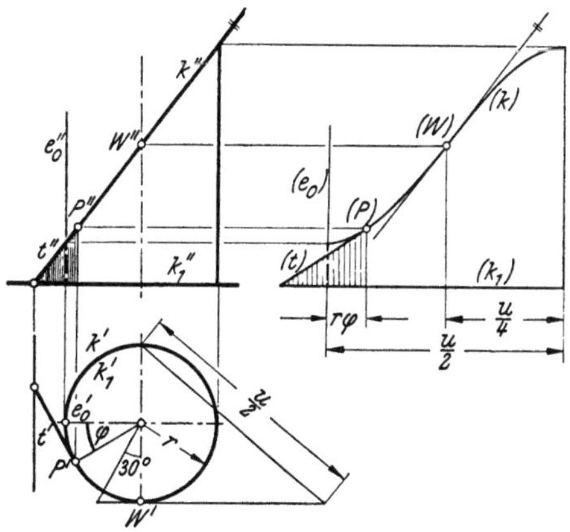

Abb. 116. Abwicklung eines Drehzylinders

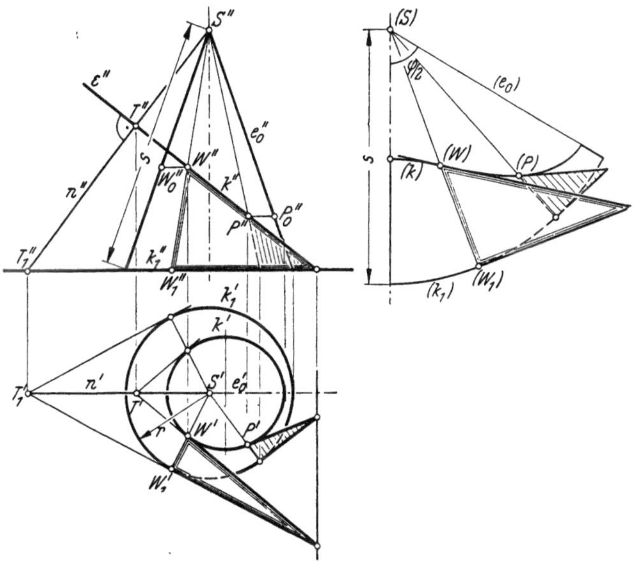

Abb. 117. Abwicklung eines Drehkegels

a) *Abwicklung eines Drehzylinders* ζ (Abb. **116** zeigt eine Hälfte). ζ wird zweckmäßig längs einer Erzeugenden e_0 aufgeschnitten gedacht. Beim Abwickeln gehen die Erzeugenden in Geraden über, z. B. e_0 in (e_0). Ein Parallelkreis (Normalschnitt) k_1 geht in eine Strecke $(k_1) \perp (e_0)$ über, deren Länge sich nach Abb. 63 ergibt. Um die Abwicklung einer Kurve auf ζ, z. B. eines ebenen

Schnittes k, zu bestimmen, teilt man k_1 und (k_1) in gleich viel Teile und überträgt die Höhen und die geschrafften Tangentialdreiecke; so ergibt sich z. B. in (P) die Tangente (t) an (k). In halber Höhe von (k) besitzt (k) offenbar Wendepunkte (W); das sind Punkte, in denen (k) ihre Tangente durchsetzt. Diese Tangenten sind erste Fallgeraden der Ebene von k.

b) *Abwicklung eines Drehkegels* $\varkappa$ (Abb. **117** zeigt eine Hälfte)[1]. Die Abwicklung von $\varkappa$ zwischen S und k_1 ergibt einen Kreissektor (Radius s, Zentriwinkel $\varphi = 360^0 \cdot r/s$, weil k_1 und (k_1) dieselbe Länge $2\,r\,\pi$ haben). Um eine auf $\varkappa$ liegende Kurve abzuwickeln, z. B. einen ebenen Schnitt k, teilt man k_1 und (k_1) in gleich viel Teile und überträgt die Entfernungen der Kurvenpunkte von S und die geschrafften Tangentialdreiecke, z. B. $(S)(P) = = SP = S''P_0''$. Es läßt sich zeigen, daß die Berührpunkte W von k mit den zu ε normalen Kegeltangentialebenen Wendepunkte (W) von (k) liefern. Die Normale n aus S auf ε schneide ε in T und die Ebene von k_1 in T_1. Die Tangenten aus T_1 an k_1 ergeben zwei Punkte W_1; SW_1 schneidet ε in W.

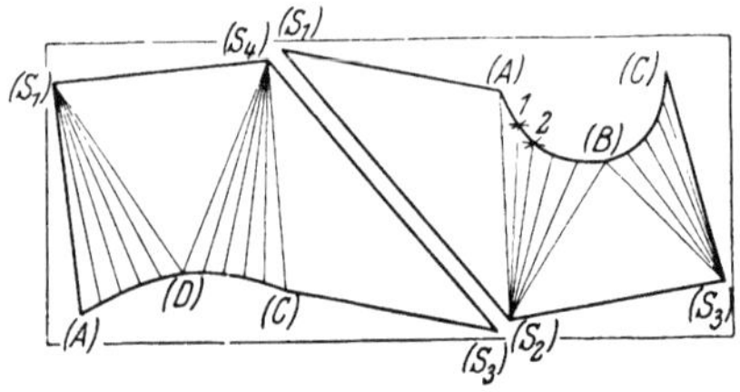

Abb. 118. Abwicklung zu Abb. 115

c) *Abwicklung anderer Zylinder und Kegel.* Einen Zylinder ζ wickelt man näherungsweise ab, indem man einem Normalschnitt k von ζ durch einen Streckenzug $0, 1, 2, \ldots$ annähert und die Parallelstreifen mit den Breiten $01, 12, 23, \ldots$ aneinanderfügt. Einen Kegel $\varkappa$ mit der Spitze S wickelt man näherungsweise ab, indem man irgend eine Kurve k auf $\varkappa$ durch einen Streckenzug $0, 1, 2, \ldots$ annähert und die Dreiecke $0S1, 1S2, \ldots$ aneinanderfügt. Kurven auf ζ bzw. $\varkappa$ werden wie in Abb. **116** bzw. **117** abgewickelt. Die Wahl der Punkte $0, 1, 2, \ldots$ erfordert konstruktives Geschick. Liegen sie zu dünn verteilt, so wird k nur schlecht angenähert. Liegen sie zu dicht verteilt, so ergeben sich bei der Übertragung einer größeren Anzahl von Parallelstreifen bzw. Dreiecken auch mehr Zeichenfehler. Abb. **118** zeigt die Abwicklung zu Abb. **115** (in zwei Stücken, damit vom rechteckigen Blechformat möglichst wenig Verschnitt entsteht).

Das Entwerfen rationeller Blechkonstruktionen erfordert geometrische Kenntnisse, siehe das schöne Buch „Flächenschluß" von H. Heesch und O. Kienzle, Schriftenreihe Wissenschaftliche Normung, Bd. 6, Berlin-Göttingen-Heidelberg: Springer, 1963.

Beispiel:

92. Bestimme die Abwicklung zu einer der Abb. **84**, **85**, **86**, **88**, **114**! Stelle ein Papiermodell her und prüfe daran die Zeichengenauigkeit!

Übersichtsfragen

Was ergibt sich als ebener Schnitt a) eines Drehzylinders, b) eines Drehkegels? Welche Konstruktionen ergeben sich aus den Brennpunktseigenschaften der Kegelschnitte? Wie gelangt man zu den affinen Eigenschaften der Kegelschnitte? Wie konstruiert man einen Normalriß eines Kegelschnitts, dessen Ebene allgemeine Lage hat? Was sind Zylinder und Kegel 2. Ordnung und welche Eigenschaften besitzen sie? Welche Beispiele von perspektiver Affinität und Kollineation treten in diesem Kapitel auf?

[1] Rechnerisch bei W. Wunderlich, Formeln und Rechenbehelfe zur Abwicklung des Kegels 2. Ordnung, Österr. Ing.-Archiv **10** (1956), 107—114.

V. Normale Axonometrie

Bei der Darstellung durch gepaarte Normalrisse pflegt man einen Gegenstand so aufzustellen, daß jede Bildebene zu zwei Hauptrichtungen des Gegenstands parallel ist („Grundstellung"). Solche Bilder lassen sich einfach zeichnen, wirken aber nicht immer genügend anschaulich. Anschaulichere Bilder erhält man z. B. nach den in Abb. 18 oder 41 gezeigten Konstruktionen. Einfacher ist das Verfahren der Axonometrie.

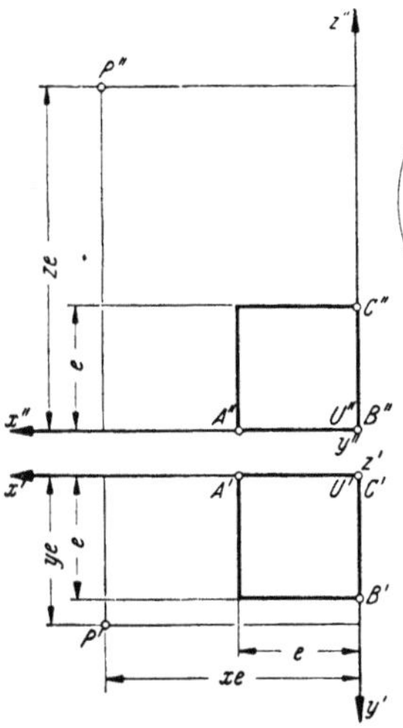

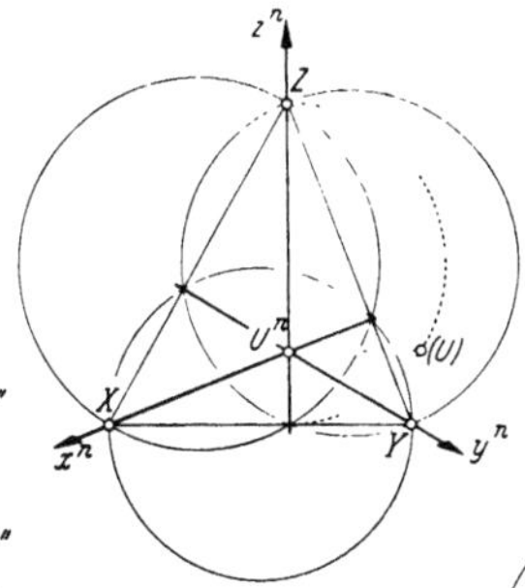

Abb. 120

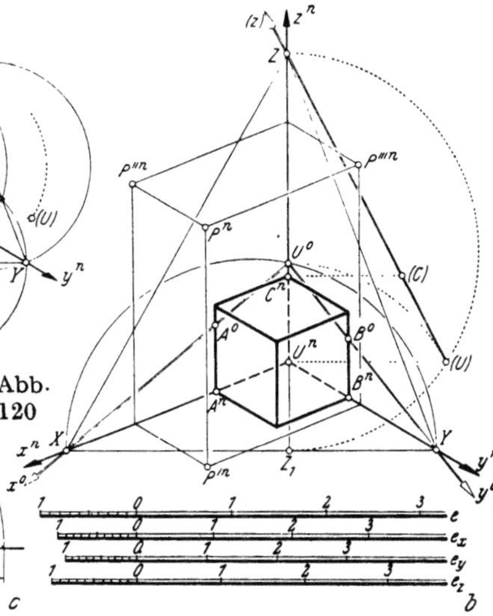

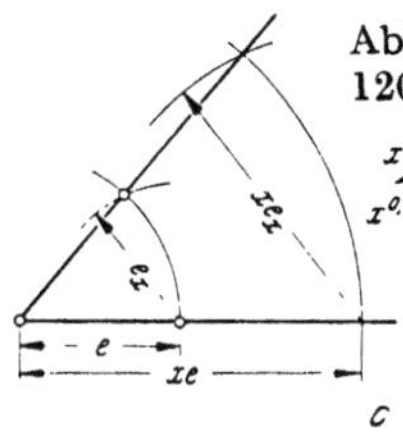

Abb. 119. Achsenkreuz

oben: Abb. 120. Lage von U im Raum

Abb. 121. *a*) Grundkonstruktion, *b*) Achsenmaßstäbe, *c*) Verkürzungswinkel

31. Herstellung normalaxonometrischer Bilder. *Man legt in den Gegenstand ein räumliches Achsenkreuz, dessen Achsenrichtungen zweckmäßig die Hauptrichtungen des Gegenstands sind, und stellt dieses Achsenkreuz dar.* Dann läßt sich jeder Punkt des Gegenstands mit Hilfe seiner Koordinaten in das Bild eintragen. U sei der Ursprung, x, y, z seien die Achsen des Achsenkreuzes (Abb. 119). $Uxyz$ sei ein *Rechtssystem*, das heißt die von U ausgehenden positiven Halbachsen folgen aufeinander wie die (in Richtung der x-, y- und z- Achse eingestellten) ersten drei Finger der *rechten* Hand. Auf den Achsen sei die gewählte Einheitsstrecke $UA = UB = UC = e$ aufgetragen.

Vom Achsenkreuz werde nun der Normalriß auf eine Bildebene (Zeichenebene) Π gezeichnet. Den Normalriß kennzeichnen wir durch den Index n. U^n sei der Normalriß von U. Als Normalrisse x^n, y^n, z^n der Achsen wählen wir drei durch U^n gehende Geraden. X, Y, Z seien die Schnittpunkte der Achsen mit Π (Abb. 120). XYZ heißt Spurendreieck. Wegen $z \perp [xy]$ ist $z^n \perp XY$, analog $x^n \perp YZ$, $y^n \perp ZX$, das heißt das Spurendreieck besitzt die Höhen x^n, y^n, z^n und den Höhenschnittpunkt U^n [1]. Weil $\sphericalangle XUY = \sphericalangle YUZ = \sphericalangle ZUX = 90^0$ ist, ergibt sich die räumliche Lage von U im Schnitt der drei Kugeln mit

[1] Daß man x^n, y^n, z^n als drei beliebige Geraden durch U^n wählen darf, beruht also planimetrisch darauf, daß sich die Höhen eines Dreiecks in einem Punkt schneiden.

den Durchmessern XY bzw. YZ bzw. ZX. Diese Kugeln schneiden sich in zwei zu Π symmetrisch gelegenen Punkten U. Die Umlegung des Schnittkreises der Kugel über YZ mit der Kugel über ZX ergibt den Abstand $(U)U^n$ der Punkte U von Π. — Die Punkte U sind nur dann reell, wenn das Dreieck XYZ nicht stumpfwinklig ist[1].

Da wir nur Rechtssysteme verwenden, kommt in Abb. 120 von den beiden Punkten U nur der *hinter* Π liegende in Betracht; man erblickt die Oberseite der $[xy]$-Ebene und spricht daher von einer *Obersicht*. Würden in Abb. 120 die Bezeichnungen x^n und y^n, X und Y vertauscht, so läge U vor Π und man erblickte die Unterseite der $[xy]$-Ebene (*Untersicht*). — Wird das Achsenkreuz normal zu Π verschoben, so bleiben U^n, x^n, y^n, z^n fest, während sich X auf x^n, Y auf y^n, Z auf z^n so verschieben, daß alle entstehenden Spurendreiecke bezüglich U^n zentrisch ähnlich sind.

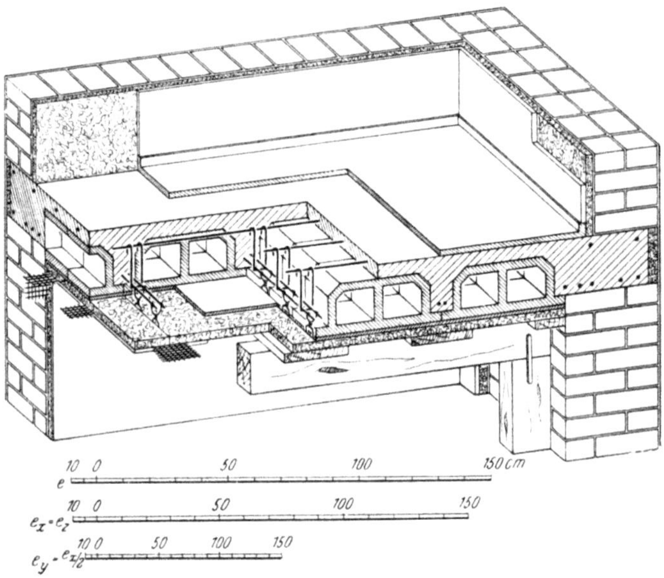

Abb. 122. Hohlkörperdecke mit Gerüstung und Sparschalung

Um die Einheitspunkte A und B abzubilden (Abb. 121 *a*), drehen wir die $[xy]$-Ebene um XY, so daß die Oberseite von $[xy]$ in die Vorderseite von Π gelangt. Der Normalriß des Drehkreises von U fällt mit der Geraden z^n zusammen. Wegen $\sphericalangle XUY = 90^0$ ist die Drehlage U^0 von U der Schnittpunkt des Halbkreises über XY mit z^n. Auf $x^0 = U^0X$ und $y^0 = U^0Y$ wird e von U^0 bis A^0 bzw. B^0 aufgetragen. A^n und B^n ergeben sich durch Zurückdrehen auf x^n bzw. y^n. Um C^n zu finden, wurde die durch z gehende Sehebene um ihre Bildspur ZZ_1 umgelegt und auf (z) von (U) aus e bis (C) aufgetragen. — Mit den *Achsenmaßstäben* $e_x = U^nA^n$, $e_y = U^nB^n$, $e_z = U^nC^n$ (Abb. 121 *b*) lassen sich für jeden Punkt P, dessen *Koordinaten* die *unbenannten Zahlen* x, y, z sind, die *Strecken* xe_x auf x^n, ye_y auf y^n, ze_z auf z^n auftragen (Abb. 119, 121 *a*). Man erhält außer dem axonometrischen Bild P^n die *axonometrischen Nebenbilder*

[1] Wenn U reell ist, erscheinen die rechten Winkel XUY usw. als stumpfe Winkel XU^nY, YU^nZ, ZU^nX, und dies träfe bei einem stumpfwinkligen Dreieck XYZ nicht zu.

P'^n, P''^n, P'''^n (axonometrischer Grundriß, Aufriß, Kreuzriß), sie sind die axonometrischen Bilder der Punkte $P'(x,y,0)$, $P''(x,0,z)$, $P'''(0,y,z)$. Sind die Koordinaten x, y, z jedes Punktes P nicht unmittelbar als Zahlen gegeben, sondern ist der Gegenstand z. B. durch Grund- und Aufriß vorgelegt, so entnimmt man dem Grundriß mit dem Zirkel die Strecken xe und kann daraus mittels *Verkürzungswinkel* (Abb. 121 *c*) xe_x konstruieren. Zwei weitere Verkürzungswinkel ergeben ye_y und ze_z. Abb. 122 zeigt ein Beispiel.

Ist ein Gegenstand durch gepaarte Normalrisse gegeben, so läßt sich ein axonometrisches Bild auch nach dem „*Einschneideverfahren*"[1] bequem konstruieren. Denkt man sich in Abb. 121 *a* die umgelegte $[xy]$-Ebene nach unten verschoben, analog die um YZ umgelegte $[yz]$-Ebene in Richtung x^n, die um ZX umgelegte $[zx]$-Ebene in Richtung y^n verschoben, so gelangt man zu Abb. 123 [2]. In Abb. 123 läßt sich in den herausgeschobenen Rissen (Grund-, Auf-, Kreuzriß) jeder Punkt P eintragen. Die „Einschneidestrahlen" durch $P'(||z^n)$, durch $P''(||y^n)$ und durch $P'''(||x^n)$ schneiden sich dann in P^n. Offenbar genügen je zwei der drei Risse zur Konstruktion von P^n. Im Beispiel von Abb. 124 seien

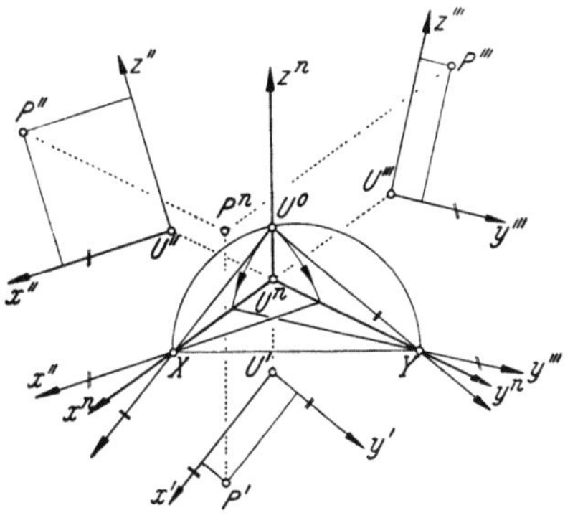

Abb. 123. Einschneideverfahren

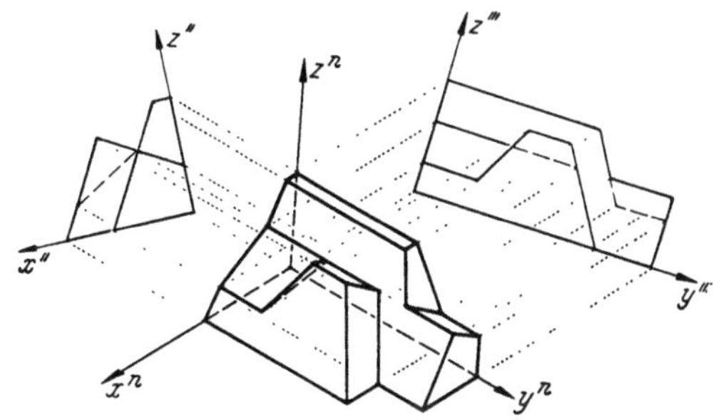

Abb. 124. Widerlager

etwa Lichtpausen von Aufriß und Kreuzriß auf dem Zeichenblatt befestigt. Das Einschneideverfahren ist besonders dann günstig, wenn zwei gepaarte Normalrisse des Gegenstands schon gezeichnet vorliegen und etwa als Lichtpausen auf dem Zeichenblatt befestigt werden.

Wie man mit dem Stechzirkel allein ein normalaxonometrisches Bild herstellen kann, zeigt W. WUNDERLICH[3].

Beispiel:

93. Zeichne ein axonometrisches Bild, z. B. zu Abb. 7, 10, 18, 29, 30, 34, 35 oder 47 bis 56! (Günstige Wahl von x^n, y^n, z^n siehe 34.)

32. Abbildung von Kreisen. Ein normalaxonometrisches Bild ist ein Normalriß, daher erscheint ein Kreis k im allgemeinen als Ellipse k^n. Die Hauptachse von k^n ist parallel zur Schnittgeraden der Kreisebene mit Π. Sie hat die Länge des Durchmessers von k.

---

[1] Auf dieses Verfahren hat L. ECKHART hingewiesen [Z. VDI **82** (1938), 447—448].

[2] Ist U^0 bereits wie in Abb. 121 *a* konstruiert, so erhält man die Umlegungen von U um YZ bzw. ZX einfacher, indem man U^0 um Y bzw. X dreht (Abb. 123), bis der Drehkreis die Gerade x^n bzw. y^n schneidet (warum?).

[3] Stechzirkelaxonometrie — ein einfaches Verfahren zur Herstellung anschaulicher Bilder. Z. Österr. Ing.- u. Architekten-Ver. **98** (1953), 90—91.

Liegt k in $[xy]$ oder in einer zu $[xy]$ parallelen Ebene, so kann man den Mittelpunkt M von k abbilden und von M^n aus auf der zu z^n normalen Hauptachse von k^n den Radius r bis P^n bzw. Q^n auftragen (Abb. 125). Die Parallele

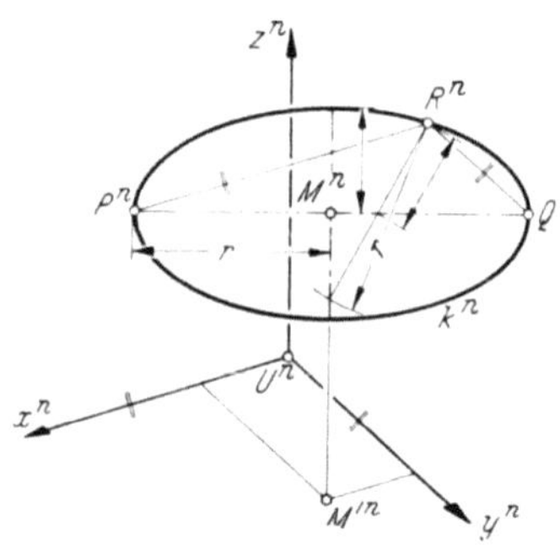

Abb. 125. Bild eines Kreises

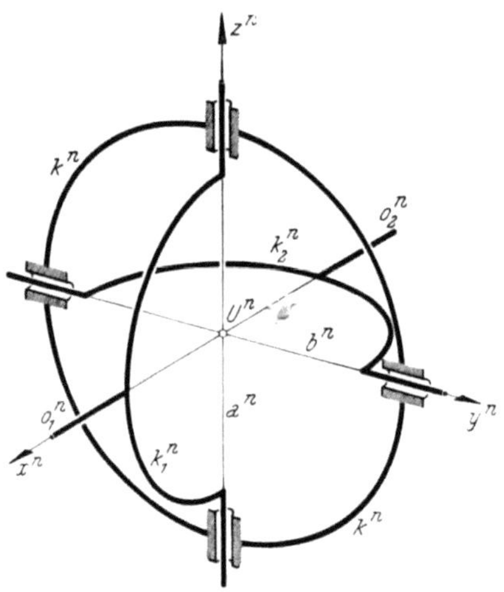

Abb. 126. Kardangelenk (schematisch)

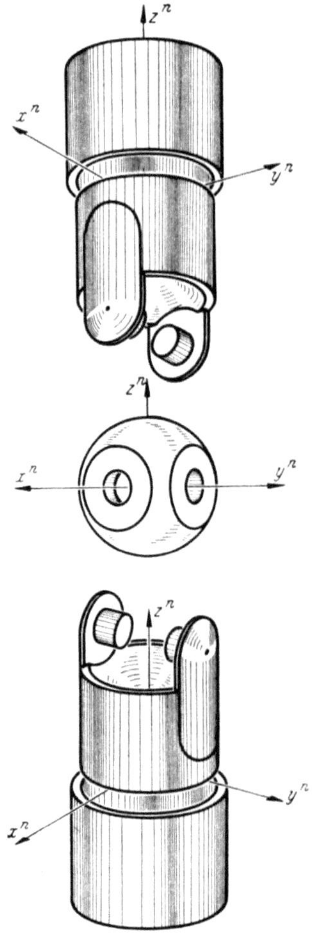

Abb. 127. WERNER-Kreuzgelenk

zu x^n durch P^n und die Parallele zu y^n durch Q^n schneiden sich im Bildpunkt R^n eines Punktes R von k, denn wegen $x \perp y$ ist $P^nR^nQ^n$ das Bild eines rechten Winkels über dem Durchmesser PQ. Aus R^n erhält man nach Abb. 74 die Nebenachse von k^n. Die Abb. 126 und 127 zeigen zwei Beispiele. Abb. 127 zeigt, wie manchmal mehrere axonometrische Bilder vereinigt verwendet werden (oberer Teil Untersicht, mittlerer Teil Aufriß wie bei Abb. 18, unterer Teil Obersicht).

Um *das axonometrische Bild eines Kegelschnitts* zu finden, bildet man bei einer Ellipse zwei konjugierte Durchmesser (bei einem Kreis zwei zueinander normale Durchmesser), bei einer Parabel zwei Punkte mit Tangenten, bei einer Hyperbel die Asymptoten und einen Punkt ab und verfährt dann nach Abb. 101 bzw. 102 bzw. 103.

Beispiel:

94. Zeichne ein axonometrisches Bild, z. B. zu Abb. 75 bis 78, 87, 88, 104, 105, 107 bis 110, 113 bis 115! (Günstige Wahl von x^n, y^n, z^n siehe 34.)

33. Übergang zu gepaarten Normalrissen und zu neuen Achsenkreuzen. Abb. 125 enthält eine eigenständige Konstruktion der normalen Axonometrie. Man kann die normale Axonometrie als selbständiges Abbildungsverfahren theoretisch ausbauen; da sie dem Techniker aber nur zur Herstellung anschaulicher Bilder dient, gehen wir nicht darauf ein. — *Werden an einem normalaxonometrischen Bild irgendwelche Konstruktionen* (z. B. ebene Schnitte, Durchdringungen, Auftragen oder Messen von Strecken und Winkeln) *nötig, so kann man auf Grund- und Aufriß zurückgehen, dort die Konstruktion durchführen und das Ergebnis in das axonometrische Bild übertragen.* Soll etwa in Abb. 121 *a* die Kugel um U durch P gelegt und ihr Schnittkreis mit der Ebene $[Pz]$ gezeichnet werden, so kann man dies zuerst in Abb. 119 konstruieren und dann in Abb. 121 *a* eintragen.

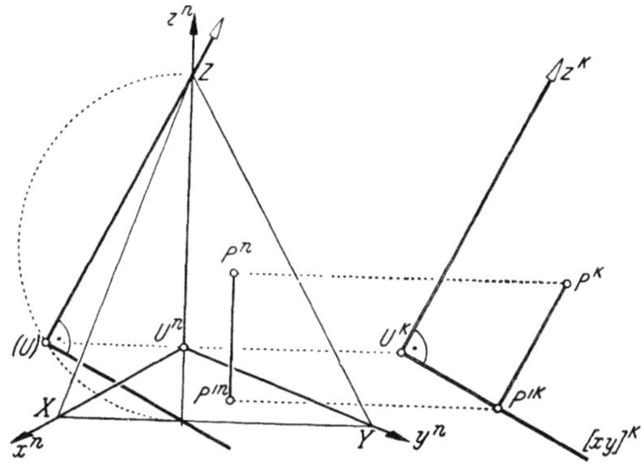

Abb. 128. Übergang zu gepaarten Normalrissen

Zu gepaarten Normalrissen gelangt man auch, wenn man dem normalaxonometrischen Bild, das ja selbst schon ein Normalriß ist, *den Normalriß auf eine zu Π normale Ebene hinzufügt.* Diese Ebene gehe durch z; wir klappen sie in die Ebene Π um (Abb. 128) und erhalten z. B. als Normalriß von U den in Abb. 121 *a* konstruierten Punkt (U). Meist ist es günstiger, den neuen Normalriß in der durch $(U)U^n$ gegebenen Ordnerrichtung zu verschieben. Der verschobene neue Normalriß erhalte den Index k (denn er liegt zum normalaxonometrischen Bild wie ein Kreuzriß zu einem Aufriß). z^k ist zu $(U)Z$ parallel; normal zu z^k durch U^k verläuft der Normalriß der $[xy]$-Ebene. Ist ein Raumpunkt P durch P^n und P'^n gegeben, so liegt P'^k im Schnitt des Ordners von P'^n mit $[xy]^k$; die Parallele zu z^k durch P'^k schneidet den Ordner von P^n in P^k. Ist ein Gegenstand ursprünglich durch die Risse P^n und P'^n seiner Punkte P gegeben, so ist er nun durch die gepaarten Normalrisse P^n und P^k seiner Punkte P bestimmt. — Dies wird z. B. in Abb. 131 und 291 verwendet.

Manchmal treten in einem Teil des abzubildenden Gegenstands drei Hauptrichtungen und in einem anderen Teil drei andere Hauptrichtungen auf. Dann wird man zwei Achsenkreuze verwenden. Wählt man für beide Achsenkreuze denselben Ursprung U, so läßt sich der Übergang vom einen zum anderen Achsenkreuz durch Drehungen um die Koordinatenachsen vollziehen (vgl. Beispiel 59). Das alte System (xyz) werde in das neue System $(x_1y_1z_1)$ z. B. durch eine Drehung um z mit dem Drehungswinkel ψ übergeführt. Dann ist $z = z_1$ und man konstruiert $x_1{}^n$, $y_1{}^n$, indem man in der Umlegung der $[xy]$-Ebene x^0 und y^0 um U^0 durch ψ dreht (Abb. 129). Abb. 130 zeigt ein Beispiel aus dem Stahlhochbau, links die Auflösung in Normalrisse nach den Regeln des technischen Zeichnens (siehe 4.), rechts das axonometrische Bild, in dem die angedeuteten Drehungen um Koordinatenachsen nach Abb. 129 zur Konstruktion verwendet wurden.

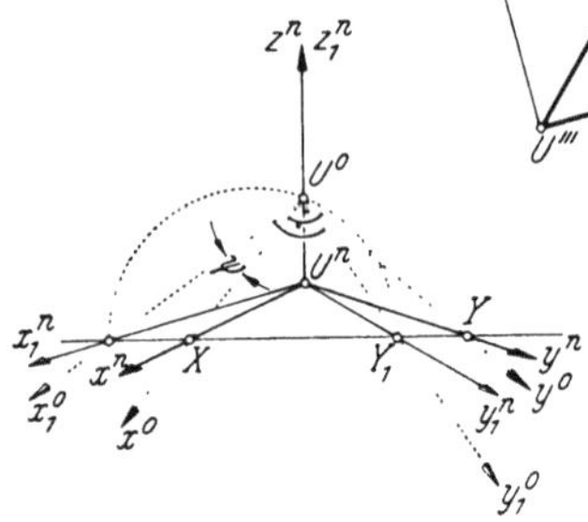

Abb. 129. Drehung des Achsenkreuzes

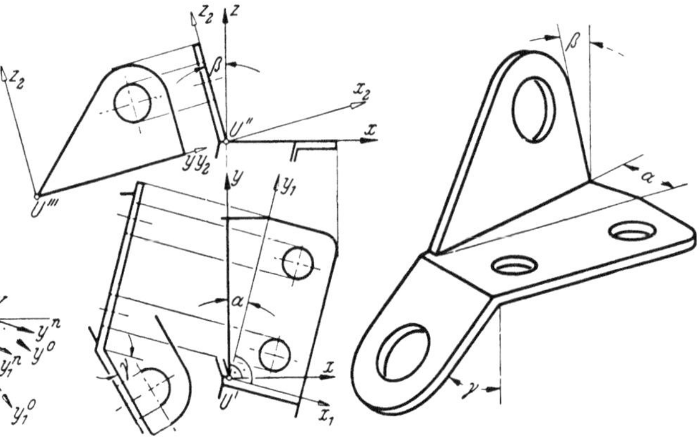

Abb. 130. Sparrenklammer

Beispiel:

95. Zeichne ein axonometrisches Bild zu Beispiel 32!

34. Bildwirkung. *Man wähle x^n, y^n, z^n stets so, daß das Bild des „Einheitswürfels" (Ecken U, A, B, C usw.) günstig wirkt.* Dann wird im allgemeinen auch das Bild eines anderen Gegenstands günstig wirken. Man vermeide Annahmen, wo der Einheitswürfel wie eine dünne quadratische Platte aussieht oder wo der Umriß des Einheitswürfels fast ein regelmäßiges Sechseck ist. Jedoch hängt die Wirkung auch vom dargestellten Gegenstand selbst ab; ist dieser groß, so vermißt der Betrachter das perspektive Zusammenlaufen der Bilder paralleler Kanten. *Zur Darstellung in Axonometrie eignen sich daher vornehmlich kleinere Gegenstände, an denen nicht viele und lange parallele Kanten auftreten, also technische Details.* Bei langen Gegenständen lege man die Längen in jene Achsenrichtung, die die geringste Verkürzung erfährt, denn so wird das Fehlen der perspektiven Verjüngung am wenigsten vermißt. Die axonometrische Darstellung eines Hauses wirkt ungünstig. Dagegen läßt sich eine größere Gebäudeanlage recht gut axonometrisch darstellen; man glaubt die Anlage aus großer Entfernung oder ein verkleinertes Modell aus geringerer Entfernung zu sehen (z. B. Abb. 139). — Erscheinen die Höhen stark verkürzt, so scheint der Gegenstand stark vornübergeneigt. Das wirkt störend, wenn die z-Richtung durch die Lotrichtung vorbestimmt ist, z. B. in Abb. 124. In solchen Fällen ist die schiefe Axonometrie (VI. Kap.) vorzuziehen. — Schließlich sei beachtet, daß im Bild keine schiefliegenden ebenen Flächen des Gegenstands als Strecken oder fast als Strecken erscheinen sollen. Zum Beispiel wurde Abb. 124 so gezeichnet, daß die schmalen Trapeze noch deutlich erscheinen. Auch soll keine schiefliegende Kante als Punkt oder fast als Punkt erscheinen.

Eine besondere Annahme empfiehlt DIN 5 (Abb. 131, verwendet in Abb. 122). x^n, y^n, z^n werden so bestimmt, daß $e_x = 2\,e_y = e_z$ ist. Wegen $e_x = e_z$ nennt man dieses Bild *dimetrisch*. Hier ist offenbar $XY = ZY$, und AC erscheint wegen $AC \| XZ$ in wahrer Länge $e\sqrt{2}$. Fügt man den Normalriß auf die zu Π normale

Ebene durch y hinzu, so ergeben die geschrafften ähnlichen Dreiecke $\cos\nu = \frac{U^n B^n}{U^k B^k} = \frac{e_y}{e}$ und $\sin\nu = \frac{U^n D^n}{U^k D^k} = \frac{\sqrt{e_x^2 - (e/\sqrt{2})^2}}{e/\sqrt{2}}$. Aus $\cos^2\nu + \sin^2\nu = 1$ und $e_x = 2\,e_y$ ergibt sich dann $e_y = \frac{\sqrt{2}}{3}\,e$, $e_x = e_z = \frac{2\sqrt{2}}{3}\,e$. Wegen $A^n C^n = 2\,A^n D^n = e\sqrt{2}$ folgt $U^n A^n : U^n B^n : U^n C^n : A^n C^n = 1 : 0{,}5 : 1 : 1{,}5$. Konstruiert man daher x^n, y^n, z^n mittels eines Dreiecks von den Seitenlängen

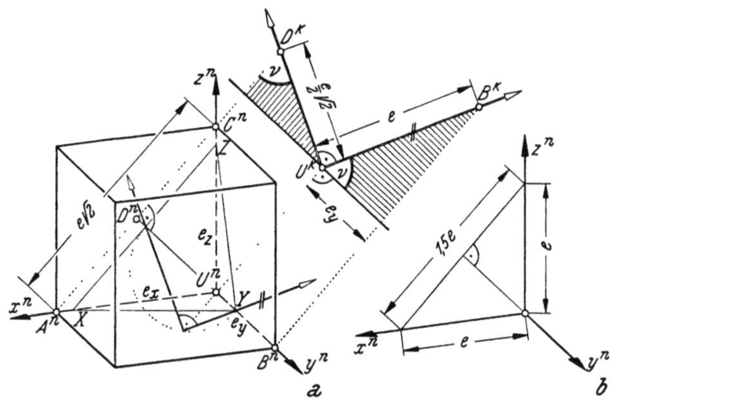

Abb. 131 *a*, *b*. Achsenkreuz nach DIN 5

e, e, $1{,}5\,e$ (Abb. 131 *b*) und trägt man auf x^n und z^n die Koordinaten *unverkürzt* mittels der Einheitsstrecke e, auf y^n *zur Hälfte verkürzt* (das heißt mittels $e/2$) auf, so erhält man das normalaxonometrische Bild eines Gegenstands, der gegenüber dem darzustellenden Gegenstand im Verhältnis $\frac{e}{e_x} = \frac{3}{2\sqrt{2}} = 1{,}06\ldots$ vergrößert ist. Eine Kugel vom Radius r erscheint demnach als Kreis vom Radius $1{,}06\ldots\ r$. Bei der Konstruktion in Abb. 125 hätte man $M^n P^n = 1{,}06\ldots\ r$ aufzutragen.

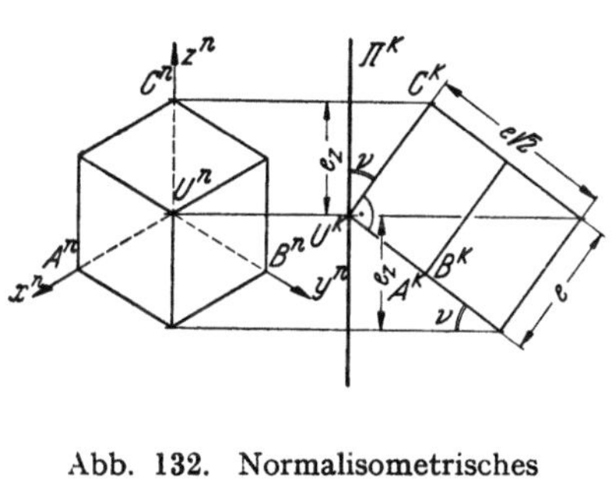

Abb. 132. Normalisometrisches Achsenkreuz

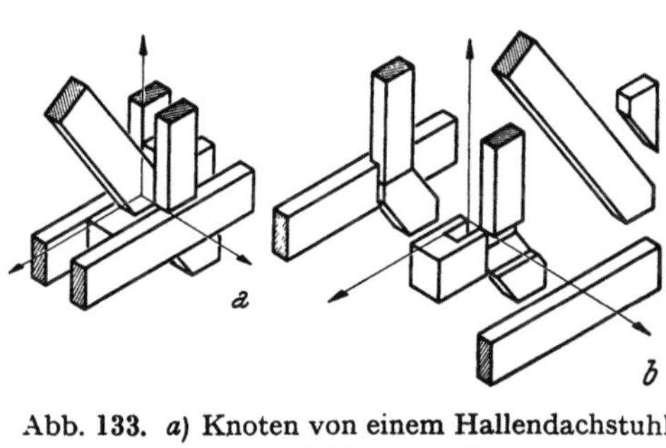

Abb. 133. *a*) Knoten von einem Hallendachstuhl, System KÜBLER, *b*) Knoten teilweise zerlegt

Daß hier $e_x = e_z$ ist und demnach das Würfelbild zu y^n symmetrisch ist, beeinträchtigt die Bildwirkung in Abb. 131 *a*, aber auch in Abb. 122, wo dieses Achsenkreuz verwendet wurde. Achsenkreuze mit ungleichen Achsenmaßstäben ergeben günstigere Bilder.

Noch einfacher sind „*normalisometrische*“ Bilder zu zeichnen. Hier ist $\sphericalangle\, x^n y^n = \sphericalangle\, y^n z^n = \sphericalangle\, z^n x^n = 120^0$ (Abb. 132, mit Kreuzriß nach Abb. 128). Aus $\cos\nu = \frac{e_z}{e}$ und $\sin\nu = \frac{e_z}{e\sqrt{2}}$ folgt $e_x = e_y = e_z = \sqrt{\frac{2}{3}}\, e$. Man pflegt die Koordinaten jedoch *unverkürzt* auf x^n, y^n, z^n aufzutragen und erhält so das Bild eines im Verhältnis $\sqrt{3/2} = 1{,}224\ldots$ vergrößerten Gegenstands. Eine Kugel vom Radius r erscheint daher als Kreis vom Radius $1{,}224\ldots r$. Bei der Konstruktion in Abb. 125 hätte man $M^n P^n = 1{,}224\ldots r$ aufzutragen. Solche Bilder wirken im allgemeinen nicht günstig, aber sie sind leicht zu konstruieren und man kann ihnen Abmessungen in den Achsenrichtungen unmittelbar entnehmen. Sie werden z. B. zur Darstellung von Holzverbindungen (Abb. 133 *a*, *b*) und von Werkstücken der Steinmetzen („Steinschnitt") verwendet, häufig auch mit besonderem Nutzen bei Rohrleitungs- oder Schaltungsplänen.

35. Verwendung axonometrischer Bilder. Die Herstellung eines normalaxonometrischen Bildes erfordert meist etwas mehr Zeichenarbeit als das Zeichnen zweier gepaarter Normalrisse. Dasselbe gilt von den im VI. Kapitel erörterten schiefaxonometrischen Bildern. Diese Zeichenarbeit ist gerechtfertigt, wenn sich der Ingenieur mit technischen Laien oder Fachleuten, mit Lernenden oder Ausführenden rasch verständigen will, aber auch wenn der erfahrene Konstrukteur an eigenen Entwürfen arbeitet. Für die Verwendung axonometrischer Bilder im technischen Zeichnen hat sich besonders A. RIEDLER eingesetzt.

a) Technische Laien erfassen ein axonometrisches Bild rascher als eine Darstellung durch gepaarte Normalrisse. Nicht jeder Besucher einer Fahrschule versteht technische Zeichnungen des Kraftfahrzeugbaues zu lesen, nicht jeder Käufer von Maschinen, Möbeln usw. versteht die Zeichnungen, die dem Fachmann genügen. Bedienungsvorschriften werden vorteilhaft durch axonometrische Bilder erläutert. Werbeschriften, Schautafeln für Ausstellungen, technische Berichte usw., die sich an Laien wenden, gewinnen durch axonometrische Bilder. Die Abbildungen dieses Buches beschränken sich auf sehr einfache Gegenstände, damit die geometrische Konstruktion noch deutlich erkannt wird; aber die Praxis erfordert anschauliche und graphisch hochwertige Bilder von viel komplizierteren Gegenständen des technischen Schaffens.

b) In der Schulung des Technikers hat das axonometrische Bild zunächst die Aufgabe, das Vorstellen technischer Formen zu üben. Außerdem gewährt es eine rasche und zuverlässige Verständigung zwischen Lehrer und Schüler (schematische Skizzen, die das Wesentliche rasch erfassen lassen, z. B. Abb. 126, 140; Erläuterungsbilder zu schwierigeren technischen Zeichnungen, z. B. Abb. 144 *b*, 410).

c) Skizzen zu Werkzeichnungen erleichtern und sichern das Verständnis des Ausführenden, sie verhindern Irrtümer und helfen Zeit sparen. Fehlen dem Ausführenden solche Skizzen, so kann er sie selbst herstellen und dadurch eine Zeichnung systematisch lesen lernen. Dies empfiehlt sich besonders dann, wenn der Gegenstand nach den Regeln des technischen Zeichnens aufgeteilt in mehreren Rissen abgebildet ist (z. B. Abb. 130).

d) Axonometrische Bilder, in denen noch die nötigen Maße eingetragen sind, können in technischen Zeichnungen gepaarte Normalrisse ersetzen (Önorm M 1104). Rohrleitungspläne, Schaltungspläne usw. werden häufig axonometrisch gezeichnet, unter Verwendung von Farben und genormten technischen Symbolen. Axonometrische Zusammenbauskizzen werden besonders dort verwendet, wo sich zahlreiche Schalt- und Steuerungsvorgänge in verschiedenen Ebenen abspielen,

z. B. im Verpackungsmaschinenbau und im Flugzeugbau. Komplizierte und kompakt gebaute Gegenstände lassen sich in Auf- und Grundriß oft nicht anschaulich genug darstellen; sie werden selbst für den Fachmann erst im axonometrischen Bild klar erkennbar. Axonometrisch lassen sich auch die einzelnen Stufen einer technischen Fertigung gut veranschaulichen (z. B. Abb. 122, 141). Ungewohnte technische Formen (z. B. Abb. 124) wird man gerne axonometrisch verdeutlichen. Das gleiche gilt, wenn das „Negativ" eines Gegenstands dargestellt werden soll, z. B. der Kern eines Gußstückes, oder ein Bohrungsplan, wo körperlich dargestellt wird, was aus einem Werkstück durch Bohren entfernt werden soll. — In der Frühzeit der modernen Technik waren alle neuen Formen schwer verständlich. Noch in der großen Enzyklopädie DIDEROTS und D'ALEMBERTS (1751—1765) waren technische Dinge zumeist axonometrisch dargestellt.

e) Erste Ideen tauchen meist in bildhafter Form auf. Auch der erfahrene Konstrukteur wird sie in freihändigen axonometrischen Skizzen festhalten, ehe er sie in gepaarten Normalrissen darstellt. Klares Vorstellen räumlicher Formen ist hier wichtiger als graphisches Können.

Beispiele:

96. Zeichne gepaarte Normalrisse zu einer der Abb. 122, 126, 127, 130, 133 *a*, 139, 140, 141, 143, 144 *b*, 410 und beurteile, wieviel anschaulicher die axonometrischen Bilder sind! (Ist ein Bild normalaxonometrisch, so lassen sich die Achsenmaßstäbe nach Abb. 121 ermitteln. Bei einem schiefaxonometrischen Bild müssen sie vorgegeben werden.)

97. Freihändiges Zeichnen. In Besprechungen über technische Fragen und beim Entwerfen soll der Ingenieur axonometrische Skizzen freihändig zeichnen können. Man übe sich darin bei jeder Gelegenheit!

Übersichtsfragen

Für welche Zwecke zeichnet man axonometrische Bilder? Für welche Gegenstände eignet sich die axonometrische Darstellung? Wie erreicht man eine gute Bildwirkung? Wie konstruiert man ein normalaxonometrisches Bild? Wann ist das eine, wann das andere Konstruktionsverfahren vorteilhaft? Welche Beispiele von Affinität treten in diesem Kapitel auf?

VI. Schrägrisse und schiefe Axonometrie

36. Schrägrisse. Ein Normalriß entsteht, wenn die parallelen Sehstrahlen die Bildebene Π unter rechtem Winkel treffen. *Sind die Sehstrahlen zwar parallel, aber zur Bildebene weder normal noch parallel, so entsteht ein Schrägriß. Normalrisse und Schrägrisse heißen gemeinsam Parallelrisse, weil bei beiden die Sehstrahlen untereinander parallel sind. Parallelrisse haben folgende Eigenschaften* (Abb. 134):

1. Jeder eigentliche Punkt P hat einen eindeutig bestimmten Parallelriß P^s. P^s ist zugleich Parallelriß jedes Punktes auf dem Sehstrahl PP^s. 2. Sehstrahlen bilden sich als Punkte ab. Jede andere eigentliche Gerade g erscheint als Gerade g^s. g und g^s sind ähnlich, das heißt eine gleichmäßige Skala auf g erscheint als gleichmäßige Skala auf g^s. Für je drei Punkte auf g und ihre Bilder auf g^s gilt $P^sR^s : Q^sR^s = PR : QR$. 3. Parallele Geraden haben parallele Risse. Der gemeinsame Fernpunkt der Geraden erscheint als gemeinsamer Fernpunkt ihrer Parallelrisse. Ausnahme: Zum gemeinsamen Fernpunkt der Sehstrahlen gehört kein Parallelriß. 4. Zwischen einer Figur Φ in einer Ebene ε und ihrem Bild Φ^s besteht perspektive Affinität, wenn die Ebene nicht als Gerade erscheint

(Affinitätsstrahlen = Sehstrahlen, Affinitätsachse = $(\varepsilon\,\Pi)$, der Ferngeraden von ε entspricht die Ferngerade von Π). 5. Deutet man in Abb. 81 die Erzeugenden als Sehstrahlen, die eine Kugel (etwa $\varkappa_P$) berühren, und die schneidende Ebene ε als Bildebene, so folgt nach **24.**: Der Schrägriß einer Kugel $(M; r)$ ist eine Ellipse ($= k$ in Abb. 81, Mitte M^s (in Abb. 81 $= O$), Nebenachsenlänge $2\,r$, Brennpunkte = Schrägrisse der Endpunkte des zu Π normalen Kugeldurchmessers).

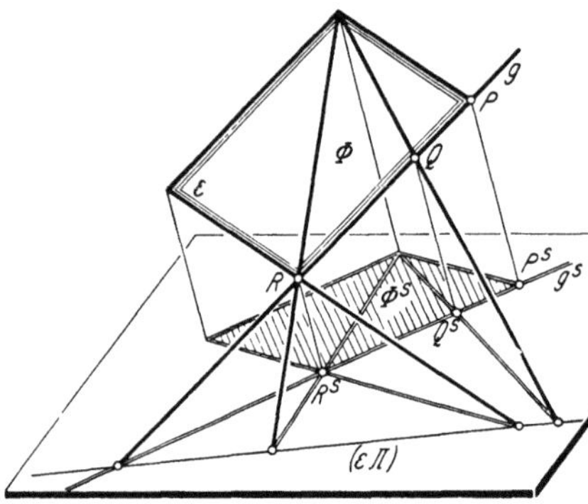

Abb. 134. Parallelriß auf Π

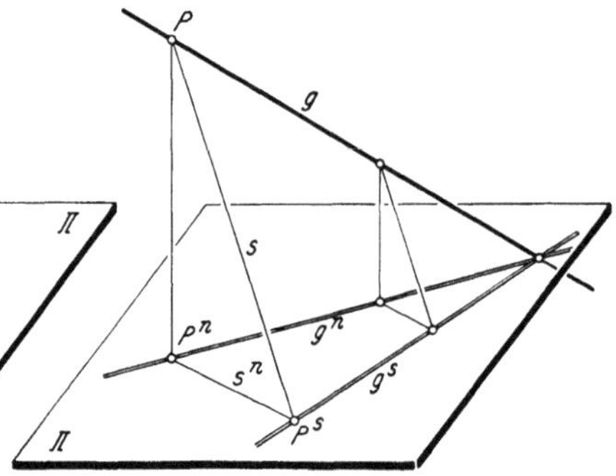

Abb. 135. Zwei Parallelrisse auf Π

Man kann auch zwei Parallelrisse (mit verschiedenen Sehstrahlrichtungen) in Π zeichnen. Zum Beispiel zeigt Abb. 135 einen Schrägriß P^s und den Normalriß P^n von P auf Π. P^nP^s ist Normalriß s^n des Schrägrißsehstrahls s und zugleich Schrägriß der Normalen aus P auf Π. Es gilt: 1. P ist durch P^n und P^s eindeutig bestimmt, wenn man die Richtung von s kennt. 2. Für alle Raumpunkte P sind die Geraden $s^n = P^nP^s$ parallel. 3. g^n und g^s sind ähnlich. 4. Φ sei eine Figur in einer Ebene ε, die in keinem der beiden Risse als Gerade erscheint. Dann sind Φ^n und Φ^s perspektiv affin (Affinitätsstrahlen s^n, Affinitätsachse = $(\varepsilon\,\Pi)$).

Man kann in Abb. 135 die Sehstrahlen s als Lichtstrahlen auffassen. Dann ist P^s der Schatten von P auf Π. Der Normalriß eines Gegenstands wird dann durch den Schatten des Gegenstands auf Π ergänzt und verdeutlicht. Früher hat man in technischen Zeichnungen häufig Schatten konstruiert und dadurch das Lesen der Zeichnungen erleichtert; darauf beruht z. B. die plastische Wirkung der Maschinenzeichnungen von REULEAUX[1]. In Lageplänen deutet man manchmal Gebäudehöhen durch Schatten auf die Bodenebene oder auf Nachbargebäude an. Gelände-Luftbildaufnahmen mit lotrechter oder fast lotrechter Kammerachse wirken wie verkleinerte Grundrisse. Die Höhen von Bauwerken entnimmt man aus deren Schatten, wenn der Sonnenstand bekannt ist. Ein

[1] F. REULEAUX, Der Constructeur, Braunschweig **1865**, und Theoretische Kinematik, Braunschweig, I. Teil **1875**, II. Teil **1900**. — Schattenkonstruktionen erfordern Kenntnisse. Noch vor wenigen Jahrzehnten galt ein Lehrbuch der darstellenden Geometrie als „praktisch", wenn es viel Schattenkonstruktionen brachte, sonst als „theoretisch". Es erschienen umfangreiche Bücher, die nur den Schattenkonstruktionen gewidmet waren. Sie stammten nicht von Geometern, sondern von Technikern, die im Vorwort auf die praktische Wichtigkeit dieses Gebiets hinweisen, z. B. A. GÖLLER, Lehrbuch der Schattenkonstruktion und Beleuchtungskunde, Stuttgart **1895**. Die Ansichten der Techniker haben sich seither gewandelt, man erspart sich das Konstruieren von Schatten und stellt dafür erhöhte Anforderungen an die Fähigkeit, technische Zeichnungen zu lesen.

Mikroskop zeigt im wesentlichen einen Normalriß; Höhen lassen sich bei Schrägbeleuchtung durch die Schatten erkennen (Prüfung der Oberflächen und des Feingefüges von Werkstoffen).

Der Schrägriß eines Gegenstands kann sehr vom natürlichen Seheindruck abweichen — man denke an groteske Schatten am Morgen und am Abend. Schrägrisse von Gegenständen mit vielen langen und parallelen Kanten gefallen uns nicht, denn wir sind perspektive Bilder gewohnt, wo entferntere Dinge kleiner erscheinen und die Bilder paralleler Geraden zusammenlaufen. Aber in antiken Wandmalereien und noch im Mittelalter, ebenso im Zeichnen des reiferen Kindes finden wir Bilder, die Schrägrissen gleichen — auch wenn sie ohne den Gedanken an parallele Sehstrahlen entstanden sind. In Ostasien ist die Schrägrißdarstellung herrschend geworden und wird von den Künstlern auch heute noch verwendet. Eine gewisse Tiefenwirkung wird dabei erzielt, indem entferntere Gegenstände in gesonderten Schrägrissen mit kleineren Maßstäben gezeichnet werden.

37. Schatten bei Parallelbeleuchtung. Befindet sich ein Gegenstand in Grundstellung, so kann man einem Normalriß zwei Dimensionen des Gegenstands entnehmen, die dritte Dimension aber nicht. Um diese erkennbar zu machen und den Normalriß zu verdeutlichen, kann man den Schatten auf eine Ebene hinzufügen. Das geschieht z. B. im Bauzeichnen, um eine Gebäudeansicht oder einen Gebäudegrundriß plastisch erscheinen zu lassen.

In Abb. 136 ist normalaxonometrisch ein Würfel dargestellt, der auf einer waagrechten Ebene ε ruht. Die Lichtstrahlrichtung l ist durch l^n und l'^n gegeben. Der gezeichnete Lichtstrahl l trifft die linke Seitenfläche des Würfels in *I*, die rechte Seitenfläche in *II*. Aus der Richtung von l erkennt man, daß die linke Seitenfläche beleuchtet ist, die rechte unbeleuchtet — man sagt, sie liege im *Eigenschatten*. Schwebt der Würfel frei im Raum, so sind drei seiner Seitenflächen beleuchtet, drei unbeleuchtet. Die Grenze zwischen dem beleuchteten Teil und dem Eigenschatten eines Gegenstands heißt die *Eigenschattengrenze* (beim Würfel der Streckenzug *1237851*). Die den Würfel treffenden Lichtstrahlen erreichen ε nicht. So ergibt sich in ε ein unbeleuchtetes Gebiet, der „*Schlagschatten*" des Würfels auf ε. Man erkennt, daß *die Schlagschattengrenze als Schlagschatten der Eigenschattengrenze konstruiert* werden kann: Die Punkte *1*, *2*, *3* liegen in ε und fallen mit ihren Schlagschatten zusammen; legt man l durch *7* und l' durch den Normalriß *3* von *7* auf ε, so ergibt sich im Schnitt der Schlagschatten 7_s von *7* auf ε; ebenso findet man 8_s und 5_s. Wird ε durch eine andere schattenauffangende Ebene ersetzt, so ist der Schlagschatten des Würfels der Schnitt jener Ebene mit dem Lichtstrahlenprisma durch die Eigenschattengrenze. — Zumeist (aber nicht immer) wird der Schlagschatten etwas dunkler als der Eigenschatten sein.

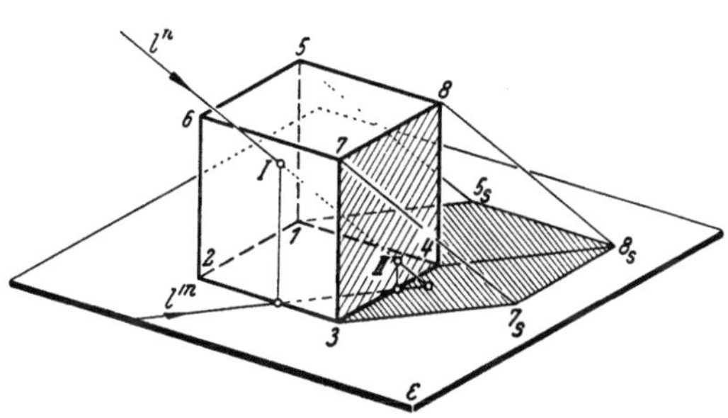

Abb. 136. Eigenschatten und Schlagschatten

Beachte: Ist eine Kante zur schattenauffangenden Ebene ε parallel, so hat ihr Schlagschatten dieselbe Richtung und Länge wie die Kante (z. B. *78*). Ist eine Kante zu ε normal, so hat ihr Schatten die Richtung des Normalrisses von l

auf ε (z. B. *37*). Eine ebene Figur und ihr Schlagschatten auf eine andere Ebene ε sind perspektiv affin (z. B. *3487*; Affinitätsstrahlen = Lichtstrahlen, Affinitätsachse = Schnittgerade beider Ebenen). Daher ist der Schlagschatten eines Kreises im allgemeinen eine Ellipse; zwei zueinander normalen Kreisdurchmessern entsprechen zwei konjugierte Ellipsendurchmesser.

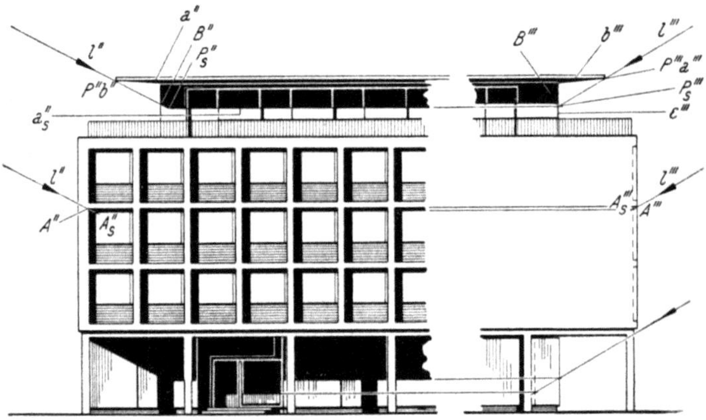

Abb. 137. Schatten in Gebäudeansicht

Abb. 137 enthält links eine Gebäudeansicht; rechts ist der Kreuzriß angedeutet, der die starke Tiefengliederung zeigt. Um diese auch in der Ansicht erkennen zu lassen, wurde der Schatten konstruiert. Die Lichtrichtung l ist durch l'', l''' gegeben. Die Fensterecke A wirft den Schatten A_s, die Dachecke P den Schatten P_s. l''' durch P''' schneidet den Kreuzriß ε''' der schattenauffangenden Wand ε in P_s'''. Der Ordner durch P_s''' schneidet die durch P'' gelegte Gerade l'' in P_s''. Von P_s geht nach rechts der Schatten a_s der zu ε parallelen Dachkante a. Von P_s geht nach links der Schatten b_s der zu ε normalen Dachkante b bis zum Punkt B und setzt sich dort auf der anschließenden Wand fort. Verfolge als Leseübung den Schatten im Erdgeschoß!

Beispiele:

98. Konstruiere den Schatten in einer Ansicht eines anderen Gebäudes!

99. Konstruiere in einem Lageplan den Schatten auf die Bodenebene (um die Gebäudehöhen erkennen zu lassen)! Der Lichtstrahl werde beliebig angenommen.

100. Der Schattenwurf von Hochhäusern kann den Wert benachbarter Grundstücke vermindern. Um die Besonnungs- bzw. Schattenverhältnisse während eines Kalendertages zu untersuchen, kann man den Schlagschatten des Hochhauses auf die Geländeebene von Stunde zu Stunde konstruieren. Die Richtung der Sonnenstrahlen ändert sich dabei wie in Abb. 91. Wo sich die Schlagschattengrenzen z. B. für 8 Uhr und für 9 Uhr schneiden, ergibt sich ein Geländepunkt mit einstündiger Schattendauer. Geländepunkte mit n-stündiger Schattendauer erhält man, indem man jede Schlagschattengrenze mit der um n Stunden „späteren" Schlagschattengrenze schneidet. Durch Verbindung der Punkte mit gleicher Schattendauer ergeben sich im Gelände Kurven $c_1, c_2, \ldots$, deren Punkte am gewählten Kalendertag 1, 2,... Stunden im Schatten liegen. Führt man dieselbe Konstruktion für verschiedene Kalendertage durch, so kann man die entstehenden Figuren überlagern und danach feststellen, welche Geländebereiche während des ganzen Jahres nie länger als 1, 2, 3, 4 Stunden oder länger als 4 Tagesstunden beschattet werden. Zum Beispiel ergibt sich die

Grenzkurve des Bereiches, der an keinem Tag des Jahres mehr als zwei Stunden beschattet wird, als jene Kurve, die alle Kurven c_2 einschließt (umhüllt)[1].

101. Zeichne Skizzen zu folgenden Überlegungen: *Die Eigenschattengrenze einer Kugel* ist jener Großkreis, dessen Ebene zu l normal liegt. Schneidet der durch diesen Kreis gehende Lichtstrahlenzylinder eine schattenauffangende Ebene, so ist die Schnittellipse die Schlagschattengrenze. — *Die Eigenschattengrenze eines Kegels 2. Ordnung* $\varkappa$ besteht aus zwei Erzeugenden; denn faßt man in Abb. 111 die Gerade t durch S als Lichtstrahl auf, so enthalten die durch t an $\varkappa$ gelegten beiden Tangentialebenen unendlich viele zu t parallele Lichtstrahlen, die $\varkappa$ berühren. Die Eigenschattengrenze eines Kegels besteht also aus den Berührerzeugenden der Tangentialebenen, die den durch die Spitze gelegten Lichtstrahl enthalten. *Die Eigenschattengrenze eines Zylinders* besteht aus den Berührerzeugenden der zum Lichtstrahl parallelen Tangentialebenen.

38. Schiefe Axonometrie. Schiefaxonometrische Bilder entstehen wie normalaxonometrische Bilder durch das Auftragen der Koordinaten x, y, z aller darzustellenden Punkte. *Nur werden hier die Einheitsstrecken* $e_x = U^sA^s$, $e_y = U^sB^s$, $e_z = U^sC^s$ nicht wie in Abb. 121 *a* konstruiert, sondern *frei gewählt*[2].

Das schiefaxonometrische Bild eines Gegenstands wird festgelegt, indem man das Bild $U^sA^sB^sC^s\ldots$ des Einheitswürfels $UABC\ldots$ wählt (Abb. 138) und angibt, ob eine Obersicht oder eine Untersicht entstehen soll bzw. ob ein Rechtssystem oder ein Linkssystem im Raum vorliegt. Wie lang die Einheitsstrecke im Raum ist, wird hier nicht berücksichtigt! Faßt man vorübergehend x^s, y^s, z^s als normalaxonometrische Achsenbilder auf und sind A^n, B^n, C^n die nach Abb. 121 *a* für eine bestimmte Einheitsstrecke e konstruierten Einheitspunkte auf x^s, y^s, z^s, so kann man $U^sA^sB^sC^s\ldots$ zugleich als normalaxonometrisches Bild eines Quaders auffassen, der aus dem Einheitswürfel durch Ausübung dreier räumlicher perspektiver Affinitäten hervorgeht: Änderung der Abstände von der $[yz]$-Ebene im Verhältnis $U^sA^s : U^sA^n$, Änderung der Abstände von der $[zx]$-Ebene im Verhältnis $U^sB^s : U^sB^n$, Änderung der Abstände von der $[xy]$-Ebene im Verhältnis $U^sC^s : U^sC^n$. Diese drei Affinitäten ergeben, in beliebiger Reihenfolge ausgeübt, eine allgemeine räumliche Affinität. Das schiefaxonometrische Bild eines Gegenstands ist also zugleich das normalaxonometrische Bild eines affin verwandten Gegenstands. Da bei jener allgemeinen räumlichen Affinität Geraden in Geraden, parallele Geraden in parallele Geraden, Ebenen in Ebenen übergehen, folgt: a) Eine Gerade erscheint als Gerade, b) parallele Geraden erscheinen als parallele Geraden, c) eine ebene

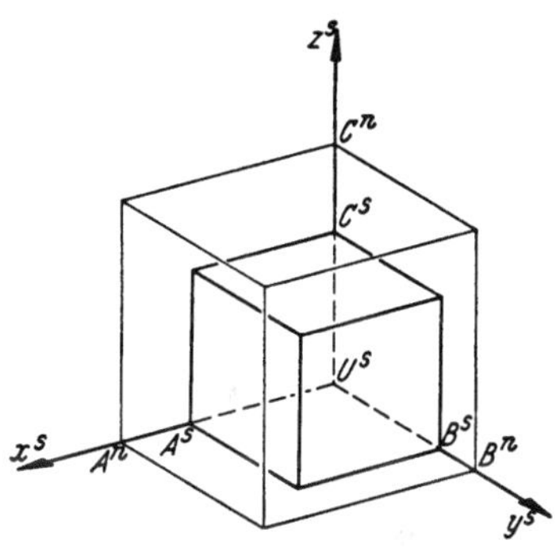

Abb. 138. Schiefaxonometrisches Würfelbild

[1] H. Marti, Der Schattenwurf von Gebäuden, Schweizerische Bauzeitung **70** (1952), 407—412. Dort werden die auftretenden Kurven allerdings nur graphisch bestimmt, aber nicht in ihren geometrischen Eigenschaften untersucht. Bei Gebäuden mit geradlinigen Kanten sind $c_1, \ldots$ Kurven, die aus eckig zusammenstoßenden Hyperbelbögen bestehen.

[2] Wir verwenden hier denselben Index s für die schiefaxonometrischen Bilder wie für Schrägrisse. Erst der Satz von Pohlke (siehe 40.) wird zeigen, daß dies gerechtfertigt ist.

Figur erscheint affin verzerrt[1]. — Soll z. B. der in $[xy]$ liegende Kreis $k = (U; r)$ abgebildet werden, so wird man r im x-Maßstab auf x^s, im y-Maßstab auf y^s auftragen; man erhält die Endpunkte konjugierter Durchmesser der Ellipse k^s, woraus nach Abb. 101 die Achsen von k^s folgen. Andere Kegelschnitte werden wie in **32.** abgebildet.

Abb. 139. Stauwehr (Rhone-Kraftwerk Lavey; Schützen weggelassen)

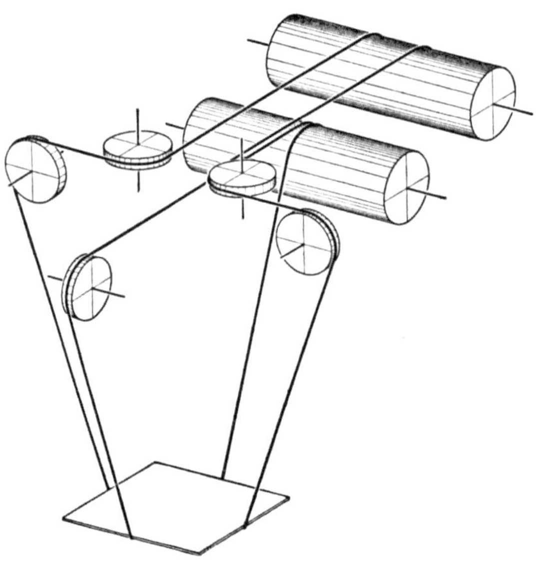

Abb. 140. Vierseilführung

Die Abb. **139**, **140**, **141** zeigen schiefaxonometrische Darstellungen. *Um ein gutes Bild zu erhalten, wird man $U^s A^s B^s C^s$ so wählen, daß das Bild des Einheitswürfels gut aussieht,* z. B. $\sphericalangle x^s z^s = 100^0$, $\sphericalangle y^s z^s = 110^0$ bis 120^0 und $e_x : e_y : e_z = 4 : 3 : 4$ oder besser $7 : 6 : 8$. Abb. **141** zeigt, daß bei günstiger Wahl von x^s, y^s, z^s auch ein isometrisches Bild ($e_x : e_y : e_z = 1 : 1 : 1$) gut aussieht; alle Koordinaten können in gleichem Maßstab aufgetragen und dem Bild wieder entnommen werden. Winkel wie $\varkappa, \lambda, \beta, \varepsilon$ in Abb. **141** werden eingetragen, indem der Winkelscheitel und von jedem Winkelschenkel noch ein Punkt dargestellt wird.

---

[1] Diese Schlußweise muß ergänzt werden, wenn x^s, y^s, z^s nicht als normalaxonometrisches Bild eines Achsenkreuzes aufgefaßt werden können, das heißt, wenn sie nicht zu einem spitzwinkligen Spurendreieck führen (siehe **31.**). Ehe dann die Schlüsse a), b), c) gezogen werden, muß $U^sA^sB^sC^s$ affin so umgeformt werden, daß jene Bedingung erfüllt ist.

Ein konstruktives Hilfsmittel ist der Übergang vom schiefaxonometrischen Grundriß zu einem „*Hilfsgrundriß*“, der zum wirklichen Grundriß ähnlich ist (Abb. 142). Wir wählen auf z^s einen Punkt $\overline{U}$, zeichnen durch A^s und B^s Parallelen zu z^s, durch $\overline{U}$ die Normale zu z^s und übertragen die Abstände jener Parallelen, wie Abb. 142 zeigt. Die geschrafften Dreiecke sind kongruent, daher ist $\overline{U}\overline{A} = \overline{U}\overline{B}$ und $\sphericalangle \overline{A}\overline{U}\overline{B} = 90^0$. Trägt man im Achsenkreuz $\overline{U}\overline{A}\overline{B}$ die Koordinaten x, y eines Punktes $P(x,y,z)$ mittels der Einheitsstrecke $\overline{e} = \overline{U}\overline{A} = \overline{U}\overline{B}$ ein, so erhält man einen Punkt $\overline{P}'$. Bei der Darstellung eines Gegenstands G bilden die Punkte P'^s den schiefaxonometrischen Grundriß G'^s, die Punkte $\overline{P}'$ einen Hilfsgrund-

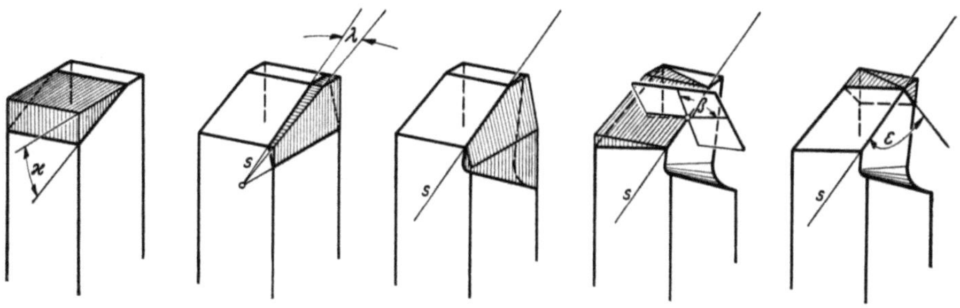

Abb. 141. Herstellung eines Schneidstahls

riß $\overline{G}'$. Der Hilfsgrundriß ist zum wirklichen Grundriß (auf die $[xy]$-Ebene im Raum) ähnlich. Zwischen G'^s und $\overline{G}'$ besteht perspektive Affinität (Affinitätsstrahlen parallel z^s).

In Abb. 142 wurde zugleich als Anwendung die Drehung des Achsenkreuzes um z durch den Winkel ψ gezeigt (vgl. Abb. 129). ψ erscheint im Hilfsgrundriß in wahrer Größe, die neuen Achsen x_1, y_1 wurden vom Hilfsgrundriß mit Hilfe ihrer Schnittpunkte mit AB in das schiefaxonometrische Bild übertragen. Die neuen Einheitspunkte sind $A_1{}^s$ und $B_1{}^s$.

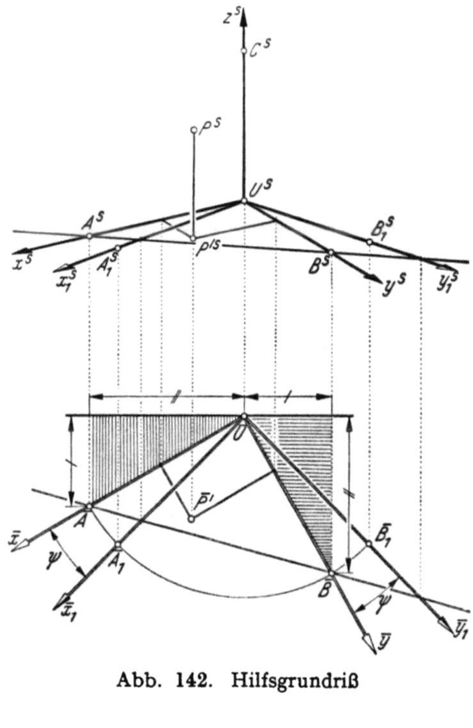

Abb. 142. Hilfsgrundriß

Zu einem schiefaxonometrischen Bild kann man außer dem nach Abb. 142 konstruierten Hilfsgrundriß in gleicher Weise einen Hilfsaufriß und einen Hilfskreuzriß konstruieren. Man erhält eine zu Abb. 123 analoge Figur, in der jeder Punkt P^s im Schnitt der drei zugehörigen achsenparallelen Einschneidestrahlen liegt. Aber die Maßstäbe der drei Hilfsrisse werden jetzt im allgemeinen untereinander verschieden sein! — Diese Figur kann man auch in anderer Reihenfolge zeichnen: *Zwei in beliebigen Maßstäben gezeichnete Normalrisse, z. B. Aufriß und Kreuzriß, werden beliebig auf die Zeichenebene gelegt; durch Einschneiden in beliebig gewählten Richtungen entsteht ein schiefaxonometrisches Bild.* Der dritte

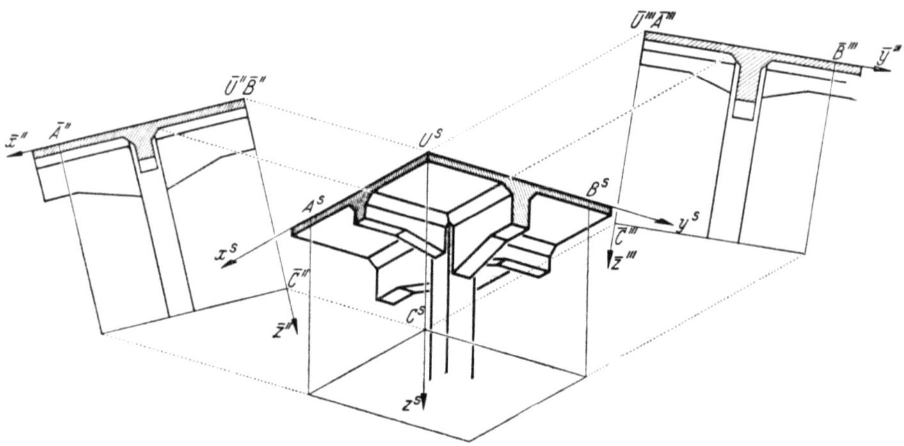

Abb. **143**. Einschneideverfahren (Stahlbetonkonstruktion)

Hilfsriß kann weggelassen werden. So wurden z. B. in Abb. **143** Aufriß und Kreuzriß beliebig in die Zeichenebene gelegt, diesmal in gleichem Maßstab, dann wurde zu zwei gewählten Einschneiderichtungen das Bild des Einheitswürfels konstruiert, um zu erproben, ob es günstig wirkt. Hierauf wurde das Bild des Gegenstands selbst als Untersicht gezeichnet. Dieses „Einschneideverfahren" ist besonders dann vorteilhaft, wenn man vorhandene Lichtpausen zweier Hilfsrisse auf der Zeichenebene befestigen kann. — *Es läßt sich zeigen, daß das Einschneideverfahren allgemeiner gilt; man kann zwei beliebige axonometrische Bilder eines Gegenstands irgendwie in die Zeichenebene legen und erhält aus ihnen durch Einschneiden nach zwei willkürlich wählbaren Richtungen ein neues axonometrisches Bild des Gegenstands*[1].

Man kann auch das folgende Verfahren begründen. *Zwei beliebige schiefaxonometrische Bilder oder Normalrisse eines Gegenstands werden irgendwo in die Zeichenebene gelegt. Teilt man dann alle Verbindungsstrecken zusammengehöriger Bildpunkte innerlich oder äußerlich in einem bestimmten gewählten Verhältnis, so bilden die Teilungspunkte wieder ein axonometrisches Bild des Gegenstands.*

Beispiel:

102. Konstruiere durch Auftragen der Koordinaten oder nach dem Einschneideverfahren ein schiefaxonometrisches Bild eines Gegenstands!

39. Frontale Axonometrie. Konstruktiv günstig ist es, die Bilder zweier Achsen zueinander normal anzunehmen und auf ihnen gleiche Einheitsstrecken zu wählen, z. B. $\sphericalangle x^s y^s = 90^0$, $e_x = e_y$ (Abb. 144 *a*); $\sphericalangle x^s z^s$ wird zweckmäßig $= 120^0$ oder $= 135^0$ gewählt, e_z wird zweckmäßig $= e_x$ oder besser $= \frac{3}{4} e_x$

[1] Darauf hat L. ECKHART hingewiesen [Z. VDI **82** (1938), **447—448**].

angenommen (*isometrische bzw. dimetrische Militärperspektive*[1]). *Es werden also vom gewöhnlichen Grundriß aus die Höhen in beliebiger Richtung unverkürzt oder verkürzt aufgetragen.* Hier erscheint jede in einer waagrechten Ebene liegende Figur in wahrer Größe, daher kann man waagrecht liegende Strecken und Winkel im Bild unmittelbar messen. Solche Bilder wirken selten günstig, aber sie werden gerne verwendet, wenn viele Figuren in waagrechten Ebenen darzustellen sind, z. B. bei Rohrleitungsplänen oder Schaltungsplänen. Günstiger wirken Bilder in Militärperspektiven, wenn darin große Maße x und y, aber nur kleine Maße z vorkommen. Zum Beispiel werden Lagepläne von Siedlungen, Industrieanlagen usw. verdeutlicht, indem die Gebäude in Militärperspektive eingezeichnet werden; auch werden manchmal in Stadtplänen wichtige Gebäude in Militärperspektive hervorgehoben. Ein anderes Beispiel zeigt Abb. **144** *b* [2].

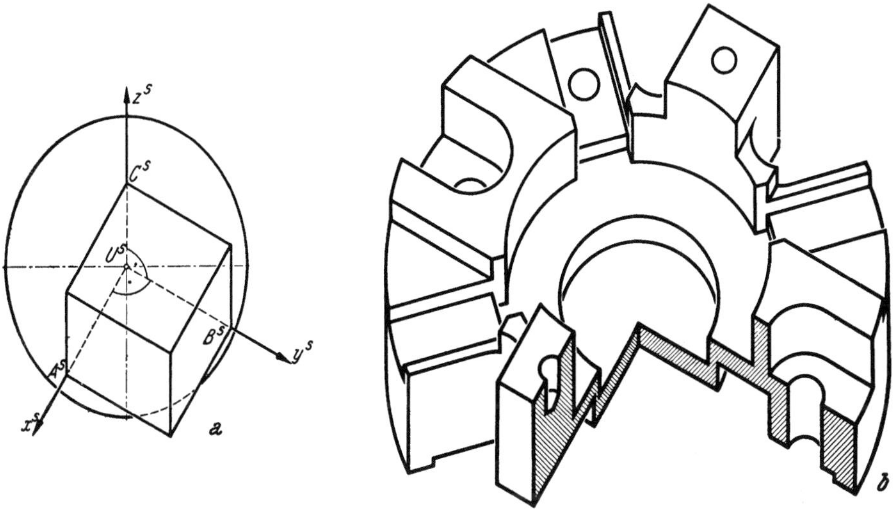

Abb. **144**. Militärperspektive. *a*) Einheitswürfel, *b*) Schaltersockel

Abb. 145 zeigt den Fall der *Kavalierperspektive*[3], wo $\sphericalangle\, x^s z^s = 90^0$ und $e_x = e_z$ ist, während e_y etwa $= \frac{1}{2}\, e_x$, besser $= \frac{2}{3}\, e_x$ oder $= \frac{3}{4}\, e_x$ und $\sphericalangle\, x^s y^s$ etwa $= 45^0$ oder $= 30^0$ gewählt wird. Wenn $e_x = e_y = e_z$ ist, heißt die Kavalierperspektive isometrisch, sonst dimetrisch. *Hier werden vom Aufriß aus die Tiefenmaße y aufgetragen.* Solche Bilder werden besonders dann verwendet, wenn viele aufrißparallele ebene Figuren darzustellen sind, denn diese erscheinen in wahrer Größe; z. B. Abb. 2 und 410 — Aufrisse wirken gewöhnlich anschaulicher als Grundrisse; sie treten auch historisch früher auf. Ebenso geben Kavalierperspektiven einen natürlicheren und deutlicheren Eindruck vom Dar-

[1] Der Name entstammt der Verwendung, die diese Darstellung früher im Befestigungswesen gefunden hat. Eine Perspektive (Kap. VII) ist diese Darstellung nicht.

[2] Abb. **144** *b* wurde wegen Beispiel **105** groß gezeichnet. Ein kleineres Bild würde günstiger wirken.

[3] Vorspringende erhöhte Teile von Befestigungswerken, die eine gute seitliche Aussicht boten, wurden Kavaliere genannt. Eine Perspektive ist diese Darstellung nicht.

gestellten als Militärperspektiven. — Abb. 145 zeigt auch, wie man von P^s und P'^s zum Grundriß P' und Aufriß P'' übergehen kann oder umgekehrt.

Militärperspektive und Kavalierperspektive nennen wir frontalaxonometrische Bilder. Sie entstehen wie allgemeine schiefaxonometrische Bilder durch Auftragen der Koordinaten. *Es läßt sich nun zeigen, daß jedes frontalaxonometrische Bild zugleich ein Schrägriß ist.* Der Beweis besteht darin, daß man einen Würfel $UABC\ldots$ im Raum und eine Sehstrahlrichtung s aufzeigt, so daß $UABC\ldots$

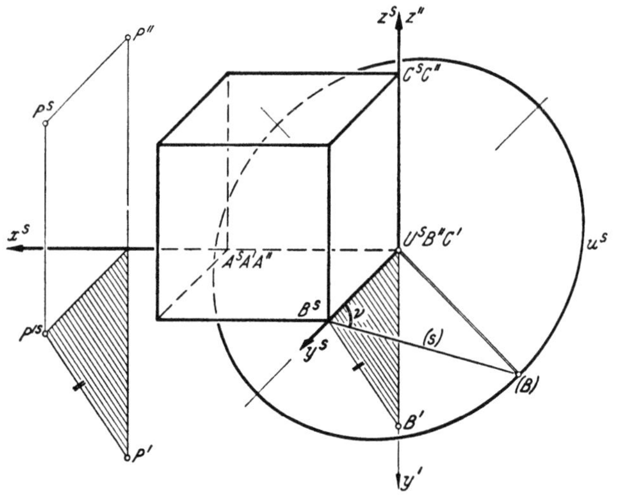

Abb. 145. Kavalierperspektive (Einheitswürfel)

bei Projektion in Richtung s das gegebene Bild $U^s A^s B^s C^s \ldots$ liefert. In der Tat kann man in Abb. 145 z. B. $U = U^s$, $A = A^s$, $C = C^s$ wählen; UB steht auf der Zeichenebene normal und hat die Länge $e = UA = UC$. s ist die Richtung von B nach B^s. Um den Winkel ν von s mit Π zu konstruieren, wurde B um $U^s B^s$ nach Π in die Lage (B) umgelegt. Verschiebt man $UABC\ldots$ in Richtung s, so ergeben sich neue Würfel, die denselben Schrägriß besitzen. — Kennt man s, so kann man nach 36. den *Umriß einer Kugel* ermitteln. Die Kugel $(U; e)$ besitzt als Umriß eine Ellipse u^s, z. B. in Abb. 145 die Ellipse, für die U^s Mitte, y^s Hauptachse, $e_x = e_z$ die Länge der halben Nebenachse und B^s ein Brennpunkt ist. Ebenso wurde u^s in Abb. 144 *a* konstruiert[1].

Beispiele:

103. Zeichne einen Installationsplan, einen Rohrleitungsplan oder einen Schaltungsplan in Militärperspektive! Stelle ein Bauwerk des Tiefbaues oder des Straßenbaues in Militärperspektive dar!

104. Stelle eine Holzverbindung oder ein Türschloß oder ein Uhrwerk in Kavalierperspektive dar!

105. Betrachte ein gegebenes axonometrisches Bild (z. B. Abb. **144** *b*) als Aufnahmeskizze und zeichne den Gegenstand in Grundstellung in gepaarten Normalrissen! Die Achsenmaßstäbe müssen bekannt sein.

---

[1] Daß eine Kugel als Ellipse und nicht als Kreis erscheint, ist zeichnerisch und optisch ungünstig. Gegenstände, an denen Kugeln auftreten, wird man daher lieber in normaler Axonometrie darstellen.

40. Der Satz von Pohlke. Man kann es als Erfahrungstatsache hinnehmen, daß ein schiefaxonometrisches Bild anschaulich wirkt. Aber warum wirkt es anschaulich? Kann man einen Gegenstand wirklich so „sehen", wie er in einem allgemeinen schiefaxonometrischen Bild erscheint? „Auge" kann dabei natürlich nur ein Fernpunkt sein, da sonst perspektive Verzerrungen auftreten müßten. Die Antwort gibt der *Hauptsatz der schiefen Axonometrie*, den K. POHLKE 1853 gefunden hat und für den seither mehrere Beweise gegeben worden sind. Er kann so ausgesprochen werden: *„Jedes schiefaxonometrische Würfelbild $U^sA^sB^sC^s$... ist Parallelriß eines Würfels UABC...."*

Um zu einem elementaren Beweis[1] zu gelangen, werde zuerst ein Hilfssatz bewiesen. In der Ebene Π seien im Innern eines Kreises c mit der Mitte U die Punkte P und Q gegeben. γ sei die Kugel um U durch c. Die Normalen zu Π durch P und Q mögen γ in P_1, P_2, bzw. Q_1, Q_2 schneiden. Die Großkreise von γ durch P_1, Q_1, bzw. P_2, Q_2 erscheinen im Normalriß auf Π als eine Ellipse durch P und Q, die c in diametralen Punkten berührt. Die Großkreise durch P_1, Q_2, bzw. P_2, Q_1 erscheinen ebenfalls als eine solche Ellipse. Auf der einen Ellipse werden P und Q durch die Berührpunkte mit c getrennt, auf der anderen nicht. Umgekehrt kann man jede Ellipse, die c von innen in diametralen Punkten berührt, als Normalriß von zwei symmetrisch zu Π liegenden reellen Großkreisen von γ auffassen. Übt man auf c, P, Q noch eine Affinität aus, so folgt der *Hilfssatz*: Es gibt zwei Ellipsen, die eine gegebene Ellipse in diametralen Punkten berühren und durch zwei gegebene Punkte im Innern gehen. Auf der einen Ellipse werden die gegebenen Punkte durch die Berührpunkte getrennt, auf der anderen nicht. —

Ein allgemeines schiefaxonometrisches Bild sei nun durch das Bild des Einheitswürfels gegeben (Abb. 146). U^s sei das Bild der unsichtbaren Würfelecke U; UA, UB, UC seien Würfelkanten. Die Einheitskugel $\varkappa$ (Mitte U, Radius $UA = UB = UC$) schneidet die Koordinatenebenen in Kreisen, die nach 38. als Ellipsen a^s, b^s, c^s erscheinen. Abb. 146 zeigt den ersten Oktanten von $\varkappa$, B^s und C^s sind Endpunkte konjugierter Durchmesser von a^s usw. Die Schnittkreise k von $\varkappa$ mit den zu $[yz]$ parallelen Ebenen erscheinen als Ellipsen k^s (Mitte M^s auf x^s, Endpunkte D^s und E^s konjugierter Durchmesser auf c^s bzw. b^s). Der gesuchte scheinbare Umriß u^s von $\varkappa$ ist offenbar die Hüllkurve aller k^s in der Bildebene Π.

Um u^s zu bestimmen, üben wir auf alle k^s eine perspektive Affinität aus; z^s sei Affinitätsachse, B^s gehe in einen Punkt B_0 über, der aus $C^s = C_0$ durch Vierteldrehung um $U^s = U_0$ entsteht. A^s, D^s, E^s, b^s, c^s gehen dann in A_0, D_0, E_0, b_0, c_0 über und jedem k^s entspricht ein Kreis k_0. Der Hüllkurve u^s entspricht die Hüllkurve u_0 aller k_0. Nach 39. ist das durch $U_0A_0B_0C_0$ bestimmte frontalaxonometrische Bild ein Schrägriß. Die Kreise k_0 sind die frontalaxonometrischen Bilder von Parallelkreisen der Einheitskugel. Der Umriß u_0 der Einheitskugel in diesem Schrägriß ist jene Ellipse, für die U_0 Mitte, A_0 ein Brennpunkt und U_0B_0 die Länge der halben Nebenachse ist. Aus u_0 ergibt sich durch die umgekehrte Affinität $k_0 \to k^s$ eine *Ellipse u^s als schiefaxonometrischer Umriß von $\varkappa$.* Dabei ergeben sich aus den Achsen von u_0 konjugierte Durchmesser von u^s. Den Berührpunkten von c_0 mit u_0 entsprechen die Berührpunkte von c^s mit u^s. A und B liegen auf dem sichtbaren Bogen von c.

Nun konstruiere man (nach RYTZ, siehe Abb. 101 *b*) die Achsen von u^s und daraus die Brennpunkte F_1, F_2 von u^s. Dann zeichnen wir die Kugel $\overline{\varkappa}$ über

[1] F. HOHENBERG, El. d. Math. **10** (1955), 40—42. Abb. **146** entstammt diesem Aufsatz. Der Druckstock wurde vom Birkhäuser-Verlag zur Verfügung gestellt.

dem Nebenscheitelkreis von u^s (Seitenriß in Abb. 146). H sei der vor Π liegende Endpunkt des zu Π normalen Durchmessers von $\bar{\varkappa}$. s_1 sei die Richtung von H nach F_1 (in Pfeilrichtung orientiert!) und ν_1 die dazu normale Ebene durch U^s. $\bar{\varkappa}$ hat für die *Sehstrahlrichtung* s_1 den scheinbaren Umriß u^s in Π, der wahre Umriß liegt in ν_1. Durch A^s und B^s werden die zu s_1 parallelen Geraden gelegt und mit der in Richtung s_1 sichtbaren Hälfte von $\bar{\varkappa}$ in $\bar{A}$ und $\bar{B}$ geschnitten. $\bar{B}$ z. B. ergibt sich als ein Schnittpunkt des Sehstrahls durch B^s mit dem Kreis, den die zur Seitenrißebene parallele Ebene durch B^s aus $\bar{\varkappa}$ ausschneidet. Der durch $\bar{A}$ und $\bar{B}$ gelegte Großkreis von $\bar{\varkappa}$ liefert bei Projektion in Richtung s_1 eine Ellipse in Π, die durch A^s und B^s geht und u^s in diametralen Punkten be-

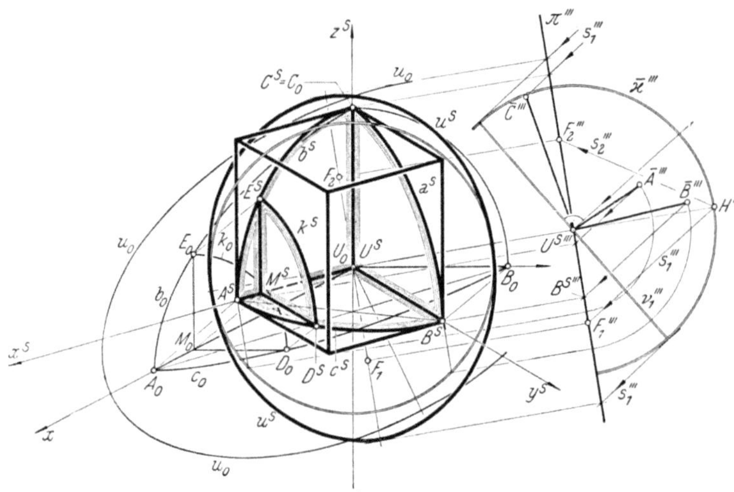

Abb. 146. Zum Satz von Pohlke

rührt; dabei werden A^s und B^s von den Berührpunkten nicht getrennt. Diese Ellipse ist nach dem Hilfssatz eindeutig bestimmt und ist daher mit c^s identisch. c^s und der Großkreis durch $\bar{A}$ und $\bar{B}$ sind durch die Sehstrahlen affin aufeinander bezogen, und da A^s und B^s Endpunkte konjugierter Durchmesser von c^s sind, sind $U^s\bar{A}$ und $U^s\bar{B}$ zwei zueinander normale Radien von $\bar{\varkappa}$.

Diese mit c^s durchgeführte Konstruktion läßt sich für a^s *und* b^s wiederholen. Man erhält so zur Sehstrahlrichtung s_1 drei Punkte $\bar{A}$, $\bar{B}$, $\bar{C}$ auf $\bar{\varkappa}$, die zusammen mit U^s ein räumliches orthogonales Dreibein bilden. *Daher ist* $\bar{\varkappa}$ *eine mögliche Lage der gesuchten Einheitskugel und* $U^s\bar{A}\bar{B}\bar{C}$ *eine mögliche Lage des gesuchten räumlichen Dreibeins* $UABC$. Andere Lagen gehen daraus durch Parallelverschiebung in Richtung s_1 hervor. Dreht man diese Dreibeine um die Nebenachse von u^s, bis s_1 in die Richtung $s_2 \| HF_2$ gelangt, so erhält man die zur *Sehstrahlrichtung* s_2 gehörigen Dreibeine. Sie sind mit den früheren gleichsinnig kongruent. *Als Länge der Einheitsstrecke im Raum ergibt sich beide Male die Länge der halben Nebenachse von* u^s.

Ist statt U die Gegenecke von U unsichtbar (Untersicht statt Obersicht), so ergeben sich zur Sehstrahlrichtung s_1 Achsenkreuze, die zu den vorher gefundenen bezüglich ν_1 spiegelbildlich liegen; analog für s_2. — In gleicher Weise läßt sich der Satz von Pohlke in dem (praktisch uninteressanten) Sonderfall beweisen, daß z. B. U^s, B^s, C^s auf einer Geraden liegen. A^s liegt dann auf u^s, $\bar{A}$ in v_1 bzw. v_2; die Projektion des Großkreises durch $\bar{A}$ und $\bar{B}$ berührt u^s in A^s und im diametralen Punkt und geht durch B^s, sie ist daher c^s.

Wird ein Würfelbild $U^sA^sB^sC^s\ldots$ in Π angenommen und ein Gegenstand dargestellt, so wird dessen Einheitsstrecke im allgemeinen von der in Abb. **146** konstruierten Einheitsstrecke e verschieden sein. Sind z. B. e_x, e_y, e_z in Abb. **146** die Strecken, durch die ein Meter des Gegenstands dargestellt wird, so ist Abb. **146** nicht ein Parallelriß des Gegenstands selbst, sondern ein Parallelriß eines ähnlich verkleinerten Gegenstands. Daher kann man den Satz von POHLKE auch so aussprechen: *„Jedes schiefaxonometrische Bild ist Parallelriß eines zum dargestellten Gegenstand ähnlichen Gegenstands."*

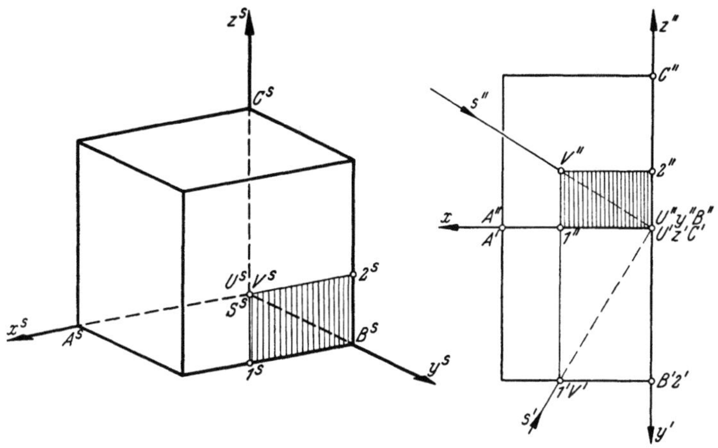

Abb. **147**. Übergang zu einer ähnlichen Hilfsfigur

Man kann vom schiefaxonometrischen Bild zu Grund- und Aufriß übergehen (Abb. **147**). Irgendwelche im axonometrischen Bild erforderlichen Konstruktionen (z. B. Durchdringungen am dargestellten Gegenstand) kann man dann in Grund- und Aufriß durchführen und das Ergebnis in das axonometrische Bild übertragen. Wenn keine Strecken, sondern höchstens Winkel gemessen werden, kann man Grund- und Aufriß mit einer beliebigen Einheitsstrecke zeichnen; man spricht daher von einer *ähnlichen Hilfsfigur.* — Für Umrißermittlungen und ähnliches (z. B. Kap. XII, XIII) muß man die Sehstrahlen des axonometrischen Bildes in der ähnlichen Hilfsfigur darstellen. Um z. B. den durch U gehenden Sehstrahl s darzustellen, werde etwa der Schnittpunkt V von s mit der vorderen Seitenfläche des Einheitswürfels übertragen. Es ist $U^s = V^s$ und die Punkte *1* und *2* ergeben V' und V'', woraus $s' = U'V'$ und $s'' = U''V''$ folgen.

Übersichtsfragen

Welche Eigenschaften besitzt ein Schrägriß? Was ist der Unterschied zwischen normaler und schiefer Axonometrie? Wie zeichnet man ein schiefaxonometrisches Bild? Wann ist ein frontalaxonometrisches Bild vorteilhaft? Wie lautet der Satz von POHLKE und welche Bedeutung hat er? Welche Beispiele von Affinität treten in diesem Kapitel auf?

VII. Perspektive

Ein Lichtbild gibt ein bestehendes Bauwerk anschaulich wieder. Wie man ein anschauliches Bild von einem geplanten Bauwerk konstruiert, zeigt die Lehre von der Perspektive. Dem Architekten dient die Perspektive bei jedem Entwurf. Aber auch der Bauingenieur zeichnet Perspektiven von Hochbauten, Brücken, Wasserbauten usw.; sogar im Straßenbau und in der Landschaftsgestaltung hat die Perspektive Anwendung gefunden (siehe Abb. 353). Das Beispiel in Abb. 324 zeigt drastisch, daß Grund-, Auf- und Kreuzriß zusammen noch keine anschauliche Vorstellung des Gegenstands vermitteln müssen; erst die Perspektive gibt die optische Erscheinung deutlich wieder und gestattet die ästhetische Wirkung zu beurteilen.

Je mehr technische Darstellungen in Normalrissen auf Anschaulichkeit verzichten und je weiter die Schrumpfung des räumlichen Vorstellens bei den „Allgemeingebildeten" unserer Zeit fortschreitet, desto wichtiger werden Axonometrie und Perspektive als Verständigungsmittel zwischen Fachleuten und Laien. Die graphische Ausführung ist wichtig, denn der Laie vermag selten die Form als solche von ihrer zeichnerischen Darstellung zu trennen. In diesem Buch kann die Bildwirkung der Perspektiven nicht voll zur Geltung kommen, da diese Perspektiven klein sind und in ihnen auch die Konstruktion gezeigt werden muß. In der Praxis konstruiert man ein perspektives Bild wesentlich größer und führt es auf einem darübergelegten durchsichtigen Blatt in passender graphischer Technik (Strichzeichnung, Schwarz-Weiß, Kohle, Aquarell usw.) aus.

41. Grundbegriffe der Perspektive. In den Kapiteln I bis VI wurden Parallelrisse konstruiert. Dort gehen parallele Sehstrahlen von einem unendlich fernen Auge aus; unsere Augen aber befinden sich im Endlichen. Beim Sehen mit einem Auge gehen Lichtstrahlen (= Sehstrahlen) von den Punkten eines Gegenstands ins Auge, sammeln sich in dessen optischem Mittelpunkt und treffen die Netzhaut. Dort entsteht ein Bild, das man mit dem Augenspiegel beobachten kann. Die Enden der Verästelungen des Sehnervs, nach Art eines Punkthaufens auf der Netzhaut verteilt, werden gereizt und ein psychophysischer Apparat sorgt dafür, daß wir jedem einzelnen Reiz eine bestimmte Richtung des Sehstrahls zuordnen und das empfangene Bild richtig deuten. Analog gehen bei einem Photoapparat die Lichtstrahlen durch dessen optischen Mittelpunkt und treffen den Film bzw. die Platte.

Wir nehmen nun ein punktförmiges *Auge* O und eine *Bildebene* Π an (Abb. 148). O sei ein im Endlichen gelegener Punkt, also kein Fernpunkt. O liege nicht in Π. Durch jeden Punkt P des Raumes werde der *Sehstrahl* OP gelegt; er schneidet Π im *„perspektiven Bild"* oder *„Zentralriß"* P^c von P [1]. Alle Punkte eines Sehstrahls haben dasselbe Bild, z. B. $P_1^c = P^c$ in Abb. 148. Jeder Punkt von Π fällt mit seinem Bild zusammen.

Eine nicht durch O *gehende Gerade* a *erscheint als Gerade* a^c, denn die Sehstrahlen durch die Punkte von a erfüllen die „Sehebene" Oa und diese schneidet Π in einer Geraden; diese ist das perspektive Bild a^c von a. a schneidet Π in dem auf a^c gelegenen *„Bildspurpunkt"* A von a. Wandert P auf a nach

[1] perspicere = klar sehen, durch-blicken; Index c von zentral, bequemer als z zu schreiben. — Schon LEONARDO DA VINCI und nach ihm ALBRECHT DÜRER haben zwischen das Auge und den darzustellenden Gegenstand eine Glastafel mit Raster gestellt; der Zeichner blickte mit einem Auge durch die Glastafel zum Gegenstand und übertrug das Bild jedes Punktes in eine mit dem gleichen Raster überzogene Zeichenfläche. Ein neuerer Apparat zur Konstruktion eines perspektiven Bildes ist der Perspektograph nach V. v. RANKE, erzeugt von M. Wolz, Bonn/Rh.

A, Q, R usw., so dreht sich der Sehstrahl OP in der Sehebene Oa und nimmt schließlich die zu a parallele Lage ein. In dieser Lage geht der Sehstrahl durch den Fernpunkt A_u von a; sein Schnittpunkt A_u^c mit Π ist daher das Bild des Fernpunkts A_u. *Das Bild des Fernpunktes einer Geraden nennt man den Fluchtpunkt dieser Geraden. Nach Abb. 148 ergibt sich der Fluchtpunkt A_u^c einer Geraden a, indem man den zu a parallelen Sehstrahl mit Π schneidet.* Umgekehrt ist a durch A und A_u^c bestimmt: a läuft parallel zum Sehstrahl OA_u^c durch A.

Parallele Geraden haben denselben Fernpunkt, daher gehen ihre Bilder durch denselben Fluchtpunkt (z. B. a und a_1 in Abb. 148, a^c und a_1^c treffen sich in A_u^c). Ist eine Gerade b zu Π parallel, so ist $b^c \| b$ und der Fluchtpunkt B_u^c fällt mit dem in Π gelegenen Fernpunkt B_u zusammen[1].

Wandert P auf a in umgekehrter Richtung, so dreht sich OP in Oa in umgekehrtem Drehsinn. Dabei gelangt der Sehstrahl in eine zu a^c parallele Lage; der zugehörige Punkt A_v von a bildet sich auf den Fernpunkt A_v^c von a^c ab, das heißt A_v^c ist ins Unendliche entschwunden. A_v heißt *Verschwindungspunkt* von a. Die durch O parallel zu Π gelegte Ebene heißt *Verschwindungsebene* Π_v. Ein Punkt von Π_v bildet sich auf einen Fernpunkt von Π ab, eine Gerade von Π_v auf die Ferngerade von Π. Nur zum Punkt O gehört kein bestimmter Bildpunkt, und die Geraden durch O in Π_v bilden sich auf Fernpunkte ab.

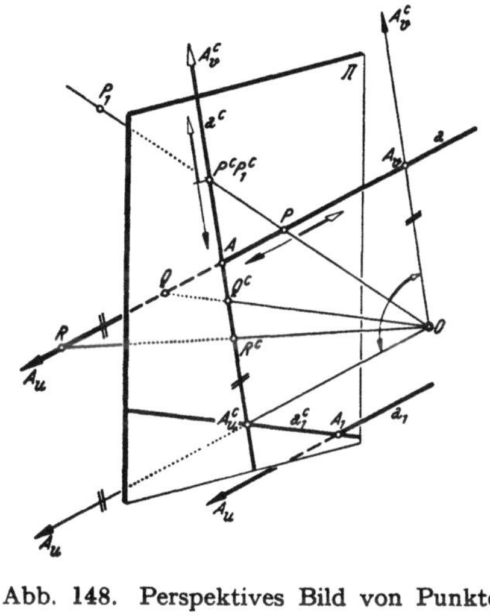

Abb. 148. Perspektives Bild von Punkten und Geraden

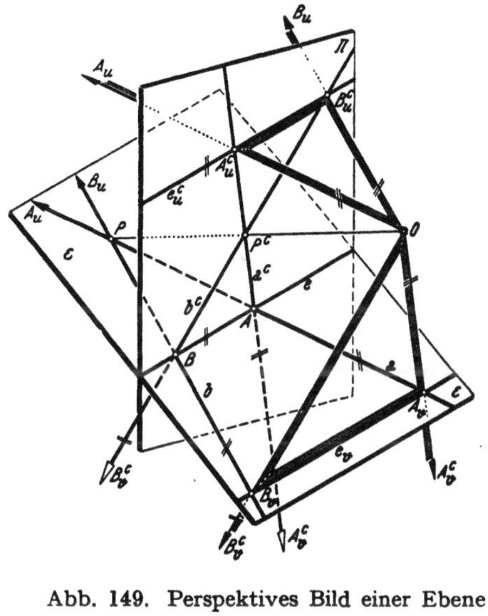

Abb. 149. Perspektives Bild einer Ebene

Manchmal wird man aus konstruktiven Gründen auch durch einen Punkt S, der jenseits Π_v liegt, den Sehstrahl legen und mit Π in S^c schneiden. Eine optische Bedeutung haben A_v^c und S^c natürlich nicht, denn wenn man von O gegen Π blickt, wird man weder A_v noch S sehen. — Zwischen den Punkten von a und a^c besteht eine eineindeutige Zuordnung; a und a^c heißen *projektive Punktreihen.*

[1] Sonnenstrahlen, die durch eine Wolkenlücke brechen, parallele gerade Schienen, gerade Straßenränder oder Hauskanten erscheinen im Lichtbild als Geraden, die von einem Fluchtpunkt ausgehen. Dieser Fluchtpunkt liegt im allgemeinen im Endlichen. Er ist ein Fernpunkt, wenn die Gerade zu Π parallel ist.

Wie wird eine Ebene ε abgebildet? ε gehe nicht durch O und sei nicht zu Π parallel (Abb. 149). Die Bildspurpunkte $A, B, \ldots$ aller Geraden $a, b, \ldots$ von ε liegen auf der „*Bildspur*" e von ε. Die Fluchtpunkte $A_u^c, B_u^c, \ldots$ der in ε liegenden Geraden erhält man, indem man die zu $a, b, \ldots$ parallelen Sehstrahlen mit Π schneidet. Diese Sehstrahlen erfüllen die zu ε parallele Sehebene, die Π in der „*Fluchtgeraden*" oder „*Fluchtspur*" e_u^c von ε schneidet. e_u^c ist zu e parallel und ist *auch Bild der Ferngeraden* e_u *von* ε. Umgekehrt ist ε durch e und e_u^c bestimmt: ε geht durch e und ist zur Ebene Oe_u^c parallel. — *Parallele Ebenen haben dieselbe Ferngerade, daher auch dieselbe Fluchtspur.*

ε schneidet Π_v in einer Geraden e_v, deren Bild die Ferngerade von Π ist. e_v heißt *Verschwindungsgerade* von ε. Ein Vergleich mit 17. zeigt: *Zwischen einer ebenen Figur und ihrem perspektiven Bild besteht perspektive Kollineation* (Zentrum O, Achse e, Fluchtgerade e_u^c, Verschwindungsgerade e_v). — Geht ε durch O, so erscheint ε als Gerade $e = e_u^c$. Ist ε zu Π parallel, so fallen e und e_u^c in die Ferngerade von Π; zwischen einer Figur in ε und ihrem perspektiven Bild besteht hier zentrische Ähnlichkeit (Zentrum O).

Als *Hauptpunkt* H eines perspektiven Bildes bezeichnet man den Fußpunkt der Normalen aus O auf Π (Abb. 150). H ist Fluchtpunkt aller zu Π normalen Geraden („*Tiefenlinien*"). OH heißt *Hauptsehstrahl*, der Abstand $d = OH$ heißt *Bilddistanz*. — Die gemeinsame Fluchtspur aller waagrechten Ebenen heißt der *Horizont* h des perspektiven Bildes. h ist Schnittgerade von Π mit der waagrechten Ebene durch O. — Meist steht Π lotrecht; dann liegt H auf h (Abb. 150). — Als konstruktives Hilfsmittel dient die waagrechte „*Grundebene*" Γ, auf der das abzubildende Bauwerk steht. Ihre Schnittgerade mit Π ist die zu h parallele „*Grundlinie*" g.

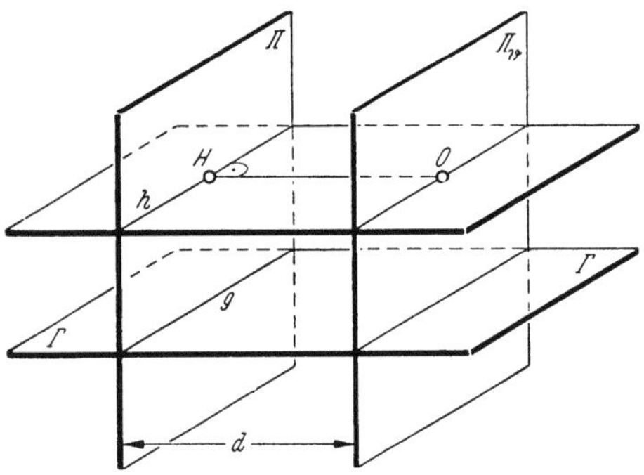

Abb. 150. Hauptpunkt, Horizont, Grundebene

Wird O festgehalten, jedoch Π durch eine andere, zu Π parallele Bildebene $\bar{\Pi}$ ersetzt, so bleibt jeder Sehstrahl fest und es ändert sich nur die Größe des perspektiven Bildes, nicht aber seine Gestalt; die Bilder, die von einer Strecke im Raum auf Π und $\bar{\Pi}$ entstehen, sind parallel und stehen in festem Längenverhältnis. Daher kann man durch Parallelverschiebung der Bildebene das perspektive Bild willkürlich vergrößern oder verkleinern.

Das sind die theoretischen Grundlagen der Perspektive. Die folgenden Abschnitte zeigen die konstruktive Durchführung. — So einfach dies heute erscheint, so langwierig war der historische Weg. Erster Ansatz und Versuch war die „Szenographie" der römischen Wandgemälde und Theaterprospekte. Erst die Künstler der Renaissance erfaßten intuitiv und experimentell die Gesetze der Perspektive. Genannt sei Filippo Brunelleschi (1377—1446), der Erbauer der Domkuppel in Florenz. Von Leone Battista Alberti stammt das erste Werk über Perspektive, „Della pictura libri tre" (1436). Berühmt ist das erste deutsche Werk, das sich auch mit Perspektive befaßt, Albrecht Dürers 1525 in Nürnberg erschienene „Underweysung der Messung mit Zirkel und Richtscheyt". Geometrisch klar wurden die Grundbegriffe (Fluchtpunkt usw.) und Grundkonstruktionen von UBALDO DEL MONTE (1545—1607) erfaßt (Perspectivae libri sex, 1600). Wesentliche wissenschaftliche Fortschritte brachte die 1759 erschienene „Freye Perspektive" von J. H. LAMBERT.

Beispiel:

106. Betrachte Wiedergaben pompejanischer Wandmalereien oder mittelalterlicher Gemälde und untersuche, ob die Bilder paralleler Geraden in einem Fluchtpunkt zusammentreffen! Welche Abweichungen treten häufig auf? Betrachte ebenso Gemälde von VERONESE, CRANACH usw.!

42. Durchschnittverfahren. Gedanklich einfach, aber konstruktiv nur selten günstig ist es, durch jeden Punkt des Bauwerks wirklich den Sehstrahl zu legen und mit Π zu schneiden. Dieses „Durchschnittverfahren" sei in Abb. 151 *a*, *b* erläutert; Abb. 151 *a* enthält Grund- und Aufriß. O wurde so gewählt, daß das Objekt von rechts vorne gesehen wird. Gewöhnlich sind Grund- und Aufriß des Objekts maßstäblich verkleinert gegeben; man erreicht die gewünschte Größe des perspektiven Bildes, indem man Π normal zu OH in genügender Entfernung von O zeichnet[1]. In Abb. 151 *b* zeichnen wir nun H, h und g. Das perspektive Bild P^c eines Punktes P wird in Abb. 151 *a* als Schnittpunkt von OP mit Π konstruiert und in Abb. 151 *b* eingetragen; P^c liegt um die Grundrißstrecke HP^c links von H und um die Aufrißstrecke hP^c ober h. P' in Γ hat den Bildpunkt P'^c. P'^cP^c ist Bild einer lotrechten Kante. — Lotrechte Kanten sind

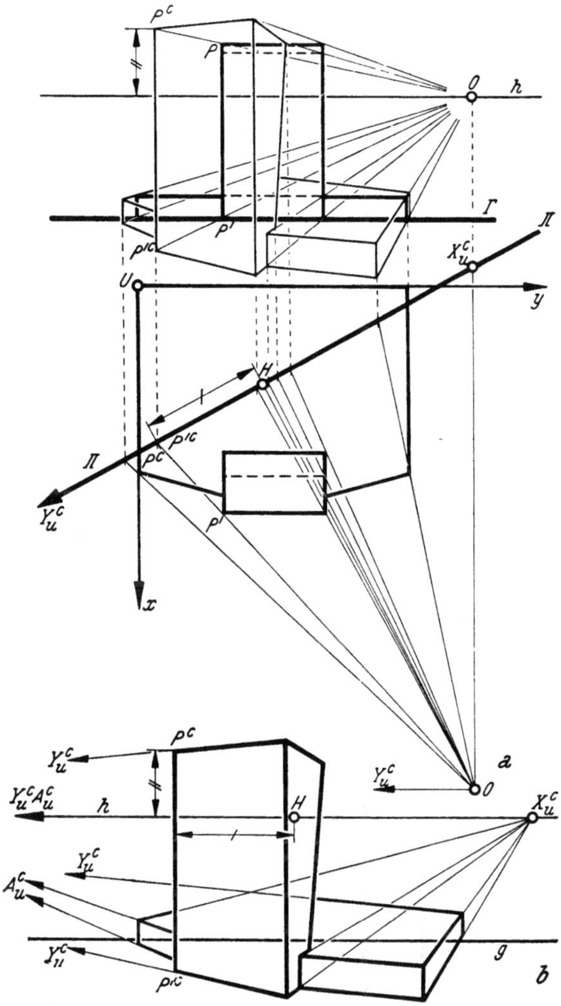

Abb. 151. *a*) Rednerpult, *b*) Perspektive nach Durchschnittverfahren

[1] Hier wird eigentlich nicht das Objekt selbst, sondern ein (z. B. im Maßstab $1 : n$) verkleinertes Modell abgebildet. Das perspektive Bild ist aber zugleich perspektives Bild des Objektes selbst, wenn das Objekt in n-facher Entfernung von O aufgestellt gedacht wird.

zu Π parallel und erscheinen als Lotrechte. Die waagrechten Kanten haben ihre Fluchtpunkte auf h. Berücksichtigt man dies, so braucht die für P durchgeführte Konstruktion nicht für alle anderen Punkte wiederholt zu werden.

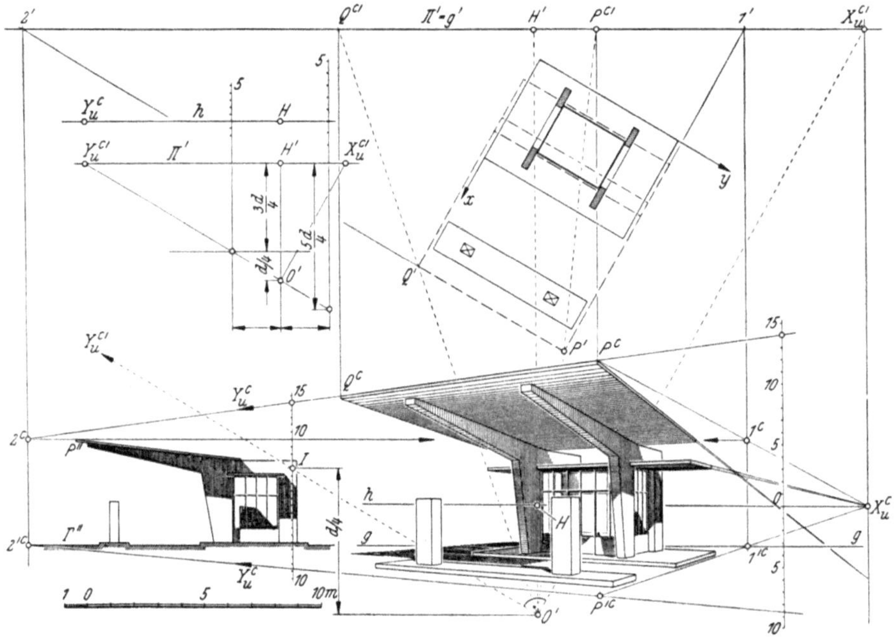

Abb. 152. Vereinfachtes Durchschnittverfahren (Tankstelle)

Das Verfahren läßt sich vereinfachen, wenn Grund- und Aufriß in gleichem Maßstab auf getrennten Blättern gezeichnet vorliegen. In Abb. 152 wurden H, h und g gezeichnet. Dann wurde der Grundriß so auf der Zeichenebene befestigt, daß Π' waagrecht und $O'H \perp h$ liegt; dabei ist $O'H' = d$. (Links oben ist die Annahme auf 1/4 verkleinert noch einmal gezeichnet.) Der Aufriß wurde so auf Π befestigt, daß Γ'' mit g zusammenfällt. X_u^c und Y_u^c seien die Fluchtpunkte der waagrechten Kanten des Objekts. Ihre Grundrisse $X_u^{c'}$ und $Y_u^{c'}$ findet man als Schnittpunkte von Π' mit den Parallelen aus O' zu jenen Kanten. X_u^c, Y_u^c liegen unterhalb $X_u^{c'}$, $Y_u^{c'}$ auf h. — Um P abzubilden, schneide man $O'P'$ mit Π'; man erhält den Grundriß $P^{c'}$ von P^c. Wird P in Richtung x nach 1 in Π verschoben, so liegt $1'$ in Π', 1^c liegt darunter in gleicher Höhe mit P''. Das Bild der Verschiebungsgeraden, nämlich $X_u^c 1^c$, schneidet dann die Lotrechte durch $P^{c'}$ in P^c. — Unter 1^c liegt auf g das perspektive Bild $1'^c$ von $1'$, $X_u^c 1'^c$ schneidet die Lotrechte durch P^c in P'^c. Man hätte P auch in y-Richtung nach 2 verschieben können und hätte dann Y_u^c statt X_u^c zu verwenden. Die Konstruktion muß nicht für alle Ecken wiederholt werden; z. B. liegt Q^c unter $Q^{c'}$ auf $Y_u^c P^c$. — In gleicher Weise wurden in Abb. 152 die in Grund- und Aufriß konstruierten Schatten ins perspektive Bild übertragen.

In Abb. 152 liegt Y_u^c nicht mehr auf der Zeichenfläche. Um Geraden nach Y_u^c ziehen zu können, wurde links oben (Nebenfigur) und im Bild selbst eine Parallele zu Π' im Abstand $d/4$ von O' gezogen, die $O'Y_u^{c'}$ noch auf der Zeichenfläche schneidet. Durch den Schnittpunkt I wurde eine zu h normale Skala gelegt, eine dazu parallele Skala in gleichem Abstand rechts von O'. Die Abstände beider Skalen von Y_u^c verhalten sich hier wie 3 : 5. Nimmt man nun die Längeneinheiten beider Skalen ebenfalls im Verhältnis 3 : 5 an, so hat man, um z. B. P^c mit Y_u^c zu verbinden, ein Lineal um P^c zu drehen, bis es beide Skalen in gleichbezifferten Punkten trifft. Statt dieser „*Fluchtmaßstäbe*" kann man auch eine „*Fluchtpunktschiene*" (Beispiel 253) verwenden[1].

Das Durchschnittverfahren ist wegen seines einfachen Grundgedankens beliebt, erfordert aber im allgemeinen große Zeichenfläche und viele Konstruktionslinien. Es eignet sich daher nur für sehr einfache Bauwerke.

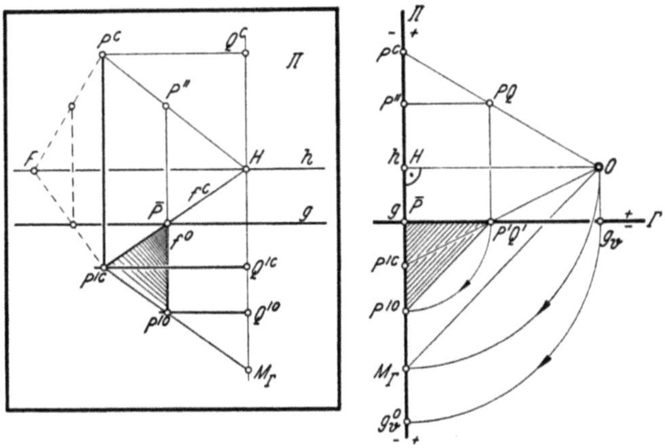

Abb. 153. Aufbauverfahren

43. Aufbauverfahren. In Abb. 153 wurden links H, h, g in Π gewählt; der rechts gezeichnete Kreuzriß dient nur der Erläuterung, wird aber links in der eigentlichen Konstruktion nicht gebraucht. Jeder Raumpunkt P läßt sich durch seinen Grundriß P' auf Γ und seinen Aufriß P'' auf Π festlegen. P'' liegt in Π und fällt mit seinem perspektiven Bild zusammen. Das perspektive Bild von P' heißt der perspektive Grundriß P'^c von P. *Um P^c zu konstruieren, kann man a) P'^c konstruieren und b) die Höhe $P'P$ über dem Grundriß „aufbauen".*

Zu a) Wir drehen Γ um g nach Π, so daß die mit + bezeichnete Oberseite von Γ in die mit + bezeichnete Vorderseite von Π gelangt. Jeder Punkt P' von Γ beschreibt dabei einen Viertelkreis, dessen Mitte $\overline{P}$ auf g liegt. Anfangslage P' und Drehlage P'^0 sind durch eine „*Drehsehne*" verbunden, die Γ und Π unter 45° trifft. Der zu $P'P'^0$ parallele Sehstrahl trifft Π im *Fluchtpunkt M_Γ der Drehsehnen.* M_Γ liegt im Abstand $d = OH$ unter H und heißt der *Meßpunkt der Ebene Γ.* — P'^0 in Π sei gegeben; die Gerade $f = \overline{P}P'$ in Γ schneidet g und Π normal, hat also den Fluchtpunkt H und erscheint daher als Gerade $f^c = \overline{P}H$; die Drehsehne erscheint als Gerade $M_\Gamma P'^0$. $\overline{P}H$ und $M_\Gamma P'^0$ schneiden sich in P'^c.

[1] Ein Punkt P der Zeichenfläche läßt sich auch durch eine exakte Konstruktion mit dem unerreichbaren Schnittpunkt S zweier Geraden a und b verbinden. Die Normale zu a durch P schneide b in B, die Normale zu b durch P schneide a in A; dann ist P der Höhenschnittpunkt des Dreiecks ABS und man erhält die gesuchte Gerade PS als Normale aus P auf AB.

Zu b) P'' liegt im Abstand $P'P$ ober $\overline{P}$. Die Gerade PP'' erscheint als Gerade HP'', sie schneidet die Lotrechte durch P'^c in P^c. Man kann $P'P$ statt nach $\overline{P}P''$ auch in einer anderen waagrechten Richtung nach Π verschieben, also statt H irgend einen Fluchtpunkt F auf h benützen (gestrichelt). Für einen Punkt Q, dessen Bild genau oder fast auf $M_\Gamma H$ liegt, wird man einen in Richtung von g verschobenen Hilfspunkt (z. B. P in Abb. 153) abbilden und von P^c die Waagrechte nach Q^c führen.

Abb. 154. Aufbauverfahren (Innenraum)

Dieses Verfahren ist übersichtlich und einfach. Es ist besonders günstig, wenn ein Gegenstand mit kompliziertem oder regellosem Grundriß darzustellen ist, z. B. Innenräume mit vielen Möbeln, größere Gartenanlagen, Gebäudekomplexe usw. Abb. 154 zeigt ein Beispiel.

Φ sei eine Figur im Raum, Φ' ihr Grundriß auf Γ, Φ'^0 der nach Π gedrehte Grundriß. Die zwischen Φ' und Φ'^0 bestehende Kongruenz ist Sonderfall einer perspektiven Affinität (Affinitätsstrahlen = Drehsehnen). *Im perspektiven Bild erscheint diese Affinität als perspektive Kollineation zwischen* Φ'^c *und* Φ'^0 (Achse g, Zentrum M_Γ, Fluchtgerade h, Verschwindungsgerade g_v^0 im Abstand d unterhalb g). — Ist umgekehrt Φ durch Φ^c und Φ'^c gegeben, so kann man nach Abb. 153 umgekehrt Φ'^0 und Φ'' konstruieren. Ist an Φ eine Konstruktion (z. B. eine Durchdringung) durchzuführen, so kann man Φ'^0 und Φ'' konstruieren, die verlangte Konstruktion in Grund- und Aufriß durchführen und das Ergebnis ins perspektive Bild übertragen.

44. Freie Perspektive frontalgestellter Bauwerke. Bei den in 42. und 43. gezeigten Verfahren wurde der Grundriß des Bauwerks in die Zeichenfläche gelegt. Diese Verfahren heißen daher *gebundene Perspektive*; sie sind gedanklich einfach, erfordern aber manchmal zu viel Konstruktionslinien und zu große Zeichenfläche. Rationeller ist bei der Darstellung von Bauwerken häufig die freie Perspektive; man benötigt hier die Maße aus Grundriß und Ansichten, aber diese Risse müssen nicht auf Π befestigt werden.

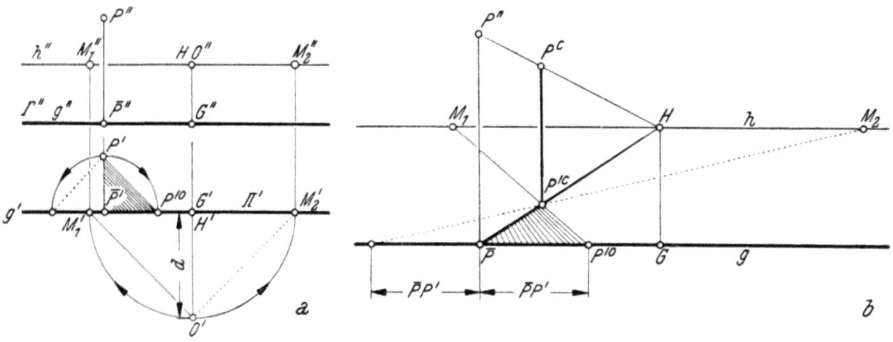

Abb. 155 *a*, *b*. Meßpunkte der Tiefenlinien

Abb. 155 *a* zeigt den Grundriß auf Γ und den Aufriß auf Π. Die Normale aus P' auf Π nennt man eine Tiefenlinie. Sie trifft g in $\overline{P}$. P' gelange durch Vierteldrehung in Γ um $\overline{P}$ nach P'^0 auf g. Für alle Punkte P' von Γ sind die Drehsehnen $P'P'^0$ parallel; ihr gemeinsamer Fluchtpunkt M_1 liegt im Abstand d links von H auf h. Erfolgt die Vierteldrehung in umgekehrtem Drehsinn, so haben die Drehsehnen den Fluchtpunkt M_2 im Abstand d rechts von H. *M_1 und M_2 heißen Meßpunkte der Tiefenlinien.* Stellt man das geschraffte Dreieck von Abb. 155 *a* im (doppelt so groß gezeichneten) perspektiven Bild 155 *b* dar, so ergibt sich P'^c im Schnitt von $\overline{P}H$ mit P'^0M_1. $\overline{P}H$ ist Bild einer Tiefenlinie, P'^0M_1 Bild einer Drehsehne. P'^c könnte ebenso mittels M_2 konstruiert werden (gestrichelt in Abb. 155 *b*).

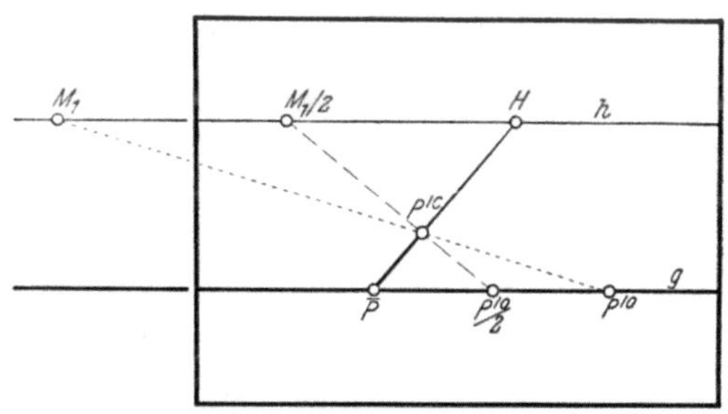

Abb. 156. Unerreichbare Meßpunkte

Zwei Hilfskonstruktionen: a) *Bei großer Distanz* werden M_1 und M_2 außerhalb der Zeichenfläche liegen, manchmal wird auch eine aufzutragende Strecke $\overline{P}P'^0$ die Zeichenfläche überschreiten (Abb. 156). Dann kann man auf g von $\overline{P}$ aus einen Bruchteil des Tiefenmaßes $\overline{P}P'^0$ auftragen, z. B. die Hälfte. Den erreichten Punkt $P'^0/2$ verbindet man mit dem Punkt $M_1/2$, der um $d/2$ links von H liegt. Im Schnitt mit $\overline{P}H$ ergibt sich (wegen ähnlicher Dreiecke in Abb. 156) P'^c. — b) *Bei geringer Aughöhe* (= Abstand gh) schneiden sich $\overline{P}H$ und P'^0M_1 unter kleinem Winkel und der Schnittpunkt P'^c ergibt sich ungenau (Abb. 157).

Man geht hier zu einer tiefer gelegenen Grundebene Γ_1 und Grundlinie g_1 über. Alle Höhen vergrößern sich dadurch um den Abstand von g und g_1. Im Raum sind die Grundrisse auf Γ und Γ_1 kongruent. Die perspektiven Grundrisse sind perspektiv affin (Affinitätsachse h, Affinitätsstrahlen $\perp h$).

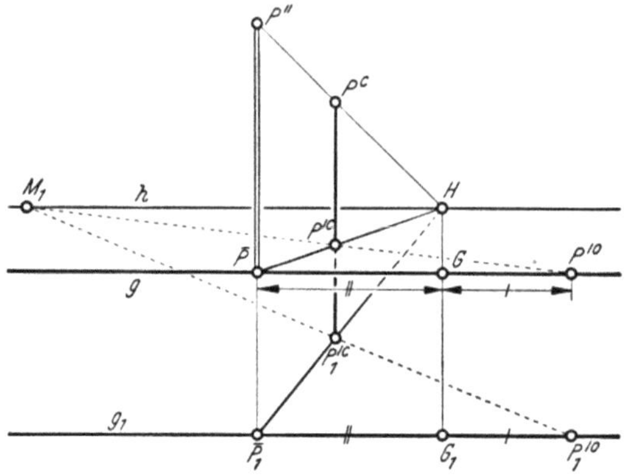

Abb. 157. Gesenkter Grundriß

Das in Abb. 155 gezeigte Verfahren ist günstig, wenn eine Wand des Bauwerks zu Π parallel ist („*frontale Lage*"). Im Beispiel von Abb. 158 liege die Kurve k in Π, daher kann k^c im gewünschten Maßstab unverzerrt gezeichnet werden, ebenso der übrige Aufriß, bzw. Schnitt der Tribüne mit Π. Hierauf werden die Bilder der Tiefenlinien gezeichnet, z. B. A^cH. Aus Abb. 156, 157 folgt, daß man $M_1/2$ verwenden kann und die Grundlinie g_1 in beliebiger Höhe annehmen

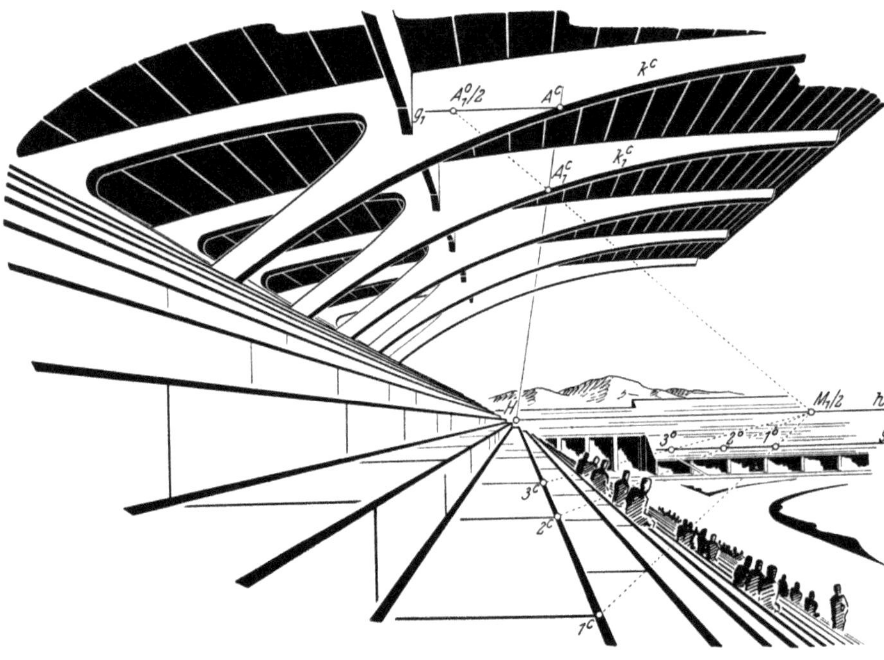

Abb. 158. Frontale Perspektive (Stadion Florenz)

darf, z. B. in der Höhe von A. Man trägt $\frac{1}{2}AA_1$ von A aus waagrecht nach links auf und verbindet den Endpunkt $A^0_1/2$ mit $M_1/2$. Im Schnitt mit A^cH ergibt sich A_1^c. In gleicher Weise werden mittels g die in Γ gelegenen Fugenpunkte *1, 2, 3* usw. dargestellt[1].

In gleicher Weise kann man einen Blick in eine Kuppel, in ein Stiegenhaus oder ähnliches in Perspektive setzen, wenn Π waagrecht liegt. Dann ist OH lotrecht und die „Tiefenmaße" sind hier die Höhen, die am Bauwerk auftreten.

45. Freie Perspektive schräggestellter Bauwerke. In Γ liege eine Gerade a (Grundriß Abb. 159, doppelt so groß gezeichnet die Perspektive Abb. 160). Dreht man a um den Bildspurpunkt A nach g, so beschreibt jeder Punkt P von a einen Kreisbogen. Alle Drehsehnen PP^0 sind parallel; ihr gemeinsamer Fluchtpunkt M_a ergibt sich, indem man O um den Fluchtpunkt A_u^c von a nach Π dreht, denn die Dreiecke APP^0 und $A_u^c M_a O'$ in Abb. 159 sind ähnlich. *M_a heißt Meßpunkt von a.* In Abb. 160 wurden A_u^c und M_a gezeichnet ($\Delta\, A_u^c M_a O \cong \Delta\, A_u^c M_a M_\Gamma$).

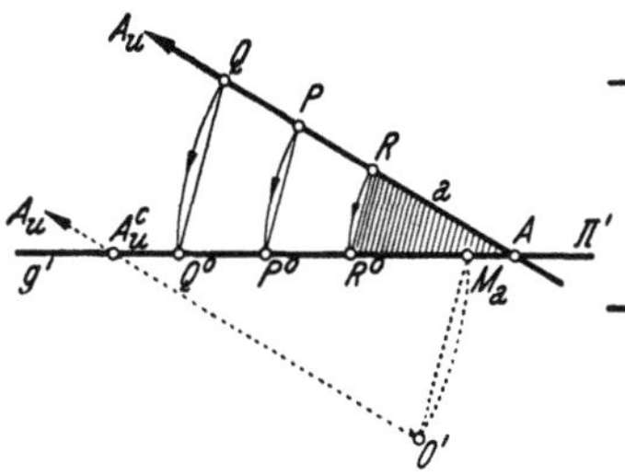

Abb. 159. Meßpunkt

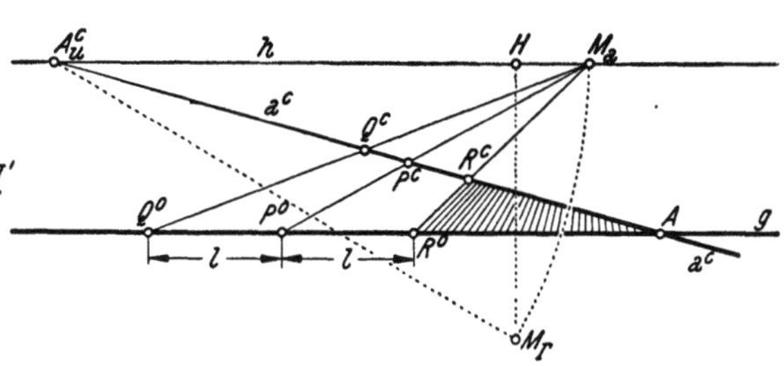

Abb. 160. Auftragen einer Strecke

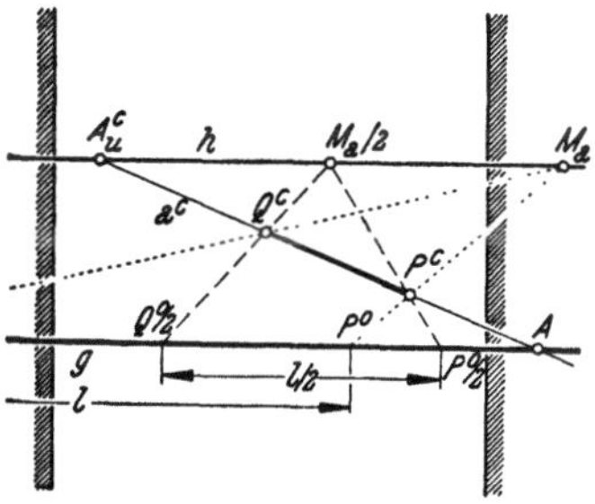

Abb. 161. Auftragen längerer Strecken

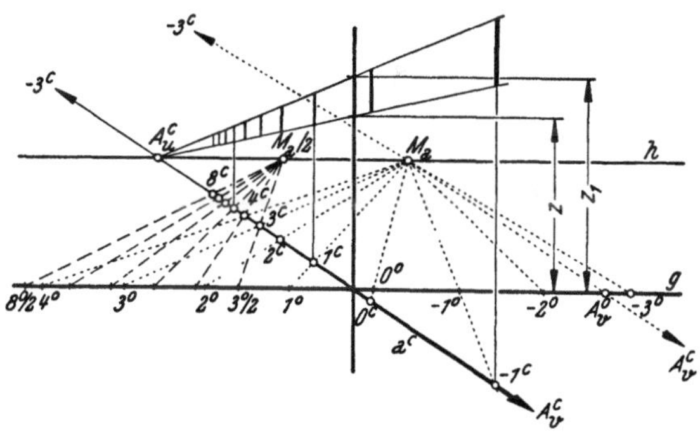

Abb. 162. Bild einer gleichmäßigen Skala

$M_a P^c$ schneidet g in P^0. Soll auf a von P aus eine Strecke l aufgetragen werden, so trägt man l auf g von P^0 bis Q^0 bzw. R^0 auf; die Drehsehnenbilder $M_a Q^0$, $M_a R^0$ schneiden a^c in Q^c bzw. R^c. — M_a ist auch Meßpunkt aller zu a parallelen Geraden. Dreht man a in umgekehrtem Sinn um A nach g, so hat man auch O in umgekehrtem Sinn um A_u^c nach Π zu drehen und es ergibt sich ein zweiter Meßpunkt von a auf h.

Liegt Q^0 oder M_a nicht mehr auf der Zeichenfläche (Abb. 161, Blattränder geschrafft), so kann man z. B. den Punkt $M_a/2$ in der Mitte zwischen A_u^c und M_a

[1] Die Darstellung der Fugenteilung erhöht die Tiefenwirkung des Bildes.

verwenden. $P^c M_a/2$ schneidet g im Mittelpunkt $P^0/2$ der Strecke $P^0 A$, $Q^c M_a/2$ schneidet g in $Q^0/2$ und es ist $P^0/2\ Q^0/2 = l/2$. Daher kann man umgekehrt von $P^0/2$ aus $l/2$ bis $Q^0/2$ auftragen; $Q^0/2\ M_a/2$ schneidet dann a^c in Q^c. — So kann man auf a^c das Bild einer gleichmäßigen Skala konstruieren (Abb. 162, Nullpunkt 0 und Längeneinheit gegeben). Erreichbar liegen — 3^0 bis 4^0, die Drehsehnen ergeben — 1^c bis 4^c. Jene Drehsehne, deren Bild zu a^c parallel ist, schneidet g in der Drehlage $\overset{o}{A_v}$ des Verschwindungspunktes A_v von a. — 3 liegt bereits jenseits Π_v, — 3^c daher jenseits $\overset{c}{A_u}$. Links wurde $3^0/2$ aus 3^c mittels $M_a/2$ konstruiert und von $3^0/2$ die halbe Längeneinheit wiederholt aufgetragen; so ergeben sich 4^c bis 8^c. — Das perspektive Bild einer gleichmäßigen Skala nennt man eine projektive Skala. Zur Verdeutlichung des optischen Eindrucks wurden über den Skalenpunkten die Höhen z und z_1 aufgetragen, beginnend beim Schnittpunkt von a mit g, wo z und z_1 in wahrer Länge aufgetragen wurden.

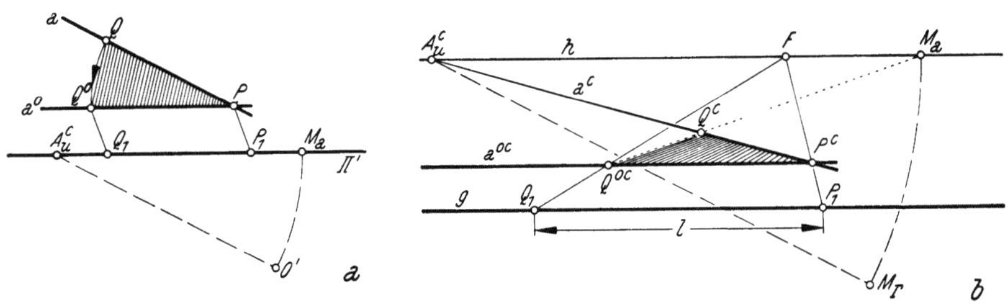

Abb. 163 *a*, *b*. Paralleldrehen einer waagrechten Strecke

Oft wird man eine Gerade a nicht um ihren Bildspurpunkt A, sondern um einen anderen Punkt P von a in die zu g parallele Lage a^0 drehen (Grundriß Abb. 163 *a*, doppelt so groß gezeichnet die Perspektive Abb. 163 *b*). Wieder ist M_a Fluchtpunkt der Drehsehnen. Um eine Strecke l auf a von P bis Q aufzutragen, denke man sich PQ um P nach PQ^0 gedreht und diese Strecke in beliebiger waagrechter Richtung verschoben, bis sie nach $P_1 Q_1$ auf g gelangt. Im perspektiven Bild nimmt man einen Fluchtpunkt F auf h an, schneidet FP^c mit g in P_1, trägt l von P_1 bis Q_1 auf und schneidet FQ_1 mit a^{0c} in Q^{0c}; die Drehsehne $M_a Q^{0c}$ schneidet a^c in Q^c.

Die in Abb. 159 bis 163 gezeigten Konstruktionen wurden in Abb. 164 verwendet. Die Nebenfigur rechts unten zeigt verkleinert die Grundrißlage des Hauses, die Fluchtpunkte F_1, F_2 der waagrechten Hauskanten und die zugehörigen Meßpunkte M_1, M_2. In der Hauptfigur liegen F_2, M_1, M_2 auf der Zeichenfläche, während F_1 unerreichbar ist (vgl. Abb. 152). Man konstruiert zweckmäßig zuerst den gesenkten perspektiven Grundriß (Grundlinie g_1). Beginnt man etwa bei der rechten Hauswand ε_1 mit der Bildspur e_1, so wird man von e_1' aus auf g_1 die Strecke a bis A'^0 auftragen. Das Drehsehnenbild $A'^0 M_1$ schneidet dann die Gerade $e_1' F_1$ in A'^c. Die Höhen z_1, z_2, z_3 werden zweckmäßig auf e_1 von g aus aufgetragen. So ergibt sich zunächst A^c. Dann schneidet man $M_2 A'^c$ mit g_1 und trägt vom Schnittpunkt aus die Strecken AB und BC auf g_1 auf; die Endpunkte ergeben, mit M_2 verbunden, auf $F_2 A'^c$ die Punkte B'^c und C'^c. Der linke Teil des Bildes wurde wiederum, wie Abb. 164 zeigt, mittels M_1 konstruiert. Über die eingezeichneten Schatten und Spiegelungen vgl. 48. bzw. 49.

Der Grundriß in Abb. 164 wurde ziemlich tief gesenkt, um die Konstruktion deutlich zu zeigen. Praktisch genügt eine geringere Senkung. Man erkennt, daß die freie Perspektive viel weniger Zeichenfläche beansprucht als das Durchschnittverfahren. *In der Praxis verwendet man Durchschnittverfahren, Aufbauverfahren und freie Perspektive je nach Zweckmäßigkeit. Oft wird man die wichtigsten Punkte des Bildes nach einem der ersten Verfahren konstruieren, hierauf Fensterreihen und andere regelmäßige Einzelheiten in freier Perspektive zeichnen*[1].

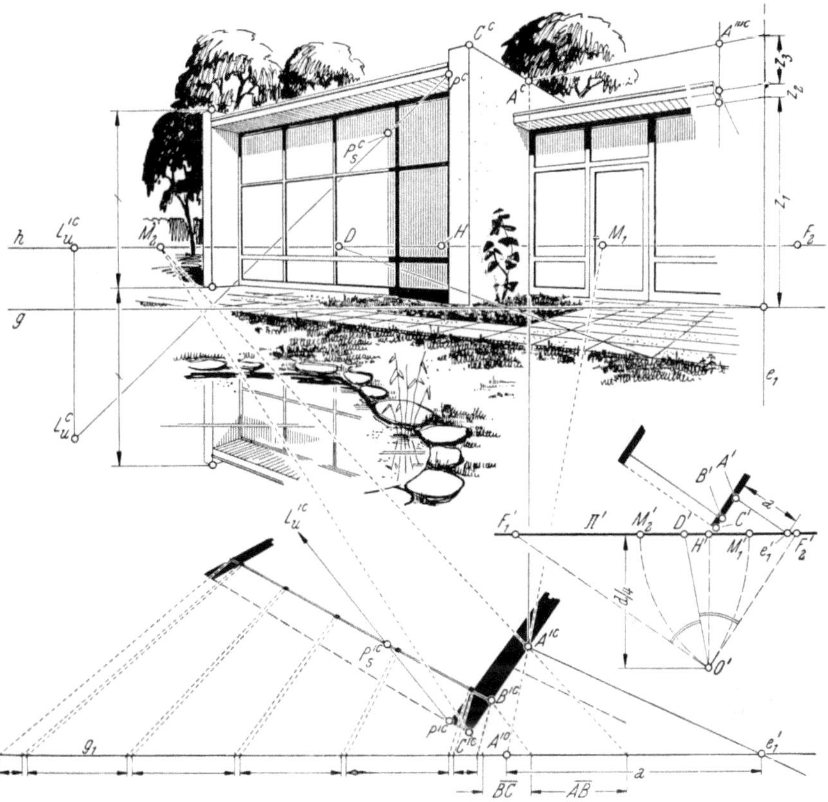

Abb. 164. Freie Perspektive (Landhaus)

Man kann in Abb. 164 nicht nur die Gerade ε_1' in Γ, sondern die ganze Ebene ε_1 um ihre Bildspur e_1 nach Π gedreht denken. Alle Punkte von ε_1 beschreiben dabei Kreisbögen; die Drehsehnen sind zueinander parallel, ihr gemeinsamer Fluchtpunkt ist M_1. Die Drehlage A'^0 von A' liegt im Schnitt von g_1 mit $A'^c M_1$, die Drehlage A^0 von A im Schnitt von $A^c \underline{M_1}$ mit der Lotrechten durch A'^0. Die Waagrechte in ε_1 durch A schneide $\underline{e_1}$ in $\overline{A}$; ihr perspektives Bild und ihre (waagrechte) Drehlage schneiden sich in $\overline{A}$.

[1] Ob ein Konstruktionsverfahren günstig ist, erkennt man weder an der Leichtigkeit des Erlernens noch am Zeichenaufwand für die Darstellung eines einzelnen Punktes, sondern erst, wenn man das Verfahren zur Darstellung eines Bauwerks mit vielen Punkten anwendet. Am übersichtlichsten ist zumeist das Aufbauverfahren, bei lotrechter und auch bei geneigter Bildebene (Abb. 180, 181).

Φ sei eine Figur in der Ebene ε_1. Im Raum sind Φ und Φ^0 kongruent, im Bild besteht zwischen Φ^c und Φ^0 eine perspektive Kollineation (Zentrum M_1, Achse e_1, Fluchtgerade = Fluchtspur von ε_1). Liegt Φ gezeichnet vor (z. B. als Lichtpause), so kann man Φ in der Lage Φ^0 auf Π befestigen und aus Φ^0 durch kollineare Umformung Φ^c gewinnen (analog Abb. 194, wo umgekehrt Φ^0 aus Φ^c konstruiert wird).

ε_1 sei nun eine Ebene allgemeiner Lage. Bei der Drehung von ε_1 um ihre Bildspur e_1 nach Π ist zu beachten, daß die von O aus sichtbare Seite von ε_1 in die Vorderseite von Π gelangen soll, damit man die Drehlage von Figuren in ε_1 nicht spiegelbildlich zeichnen muß (Abb. 165 zeigt einen Normalriß in Richtung e_1).

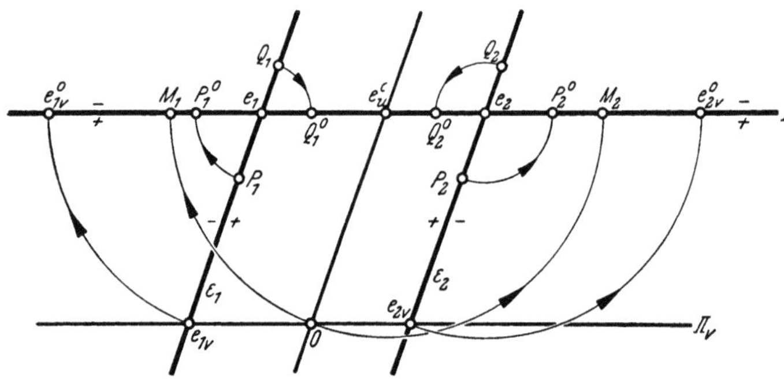

Abb. 165. Drehung einer Ebene nach Π

Daher ist ε_1 in Abb. 165 durch den spitzen Winkel, dagegen die zu ε_1 parallele Ebene ε_2 durch den stumpfen Winkel zu drehen. Zu ε_1 gehört der Meßpunkt M_1, zu ε_2 gehört M_2. Verschiebt man ε_1 oder ε_2 parallel, ohne O zu überschreiten, so bleibt M_1 bzw. M_2 Meßpunkt. Für die Ebene Oe_u^c, die als Gerade e_u^c erscheint, kann M_1 oder M_2 als Meßpunkt dienen. Man erkennt, daß jede nicht durch O gehende und nicht zu Π parallele Ebene einen eindeutig bestimmten Meßpunkt besitzt. — Abb. 165 enthält auch die Verschwindungsgeraden e_{1v}, e_{2v} und ihre Drehlagen. — M_Γ in Abb. 153 ist Meßpunkt der von oben gesehenen Grundebene. In Abb. 164 ist M_1 nicht nur Meßpunkt für die waagrechten Geraden in ε_1, sondern für jede Figur in ε_1.

46. Günstige Wahl des Auges und der Bildebene. *1.* Bei der perspektiven Darstellung eines Bauwerks muß man zunächst entscheiden, welche Seite oder welcher Teil des Bauwerks im Bild stärker hervortreten soll. Bei Monumentalbauten bleiben wir irgendwo vor der Front stehen, um sie zu betrachten. Daher wird man die Bildebene Π parallel zur Hauptfront stellen können („frontale Perspektive"). Ebenso wird man Π bei der Darstellung eines Festraums manchmal parallel zur Hauptwand stellen. Für einen Blick in eine gerade Straße oder auf eine Brückenfahrbahn kann man Π normal zur Straßen- bzw. Brückenrichtung wählen. — Frontale Perspektiven wirken ruhig, feierlich und monumental. Damit aus Monumentalität nicht Steifheit und Langweile werde, wird man das Bild durch Personen und andere Staffage beleben[1]. Man nehme O nicht genau

[1] Gemälde oder Photos von Personengruppen vor einem symmetrisch gestalteten und frontal dargestellten Hintergrund wirken feierlich, z. B. LEONARDO DA VINCI, Das Abendmahl (Mailand); RAFFAEL, Die Schule von Athen (Rom).

vor der Mitte der Hauptfront an, sondern etwas abseits. Beachte, daß die Seitenwände bei frontaler Perspektive viel weniger zur Geltung kommen als die Hauptansicht[1]!

Um ein kleineres Haus wandern wir jedoch herum, wenn wir es betrachten, und einen Wohnraum werden wir von mehreren zufällig gewählten Punkten aus ansehen. Ein perspektives Bild wird hier am besten einen momentanen Eindruck wiedergeben. Man wird Π unter etwa 20^0 Neigung gegen jene Wand stellen, die im Bild hervortreten soll.

2. Das Auge O erblickt deutlich alle Raumpunkte, deren Sehstrahlen mit dem Hauptsehstrahl einen Winkel von höchstens etwa 30^0 einschließen. O und Π sollen daher so gewählt werden, daß alle abzubildenden Punkte innerhalb dieses „*Sehkegels*" (Spitze O, Achse OH, Achsenwinkel 30^0) liegen. Der Sehkegel schneidet Π im „Sehkreis" s (Mitte H, Radius $d/\sqrt{3} = 0{,}577\ldots d$); das perspektive Bild soll im Innern des Sehkreises liegen (vgl. Abb. 176).

a) *Wahl von* O'. Bei niedrigen Bauwerken wird es im allgemeinen genügen, O' so zu wählen, daß die auftretenden Sehstrahlen im Grundriß einen „Sehwinkel" von höchstens 60^0 erfüllen. Bei höheren Gebäuden muß erprobt werden, ob das ganze Bild innerhalb des *Sehkreises* liegt[2]. Nach Wahl von O' wird der Hauptsehstrahl so gewählt, daß er im Grundriß ungefähr den Sehwinkel zwischen den äußersten Sehstrahlen, die zum Gebäude führen, hälftet. Dann wird der Hauptpunkt in der Mitte zwischen linkem und rechtem Bildrand liegen[3]. In geschlossenen Räumen wird man oft keinen Punkt finden, von dem aus ein genügend großer Teil des Raumes unter nicht zu großem Sehwinkel erscheint; man wird daher O außerhalb des Raumes annehmen und die Wände, die die Sicht ins Innere behindern, fortgenommen denken.

b) *Die Aughöhe* (Höhe von O über Γ) beträgt für einen auf Γ stehenden Betrachter etwa 1,60 m, für einen Sitzenden etwa 1,20 m.

c) Sind O und der Hauptsehstrahl gewählt, so ist zur Festlegung von Π noch d zu wählen. Die *Wahl der Distanz* d hat nur mehr Einfluß auf die Größe, nicht aber auf die Gestalt des Bildes. Bilder, die in Ausstellungen lotrecht aufgehängt sind, pflegt man aus größerer Entfernung zu betrachten als Postkarten oder Buchillustrationen. Für Ausstellungsbilder wird man d der voraussichtlichen Entfernung des Betrachters angleichen und danach die Bildgröße so einrichten, daß das Bild noch innerhalb des Sehkreises liegt. Kleinere Bilder hingegen pflegt man aus einer Entfernung von etwa 25 cm („deutliche Sehweite") zu betrachten, auch wenn sie für eine noch kleinere Distanz konstruiert sind. Solche Bilder gewinnen an räumlicher Wirkung, wenn man sie aus einer geringeren Entfernung als 25 cm ansieht oder durch ein Vergrößerungsglas betrachtet (weil dann mit dem Bild auch die Distanz vergrößert wird). — Auch die Perspektiven dieses Buches sind für kleine Distanz konstruiert, denn die Konstruktion soll auf kleiner Zeichenfläche gezeigt werden. Man betrachte diese Bilder einmal einäugig aus der richtigen Lage des Auges O, für das die Bilder konstruiert wurden,

[1] Ein Bauwerk an einer Seite eines viereckigen Platzes kann man in frontaler Perspektive hervorheben, indem man diese Seite etwas länger anlegt als die gegenüberliegende Seite des Platzes, so daß der Platzgrundriß ein Trapez wird. Zum Beispiel Petersplatz in Rom, Markusplatz in Venedig. Umgekehrt erscheint dann der Platz vom Bauwerk aus gesehen tiefer.

[2] In Abb. 177 ist diese Bedingung nicht erfüllt, daher treten rechts oben starke Verzerrungen auf.

[3] Man kann einen auf Transparentpapier gezeichneten Winkel von 60^0 über dem Grundriß bewegen, bis der Winkelscheitel eine passende Lage von O' angibt und der Gebäudegrundriß zwischen den Winkelschenkeln liegt.

und überzeuge sich, daß ihre Bildwirkung günstiger wird und daß die dargestellten Bauwerke plastischer hervortreten.

Bei der Konstruktion eines Bildes beginne man mit den Grundformen des Bauwerks und beurteile dann, ob die Annahme gut war oder abgeändert werden soll. Zum Beispiel hat man darauf zu achten, daß keine Kante des Bauwerks genau oder fast als Punkt, keine ebene Fläche des Bauwerks genau oder fast als Strecke erscheint. Erst dann konstruiere man die Bilder von Fenstern, Türen usw. Schließlich wird man Einzelheiten nach Schätzung freihändig — aber richtig — einzeichnen (siehe z. B. Abb. 154). — Um eine gute Annahme zu treffen, muß man schon eine ungefähre Vorstellung vom gewünschten Bild haben, man muß also bereits ein gutes Vorstellungsvermögen besitzen. Dieses entwickelt sich durch überlegtes Betrachten gewachsener und gebauter Formen in der Wirklichkeit, durch die geometrisch richtige Darstellung technischer Gegenstände, durch das Lesen technischer Zeichnungen, durch Übung im Photographieren und vor allem durch das Zeichnen von Perspektiven.

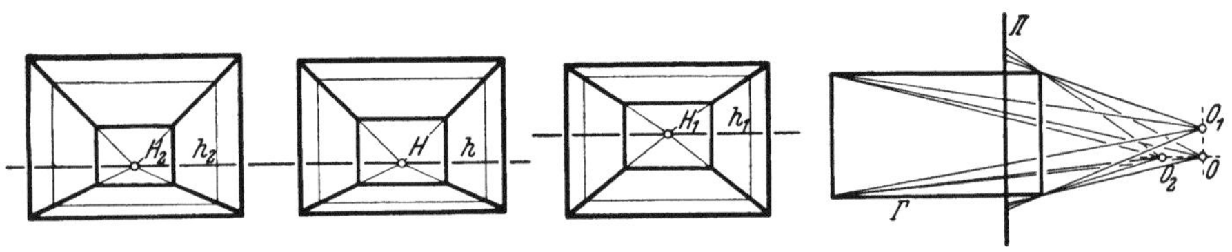

Abb. 166. Änderung der Aughöhe oder der Distanz

3. *Alle jene Regeln geben keine starren Grenzen, ja man kann durch Abweichungen bestimmte Bildwirkungen erzielen.* Abb. 166 zeigt links drei frontalperspektive Bilder eines Innenraums, rechts Π, Γ und die Augen O, O_1, O_2. Um die Bildwirkung deutlich zu zeigen, wurden die zulässigen Sehkreise bedeutend überschritten. Ein Vergleich der Bilder aus O und O_1 (Hauptpunkt H bzw. H_1) zeigt: Eine geringe *Verminderung der Aughöhe* läßt die Höhen des Objekts größer erscheinen und vermindert zugleich die Tiefenwirkung des Bildes. Niedrige Bauwerke, Innenräume usw. wird man mit geringer Aughöhe darstellen, wenn sie höher erscheinen sollen („Froschperspektive", z. B. Abb. 177). Umgekehrt erhöht eine *Vergrößerung der Aughöhe* die Tiefenwirkung und läßt Gebäudehöhen geringer erscheinen (z. B. Abb. 171). Daher wird man eine größere Gebäudeanlage aus sehr großer Aughöhe darstellen; eine solche „Vogelperspektive" läßt Gebäudehöhen in der Bildwirkung zurücktreten, zeigt aber deutlich, wie sich die Gebäudeanlage ihrer Umgebung einpaßt. Als Vogelperspektive werden auch waagrechte Schnitte durch Wohnungen gezeichnet, um die Möbelverteilung anschaulich zu zeigen. Im Bildrechteck liegt H bei einer Froschperspektive ziemlich tief, bei einer Vogelperspektive ziemlich hoch.

Ein Vergleich der Bilder aus O und O_2 (Hauptpunkt H bzw. H_2) in Abb. 166 zeigt, daß eine *Vergrößerung oder Verkleinerung der Distanz* bei fest gewählter Lage von Π die Bildwirkung stark beeinflußt. Bei Verkleinerung der Distanz werden Sehwinkel im allgemeinen vergrößert. Dadurch erhöhen sich die am Bildrand auftretenden perspektiven Verzerrungen („Plakatwirkung"), Gebäude und Innenräume erscheinen größer und höher. Eine Vergrößerung der Distanz verkleinert dagegen im allgemeinen die Sehwinkel, vermindert die perspektiven Verzerrungen und ergibt eine ruhige, vornehme Wirkung. Allerdings leidet die „Körperlichkeit" des Bildes. Außerdem sind hier die Fluchtpunkte weiter entfernt und die Konstruktion wird unbequemer. — Übrigens hängt der Einfluß der Distanz auch vom Dargestellten ab; ein Landschaftsbild verträgt größere Sehwinkel als das Bild eines frontal oder gar schräg zur Bildebene stehenden Hauses mit vielen langen parallelen Kanten. Eine Innenraumperspektive verträgt größere Sehwinkel als eine Außenansicht; geringe Distanz bei einer Innenraumperspektive vermag sogar eher im Betrachter die Illusion zu erwecken, er befinde sich im Innern des Raumes. — Eine Änderung der Distanz ändert auch die Tiefenwirkung. Wie Abb. 166 zeigt, läßt eine kleine Distanz den Hintergrund (z. B. Rückwand des Innenraums, entferntere Nachbargebäude, Bäume oder Berge) kleiner erscheinen, sie „treibt den Hintergrund zurück" und betont den Vordergrund. Innenraumperspektiven mit kleiner Distanz lassen den Raum tiefer erscheinen; in Außenansichten erscheinen Gebäude länger und höher. Eine große Distanz gibt den Hintergrund größer wieder, sie „zieht den Hintergrund nach vorn" und der Vordergrund wird weniger betont.

Der kundige Architekt wird dies benützen, um entweder den Vordergrund oder den Hintergrund eines Bildes stärker zu betonen und dem Bild eine größere oder geringere Tiefenwirkung zu geben.

Beispiele:

107. Stelle eigene oder fremde Entwürfe, bei denen nur Geraden und Ebenen, aber keine krummen Kurven oder Flächen vorkommen, in Perspektive dar! Suche günstige Annahmen! Beurteile, welche Annahme im Einzelfall günstiger wirkt! Lege vier weiße Blätter um die fertige Zeichnung und beurteile, durch welchen Blattrand die Zeichnung am besten begrenzt wird! H soll dabei womöglich in der Mitte zwischen linkem und rechtem Bildrand bleiben. Beurteile, welches Konstruktionsverfahren im Einzelfall günstig ist!

108. Zeichne eine Vogelperspektive einer Gebäudeanlage! Beurteile die Wahl von O und Π, die Wahl des Blattrands und des Konstruktionsverfahrens wie bei Beispiel 107!

109. Zeichne ein Einfamilienhaus oder einen kleinen Innenraum oder einen Verkaufskiosk in Froschperspektive! Sonst wie bei Beispiel 108.

47. Vergleich mit der Photographie. Um zu erkennen, wie sich ein geplantes Bauwerk seiner Umgebung einfügen wird, kann man Bauplatz und Umgebung photographisch aufnehmen und die Perspektive des Bauwerks in das vergrößerte Photo einzeichnen[1]. Hiezu ist die Kenntnis der einfachsten Eigenschaften eines Lichtbilds notwendig.

Die Photographie ist fast genau ein perspektives Bild aus einem auf der optischen Achse (= Hauptsehstrahl) des Apparates gelegenen Punkt O, der ungefähr in der Mitte zwischen den äußersten Linsenflächen liegt. O heißt der optische Mittelpunkt des Objektivs. Die von einem Raumpunkt P zur Linse laufenden Lichtstrahlen werden gebrochen und vereinigen sich hinter der Linse in einem Punkt $\overline{P}$. In jeder Ebene, die durch die optische Achse a geht, besteht zwischen den Punkten P und $\overline{P}$ eine Kollineation mit dem Zentrum O. Die Punkte P einer zu a normalen Ebene werden auf die Punkte $\overline{P}$ einer anderen zu a normalen Ebene abgebildet. Auch auf dem Film (oder auf der Mattscheibe oder auf der Platte) entsteht scharf nur das Bild einer bestimmten zu a normalen Ebene. Ist der Film in der Richtung der optischen Achse verschiebbar, so läßt er sich zur Aufnahme einer bestimmten Ebene, die normal zu a steht, scharf einstellen (z. B. zur Aufnahme eines Gemäldes). Dabei werden auch noch die

[1] Das vergrößerte Photo und die Konstruktion der Perspektive des Bauwerks wird man mit durchsichtigem Papier überdecken und darauf die Perspektive des Bauwerks und seiner Umgebung in Kohle oder ähnlichem ausführen.

Punkte einer ganzen Schicht des Raumes, die sich zu beiden Seiten dieser Ebene erstreckt, hinreichend scharf abgebildet. Wird der Film auf die Gegenstandsweite „unendlich" eingestellt, so wird zugleich ein Teil des Raumes, dessen Punkte eine gewisse Mindestentfernung von O haben, hinreichend scharf abgebildet, und das genügt meist zur Aufnahme einer Landschaft oder eines Bauwerks. Sehr einfache Apparate sind auf die Gegenstandsweite „unendlich" fixiert; nahe Gegenstände erscheinen dann im Bild unscharf. Als Brennweite des Apparats bezeichnet man die Entfernung von O bis Π bei der Einstellung auf „unendlich". Die Tiefenschärfeeinstellung (Vordergrund scharf, Hintergrund unscharf) verleiht dem Photo Tiefenwirkung.

Weitwinkelobjektive ergeben Aufnahmen mit großem Sehwinkel. Sie werden zur Aufnahme von Innenräumen, Personengruppen usw. verwendet. Will man aber mit einem Weitwinkelobjektiv Aufnahmen mit geringen Verzerrungen erhalten, so nehme man das Bauwerk samt einer größeren Umgebung aus größerer Entfernung auf und lasse einen Ausschnitt aus dem mittleren Bereich des Photos vergrößern.

Diese Eigenschaften besitzt die Photographie in sehr guter Näherung, aber nicht exakt. Scharfe Mikroskopaufnahmen z. B. geben Raumgeraden gekrümmt wieder.

48. Schatten in perspektiven Bildern. Die Schattenwirkung von Gebäuden und einzelnen Bauteilen (Balkone, Loggien, Gesimse, Dachvorsprünge usw.) ist *ein Mittel architektonischer Gestaltung* und wird daher häufig auch in Perspektiven von Bauentwürfen gezeichnet. Sind im Grundriß und in den Gebäudeansichten die Schatten bereits konstruiert, so kann man sie ins perspektive Bild übertragen (z. B. Abb. 152). — Schatten lassen sich auch im perspektiven Bild selbst konstruieren (Abb. 167). Parallele Lichtstrahlen l haben einen Fluchtpunkt L_u^c (das

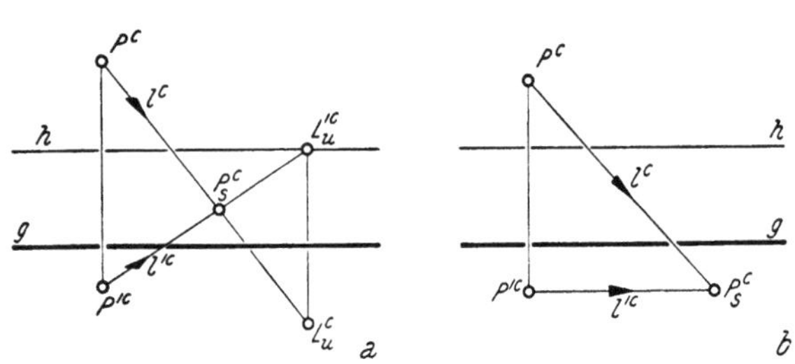

Abb. 167 *a*, *b*. Schatten bei Parallelbeleuchtung

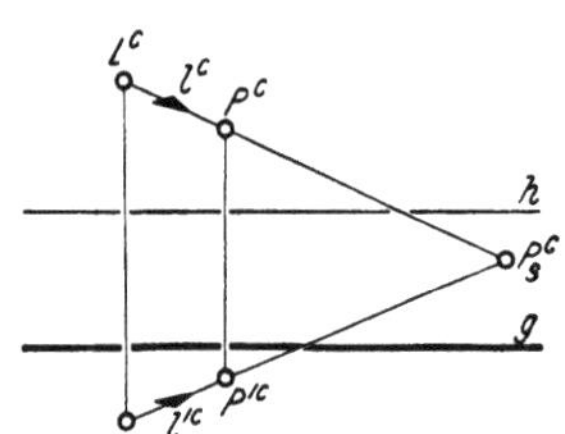

Abb. 168. Zentralbeleuchtung

Bild des gemeinsamen Fernpunktes L_u). Ihre Grundrisse l' in Γ haben einen gemeinsamen Fernpunkt L_u'. Die perspektiven Grundrisse l'^c haben den Fluchtpunkt L'^c_u auf h. Jeder Lichtstrahl l und sein Grundriß l' liegen in einer lotrechten Ebene, die Fluchtpunkte L_u^c und L'^c_u liegen auf der Fluchtspur dieser Ebene und diese ist zu h normal, siehe Abb. 167 *a*. Um den Schlagschatten P_s eines Punktes P auf Γ zu finden, lege man l^c durch P^c und l'^c durch P'^c; der Schnittpunkt ist P_s^c. Ist l zu Π parallel (Abb. 167 *b*), so sind alle l^c parallel und alle l'^c zur Grundlinie g parallel. Innenräume werden manchmal durch eine einzige Lichtquelle L beleuchtet, die im Endlichen liegt und punktförmig gedacht wird (Abb. 168); P_s^c ist Schnittpunkt von $l^c = L^cP^c$ mit $l'^c = L'^cP'^c$. Liegt L in der Verschwindungsebene Π_v, so sind alle l^c parallel, ebenso alle l'^c. In Abb. 164 wurde der

Schatten für Parallelbeleuchtung (L_u^c, L'^c_u) konstruiert. Man schneidet z. B. $L'^c_u 1'^c$ mit dem perspektiven Grundriß der rechten Hauswand; lotrecht darüber, im Schnitt mit $L_u^c 1^c$, liegt der Schatten 1_s^c von 1 auf die rechte Hauswand. Von den Schattenkonstruktionen in Abb. 171, 181, 183 wurde nur das Ergebnis gezeichnet.

Wie soll l gewählt werden? Selbstverständlich muß die Orientierung des Gebäudes berücksichtigt werden, das heißt das Gebäude muß von der Sonne wirklich in der Richtung l beschienen werden können. Eine Annahme wie in Abb. 167 *a* (L_u^c unter h, Sonne im Rücken, „Rückenlicht") ist bei Photos nur in den Morgen- und Abendstunden günstig, wenn die Sonne zartes Licht gibt. Bessere plastische Wirkung, bessere Kontraste, bessere Tiefenwirkung gibt Seitenlicht (wie Abb. 167 *b*) oder Gegenlicht (L_u^c oberhalb h). Kräftige Schatten im Vordergrund erhöhen die Tiefenwirkung.

Schattenkonstruktionen bieten manchmal erhebliche geometrische Schwierigkeiten. Wer über Schatten mehr erfahren will, als ihm die aufmerksame Beobachtung der Natur zeigt, muß Bücher zu Rate ziehen, die dieses Gebiet ausführlicher behandeln. Aufmerksame Beobachtung der Wirklichkeit und klare Photos zeigen aber auch, daß die geometrischen Voraussetzungen der Schattenkonstruktionen manchmal unzulänglich erfüllt sind. Die geometrische Schattenkonstruktion liefert bei prallem Sonnenlicht oder bei Zentralbeleuchtung noch am ehesten natürliche Ergebnisse. Allerdings sind die Eigenschatten und Schlagschatten runder Formen (Kugel, Zylinder usw.) nicht scharf ausgeprägt, Schlagschatten sind nicht bei jedem Material dunkler als Eigenschatten, Schlagschatten und Eigenschatten werden manchmal durch reflektiertes Licht aufgehellt usw. Die geometrische Schattenkonstruktion jedoch unterscheidet nur drei Helligkeitswerte: beleuchtete Flächen, Eigenschatten und Schlagschatten. Man hat diese Unterscheidung nach objektiven und subjektiven Merkmalen verfeinert (geometrische Lehre von den Isophoten und Isophengen), aber auch dann sind noch nicht alle Feinheiten erfaßt, vor allem nicht die Feinheiten des Materialtones und physiologische Einflüsse; z. B. wirkt eine mittelhelle Fläche neben einer hellen Fläche dunkler als neben einer dunklen Fläche; will man z. B. Deckengemälde deutlicher sehen, so muß man bekanntlich mit vorgehaltenen Händen das Tageslicht abschirmen, das durch seitliche Fenster dringt.

Die Schatten an einem Bauwerk verändern sich mit dem Sonnenstand. In einer Perspektive mag der Schatten für einen bestimmten Sonnenstand günstig wirken, für einen anderen kann er ungünstig wirken. Bei bedeckter Sonne wird die Beleuchtung durch diffuses Licht erfolgen und es werden keine deutlichen Schatten auftreten[1]. Bei Innenräumen, die tags durch mehrere Fenster, nachts durch mehrere Lampen, Soffitten oder Leuchtstoffröhren beleuchtet werden, wären sehr komplizierte, zum Teil noch gar nicht entwickelte Konstruktionen notwendig, um die Beleuchtungsverhältnisse im perspektiven Bild zu ermitteln.

Ob man in einer gezeichneten Perspektive Naturtreue anstrebt und auf jene Feinheiten Rücksicht nimmt oder ob man ein mehr schematisches Hell-Dunkel vorzieht, hängt vom persönlichen Geschmack, von der Zeichentechnik und vom verwendeten Reproduktionsverfahren ab.

Beispiele:

110. Betrachte Photos mit Außen- oder Innenansichten! Welche Lichtquellen und welche Helligkeiten treten auf? Wie könnte die Beleuchtung günstiger gewählt werden?

[1] Daher ist es vielleicht am ehrlichsten, die Perspektive in reiner Strichzeichnung auszuführen. Auch hat diese Art den Vorteil, daß man sie ohne graphisches Geschick erlernen kann.

111. Konstruiere Schatten zu bereits gezeichneten Perspektiven! Überlege die Wahl der Lichtquelle (Tiefenwirkung usw.)!

112. Konstruiere die bei Zentralbeleuchtung auftretenden Schatten in einem Innenraum mit Möbeln!

49. Spiegelungen in perspektiven Bildern. Kommen in einem perspektiven Bild spiegelnde Flächen vor, z. B. Wasserspiegel oder Wandspiegel, so treten Spiegelbilder auf. Spiegelbilder müssen richtig gezeichnet sein; in der graphischen Ausführung sollen sie eher nur angedeutet werden (z. B. Abb. 164), sonst verwirren sie den Gesamteindruck oder sie wirken steif.

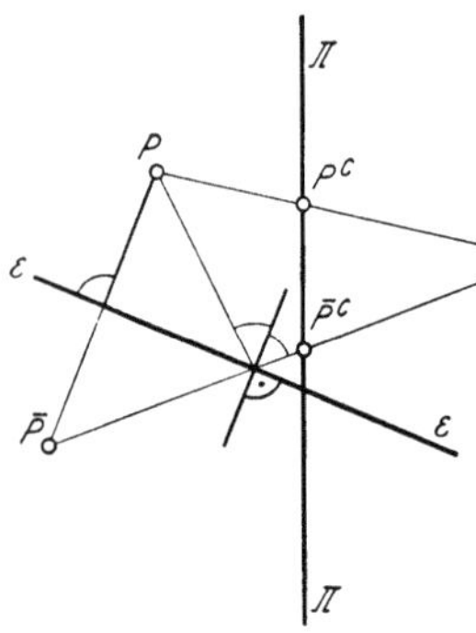

Abb. 169. Spiegelung an ε

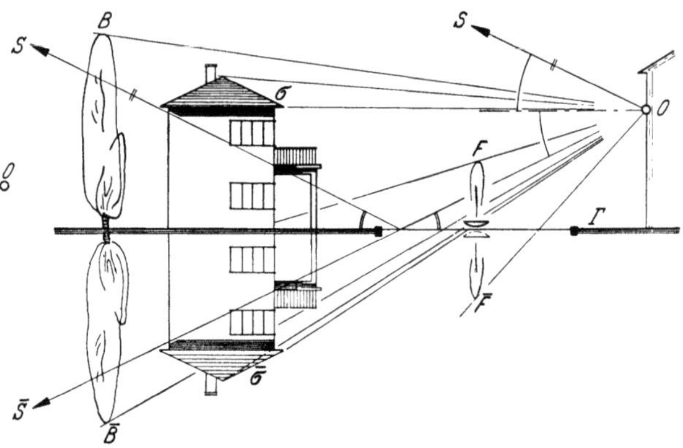

Abb. 170. Spiegelung an Γ

ε sei eine spiegelnde Ebene in beliebiger Lage, Π die Bildebene (Abb. 169 ist Normalriß in Richtung $(\Pi\varepsilon)$). Durch Spiegelung an ε gehe P in $\bar{P}$ über. Das perspektive Bild des Spiegelbilds entsteht durch perspektive Darstellung aller Punkte $\bar{P}$. — *Das perspektive Bild eines Gegenstands und das perspektive Bild seines Spiegelbilds weichen oft sehr voneinander ab.* Zum Beispiel sind Abb. 170 (Wasserspiegel Γ) die Dachfläche σ, der Baumwipfel B und die Sonne (Fernpunkt S) von O aus sichtbar, ihre Spiegelbilder $\bar{\sigma}$, $\bar{B}$, $\bar{S}$ aber nicht; die Unterseite des Balkons ist von O aus nicht sichtbar, wohl aber ihr Spiegelbild; der Springbrunnen F verdeckt einen Teil der Fassade, sein Spiegelbild $\bar{F}$ jedoch verdeckt das Spiegelbild der Fassade nicht.

Ist die spiegelnde Fläche nicht groß, so wird man das gespiegelte Bauwerk in Grund- und Aufriß zeichnen und nach dem Durchschnittverfahren feststellen, welcher Teil des gespiegelten Bauwerks von O aus durch den Spiegel sichtbar ist.

Beispiele:

113. Zeichne eine Perspektive eines Bauwerks an einem Seeufer und konstruiere auch das Spiegelbild!

114. Zeichne eine Innenraumperspektive eines Hallenbads (Wasserfläche spiegelnd)!

115. Zeichne eine Perspektive eines Raums, in dem sich ein größerer Wandspiegel befindet!

116. Dasselbe, wenn Spiegel in zwei zueinander normalen Wänden auftreten!

50. Darstellung von Kegelschnitten. Eine Kurve k läßt sich punktweise darstellen. Überträgt man noch Tangenten von k ins perspektive Bild, so läßt sich k^c genauer zeichnen.

k sei nun ein Kegelschnitt in der Ebene ε. Geht ε durch O, so ist k^c eine Gerade[1]. Geht ε nicht durch O, so bilden die durch die Punkte von k gelegten Sehstrahlen einen Kegel $(O; k)$ zweiter Ordnung. Dieser schneidet Π nach einem Kegelschnitt, dem perspektiven Bild k^c von k. Die in Π_v liegenden Erzeugenden von $(O; k)$ ergeben Fernpunkte von k^c. *Daher ist k^c eine Ellipse, Parabel oder Hyperbel, je nachdem Π_v von k in zwei konjugiert komplexen, zusammenfallenden oder getrennten reellen Punkten geschnitten wird.*

Wir behandeln nun einige häufig vorkommende und leicht verständliche Fälle.

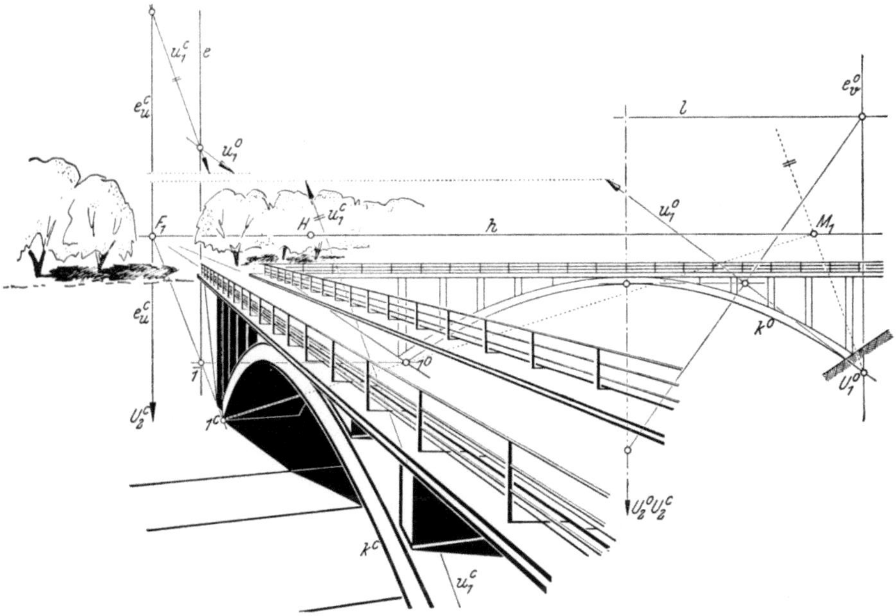

Abb. 171. Bogenbrücke über die Autobahn Ingolstadt—München

1. Abb. 171 zeigt einen *parabelförmigen Brückenbogen* k in der lotrechten Ebene ε (Bildspur e, Fluchtspur e_u^c, nach Π gedrehte Verschwindungsgerade e_v^0). Die Brückenansicht denken wir uns in der Drehlage von ε als Lichtpause auf dem Zeichenblatt befestigt. Von der Parabel k lassen sich nach Abb. 97 *b* in der Drehlage k^0 Tangenten zeichnen; deren Bilder sind Tangenten von k^c. k^c ist eine Hyperbel, denn k schneidet Π_v in U_1 und im Fernpunkt U_2 von k. Der Schnittpunkt U_1^0 von k^0 mit e_v^0 wurde nach Abb. 93 konstruiert. e_v^0 schneidet die Leitgerade l von k^0 im Gegenpunkt von u_1^0; u_1^0 ist die Streckensymmetrale zwischen diesem Gegenpunkt und dem Brennpunkt von k^0. u_1^0 ergibt die eine Asymptote u_1^c von k^c; sie ist zu $M_1 U_1^0$ parallel. (Links oben wurde der obere Teil dieser Figur nach unten verschoben.) U_2^c ist Fernpunkt von e_u^c; die Ferngerade e_u von ε berührt k in U_2, daher ist e_u^c die zweite Asymptote von k^c. Überträgt man

[1] Genauer: eine doppelt überdeckte Gerade; jeder in ε liegende Sehstrahl schneidet k in zwei getrennten reellen, zusammenfallenden oder konjugiert komplexen Punkten, sein Schnittpunkt mit Π ist daher das Bild zweier Punkte von k.

noch einen Punkt von k^0 ins perspektive Bild, z. B. 1^0 (mittels der Waagrechten $1^0\overline{1}$), so erhält man aus u_1^c, u_2^c, 1^c Achsen und Scheitel von k^c nach Abb. 103[1].

2. Wir stellen nun ein Viadukt dar, an dem *Kreise in lotrechten Ebenen* auftreten. Abb. 172 zeigt den Grundriß des Viadukts, mit den Kreisen k_1, k_2, k_3 in der lotrechten Ebene ε und dem Kreis k_4 in der zu ε parallelen Ebene ε_1. Die Kreise haben die Mittelpunkte K_1, K_2, K_3, K_4 und die waagrechten Durchmesser A_1B_1, A_2B_2, A_3B_3, A_4B_4. Abb. 172 zeigt auch die angenommene Lage von O' und Π; daraus wurden im Grundriß die Bildspuren e, e_1 von ε, ε_1, die Fluchtgerade e_u^c und der Meßpunkt M von ε und ε_1, die Verschwindungsgeraden e_v, e_{1v} von ε, ε_1 gefunden. e_v wird um e nach Π in die Lage e_v^0 gedreht, e_{1v} um e_1 nach Π in die Lage e_{1v}^0. Wir gehen nun so vor, daß zunächst in Abb. 173 die Konstruktion von k_2^c, in Abb. 174 die von k_3^c, in Abb. 175 die von k_4^c erklärt wird. In Abb. 176 sind diese Konstruktionen zusammen mit der Konstruktion von k_1^c zum fertigen Bild des Viadukts vereinigt. Dabei sind in Abb. 173 bis 175 die Annahmen gegenüber Abb. 172 abgeändert, einerseits um deutlichere Zeichnungen zu erhalten, andererseits um zu zeigen, daß diese Konstruktionen nicht nur für Kreise in lotrechten Ebenen gelten, sondern ebenso für Kreise in Ebenen allgemeiner Lage.

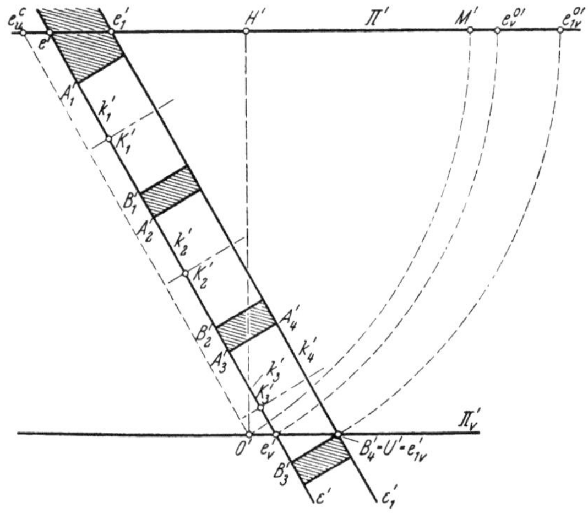

Abb. 172. Grundriß zu Abb. 173 bis 176

a) Konstruktion von k_1^c (Abb. 176). k_1 erscheint im Bild sehr klein, es genügt daher die Darstellung des umschriebenen Quadrates mit den Berührpunkten A_1, B_1, C_1, D_1. Weitere Punkte und Tangenten lassen sich von k_1^0 nach k_1^c kollinear übertragen, z. B. P^0 mit t^0 nach P^c mit t^c. — Auch sonst genügt es bei kurzen, flachen Bögen zumeist, einzelne Punkte mit Tangenten darzustellen.

Bei Kreisen, die im Bild groß erscheinen, wird man jedoch das Bild genauer bestimmen, denn Zeichenungenauigkeiten bei punktweiser Darstellung wirken hier sehr störend.

b) Konstruktion von k_2^c (Abb. 173 und 176). k_2^c wurde aus k_2^0 mittels Kollineation (Zentrum M, Achse e) konstruiert. k_2^0 schneidet die nach Π gedrehte Verschwindungsgerade e_v^0 von ε nicht reell, daher ist k_2^c eine Ellipse. A_2^0 und B_2^0 er-

[1] Will man die Zeichenfläche nicht überschreiten, so kann man u_1^c auch so konstruieren: man bildet weitere zwei Punkte *2*, *3* von k ab und überträgt auf den Geraden 1^c2^c und 1^c3^c nach Abb. 99 die Strecken zwischen 1^c und dem Schnittpunkt mit der anderen Asymptote e_u^c von k^c, woraus sich zwei Punkte von u_1^c ergeben; k^c kann dann nach Abb. 103 oder punktweise nach Abb. 99 konstruiert werden.

geben A_2^c und B_2^c. Da die Tangenten in A_2^0 und B_2^0 zu e parallel sind, sind auch die Tangenten in A_2^c und B_2^c zu e parallel. Da die Punkte A_2^c und B_2^c von k_2^c parallele Tangenten besitzen, sind sie Endpunkte eines Durchmessers von k_2^c und der Mittelpunkt J_2^c von k_2^c liegt in der Mitte zwischen A_2^c und B_2^c. Der zu $A_2^c B_2^c$ konjugierte Durchmesser von k_2^c ist zu den Tangenten in A_2^c und B_2^c parallel; seine Endpunkte 1^c und 2^c ergeben sich, indem man durch den auf $A_2^0 B_2^0$ gelegenen Punkt J_2^0 die Parallele zu den Tangenten in A_2^0 und B_2^0 legt; diese schneidet k_2^0 in 1^0 und 2^0, die Kollineationsstrahlen $1^0 M$ und $2^0 M$ ergeben dann 1^c und 2^c. Aus den konjugierten Durchmessern $A_2^c B_2^c$ und $1^c 2^c$ findet man die Achsen von k_2^c nach Abb. 101 *b*. Zeichenkontrolle in Abb. 176 z. B: Im Bild C_2^c des höchsten Punktes C_2 von k_2 geht die Tangente durch F.

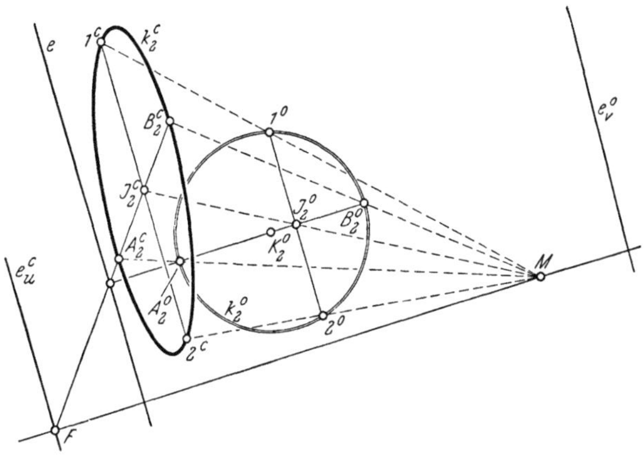

Abb. 173. Perspektive Abbildung eines Kreises auf eine Ellipse

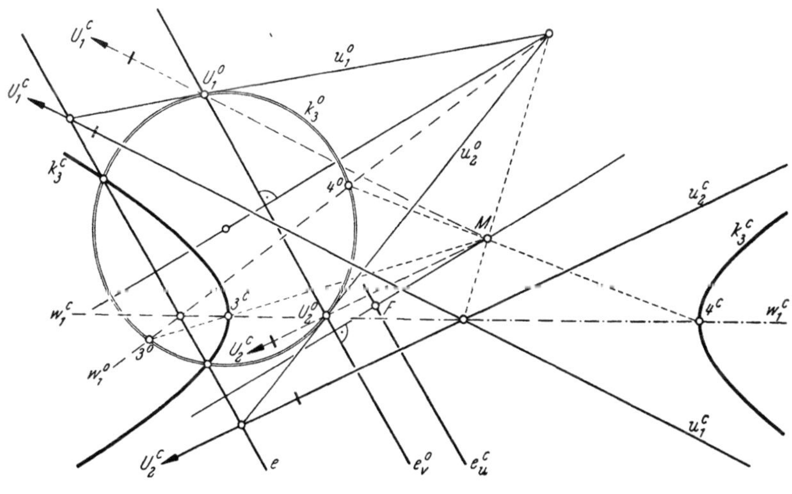

Abb. 174. Perspektive Abbildung eines Kreises auf eine Hyperbel

c) Konstruktion von k_3^c (Abb. 174 und 176). k_3 erscheint als Hyperbel k_3^c, denn k_3^0 schneidet e_v^0 in zwei reellen Punkten U_1^0, U_2^0. Oft wird die Darstellung einiger Punkte und Tangenten von k_3 genügen. Will man k_3^c genauer erhalten, so kann man die Tangenten u_1^0, u_2^0 von k_3^0 in U_1^0, U_2^0 übertragen; U_1^c ist Fernpunkt von MU_1^0, u_1^c geht parallel zu MU_1^0 durch den Schnittpunkt von u_1^0 mit e; analog für u_2. u_1^c und u_2^c sind die Asymptoten von k_3^c. Ihre Winkelsymmetralen w_1^c und w_2^c sind die Achsen von k_3^c. Die Hauptscheitel 3^c und 4^c auf w_1^c erhält man aus u_1^c, u_2^c, A_3^c nach Abb. 103 oder indem man w_1^0 mit k_3^0 schneidet und die Schnittpunkte 3^0, 4^0 zurückführt. In Abb. 176 wurde 3^0 mittels einer Waagrechten, die e in $\overline{3}$ schneidet und deren kollineares Bild $F\overline{3}$ ist, in 3^c übergeführt.

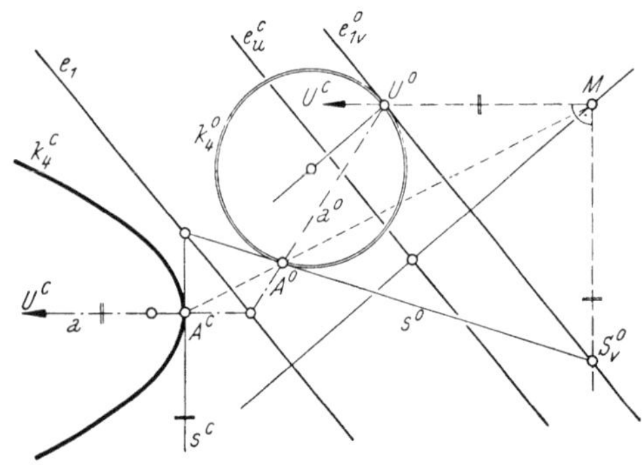

Abb. 175. Perspektive Abbildung eines Kreises auf eine Parabel

d) Konstruktion von k_4^c (Abb. 175 und 176). Ein Kegelschnitt erscheint als Parabel, wenn er die Verschwindungsebene berührt. Stellt man vom Kegelschnitt zwei Punkte und ihre Tangenten im perspektiven Bild dar, so erhält man daraus nach Abb. 102 die Bildparabel. — Man kann die Bildparabel aber auch direkt konstruieren. In Abb. 175 und 176 wurde der Kreis k_4 in der Ebene ε_1 (Bildspur e_1, Fluchtspur e_u^c) dargestellt. Die Annahme ist so getroffen, daß k_4 die Verschwindungsgerade e_{1v} von ε_1 berührt. In der Drehlage berühren sich k_4^0 und e_{1v}^0 im Punkt U^0. In der Kollineation zwischen Drehlage und perspektivem Bild geht U^0 in den Fernpunkt U^c der Parabel k_4^c über. Um den Scheitel A^c und die Scheiteltangente s^c von k_4^c zu konstruieren, wurde in M die Normale zu MU^0 gezeichnet. Aus deren Schnittpunkt S_v^0 mit e_{1v}^0 wurde die zweite Tangente s^0 an k_4^0 gelegt. s^0 und ihr Berührpunkt A^0 gehen in s^c bzw. A^c über, denn U^0 und S_v^0 gehen in die Fernpunkte der zueinander normalen Kollineationsstrahlen MU^0 und MS_v^0 über. Normal zu s^c durch A^c verläuft die Parabelachse a. Um auf ihr in Abb. 176 den Brennpunkt B von k_4^c zu finden, wurde im Parabelpunkt A_4^c die Parabelnormale und die Normale zu a gezeichnet. Beide begrenzen auf a die konstante Subnormale von k_4^c. Trägt man die Hälfte dieser Länge von A^c aus nach rechts auf, so ergibt sich B [1].

e) Abb. 176 enthält das fertige Bild des Viadukts. Es zeigt eine starke perspektive Wirkung, obwohl das Bild fast ganz innerhalb des Sehkreises s liegt.

3. In Abb. 177 ist zunächst der *waagrecht liegende Kreis* k dargestellt. Man könnte seine Ebene um ihre Bildspur nach Π drehen. In Abb. 177 wurden jedoch die Mitte K und der zu Π parallele Durchmesser AB von k dargestellt und k um AB durch 90^0 in die lotrechte Lage k^0 geklappt. Die Nebenfigur links oben zeigt diese Drehung in einem Normalriß in Richtung g. Die Drehsehnen

[1] Erscheint ein Kreis zwar als Ellipse oder Hyperbel, kommt er aber der Verschwindungsebene sehr nahe, so können die in Abb. 173, 174 und 176 für k_2 und k_3 gezeigten Konstruktionen die Zeichenfläche überschreiten. Es ist dann konstruktiv günstiger, die Lage von O und Π so abzuändern, daß der Kreis als Parabel erscheint.

besitzen den Fluchtpunkt M_Γ im Abstand *d über H* (denn der vor Π liegende Teil von Γ wurde nach oben geklappt). Der zu AB normale Durchmesser CD von k gelangt nach C^0D^0. Zwischen k^c und k^{0c} besteht perspektive Kollineation (Zentrum M_Γ, Achse A^cB^c). Da die Tangenten an k^{0c} in C^{0c} und D^{0c} zu A^cB^c parallel sind, sind auch die Tangenten von k^c in C^c und D^c zu A^cB^c parallel.

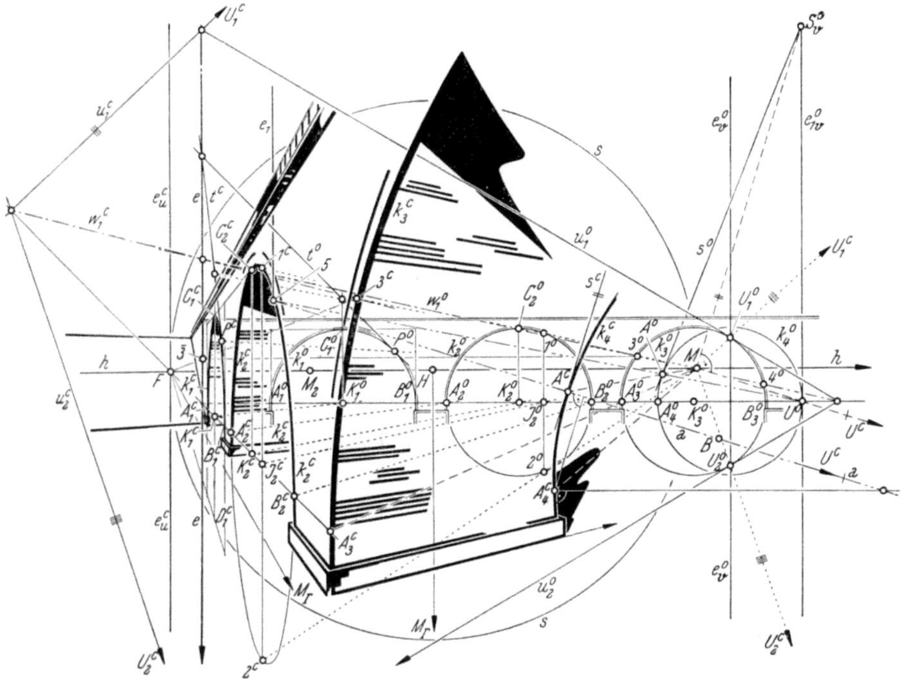

Abb. 176. Viadukt (Perspektive zu Abb. 172)

C^c und D^c sind daher Endpunkte eines Durchmessers von k^c, der Mittelpunkt J^c von k^c liegt mitten zwischen C^c und D^c; der zu C^cD^c konjugierte Durchmesser von k^c ist zu A^cB^c parallel. Seine Endpunkte 1^c und 2^c ergeben sich, indem man durch J^{oc} die entsprechende Gerade legt und mit k^{oc} in 1^{oc} und 2^{oc} schneidet. Aus den konjugierten Durchmessern C^cD^c und 1^c2^c findet man nach Abb. 101 *b* die Achsen der Ellipse k^c. — Daß k^c eine Ellipse ist, ergibt sich hier schon aus der Konstruktion, ohne daß man die Verschwindungsgerade der Ebene von k aufsuchen muß. Wächst der Radius von k, bis C^c ein Fernpunkt ist, so wird k^c eine Parabel. Ist der Radius von k noch größer, so ist k^c eine Hyperbel.

In gleicher Weise wurde k_1^c in Abb. 177 konstruiert. Die Kreise k_1 und k_2 sind ebene Schnitte eines Drehzylinders und daher untereinander affin (hier speziell kongruent). Die Affinitätsstrahlen (Zylindererzeugenden) erscheinen als Parallelen, daher sind auch k_1^c und k_2^c perspektiv affin; die Affinitätsachse ist das Bild der Schnittgeraden der Ebenen von k_1 und k_2, nämlich h. Durch diese Affinität erhält man aus konjugierten Durchmessern von k_1^c konjugierte Durchmesser von k_2^c (Konstruktion gestrichelt). Die übrige Konstruktion in Abb. 177 ist freie Perspektive.

4. Auch die *Konstruktion des Umrisses einer Kugel* $\varkappa$ gehört hieher (Abb. 178). Von $\varkappa$ seien die Mitte K (durch K^c und K'^c, nach dem Aufbauverfahren aus K'^0 und der Höhe von K über Γ konstruiert) und der Radius r gegeben. O liege außerhalb $\varkappa$. Der Tangentialkegel aus O an $\varkappa$ ist ein Drehkegel, der $\varkappa$ längs des „wahren Umrißkreises" k berührt. Dessen Bild k^c ist der „scheinbare Umriß" von $\varkappa$. Um k^c zu konstruieren, werde der Seitenriß auf die Ebene KOH um deren Bildspur $\Pi''' = K^cH$

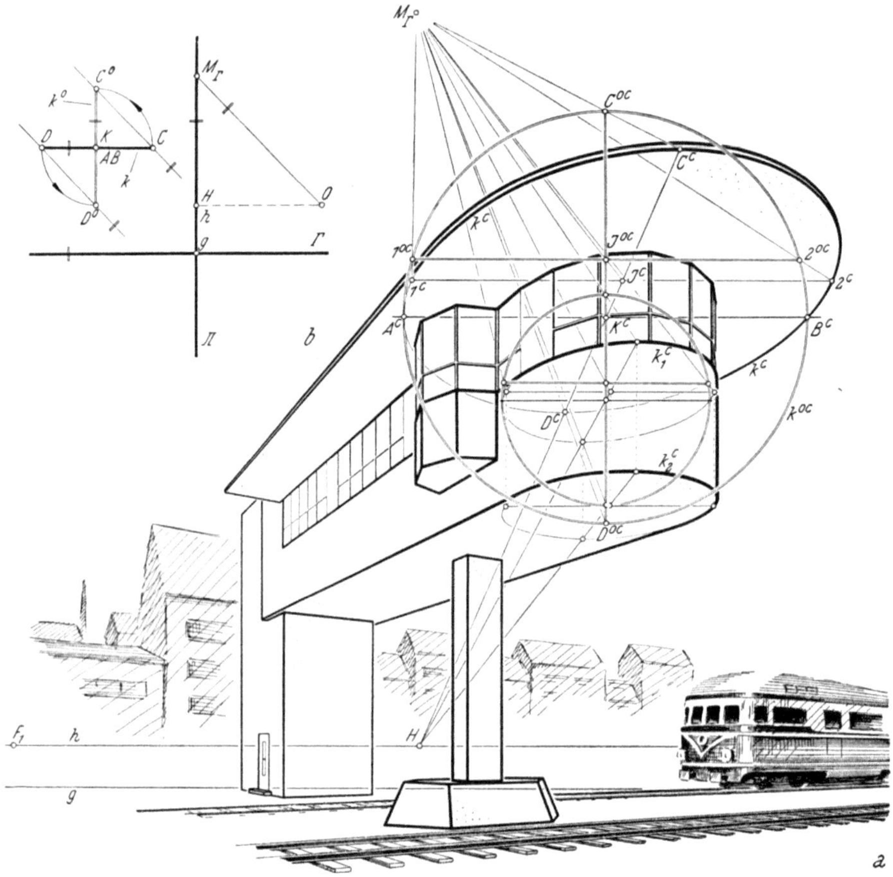

Abb. 177. Reiterstellwerk. a) Perspektive, b) Kreuzriß

nach Π geklappt. $O'''H$ steht auf Π''' normal und hat die Länge d (in Abb. 178 wurde O''' in Richtung $O'''H$ verschoben). $K'''\Pi'''$ ist die mittels M_Γ konstruierte Entfernung des Punktes K von Π (Distanzpfeile!). $\varkappa$ erscheint im Seitenriß als Kreis $(K'''; r)$. Die Tangenten aus O''' an diesen Kreis begrenzen auf Π''' die Hauptachse $I\,II$ von k^c. Die Endpunkte 1, 2 des zu Π normalen Durchmessers von $\varkappa$ bilden sich als Brennpunkte 1^c und 2^c von k^c ab[1]. — k^c ist in Abb. 178

[1] Vgl. Abb. 83, 84, 85; in Abb. 84 ist dies eingetragen. Man betrachte dort S als Zentrum, ε als Bildebene der Perspektive, $\varkappa_P$ als die abzubildende Kugel. Die Streckung aus S, die $\varkappa_1$ in $\varkappa_P$ überführt, führt die Gerade FM_1E_0 in die Gerade $1M_PP_0$ über. Da $FE_0 \perp \varepsilon$, ist auch $1P_0 \perp \varepsilon$. — Läge K''' in Abb. 178 nicht mehr auf dem Zeichenblatt, so könnte man $O'''K'''$ und r zentrisch aus O''' (z. B. auf die Hälfte) verkleinern und erhielte eine neue Kugel mit demselben scheinbaren Umriß wie $\varkappa$.

eine Ellipse. Wächst r, bis Π_v von $\varkappa$ berührt wird, so wird k^c eine Parabel; wenn r weiter wächst, aber O noch außerhalb $\varkappa$ liegt, ist k^c eine Hyperbel. Wenn $\varkappa$ durch O geht, ist k^c die doppeltgezählte Bildspur der Tangentialebene von $\varkappa$ in O. Liegt O innerhalb $\varkappa$ (z. B. O im Innern einer kugelförmigen Kuppel $\varkappa$), so existiert kein reeller Umriß k^c.

Liegt K auf OH, so dient als Seitenrißebene KOH irgend eine durch OH gehende Ebene. k^c ist hier ein Kreis um H, solange O außerhalb $\varkappa$ liegt. Geht $\varkappa$ durch O, so ergibt sich die in 58. behandelte stereographische Projektion von $\varkappa$ auf Π.

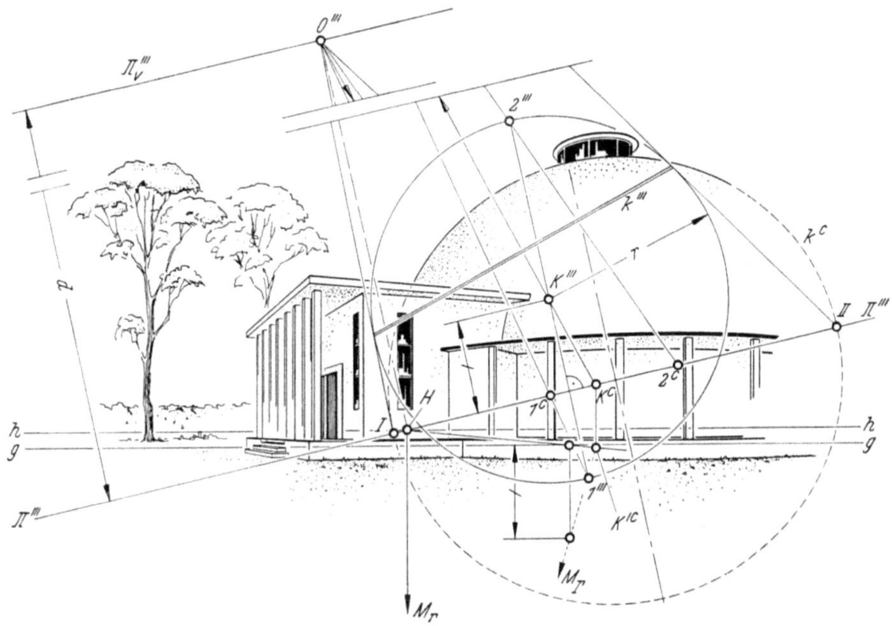

Abb. 178. Darstellung der Kugel (Zeiß-Planetarium Jena)

Beispiele:

117. Stelle einen Kreis k in einer lotrechten Ebene ε perspektiv dar, indem ε nicht wie in Abb. 176 um e nach Π, sondern um den zu Π parallelen (lotrechten) Durchmesser in die zu Π parallele Lage gedreht wird (analog k in Abb. 177)!

118. Stelle einen elliptischen Mauerbogen mit Fugenteilung perspektiv dar (analog Abb. 176)!

119. Zwei ebene Schnitte k_1 und k_2 eines Kegels oder Zylinders 2. Ordnung mit der Spitze S sind perspektiv kollinear bzw. affin (Zentrum S, Achse = Schnittgerade s der Ebenen von k_1 und k_2). Im perspektiven Bild sind k_1^c und k_2^c im allgemeinen perspektiv kollinear (S^c Zentrum, s^c Achse). Diese Beziehung wird zu einer perspektiven Affinität, wenn S^c ein Fernpunkt ist. Suche praktische Fälle, wo dies die Konstruktion vereinfacht (z. B. Abb. 177)! Die Beziehung ist eine zentrische Ähnlichkeit, wenn s^c die Ferngerade von Π ist, d. h. wenn s in Π_v liegt. Die Beziehung wird eine Parallelverschiebung, wenn überdies S^c ein Fernpunkt ist.

120. Zeichne einen Blick von einer Bühne in einen Zuschauerraum, dessen Grundriß aus Kreisbögen zusammengesetzt ist! Die Sitzreihen sollen schwach kreisbogenförmig gekrümmt verlaufen.

121. Zeichne einen Blick in ein Stadion (Grundriß elliptisch oder korbbogenartig aus Kreisen zusammengesetzt)!

122. Stelle einen eigenen Entwurf, in dem Kreise oder andere Kurven auftreten, perspektiv dar (z. B. Geschäftseingang an einer abgerundeten Straßenecke, Kiosk, Tankstelle)!

123. Stelle eine Hängebrücke perspektiv dar! Die Seilkurven seien durch Parabeln angenähert.

124. Stelle den Umriß einer großen halbkugelförmigen Kuppel dar, die seitlich noch in den Sehkegel hereinragt und die Verschwindungsebene schneidet oder berührt!

125. Stelle eine böhmische Kappe (Abb. 76) oder eine byzantinische Kuppel (Abb. 77) perspektiv dar!

126. *Kimm.* Faßt man in Abb. 85 S als Auge und ε als Bildebene einer Perspektive und $\varkappa_1$ als Erdkugel auf, so nennt man den Kreis k_1 die Kimm. Betrachtet man die Meeresfläche aus einem erhöhten Standpunkt S, so ist die Kimm die Sichtbarkeitsgrenze (der wahre Umriß) der Erdkugel, wenn man von der Refraktion absieht. Im Photo aus S auf ε erscheint k_1 als der untere Ast der Hyperbel k in Abb. 85. Ist $r = 6375$ km der Erdradius, hat S die Meereshöhe $h = 3300$ m (z. B. Ätna) und ist die Bilddistanz $d = 25$ cm, so liegt der eine Scheitel von k im Abstand $a = d\sqrt{h(2r+h)}/r$ $= 0{,}8$ cm unter dem Horizont und die durch den Hauptpunkt gehenden Asymptoten von k schließen mit dem Horizont den Winkel $\alpha = \operatorname{arctg} a/d = 1^0 50'$ ein. Beweise das! — Der Horizont ist eine Gerade, die immer etwas über dem Bild der Kimm liegt. Dies zeigt, daß die Grundgesetze der Perspektive nicht (wie manche Künstler glauben) aus der Erfahrung gewonnen werden können, sondern geometrischer Natur sind.

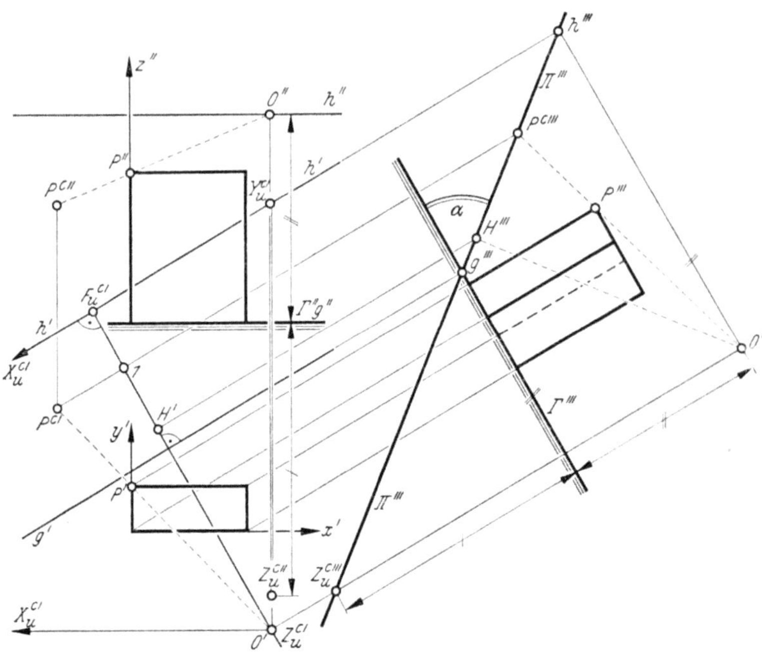

Abb. 179. Perspektive bei geneigter Bildebene

51. Perspektive bei geneigter Bildebene. Bisher wurde die Bildebene Π lotrecht angenommen. Beim Photographieren eines hohen Bauwerks von unten oder einer größeren Gebäudeanlage von oben kann es notwendig werden, die optische Achse (den Hauptsehstrahl) nach oben bzw. unten zu neigen. Auch bei einer konstruierten Perspektive wird man in solchen Fällen den Hauptsehstrahl geneigt annehmen, denn sonst erhielte man ein unnatürliches Bild. Überdies wird sich zeigen, daß man durch Neigen der Bildebene wertvolle Bildwirkungen erzielen kann.

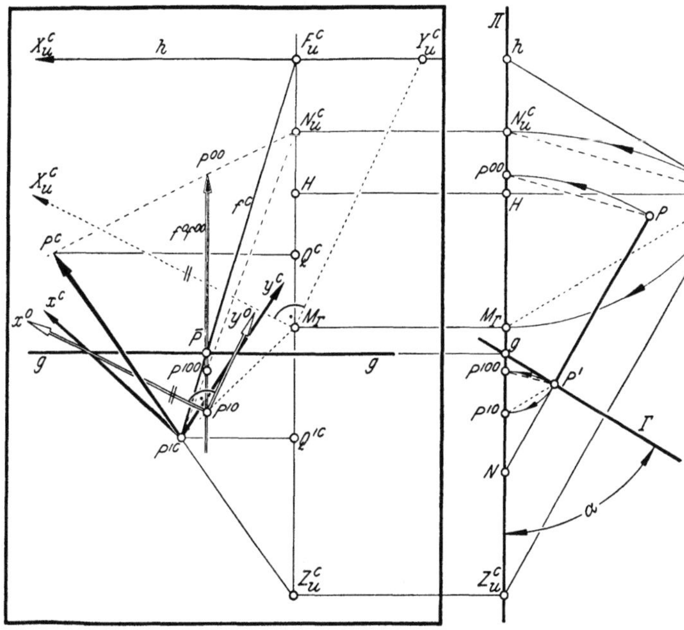

Abb. 180. Aufbauverfahren bei geneigter Bildebene

Die *Bildebene* Π schließe mit der waagrechten Grundebene Γ den Winkel $\alpha \neq 90^0$ ein. Dann erscheinen die lotrechten Höhen nicht mehr als Parallelen, sondern ihre Bilder gehen durch einen im Endlichen gelegenen Fluchtpunkt. — Abb. 179 zeigt Grund- und Aufriß eines auf Γ ruhenden Bauwerks, dazu O und Π und die *Grundlinie* $g = (\Pi\Gamma)$. Die Horizontalneigung α von Π zeigt sich im Seitenriß auf eine zu g normale Ebene. Die Fluchtpunkte aller waagrechten Geraden liegen wie immer auf dem *Horizont* h; h ist die Schnittgerade von Π mit der waagrechten Ebene durch O. Die zu x parallelen Kanten haben den Fluchtpunkt X_u^c auf h, die y-Parallelen den Fluchtpunkt Y_u^c auf h. Die zu g normalen Geraden f in Γ nennen wir *Fallgeraden*; ihr Fluchtpunkt ist F_u^c auf h. Der *Hauptpunkt* H ist Fußpunkt der Normalen aus O auf Π; er ist Fluchtpunkt der zu Π normalen Geraden. *Der lotrechte Sehstrahl schneidet* Π *im Fluchtpunkt* Z_u^c *der lotrechten Geraden.* Die Geraden von O nach X_u^c, Y_u^c, Z_u^c sind paarweise normal, H ist Normalriß von O auf Π, daher ist H der Höhenschnittpunkt des „*Fluchtdreiecks*“ $X_u^c Y_u^c Z_u^c$. Nach dem Durchschnittverfahren wurde in Abb. 179 P abgebildet; $O'''P'''$ schneidet Π''' in $P^{c'''}$, der Seitenrißordner durch $P^{c'''}$ schneidet $O'P'$ in $P^{c'}$. Nun ließe sich das perspektive Bild in wahrer Größe zeichnen: P^c liegt um die Strecke $h'''P^{c'''}$ unterhalb h, um die Strecke $1P^{c'}$ links von $F_u^c Z_u^c$. Aber dieses Verfahren ist sehr ungünstig, wenn bei einem Bauwerk zahlreiche Punkte abzubilden sind.

Viel besser eignet sich das *Aufbauverfahren*. Abb. 180 zeigt links das perspektive Bild, rechts zur Erläuterung einen Kreuzriß (Normalriß in Richtung von g).

In Wirklichkeit ist Γ waagrecht und Π geneigt, in Abb. 180 wurde Π jedoch lotrecht gestellt und Γ unter dem Winkel α gegen Π gezeichnet. Im Kreuzriß wurden h, H, Z_u^c konstruiert. $d = OH$ erscheint dort in wahrer Länge. Zu jedem Raumpunkt P gehört ein Grundriß P' in Γ. P wird in zwei Schritten abgebildet:

a) Konstruktion des perspektiven Grundrisses P'^c. Dreht man Γ um g nach Π, so daß die Oberseite von Γ in die Vorderseite von Π gelangt, so wird P' nach P'^0 gedreht. Der Fluchtpunkt M_Γ der Drehsehnen $P'P'^0$ ergibt sich wie in 43. durch Drehung von O um h nach Π. M_Γ heißt Meßpunkt von Γ. Im perspektiven Bild Abb. 180 links ergibt sich P'^c aus P'^0 mittels der Fallgeraden f durch P'; f^0 steht zu g normal und geht durch P'^0; durch F_u^c und den Schnittpunkt $\overline{P} \doteq (f^0 g)$ geht f^c. Das Bild $M_\Gamma P'^0$ der Drehsehne schneidet f^c in P'^c. Zwischen dem umgelegten und dem perspektiven Grundriß besteht perspektive Kollineation (Zentrum M_Γ, Kollineationsstrahlen = Bilder der Drehsehnen, Kollineationsachse g).

b) Auftragen der Höhe $P'P$. $P'P$ schneide Π in N. Durch Drehung um die zu g parallele Gerade durch N gelange P' nach P'^{00} und P nach P^{00} in Π. Die Drehsehnen $P'P'^{00}$ und PP^{00} sind für alle Punkte P parallel, ihr gemeinsamer Fluchtpunkt N_u^c ergibt sich durch Drehung von O um Z_u^c nach Π. Im perspektiven Bild Abb. 180 links ergibt sich P'^{00} im Schnitt von $f^0 = f^{00}$ mit $P'^c N_u^c$ (= Bild der Drehsehne $P'P'^{00}$). Trägt man die Höhe $P'P$ auf f^{00} von P'^{00} bis P^{00} auf, so ist P^c der Schnitt von $P'^c Z_u^c$ (= Bild von $P'P$) mit $P^{00}N_u^c$ (= Bild der Drehsehne PP^{00}). — Für einen Punkt Q der Ebene OHZ_u^c versagt die Konstruktion. Praktisch versagt sie schon, wenn Q dieser Ebene nahe liegt. Man kann dann Q in Richtung g verschieben. Kommt dabei Q nach P, so stelle man P dar und verschiebe P'^c und P^c zurück (Abb. 180). — P'^0 ist als Ecke eines Gebäudegrundrisses mit den Kanten x und y angedeutet; die Fluchtpunkte X_u^c, Y_u^c auf h liegen auf den zu x^0 bzw. y^0 parallelen Geraden durch M_Γ.

Nach diesem Verfahren wurde Abb. 181 konstruiert (rechts oben zehnfach verkleinerte Skizze der Annahme). Gerade hier ist das Aufbauverfahren vorteilhaft, denn es treten nicht weniger als zwölf Fluchtpunkte auf h auf, von denen einige unzugänglich sind.

Zu einem anderen Verfahren, das als eine Verallgemeinerung des Einschneideverfahrens der Axonometrie aufgefaßt werden kann, gelangt man auf folgende Weise.

Das Bauwerk werde auf ein Achsenkreuz $Uxyz$ bezogen. Vom perspektiven Bild (Abb. 182) seien U^c und die Fluchtpunkte X_u^c, Y_u^c, Z_u^c der Koordinatenachsen angenommen, ferner die Schnittpunkte X, Y, Z der Koordinatenachsen mit Π. Dabei müssen die Seiten des Dreiecks XYZ parallel zu den entsprechenden Seiten des Dreiecks $X_u^c Y_u^c Z_u^c$ sein, denn $e_1 = YZ$ ist die Bildspur und $e_{1u}^c = Y_u^c Z_u^c$ ist die Fluchtspur der $[yz]$-Ebene und daher ist e_1 zu e_{1u}^c parallel; analog sind $e_2 = ZX$ und $e_{2u}^c = Z_u^c X_u^c$ parallel, ebenso sind $e_3 = XY$ und $e_{3u}^c = X_u^c Y_u^c$ parallel; — Die Lage von O ist noch nicht bekannt, aber wir wissen, daß X_u^c, Y_u^c, Z_u^c entstehen, indem man durch O Parallelen zu den Koordinatenachsen legt und mit Π schneidet; andrerseits ist H Normalriß von O auf Π. Daraus folgt (so wie in Abb. 120 für den dort enthaltenen Punkt U^n), daß H der Höhenschnittpunkt des Dreiecks $X_u^c Y_u^c Z_u^c$ ist. Aus Abb. 179 folgt dann, daß die Fußpunkte $F_{1u}^c, F_{2u}^c, F_{3u}^c$ der Höhen des Dreiecks $X_u^c Y_u^c Z_u^c$ die Fluchtpunkte der in den Koordinatenebenen liegenden Fallgeraden sind. Mittels des Kreises über einer Höhe, z. B. über $Z_u^c F_{3u}^c$ folgt dann (wie in Abb. 120 für den dort enthaltenen Punkt (U)) die umgelegte Lage (O) von O und auch die Bilddistanz $d = H(O)$.

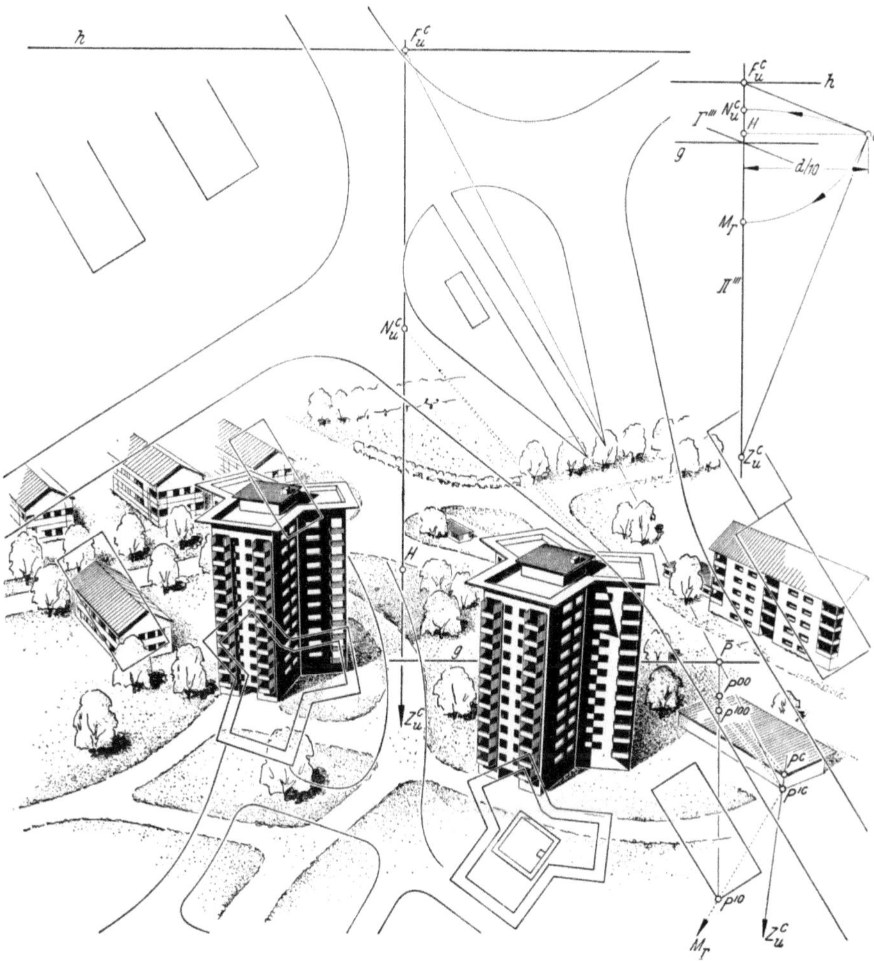

Abb. 181. Aufbauverfahren bei geneigter Bildebene (Hochhäuser in Zürich)

Wir denken uns nun die $[xy]$-Ebene um ihre Bildspur e_3 in die Bildebene Π hereingedreht. Der Fluchtpunkt der Drehsehnen heiße M_{xy}; er liegt auf HZ_u^c und ergibt sich (analog M_Γ in Abb. 180) durch Drehung von O um e_3. Nun kann der Grundriß eines Bauwerks in der Drehlage auf Π befestigt werden und man kann zu jedem Punkt P'^0 des hereingedrehten Grundrisses den perspektiven Grundriß P'^c wie in Abb. 180 konstruieren. P^c liegt dann irgendwo auf $P'^c Z_u^c$. Anstatt nun die Höhe von P aufzutragen, kann man die für die $[xy]$-Ebene durchgeführte Drehung nach Π auch für die $[yz]$-Ebene und auch für die $[zx]$-Ebene durchführen, wobei analog zu konstruierende Meßpunkte M_{yz} (auf HX_u^c) und M_{zx} (auf HY_u^c) verwendet werden. Man erhält so durch Drehung der $[zx]$-

Ebene den hereingedrehten Aufriß P''^0 und daraus den perspektiven Aufriß P''^c von P, durch Drehung der $[yz]$-Ebene den hereingedrehten Kreuzriß P'''^0 und daraus den perspektiven Kreuzriß P'''^c von P. Im Schnitt der „Einschneidestrahlen" $P'^cZ_u^c$, $P''^cY_u^c$ und $P'''^cX_u^c$ ergibt sich dann das perspektive Bild P^c von P.

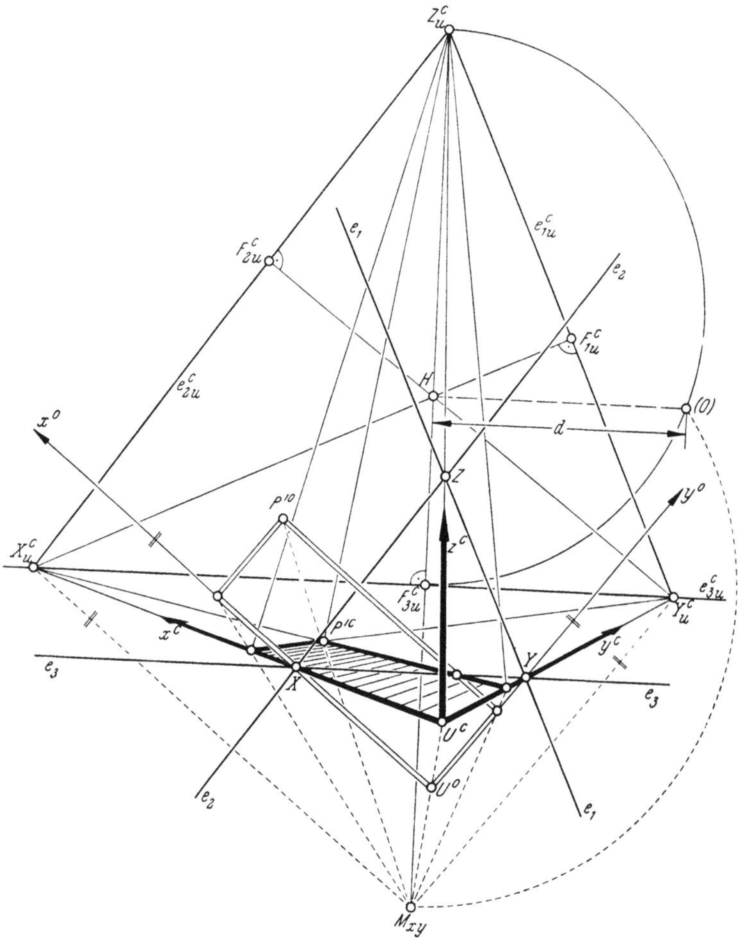

Abb. 182. „Einschneideverfahren" für Perspektive bei geneigter Bildebene

Offenbar genügen zwei dieser drei Einschneidestrahlen und daher auch zwei der drei Punkte P'^c, P''^c, P'''^c, um P^c zu konstruieren. — Nach diesem Verfahren wurde in Abb. 183 aus Auf- und Kreuzriß das perspektive Bild konstruiert. Vom Kreis k wurde das perspektive Bild k^c mit denselben Konstruktionslinien wie in Abb. 173 und 176 gezeichnet.

Die Abb. 181, 183 zeigen, daß eine Perspektive mit nach hinten oder vorn geneigter Bildebene (Z_u^c unten bzw. oben) lebendiger wirkt als eine Vogelperspektive bzw. Froschperspektive mit lotrechter Bildebene. Abb. 181 wirkt auch übersichtlicher als eine Vogelperspektive, weil hier der perspektive Grundriß etwas weniger verzerrt und etwas größer ist und die Höhen etwas kürzer erscheinen. Die Abb. 181, 183 wirken auch natürlicher, weil wir gewohnt sind, beim Blick von oben die Blickrichtung nach unten und beim Blick von unten die

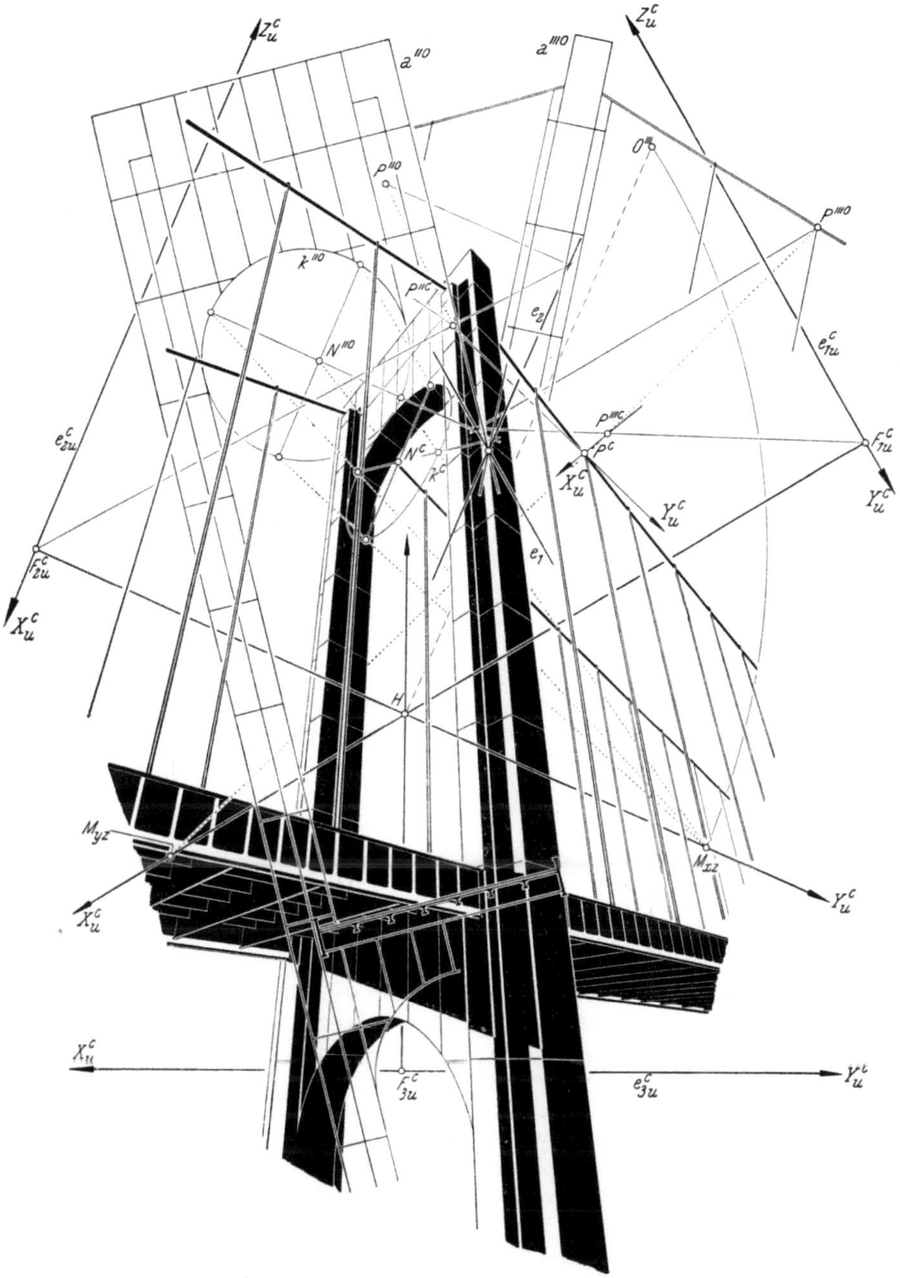

Abb. 183. „Einschneideverfahren" (Pylon der Bronx-Whitestone Bridge, New York)

Blickrichtung nach oben zu wenden; tief unten liegende Fenster in Abb. 181, weit oben liegende Teile in Abb. 183 sehen wir daher wirklich kleiner. Noch lebendiger wirken solche Bilder, wenn ihr Sehkegel einen etwas größeren Achsenwinkel hat als den bei lotrechter Bildebene empfohlenen Winkel von 30^0. Die Bildwirkung ist besonders gut, wenn das Bild nicht waagrecht liegt oder lotrecht hängt, sondern sich in der richtigen schrägen Lage befindet und aus dem richtigen Punkt O einäugig betrachtet wird. Ist dies nicht möglich, so sollte wenigstens ein Bild wie Abb. 181 tief gehängt werden, ein Bild wie Abb. 183 hingegen hoch.

Bei einem Bauwerk mit einer reichgegliederten Hauptfront (z. B. Kirchenfassade) wirkt eine Perspektive mit geneigter Bildebene sehr gut, wenn die Bildebene zu den waagrechten Geraden der Hauptfront parallel ist ($X_u^c =$ Fernpunkt von h, $Y_u^c = F_u^c$).

Beispiel:

127. Stelle einen Uhrturm oder ein anderes Bauwerk bei geneigter Bildebene dar!

52. Umzeichnen von Perspektiven bei lotrechter Bildebene[1]. *Die bisherigen Konstruktionen erhalten eine gemeinsame Grundlage und man gewinnt überdies neue günstige Konstruktionen, wenn man die Punkte des Raumes aus zwei verschiedenen Augen O und O_1 auf eine Bildebene Π abbildet.* Π stehe zunächst lotrecht. P, P' mögen für das Auge O die Bilder P^c, P'^c, für O_1 die Bilder P^z, P'^z haben.

Abb. 184 zeigt links die perspektiven Bilder mit den Hauptpunkten H, H_1, den Horizonten h, h_1 und den Meßpunkten M_Γ, $M_{1\Gamma}$ von Γ, rechts eine Ansicht in Richtung g, die man als Kreuzriß auffassen kann. Der Schnittpunkt $O_1^c = O^z$ der Geraden OO_1 mit Π heiße *Kernpunkt.* Jede Gerade in Π durch $O_1^c O^z$ heiße ein *Kernstrahl.* Die Ebene POO_1 enthält P^c und P^z. Sie schneidet Π nach einem Kernstrahl, *daher liegen P^c und P^z auf einem Kernstrahl. Ebenso liegen P'^c und P'^z auf einem Kernstrahl* (ausgeschnitten von der Ebene $P'OO_1$). — Ist P der Fernpunkt der zu Π normalen Geraden oder der Fernpunkt der Drehsehnen OM_Γ und $O_1M_{1\Gamma}$, so folgt: H und H_1 liegen auf einem Kernstrahl, ebenso M_Γ und $M_{1\Gamma}$. Sind H, H_1, d, d_1 und g gegeben, so sind h und h_1 parallel zu g und gehen durch H bzw. H_1. Den Kernpunkt findet man ohne Kreuzriß im Schnitt von HH_1 mit $M_\Gamma M_{1\Gamma}$.

P sei durch P^c und P'^c gegeben. Um P^z und P'^z ohne Benutzung des Kreuzrisses zu finden, lege man in Γ durch P' die zu g normale Fallgerade f. f^c geht durch H und P'^c, f^z durch H_1 und den auf g gelegenen Bildspurpunkt $\overline{P}$ von f. Der Kernstrahl durch P'^c schneidet f^z in P'^z. P^z ist der Schnittpunkt des Kernstrahls durch P^c mit der zu g normalen Geraden durch P'^z. Treten schleifende Schnitte auf, so kann man statt f auch eine Gerade anderer Richtung in Γ verwenden (gestrichelt in Abb. 184, die Fluchtpunkte F und F_1 der gewählten Richtung liegen auf einem Kernstrahl). *Der perspektive Grundriß erfährt eine perspektive Kollineation $P'^c \rightarrow P'^z$* (Achse g, Zentrum $O_1^c O^z$, H und H_1 sind ein Punktepaar). Auch die Bilder der Punkte P einer beliebigen Ebene ε, die weder O noch O_1 enthält, stehen in perspektiver Kollineation $P^c \rightarrow P^z$ (Zentrum $=$ Kernpunkt, Achse $=$ Bildspur von ε). Ist ε die Fernebene, so ist diese Kollineation die Streckung aus $O_1^c O^z$, die H in H_1 überführt. *Einige Sonderfälle:*

a) *Änderung der Aughöhe* (Abb. 185). Aus P'^c folgt P'^z wie in Abb. 184. P^z folgt aus $P'^z P^z = P'^c P^c$.

[1] F. Hohenberg, El. d. Math. **10** (1955), 57—61. Diesem Aufsatz entstammen Abb. 184—193. Die Druckstöcke wurden vom Birkhäuser-Verlag zur Verfügung gestellt.

b) *Änderung der Distanz* (Abb. 186). Kernpunkt $H = H_1$, Meßpunkte M, M_1 ($HM = d$, $H_1M_1 = d_1$). Außerdem wurde der Aufriß P'' von P auf Π konstruiert.

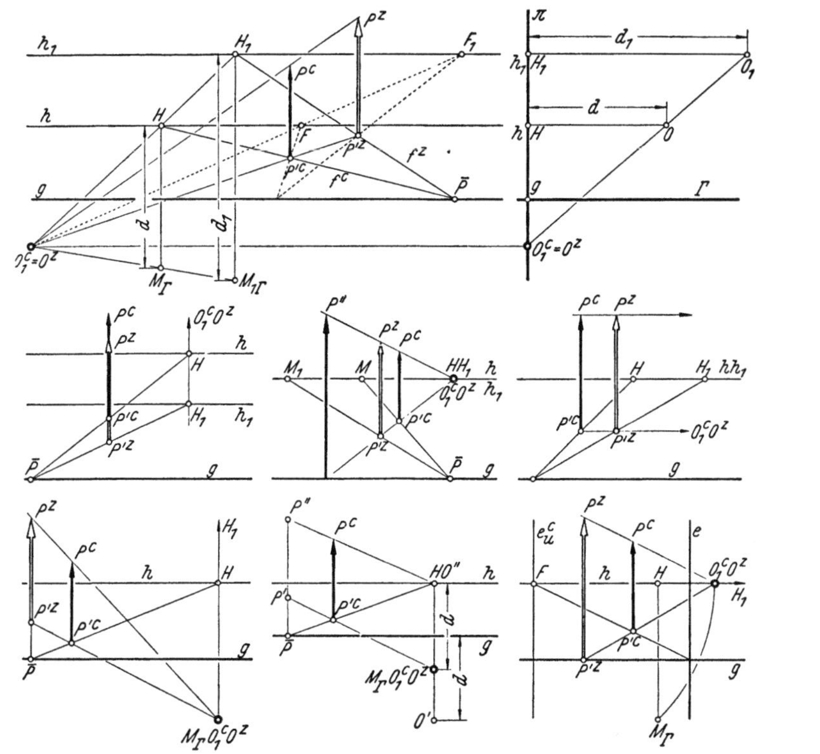

Erste Reihe: Abb. 184. Umzeichnen bei lotrechter Bildebene
Zweite Reihe, von links nach rechts: Abb. 185. Änderung der Aughöhe. — Abb. 186. Änderung der Distanz. — Abb. 187. Stereoskopische Bilder
Dritte Reihe, von links nach rechts: Abb. 188. Perspektive — Militärperspektive. — Abb. 189. Perspektive — Grund- und Aufriß. — Abb. 190. Freie Perspektive

c) *Stereoskopbilder, Anaglyphen usw.* sind Paare von perspektiven Bildern, deren Augen O, O_1 in gleicher Höhe über Γ und in gleicher Distanz vor Π liegen (Abb. 187). Kernpunkt ist der Fernpunkt von $h = h_1$.

d) *Herstellung eines perspektiven Bildes aus einer Militärperspektive* (Abb. 188). O_1 sei der Fernpunkt der Drehsehnen, die bei der Drehung von O um h nach M_Γ bzw. von Γ um g nach Π auftreten. Hier ist der perspektive Grundriß (P'^z) mit dem gewöhnlichen Grundriß gleichsinnig kongruent. Die Höhen erscheinen in wahrer Größe. Daher ist das perspektive Bild (P^z) eine Militärperspektive. Umgekehrt kann man nach Abb. 188 zuerst die Militärperspektive zeichnen und daraus das perspektive Bild konstruieren. Nur wenige Punkte müssen so übertragen werden, für die meisten genügt das Ziehen von Kernstrahlen, z. B. wenn mehrere Punkte einer Geraden darzustellen sind und zwei ihrer Punkte schon übertragen sind.

e) *Herstellung eines perspektiven Bildes aus Grund- und Aufriß* oder umgekehrt (Abb. 189). O sei das Auge der Perspektive, O_1 der Fernpunkt der Drehsehnen, die zur Drehung von Γ nach Π gehören. Nach b) und d) kann man von P^c und P'^c zum gewöhnlichen Grundriß P' auf Γ und zum Aufriß P'' auf Γ übergehen. Umgekehrt ergibt sich so aus Grund- und Aufriß das perspektive Bild.

f) *Freie Perspektive* (Abb. 190). Ist ε eine lotrechte Ebene (Fluchtspur $e_u^c \perp h$, $F = (e_u^c h)$ = Fluchtpunkt der waagrechten Geraden in ε und $\|\varepsilon$), so wähle man O_1 als Fernpunkt der Drehsehnen, die ε in Π überführen. Dann ist $O_1^c O^z$ auf h Meßpunkt von ε, H_1 Fernpunkt von g, daher $f^z = g$.

Beispiel:

128. Wende eine dieser Konstruktionen auf ein Bild eines einfachen Bauwerks an!

53. Umzeichnen von Perspektiven bei geneigter Bildebene[1]. In Abb. 191 seien die perspektiven Bilder durch die Hauptpunkte H, H_1, die Distanzen d, d_1, die Grundlinie g und die Neigung α von Π gegen Γ bestimmt. Rechts wurden im Kreuzriß die Horizonte h, h_1, die Fluchtpunkte F_u^c, F_u^z der Fallgeraden, die Fluchtpunkte Z_u^c, Z_u^z der Lotrechten und der *Kernpunkt* $O_1^c = O^z$ konstruiert. Die Ebenen OO_1P und OO_1P' schneiden Π in Kernstrahlen. *Daher liegen P^c und P^z auf einem Kernstrahl, ebenso P'^c und P'^z.* Auch $F_u^c F_u^z$, $Z_u^c Z_u^z$ und HH_1 sind Kernstrahlen.

P sei durch P^c und P'^c gegeben, wobei $P'^c P^c$ durch Z_u^c geht. Um P^z und P'^z ohne Benutzung des Kreuzrisses zu ermitteln, lege man in Γ durch P' die zu g normale Fallgerade f. $f^c = F_u^c P'^c$ schneidet g in $\overline{P}$, f^z geht durch F_u^z und $\overline{P}$. Der Kernstrahl durch P'^c schneidet f^z in P'^z. P^z ist der Schnittpunkt von $P'^z Z_u^z$ mit dem Kernstrahl durch P^c. Einige Sonderfälle:

a) *Stereoskopbilder, Anaglyphen usw. bei geneigter Bildebene.* Hier ist $OO_1 \| g$; $O_1^c = O^z$ ist der Fernpunkt von g.

b) *Herstellung einer Perspektive aus einem normalaxonometrischen Bild* (Abb. 192). Ist O_1 der Fernpunkt der zu Π normalen Geraden, so ist das Bild aus O_1 der Normalriß auf Π. Es ist $O_1^c = O^z = H$. Z_u^z und F_u^z fallen in den Fernpunkt $\perp h$. Um den Normalriß als normalaxonometrisches Bild zu konstruieren, nehme man einen Ursprung U bzw. sein Bild U^c an (in Abb. 192 ist U in Γ gewählt), ferner drei Achsenrichtungen bzw. ihre Fluchtpunkte (in Abb. 192 sei die eine Achsenrichtung lotrecht, ihr Fluchtpunkt daher Z_u^c; X_u^c kann auf h gewählt werden, Y_u^c liegt im Schnitt von h mit der Geraden, die normal zu $X_u^c Z_u^c$ durch H läuft). Die Fallgerade f durch U liefert U^z. Die Achsenbilder x^z, y^z und z^z laufen parallel zu den Kernstrahlen durch X_u^c bzw. Y_u^c bzw. Z_u^c. z^z ist normal zu h. Probe: $x^c = U^c X_u^c$ schneidet x^z in einem Punkt X auf g, ebenso liegt $Y = y^c y^z$ auf g. z^c und z^z schneiden sich im Bildspurpunkt Z der z-Achse. U^z ist Höhenschnittpunkt von XYZ. Das Dreieck XYZ ist zum Dreieck $X_u^c Y_u^c Z_u^c$ zentrisch ähnlich. Ähnlichkeitszentrum ist U^c. Der Maßstab des normalaxonometrischen Bildes ist durch den Maßstab, in dem d aufgetragen wurde, gegeben. — Sind P^z und P'^z gegeben, so findet man P^c und P'^c in Abb. 192 wie früher durch Umzeichnen. Treten schleifende Schnitte auf, so verwende man statt der Fallgeraden durch P' eine andere waagrechte Gerade, z. B. in Abb. 192 die y-Parallele.

c) *Herstellung einer Perspektive aus einer dimetrischen Militärperspektive* (Abb. 193). O_1 sei Fernpunkt der Drehsehnen, die zur Drehung von Γ um g nach Π gehören. Kernpunkt ist dann der Meßpunkt M_Γ von Γ. Das Bild aus O_1

[1] F. Hohenberg, El. d. Math. **10** (1955), 57–61.

ist eine Militärperspektive mit eigenem z-Maßstab. In Γ liege ein Achsenkreuz Uxy, gegeben durch $U^c X^c_u Y^c_u$, wobei H Höhenschnittpunkt des Dreiecks $X^c_u Y^c_u Z^c_u$ ist. Mittels der Fallgeraden f durch U bestimmen wir U^z. x^z, y^z, z^z gehen durch U^z und sind parallel zu den Kernstrahlen durch X^c_u bzw. Y^c_u bzw. Z^c_u. Probe: $X = x^c x^z$ und $Y = y^c y^z$ liegen auf g. — Nun trage man im Kreuzriß die Einheitsstrecke e auf z von U bis C auf. Der Kreuzrißordner durch den Schnittpunkt von OC mit Π schneidet z^c in C^c. Der Kernstrahl durch C^c schneidet z^z in C^z. Aus dem axonometrischen Bild (Einheitsstrecke e auf x^z und y^z, $U^z C^z$ auf z^z) folgt durch Umzeichnen das perspektive Bild (z. B. P in Abb. 193).

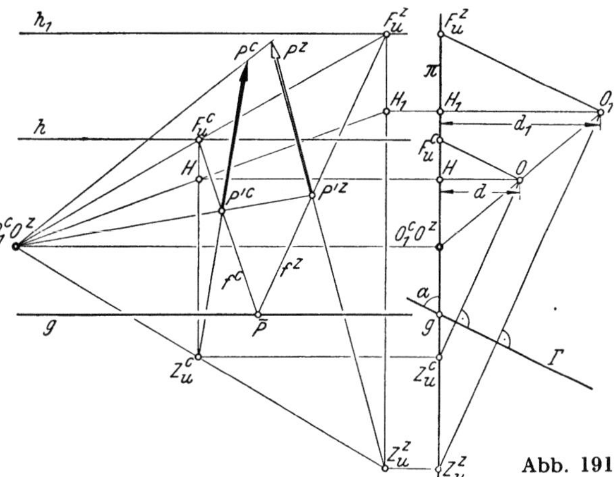

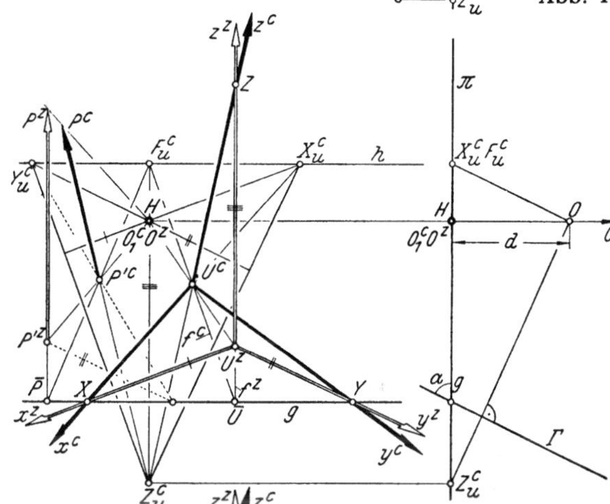

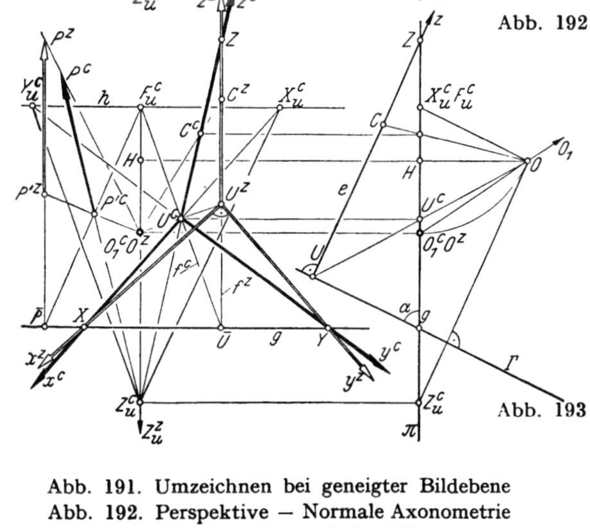

Beispiele:

129. Wie sind die in Abb. 192 und 193 gezeigten Konstruktionen abzuändern, wenn die z-Achse durch O geht?

130. Konstruiere nach Abb. 192 oder 193 die Perspektive eines Bauwerks!

Übersichtsfragen

Für welche Zwecke zeichnet man perspektive Bilder? Wie erreicht man durch günstige Annahme eine gute Bildwirkung? Wie bildet sich eine Gerade ab? Wie bildet sich eine ebene Figur ab? Nach welchen Verfahren kann man ein perspektives Bild konstruieren? Wie bewähren sich diese Verfahren bei der perspektiven Darstellung von Bauwerken?

Abb. 191. Umzeichnen bei geneigter Bildebene
Abb. 192. Perspektive — Normale Axonometrie
Abb. 193. Perspektive — Dimetrische Militärperspektive

Wie stellt man einen Kegelschnitt in Perspektive dar? Wie kann man eine Perspektive bei geneigter Bildebene konstruieren? Welche Beispiele von perspektiver Affinität und perspektiver Kollineation treten in diesem Kapitel auf?

VIII. Rekonstruktionen

Kann man aus einem Photo oder aus mehreren Photos die Maße des dargestellten Objekts ermitteln (rekonstruieren)? Die Antwort führt auf die Architekturphotogrammetrie; mit ihrer Hilfe können Bauten, auch solche mit schwer zugänglichen Teilen, rasch und genau vermessen werden. Die Antwort führt auch auf die geometrischen Grundlagen der Geländephotogrammetrie, die heute zumeist instrumentell betrieben wird.

54. Rekonstruktion einer ebenen Figur. Gegeben sei ein Photo einer flachen Fassade in geschlossener Bauweise. *In der Ebene ε der Fassade sei die wahre Größe $ABCD$ eines Rechtecks, z. B. eines Fensters, gegeben.* $ABCD$ erscheint im Photo als Viereck $A^cB^cC^cD^c$. Nun sind drei Fälle zu unterscheiden:

a) *Ist $A^cB^cC^cD^c$ ein Rechteck,* so liegt frontale Perspektive vor, die Fassade erscheint formtreu, das heißt im Maßstab $A^cB^c:AB = B^cC^c:BC = \ldots$ ähnlich verkleinert[1]. Die Lage des Auges O bleibt unbestimmt.

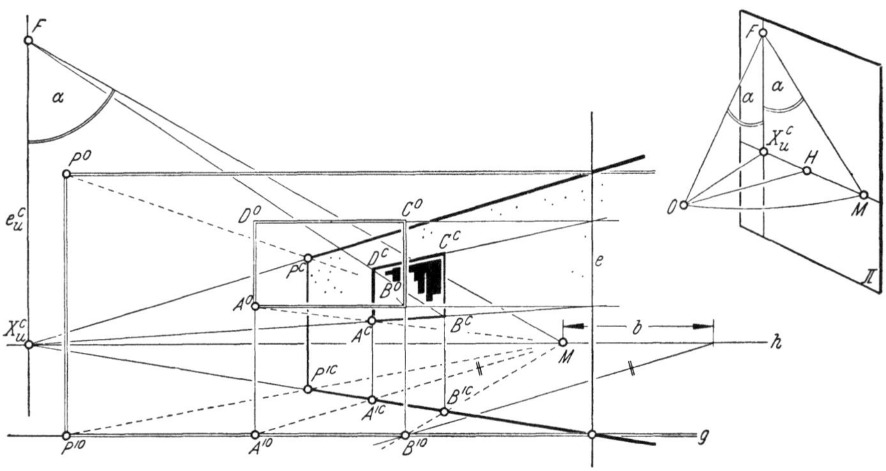

Abb. 194. Rekonstruktion einer Fassade, Bildebene lotrecht

b) *Erscheinen die Höhen AD und BC als Parallelen A^cD^c und B^cC^c* (Abb. 194), so stand die Bildebene bei der Aufnahme lotrecht. A^cB^c und C^cD^c schneiden sich im Fluchtpunkt X_u^c der in ε liegenden Waagrechten. Normal zu A^cD^c bzw. B^cC^c läuft durch X_u^c der Horizont h, parallel zu A^cD^c durch X_u^c die Fluchtspur e_u^c von ε. B^cD^c schneidet e_u^c im Fluchtpunkt F von BD. F entsteht aber auch, indem man den zu BD parallelen Sehstrahl mit Π schneidet (siehe Skizze zu Abb. 194). Da-

[1] Beachte, daß dies nur gilt, wenn das Bild ein Zentralriß ist. In einem Parallelriß kann ein Rechteck als Rechteck erscheinen, ohne daß das Seitenverhältnis erhalten bleibt.

her tritt der Winkel $\alpha = \sphericalangle ADB$ auch als $\sphericalangle X_u^c FO$ und, wenn M Meßpunkt von ε ist, auch als $\sphericalangle X_u^c FM$ auf. Legt man (Abb. 194) den Winkel α in F an e_u^c (sinnrichtig!) an, so schneidet sein zweiter Schenkel den Horizont in M. Um nun die Grundlinie g zu finden, hat man die gegebene Breite $b = AB$ in einem gewählten Maßstab und in zu h paralleler Lage zwischen die Drehsehnenbilder MA'^c und MB'^c einzupassen. Man wird b auf h von M aus auftragen und durch den Endpunkt die Parallele zu MA'^c legen; sie schneidet MB'^c in B'^0. g läuft parallel zu h durch B'^0. Die Bildspur e von ε läuft parallel zu e_u^c durch den Schnittpunkt von $A'^cB'^c$ mit g. Nun kann jeder Punkt P^c des Photos (mittels P'^c und P'^0) in die Drehlage P^0 übergeführt werden; zwischen dem perspektiven Bild und der Drehlage besteht nach **45.** perspektive Kollineation (Kollineationszentrum M, Kollineationsachse e). — Das Auge O liegt irgendwo auf dem Kreis, der durch Drehung von M um e_u^c entsteht. Nimmt man O auf diesem Kreis willkürlich an, so gehört dazu eine räumliche Lage von ε (nämlich parallel zur Ebene Oe_u^c durch e gehend)[1]. Man erkennt: Zwei perspektiv kollineare ebene Figuren bleiben in perspektiver Lage, wenn man eine von ihnen um die Schnittgerade beider Ebenen dreht.

c) *Schneiden sich im Photo die Bilder der Höhen in einem eigentlichen Punkt* Z_u^c, so stand Π bei der Aufnahme schräg[2]. In Abb. 195 ist die Fassade in mehrere parallele Ebenen gegliedert. In der vordersten Ebene ε sei die wahre Größe des Rechtecks $ABCD$ gegeben. Wir rekonstruieren zunächst das, was in ε liegt[3]. A^cD^c und B^cC^c schneiden sich in Z_u^c, A^cB^c und C^cD^c in X_u^c, e_u^c geht durch X_u^c und Z_u^c, A^cC^c schneidet e_u^c im Fluchtpunkt F von AC. Der Meßpunkt M von ε liegt wegen $\sphericalangle X_u^c M Z_u^c = 90^0$ auf dem Kreis k über dem Durchmesser $X_u^c Z_u^c$. Ferner ist $\alpha = \sphericalangle Z_u^c MF = \sphericalangle DAC$ gegeben, daher liegt M nach dem Randwinkelsatz[4] auch auf einem der beiden Kreise k_1, k_2 durch Z_u^c und F, die zur Sehne $Z_u^c F$ den Randwinkel α besitzen (sie sind dadurch bestimmt, daß sie e_u^c in Z_u^c und F unter dem Winkel α schneiden). k und k_1 schneiden sich in Z_u^c und M. Zwischen $A^cB^cC^cD^c$ und der Drehlage $A^0B^0C^0D^0$ besteht perspektive Kollineation mit dem Zentrum M. A^0B^0 ist zu MX_u^c parallel; daher ist die Strecke AB (im gewählten Maßstab) zwischen die Drehsehnenbilder MA^c und MB^c so einzupassen, daß sie zu MX_u^c parallel liegt; man wird AB z. B. von *1* aus in dieser Richtung auftragen und durch den Endpunkt eine Parallele zu MA^c ziehen; diese schneidet MB^c in B^0. B^cC^c und B^0C^0 schneiden sich in einem Punkt *2* von e. — Die Fassade ergibt sich in der Drehlage seitenrichtig, wenn $A^0B^0C^0D^0$ denselben Umlaufsinn hat wie $A^cB^cC^cD^c$. Träfe dies nicht zu, so wäre als Meßpunkt M ein Schnittpunkt von k mit k_2 zu ver-

[1] O kann jedoch aus photographischen Daten bestimmt sein, z. B. aus der Brennweite des Apparats. Ist das Photo kein Ausschnitt aus einer größeren Aufnahme, so wird H in der Mitte liegen.

[2] Bei Aufnahmen in engverbautem Gebiet kann es notwendig werden, die Bildebene zu neigen. Man gebe der Bildebene dann eine starke Neigung, damit Z_u^c bei der späteren Rekonstruktion noch auf der Zeichenfläche liegt.

[3] Eine Rekonstruktion wie in Abb. 200 kommt hier nicht in Frage, da der Fluchtpunkt Y_u^c der zur Fassade normalen Geraden aus dem Photo nur sehr ungenau konstruiert werden könnte.

[4] Für alle Punkte R eines Kreisbogens PQ sind die Winkel PRQ gleich groß; ebenso groß ist der Winkel zwischen der Sehne PQ und der Kreistangente in P (oder Q).

wenden. Nun konstruiert man aus dem Photo die Drehlage, z. B. P^0 aus P^c, die Strecke l usw. (Kollineationszentrum M, Achse e, Fluchtgerade e_u^c).

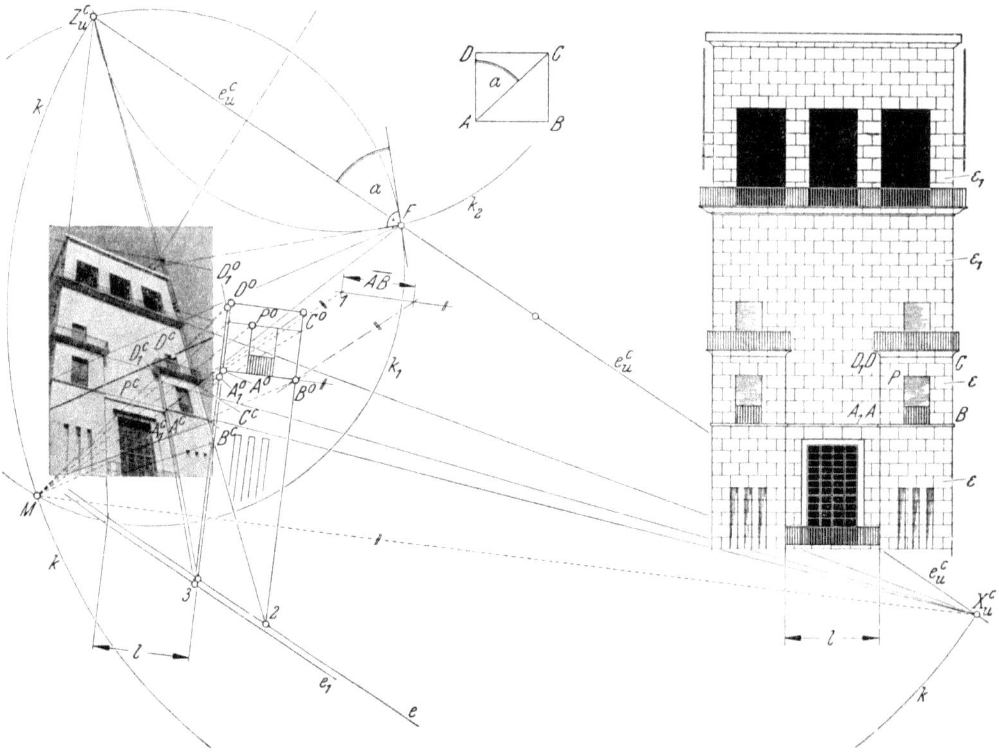

Abb. 195. Rekonstruktion einer Fassade, Bildebene geneigt (Bankhaus in Neapel)

Parallel zu ε liegt der Hauptteil der Fassade in der Ebene ε_1. In ε_1 kennt man bereits die Länge der hinter AD liegenden Strecke A_1D_1. ε_1 wird nach Π gedreht; Photo und Drehlage von ε_1 sind perspektiv kollinear; Kollineationszentrum M und Fluchtgerade e_u^c sind bereits bekannt. Parallel zu MZ_u^c erhält man die Drehlage $A_1^0D_1^0$ durch Einpassen der Länge $A_1D_1 = AD$ zwischen die Drehsehnenbilder MA_1^c und MD_1^c. Dann läuft die Kollineationsachse e_1 parallel zu e durch den Schnittpunkt *3* von $A_1^cD_1^c$ mit $A_1^0D_1^0$.

Besitzt die zu rekonstruierende ebene Figur viele Einzelheiten oder unregelmäßige Formen (z. B. ebenes Gelände), dann zeichnet man lieber ein „*Möbiussches Netz*“. Darunter versteht man *das kollineare Bild eines Quadratnetzes.* Abb. 196 zeigt links das Quadratnetz, rechts ein kollineares Bild. Den Fernpunkten P, Q, R, S entsprechen auf der Fluchtgeraden $\overline{u}$ die Punkte $\overline{P}, \overline{Q}, \overline{R}, \overline{S}$. Dem Netzpunkt O entspreche $\overline{O}$, den gleichmäßigen Skalen auf OP und OQ entsprechen projektive Skalen auf $\overline{O}\overline{P}$ und $\overline{O}\overline{Q}$. Umgekehrt kann man nach Abb. 195 jedes ebene Viereck als kollineares Bild eines Quadrats auffassen, *daher läßt sich aus jedem Viereck ein Möbiussches Netz konstruieren.*

Es sei nun ein Photo einer ebenen Figur vorgelegt und von einem darin erkennbaren Viereck $A^cB^cC^cD^c$ die wahre Größe bekannt (Abb. 197 *a*). $ABCD$ werde in beliebig gewähltem Maßstab gezeichnet (Abb. 197 *b*). Erweitert man Abb. 197 *a* und 197 *b* durch Einzeichnen von Diagonalen usw. zu Möbiusschen Netzen, so läßt sich zu jedem Punkt E^c in Abb. 197 *a* der entsprechende Punkt E in Abb. 197 *b* schätzungsweise in der entsprechenden Netzmasche eintragen. Eine im Photo (Abb. 197 *a*) auftretende Kurve k^c wird man punktweise in der „Entzerrung" (Abb. 197 *b*) zeichnen. Liegt ein Schnittpunkt außerhalb der Zeichenfläche, so verwende man Fluchtmaßstäbe wie in Abb. 152.

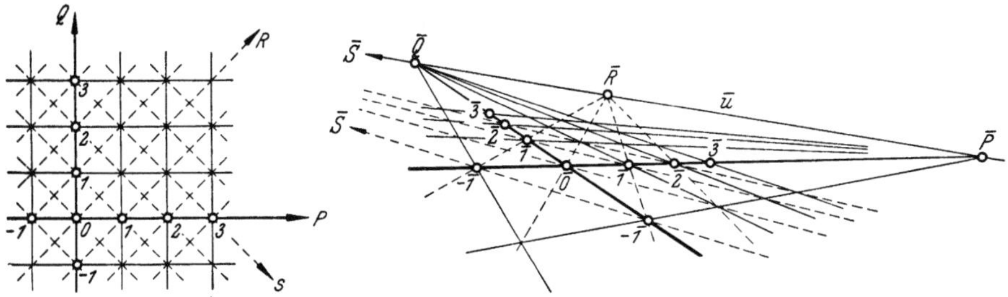

Abb. 196. Kollineares Bild eines Quadratnetzes

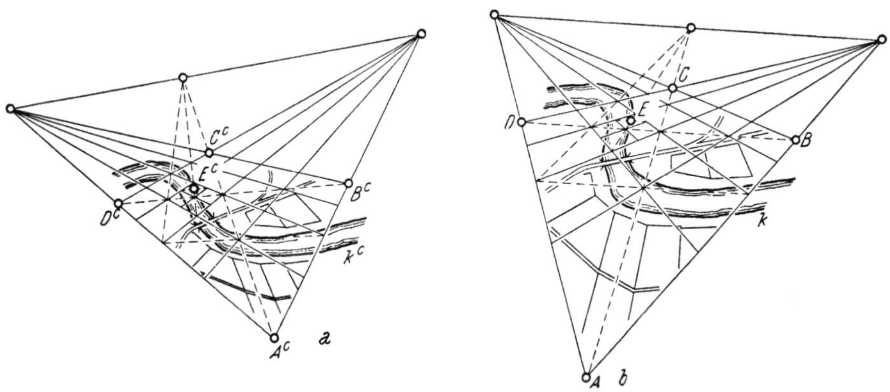

Abb. 197. Möbiussches Netz. *a*) Photo, *b*) Entzerrung

Nach diesem Verfahren kann man z. B. veraltete Karten eines flachen Geländes berichtigen. Das Gelände wird vom Flugzeug aus mit annähernd lotrechter Kammerachse aufgenommen; überzieht man die Karte und die Aufnahmen mit Möbiusschen Netzen, so lassen sich neue Gebäude, Wege, Feld- und Waldgrenzen, regulierte Wasserläufe usw. eintragen. Entzerrungsgeräte leisten dasselbe mechanisch. Luftbild und Karte werden dort mittels der „Paßpunkte" A^c, B^c, C^c, D^c und A, B, C, D durch Probieren in perspektive Lage gebracht.

Fassen wir zusammen: Enthält ein Photo einer ebenen Figur ein Viereck, dessen wirkliche Abmessungen bekannt sind, so läßt sich das Photo entzerren.

Beispiele:

131. Zeichne ein Möbiusssches Netz, wenn die gegebenen Punkte ein nichtkonvexes Viereck bilden!

132. Rekonstruiere eine ebene Figur, in deren Photo ein Kreis und sein Mittelpunkt abgebildet sind! (Zwei willkürlich angenommene Durchmesser bestimmen ein Rechteck.) Kennt man den Radius nicht, so bleibt der Maßstab der Entzerrung unbestimmt.

55. Rekonstruktion einer räumlichen Figur. Wir beginnen wieder mit einfachen Architekturbeispielen. Erscheinen die Höhen im Photo eines Bauwerks als Parallelen, so stand die Bildebene bei der Aufnahme lotrecht. In Abb. 198

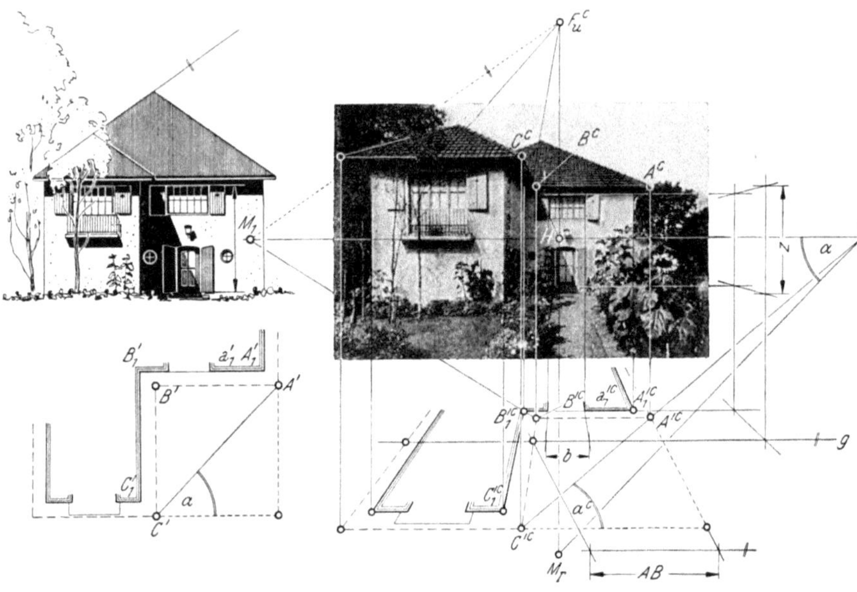

Abb. 198. Rekonstruktion aus frontaler Perspektive (Landhaus)

erscheinen überdies die Breiten (AB usw.) als Parallelen, daher liegt eine *frontale Perspektive* vor. Es seien die Traufenlängen AB und BC gegeben. Wären zwei Tiefenlinien im Bild erkennbar, so ergäbe sich in ihrem Schnittpunkt der Hauptpunkt H. Im Bild ist aber nur die Tiefenlinie B^cC^c gut erkennbar. Jedoch sieht man, daß sich die Bilder der Fallgeraden beider Dachflächen in einem Punkt F_u^c schneiden. Daher sind im Raum die Fallgeraden beider Dachflächen und diese selbst parallel. Die Lotrechte durch F_u^c ist Fluchtgerade der zu Π normalen lotrechten Ebenen. Auf ihr liegt H im Schnitt mit B^cC^c. Waagrecht durch H läuft h. Nun werde ein gesenkter perspektiver Grundriß $A'^cB'^c\ldots$ gezeichnet. $A'^cC'^c$ schneide h in F. Der Fluchtpunkt F von AC bzw. $A'C'$ liegt aber auch auf einer Parallelen zu AC durch das Auge O (vgl. Skizze zu Abb. 194). Man trägt daher α in F an h an; der zweite Schenkel schneidet die Lotrechte durch H in M_Γ. g ergibt sich, wenn man AB im gewählten Maßstab parallel zu h zwischen HA'^c und HB'^c einpaßt. Auf h liegt im Abstand $d = HM_\Gamma$ der Meßpunkt M_1 der Tiefenlinien; unter der Annahme, daß das Dach an allen Seiten gleich weit vorspringt, ergibt sich $B_1'^c$ auf $a_1'^c$ im Schnitt mit $M_1B'^c$. Die Breitenmaße (z. B. Fensterbreite b) findet man, indem man ihre Bilder im gesenkten Grundriß aus H auf g projiziert. Die Höhen, z. B. z, ergeben sich nach Abb. 153.

In Abb. 199 erscheinen die Höhen als Parallelen, daher stand die Bildebene bei der Aufnahme lotrecht. Es sind waagrechte Kanten in zwei zueinander normalen Richtungen erkennbar, sie ergeben die Fluchtpunkte X_u^c, Y_u^c und den Horizont $h = X_u^c\, Y_u^c$. Es sei bekannt, daß im zweiten Stock auf beiden Fassaden die Fensterachsen den Abstand 3,50 m haben. Von der Schnittkante beider Fassaden wurden nach links 6, nach rechts 5 Fenster- und Pfeilerbreiten abgezählt und so das waagrechte Rechteck $ABCD$ mit $AB = 21{,}00$ m und $BC = 17{,}50$ m und $\sphericalangle\, DBC = \alpha$ gewonnen. Um nicht im Photo selbst zeichnen zu müssen und um die Genauigkeit zu erhöhen, wurde der Grundriß nach $A'^c B'^c C'^c D'^c$ gesenkt.

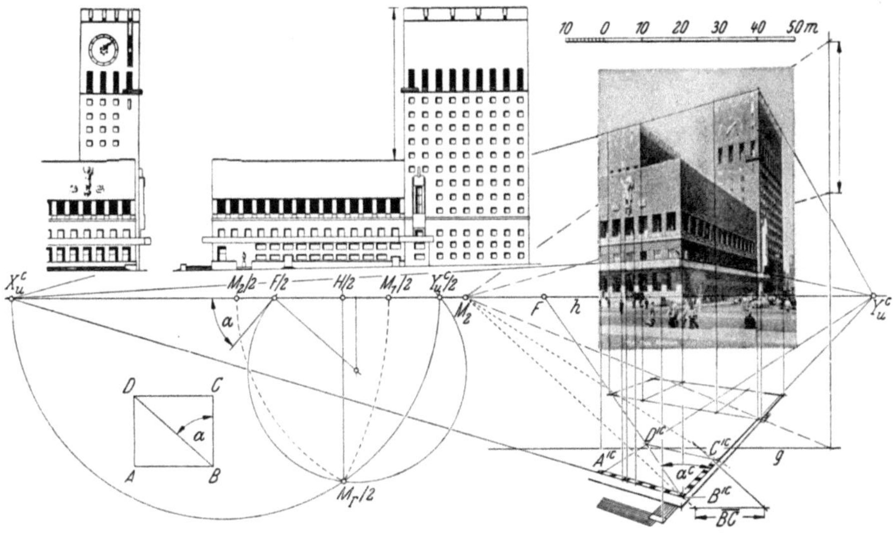

Abb. 199. Rekonstruktion eines schräggestellten Bauwerks (Rathaus Oslo)

$B'^c D'^c$ schneidet h im Fluchtpunkt F von BD. X_u^c, Y_u^c, F sind die Schnittpunkte von Π mit den zu AB, BC, BD parallelen Sehstrahlen. Der Winkel $\alpha = \sphericalangle\, DBC$ ist durch BC und CD gegeben, daher liegt O im Raum auf dem waagrechten Kreis mit dem Durchmesser $X_u^c Y_u^c$ und auf dem waagrechten Kreis, der zur Sehne $F Y_u^c$ den Randwinkel α enthält[1]. Klappt man diese Kreise um h nach Π, so ergibt sich ihr Schnittpunkt M_Γ. In Abb. 199 sind, um Platz zu sparen, nicht diese Kreise gezeichnet, sondern jene, die aus ihnen durch zentrische Verkleinerung aus X_u^c auf die Hälfte hervorgehen. Die Normale aus M_Γ auf h liefert H. Durch Drehung von M_Γ um X_u^c bzw. Y_u^c nach h ergeben sich die Meßpunkte M_1, M_2. g kann man konstruieren, indem man die Strecke BC in einem gewählten Maßstab parallel zu h zwischen die Drehsehnenbilder $M_2 B'^c$ und $M_2 C'^c$ einpaßt. Die weitere Rekonstruktion ist eine Umkehrung der Konstruktionen in Abb. 164.

Zeichnerisch günstig sind Photos, die aus geringer Entfernung vom Bauwerk aufgenommen worden sind, denn die Fluchtpunkte liegen dann näher und werden nicht durch schleifende Schnitte erhalten. Womöglich soll die lotrechte Stellung der Bildebene bei der Aufnahme durch eine Libelle geprüft werden. Im Photo ist zu prüfen, ob lotrechte Kanten als Parallelen erscheinen.

[1] Siehe Fußnote [4] S. 125.

Erscheinen in einem Photo die Höhen nicht als Parallelen, so stand die Bildebene bei der Aufnahme nicht lotrecht. Sind die Bilder von Geraden dreier paarweise normaler Richtungen erkennbar, so konstruiere man deren Fluchtpunkte X_u^c, Y_u^c, Z_u^c (Abb. 200). H ist nach 51. der Höhenschnittpunkt des Dreiecks $X_u^c Y_u^c Z_u^c$,

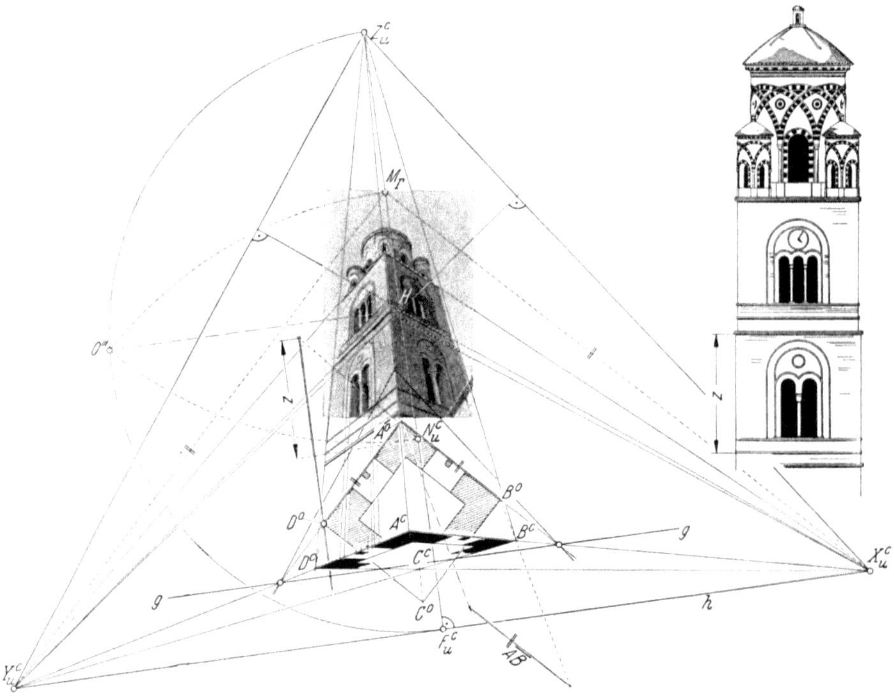

Abb. 200. Rekonstruktion bei geneigter Bildebene (Campanile, Dom zu Amalfi)

die Bilddistanz $d = OH$ ergibt sich durch Umlegung des Dreiecks $F_u^c O Z_u^c$. M_Γ ergibt sich wie in Abb. 180 durch Drehung von O um $h = X_u^c Y_u^c$ nach Π; in der Umlegung in Abb. 200 wird O''' um F_u^c gedreht. — Auf einer Geraden mit dem Fluchtpunkt X_u^c liege nun eine Strecke AB bekannter Länge; die waagrechte Ebene durch AB werde als Grundebene Γ verwendet. Bei der Drehung von Γ nach Π gelangt AB in eine zu $M_\Gamma X_u^c$ parallele Lage $A^0 B^0$. Daher ist die Strecke AB in dieser Richtung zwischen die Drehsehnenbilder $M_\Gamma A^c$ und $M_\Gamma B^c$ einzupassen. Die Bildspur g von Γ läuft parallel zu h durch den Schnittpunkt von $A^c B^c$ mit $A^0 B^0$. Die weitere Rekonstruktion mittels M_Γ und N_u^c ist eine Umkehrung der Konstruktion in Abb. 180[1]. Man könnte die Rekonstruktion aber

[1] Die Turmdächer wurden nach einem anderen Photo gezeichnet. — In Abb. 200 ergibt sich der Grundriß $A^0 B^0 C^0 D^0$ seitenverkehrt, das heißt nicht als Ansicht von oben, sondern von unten. Wollte man ihn seitenrichtig erhalten, so hätte man O''' in umgekehrtem Sinne um F_u^c zu drehen und erhielte den anderen Meßpunkt von Γ. Man könnte aber auch den perspektiven Grundriß $A^c B^c C^c D^c$ tiefer, nämlich bis unter h senken und M_Γ wie in Abb. 200 verwenden. Beides wurde in Abb. 200 vermieden, um auf jene Möglichkeit, daß sich der Grundriß seitenverkehrt ergibt, hinzuweisen, und um Platz zu sparen.

auch als Umkehrung der in Abb. **183** oder **192** oder **193** gezeigten Konstruktionen durchführen.

Als innere Orientierung eines Photos bezeichnet man Hauptpunkt und Distanz. Zur äußeren Orientierung des Photos rechnet man die Lage des Auges und der Bildebene gegenüber jenem Teil des dargestellten Gegenstands, dessen Abmessungen bekannt sind. Kennt man die innere und die äußere Orientierung, so kann man den Gegenstand rekonstruieren, soweit der geometrische Zusammenhang zwischen den gegebenen und den gesuchten Maßen bekannt ist[1].

Fassen wir zusammen. Es sei z. B. das Bild eines Quaders gegeben. Je nach der Lage der Kantenfluchtpunkte unterscheiden wir vier Fälle:

a) Liegen X_u^c, Y_u^c, Z_u^c im Endlichen, aber nicht auf einer Geraden (Abb. 200), so sind H und d eindeutig bestimmt. O liegt im Abstand d von H vor jener Seite von Π, auf der das Bild gezeichnet ist. Daher ist die innere Orientierung gegeben. Die äußere Orientierung findet man, wenn man noch die Länge einer Quaderkante kennt.

b) Ist Z_u^c ein Fernpunkt, während X_u^c und Y_u^c im Endlichen liegen, so muß $h = X_u^c Y_u^c$ die zu Z_u^c normale Richtung besitzen (Abb. 199). Ist das Längenverhältnis zweier Quaderkanten bekannt, so ist die innere Orientierung bestimmt. Ist noch eine Kantenlänge bekannt, so ist die äußere Orientierung konstruierbar.

c) Sind X_u^c und Z_u^c Fernpunkte in zueinander normalen Richtungen, während Y_u^c im Endlichen liegt, so liegt eine frontale Perspektive mit dem Hauptpunkt Y_u^c vor. Ist das Längenverhältnis einer bildparallelen und der bildnormalen Quaderkante bekannt, so ist die innere Orientierung bestimmt. Ist noch eine Kantenlänge bekannt, so ist die äußere Orientierung nach Abb. 198 konstruierbar.

d) Sind X_u^c, Y_u^c, Z_u^c Fernpunkte, so liegt nach dem Satz von POHLKE ein Parallelriß vor. Sind die Verhältnisse der Kantenlängen gegeben, so kann man die Einheitsstrecken in den Bildern der drei Kanten, die von einer Quaderecke ausgehen, ermitteln und nach Abb. 146 zwei zu Π symmetrische Sehstrahlrichtungen (Augen) konstruieren; fallen diese zusammen, so liegt ein Normalriß vor, sonst ein Schrägriß. Damit sind auch die Kantenlängen selbst bestimmt. Die äußere Orientierung bleibt unbestimmt, weil noch Parallelverschiebungen in Sehstrahlrichtung möglich sind.

Sind die in a), b), c) oder d) genannten Bedingungen nicht erfüllt, so kann das Bild nicht als Zentralriß oder Parallelriß aufgefaßt werden; es läßt sich zeigen, daß es dann als kollineare Umformung eines Zentralrisses oder Parallelrisses aufgefaßt werden kann. Liegen z. B. X_u^c, Y_u^c, Z_u^c auf einer eigentlichen Geraden u, so liegt das Photo eines Parallelrisses vor, denn man kann u durch Kollineation in die Ferngerade überführen und erhält dann nach dem Satz von POHLKE einen Parallelriß oder ein Bild, das zu einem Parallelriß ähnlich ist.

Beispiele:

133. Rekonstruiere ein Bauwerk aus einer frontalen Perspektive, wo Tiefenlinien auftreten! Die Längen einer bildparallelen und einer bildnormalen Strecke seien bekannt.

134. Rekonstruiere ein schräggestelltes Bauwerk, von dem zwei Fassaden im Photo erscheinen! Gegeben sei:

---

[1] Wäre in Abb. **198** noch eine Bergspitze sichtbar, so ließe sie sich nicht aus den Angaben rekonstruieren. In Abb. **194** wurde vorausgesetzt, daß die Fassade in einer Ebene liegt. Ist in Abb. **181** die Höhe jedes Hochhauses gegeben, so kann man diese Hochhäuser einzeln aus Abb. **181** rekonstruieren; das Gelände kann man rekonstruieren, wenn man z. B. weiß, daß es eine Ebene ist.

a) die Gestalt eines waagrechten Rechtecks (d. h. das Verhältnis der Rechteckseiten) und eine Höhe (X_u^c, Y_u^c, M_1, M_2 wie in Abb. 199, g durch Herausschieben der Höhe nach Π), oder

b) eine Fensterbreite in der einen und eine in der anderen Fassade (man erhält das Bild eines waagrecht liegenden Rechtecks, wenn man die Grundrisse der Fenster mit X_u^c und Y_u^c verbindet), oder

c) die Höhe (90 cm) eines über Eck laufenden Geländers (unter der Annahme, daß die Geländerstäbe aufeinander in konstantem Abstand folgen, wird man auf beiden Seiten im Photo gleich viel Stäbe abzählen und wie in b) das Bild eines waagrecht liegenden Quadrates konstruieren); oder

d) ein Rechteck in einer lotrechten Ebene (analog Abb. 194, M_Γ im Schnitt des Kreises über $X_u^c Y_u^c$ mit dem Kreis um X_u^c durch M_1), oder

e) Breite und Stufenhöhe einer im Photo erscheinenden geraden Treppe.

135. Rekonstruiere ein Haus mit Walmdach (siehe Abb. 4)! Ist $PQRS$ das Traufenrechteck und EF der First, so bestimme man zunächst X_u^c und Y_u^c und zeichne einen perspektiven Grundriß; durch X_u^c und den Diagonalenschnittpunkt von $P'^c Q'^c R'^c S'^c$ geht der perspektive Grundriß des Firstes; $P'^c E'^c$ und $R'^c F'^c$ schneiden h im Fluchtpunkt von Geraden, die gegen PQ unter 45^0 geneigt sind; daraus ergeben sich H und M_Γ. g erhält man, wenn noch eine Streckenlänge gegeben ist.

136. Rekonstruiere einen achteckigen Turm nach einem Photo! (Regelmäßiges Prisma von bekannter Seitenlänge, rechteckige Fenster auf jeder Seite; analog Beispiel 135.)

137. Konstruiere in einem Photo H, d, h, g und führe die weitere Rekonstruktion durch Umzeichnen nach Abb. 188 durch, so daß eine Militärperspektive des Bauwerks entsteht!

138. Im Photo eines Bauwerks seien X_u^c, Y_u^c, Z_u^c konstruierbar und es sei eine Höhe gegeben. X_u^c, Y_u^c, Z_u^c liegen im Endlichen. Konstruiere Aufriß und Kreuzriß nach Abb. 183!

139. Rekonstruiere in einem Photo mit geneigter Bildebene H, d, h, g und führe die weitere Rekonstruktion durch Umzeichnen nach Abb. 192 oder 193 durch!

140. Beurteile die bei Rekonstruktionen erreichbare Genauigkeit!

56. Rekonstruktion aus zwei Photos. Eine räumliche Figur läßt sich aus einem Photo rekonstruieren, wenn man gewisse geometrische Eigenschaften der Figur kennt. Das trifft im allgemeinen bei einzelnen Bauwerken zu, nicht aber bei einem Gelände, bei einem komplizierten Bauwerk, dessen Teile nicht übersichtlich zusammenhängen, bei einer größeren Gebäudeanlage usw. In solchen Fällen gelingt die Rekonstruktion aus zwei Photos mit bekannter innerer Orientierung.

Bei der „*Meßtischphotogrammetrie*" („Photogrammetrisches Vorwärtseinschneiden", Abb. 201) werden mittels Phototheodoliten Aufnahmen in zwei „Stationen" O_1 und O_2 gemacht. Die „Standlinie" $O_1 O_2$ muß nicht waagrecht sein; sie habe die Grundrißlänge $b = O_1'O_2'$. Die optischen Achsen seien waagrecht angenommen, ihre Winkel φ_1, φ_2 mit $O_1'O_2'$ werden am Horizontalkreis des Phototheodoliten abgelesen. d_1 und d_2 seien die Bilddistanzen beider Photos (bei Einstellung auf unendlich = Brennweite). Mitabgebildet werden Rahmenmarken, die fadenkreuzartig durch Verbinden den Bildhorizont, die Mittelsenkrechte und in deren Schnitt den Hauptpunkt H_1 bzw. H_2 ergeben. Die Bilder eines Punktes P seien P_1 und P_2. Im Grundriß hätte man nun die Lage der Bildebenen Π_1, Π_2 einzuzeichnen, aber das ergäbe im Maßstab (z. B. 1:100) eine zu kleine Figur. Statt dessen trägt man wohl $b = O_1'O_2'$ maßstäblich verkürzt, jedoch d_1 und d_2 unverkürzt auf und überträgt die Abstände x_1, x_2 von P_1 bzw. P_2 bis zu den Mittelsenkrechten unverkürzt in den Grundriß; dann sind $O_1'P_1'$ und $O_2'P_2'$ die Grundrisse der Sehstrahlen von P, sie schneiden sich im Grundriß P' von P. Legt man lotrechte Seitenrißebenen durch O_1H_1 und O_2H_2, so kann man die Entfernungen y_1, y_2 der Punkte P_1', P_2 vom Horizont des ersten bzw. zweiten Bildes aus unverkürzt auftragen und die Sehstrahlen in den Seitenrissen zeichnen. So findet man die Höhe z_1 von P über O_1 bzw. z_2 von P über O_2. $z_2 - z_1$ ist der Höhenunterschied von O_1 und O_2 (Kontrolle)[1].

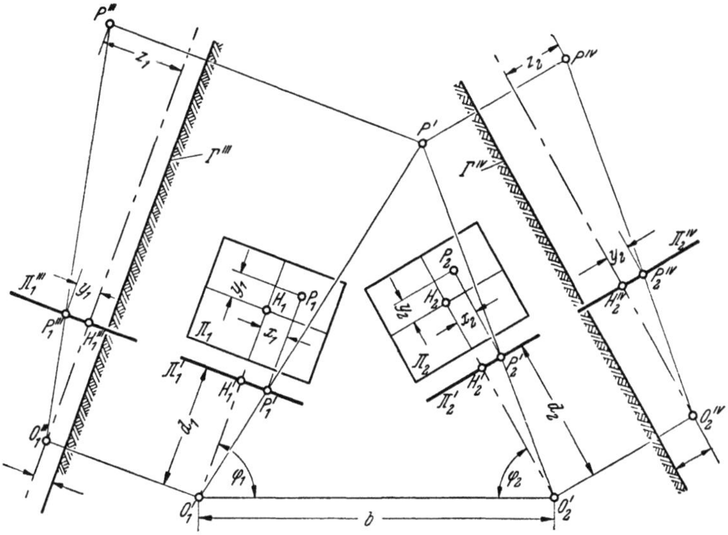

Abb. 201. Meßtischphotogrammetrie

Das Verfahren hat Vorteile (wenig Arbeit im Gelände, einfache Geräte), aber auch Nachteile (Messung von b; ein Punkt ist nur rekonstruierbar, wenn er in beiden Bildern erkennbar ist) und wird daher in dieser Form nicht mehr angewandt.

In seiner Weiterentwicklung zur *Stereophotogrammetrie* jedoch hat es große Bedeutung erlangt (stereoskopisches Meßprinzip, Pulfrich 1900). Mit einer Stereophotokammer werden Stereoskopbilder mit parallelen Kammerachsen hergestellt und im Stereokomparator stereoskopisch ausgemessen. Neben dem „normalen Fall", wo beide Kammerachsen zu O_1O_2 normal stehen, tritt gelegentlich der „schiefe Fall" auf, wo sie gegen O_1O_2 verschwenkt sind. — Man wendet das Verfahren auch in der Astronomie an (Aufnahmen aus den Endpunkten eines Durchmessers der Erdbahn, also mit einem halben Jahr Zeitunterschied, zur Ortung von Fixsternen), in der Medizin (Ortung von Fremdkörpern), in der Werkstoffprüfung (Röntgenstrahlen statt Lichtstrahlen) usw. Kinotheodoliten enthalten ein Fernrohr, das vom Beobachter so bewegt wird, daß ein bewegter Gegenstand möglichst im Fadenkreuz bleibt. In kurzen Zeitabständen wird ein Film weiterbewegt und der Gegenstand, sowie die momentane Hori-

[1] z_1 und z_2 ergeben sich maßstäblich verkürzt! — Wenn bei stark geneigtem Gelände die Kammerachsen nicht waagrecht gestellt werden können, sondern geneigt sind, dann liefert die Konstruktion von Abb. 201 den Normalriß auf eine zu beiden Kammerachsen parallele Ebene und die Abstände der rekonstruierten Punkte von dieser Ebene. Nimmt man eine zu dieser Ebene und zur waagrechten Grundrißebene normale Ebene als Aufrißebene, so kann man nach Abb. 16 Grundriß und Höhe jedes Geländepunktes konstruieren.

zontalkreis- und Vertikalkreiseinstellung des Theodoliten photographiert. So gelingt die Rekonstruktion des räumlichen und zeitlichen Ablaufs der Bewegung von Flugzeugen, Geschossen mit Leuchtsatz, Raketen, α-Teilchen in der WILSON-Kammer usw. Strömungen in Gasen und Flüssigkeiten werden durch mitgeführte Körper verdeutlicht.

In der Landesvermessung ist das Verfahren nur im Gebirge, wo es viele Aussichtspunkte gibt, brauchbar. Bei flachem Gelände verwendet man lieber Aufnahmen vom Flugzeug aus. Das Gelände wird überflogen und wiederholt photographiert, so daß jeder Punkt des aufzunehmenden Geländes auf mindestens zwei Photos vorkommt. Während aber bei der bisher besprochenen „*Erdbildmessung*" die gegenseitige Lage beider Photokammern und Kammerachsen bekannt ist, kennt man bei der „*Luftbildmessung*" ihre Lage im Zeitpunkt der Aufnahme nur ungefähr. Nur die innere Orientierung (Hauptpunkt und Distanz) sind bekannt. Hier tauchen neue geometrische Fragen auf. Man muß nämlich beide Photos und die zugehörigen optischen Mittelpunkte im Auswertegerät in solche gegenseitige Lage bringen, daß sich je zwei Sehstrahlen, die zu einem und demselben Geländepunkt gehören, auch im Auswertegerät in einem Punkt schneiden. *Man kann beweisen, daß das aufgenommene Objekt durch zwei Photos mit bekannter innerer Orientierung in seiner Form, das heißt bis auf den Maßstab im allgemeinen bestimmt ist* (*Satz von Finsterwalder*). Eine Ausnahme tritt ein, wenn das Objekt ein Teil einer bestimmten „gefährlichen Fläche" ist und O_1 und O_2 auf dieser Fläche eine besondere Lage haben.

Der Entzerrung dienen verschiedene Geräte. Das erste automatische Auswertegerät stammt von R. v. OREL.

Übersichtsfragen

Wie rekonstruiert man eine ebene Figur? Wie rekonstruiert man eine räumliche Figur? Was ist innere Orientierung? Was ist äußere Orientierung? Welche Beispiele von perspektiver Affinität und perspektiver Kollineation treten in diesem Kapitel auf?

IX. Kritik der Perspektive

57. Über das Betrachten perspektiver Bilder. Betrachtet man ein perspektives Bild mit einem Auge aus jenem Punkt O, der als Sehzentrum verwendet wurde, so erhält man einen geometrisch richtigen Eindruck vom dargestellten Gegenstand. Meist wird man das Bild aber mit beiden Augen ansehen, und keines derselben wird sich im allgemeinen genau in O befinden. Dann ergeben sich geometrisch bedingte Abweichungen vom natürlichen Seheindruck. Betrachtet man eine Strecke AB im Raum und ihr Bild A^cB^c aus O, so ist unmittelbar der Sehwinkel $\sphericalangle AOB = \sphericalangle A^cOB^c$ gegeben; seine Größe hängt von der Länge und Lage von AB ab. Bei einer zu Π parallelen Leiter folgen auch im Bild die Sprossen in gleichen Abständen, während das Auge die entfernteren Sprossen unter kleinerem Winkel sieht als die nahen. Ebenso verhält es sich mit den Stäben eines zu Π parallelen Gitters. Eine Fassade erscheint in frontaler Perspektive in wahrer Gestalt, während das Auge Fensterbreiten und -höhen um so kleiner sieht, je weiter die Sehstrahlen vom Hauptsehstrahl abweichen. — Eine Kugel erscheint im perspektiven Bild im allgemeinen nicht als Kreis, aber die Sehstrahlen, die die Kugel berühren, bilden einen Drehkegel, und die Maler stellen eine Kugel als Kreis dar. Kugeln in gleicher Entfernung von Π bilden sich im perspektiven Bild um so verzerrter und größer ab, je weiter sie abseits vom Hauptsehstrahl liegen. Bei der Abbildung einer frontal gestellten Säulenreihe erscheinen die entfernteren Säulen als breitere Parallelstreifen als die nächstgelegenen (warum?).

Photos werden meist aus zu großer Distanz betrachtet, Bilder hängen meist zu hoch an der Wand. *Was bedeutet es geometrisch, wenn ein in Π liegendes perspektives Bild nicht aus dem Sehzentrum O, sondern aus einem Punkt O_1 betrachtet wird?* Abb. 202 zeigt eine Seitenansicht. Das Auge O_1 deutet einen Punkt P^c in Π als Bild irgend eines Punktes P_1 auf O_1P^c. Welcher Zusammenhang besteht zwischen der Raumfigur Φ der Punkte P und der Raumfigur Φ_1 der Punkte P_1? In Abb. 202 wurde Φ als Würfel angenommen. Bei Bildern von Bauwerken ist es gerechtfertigt, daß das Bild a^c einer Geraden a von Φ bei der Betrachtung aus O_1 als Bild einer Geraden gedeutet wird. Diese Gerade a_1 liegt in der Ebene O_1a^c. Jeder Geraden a von Φ entspricht eine Gerade a_1 von Φ_1; daraus läßt sich folgern, daß zwischen Φ und Φ_1 eine räumliche Kollineation besteht. Den Punkten eines Sehstrahls OP^c entsprechen dabei die Punkte des Sehstrahls O_1P^c, das heißt jedem Sehstrahl aus O entspricht einer aus O_1. Rechnet man den Punkt O zu Φ und den Punkt O_1 zu Φ_1, so entsprechen O und O_1 einander in der Kollineation.

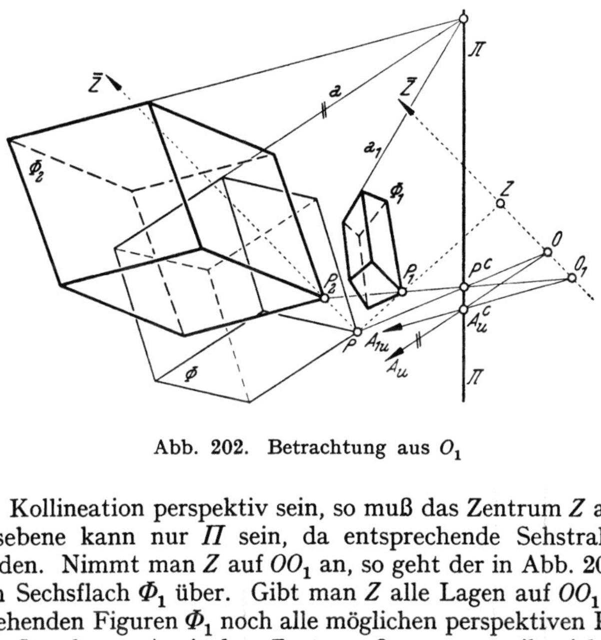

Abb. 202. Betrachtung aus O_1

Soll diese Kollineation perspektiv sein, so muß das Zentrum Z auf OO_1 liegen Kollineationsebene kann nur Π sein, da entsprechende Sehstrahlen einander auf Π schneiden. Nimmt man Z auf OO_1 an, so geht der in Abb. 202 gezeichnete Würfel in ein Sechsflach Φ_1 über. Gibt man Z alle Lagen auf OO_1 und übt man auf die entstehenden Figuren Φ_1 noch alle möglichen perspektiven Kollineationen (insbesondere Streckungen) mit dem Zentrum O_1 aus, so ergibt sich eine Gesamtheit von Raumfiguren Φ_1. Es läßt sich zeigen, daß keine anderen Raumfiguren Φ_1 denkbar sind. Diese Vieldeutigkeit verringert sich, wenn man im perspektiven Bild Fluchtpunkte erkennt; das wird bei Architekturbildern wohl immer möglich sein. Ist A_u^c der Fluchtpunkt aller zu OA_u^c parallelen Geraden a, so werden alle a^c bei Betrachtung aus O_1 als Bilder von Geraden a_1 mit der Richtung $O_1A_u^c$ gedeutet. Erkennt man im Bild wenigstens drei Fluchtpunkte X_u^c, Y_u^c, Z_u^c (die nicht auf einer Geraden liegen), dann werden diese Fluchtpunkte auch bei Betrachtung aus O_1 als Bilder von Fernpunkten gedeutet, nämlich der Fernpunkte von $O_1X_u^c$, $O_1Y_u^c$, $O_1Z_u^c$. Die Beziehung zwischen Φ und Φ_1 wird eine Affinität. Als Zentrum dieser Affinität (Fernpunkt der Affinitätsstrahlen) kommt nur der

Fernpunkt $\overline{Z}$ von OO_1 in Frage und es ergibt sich zu Φ die perspektiv affine Raumfigur Φ_2 (Abb. 202), die noch allen Streckungen mit dem Zentrum O_1 unterworfen werden kann.

Wer ein Bild unbefangen aus zu großer Entfernung betrachtet und darin Fluchtpunkte erkennt, erhält den Eindruck einer affin veränderten Raumfigur. In Wirklichkeit aber wird der ursprüngliche Seheindruck bald korrigiert, denn unsere früheren Erfahrungen helfen uns, den Seheindruck richtig zu deuten und die räumliche Lage und Größe von Gegenständen einzuschätzen. Wie weit solche Einflüsse reichen, erkennt man daraus, daß man beim dauernden Tragen einer Umkehrbrille, die auf der Netzhaut oben und unten vertauscht, nach wenigen Tagen wieder „richtig" sieht.

58. Kurvierte Perspektiven. Betrachtet man eine größere Fassade von vorne, so scheinen sich die waagrechten Geraden zur Linken wie zur Rechten gegen den Horizont hin zu neigen. Die lotrechten Geraden scheinen nach oben und unten zusammenzulaufen. Das rührt, wie schon erkannt, vom Kleinerwerden des Sehwinkels her. Im Bestreben, dies auch im Bild auszudrücken, hat man verschiedene Verfahren vorgeschlagen, die das perspektive Bild durch ein besseres ersetzen sollen. — Man kann sich vorstellen, daß die von O ausgehenden Sehstrahlen mit einer „*Sehkugel*" $\varkappa$, deren Mitte in O liegt, geschnitten werden und diese Kugel irgendwie auf die Zeichenebene Π abgebildet wird. Das entstehende Bild nennen wir eine *kurvierte Perspektive*, denn bei den vorgeschlagenen Verfahren werden Raumgeraden im allgemeinen durch krumme Kurven dargestellt, und diese wenden dem Hauptpunkt in Π ihre konkave Seite zu. Die Sehstrahlen durch die Punkte einer Strecke im Raum schneiden $\varkappa$ in den Punkten eines Großkreisbogens; dessen Länge ist dem Sehwinkel proportional, unter dem die Strecke aus O erscheint. Will man also Sehwinkel möglichst naturgetreu in Π wiedergeben, so entsteht die Aufgabe, $\varkappa$ möglichst naturgetreu auf Π abzubilden[1]. Verzerrungen sind dabei unvermeidlich, denn eine Kugel läßt sich nicht kongruent auf die Ebene abwickeln.

Dasselbe Problem liegt bei jedem *Landkartenentwurf*, das heißt bei der Abbildung des kugelförmigen Globus oder eines Teiles des Globus auf eine ebene Landkarte vor — mit einem Unterschied: Die Landkarte zeigt den Globus von außen gesehen, aber die kurvierte Perspektive zeigt die Sehkugel von innen gesehen, wie bei einer Sternkarte. Faßt man die gewöhnliche Perspektive, wo alle Raumpunkte, also auch die Punkte von $\varkappa$, aus O auf Π projiziert werden, als Landkartenentwurf auf, so gelangt man zur gnomonischen Projektion (Abb. 90); während O und das perspektive Bild auf derselben Seite von Π liegen, liegt die gnomonische Karte auf der anderen Seite.

Ein Beispiel einer kurvierten Perspektive ist die „*stereographische Perspektive*". S sei jener Punkt von $\varkappa$, der am weitesten von Π entfernt ist (Abb. 203, rechts Kreuzriß). Ein Raumpunkt P wird zunächst aus O nach $\varkappa$ in den Punkt P^K projiziert, dann wird P^K aus S nach Π in den Punkt $\overline{P}$ projiziert. $\overline{P}$ heißt Bildpunkt von P. In Abb. 203 liegt P in der Kreuzrißebene; ein anderer Raumpunkt Q, gegeben durch Aufriß Q'' auf Π und Kreuzriß Q''', wird zuerst in die Kreuzrißebene nach Q_0 gedreht; aus Q_0 wird $\overline{Q}_0$ und daraus durch Zurückdrehen $\overline{Q}$ bestimmt. Für jeden Punkt R der Verschwindungsebene Π_v liegt R^K auf dem Schnittkreis v^K von $\varkappa$ mit Π_v; $\overline{R}$ liegt auf dem Kreis $\overline{v} = (H; HS)$. Innerhalb

[1] Rechnerische Behandlung bei U. Graf, Jahresbericht der Deutschen Mathematikervereinigung **50** (1940), 35—53.

dieses Kreises liegen die Bildpunkte aller Raumpunkte, die im Kreuzriß links von Π_v liegen; dagegen erfüllen die gewöhnlichen perspektiven Bilder dieser Punkte die ganze Ebene Π.

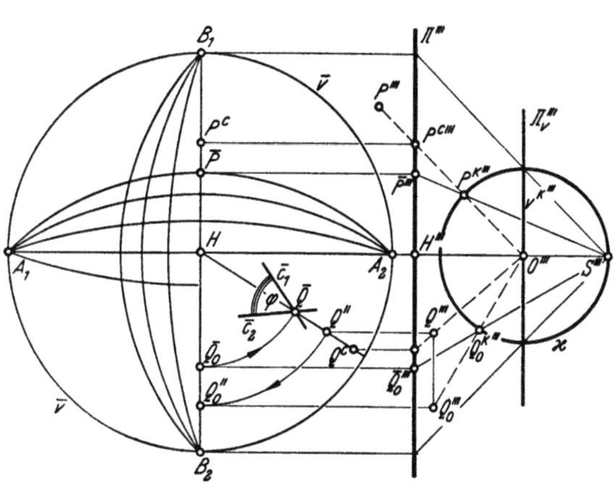

Abb. 203. Stereographische Perspektive

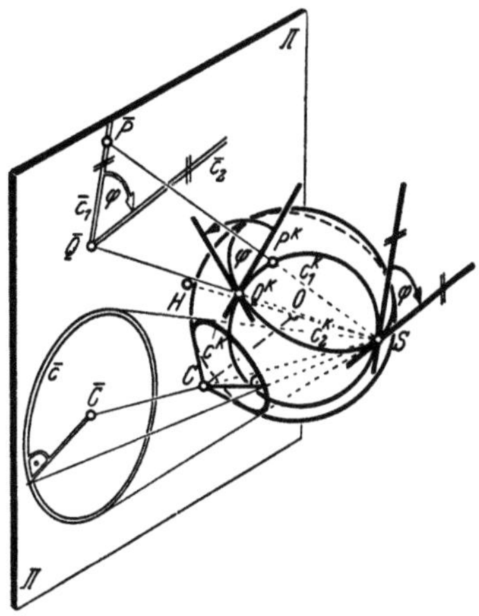

Abb. 204. Stereographische Projektion

Die Projektion von $\varkappa$ aus S nach Π heißt *stereographische Projektion*[1]. Sie besitzt interessante Eigenschaften (Abb. 204). Ein Kreis c_1^K auf $\varkappa$, der durch S geht, erscheint als Schnittgerade $\bar{c}_1$ seiner Ebene mit Π. Wandert ein Punkt P^K auf c_1^K gegen S, so wandert $\bar{P}$ auf $\bar{c}_1$ ins Unendliche und die Tangente in S an c_1^K ist zu $\bar{c}_1$ parallel. Zwei Kreise c_1^K und c_2^K auf $\varkappa$, die sich in S und einem weiteren Punkt Q^K von $\varkappa$ schneiden, erscheinen daher als zwei Geraden $\bar{c}_1$ und $\bar{c}_2$ durch $\bar{Q}$, die denselben Winkel einschließen wie die Tangenten in S an c_1^K und c_2^K. c_1^K und c_2^K schneiden sich aber in Q^K unter demselben Winkel wie in S, daher erscheint der Schnittwinkel φ von c_1^K und c_2^K in Q^K in wahrer Größe als Winkel φ von $\bar{c}_1$ und $\bar{c}_2$ in $\bar{Q}$. Irgend zwei Kurven s_1^K und s_2^K auf $\varkappa$, die sich in Q^K schneiden und dort c_1^K bzw. c_2^K berühren, erscheinen daher als zwei Kurven $\bar{s}_1$ und $\bar{s}_2$ in Π, die in $\bar{Q}$ von $\bar{c}_1$ bzw. $\bar{c}_2$ berührt werden und sich unter demselben Winkel φ schneiden. Sind s_1^K und s_2^K Großkreise von $\varkappa$, so werden sie aus O durch Sehebenen projiziert und es folgt: *Bei stereographischer Perspektive erscheint der Winkel zweier Sehebenen in wahrer Größe.*

c^K sei ein Kreis auf $\varkappa$, der nicht durch S geht. $\varkappa$ wird längs c^K von einem Drehkegel berührt; dessen Spitze heiße C; SC schneide Π in $\bar{C}$. Bei Projektion aus S auf Π erscheinen die Kegelerzeugenden als Geraden durch $\bar{C}$ und der rechte Winkel, unter dem c^K von den Kegelerzeugenden getroffen wird, erscheint als rechter Winkel in Π. Die Bildkurve $\bar{c}$ von c^K muß daher alle durch $\bar{C}$ gehenden Geraden rechtwinklig schneiden, sie ist also ein Kreis mit der Mitte $\bar{C}$. — Ist z. B. eine Kugel γ in stereographischer Perspektive darzustellen, so wird $\varkappa$ vom Tangentialkegel aus O an γ nach einem Kreis c^K geschnitten und dieser erscheint als Kreis $\bar{c}$. *Der Kugelumriß in stereographischer Perspektive ist demnach ein Kreis.*

[1] Als Landkartenentwurf war sie schon HIPPARCH bekannt. In Abb. 203 entsteht eine seitenrichtige Landkarte nur dann, wenn man das Bild auf die Hinterseite von Π zeichnet.

Zu einer Raumgeraden g gehört ein Großkreis g^K auf $\varkappa$ und dieser erscheint als Kreis $\overline{g}$ in stereographischer Perspektive. g^K schneidet Π_v in den Endpunkten eines Durchmessers von v^K, daher schneiden sich $\overline{g}$ und $\overline{v}$ in den Endpunkten eines Durchmessers von $\overline{v}$. $\varkappa$ wird längs g^K von einem Drehzylinder berührt; die in S auf Og errichtete Normale schneidet daher Π im Mittelpunkt von $\overline{g}$.

Abb. 205. Stereographische Perspektive (Westbahnhof Wien)

Überzieht man das gewöhnliche perspektive Bild mit einem quadratischen Netz, so läßt sich zu jedem Netzpunkt P^c der Punkt $\overline{P}$ nach Abb. 203 konstruieren und man erhält das entsprechende Netz der stereographischen Perspektive, bestehend aus Kreisen durch die Punkte A_1, A_2 bzw. B_1, B_2 von $\overline{v}$ [1]. Aus einer konstruierten gewöhnlichen Perspektive (in Frontalstellung) wurde mittels eines solchen Netzes punktweise das stereographisch-perspektive Bild gezeichnet (Abb. 205). Das Bild wirkt geschlossen und zentriert. Eine solche Wirkung erzielt man auch durch eine gute Freihandzeichnung[2].

Aus jedem Landkartenentwurf läßt sich eine Art kurvierter Perspektive gewinnen. Künstler haben manchmal Geraden gekrümmt dargestellt (z. B. A. Dürer, Scheldetor in Antwerpen, Albertina Wien). Auch findet man solche Krümmungen an Bauwerken selbst (z. B. Parthenon, Athen). Aber das Bedürfnis nach einer Änderung des perspektiven Bildes wird nur selten empfunden, denn unser Auge ist durch die Betrachtung von Gemälden, Zeichnungen und Lichtbildern an Perspektiven ebenso gewöhnt wie die Ostasiaten an ihre Schrägrisse.

59. Andere anschauliche Darstellungsweisen. a) *Panorama.* Bei einem Rundblick von einem Aussichtspunkt genügt der Blick in eine Richtung nicht, sondern das Auge O muß sich seitwärts drehen. Dann kann man die Sehstrahlen mit einem lotrechten Drehzylinder Π schneiden, dessen Achse durch O geht. Abb. 206 zeigt einen Teil des Bildzylinders Π; die Achse von Π steht lotrecht, auf ihr liegen O und der Grundriß O' von O auf die waagrechte Grundebene Γ. Eine Gerade OP schneidet Π zwar in zwei Punkten, aber nur jener Schnittpunkt wird als Bildpunkt P^z von P betrachtet, der auf derselben Seite von O liegt wie P. Als Bild einer Geraden g allgemeiner Lage ergibt sich eine Ellipse g^z, denn die Ebene Og schneidet Π nach einer Ellipse. Das Rundbild (Panorama) läßt sich in ein längliches Rechteck abwickeln. Man betrachtet

[1] Bei Änderung des Radius von $\varkappa$ wird das Bild im selben Verhältnis vergrößert oder verkleinert (warum?).

[2] In der Kristallographie wird dasselbe Netz verwendet („Wulffsches Netz"), vgl. F. Raaz und H. Tertsch, Einführung in die geometrische und physikalische Kristallographie und in deren Arbeitsmethoden, 3. Aufl., S. 33ff. Wien: Springer, 1958.

es auf dem Zylinder oder in der Abwicklung abschnittsweise. Manchmal setzt man auch mehrere aus O mit regelmäßig angeordneten Kammerachsen aufgenommene Photos zusammen; werden diese Photos aneinandergereiht, so müssen die Knickkanten durch herabhängende Baumzweige oder andere unregelmäßige Formen verborgen werden. Wird das Panorama mittels einer „All-round-Kamera", die sich um eine lotrechte Achse dreht, aufgenommen, so entstehen keine Knickkanten. Nicht lotrechte Geraden erscheinen in einem solchen Bild gekrümmt.

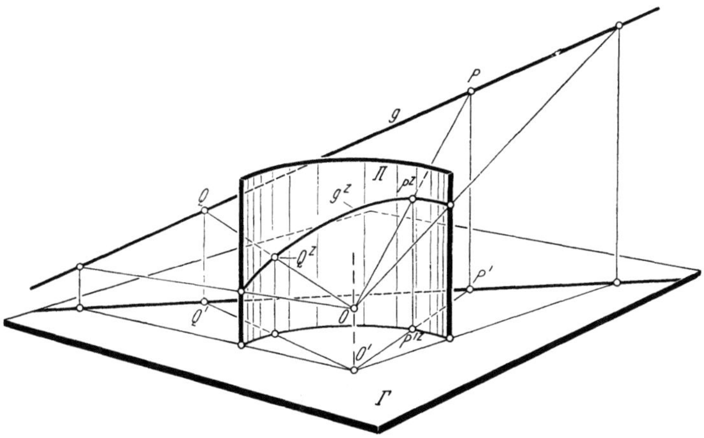

Abb. 206. Panorama

b) *Planetarium.* Genügt die Seitwärtsdrehung des Auges nicht, um das Objekt zu überschauen, so kann man es auf die Innenseite einer Sehkugel um O abbilden und diese stückweise aus O betrachten. So wird z. B. in Planetarien der Sternenhimmel abgebildet.

c) *Gewölbe- und Kuppelmalerei, Kulissenprojektion.* Die Sehstrahlen werden hier mit einer Gewölbe- oder Kuppelfläche geschnitten. Die Bildfläche ist häufig ein Drehzylinder oder ein elliptischer Zylinder oder eine Kugel. Das Auge liegt nicht auf der Zylinderachse oder im Kugelmittelpunkt, sondern dort, wo der Betrachter voraussichtlich stehen wird. Besonders in der Kunst des Barocks haben die Maler mit bewundernswertem Geschick Pilaster und andere Architekturteile in die Kuppel malerisch fortgesetzt und durch solche „gemalte Architektur" verblüffende Wirkungen erzielt. — Bei modernen Bühnenanlagen werden mittels eines oder zweier Projektionsapparate Diapositive projiziert, die auf dem „Rundhorizont" den Hintergrund des Bühnenbildes vortäuschen. Gewöhnlich ist der Rundhorizont ein stehender elliptischer Zylinder, manchmal ist ihm eine halbe Kuppel aufgesetzt. Die Diapositive müssen so gezeichnet werden, daß der projizierte Hintergrund verzerrungsfrei erscheint, wenn man ihn aus einem mittleren Punkt des Zuschauerraumes betrachtet[1].

d) *Relief, Theaterperspektive.* Wird ein Gegenstand einer räumlichen perspektiven Affinität oder Kollineation unterworfen, so kann man den affin bzw. kollinear verwandelten Gegenstand als ein räumliches Bild des ursprünglichen Gegenstandes auffassen. Abb. 207 ist eine zu Abb. 61 analoge Figur, nur sind Grund- und Aufriß auseinandergezogen, so daß S' nicht mit S'' zusammenfällt,

[1] Vgl. U. Graf, Z. angew. Math. Mechan. **18** (1938), 237 und **20** (1940), 50, sowie Z. VDI **82** (1938), 1429.

V' nicht mit V'', U_1' nicht mit U_1''. Die Buchstaben in Abb. 207 haben dieselbe Bedeutung wie in Abb. 61; neu hinzugekommen ist die Grundebene Γ, die durch die perspektive Raumkollineation in die Ebene Γ_1 übergeht. Jedem Punkt P, der nicht auf derselben Seite von σ liegt wie S, entspricht ein Punkt P_1, der zwischen der Kollineationsebene σ und der Fluchtebene ω_1 liegt. Die Breite t der Schicht zwischen σ und ω_1 heißt Relieftiefe. — Abb. 207 zeigt die Konstruktion des „*Reliefs*", das heißt des kollinearen Bildes eines Würfels.

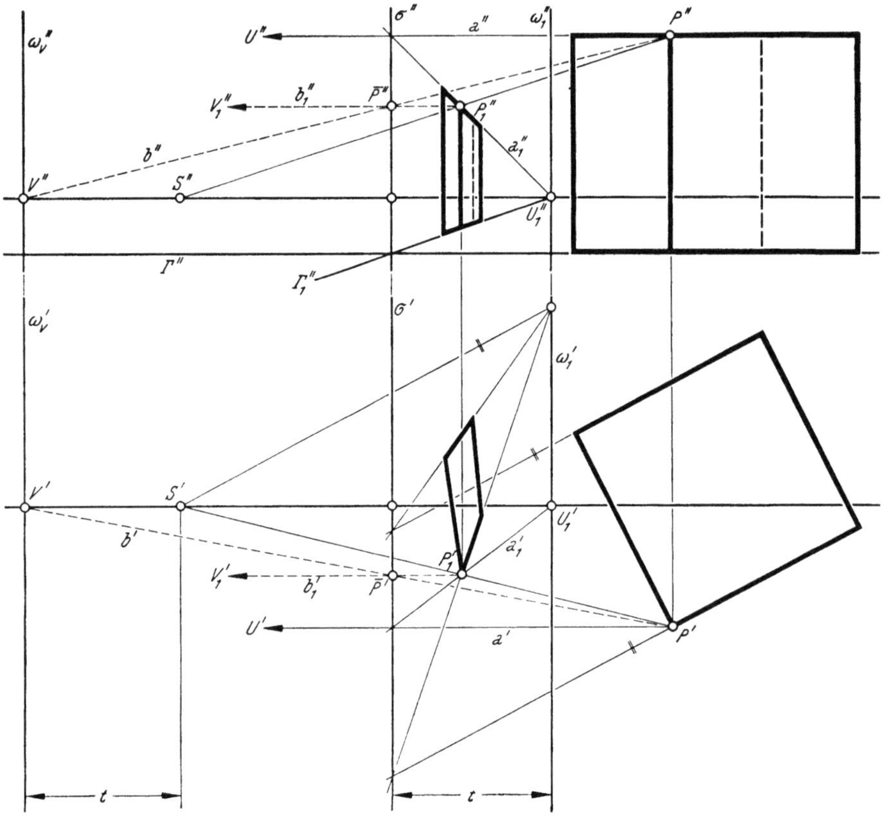

Abb. 207. Reliefperspektive

Wie in Abb. 61 tritt auch in Abb. 207 der Punkt $\overline{P}$ auf (Grundriß $\overline{P}'$, Aufriß $\overline{P}''$). $\overline{P}$ ist Normalriß des Reliefpunktes P_1 auf die Ebene σ und zugleich ist $\overline{P}$ Zentralriß des Raumpunktes P aus V auf σ. Man erkennt: *Der Zentralriß eines Gegenstands aus V auf σ ist zugleich der Normalriß des Reliefs auf σ.* Ein solches Relief hat oft die Aufgabe, in einem Raum von geringer Tiefe einen Gegenstand von größerer Tiefenausdehnung vorzutäuschen. Reliefs findet man auf Münzen, auch als Schmuck auf Wänden, Türen, Säulen usw. Den richtigen Eindruck erhält man, wenn man das Relief aus dem verwendeten Kollineationszentrum bzw. in der verwendeten Affinitätsstrahlenrichtung betrachtet. Beim Betrachten aus einem anderen Punkt, besonders beim Betrachten mit zwei Augen werden die Verzerrungen des Reliefs deutlich. Frei stehende menschliche Figuren in Reliefs sollen daher nicht die volle kollineare bzw. affine Verzerrung erhalten.

Unnatürlich wirken scharf beleuchtete Reliefs (Bäume werfen Schatten auf Berge), daher werden Reliefs besser an unbesonnten Stellen angebracht[1].

Ähnliche Fragen treten in der Theaterperspektive auf. Dort wird in einem Bühnenraum von geringer Tiefe eine stärkere Tiefenwirkung angestrebt, indem z. B. die Seitenwände nach hinten zusammenlaufen und die Decke nicht waagrecht liegt, sondern nach hinten abfällt.

e) *Stereoskop, Anaglyphen, plastischer Film.* Die stereoskopische Abbildung wurde in 52. erklärt. Im Stereoskop wird jedem Auge das zugehörige Bild dargeboten, während das andere Bild durch eine Zwischenwand abgeschirmt ist. Anaglyphenbilder erreichen denselben Zweck dadurch, daß das linke Bild z. B. rot, das rechte grün gezeichnet ist und den Augen eine Brille vorgesetzt wird, die links grünes, rechts rotes Glas hat; vom roten Bild kommen rote Lichtstrahlen, diese werden vom grünen Glas nicht durchgelassen, daher sieht das linke Auge das linke Bild schwarz, ebenso das rechte Auge das rechte Bild schwarz. Das Objekt wird nach kurzer Zeit deutlich plastisch gesehen[2].

Durch Stereoskopaufnahmen und Anaglyphenbilder werden schwierige technische und medizinische Objekte plastisch vorgeführt. Auch stereoskopische Röntgenaufnahmen, sowie stereoskopische Aufnahmen im Mikroskop und im Elektronenmikroskop werden hergestellt. Man kann den inneren Aufbau des Organismus, die Zusammensetzung komplizierter Maschinen, das Grubenbild des Markscheiders usw. plastisch verdeutlichen, indem man mehrere stereoskopische Aufnahmen auf derselben Platte mit sehr kurzer Belichtungszeit anfertigt und nach jeder Aufnahme eine äußere Schicht des Objekts entfernt; es ergibt sich ein räumliches Bild, bei dem man ins Innere hineinsieht und bei dem die äußeren Teile des Objekts durchscheinend wirken. — Binokulare Mikroskopaufnahmen dienen der Oberflächenprüfung und der Sichtbarmachung des Feingefüges von Werkstoffen.

Aus dem Stereoskop haben sich der Stereokomparator und andere wichtige geodätische Geräte entwickelt (siehe 56.).

Der plastische Film ging ähnliche Wege. Jedem Auge wurde ein eigenes Bild geboten; durch Farbbrillen wurde erreicht, daß jedes Auge nur ein Bild sah. Eine andere Methode verwendete polarisiertes Licht.

Nach 57. erfährt das räumlich gesehene Objekt eine räumliche Affinität, wenn das Augenpaar parallel verschoben wird. Wird zugleich der Augenabstand verändert, aber die Richtung von OO_1 beibehalten, so erfährt das räumlich gesehene Objekt nach 57. eine räumliche Kollineation. Praktisch wichtig ist, daß der räumliche Eindruck auch dann erhalten bleibt, wenn die Strecke OO_1 (innerhalb gewisser Grenzen) ihre Richtung ändert. Da die Sehstrahlen nach zusammengehörigen Bildpunkten dann im allgemeinen windschief sind, ist der räumliche Eindruck nicht mehr geometrisch erklärbar, sondern ist physiologisch und psychologisch bedingt. — Überhaupt ist die alte Meinung, das Räumlich-Sehen sei allein durch das Sehen mit zwei Augen bedingt, nicht stichhaltig. Es wirken in jedem Sehakt nicht nur die momentanen Empfindungen, sondern auch alle früheren Erfahrungen mit. Das Kleinkind greift nach dem Mond, obwohl es ihn mit beiden Augen sieht. Andererseits müssen sich auch Einäugige räumlich orientieren, und dasselbe gilt für die meisten pflanzenfressenden Landtiere und

[1] Über die Konstruktion von Reliefs nach STAUDIGL und DE LA GOURNERIE siehe E. MÜLLER und E. KRUPPA, Lehrbuch der darstellenden Geometrie, 5. Aufl., S. 371—376. Wien: Springer, 1948.

[2] Es gibt Geräte, die aus gepaarten Normalrissen Stereoskopbildern herzustellen gestatten. Siehe T. HILDEBRANDT, Stereobilder zeichnende Geräte, Baden-Baden: Verlag für angewandte Wissenschaften, 1959.

für die Fische, bei denen die Augen seitlich am Kopf angeordnet sind und rechts und links zwei inhaltlich ganz verschiedene optische Eindrücke empfangen.

f) *Verkleinerte Modelle.* Den „wirklichen" Eindruck, den ein Gegenstand hervorruft, kann man in einem Bild nicht erzwingen, aber man kann ihm näherkommen. Ein verkleinertes Modell, wie es von Architekten gerne zur Erprobung der ästhetischen Wirkung eines geplanten Bauwerks hergestellt wird, hat den Vorteil, daß der Betrachter das Modell von verschiedenen Seiten ansehen kann. Freilich müßte man auch den Abstand beider Augen des Betrachters im Modellmaßstab verkleinern können. Da dies nicht möglich ist, empfiehlt es sich, ein verkleinertes Modell mit nur einem Auge von verschiedenen Seiten zu betrachten und dieses Auge möglichst nahe an das Modell heranzubringen. Am günstigsten wirken Modelle größerer Gebäudeanlagen, denn sie werden gewöhnlich unter ähnlichen Bedingungen betrachtet wie die Gebäudeanlage selbst aus der Vogelschau. Die architektonische Wirkung von Innenräumen läßt sich durch Modelle überhaupt nicht befriedigend wiedergeben.

g) *Modellfilm.* Verkleinerte Modelle können gefilmt werden; dabei erreicht man durch Aufnahmetricks, die die Schau des maßstäblich verkleinerten Menschen ermöglichen, daß der Film das Bauwerk in Naturgröße vortäuscht und so zeigt, als ob der Betrachter um das Bauwerk herumwandelte. Es lassen sich ausgezeichnete Bildwirkungen erzielen, wenn das Modell des Bauwerks und seiner Umgebung in Form und Farbe genau ist und günstig beleuchtet wird, wenn beim Filmen die Aufnahmekamera so geführt wird, daß der Film das Umherwandeln des Betrachters örtlich und zeitlich gut wiedergibt, und wenn der Film bei der Vorführung annähernd aus jenem Punkt des Zuschauerraumes betrachtet wird, der dem optischen Mittelpunkt der Aufnahmekamera entspricht. Ist eine dieser Bedingungen nicht erfüllt, so ist der Eindruck ebenso unbefriedigend wie bei einer schülerhaft gezeichneten Perspektive. Am besten gelingen Modellfilme von bedeutenden Innenräumen, z. B. in Kirchen. Das Anwendungsgebiet des Modellfilms wird durch die hohen Kosten des Modellbaues und der Filmherstellung stark eingeschränkt. — Bei der Herstellung von Spielfilmen in Filmstudios verwendet man den Modellfilm seit langem. Filmaufnahmen von Modellen, made in Hollywood, werden in Spielszenen aus allen Erdteilen und Zeitaltern sehr geschickt eingeblendet.

h) *Naturgroße Modelle (Attrappen)* am künftigen Standort eines Denkmals oder Bauwerks, die letzten Aufschluß über die ästhetische Wirkung eines Entwurfs geben sollen, errichtet man wegen der hohen Kosten nur in besonderen Fällen.

Übersichtsfragen

Man vergleiche die hier besprochenen Abbildungen nach Anschaulichkeit, Bildwirkung und Konstruktionsaufwand mit der Perspektive. Wann läßt sich die Verwendung dieser Abbildungen rechtfertigen?

B. Technisch wichtige Kurven und Flächen

X. Flächen zweiter Ordnung

Eine Fläche, die von jeder Geraden allgemeiner Lage in zwei (reellen und getrennten oder vereinigten oder konjugiert komplexen) Punkten geschnitten wird, nennt man eine Fläche zweiter Ordnung. Eine solche Fläche wird von einer Ebene nach einer Kurve 2. Ordnung geschnitten, denn jede Gerade in dieser Ebene schneidet die Fläche und daher auch die Schnittkurve in zwei Punkten.

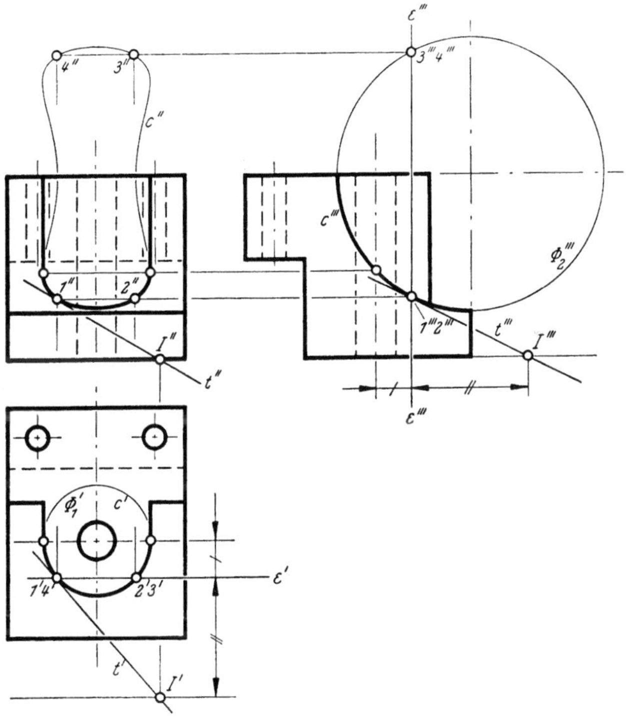

Abb. 208. Schraubenanguß eines Stahlhalters

Von den Flächen 2. Ordnung kennen wir bereits die Zylinder und Kegel 2. Ordnung und die Kugel. In 60. und 61. konstruieren wir Durchdringungen (Verschneidungen) dieser Flächen und lernen dann in 62. und 63. die übrigen Flächen 2. Ordnung kennen.

An einem technischen Gegenstand treten oft nur Stücke der betrachteten Kurven und Flächen auf; bei einem anderen Gegenstand können andere Stücke derselben Kurven und Flächen vorkommen. Daher wurden manchmal die Ergänzungen in den Bildern angedeutet[1].

60. Nichtzerfallende Schnittkurven. Abb. 208 zeigt einen lotrechten Drehzylinder Φ_1 und einen kreuzrißnormalen Drehzylinder Φ_2. Von der Schnittkurve c von Φ_1 und Φ_2 sind $c' = \Phi_1'$ und $c''' = \Phi_2'''$ unmittelbar gegeben. Eine aufrißparallele Hilfsebene ε schneidet Φ_1 und Φ_2 nach je zwei Erzeugenden, in deren Schnitt sich vier Punkte *1, 2, 3, 4* von c ergeben. Ihre Grundrisse ergeben sich als Schnittpunkte von ε' mit c', die Kreuzrisse als Schnittpunkte von ε''' mit c'''. Daraus findet man c'' punktweise. — Bei genauem Zeichnen wird man auch Tangenten von c konstruieren, z. B. t'' in $1''$ (t' berührt c' in $1'$, t''' berührt c''' in $1'''$, daraus t'' mittels I''', I' und I'').

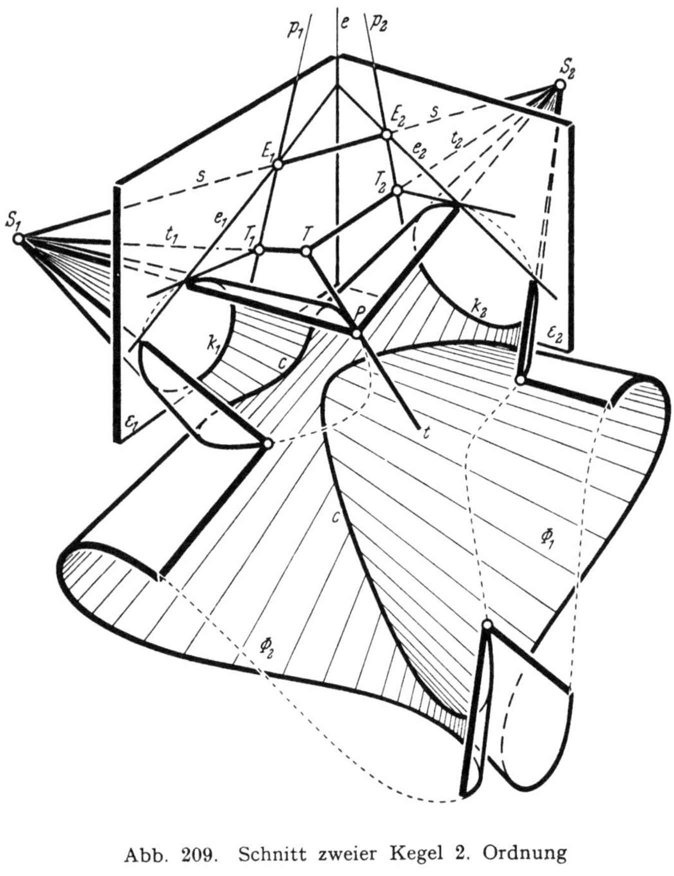

Abb. 209. Schnitt zweier Kegel 2. Ordnung

Allgemeiner ist die Frage nach der *Schnittkurve c zweier Kegel 2. Ordnung* Φ_1, Φ_2 (Abb. 209, Parallel- oder Zentralriß). Φ_1 sei durch die Spitze S_1 und den Kegelschnitt k_1 in der Ebene ε_1 gegeben, Φ_2 durch S_2 und k_2 in ε_2. Die Gerade $s = S_1S_2$

[1] Um deutlich erklären zu können, werden hier und in den folgenden Kapiteln immer zuerst allgemeine und dann besondere Kurvenpunkte konstruiert. Für praktische Anwendungen dieser Konstruktionen sei jedoch die umgekehrte Reihenfolge empfohlen.

schneide ε_1 in E_1, ε_2 in E_2. Eine durch s gelegte Hilfsebene ε schneide ε_1 in e_1, ε_2 in e_2; dabei schneiden sich e_1 und e_2 in einem Punkt der Schnittgeraden e von ε_1 und ε_2. Durch die Schnittpunkte von e_1 mit k_1 bzw. von e_2 mit k_2 gehen je zwei Kegelerzeugende, in deren Schnitt sich vier Punkte von c ergeben. Die Tangente t in P findet man als Schnittgerade der Tangentialebenen τ_1, τ_2 von Φ_1, Φ_2 in P. (Eine Hilfsebene Π durch s schneide ε_1 nach p_1, ε_2 nach p_2. τ_1 schneidet ε_1 in einer Tangente von k_1; diese schneide p_1 in T_1; τ_1 schneidet Π in $t_1 = S_1T_1$. Analog t_2. t_1, t_2 schneiden sich in einem Punkt T von t.)

ε enthält vier Punkte von c. *Auch jede andere Ebene des Raumes schneidet c in vier Punkten, den Schnittpunkten jener beiden Kegelschnitte, in denen diese Ebene Φ_1 und Φ_2 schneidet. Man nennt c daher eine Raumkurve 4. Ordnung.* Die vier Schnittpunkte müssen nicht immer reell sein und getrennt liegen; zwei oder alle vier können komplex sein, auch können sie in verschiedener Weise zusammenrücken. *Ein Parallelriß oder Zentralriß von c ist im allgemeinen eine ebene Kurve 4. Ordnung,* denn jede Sehebene enthält vier Punkte von c und deren Bilder liegen auf einer Geraden.

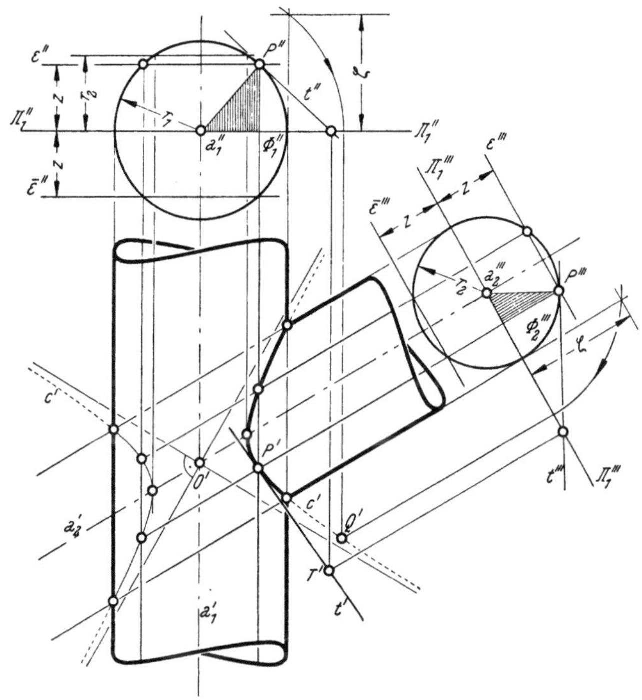

Abb. 210. Rohrabzweigung

Abb. 210 zeigt einen wichtigen *Sonderfall, zwei Drehzylinder Φ_1, Φ_2, deren Achsen a_1, a_2 sich in einem Punkt O schneiden.* Wir zeichnen den Grundriß auf $\Pi_1 = [a_1a_2]$ und Seitenrisse auf eine zu a_1 und eine zu a_2 normale Bildebene. Eine im Abstand z parallel zu Π_1 gelegte Hilfsebene ε schneidet Φ_1 und Φ_2 in je zwei Erzeugenden und liefert in deren Schnitt vier Punkte von c. Die zu ε bezüglich Π_1 symmetrisch gelegene Hilfsebene $\bar{\varepsilon}$ liefert ebenfalls vier Punkte von c, und diese haben denselben Grundriß wie die Schnittpunkte von c

mit ε. Jede lotrechte Ebene schneidet daher c in zwei zu Π_1 symmetrischen Punktepaaren, das heißt eine Gerade in Π_1 schneidet c' nicht in vier, sondern in zwei Punkten; jeder dieser Punkte ist Grundriß zweier Punkte von c. Man sagt, diese Punkte von c' seien *doppelt-zählend* und c' sei eine *doppeltzählende Kurve 2. Ordnung.* Laut Konstruktion liegen die Mitten der zu a_1' parallelen Sehnen von c' auf a_2' und umgekehrt, daher sind a_1', a_2' konjugierte Durchmesser von c' und O' ist Mitte von c'. Da O' im Endlichen liegt, kann c' keine Parabel sein; c' kann aber auch keine Ellipse sein, denn der Durchmesser a_1' von c' enthält keine reellen Punkte von c' (weil Φ_2 die höchste Erzeugende von Φ_1 nicht reell schneidet). c' kann daher nur eine Hyperbel sein. Ein Punkt P' von c' hat von a_1', a_2' die Abstände $\sqrt{r_1^2 - z^2}$, $\sqrt{r_2^2 - z^2}$ (geschraffte Dreiecke). — Ist $r_1 > r_2$ und $|z| \leqq r_2$, so sind diese Abstände reell. Für einen Pnnkt der Hyperbel c', der außerhalb der Zylinderumrisse liegt, sind diese Abstände größer als r_1 bzw. r_2, also ist $\sqrt{r_1^2 - z^2} > r_1$ und $\sqrt{r_2^2 - z^2} > r_2$, daher muß z rein imaginär sein, etwa $z = \zeta i$ (ζ reell). Dann sind die Abstände $\sqrt{r_1^2 + \zeta^2}$, $\sqrt{r_2^2 + \zeta^2}$ größer als r_1 bzw. r_2 und ergeben Punkte Q' von c', die außerhalb der Zylinderumrisse liegen (Konstruktion in Abb. 210). *Q' ist reeller Grundriß zweier konjugiert komplexer Punkte von c,* die von Π_1 die Abstände $\pm \zeta i$ haben. Man nennt solche Punkte von c' *parasitische Punkte.* Parasitische Teile einer Bildkurve wurden in Abb. 210 und in anderen Abbildungen manchmal gepunktet angedeutet.

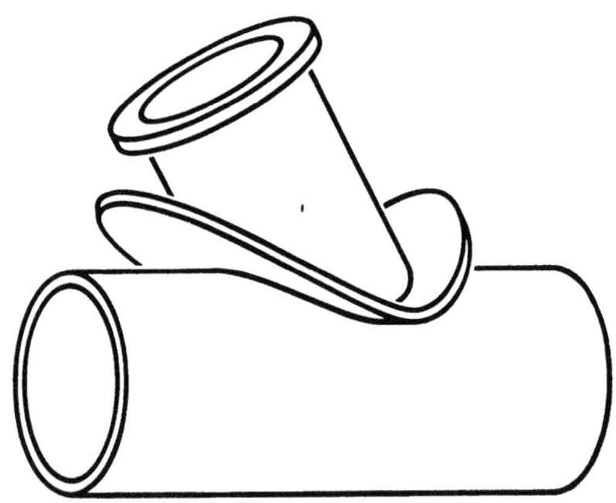

Abb. 211. Druckrohrverteilstück mit Kragenversteifung

Für $\zeta \to \infty$ hat $\sqrt{r_1^2 + \zeta^2} : \sqrt{r_2^2 + \zeta^2}$ den Grenzwert *1*, das heißt die Asymptoten von c' sind die (zueinander normalen) Winkelsymmetralen von a_1', a_2'. — Die Tangente t von c in P wurde wie in Abb. 209 konstruiert. — Der zu Π_1 normale hyperbolische Zylinder durch c tritt bei der Sulzerschen Kragenverstärkung für Hochdruckrohrleitungen auf[1] (Abb. 211).

Abb. 212 zeigt den *Sonderfall, daß sich Φ_1 und Φ_2 in einem Punkt D berühren.* Φ_1 sei ein Drehzylinder, Φ_2 ein Kegel, dessen waagrechte Schnitte Kreise sind. Da die Kegelspitze zu weit entfernt ist, um Hilfsebenen wie in Abb. 209 zu verwenden wird man lieber waagrechte Hilfsebenen ε verwenden. ε schneidet Φ_1 nach einem Erzeugendenpaar, Φ_2 nach einem Kreis. In Abb. 212 ergeben sich in ε zwei reelle Punkte *1*, *2* von c. Senkt sich ε allmählich bis unter D, so vereinigen sich diese beiden Punkte in D und trennen sich dann wieder, daher ist D Doppelpunkt von c. — Die Geraden von D nach allen Punkten von c bilden einen Kegel $\varkappa$. $\varkappa$ ist von 2. Ordnung, denn zwei der vier Schnittpunkte von c mit einer durch D gelegten Ebene η liegen in D vereinigt, die übrigen zwei ergeben zwei in η liegende Erzeugenden von $\varkappa$. Läßt man einen

[1] Schweizerische Bauzeitung **116** (**1940**), **171**—**174**.

Punkt auf c gegen D wandern, so erkennt man, daß die Tangenten von c in D die Schnittgeraden von $\varkappa$ mit der Tangentialebene δ von Φ_1, Φ_2 in D sind. In Abb. 212 wurde ein waagrechter Schnitt k von $\varkappa$ konstruiert (= Ellipse; Hauptachse $\overline{3\,4}$ aus höchstem und tiefstem Punkt von c, Nebenachse nach Abb. 74 aus $\overline{1}$ oder aus $\overline{7}$ bzw. $\overline{8}$). Die Doppelpunktstangenten von c gehen dann durch die Schnittpunkte von k mit δ. Diese Schnittpunkte können auf Grund der Scheitelkreiskonstruktion (Abb. 73) konstruiert werden (wie?). Abb. 212 zeigt auch die Konstruktion der Kreuzriß-Umrißpunkte $5'''$, $6'''$, $7'''$, $8'''$ von c'''; ihre Aufrisse sind nämlich die Schnittpunkte von Φ_1'' mit dem Aufriß der Geraden, die die Mittelpunkte der waagrechten Kreisschnitte von Φ_2 abbildet. — Die Kurve c' (nicht gezeichnet) hat in D' einen „Selbstberührungspunkt"; in D' berührt und durchsetzt c' sich selbst. Konstruiere c'!

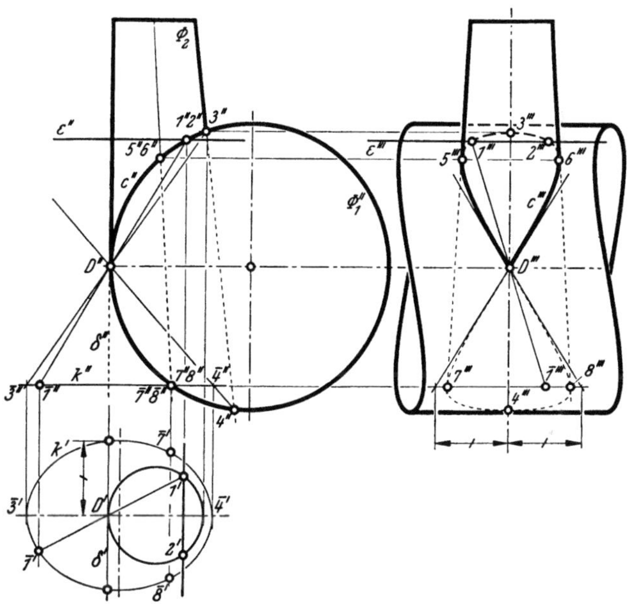

Abb. 212. Abzweigstutzen (Eisenbetonmantelrohrleitung)

c in Abb. 208 besteht aus einem reellen „Zug", in Abb. 209 und 210 aus zwei reellen Zügen, in Abb. 212 aus einem Zug mit Doppelpunkt. Wächst in Abb. 208 der Radius von Φ_2, bis sich Φ_1 und Φ_2 berühren, so schnürt sich c ein, bis im Berührpunkt ein Doppelpunkt von c entsteht. Wächst der Radius von Φ_2 weiter, so besitzt c zwei Züge. *Man kann zeigen, daß die Schnittkurve zweier Flächen 2. Ordnung, die sich nicht berühren, immer aus einem Zug oder aus zwei Zügen besteht, und daß sie immer einen Doppelpunkt (mit reellen getrennten oder mit komplexen Doppelpunktstangenten) oder eine Spitze besitzt, wenn sich die Flächen in einem Punkt berühren.*

Beispiele:

141. Zeichne Abb. 209 mit anderen Annahmen, so daß eine Raumkurve 4. Ordnung a) mit einem Zug, b) mit einem Doppelpunkt entsteht. Wie vereinfacht sich die Konstruktion in Abb. 209, wenn $\varepsilon_1 = \varepsilon_2$ ist?

142. Wasserturm (Abb. 213). Behälter gestützt durch acht Bogen, die von acht parabolischen Zylindern (gegeben durch Scheitelerzeugende und Punkte in der Bodenebene) aus zwei Drehkegeln (Spitze S_1) geschnitten werden. Nach Abb. 209.

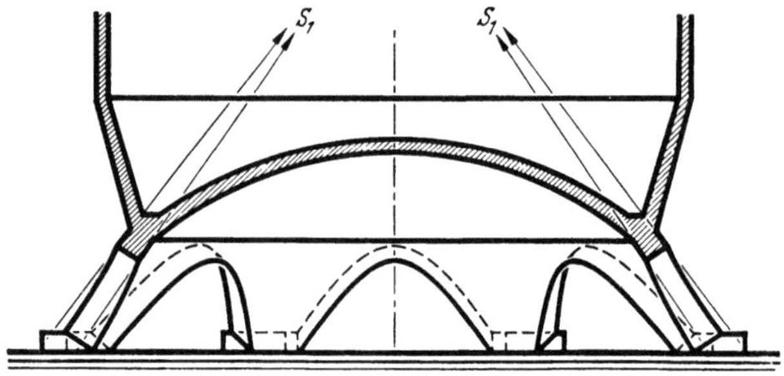

Abb. 213. Wasserturm Hockenheim

143. Personenschleuse für pneumatische Gründung (Abb. 214). Sechs Drehzylinder, ein lotrechter elliptischer Zylinder; m''' gibt einen kreuzrißnormalen elliptischen Zylinder an, der das Mannloch m aus der Kugelschale ausschneidet, m' Hyperbel, m'' und m''' Ellipsen. Konstruiere Schnittkurven und Zylinderabwicklungen!

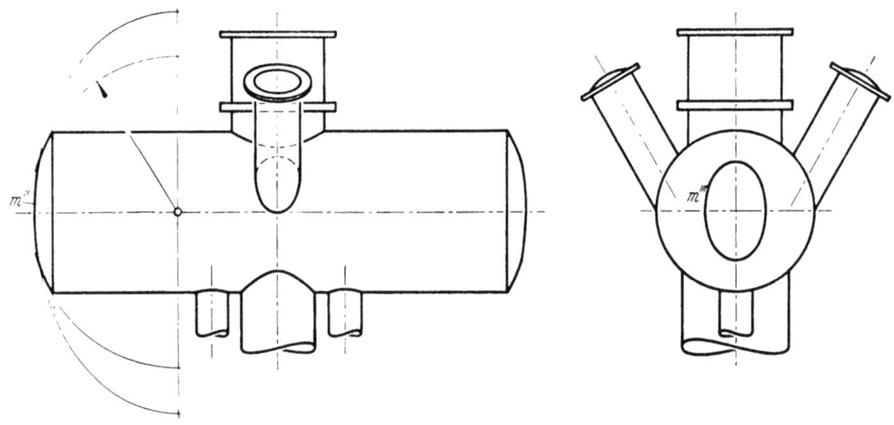

Abb. 214. Personenschleuse (für pneumatische Gründung)

144. Stichkappen. In ein Tonnengewölbe (liegender Halbzylinder, Querschnitt Kreis oder Ellipse) oder in eine Kuppel (Halbkugel) mündet eine Stichkappe (meist ein Zylinder oder Kegel 2. Ordnung, insbesondere ein Drehzylinder oder Drehkegel mit waagrechter oder geneigter Achse). Suche die Verschneidung! Beispiel: Abb. 223.

145. Romanische Apsis = lotrechter halber Drehzylinder mit Fenstern, deren Rundbögen von waagrechten Drehzylindern oder von Drehkegeln mit waagrechten Achsen ausgeschnitten werden. Alle Zylinder- bzw. Kegelachsen gehen durch einen Punkt auf der Achse des lotrechten Drehzylinders. Zeichne Auf- und Kreuzriß!

146. Viadukt. Die Fahrbahn eines Viadukts sei ein waagrecht liegender Kreisringsektor. Die Wände (Drehkegelflächen) seien unter 80° gegen die Waagrechte geneigt. Die Viaduktöffnungen seien oben von waagrechten halben Drehzylindern abgeschlossen. Konstruiere die Schnittkurven mittels waagrechter Hilfsebenen!

147. Nachteil hoher Transportkosten. In zwei Orten O_1, O_2 werden konkurrierende Waren hergestellt. Transportkosten t_1 bzw. t_2 je Mengeneinheit und Entfernungseinheit, alle übrigen Kosten h_1 bzw. h_2 je Mengeneinheit. In einem Ort O beträgt der Verkaufspreis $z_1 = h_1 + t_1 \cdot \overline{OO_1}$ bzw. $z_2 = h_2 + t_2 \cdot \overline{OO_2}$, wenn geradlinige Wege möglich sind. Trägt man z_1, z_2 über einer Landkarte auf, so ergeben sich (unter Vernachlässigung der Kartenverzerrung) zwei Drehkegel Φ_1, Φ_2 mit lotrechten Achsen durch O_1 bzw. O_2; Spitzen S_1, S_2; $O_1S_1 = h_1$, $O_2S_2 = h_2$. Wenn überhaupt eine „Konkurrenzgrenze" (das heißt eine Kurve, auf der Landkarte, in deren Punkten die Preise z_1 und z_2 gleich sind) existiert, so ist sie Grundriß des oberen Zuges der Schnittkurve c von Φ_1 und Φ_2. Konstruiere c' mittels waagrechter Hilfsebenen! Welche Möglichkeiten bestehen? Ist $t_2 > t_1$, so kann O_2 nur in einem beschränkten Gebiet (das auch O_1 enthalten kann) konkurrenzfähig sein, selbst wenn $h_2 < h_1$. Ist $h_1 = h_2$, so ist c' ein Kreis (Apollonischer Kreis = Ort der Punkte, deren Entfernungen von zwei festen Punkten O_1, O_2, in festem Verhältnis $t_2 : t_1$ stehen)[1].

148. Gegeben seien ein Drehkegel Φ_1 (Spitze S, Achse lotrecht) und eine durch S gehende Kugel Φ_2. Konstruiere die Schnittkurve c mittels waagrechter Hilfsebenen! Je nachdem die Tangentialebene von Φ_2 in S den Kegel Φ_1 in zwei reellen Erzeugenden e_1, e_2 schneidet oder längs einer Erzeugenden e berührt oder in zwei konjugiert komplexen Erzeugenden schneidet, ist S *Doppelpunkt* von c (Doppelpunktstangenten e_1, e_2) oder *Spitze* von c (Spitzentangente e) oder „*isolierter Punkt*" von c.

149. Stelle einen der behandelten Gegenstände axonometrisch oder perspektiv dar! Ohne Beweis: *Hat die Schnittkurve c zweier Flächen 2. Ordnung keinen Doppelpunkt, so hat ihr Bild im allgemeinen zwei reelle oder konjugiert komplexe Doppelpunkte; diese können sich in einem reellen Punkt vereinigen, in dem sich die Bildkurve selbst berührt; sie können auch komplex sein. Hat c einen Doppelpunkt, so ist dessen Bild ein dritter Doppelpunkt der Bildkurve; diese Doppelpunkte können sich zu einem dreifachen Punkt vereinigen* (z. B. in Abb. 212 bei Sehstrahlrichtung $D4$). *Liegt das Auge auf c*, so liegen in jeder Sehebene nur noch drei weitere Punkte von c; das Bild ist eine *Kurve 3. Ordnung; sie besitzt einen Doppelpunkt, wenn c einen Doppelpunkt hat. Es gibt im allgemeinen vier Punkte, aus denen c durch Kegel (oder Zylinder) 2. Ordnung projiziert wird* (z. B. in Abb. 210 die Fernpunkte der Achsen, O und der Fernpunkt der Grundrißsehstrahlen).

61. Zerfallende Schnittkurven.

Konvergiert r_2 in Abb. 210 gegen r_1, so konvergiert die Hyperbel c' gegen ihr Asymptotenpaar (Abb. 215), das heißt c zerfällt in die Ellipsen k_1, k_2, die sich in den Berührpunkten D_1, D_2 von Φ_1, Φ_2 schneiden. *Ein solches Kegelschnittpaar wird als eine zerfallende Raumkurve 4. Ordnung bezeichnet;* es wird von einer Ebene im allgemeinen in insgesamt vier Punkten geschnitten.

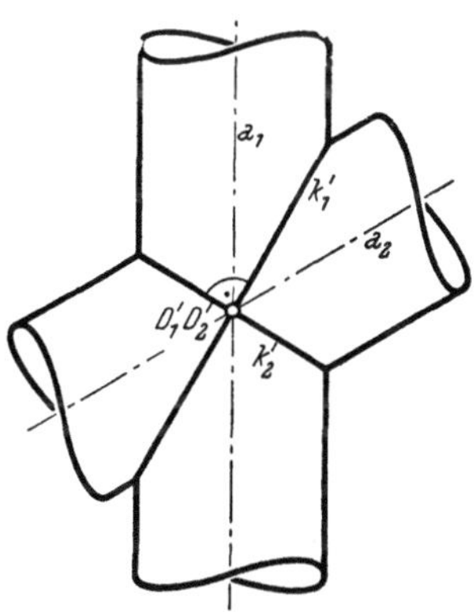

Abb. 215. Doppeltberührende Drehzylinder

Man kann zeigen, daß die Schnittkurve zweier Flächen 2. Ordnung, die sich in zwei Punkten berühren, immer zerfällt. Die Abb. 216 bis 223 zeigen Beispiele (Schraffen = Zylindererzeugende); das Kreuzgewölbe ruht auf den Ecken, das Klostergewölbe auf den Seiten des überdeckten Raumes. Abb. 218 enthält zwei Drehzylinder und einen elliptischen Zylinder, Abb. 222 enthält lauter elliptische Zylinder.

[1] Die Frage entstammt W. LAUNHARDT, Mathematische Begründung der Volkswirtschaftslehre. Leipzig 1885.

Technisch wichtig ist auch der *Schnitt zweier Drehkegel* Φ_1, Φ_2, *denen eine und dieselbe Kugel* $\varkappa$ *eingeschrieben ist* (Abb. 224 = Normalriß auf die Ebene $\Pi_1 = [a_1 a_2]$ beider Achsen). $\varkappa$ berührt Φ_1 längs des Kreises p_1, Φ_2 längs p_2. In den Schnittpunkten D_1, D_2 von p_1 und p_2 berühren sich Φ_1 und Φ_2, denn Φ_1 und Φ_2 berühren $\varkappa$

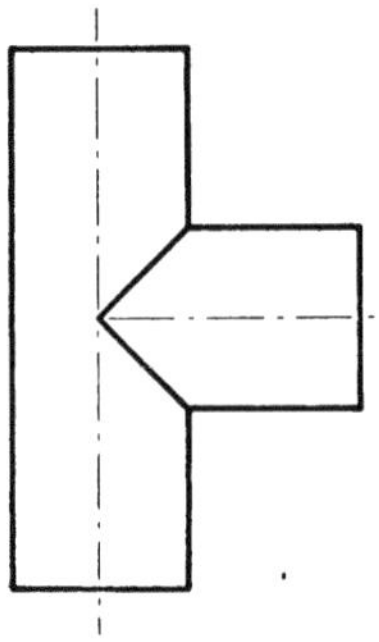

Abb. 216. T-Stück

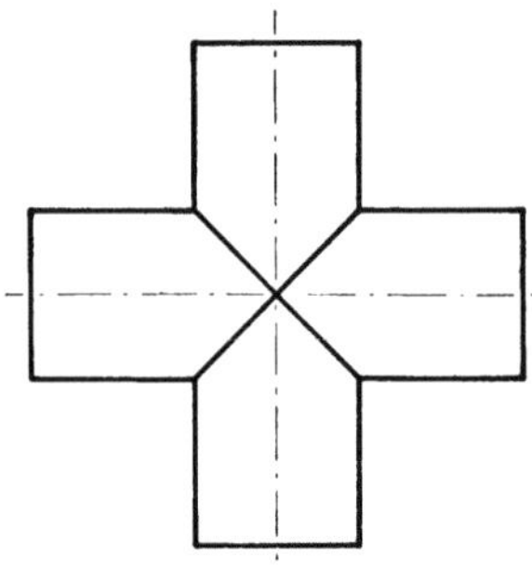

Abb. 217. Kreuzstück

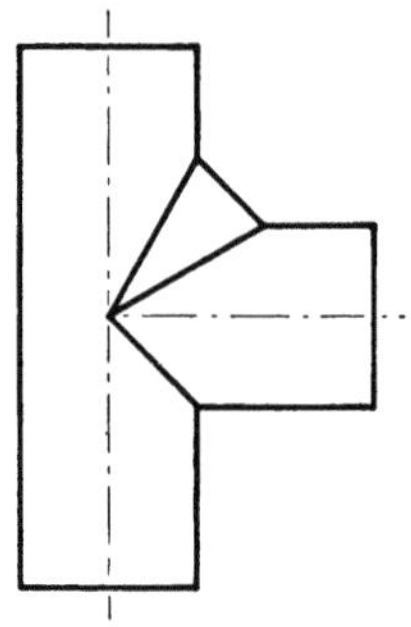

Abb. 218. Rohrabzweigung (Blech)

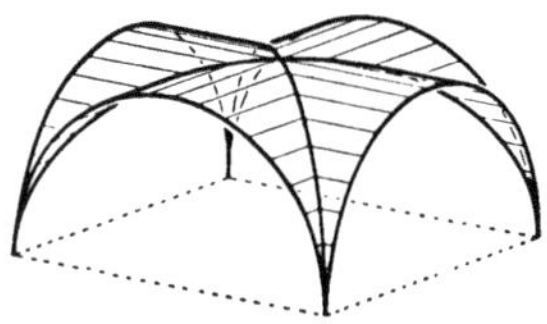

Abb. 219. Römisches Kreuzgewölbe mit 4 Kappen

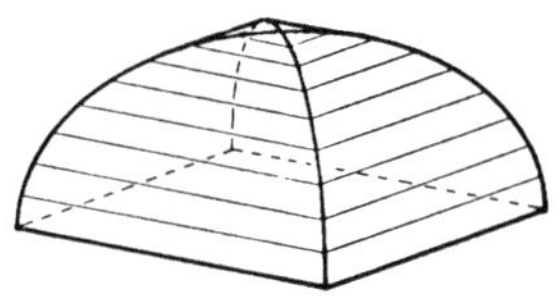

Abb. 220. Klostergewölbe mit 4 Wangen

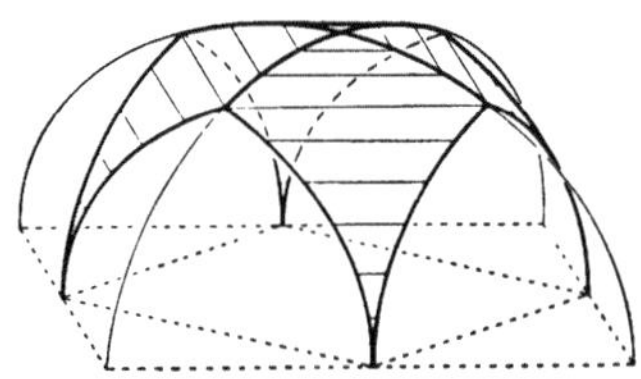

Abb. 221. Offenes Klostergewölbe

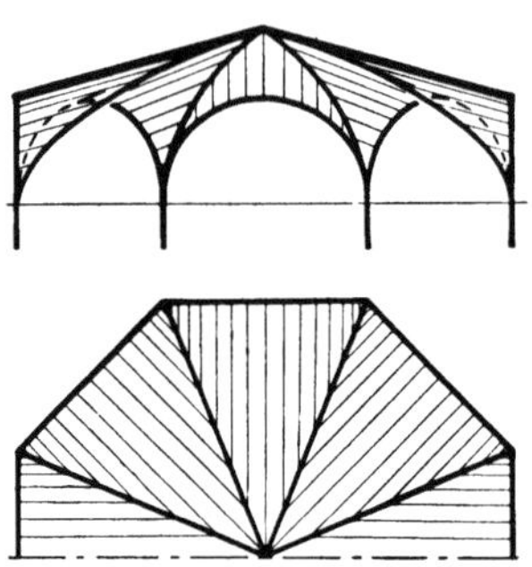

Abb. 222. Kreuzgewölbe mit geradem Stich (8 Kappen)

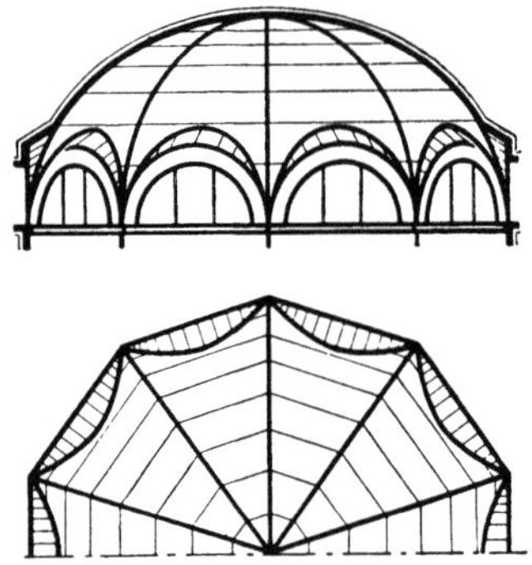

Abb. 223. Klostergewölbe mit 10 Wangen und steigenden zylindrischen Stichkappen

in diesen Punkten. Daher hat die Schnittkurve von Φ_1 und Φ_2 Doppelpunkte in D_1 und D_2. Da überdies Φ_1 und Φ_2 zu Π_1 symmetrisch sind, erscheint die Schnittkurve als doppeltzählender Kegelschnitt. Dieser zerfällt wegen des Doppelpunktes $D_1' = D_2'$ in ein Geradenpaar k_1', k_2' durch $D_1' = D_2'$. Auf

k_1', k_2' liegen auch die Schnittpunkte der Umrißerzeugenden. Im Raum zerfällt die Schnittkurve in die Kegelschnitte k_1, k_2. — Die Abb. 225 bis 228 zeigen einfache Anwendungen.

Ist in Abb. 224 $OS_1 = OS_2$, so haben Φ_1 und Φ_2 denselben Öffnungswinkel und die Ebenen von k_1 und k_2 stehen aufeinander normal (Abb. 229). Man kann dann aus Φ_1 eine häufig verwendete Blechkonstruktion herstellen, indem man Φ_1 längs k_1 durchschneidet und den zwischen S_1 und k_1 liegenden Teil von Φ_1 in die Lage von Φ_2 „umsetzt"; dabei gelangt S_1 nach S_2 und k_1 wird um seine Mitte durch 180° gedreht. Dies wird in Abb. 230 verwendet, um mit geringstem Material-

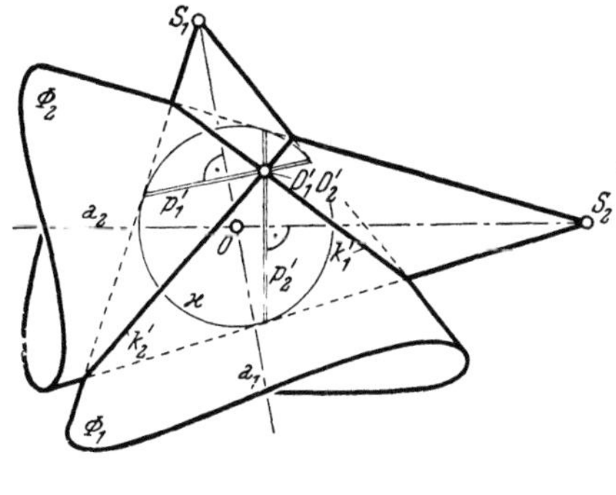

Abb. 224. Doppeltberührende Drehkegel

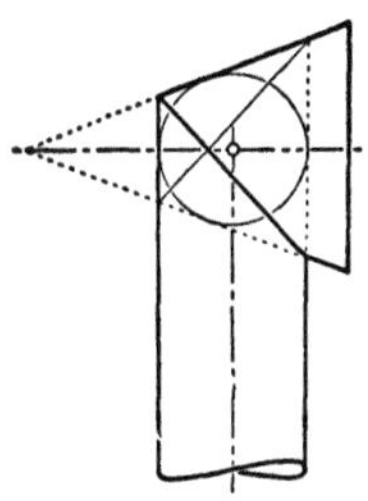
Abb. 225. Signalständer

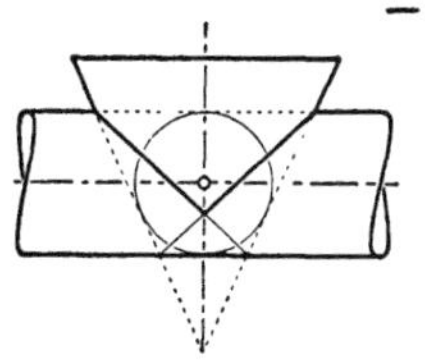
Abb. 226. Einschüttöffnung in Rohrleitung

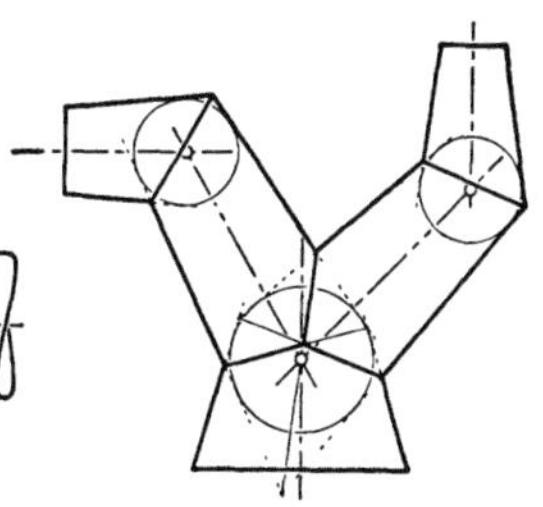
Abb. 227. Hosenrohr (mit Fortsetzungen)

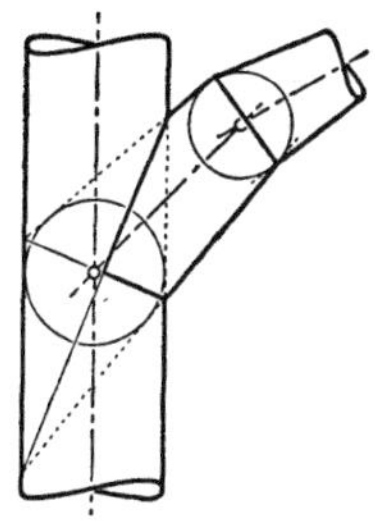
Abb. 228. Rohrabzweigung

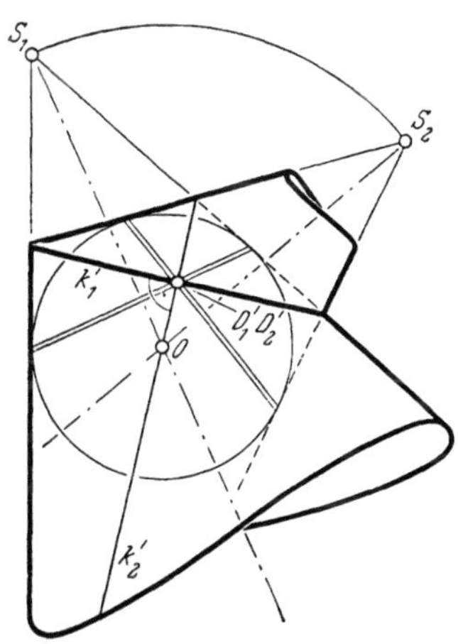

Abb. 229. Blechkonstruktion

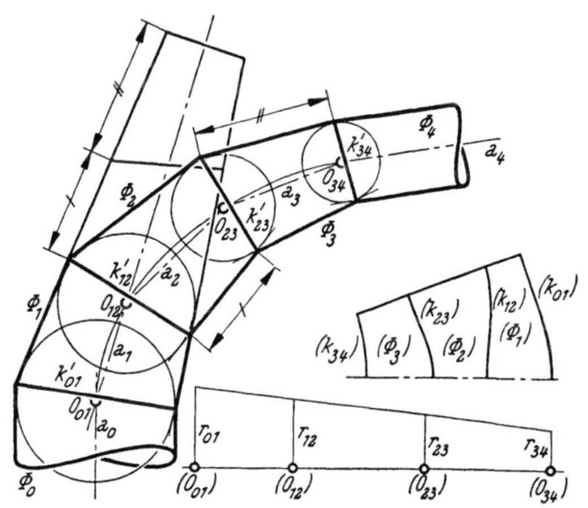

Abb. 230. Krümmer aus drei Kegelschüssen

verlust einen Drehzylinder Φ_0 über die „Kegelschüsse" Φ_1, Φ_2, Φ_3 in den Drehzylinder Φ_4 überzuführen. Die Achsen a_0, a_4 von Φ_0, Φ_4 liegen in der Grundrißebene Π_1. Zunächst werden die Mitten O_{01}, O_{12}, O_{23}, O_{34} der Kugeln $\varkappa_{01}$, $\varkappa_{12}$,

$\varkappa_{23}$, $\varkappa_{34}$ angenommen (O_{01} auf a_0, O_{34} auf a_4; es erleichtert die Wahl, wenn man einen möglichst glatten Kurvenbogen zeichnet, der a_0 in O_{01} und a_4 in O_{34} berührt, und auf ihm O_{12} und O_{23} annimmt.) $\varkappa_{01}$ besitzt denselben Radius r_{01} wie Φ_0, $\varkappa_{34}$ den Radius r_{34} von Φ_4. r_{12}, r_{23} werden so bestimmt, daß Φ_1, Φ_2, Φ_3 denselben Öffnungswinkel haben (Nebenfigur, wo der Streckenzug $O_{01}O_{12}O_{23}O_{34}$ gestreckt ist und normal dazu r_{01} in (O_{01}) und r_{34} in (O_{34}) aufgetragen werden; die Endpunkte werden durch eine Gerade verbunden und diese schneidet auf den Normalen in (O_{12}) und (O_{23}) die Radien r_{12} und r_{23} ab). Dann lassen sich Φ_1, Φ_2, Φ_3 auf einem Drehkegel durch Umsetzen vereinigen (links) und aus dessen Abwicklung bequem ausschneiden. Die Nebenfigur rechts zeigt die Hälfte des Drehkegels abgewickelt, auf die Hälfte verkleinert.

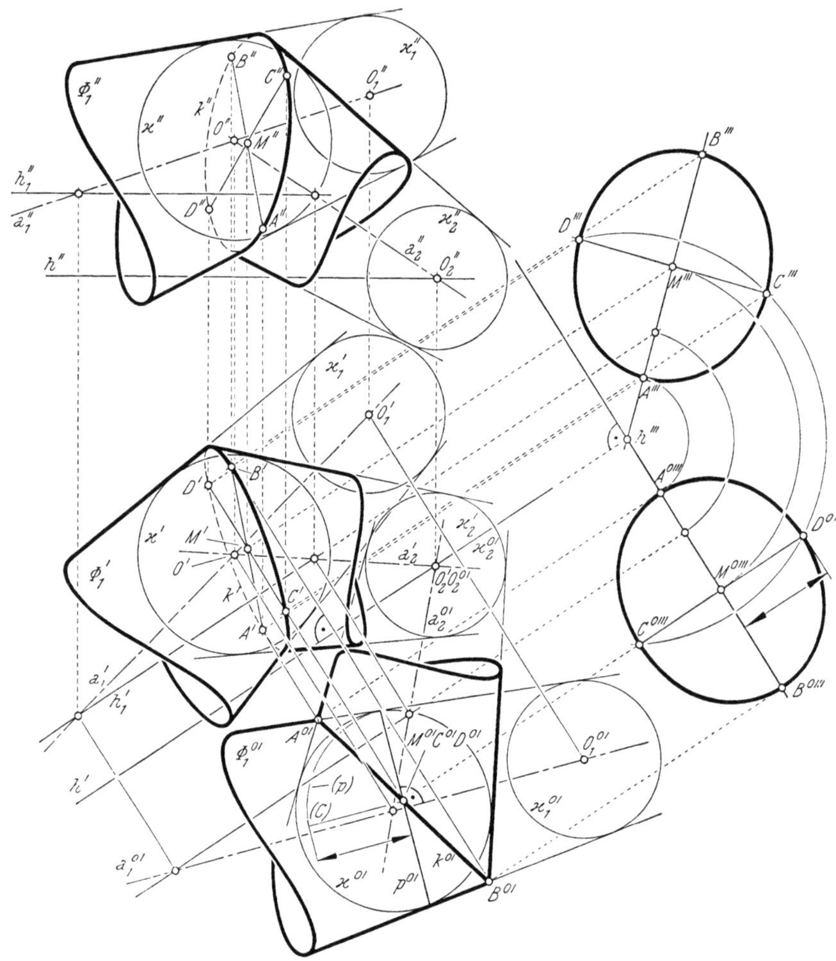

Abb. 231. Zwei Kegelschüsse in allgemeiner Lage

Analog kann man vorgehen, wenn a_0 und a_4 nicht in einer Ebene liegen. Man zeichne eine möglichst glatte Raumkurve, die a_0 in O_{01} und a_4 in O_{34} berührt, und wähle auf ihr die übrigen Kugelmittelpunkte. Die zeichnerische Durchführung ist schwieriger; die Achsen a_0, a_1, ... liegen jetzt nämlich nicht mehr in einer Ebene, die man wie in Abb. 230 als Bildebene verwenden könnte, sondern sie haben allgemeine Lage. Abb. 231 zeigt einen Ausschnitt mit den Kegeln Φ_1 und Φ_2. Φ_1 und Φ_2 berühren die Kugel $\varkappa$ (Mitte O), ihre Achsen sind a_1 und a_2. Φ_1 ist durch $\varkappa$ und die Kugel $\varkappa_1$ (Mitte O_1 auf a_1) gegeben, Φ_2 durch $\varkappa$ und die Kugel $\varkappa_2$ (Mitte O_2 auf a_2). Eine erste Hauptgerade h_1 der Ebene $[a_1a_2]$ wurde im Aufriß angenommen und daraus h_1' bestimmt; parallel zu h_1 verläuft eine erste Hauptgerade h durch O_2. $[a_1a_2]$ wurde nach Abb. 41 um h in waagrechte Lage gedreht. In der Drehlage wurden die gedrehten Kugeln $\varkappa^0$, $\varkappa_1{}^0$, $\varkappa_2{}^0$ und die gedrehten Kegel $\Phi_1{}^0$, $\Phi_2{}^0$ gezeichnet. Die Ellipse k, längs der Φ_1 in Φ_2 übergeht, erscheint in der Drehlage als Strecke $k^{0\prime}$, deren Endpunkte $A^{0\prime}$, $B^{0\prime}$ die Hauptscheitel von k^0 angeben und deren Mitte $M^{0\prime}$ den Mittelpunkt M^0 von k^0 angibt. Legt man den durch M^0 gehenden Parallelkreis p^0 des Kegels $\Phi_1{}^0$ in die Lage (p) um, so erhält man die Länge $M^{0\prime}(C)$ der halben Nebenachse von k. Durch Übertragung von A^0, B^0, C^0, D^0 in den Seitenriß und Zurückdrehen ergeben sich konjugierte Durchmesser $A'B'$ und $C'D'$ von k', durch Übertragung der Höhen aus dem Seitenriß in den Aufriß ergeben sich konjugierte Durchmesser $A''B''$ und $C''D''$ von k''.

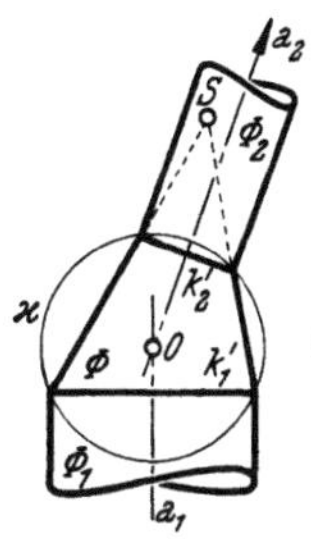

Abb. 232. Übergangskegel 2. Ordnung

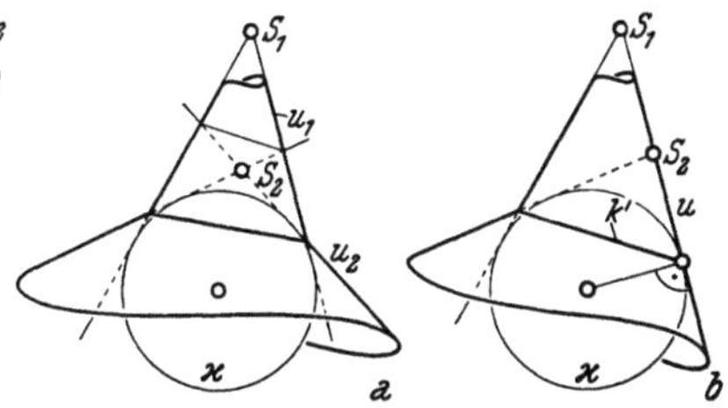

Abb. 233 *a*, *b*. Doppeltberührende Drehkegel. Grenzübergang

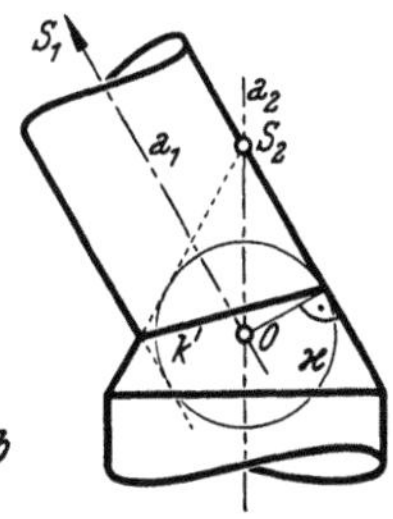

Abb. 234. Übergangsdrehkegel

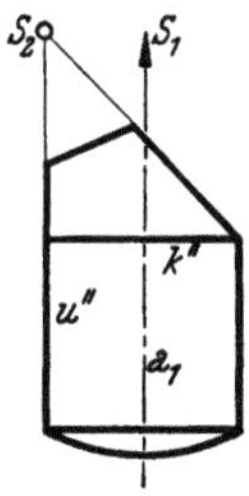

Abb. 235. Kleine Bessemerbirne

Beim Übergang zwischen zwei Drehzylindern oder Drehkegeln Φ_1, Φ_2, deren Achsen a_1, a_2 sich in O schneiden, kann man die schiefen Schnitte von Φ_1, Φ_2 vermeiden, wenn der Übergangskegel Φ nicht ein Drehkegel zu sein braucht (Abb. 232): Eine Kugel $\varkappa$ um O enthalte einen Kreis k_1 von Φ_1 und einen Kreis k_2 von Φ_2. Dann ist der in Abb. 232 konstruierte Punkt S die Spitze eines Kegels 2. Ordnung Φ, der $\varkappa$ nach k_1 und k_2 schneidet.

Läßt man in Abb. 233 *a* die Umrißerzeugenden u_1 von Φ_1 und u_2 von Φ_2 zusammenfallen, so ergibt sich Abb. 233 *b*, wo sich Φ_1 und Φ_2 längs eines Kegelschnitts k schneiden und längs der Erzeugenden u berühren. Die Schnittkurve 4. Ordnung zerfällt hier in k und die doppeltzählende Gerade u, ebenso in Abb. 234 und 235.

Die Schnittkurve zweier Flächen 2. Ordnung kann noch auf verschiedene andere Arten zerfallen. Konvergiert k_2 in Abb. 232 gegen k_1, so wird Φ Tangentialkegel von $\varkappa$. Dies zeigt, daß sich zwei Flächen 2. Ordnung längs eines ebenen Schnittes berühren können und daß dieser Schnitt als Schnittkurve doppelt zu zählen ist (vgl. eine Kugel und den Kegel in Abb. 84).

Zwei Kegel 2. Ordnung mit einer gemeinsamen Erzeugenden schneiden sich noch in einer Raumkurve 3. Ordnung, die selbst weiter zerfallen kann. Zwei

Kegel 2. Ordnung mit gemeinsamer Spitze schneiden sich in vier Erzeugenden. Diese und andere Fälle treten in der Technik selten auf.

Beispiele:

150. Zeichne ein Kreuz- oder ein Klostergewölbe über quadratischem oder rechteckigem Grundriß (mit Drehzylindern bzw. elliptischen Zylindern; mit oder ohne Stich, das heißt Zylindererzeugenden waagrecht oder gegen die Mitte ansteigend).

151. Abwicklungen zu einer der Abb. 215, 218, 224, 232, 234.

152. Zeichne Abb. 225 bis 228 und 230 mit Drehzylindern statt Drehkegeln! In Abb. 230 haben dann Φ_0 und Φ_4 denselben Radius.

153. Zeichne einen Krümmer wie in Abb. 230, wenn die Zylinderachsen a_0, a_4 nicht in einer Ebene liegen! (Wähle eine Gerade a, die a_0 und a_4 schneidet; konstruiere einen Krümmer zwischen a_0 und a und einen zwischen a und a_4.)

154. Zeichne Abb. 209, wenn Φ_1, Φ_2 einen Kegelschnitt k gemein haben! (Wähle die Ebene von k als $\varepsilon_1 = \varepsilon_2$; der Restschnitt ist ein Kegelschnitt $\bar{k}$. k und $\bar{k}$ schneiden sich in den Berührpunkten der Tangenten, die man aus dem Schnittpunkt von $S_1 S_2$ mit $\varepsilon_1 = \varepsilon_2$ an k legen kann.)

155. Untersuche Beispiel 147, wenn $t_1 = t_2$ ist! (Die Kegel haben die Fernkurve gemein, der Restschnitt ist ein Kegelschnitt oder eine doppeltzählende Gerade.)

156. Zeichne Abb. 232, wenn k_1 und k_2 einander a) in zwei reellen Punkten von $\varkappa$ schneiden, b) in einem Punkt berühren! Im Fall a) tritt im Übergangsstück neben einem Bogen von k_1 und k_2 noch ein Bogen der Schnittkurve von Φ_1 und Φ_2 auf. Im Fall b) berühren Φ und $\varkappa$ einander im Berührpunkt von k_1 und k_2.

157. Zeichne Abb. 209, wenn Φ_1, Φ_2 eine Erzeugende gemein haben! (Der Restschnitt ist im allgemeinen eine Raumkurve 3. Ordnung.)

158. Stelle einen der behandelten Gegenstände normalaxonometrisch dar!

62. Das einschalige Drehhyperboloid. Eine Gerade e drehe sich um eine zu ihr windschiefe Gerade a (Abb. 236). Die von e überstrichene Fläche Φ heißt einschaliges Drehhyperboloid. a stehe lotrecht, e habe die zu Π_2 parallele Anfangslage e_1. Φ enthält die von den einzelnen Punkten P von e durchlaufenen „*Parallelkreise*" p (in waagrechten Ebenen, Mitten auf a). Jede durch a gehende Ebene μ heißt eine *Meridianebene* von Φ. Durch Drehung um a oder durch Spiegelung an μ geht p und daher auch die ganze Fläche Φ in sich über. — Drehung von e_1 durch 180^0 ergibt e_2, Drehung durch φ ergibt e_3 usw. Spiegelt man alle Lagen $e_1, e_2, e_3, \ldots$ von e an der aufrißparallelen „Hauptmeridianebene" μ_0, so ergeben sich neue Geraden $f_1, f_2, f_3, \ldots$ auf Φ. *Φ trägt daher zwei Scharen (e) und (f) von geradlinigen „Erzeugenden". Zwei Erzeugende derselben Schar schneiden sich nicht, aber Erzeugende verschiedener Scharen schneiden sich* (auf der Meridianebene, die durch den Schnitt ihrer Grundrisse geht). Die Tangentialebene in einem Punkt P von Φ enthält die durch P gehenden Erzeugenden, eine aus jeder Schar.

Bei der Drehung um a' umhüllen die e' und f' einen Kreis k' um a'. k (Mitte O auf a, Radius = Abstand ae) heißt *Kehlkreis* von Φ. Φ ist symmetrisch bezüglich der Ebene Π von k, denn durch Spiegelung an Π vertauschen sich je zwei Erzeugende, die k im selben Punkt treffen.

Φ ist symmetrisch bezüglich μ_0, der Schnitt m_0 von Φ mit μ_0 ist zugleich der wahre zweite Umriß von Φ. Um m_0 zu bestimmen, werde eine Erzeugende f_3 im Grundriß angenommen; mittels der Schnittpunkte 1 mit e_1 und 2 mit e_2 wird f_3'' bestimmt. f_3'' muß m_0'' im Aufriß U'' des Schnittpunktes U von f_3 mit μ_0 berühren. Wegen $1\,U = U\,2$, $1''U'' = U''2''$ ist m_0'' nach Abb. 99 *eine Hyperbel mit den Asymptoten* e_1'', e_2''. Φ entsteht auch durch Drehung des „Hauptmeridians" m_0 um a.

Φ ist eine Fläche 2. Ordnung. Denn eine Gerade g allgemeiner Lage erzeugt bei Drehung um a ein anderes Drehhyperboloid und dessen Hauptmeridianhyperbel m_g schneidet m_0 in zwei Paaren zu a symmetrisch gelegener Punkte (Abb. 237); durch diese Punkte gehen zwei Parallelkreise, auf denen die Schnittpunkte P und $\bar{P}$ von g mit Φ liegen müssen. — Sind e und f die durch P, $\bar{e}$ und $\bar{f}$ die durch $\bar{P}$ gehenden Erzeugenden, und schneiden sich e und $\bar{f}$ in Q, $\bar{e}$ und f in $\bar{Q}$, so wird Φ von den Ebenen Qg und $\bar{Q}g$ in Q bzw. $\bar{Q}$ berührt. Durch eine Gerade g lassen sich daher zwei Tangentialebenen an Φ legen[1]. Man sagt, Φ sei eine *Fläche 2. Klasse.*

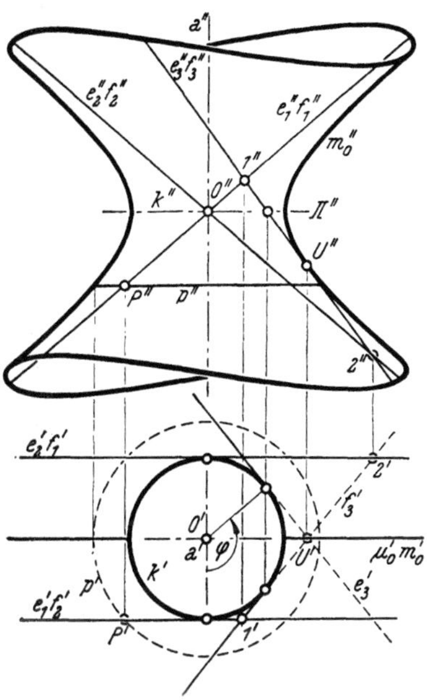

Abb. 236. Einschaliges Drehhyperboloid

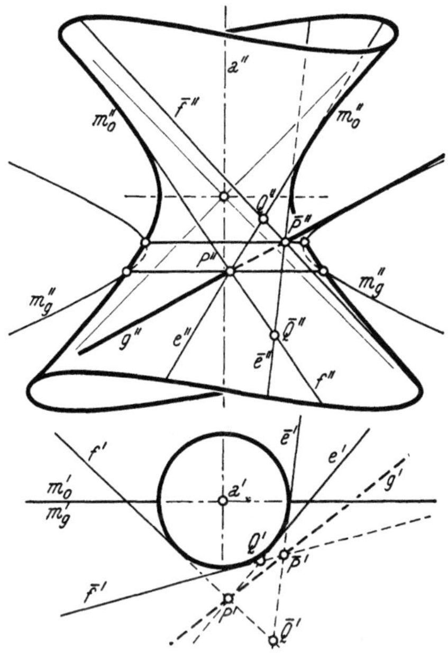

Abb. 237. Gerade und Hyperboloid

τ sei Tangentialkegel aus einem Raumpunkt T an Φ. Durch jede Gerade g, die T enthält, lassen sich zwei Tangentialebenen an Φ und damit auch an τ legen. τ ist daher ein *Kegel 2. Ordnung.* Seine Schnittkurve 4. Ordnung mit Φ zerfällt wegen der Berührung von τ mit Φ in einen doppeltzählenden Kegelschnitt, das heißt *τ berührt Φ längs eines ebenen Schnittes von Φ.* Zum Beispiel berührt der „*Asymptotenkegel*" von Φ, der durch Drehung der Asymptoten von m_0 um a entsteht, das Hyperboloid Φ längs seiner Fernkurve.

Der Tangentialkegel τ aus einem Punkt T der Kehlkreisebene Π ist offenbar zu Π und zur Ebene aT symmetrisch (Abb. 238). τ schneidet Π in den Tangenten aus T an k. OT sei zu Π_2 normal; durch OT gehen zwei Tangentialebenen an Φ, die im Aufriß als Asymptoten von m_0'' erscheinen. Liegt T' so, daß die Tangenten aus T' an k' im Bild parallel zu den Asymptoten von m_0'' sind, so ist τ ein Drehkegel, dessen Achse d normal zu OT in Π liegt und der Φ längs einer Hyperbel h berührt. τ läßt sich dann als kegelförmiger Fräser ausbilden, der aus einem

[1] Gäbe es eine dritte Tangentialebene durch g, so müßten in ihr neue Erzeugenden liegen, die in ihren Schnittpunkten mit g neue Schnittpunkte von g mit Φ liefern würden.

Werkstück, das sich langsam um a dreht, die Fläche Φ fräst. — Auf der Drehbank hingegen entsteht Φ, wenn die Werkstückachse a windschief ist zur Vorschubgeraden e der Schneidstahlspitze. e wird dann eine Erzeugende des Hyperboloids.

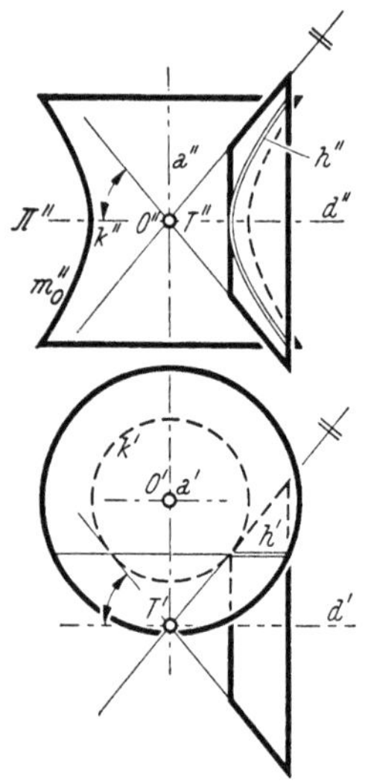

Abb. 238. Fräsen eines einschaligen Drehhyperboloids

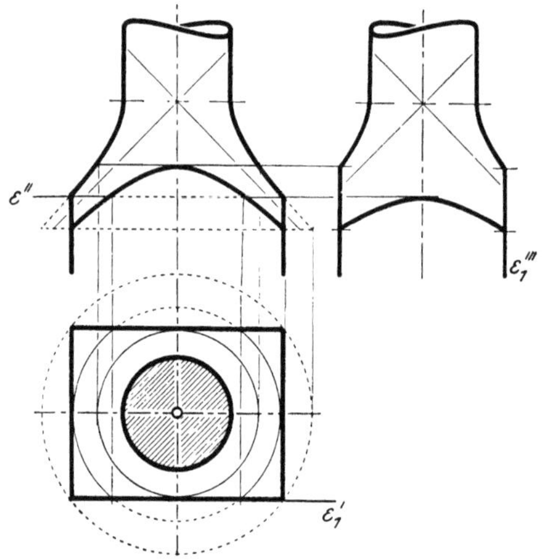

Abb. 239. Übergangsfläche (Stahl)

Das einschalige Drehhyperboloid wird manchmal als Übergangsfläche zwischen Rechteck- und Kreisquerschnitt verwendet (Abb. 239). Zwischen zwei Parallelkreisen rhythmisch angeordnete Erzeugende einer Schar findet man beim Trommelläufer von SCHIELE[1], aber auch als Leuchtröhren einer besonderen Deckenleuchte. Hyperboloidräder siehe 108.

Beispiele:

159. Welche einschaligen Drehhyperboloide lassen sich mit einem gegebenen Kegelfräser herstellen, wenn der Abstand OT in Abb. 238 veränderbar ist? (Der Asymptotenwinkel bleibt fest, der Kehlkreisradius hingegen läßt sich verändern.)

160. Konstruiere die Schnitthyperbeln in Abb. 239 mittels waagrechter Hilfsebenen ε!

63. Die übrigen Flächen 2. Ordnung. Die Zylinder und Kegel 2. Ordnung, die Kugel und das einschalige Drehhyperboloid sind nicht die einzigen Flächen 2. Ordnung. Dreht man eine Ellipse um ihre Haupt- oder Nebenachse, eine Parabel um ihre Achse, eine Hyperbel um ihre Hauptachse, so entsteht *ein eiförmiges oder linsenförmiges Drehellipsoid bzw. ein Drehparaboloid bzw. ein zweischaliges Drehhyperboloid* (Abb. 240 bis 242, wo p einen Parallelkreis dieser Flächen bedeutet). Diese Flächen Φ sind von 2. Ordnung; dreht man nämlich eine willkürliche Gerade g um dieselbe Achse a, so erzeugt sie ein einschaliges Drehhyperboloid φ, dessen Meridian den Meridian von Φ in zwei Paaren zu a symmetrisch gelegener Punkte schneidet; durch diese Punktepaare gehen zwei

[1] B. ECK, Ventilatoren, 2. Aufl., S. 282. Berlin-Göttingen-Heidelberg: Springer, 1952.

Parallelkreise, in denen sich Φ und φ schneiden; im Schnitt von g mit diesen beiden Parallelkreisen ergeben sich die zwei Schnittpunkte von g mit Φ.

Nun mögen in Abb. 240 bis 243 die Abstände aller Punkte der Drehflächen von einer Meridianebene μ_0 im selben Verhältnis verkürzt (oder verlängert) werden; das bedeutet eine räumliche Affinität mit der Affinitätsebene μ_0. Dann geht jeder Parallelkreis p in eine Ellipse über und es entstehen aus den Drehflächen 2. Ordnung *"dreiachsige" Flächen, nämlich Ellipsoid, elliptisches Paraboloid, zweischaliges und einschaliges Hyperboloid.* Diese Flächen sind eben-

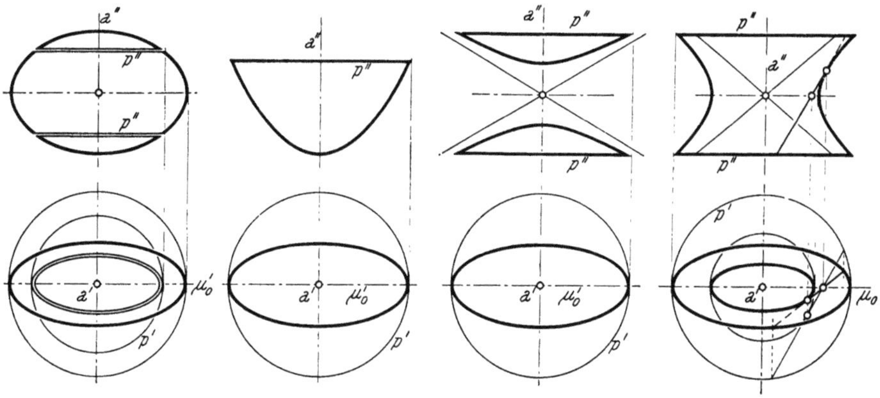

Abb. 240. Ellipsoid — Abb. 241. Elliptisches Paraboloid — Abb. 242. Zweischaliges Hyperboloid — Abb. 243. Einschaliges Hyperboloid

falls von 2. Ordnung, denn eine Gerade und ihre Schnittpunkte mit der dreiachsigen Fläche gehen durch jene räumliche Affinität aus einer Geraden und ihren zwei Schnittpunkten mit der Drehfläche 2. Ordnung hervor.

Man kann beweisen, daß jede der in Abb. 240 bis 243 gezeigten Flächen durch eine räumliche Affinität wieder in eine gleichartige Fläche übergeht. *Ellipsoide, elliptische Paraboloide, zweischalige Hyperboloide (und die Drehflächen, aus denen sie hervorgehen) nennt man ovale Flächen 2. Ordnung. Man kann zeigen, daß eine ovale Fläche 2. Ordnung Φ durch eine räumliche Kollineation wieder in eine ovale Fläche 2. Ordnung übergeht,* und zwar in ein Ellipsoid, elliptisches Paraboloid oder zweischaliges Hyperboloid, je nachdem Φ die Verschwindungsebene nicht reell schneidet, berührt oder nach einem Kegelschnitt schneidet.

Ein einschaliges Hyperboloid Φ geht durch Kollineation im allgemeinen in ein einschaliges Hyperboloid über; die beiden Erzeugendenscharen der einen Fläche gehen in die beiden Erzeugendenscharen der anderen Fläche über. *Aber wenn Φ die Verschwindungsebene berührt, entsteht eine neuartige Fläche 2. Ordnung, ein „hyperbolisches Paraboloid" φ.* In der Verschwindungsebene liegen zwei Erzeugende e, f von Φ, daher besitzt φ die entsprechenden Ferngeraden e_u, f_u als Erzeugende. e_u und f_u schneiden sich in einem Fernpunkt U (perspektives Bild Abb. 244 *a*, wo Ω die Fernebene bedeutet). φ berührt Ω in U. Die Ferngerade u der zu U normalen Ebenen schneide e_u in U_1, f_u in U_2. Durch U_1 geht eine Erzeugende f_1, durch U_2 geht e_1. Im Schnittpunkt S von e_1 und f_1 hat φ die zur Richtung U normale Tangentialebene $\Pi_1 = [e_1 f_1]$. Wir zeichnen den Grundriß auf Π_1, sowie Auf- und Kreuzriß auf die lotrechten Ebenen Π_2, Π_3 durch die Winkelsymmetralen von e_1, f_1 (Abb. 244 *b*). U_1 ist Grundriß von e_u, U_2 Grundriß von f_u. Die Erzeugenden e schneiden f_u und erscheinen im Grundriß als Geraden durch U_2. Die Erzeugenden f erscheinen als Geraden durch U_1. — φ sei durch e_1, f_1 und einen Punkt P gegeben. Zunächst zeichnen wir die Erzeugenden e_2, f_2 durch P ($e_2' \| e_1'$, $f_2' \| f_1'$ durch P', die Schnittpunkte $1' = (e_2' f_1')$ und $2' = (f_2' e_1')$ ergeben $e_2'' = P''1''$ und $f_2'' = P''2''$). Die aufrißnormale Ebene durch e_2 enthält auch eine Erzeugende f_3; $f_3'' = e_2''$ schneidet e_1'' in $3'' = 1''$, daraus $3'$ auf e_1', $f_3' \| f_1'$ durch $3'$. Ebenso findet man mittels $4'' = 2''$ in der aufrißnormalen Ebene durch f_2 die Erzeugende e_3. e_3' und f_3' schneiden sich in Q'; laut Konstruktion liegen P' und Q' symmetrisch zu Π_2', P und Q symmetrisch zu Π_2. So findet man zu jedem Punkt von φ einen bezüglich Π_2 symmetrisch gelegenen Punkt, analog einen bezüglich Π_3 symmetrisch gelegenen Punkt. Daher ist φ symmetrisch bezüglich Π_2 und bezüglich Π_3. — Die Schnittkurve u_2 von φ mit Π_2 ist der wahre zweite Umriß, der Schnitt u_3 mit Π_3 der wahre dritte Umriß. — Ist $e_1 \perp f_1$, so heißt das hyperbolische Paraboloid gleichseitig.

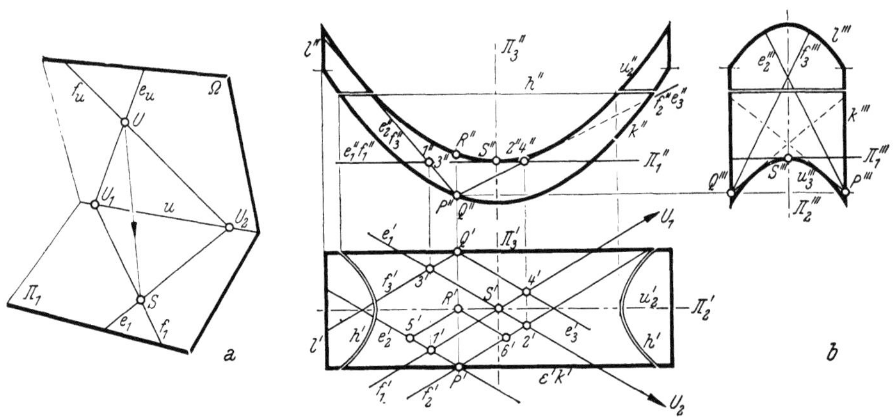

Abb. 244 *a*, *b*. Hyperbolisches Paraboloid

Während die Erzeugenden im Grundriß als Parallelen zu e_1' bzw. f_1' erscheinen, umhüllen ihre Bilder in einem anderen Parallelriß im allgemeinen eine Umrißparabel. Denn φ ist ebenso wie das Hyperboloid Φ eine Fläche 2. Klasse; der Tangentialzylinder aus dem Fernpunkt der Sehstrahlen berührt daher die Fernebene längs des durch U gehenden Sehstrahls, ist also parabolisch. Er schneidet die Bildebene nach der Umrißparabel. — Die Parabel u_2'' hat den Scheitel S'' mit der Tangente e_1''; u_2'' berührt die Aufrisse aller Erzeugenden; analog u_3'''.

Wir schneiden φ mit vier lotrechten Ebenen. ε schneide φ nach k. P sei ein Punkt von k. P' möge mit dem Punkt R' von u_2' auf einem Ordner liegen. Die Erzeugenden durch P und R schneiden einander in 5 und 6. Wegen $5'6' \| u_2' \| k'$ ist 56 eine gemeinsame zweite Hauptgerade der Tangentialebenen in P und R; daher ist die Tangente von k in P parallel zur Tangente von u_2 in R, k geht also durch die Parallelverschiebung $P \rightarrow R$ in u_2 über, das heißt k und u_2 sind kongruente Parabeln. Ebenso sind l und u_3 kongruente Parabeln. Ein waagrechter Schnitt h ist eine Hyperbel; h' hat die Asymptoten e_1', f_1'.

Abb. 244 *b* zeigt, daß *die Erzeugenden der einen Schar die der anderen Schar nach ähnlichen Punktreihen schneiden*, das heißt: Trägt man auf einer Erzeugenden e eine gleichförmige Skala auf und legt durch die Teilungspunkte die Erzeugenden f, so schneiden diese eine andere Erzeugende e wieder in den Teilungspunkten einer gleichförmigen Skala. Daher kann man bei einem Dach über trapezförmigem Grundriß (Abb. 245) Traufe f_1 und First f_2 waagrecht annehmen und dazwischen (mit geraden Sparren e und Latten f !) ein hyperbolisches Paraboloid als Dachfläche legen. Eine Überdeckung größerer Hallen zeigt Abb. 246 (gerade Traufen, dreieckige Oberlichten). Abb. 247 zeigt ein Turmdach mit vier solchen Flächen. Hyperbolisches Paraboloid (und auch einschaliges Hyperboloid) haben hervorragende Bedeutung für die moderne Architektur[1].

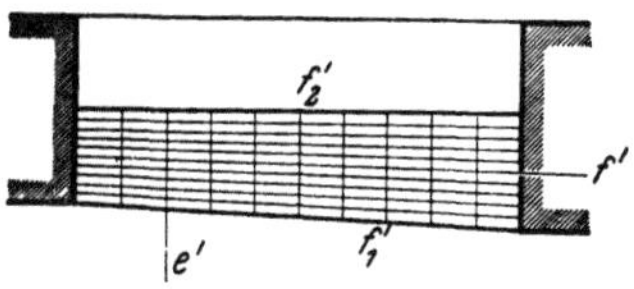

Abb. 245. Windschiefe Dachfläche

Abb. 246. Hallendach (Beton)

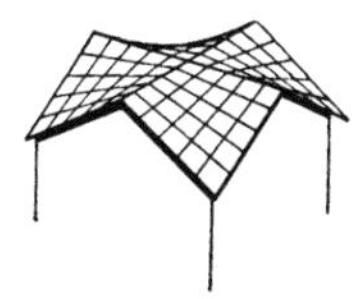

Abb. 247. Beton-Turmdach (Frankreich)

Zwei Flächen 2. Ordnung haben eine Schnittkurve 4. Ordnung, denn jede Ebene allgemeiner Lage schneidet beide Flächen nach je einem Kegelschnitt und diese beiden Kegelschnitte schneiden einander in vier Punkten, die der Schnittkurve beider Flächen angehören. Diese Schnittkurven sind von den in 60. und 61. konstruierten Kurven nicht verschieden, denn es läßt sich beweisen, daß durch die Schnittkurve zweier Flächen 2. Ordnung im allgemeinen vier Kegel 2. Ordnung gelegt werden können.

Berühren sich zwei Flächen 2. Ordnung in zwei Punkten, so zerfällt die Schnittkurve. Zum Beispiel berühren sich in Abb. 248 zwei eiförmige Drehellipsoide mit waagrechten Achsen im höchsten und im tiefsten Punkt, ihre Schnittkurve zerfällt in zwei ebene Schnitte (Ellipsen).

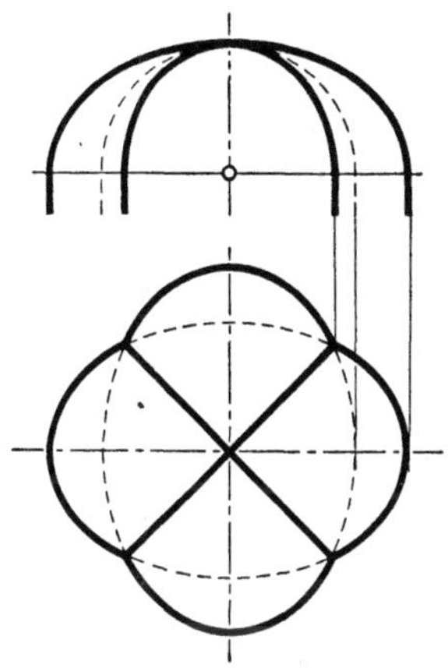

Abb. 248. Zentralkuppelbau (Schnitt zweier Betonschalen über Ellipsen)

Übersichtsfragen

Welche Flächen 2. Ordnung ergeben sich aus der Kugel und aus dem einschaligen Drehhyperboloid a) durch räumliche Affinität, b) durch räumliche Kollineation? Wie wurden in diesem Kapitel Eigenschaften des einschaligen Drehhyperboloids und des hyperbolischen Paraboloids gewonnen? — Warum schneiden sich zwei Flächen 2. Ordnung nach einer Raumkurve 4. Ordnung? Wie konstruiert man Punkte und Tangenten der Schnittkurve zweier Kegel oder Zylinder 2. Ordnung? Man zeige Beispiele, in denen diese Raumkurve aus einem Zug oder aus zwei Zügen besteht oder einen Doppelpunkt (bzw. eine Spitze oder einen isolierten Punkt) besitzt. Warum erscheint eine solche Raumkurve in einem Parallelriß oder Zentralriß im allgemeinen als eine ebene Kurve 4. Ordnung? Wann erscheint sie als eine doppelt überdeckte Kurve 2. Ordnung? Welche Beispiele von zerfallenden Raumkurven 4. Ordnung treten in diesem Kapitel auf? Was sind parasitische Punkte?

---

[1] Eindrucksvolle moderne Bauten, bei denen hyperbolische Paraboloide (und auch andere Flächen 2. Ordnung) verwendet werden, zeigt zum Beispiel das Buch „Schalenbau" von J. JOEDICKE (Stuttgart: Karl Krämer Verlag, 1962).

XI. Differentialgeometrische Konstruktionen

Mit den Überlegungen dieses Kapitels sollen nicht strenge Beweise geboten, sondern anschauliche Vorstellungen geweckt werden. Wir setzen voraus, daß bei den betrachteten Kurven und Flächen die verlangten Grenzübergänge erlaubt seien und eindeutige Ergebnisse liefern. Für weitergehende Belehrung sei auf die Lehrbücher der Differentialgeometrie hingewiesen, vor allem auf die anschaulich geschriebene „Analytische und konstruktive Differentialgeometrie" von E. Kruppa, Wien: Springer, 1957.

64. Ebene Kurven. In der Zeichenebene liege eine Kurve c und auf ihr ein Punkt P (Abb. 249). P_1 sei ein von P verschiedener Punkt auf c. Es sei möglich, längs c von P_1 nach P zu gelangen. Wenn die Sehne PP_1 eine Grenzlage annimmt, sobald P_1 nach P gelangt, nennt man diese Grenzlage die *Tangente* t von c in P. Die zu t normale Gerade n durch P heißt die *Normale* von c in P. — Die Tangente in einem Fernpunkt von c nennt man *Asymptote.*

Eine Punktfolge $P, P_1, P_2, \ldots$ auf c bestimmt den Sehnenzug $p = PP_1P_2P_3\ldots$ (Abb. 250). Die Tangenten in $P, P_1, P_2, \ldots$ bilden den Tangentenzug $T = tt_1t_2t_3\ldots$ c läßt sich durch p oder T annähern und verläuft im allgemeinen zwischen p und T. Verdichtet man die Folge — etwa indem man zwischen je zwei Punkte von p einen neuen Kurvenpunkt einschaltet — so wird die Annäherung besser; dabei nähert sich die Sehne PP_1 der Tangente t und der Schnittpunkt Q von t und t_1 dem Punkt P. Wie man sieht, *kann c entweder als Bahnkurve eines bewegten Punktes oder als Hüllkurve einer bewegten Geraden aufgefaßt werden.*

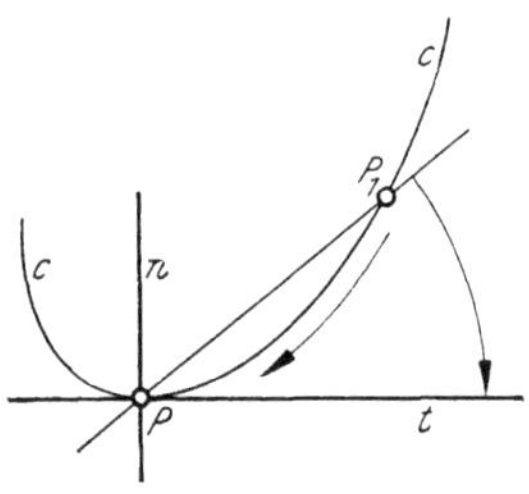

Abb. 249. Tangente und Normale

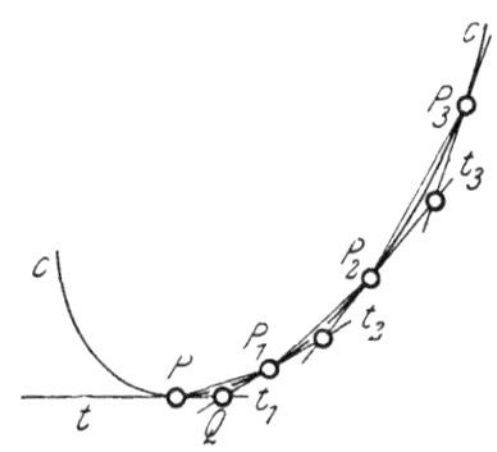

Abb. 250. Sehnenzug, Tangentenzug

Eine Kurve kann *mehrfache Punkte* besitzen; durch einen Doppelpunkt z. B. geht die Kurve zweimal und besitzt dort zwei im allgemeinen voneinander verschiedene Tangenten (z. B. ist D''' in Abb. 212 Doppelpunkt von c''').

Durch je drei aufeinanderfolgende Punkte des Sehnenzuges läßt sich ein Kreis legen. In Abb. 251 geht der Kreis k_1 durch P, P_1, P_2; seine Mitte K_1 ergibt sich im Schnitt der Streckensymmetralen von PP_1 und P_1P_2. Der Kreis k_2 (Mitte K_2) geht durch P_1, P_2, P_3, der Kreis k_3 (Mitte K_3) durch P_2, P_3, P_4. Auf der Streckensymmetrale von P_1P_2 liegen K_1 und K_2, auf der von P_2P_3 liegen K_2 und K_3. Geht man durch Verdichtung der Punktfolge auf c vom Sehnenzug zur Kurve c über, so gehen die Streckensymmetralen in Normalen von c über und das Vieleck $K_1K_2K_3\ldots$ in die Hüllkurve e der Normalen (Abb. 251 b). e heißt *die Evolute* von c. Der Berührpunkt K von e mit der Normalen n von c in P heißt *Krümmungsmitte oder Krümmungsmittelpunkt* von c in P. Der Kreis k um K durch P heißt *Krümmungskreis*, sein Radius *Krümmungsradius* von c in P. — c durchsetzt k_1 in P, P_1, P_2; tritt c in P vom Innern ins Äußere von k_1, dann tritt c bei P_1 wieder ins Innere, bei P_2 wieder ins Äußere von k_1. In Abb. 251 b liegt c daher auf der einen Seite von P im Innern, auf der anderen Seite im Äußeren des Krümmungskreises k.

Abb. 251 *a* zeigt den Radienunterschied benachbarter Kreise, z. B. $K_2P_2 - K_1P_2$. Beim Übergang vom Sehnenzug zur Kurve artet das Dreieck $P_2K_1K_2$ in eine Kurvennormale aus und es folgt: Wird ein längs *e* gelegter Faden in gespanntem Zustand abgewickelt, so bewegt sich ein Punkt *P* des Fadens längs *c* (Abb. 252). Man nennt *c eine Evolvente* von *e*. Ein anderer Punkt P_1 des Fadens beschreibt eine andere Evolvente c_1 von *e*. *c* und c_1 haben dieselbe Evolute *e* und besitzen in entsprechenden Punkten *P* und P_1 parallele Tangenten von konstantem Abstand PP_1. *c* und c_1 heißen *Parallelkurven*[1]. — Statt einen Faden auf *e* abzuwickeln, kann man eine Tangente von *e* auf *e* abrollen lassen.

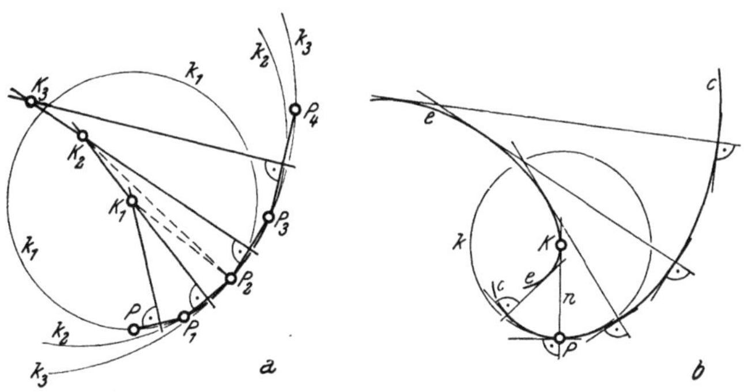

Abb. 251 *a, b*. Krümmungskreis und Evolute

Jeder ihrer Punkte beschreibt eine Evolvente von *e*. Wo der beschreibende Punkt *P* nach *e* gelangt, entsteht eine „*Spitze*" *S* von *c*; die *Spitzentangente* ist normal zur Tangente von *e* in *S*. Der Krümmungsradius von *c* in *S* ist 0.

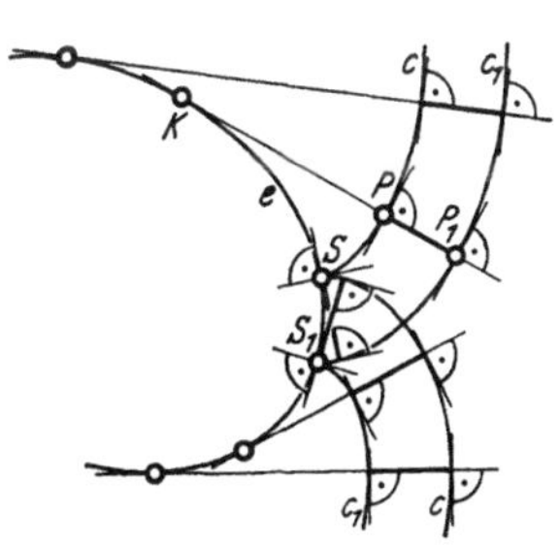

Abb. 252. Evolvente, Parallelkurven

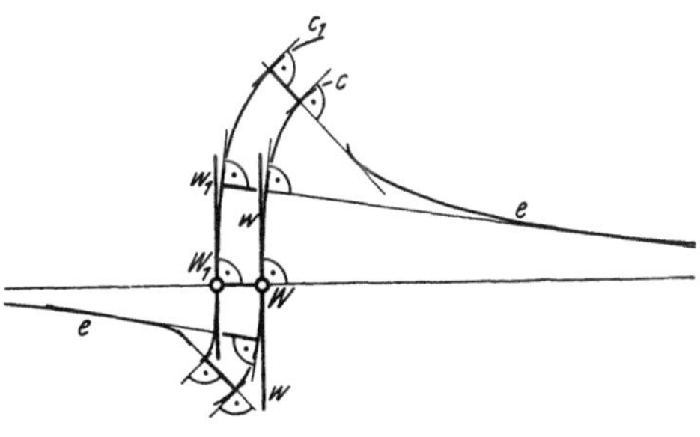

Abb. 253. Wendepunkt

Hat *e* einen Fernpunkt, so entsteht beim Abrollen der Tangente von *e* ein „*Wendepunkt*" *W* (Abb. 253). In *W* ist der Krümmungsradius unendlich groß, die „*Wendetangente*" *w* ist hier zugleich Krümmungskreis. — Hat *e* eine Spitze *S* (Abb. 254), so entsteht auf jeder Evolvente ein „*Scheitel*", sobald die abrollende Tangente von *e* die Lage der Spitzentangente *s* einnimmt; die Evolvente c_1 hat in C_1 den Krümmungsradius C_1S, und dieser ist offenbar größer als der Krümmungsradius irgend eines benachbarten Punktes von c_1. Hingegen hat c_2 in C_2 einen kleineren Krümmungsradius als in benachbarten Punkten von c_2.

[1] Die mechanische Herstellung von Parallelkurven in der Nachformtechnik zeigt z. B. Abb. **434** *a, b*.

Kurvenpunkte wie C_1 und C_2, in denen der Krümmungsradius eine Extremlänge annimmt, nennt man Scheitel. Je nachdem ein Punkt von s im Innern oder Äußern der Spitze liegt, ist er für die hindurchgehende Evolvente von e ein Scheitel mit größtem oder kleinstem Krümmungsradius. In einem Scheitel wird die Kurve vom Krümmungskreis im allgemeinen nicht durchsetzt. — Zum Punkt S selbst gehört die Evolvente c_3 von e; c_3 hat in S den Krümmungsradius 0, S heißt *Spitzpunkt*[1] von c_3. Nimmt man C_1 sehr nahe oberhalb S an und zeichnet man die hindurchgehende Evolvente von e, so erkennt man, daß ein Spitzpunkt durch das Zusammenrücken von zwei Spitzen und einem Doppelpunkt entsteht (siehe auch Abb. 292). Spitzpunkt und Flachpunkt sind demnach Grenzfälle von Scheiteln. — Besitzt e eine unendlich ferne Spitze S_∞ (Abb. 255), so hat jede Evolvente c im Schnittpunkt mit der Spitzentangente s einen „*Flachpunkt*" F. Krümmungskreis von c in F ist die „*Flachtangente*" f. — Hat e einen Wendepunkt W (Abb. 256) mit der Wendetangente w, so besitzt eine Evolvente c_1, die nicht durch W geht, einen „*Schnabel*" C_1 auf w, dessen Tangente zu w normal ist[2]. In C_1 hat c_1 den Krümmungskreis k (Radius WC_1). Die durch W gehende Evolvente c_2 von e hat in W den Krümmungsradius 0; W kann daher nicht als Wendepunkt von c_2 bezeichnet werden. — Hat e einen Schnabel, so hat jede Evolvente von e ebenfalls einen Schnabel; zeichne hiezu eine Figur!

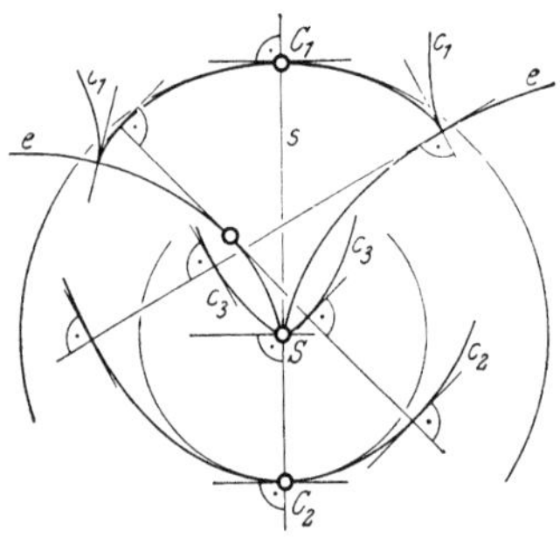

Abb. 254. Scheitel, Spitzpunkt

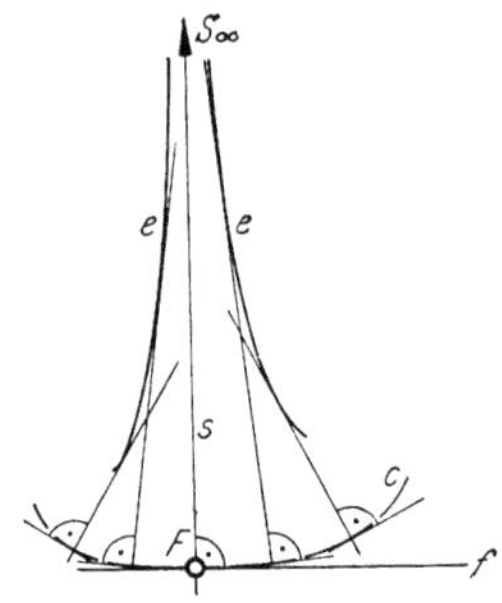

Abb. 255. Flachpunkt

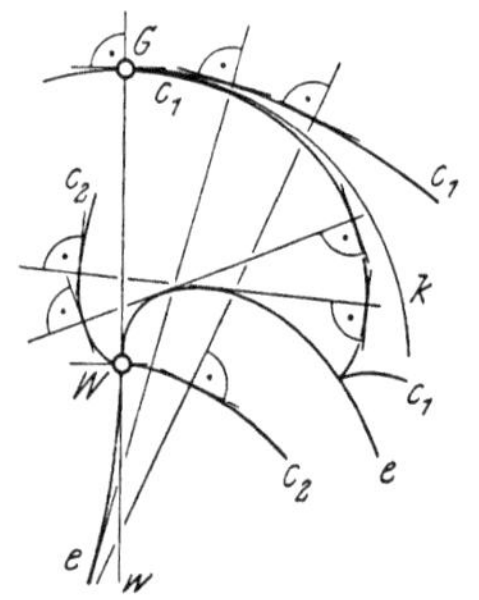

Abb. 256. Schnabelpunkt

Tangenten und Krümmungskreise graphisch gegebener Kurven, bei denen eine Gleichung oder geometrische Definition unbekannt oder zu kompliziert ist, muß man in verschiedenen technischen Anwendungsgebieten durch graphische Näherungskonstruktionen (siehe die Beispiele 161 bis 169) ermitteln. Erprobe diese Konstruktionen an verschiedenen Kurvenformen!

Beispiele:

161. Konstruktionen mit *Spiegellineal.* Über der waagrechten Zeichenebene wird ein lotrechter Spiegel bewegt, bis die Kurve c ohne merklichen Knick in ihr Spiegelbild übergeht. Die Spiegelkante gibt dann eine Kurvennormale an. Konstruiere a) Normale und Tangente in einem Punkt von c, b) eine Normale aus einem Punkt außerhalb c, c) eine Normale oder eine Tangente von gegebener Richtung, d) die Evolute von c.

[1] Nicht zu verwechseln mit „Spitze"!

[2] In der Nähe einer Spitze verläuft die Kurve zu beiden Seiten der Spitzentangente, in der Nähe eines Schnabels liegt sie ganz auf einer Seite der Schnabeltangente. — Man bezeichnet Spitze und Schnabel manchmal auch als Spitze 1. bzw. 2. Art.

162. *Sehnenmittenkonstruktionen.* Konvergiert eine Kurvensehne gegen die Tangente von c in P, so konvergiert der Sehnenmittelpunkt gegen P. Konstruiere a) eine Tangente t aus einem Punkt Q an c (zeichne einige Sehnen durch Q, Abb. 257, und verbinde die Sehnenmitten durch eine Kurve), b) den Berührpunkt einer gezeichnet vorliegenden Tangente (zeichne einige dazu parallele Sehnen), c) eine Tangente gegebener Richtung (z. B. graphische Bestimmung der Extremstellen und Extremwerte einer Funktion).

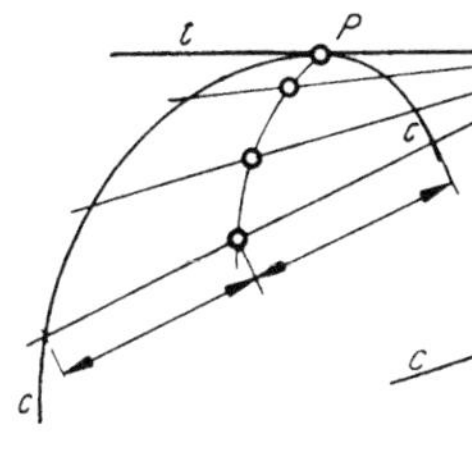

Abb. 257. Tangente aus Q an c

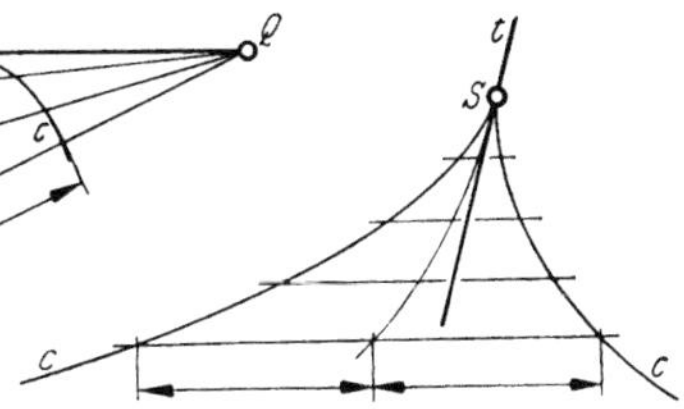

Abb. 258. Spitzentangente

163. Konstruiere die Tangente einer gezeichnet vorliegenden Spitze (Abb. 258).

164. *Zirkelkonstruktionen,* z. B. Normale n aus Q auf c (Abb. 259). Ein Kreis um Q schneide c in *1* und *2*; die Kreise (*1*; *2*) und (*2*; *1*) schneiden sich in *3* und *4*. Mehrmalige Durchführung ergibt die gestrichelte Kurve der Punkte *3*, *4*,.... Sie schneidet c im Fußpunkt von n.

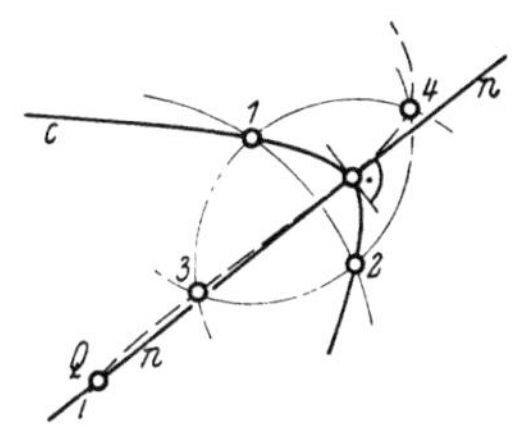

Abb. 259. Normale aus Q auf c

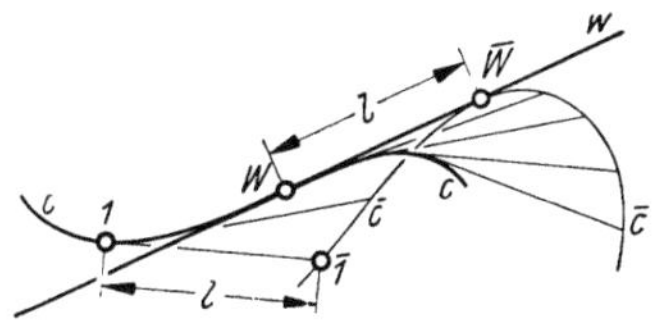

Abb. 260. Wendepunkt

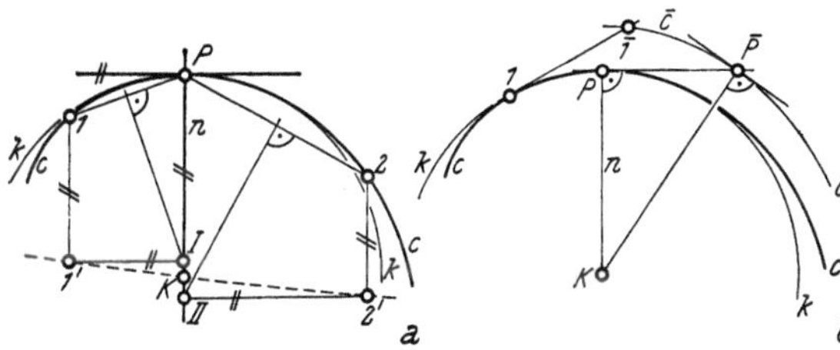

Abb. 261 *a*, *b*. Krümmungskreis

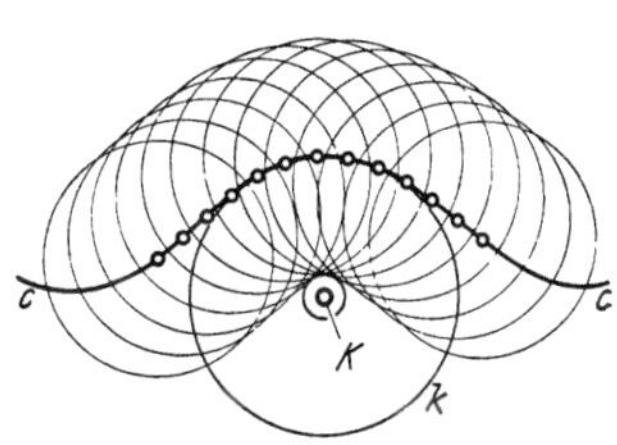

Abb. 262. Scheitelkrümmungskreis

165. Aufsuchen eines Wendepunkts W von c (Abb. 260). Auf einer Tangente von c wird vom Berührpunkt *1* eine gewählte Länge l bis $\bar{1}$ aufgetragen. Bei mehrmaliger Durchführung bilden die Punkte $\bar{1}$ eine „Äquitangentialkurve" $\bar{c}$ von c. Die Wendetangente w ist eine gemeinsame Tangente von c und $\bar{c}$. Der Wendepunkt W liegt im Abstand l vom Berührpunkt $\bar{W}$ von w mit $\bar{c}$. Beweis siehe Fußnote [1] auf S. 264.

166. *Konstruktion des Krümmungsmittelpunktes* K von c in P, wenn P nicht Scheitel von c ist. a) Konstruktion zahlreicher Normalen (mittels Spiegellineal); ihre Hüllkurve, die Evolute, berührt die Kurvennormale n von P in K. b) Durch Probieren sucht man auf n den Mittelpunkt K jenes Kreises zu finden, der c in P durchsetzt. c) Wähle auf c einen Punkt *1* und schneide die Streckensymmetrale von *P1* mit n in I (Abb. 261 *a*); die Parallele zu n durch *1* und die Parallele zur Tangente durch I schneiden sich in *1'*. Mehrmalige Durchführung ergibt die gestrichelte Kurve der Punkte *1'*, *2'*,.... Sie schneidet n in K.

167. Konstruktion des Krümmungsmittelpunktes K von c in einem beliebigen Kurvenpunkt P (Abb. 261 *b*). Man konstruiere eine Äquitangentialkurve $\bar{c}$ von c. Die Normale von $\bar{c}$ in $\bar{P}$ schneidet n in K. Beweis siehe Fußnote [1] auf S. 264.

168. Konstruiere die Evolute einer Ellipse, Parabel oder Hyperbel! Jede Kurvennormale als Winkelsymmetrale der Leitstrahlen; Scheitelkrümmungsmittelpunkte nach Abb. 82, 84, 85.

169. Aufsuchen eines Scheitelkrümmungskreises (Abb. **262**). Zeichne Kreise, deren Mitten auf c liegen und deren Radius nach dem erwarteten Scheitelkrümmungsradius zu schätzen ist! Die Kreise umhüllen eine Parallelkurve, die fast einen Spitzpunkt aufweist. Diese Stelle läßt sich nach Augenmaß durch einen kleinen Kreis (Mitte K) annähern. Konzentrisch dazu liegt der Scheitelkrümmungskreis k von c.

170. *Singuläre Fernpunkte einer Kurve.* c habe in P einen Wendepunkt oder eine Spitze mit der Tangente t. Übe auf c eine Kollineation aus, bei der P in einen Fernpunkt übergeht. Die Verschwindungsgerade sei a) t, b) nicht t.

171. Hat eine Kurve e in einem Fernpunkt einen Wendepunkt W, dessen Tangente (Asymptote) eine eigentliche Gerade w ist, so verläuft e längs w nicht wie bei einer Hyperbel zu beiden Seiten von w ins Unendliche, sondern (wie u_2' in Abb. **306** längs t_1) auf einer Seite von w. — Eine Evolvente c von e hat dann auf w einen Punkt, der wie eine Spitze von c aussieht, jedoch den Krümmungsradius ∞ besitzt. Zeichne hiezu eine Figur!

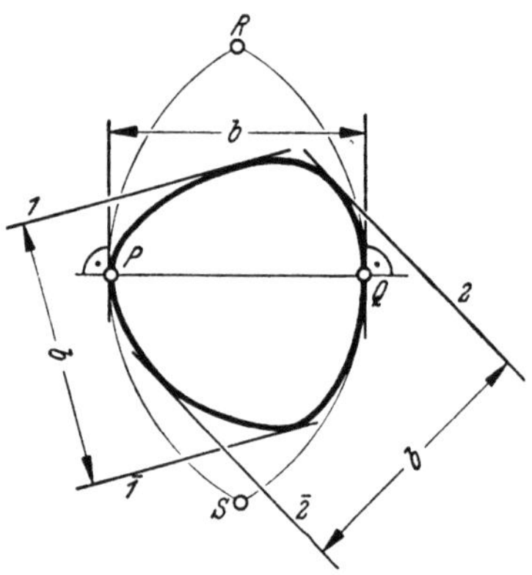

Abb. 263. Gleichdick

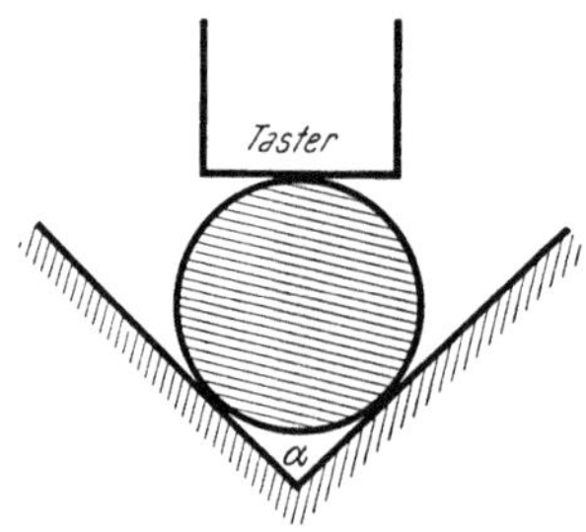

Abb. 264. Prüfung auf Kreisform

172. *Kurven konstanter Breite* (*Gleichdicke*). In Abb. **263** ist ein konvexer Bogen angenommen, der die Strecke $PQ = b$ in ihren Endpunkten rechtwinklig trifft, der in jedem Punkt einen Krümmungsradius $\leqq b$ besitzt und der innerhalb der Sechstelkreisbögen PR und QR (Radius b) verläuft. Zeichnet man unterhalb PQ zu jeder Tangente $1, 2, \ldots$ die Parallele $\bar{1}, \bar{2}, \ldots$ im Abstand b, so umhüllen $\bar{1}, \bar{2}, \ldots$ einen anderen konvexen Bogen, der innerhalb der Sechstelkreisbögen PS und QS (Radius b) liegt. Beide Bögen sind Parallelkurven voneinander und sie bilden zusammen eine geschlossene konvexe Kurve, die zwischen den Meßschneiden einer Schieblehre gedreht werden kann und dabei in jeder Lage dieselbe Breite b aufweist. Sie heißt daher Kurve konstanter Breite oder Gleichdick[1]. *Demnach genügt die Messung in der Schieblehre nicht, wenn man prüfen will, ob ein gegebenes Werkstück kreisrunden Querschnitt hat.* Es würde nicht einmal genügen, wenn die Schieblehre konstante Breite b anzeigte und wenn man außerdem feststellte, daß das Werkstück den Umfang $b\pi$ besitzt. Denn es läßt sich zeigen, daß alle Gleichdicke von der Breite b denselben Umfang $b\pi$ haben.

[1] Gleichdicke kommen in der Technik vor. Wichtig ist das aus drei kongruenten Sechstelkreisbögen zusammengesetzte REULEAUXsche Dreieck (in Kurvenschubgetrieben zur Erzeugung unterbrochener Schwingungsbewegungen und als Werkzeug zur Herstellung vierseitiger Löcher, siehe Abb. 374). Es gibt auch Fertigungsvorgänge, bei denen sich infolge kleinerer Ungenauigkeiten nicht Kreise, sondern Gleichdicke ergeben können, z. B. beim spitzenlosen Schleifen [Maschinenbau, Betrieb **19** (1940), 14] und bei der Feinstbearbeitung von Oberflächen [G. BERNDT, Die Prüfung von Gleichdicken, Maschinenbau **4** (1925), 567]. Siehe auch A. E. MAYER, Über Gleichdicke, Z. VDI **76** (1932), 884—886, dort auch weitere Literatur.

Um das Werkstück zu prüfen, legt man es in einen Hohlwinkel (Abb. **264**) und setzt oben einen Taster an; der Querschnitt ist kreisrund, wenn der Taster bei Drehung des Querschnitts im Hohlwinkel α in Ruhe bleibt. Der Beweis hiefür ist schwieriger, als man auf den ersten Blick erwartet. Der Winkel α soll (wegen der Genauigkeit) spitz sein; er muß von **60°** verschieden sein, denn es gibt Kurven, die nicht Kreise sind und sich dennoch in einem gleichseitigen Dreieck herumbewegen lassen[1].

65. Raumkurven. Eine Kurve c, die nicht in einer Ebene liegt, nennt man eine Raumkurve. Die *Tangente* t in einem Punkt P von c ergibt sich als Grenzlage einer Sehne PP_1, wenn P_1 längs c nach P wandert (Abb. 265). Unter der *Schmiegebene* σ von c in P versteht man die Grenzlage der Ebene PP_1P_2, wenn P_1 und P_2 in beliebiger Weise längs c nach P wandern. c durchsetzt PP_1P_2 in P, P_1 und P_2; daher verläuft c links von P und rechts von P_2 zu verschiedenen Seiten der Ebene PP_1P_2. Rücken P_1 und P_2 nach P, so folgt, daß σ im allgemeinen die Kurve c in P durchschneidet. — Beim Grenzübergang geht der Kreis durch P, P_1, P_2 in den „*Krümmungskreis*" k von c in P über. k liegt in σ und berührt t in P.

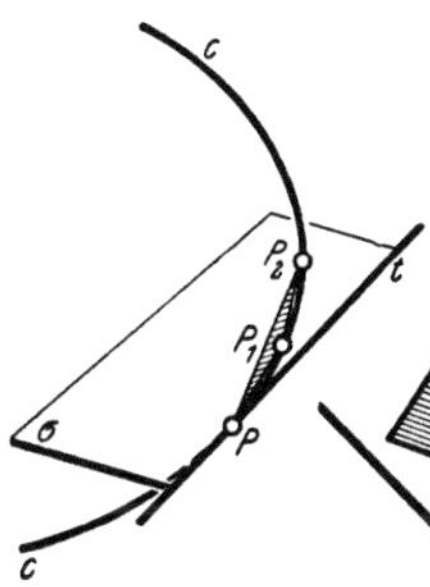

Abb. 265. Tangente, Schmiegebene

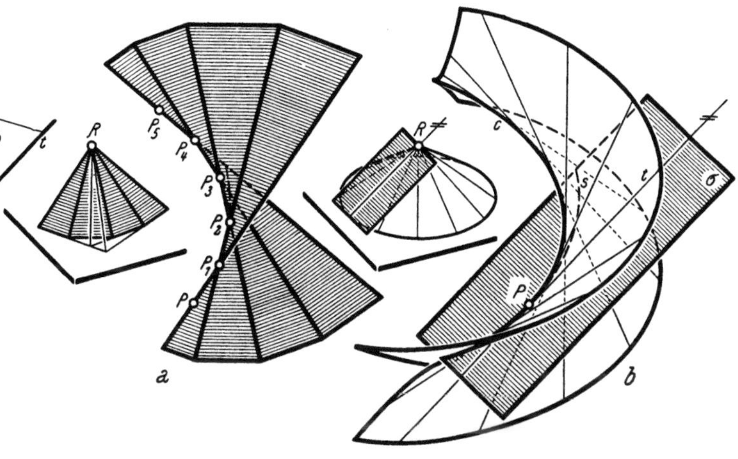

Abb. 266. *a*) Sehnenfläche, *b*) Tangentenfläche einer Raumkurve

Man kann c durch einen Sehnenzug $PP_1P_2P_3\ldots$ annähern (Abb. 266 *a*). Als Hilfskonstruktion legen wir durch einen willkürlich angenommenen „*Richtpunkt*" R die Parallelen zu den Sehnen und erhalten die „Richtpyramide" des Sehnenzugs. Bei fortgesetzter Verdichtung der Punktfolge $PP_1P_2P_3\ldots$ auf c nähert sich der Sehnenzug der Kurve c, die Sehnen gehen in Tangenten über, die Sehnenfläche (Abb. 266 *a*) geht in die *Tangentenfläche* (Abb. 266 *b*) über. Die Sehnenfläche besteht aus den in Abb. 266 *a* geschrafften ebenen Winkelflächen zwischen je zwei aufeinanderfolgenden Sehnen. Diese gehen beim Grenzübergang vom Sehnenzug zur Kurve in Schmiegebenen von c über. Daher wird die Tangentenfläche in Abb. 266 *b* längs der Tangente t in P von der Schmiegebene σ von c in P berührt. Aus der Richtpyramide wird der *Richtkegel* von c.

---

[1] Siehe z. B. Abb. 373. Siehe auch J. M. Jaglom und W. G. Boltjanski, Konvexe Figuren, Berlin 1956, und H. Schaal, Prüfung einer Kreisform mit Hohlwinkel und Taster, El. d. Math. **17** (1962), 33—37.

Seine Erzeugenden sind zu den Tangenten, seine Tangentialebenen zu den Schmiegebenen von c parallel. — Jede Tangente wird durch den Berührpunkt in zwei „Halbtangenten" zerlegt, die Tangentenfläche besteht aus zwei „*Mänteln*", die in c zusammenhängen. — In Abb. 266 *a* ist gestrichelt der Schnitt der Sehnenfläche mit der Ebene PP_1P_2 angedeutet, in Abb. 266 *b* der Schnitt s der Tangentenfläche mit der Schmiegebene in P.

Man nennt die Tangentenfläche einer Raumkurve c eine *Torse*, die Tangenten von c die *Erzeugenden der Torse* und c die *Gratlinie der Torse* (denn beide Mäntel bilden längs c eine scharfe Schneide). Die ebenen Winkelflächen in Abb. 266 *a* lassen sich durch Biegen um die Sehnen P_1P_2, $P_2P_3, \ldots$ in eine ebene Figur ausbreiten, *die Tangentenfläche läßt sich daher in eine Ebene abwickeln*; bei dieser „*Verebnung*" geht c samt ihren Tangenten in eine ebene Kurve (c) samt deren Tangenten über. Jede Kurve auf der Torse geht in eine längengleiche ebene Kurve über. *Entsprechende Punkte der Gratlinie c und ihrer Verebnung (c) besitzen denselben Krümmungsradius*, denn wenn man in Abb. 266 *a* durch Drehung um P_1P_2 die rechts von P_1P_2 liegende Winkelfläche in die links von P_1P_2 liegende Winkelfläche biegt, so geht der durch P, P_1, P_2 gehende Kreis k in einen gleich großen Kreis (k) über. Gehen P_1 und P_2 durch Grenzübergang längs c in P über, so wird aus k der Krümmungskreis von c in P, aus (k) hingegen der Krümmungskreis von (c) in jenem Punkt (P), der aus dem Punkt P von c hervorgeht. — *Es läßt sich zeigen, daß Torsen, Zylinder und Kegel die einzigen krummen Flächen sind, die sich ohne Dehnen oder Knittern in die Ebene abwickeln lassen. Man nennt sie auch abwickelbare Flächen.*

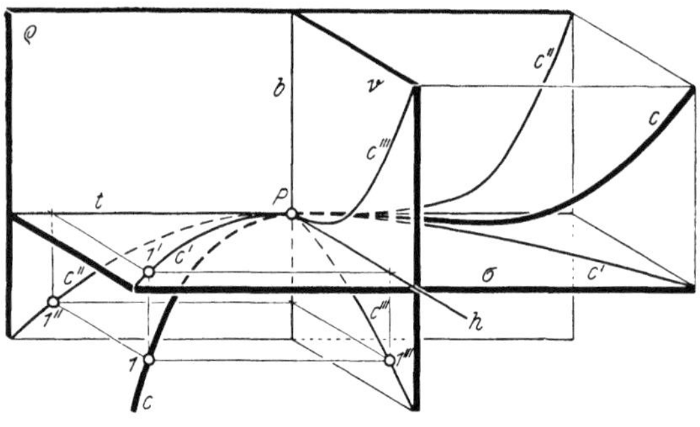

Abb. 267. Begleitendes Dreikant

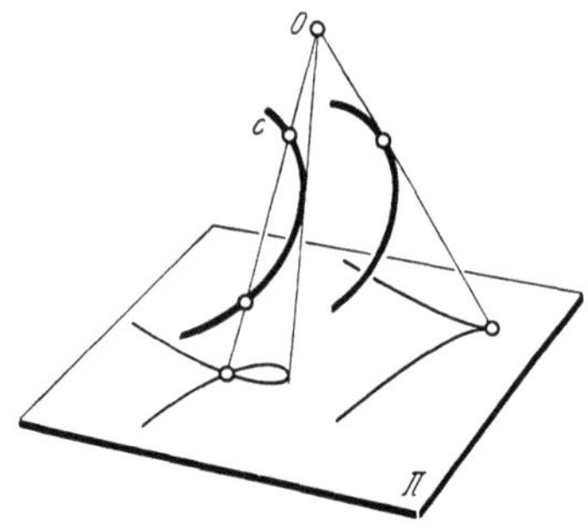

Abb. 268. Bild von c

c habe in P die Tangente t und die Schmiegebene σ (Abb. 267). In σ verläuft normal zu t durch P die „*Hauptnormale*" h von c in P. Die Normale zu σ durch P heißt die *Binormale* b von c in P. Man nennt $\nu = [hb]$ die *Normalebene*, $\varrho = [tb]$ die *rektifizierende Ebene oder Streckebene* von c in P. t, h, b samt σ, ν, ϱ heißt das *begleitende Dreikant* von c in P. Der Normalriß c' von c auf σ ist eine Kurve, die nach der Definition von σ in P denselben Krümmungskreis k besitzt wie c. Der Normalriß c'' von c auf ϱ berührt t in P und hat dort einen Wendepunkt, da σ die Kurve c in P im allgemeinen durchschneidet. Daraus folgt, daß der Normalriß c''' von c auf ν eine Spitze in P besitzt (Konstruktion des Kreuzrisses aus Grund- und Aufriß). Die Spitzentangente von c''' ist h.

In einem Parallelriß oder Zentralriß ergibt sich als Bild eines allgemeinen („regulären") Kurvenpunktes ein regulärer Punkt der Bildkurve. Liegt das Auge in σ, aber nicht auf t, so ergibt sich ein Wendepunkt, weil c die Schmiegebene durchsetzt. *Wendetangente ist das Bild von σ. Liegt das Auge auf t, so ergibt sich eine Spitze, deren Tangente das Bild der zugehörigen Schmiegebene ist* (vgl. Abb. 268; eine durch das Auge gehende Sehne ergibt einen Doppelpunkt; wird die Sehne zur Tangente, so wird aus der Schleife eine Spitze).

Auch eine Raumkurve kann singuläre Punkte (*Spitzen, Wendepunkte usw.*) *haben*. Hat eine Raumkurve einen *Doppelpunkt*, so erscheint er im allgemeinen als Doppelpunkt der Bildkurve. Liegt das Auge in der Verbindungsebene der Doppelpunktstangenten, so erscheint er als Selbstberührungspunkt der Bildkurve (z. B. Grundriß von c in Abb. 212). Liegt das Auge auf einer Doppelpunktstangente, so geht die Bildkurve durch den Bildpunkt einmal gewöhnlich und einmal als Spitze hindurch.

Die Tangentenfläche von c wird längs t von σ berührt. Anders ausgedrückt: Die Tangentenfläche ist Hüllfläche einer Ebene, die so bewegt wird, daß sie stets Schmiegebene von c bleibt. *Umgekehrt kann man zeigen, daß bei einer Bewegung im Raum* (*ausgenommen bei Parallelverschiebungen oder Drehungen*) *eine mitgeführte Ebene ε im allgemeinen eine Torse φ umhüllt*; sind ε_1, ε_2, ε_3 einzelne Lagen von ε, so ergibt sich als Grenzlage der Schnittgeraden $(\varepsilon_1\varepsilon_2)$, wenn ε_2 gegen ε_1 rückt, eine Erzeugende e_1 von φ, und als Grenzlage des Schnittpunktes $(\varepsilon_1\varepsilon_2\varepsilon_3)$, wenn ε_2 und ε_3 gegen ε_1 rücken, ein Punkt P_1 der Gratlinie c von φ. e_1 berührt c in P_1.

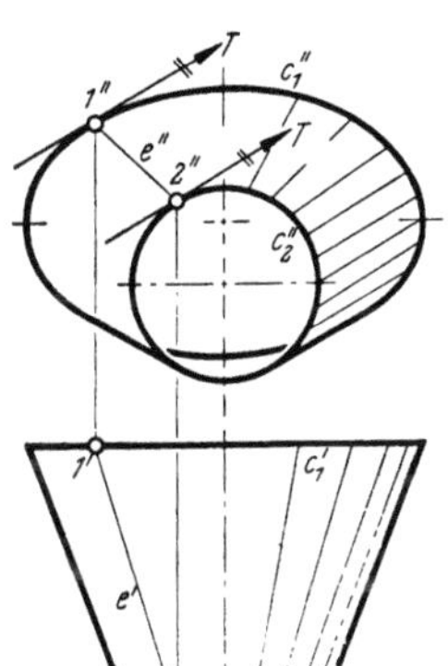

Abb. 269. Übergangsstück

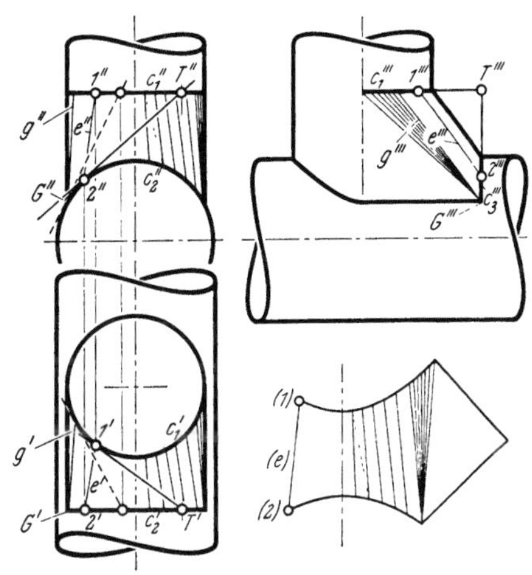

Abb. 270. Übergangsstück („Schuh")

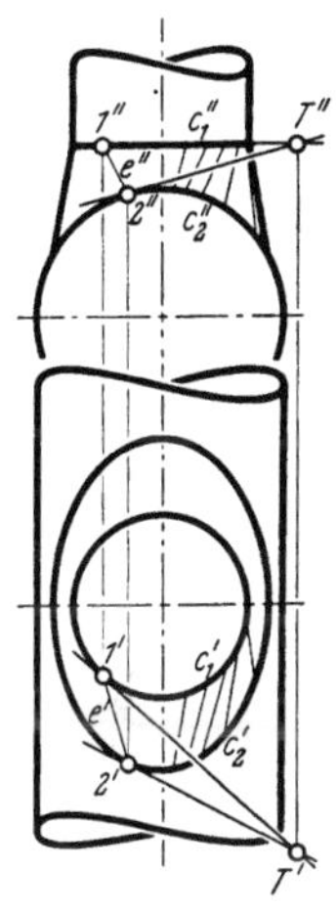

Abb. 271. Übergangsstück

Eine Raumkurve c kann als *Schnittkurve zweier Flächen* φ_1, φ_2 gegeben sein. In einem Punkt P von c ergibt sich die Tangente t als Schnittgerade der Tangentialebenen von φ_1 und φ_2 in P. Manchmal ist es vorteilhafter, t als Normale zur Ebene der Flächennormalen von φ_1 und φ_2 in P zu konstruieren (t liegt in beiden Tangentialebenen, ist also normal zu beiden Flächennormalen, daher auch normal zur Ebene, die durch die beiden Flächennormalen gelegt werden kann).

Eine Torse φ ist auch durch zwei beliebige auf ihr liegende krumme Kurven c_1, c_2 bestimmt. Jede Tangentialebene von φ muß c_1 und c_2 berühren, die zugehörige Erzeugende e von φ geht durch die Berührpunkte. φ heißt *Verbindungstorse* von c_1 und c_2. In Abb. 269 und 270 sind c_1 und c_2 ebene Kurven. Die Tangente von c_1 in einem Punkt 1 schneidet die Ebene von c_2 in T. Eine Tangente aus T an c_2

berührt c_2 in *2*. Dann ist $e = 12$. In Abb. 270 geht die Torse längs g berührend in einen Kegel 2. Ordnung mit der Spitze G über; an diesen schließt sich berührend eine ebene Dreieckfläche (Abwicklung siehe Nebenfigur). In Abb. 271 ist c_1 ein Kreis, c_2 eine Raumkurve 4. Ordnung (c_2' Ellipse, c_2'' Kreis); *2* wurde auf c_2 angenommen und daraus $T, 1, e = [12]$ konstruiert. — Liegen c_1 und c_2 auf einem Kegel oder Zylinder, so ist dieser die Verbindungstorse von c_1 und c_2.

Beispiele:

173. Nimm Grund- und Aufriß einer Raumkurve c an und zeichne in einem Punkt P von c das begleitende Dreikant und den Krümmungskreis! (t' berührt c' in P', analog t''; Schmiegebene σ mittels Richtkegel.)

174. Zeichne ein axonometrisches Bild zu Abb. **269**, **270** oder **271**! (Der wahre Umriß einer Torse besteht aus der Gratlinie und aus jenen Erzeugenden, deren Schmiegebenen durch das Auge gehen. Der scheinbare Umriß besteht aus dem Bild der Gratlinie und aus den Bildern jener Erzeugenden.)

175. Zeichne einen aufrißparallelen ebenen Schnitt zu Abb. **269**! Die Verbindungstorse zweier Kegelschnitte ist im allgemeinen eine Fläche 8. Ordnung, daher ist die Schnittkurve von 8. Ordnung.

176. Ersetze c_1 in Abb. **269** durch einen Korbbogen! Die Verbindungstorse besteht dann aus Teilen von Kegeln 2. Ordnung.

177. Konstruiere in Abb. **266** *a* den Schnitt der Sehnenfläche mit der Ebene PP_1P_2, in Abb. **266** *b* den Schnitt s von σ mit der Tangentenfläche. s ist eine Kurve, die c in P berührt; Konstruktion: schneide mehrere Tangenten mit σ!

66. Krumme Flächen. Wir betrachten alle auf einer Fläche φ liegenden Kurven, die durch einen Punkt P von φ gehen. Die Tangenten, die man in P an diese Kurven legen kann, liegen im allgemeinen in einer Ebene, der *Tangentialebene* τ von φ in P. Die Normale n zu τ in P heißt die *Flächennormale* von φ in P.

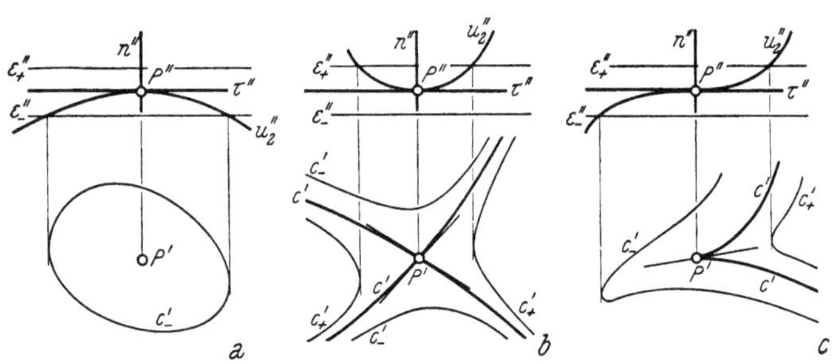

Abb. 272. Drei Arten Flächenpunkte: *a*) elliptischer, *b*) hyperbolischer, *c*) parabolischer Flächenpunkt

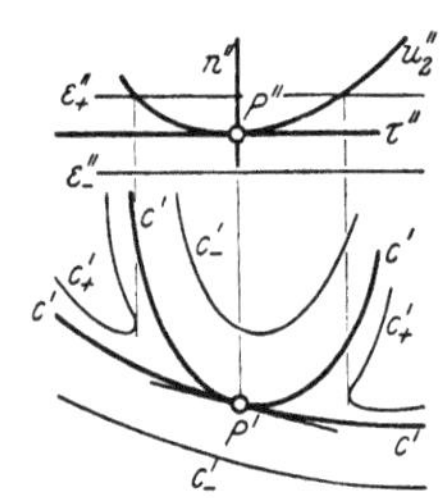

Abb. 273. Faltenpunkt

In Abb. 272 *a*, *b*, *c* und 273 liegt τ waagrecht. Der Grundriß zeigt die Schnitte c, c_+, c_- von φ mit τ und mit den beiderseits τ liegenden waagrechten Ebenen ε_+ und ε_-. Fehlt eine der Kurven c_+, c_- und liegt φ in der Nähe von P ganz auf einer Seite von τ, so heißt P *elliptischer Punkt* von φ (Abb. 272 *a*). Sind c_+ und c_- vorhanden und besitzt c in P einen Doppelpunkt, so heißt P *hyperbolischer Punkt* von φ (Abb. 272 *b*); die Doppelpunktstangenten von c heißen die *Haupttangenten* von φ in P. Die Kugel und die aus ihr durch räumliche Kollineation hervorgehenden Flächen (Abb. 240 bis 242) besitzen lauter elliptische Punkte, das einschalige Drehhyperboloid und seine kollinear verwandten Flächen (Abb. 243, 244) enthalten lauter hyperbolische Flächenpunkte. Besitzt die Schnittkurve c von φ mit τ im Punkt P eine einzige Tangente, so heißt diese Tangente Haupttangente; P heißt *parabolischer Punkt* von φ. Zylinder, Kegel und Torsen (und sonst keine Flächen) enthalten lauter parabolische Punkte (ausgenommen Kegelspitze bzw. Gratlinie); die Haupttangente jedes Punktes fällt in die hindurchgehende Erzeugende. Manche Flächen enthalten Gebiete mit elliptischen und Gebiete mit hyperbolischen Punkten; diese Gebiete grenzen bei den meisten praktisch auftretenden Flächen längs Kurven aneinander, deren Punkte parabolisch sind (*„parabolische Kurven“*). Dabei kann die Haupttangente mit der Tangente an die parabolische Kurve zusammenfallen (z. B. Abb. 277) oder von ihr verschieden sein (z. B. Abb. 275). Parabolische Punkte können auch vereinzelt auftreten; c hat dann in P im allgemeinen eine Spitze (Spitzentangente = Haupttangente, Abb. 272 c). Ein besonderer parabolischer Flächenpunkt ergibt sich, wenn c in P einen „Selbstberührungspunkt“ hat (Abb. 273)[1].

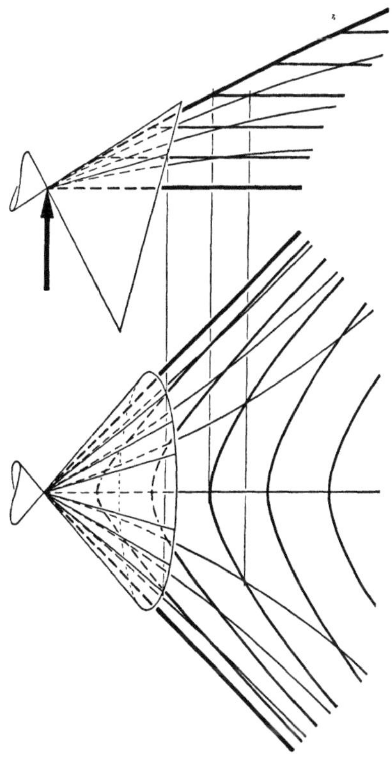

Abb. 274. Konischer Knotenpunkt

ε sei eine durch P gehende und von τ verschiedene Ebene, s ihre Schnittkurve mit φ. Geht ε durch eine Haupttangente, so hat s im allgemeinen in P einen Wendepunkt mit waagrechter Tangente, manchmal jedoch einen höchsten oder tiefsten Punkt. Beachte, daß P in Abb. 273 nicht ein höchster Punkt von φ ist, obwohl alle durch P gehenden ebenen Schnitte von φ in P einen höchsten Punkt haben!

Bei der Abbildung einer Fläche bilden die Berührpunkte aller Tangentialebenen, die durch das Auge gehen, den wahren Umriß. Das Bild des wahren Umrisses nennt man den scheinbaren Umriß (z. B. u_2'' in Abb. 272 a, b, c und 273). Eine scheinbare Umrißkurve kann auch parasitische Teile enthalten. Ist ein Sehstrahl Haupttangente, so wird eine besondere Untersuchung nötig.

Die Spitze eines Kegels ist ein Punkt, in dem der Kegel nicht eine Tangentialebene τ besitzt. Man nennt solche Punkte einer Fläche, wo die Tangenten der hindurchgehenden Flächenkurven nicht in einer Ebene liegen, sondern einen Kegel bilden, *konische Knotenpunkte* der Fläche. Zum Beispiel werden die Auflager einer auf Einzelstützen gelagerten Betonschale über eckigem Grundriß vorteilhaft so ausgebildet, daß die einmündenden Drucklinien einen Kegel bilden (Abb. 274)[2]. Eine Fläche kann auch singuläre Punkte besitzen, in denen die Fläche zwar eine einzige Tangentialebene, aber mehr als zwei Haupttangenten hat. Solche Punkte treten z. B. auf, wenn bei der Verdrillung eines Stabes ein ebener Stabquerschnitt eine Verwölbung erfährt; der gewölbte Querschnitt enthält einen Punkt mit mehr als zwei Haupttangenten[3].

---

[1] Herr Dr. Schaal (Stuttgart) zeigte, daß u_2'' in P'' einen Flachpunkt hat.

[2] A. Pucher, Lehrbuch des Stahlbetonbaues, 2. Aufl., S. 249. Wien: Springer, 1953.

[3] Siehe z. B. E. Chwalla, Einführung in die Baustatik. Köln: Stahlbau Verlags-GmbH., 1954.

Übersichtsfragen

Wie kommt man bei ebenen Kurven zu den Begriffen Tangente, Krümmungskreis, Evolute, Evolvente? Wie sieht die Evolute einer Kurve aus, wenn die Kurve einen Wendepunkt, einen Scheitel, eine Spitze, einen Spitzpunkt, einen Flachpunkt oder einen Schnabel besitzt? Was sind Parallelkurven? Wie kommt man bei Raumkurven zu den Geraden und Ebenen, die das begleitende Dreikant bilden? Was ergibt sich aus den Tangenten und Krümmungskreisen einer Raumkurve bei der Verebnung ihrer Tangentenfläche? Wie kommt man bei der Bewegung einer Ebene im Raum zu der von ihr eingehüllten Torse? Wie konstruiert man die Verbindungstorse zweier ebenen Kurven? Wie erscheint ein regulärer Punkt einer Raumkurve bei besonderen Lagen des Sehstrahls? — Wie kommt man zur Unterscheidung von elliptischen, parabolischen und hyperbolischen Flächenpunkten? Was ist ein Knotenpunkt einer Fläche? Was versteht man unter dem wahren Umriß und unter dem scheinbaren Umriß einer Fläche?

XII. Drehflächen

Wir kennen bereits die Drehflächen 2. Ordnung. Auch andere Drehflächen haben technische Bedeutung. Sie werden meist durch Drehen, Fräsen oder Gießen hergestellt.

67. Allgemeine Eigenschaften. Eine Kurve c werde um eine Achse a gedreht (Abb. 275, wo $a \perp \Pi_1$ ist)[1]. Die von c überstrichene Fläche Φ nennt man eine Drehfläche. Bei der Drehung um a beschreibt jeder Punkt P von c einen *Parallelkreis* p von Φ. Jede andere Kurve auf Φ, die alle Parallelkreise von Φ schneidet, erzeugt durch Drehung um a dieselbe Drehfläche. Eine solche Kurve ist z. B. der in der Ebene μ_0, die aufrißparallel durch a gelegt wird, liegende „*Hauptmeridian*" m_0 von Φ; aus P ergibt sich durch Drehung um a nach μ_0 der Punkt P_0 von m_0, sowie der zu P_0 bezüglich a symmetrische Punkt von m_0. Der Schnitt m von Φ mit einer durch a gelegten Ebene μ heißt ein *Meridian* oder ein *Profil* von Φ. m besteht aus zwei zu a symmetrisch liegenden „Halbmeridianen". Da jeder Parallelkreis symmetrisch zu μ liegt, ist Φ symmetrisch bezüglich μ. Alle Meridiane von Φ sind kongruent, daher ist der Aufriß m'' jedes Meridians perspektiv affin zu m_0''.

Die *Tangentialebene* τ_0 von Φ in P_0 enthält die Tangenten an p und m_0 in P_0, sie erscheint daher als Gerade τ_0''. Durch Drehung um a geht τ_0 in die Tangentialebenen der anderen Punkte von p über. Diese Tangentialebenen umhüllen einen Drehkegel (Spitze T, Achse a). Dieser entsteht auch durch Drehung der Meridiantangente in P_0 um a. Die *Flächennormalen* n in den Punkten von p bilden einen anderen Drehkegel (Spitze N, Achse a). Die Kugel um N durch P_0 berührt Φ längs p.

Ist p ein *Äquator* oder *Kehlkreis* (größter bzw. kleinster Parallelkreis), so ist $\tau_0'' \| a''$; die Tangentialebenen umhüllen einen Drehzylinder, die Durchmesser von p sind Flächennormalen. Ist $\tau_0'' \perp a''$, so heißt p *Flachkreis* von Φ; die Flächennormalen bilden den Drehzylinder durch p, die Ebene von p berührt Φ längs p. Jeder Äquator und jeder Kehlkreis gehört zum ersten Umriß von Φ. Zum zweiten Umriß von Φ gehören m_0'' und die Bilder von Flachkreisen. Randkreise wie k_1 und k_2 in Abb. 275 kann man zum ersten und zweiten Umriß zählen.

Elliptische bzw. hyperbolische Flächenpunkte treten auf Drehflächen dort auf, wo der Meridian der Drehachse seine konkave bzw. konvexe Seite zuwendet

[1] c sei nicht ein Kreis, der bei dieser Drehung in sich übergeht.

(z. B. P bzw. Q in Abb. 275). Wendepunkte des Meridians und Punkte von Flachkreisen sind parabolische Punkte von Φ (z. B. R in Abb. 275).

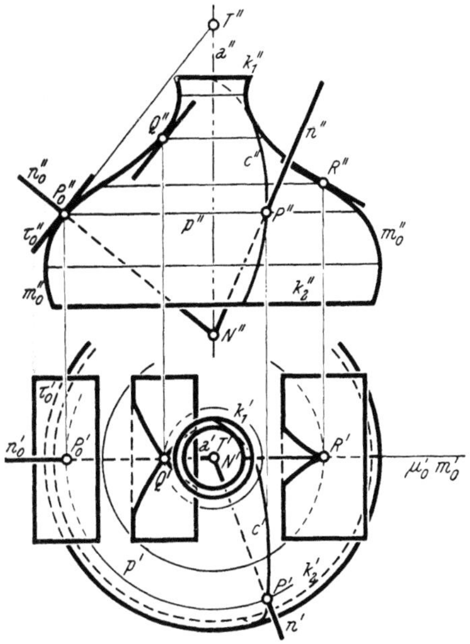

Abb. 275. Drehfläche (Grundbegriffe)

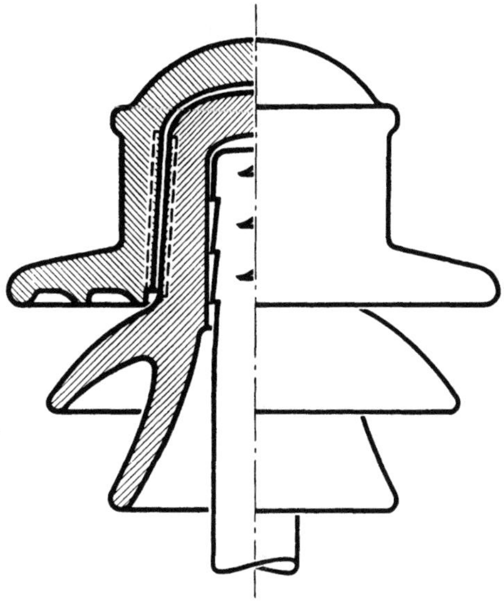

Abb. 276. Stützisolator

Abb. 276 zeigt die technisch übliche Darstellung einer Drehfläche (links Meridianschnitt, rechts Ansicht; Grundriß meist weggelassen).

Beispiel:

178. Wie konstruiert man die Tangente von m_0 in P_0, wenn die Tangente von c in P bekannt ist?

68. Die Kreisringfläche (Torus). Der Torus ist die in der Technik am häufigsten vorkommende Drehfläche. Der Torus Φ besitzt als Halbmeridian m einen Kreis, dessen Mittelpunkt O nicht auf a liegt (Abb. 277 a). O durchläuft den *Mittenkreis* o. Zum ersten Umriß gehören in Abb. 277 a der Äquator d und der Kehlkreis k, zum zweiten Umriß die Flachkreise f_1 und f_2 und die zu a symmetrisch gelegenen Hauptmeridiankreise. In Abb. 277 a scheiden f_1 und f_2 einen äußeren Teil (*Wulst*, elliptische Flächenpunkte) und einen inneren Teil (*Hohlkehle*, hyperbolische Flächenpunkte)[1].

Schneiden sich m und a in zwei reellen Punkten (Abb. 277 b), so sind diese Punkte *Knotenpunkte* von Φ. In ihnen hängen zwei Teile von Φ zusammen. Der zitronenförmige Teil heißt auch *Spindel* oder *Ogival*. Hyperbolische Flächenpunkte treten nur auf dem apfelförmigen Teil zwischen je einem Flachkreis und dem benachbarten Knotenpunkt auf. Dieser Torus hat zwei Äquatorkreise,

[1] Man kann zeigen, daß der Torus eine algebraische Fläche 4. Ordnung ist, das heißt, daß er von jeder Geraden in vier Punkten geschnitten wird. Von diesen Punkten können einige oder alle vereinigt liegen oder komplex sein. Eine Ebene schneidet daher den Torus nach einer Kurve 4. Ordnung.

aber keinen Kehlkreis. — Wird a von m berührt (Abb. 277 c), so existiert im Berührpunkt nur eine einzige (reelle) Flächentangente[1].

Beispiele:

179. Zur leichteren Herstellung von Drehflächen werden die Meridiane manchmal korbbogenartig aus Kreisbögen zusammengesetzt, die Drehflächen daher zonenweise durch Stücke von Drehzylindern, Drehkegeln, Kugeln und Torusflächen angenähert. Suche eine solche Annäherung für die Drehfläche in Abb. 276!

180. Kreisringflächen werden auch meridional zusammengefügt, siehe Abb. 278 bis 280. Suche ähnliche Beispiele!

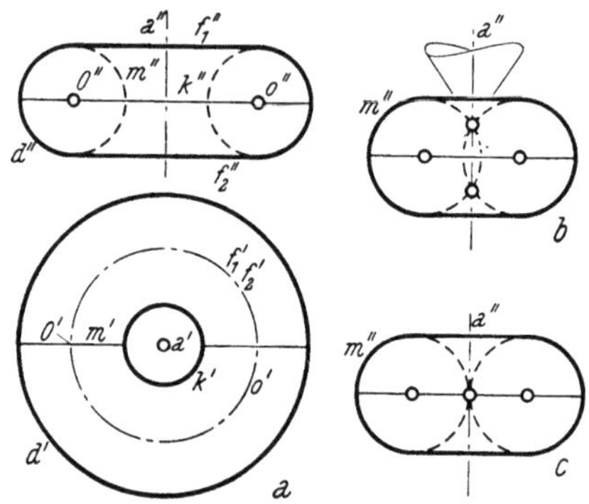

Abb. 277 *a, b, c*. Drei Formen des Torus

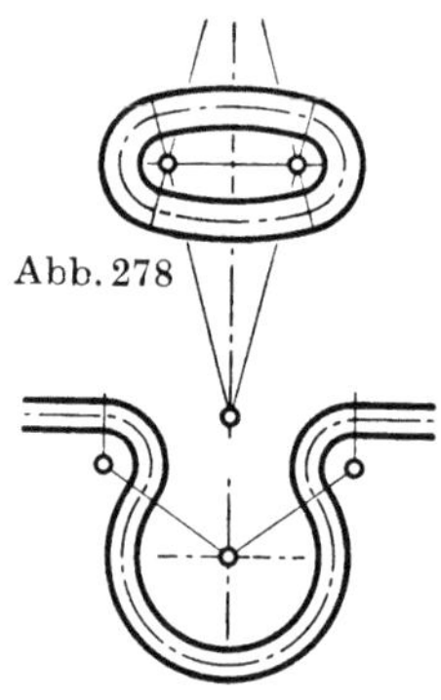

Oben: Abb. 278. Kettenglied
Unten: Abb. 279. Expansionsbogen

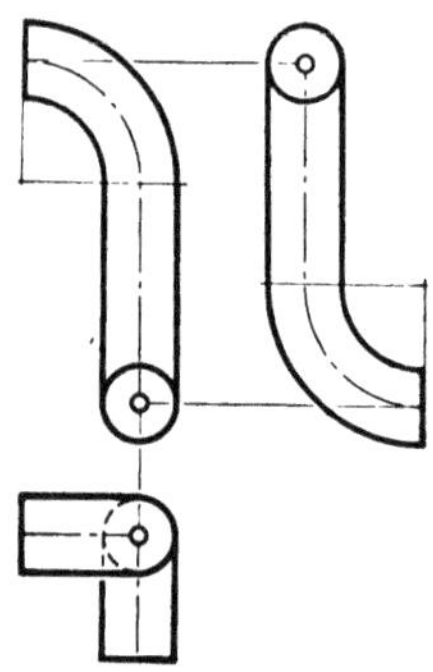

Abb. 280. Rohrleitung mit zwei Viertelkrümmern

69. Ebene Schnitte von Drehflächen. *Punkte der Schnittkurve s einer Drehfläche mit einer Ebene ε ergeben sich, indem man Φ und ε mit Parallelkreisebenen schneidet.* Die Tangente in einem Punkt P von s ist die Schnittgerade von ε mit der Tangentialebene von Φ in P.

Abb. 281 zeigt die „Einziehung" eines rechteckigen auf einen kreisförmigen Querschnitt mittels eines Torus Φ (Achse a, Meridian m). Ein Parallelkreis p von Φ schneidet ε_2 in den Punkten P und Q der Schnittkurve s_2 von ε_2 mit Φ. Aus P''' und Q''' ergeben sich P'' und Q''. Zur Ermittlung der Tangente t von s_2 in P bestimme man mittels P_0'' und n_0'' die Flächennormale n von Φ in P. Wegen $\varepsilon_2 \| \Pi_2$ ist t eine zweite Hauptgerade der Tangentialebene von Φ in P, daher ist $t'' \perp n''$. Mittels R''', R_0''' und R_0'' findet man den Schnittpunkt R der Kante r mit Φ. Der ε_2 berührende Parallelkreis von Φ liefert den Scheitel S von s_2. Die Kugel, die Φ längs des durch S gehenden Parallelkreises berührt, schneidet ε_2 im Krümmungskreis $\bar{s}$ von s_2 in S (Beweis wie beim Drehkegel in 25.). Der weitere Verlauf der Schnittkurve von ε_2 mit dem vollen Torus ist angedeutet.

Beispiele:

181. Konstruiere den weiteren Verlauf von s_2 in Abb. 281! Konstruiere die volle Kurve s_1!

182. In Abb. 282 setzt sich der Meridian von Φ aus der Geraden $m_1 \| a$, den Kreisbögen m_2, m_3 und den Strecken m_4, m_5 zusammen. Φ wird von den zu Π_2 parallelen

[1] Ein solcher Punkt heißt biplanarer Knotenpunkt, denn es läßt sich zeigen, daß dort unendlich viele komplexe Flächentangenten existieren, die zwei komplexe Ebenen durch a erfüllen.

Ebenen ε_1, ε_2 und von den Drehzylindern ζ_1, ζ_2 abgeschnitten, hierauf vom Zylinder ζ_3 durchbohrt. Der Normalschnitt von ζ_3 besteht aus zwei Halbkreisen und zwei Strecken. Im unteren Teil wird Φ vom Drehzylinder ζ_4 ausgehöhlt. ε_1 berührt den Torus mit dem Meridian m_2 im Punkt A des Kehlkreises, daher hat die volle Schnittkurve dort einen Doppelpunkt. Konstruiere die Verschneidung s! Aus welchen vier Kurven setzt sich s zusammen? Warum erscheint die Schnittkurve k von ζ_3 mit ζ_4 im Kreuzriß als gleichseitige Hyperbel?

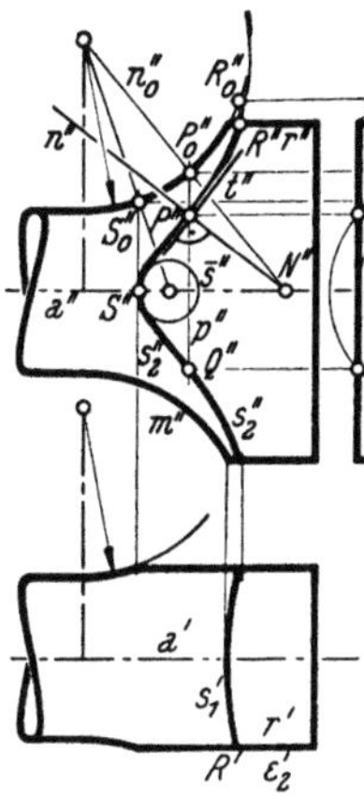

Abb. 281. Schubstangenende

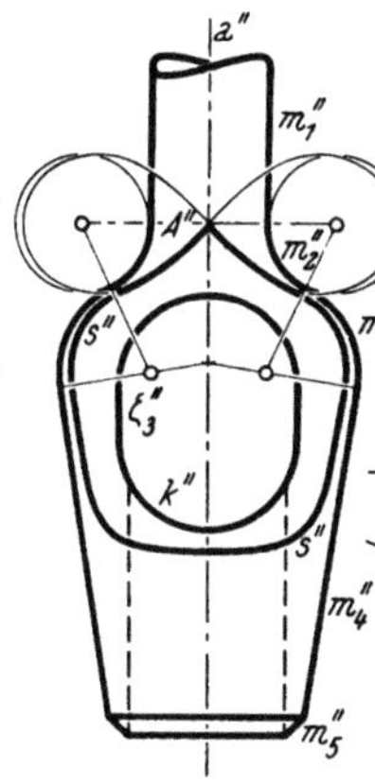

Abb. 282. Locheisen (Hohlstempel zum Papier- und Lederlochen)

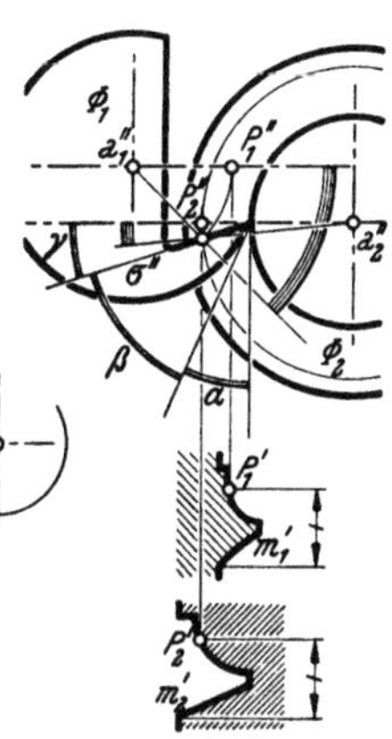

Abb. 283. Gedrehter Formstahl (schematisch)

183. Zeichne die Schnittkurven eines Torus mit achsenparallelen Ebenen ε („Spirische Linien", 4. Ordnung; ein oder zwei Züge, je nachdem ε den Kehlkreis nicht reell schneidet oder in zwei reellen Punkten schneidet; mit Doppelpunkt, wenn ε den Kehlkreis berührt — im Doppelpunkt Wendetangenten; entfernt sich ε von a, bis ε die Flachkreise berührt, so sieht man, wie je zwei Wendetangenten und eine Doppeltangente der Schnittkurve zu einer Flachtangente zusammenrücken).

184. In Abb. 283 ist aus einem ebenen Schnitt der Meridian der Drehfläche zu bestimmen. Ein gedrehter Formstahl (Drehfläche Φ_1 mit der waagrechten Achse a_1 und dem gesuchten Meridian m_1) soll eine Drehfläche Φ_2 (Werkstück) mit der zu a_1 parallelen Achse a_2 und dem gegebenen Meridian m_2 erzeugen. Aus m_2 findet man die Schneide des Formstahls Φ_1 als Schnitt von Φ_2 mit der Ebene σ („Brust" des Formstahls) und daraus folgt m_1. Aus jedem Punkt P_2 von m_2 erhält man einen Punkt P_1 von m_1. Freiwinkel α und Spanwinkel γ sind in Abb. 283 übertrieben groß gezeichnet. Sind sie null, so beträgt der Keilwinkel $\beta = 90^0$ und es ist $m_1 = m_2$. Wie groß muß γ sein, damit sich m_2 bei Verschiebung von a_2 nach rechts nicht ändert? Wie ist die Schneide des Formstahls nachzuschleifen, wenn das Profil von Φ_2 ungeändert bleiben soll? (Die alte und die neue Ebene σ müssen denselben Abstand von a_1 besitzen.)

185. Eine gespannte Kette bestehe aus Gliedern nach Abb. 278. Durch welchen Winkel ist jedes Glied um die Längsachse der Kette verdrehbar, ohne daß sich die Kette verkürzt? (Benachbarte Kettenglieder berühren sich in einem Punkt P ihrer Kehlkreise. Die Tangentialebene in P schneidet beide Glieder nach je einer Kurve mit Doppelpunkt, dessen Tangenten mit ihrer Kehlkreistangente den Winkel α bilden mögen. Dann läßt sich das eine Glied gegen das andere nach beiden Seiten durch $90^0 - 2\,\alpha$ drehen. Ist $\alpha = 45^0$ (Kehlkreisradius = Meridiankreisradius), so ist keine Verdrehung möglich; die Tangente in einem Punkt des Kehlkreises schneidet hier den Torus nach einer Bernoullischen Lemniskate, das heißt die Doppelpunktstangenten stehen aufeinander normal.)

70. Schnitte von Drehflächen mit Zylindern. *Eine zur Drehachse a normale Hilfsebene schneidet eine Drehfläche Φ nach einem oder mehreren Parallelkreisen und den Zylinder ζ nach einer Kurve. Deren Schnittpunkte mit den Parallelkreisen gehören der Schnittkurve s an.* Meist sind die Zylindererzeugenden parallel oder normal zu a. Im ersten Fall wird ζ von den zu a normalen Hilfsebenen nach Normalschnitten geschnitten, im zweiten Fall nach Erzeugenden.

Abb. 284 zeigt ein Beispiel, in dem die Erzeugenden von ζ normal zu a sind. Φ und ζ besitzen hier kongruente Profile, die in gleicher Entfernung von Π_2 liegen. Dann tritt im Aufriß der Schnittkurve eine Parabel auf. Ist nämlich R der Halbmesser des größten Parallelkreises k von Φ, und ist e jene Erzeugende von ζ, die k

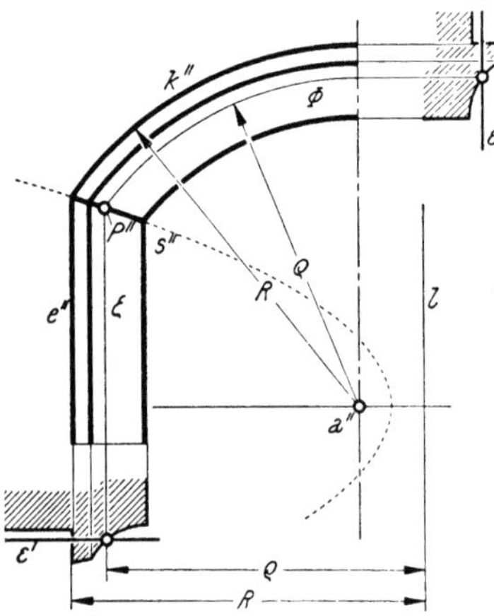

Abb. 284. Krumme Gehrung

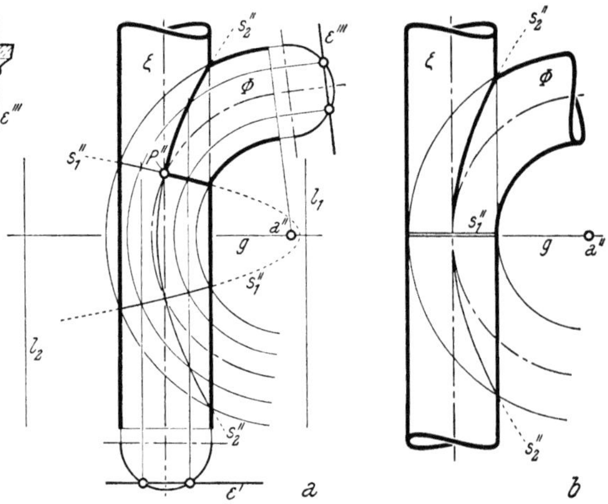

Abb. 285 *a*, *b*. Rohrabzweigungen

schneidet, so zeichne man eine Gerade l im Abstand R von e, und zwar auf jener Seite von e, auf der ζ liegt. Schneidet dann eine aufrißparallele Hilfsebene ε die Drehfläche nach einem Kreis vom Radius ϱ, so schneidet sie ζ nach einer Geraden im Abstand ϱ von l und für den Schnittpunkt P gilt $P''a'' = P''l$. Daher ist s'' ein Parabelbogen (Brennpunkt a'', Leitgerade l).

Sind die Profile von Φ und ζ symmetrisch zu Π_2, z. B. Kreise (Abb. 285 *a*), so treten zwei Parabeln s_1'', s_2'' auf; sie besitzen denselben Brennpunkt a'' und dieselbe Achse g und schneiden sich daher rechtwinklig (die Tangenten in einem Schnittpunkt P'' hälften je einen Winkel zwischen Brennstrahl und Achsenrichtung). Φ und ζ haben in P dieselbe aufrißparallele Tangentialebene, daher schneiden sich auch s_1 und s_2 im Raum rechtwinklig[1]. Wenn der Mittenkreis von Φ die Zylinderachse berührt (Abb. 285 *b*), schrumpft s_1'' auf g zusammen, s_1 ist der doppeltzählende Berührkreis von Φ und ζ.

Beispiel:

186. In einen Viertelkrümmer (= Vierteltorus) mündet ein ebenso dickes zylindrisches Rohrstück, dessen Achse ein Durchmesser des Mittenkreises des Torus ist (Y-Stück). Zeige, daß der Schnitt in zwei Raumkurven **4**. Ordnung zerfällt, die im

[1] Die Schnittkurve der Flächen Φ und ζ, die sich in P berühren, hat also in P einen Doppelpunkt. s_1 und s_2 sind als Schnittkurven des Zylinders ζ mit dem parabolischen, zu Π_2 normalen Zylinder durch s_1'' bzw. s_2''' Raumkurven **4**. Ordnung.

Aufriß auf die Mittenebene des Torus als Parabeln erscheinen! Zeichne auch den Kreuzriß!

71. Durchdringungen von Drehflächen mit parallelen Achsen. *Man findet hier die Schnittkurve s mittels achsennormaler Hilfsebenen.* In Abb. 286 geht ein Zylinder ζ_2 mittels der Hohlkehlen (a_1, m_1) und (a_2, m_2) in den Zylinder ζ_1 über. Eine waagrechte Hilfsebene ε schneidet ζ_1 und die Hohlkehle (a_2, m_2) nach je einem Kreis. Die Schnittpunkte beider Kreise haben denselben Aufriß P''. Die Flächennormale von ζ_1 in P schneidet a_1 in N_1, die Flächennormale der Hohlkehle (a_2, m_2) in P schneidet a_2 in N_2. Die Tangente t in P an s steht auf PN_1 und PN_2 und daher auf der Ebene PN_1N_2 normal, und wegen $N_1N_2 || \Pi_2$ ist $t'' \perp N_1''N_2''$.

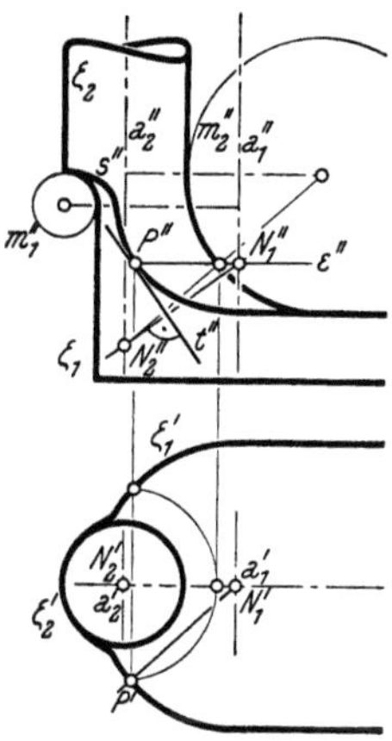

Abb. 286. Haltestift

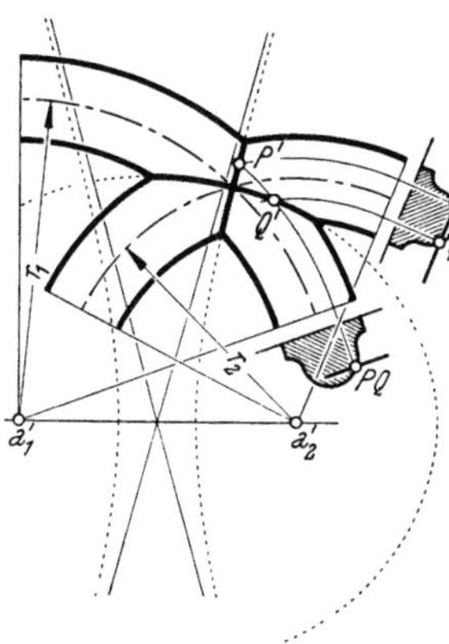

Abb. 287. Kreuzung (krumme Gehrung) krummer Profilleisten

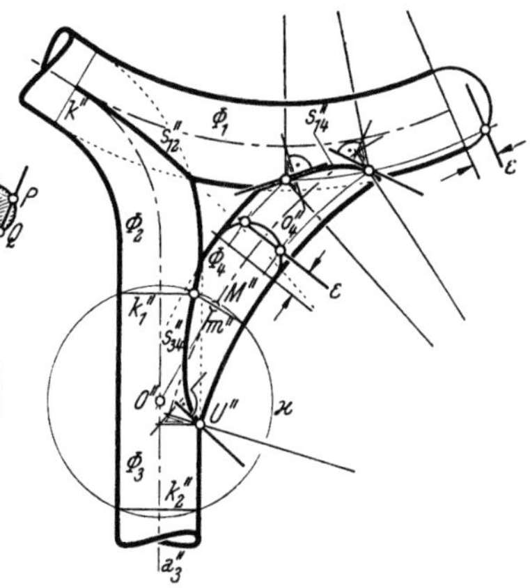

Abb. 288. Gußeiserner Ständer

In Abb. 287 haben beide Drehflächen kongruente Profile, die sich in gleicher Höhe, aber in verschiedener Entfernung von a_1 bzw. a_2 befinden. Es ist $P'a_1' - P'a_2' = r_1 - r_2$ und $Q'a_1' + Q'a_2' = r_1 + r_2$, daher liegen die Punkte P' auf einer Hyperbel und die Punkte Q' auf einer Ellipse mit den Brennpunkten a_1' und a_2'. Ellipse und Hyperbel schneiden sich rechtwinklig.

In Abb. 288 berühren sich Φ_1 und Φ_2 längs des Kreises k, der Rest ihrer Schnittkurve erscheint als Hyperbel s_{12}'', während die Ellipse von Abb. 287 hier in k'' entartet ist. Aufrißparallele Hilfsebenen ε ergeben die Durchdringung s_{14} von Φ_1 und Φ_4. Die Durchdringung s_{34} des Zylinders Φ_3 mit der Ringfläche Φ_4 wurde mittels Hilfskugeln $\varkappa$ konstruiert: ein Meridiankreis m von Φ_4 habe die Mitte M; die Tangente in M an den Mittenkreis o_4 von Φ_4 schneide die Achse a_3 von Φ_3 in O. Die Kugel $\varkappa$ um O durch m schneidet Φ_3 nach zwei Kreisen k_1 und k_2, Φ_4 nach m und einem weiteren Meridiankreis $\overline{m}$. In Abb. 288 sind nur k_1 und m gezeichnet. Die Schnittpunkte $(k_1''m'')$, $(k_2''m'')$, $(k_1''\overline{m}'')$, $(k_2''\overline{m}'')$ gehören s_{34}'' an. Tangenten an s_{14}'' und s_{34}'' lassen sich wie in Abb. 286 konstruieren. Auch in einem Umrißpunkt U liefert diese Konstruktion die richtige Tangente von s_{34}'', obwohl die Tangente von s_{34} in U als Punkt erscheint.

Haben zwei Drehflächen dieselbe Achse, so liefert jeder Schnittpunkt ihrer Hauptmeridiane einen Parallelkreis, der zur Durchdringungskurve gehört (siehe z. B. Abb. 237).

Ein Verfahren für den Fall, daß die Achsen beider Drehflächen einander nicht schneiden, stammt von J. P. Tschupik[1]. Das dort angegebene Verfahren ist nicht nur für Drehflächen geeignet, sondern immer dann, wenn die beiden zu durchdringenden Flächen von je einer Schar paralleler Ebenen nach einfach zu zeichnenden Kurven geschnitten werden.

72. Durchdringungen von Drehflächen, deren Achsen sich schneiden. Schneiden sich die Achsen a_1, a_2 der Drehflächen Φ_1, Φ_2 in einem Punkt O, so wähle man $[a_1 a_2]$ als Bildebene. *Eine Hilfskugel $\varkappa$ um O schneidet Φ_1 und Φ_2 nach Parallelkreisen.* In Abb. 289 schneidet der Parallelkreis p_1 von Φ_1 den Parallelkreis p_2 von Φ_2 in zwei Punkten P und Q auf $\varkappa$. In $P'' = Q''$ erhält man die Tangente t'' an den Aufriß der Schnittkurve wie in Abb. 286: die Flächennormalen n_1 von Φ_1 und n_2 von Φ_2 spannen eine Ebene auf, von der $N_1 N_2$ eine zweite Hauptgerade ist.

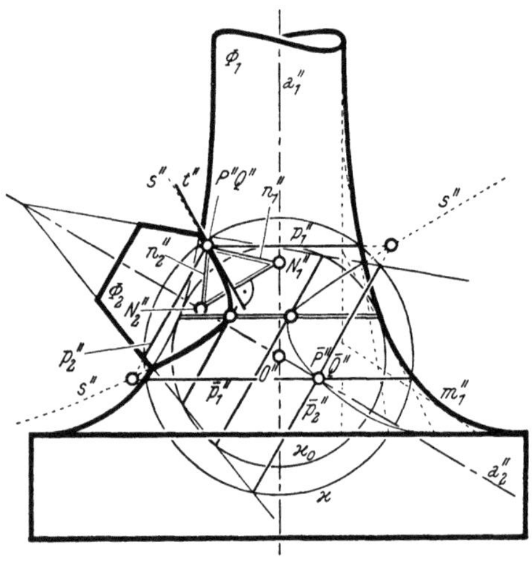

Abb. 289. Kransäulenfuß

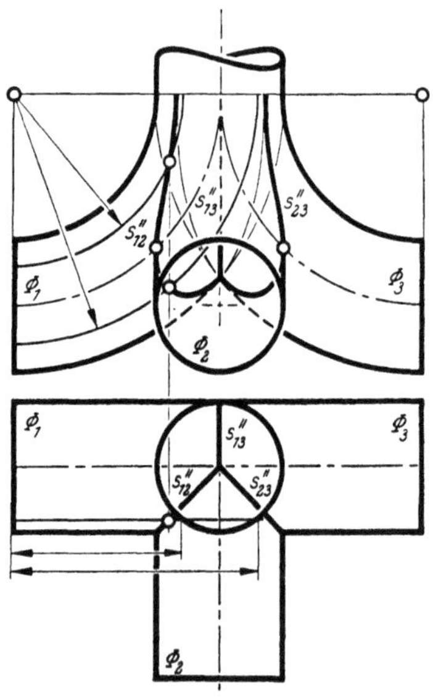

Abb. 290. Abflußkrümmer

Daher ist $t'' \perp N_1''N_2''$. $\varkappa$ schneidet Φ_1 noch im Parallelkreis $\bar{p}_1$ und Φ_2 noch in $\bar{p}_2$. $\bar{p}_1$ und $\bar{p}_2$ schneiden sich in zwei Punkten $\bar{P}$ und $\bar{Q}$ des zweiten Zuges von s. Die Schnittpunkte $(p_1''\bar{p}_2'')$ und $(\bar{p}_1''p_2'')$ gehören dem parasitischen Teil von s'' an (gestrichelt gezeichnet). — Die kleinste Kugel $\varkappa_0$, die Φ_1 und Φ_2 noch reell schneidet, liefert die innersten Punkte von s. — In Abb. 289 ist m_1 eine Parabel (rechts gestrichelt nach Abb. 97 *b* konstruiert). Solche Drehflächen werden als Übergang von dünneren auf dickere Zylinder verwendet.

Abb. 290 zeigt, daß als Durchdringungskurven von Drehflächen auch ebene Schnitte auftreten können. Die Schnittkurven s_{12}, s_{23} und s_{13} der Krümmer Φ_1, Φ_2, Φ_3 liegen aus Symmetriegründen in lotrechten Ebenen und können daher als ebene Schnitte konstruiert werden. Die Schnittpunkte der Flachkreise von Φ_1 und Φ_2 sind Umrißpunkte von s_{12}''.

---

[1] Schrägrisse als Hilfsmittel zur Konstruktion von Durchdringungskurven, El. d. Math. **14** (1959), 78–82.

Beispiele:

187. Zeichne zu Abb. 285 *a* eine Ansicht von rechts, zu Abb. 286, 289 oder 290 eine Ansicht von links!

188. Zeichne zu Abb. 289 den Grundriß!

189. Konstruiere die Schnittkurve zweier Drehkegel oder Drehzylinder, deren Achsen sich in O schneiden, mittels Hilfskugeln um O! Beachte, daß in der Zeichnung parasitische Teile auftreten können! Zeichne auch den Sonderfall, daß beide Drehkegel dieselbe Spitze O haben!

73. Normalaxonometrische Darstellung von Drehflächen. Abb. 291 zeigt links ein normalaxonometrisches Bild. Der drehzylindrische Turm ist mit einer Drehfläche Φ überdacht, die im Knotenpunkt A den Tangentialkegel φ besitzt. Zur Auffindung des scheinbaren Umrisses u^n von Φ führen wir nach Abb. 128 einen Kreuzriß ein, in dem der in der kreuzrißparallelen Ebene liegende Meridian von Φ den scheinbaren Umriß m^k ergibt. Auch der Tangentialkegel φ von Φ in A läßt sich im Kreuzriß sofort darstellen, da sein Öffnungswinkel in wahrer Größe

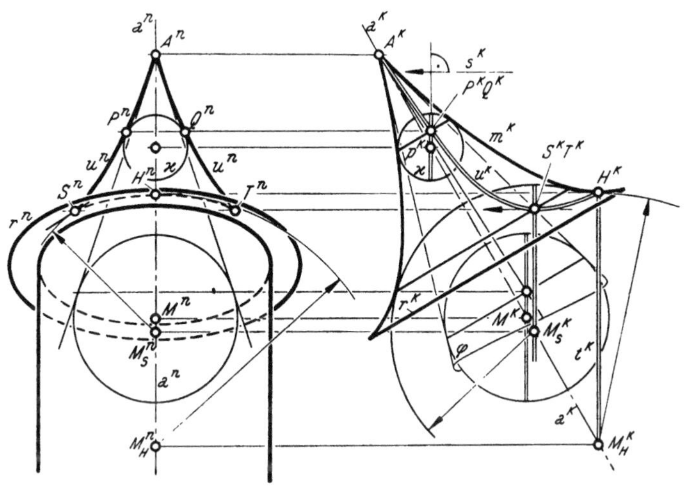

Abb. 291. Normalriß einer Drehfläche bei geneigter Achse (Turmdach)

erscheint. Eine dem Tangentialkegel eingeschriebene Kugel (Mitte M auf a) wird im Kreuzriß, dann im axonometrischen Bild dargestellt; die Tangenten aus A^n an ihren Umriß sind Tangenten von u^n in A^n. Zur Bestimmung weiterer Punkte von u^n wähle man eine *Kugel* $\varkappa$, *die* Φ *längs eines Parallelkreises* p *berührt.* Der Umrißkreis von $\varkappa$ für die Sehstrahlrichtung s des axonometrischen Bildes erscheint im Kreuzriß als eine Normale zu s^k. Er schneidet p in zwei Punkten P, Q des wahren Umrisses u von Φ. P^n und Q^n folgen dann als Schnittpunkte des Ordners durch $P^k = Q^k$ mit dem axonometrischen Umrißkreis von $\varkappa$. u^n berührt diesen Kreis, die Tangenten schneiden sich im Bild der Spitze des Φ längs p berührenden Kegels. Führt man dies wiederholt aus, so erfüllen die Punkte $P^k = Q^k$ die Kurve u^k, die Punkte P^n und Q^n bilden den zu a^n symmetrischen scheinbaren Umriß u^n von Φ.

u^n ist zwar nur bis r^n sichtbar, aber mit Rücksicht auf spätere Anwendungen werde die ganze Kurve u^n aufgesucht (so als ob der Turm aus Glas bestünde). In S und T wird u von je einem Sehstrahl s berührt, daher sind S^n und T^n nach Abb. 268 Spitzen von u^n. Die Spitzentangenten berühren wie zuvor den Umrißkreis der Kugel (Mitte M_s), die Φ längs des Parallelkreises von S und T berührt[1]. In H wird m^k von einem Sehstrahl berührt, H^n liegt auf a^n. Während u^n vom Umrißkreis von $\varkappa$ in zwei getrennten Punkten P^n und Q^n berührt wird, fallen diese beiden Punkte für jene Kugel, die Φ längs des Parallelkreises von H berührt, in H^n zusammen. Der Umrißkreis dieser Kugel (Mitte M_H) ist demnach der Scheitelkrümmungskreis von u^n in H^n.

Für Parallelkreise unterhalb H, z. B. für r wäre die Konstruktion der Umrißpunkte ebenfalls durchführbar; es ergäbe sich ein parasitischer Teil von u^k, zu dem keine reellen Punkte von u^n gehören.

Normalaxonometrisches Bild und Kreuzriß sind gepaarte Normalrisse. *Wird eine Drehfläche mit schiefliegender Achse a z. B. in Grund- und Aufriß dargestellt, so erhält man in gleicher Weise den ersten scheinbaren Umriß mittels einer lotrechten und zu a parallelen Seitenrißebene. Analog wird der zweite scheinbare Umriß ermittelt.*

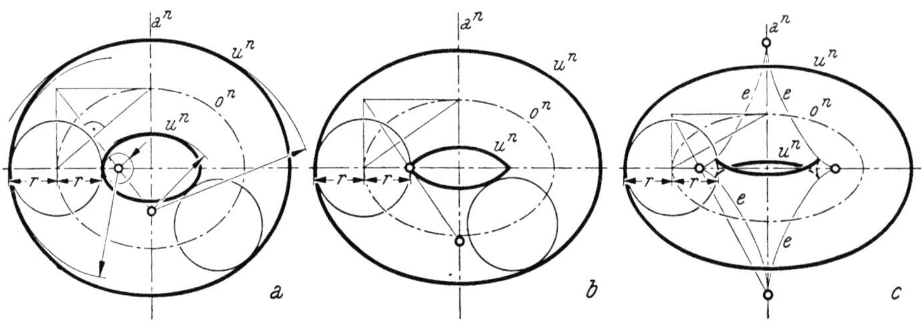

Abb. 292 *a, b, c.* Normalriß des Torus bei geneigter Achse

Den *Normalriß eines Torus Φ bei geneigter Achse* kann man wie in Abb. 291 konstruieren. Man erhält ihn aber einfacher, indem man den Torus als Hüllfläche aller Kugeln auffaßt, deren Mitten auf dem Mittenkreis o liegen und deren Radius gleich dem Radius r des Meridians von Φ ist (vgl. 83). Im Normalriß erscheinen diese Kugeln als Kreise vom Radius r, deren Mitten auf o^n liegen (Abb. 292 *a, b, c*). Diese Kreise umhüllen die *Parallelkurve* u^n von o^n im Abstand r. u^n ist eine aus zwei Zügen bestehende Kurve 8. Ordnung und heißt *Toroide.* Je nachdem der Krümmungsradius im Hauptscheitel von o^n größer, gleich oder kleiner als r ist, ist der innere Zug von u^n frei von singulären Punkten (Abb. 292 *a*) oder er besitzt zwei Spitzpunkte (Abb. 292 *b*) oder er besitzt vier Spitzen, die rechtwinklig auf die Evolute e von o^n treffen (Abb. 292 *c*; wenn die beiden langen Bögen des inneren Zugs sich nicht schneiden oder nur in der Mitte berühren, fehlt die Lücke und es ist nur der vordere lange Bogen sichtbar). Verwende die Scheitelkrümmungsmittelpunkte von o^n auch beim Zeichnen von u^n (siehe Abb. 292 *a*)!

Beispiele:

190. Zeichne den Umriß eines Torus a) mit zwei reellen Knotenpunkten, b) mit einem biplanaren Knotenpunkt!

191. Zeichne den Umriß einer Torusspindel allein (z. B. Spitzkuppel).

[1] Man legt den Kreuzriß s^k des Sehstrahls berührend an u^k; im Berührpunkt S^kT^k wird die Normale zu u^k gelegt, sie schneidet a^k in M_s^k. Genauigkeitsprobe: Man zeichne im Kreuzriß den Parallelkreis durch S^kT^k; in seinen Schnittpunkten mit m^k muß die Normale zu m^k durch M_s^k gehen.

192. Ein drehzylindrischer Erker an einer Hausecke erhalte einen Fuß in der Form einer Drehfläche, für die der untere Randkreis des Zylinders ein Flachkreis ist und die mit einem Kehlkreis beide Hauswände berührt. Konstruiere die Schnittkurve mit den Hauswänden (nach Abb. 282) und stelle den Erker normalaxonometrisch in Untersicht dar!

193. Zeichne eine normalaxonometrische Obersicht zu Abb. 282, 288, 289 oder 290!

194. Ebenso zu Abb. 248. Der Umriß eines Ellipsoids ist eine Ellipse.

195. Abflußkrümmer wie Abb. 290, aber mit vier statt drei Viertelkrümmern, deren Mittenkreisebenen die Winkel 60^0 einschließen. Zeichne Grund- und Aufriß!

196. Dem Geradebiegen verbogener Rohre oder Rundeisen dient eine Vorrichtung, gebildet aus zwei Reihen kongruenter Drehflächen mit Kehlkreis (Abb. 293). Die vorderen Drehflächen besitzen parallele Achsen, ebenso die hinteren. Abstand d und Winkel α hintereinanderliegender Achsen sind so einstellbar, daß die scheinbaren dritten Umrisse der Drehflächen denselben Scheitelkrümmungskreis besitzen. Ist dieser der Querschnitt eines Rohres und werden die Drehflächen um ihre Achsen gedreht, so wird das Rohr durchgezogen und geradegebogen. In Abb. 293 sind die

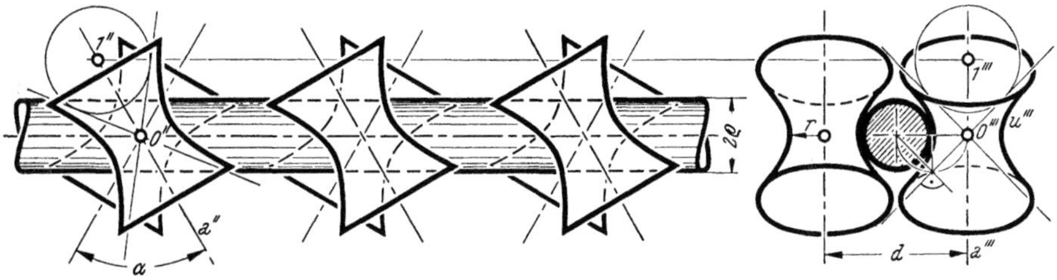

Abb. 293. Streckvorrichtung

Drehflächen einschalige Drehhyperboloide (Kehlkreisradius r). Wie ermittelt man d und α bei gegebenem Rohrhalbmesser ϱ? Es ist $d = 2\varrho + 2r$. Aus Hauptachse $2r$ und Scheitelkrümmungsradius ϱ von u''' ergeben sich die Asymptoten von u''' nach Abb. 85 (Kreis in Abb. 293, Kreuzriß). Diese Asymptoten sind der scheinbare dritte Umriß des Asymptotenkegels $\varkappa$. Eine $\varkappa$ eingeschriebene Kugel (Mitte 1 auf a) erscheint im Kreuzriß als Kreis um $1'''$, der die Asymptoten von u''' berührt. Aus dem Radius dieser Kugel und dem bekannten wahren Öffnungswinkel des Asymptotenkegels läßt sich die Länge $O1 = O''1''$ konstruieren und von O'' aus auf dem Ordner des Punktes $1'''$ bis zum gesuchten Punkt $1''$ abschlagen; dadurch ist α bestimmt[1].

Ist der Rohrdurchmesser null, so berühren sich hintereinanderliegende Drehhyperboloide längs einer gemeinsamen, zur Kreuzrißebene normalen Erzeugenden; zwei solche Hyperboloide sind „Hyperboloidräder" für das Übersetzungsverhältnis 1 : 1, siehe 108.

197. Stelle zwei Drehflächen mit parallelen oder mit schneidenden Achsen und ihre Durchdringungskurve normalaxonometrisch dar!

198. Stelle eine Drehfläche mit lotrechter Achse in Militärperspektive dar! Die Parallelkreise erscheinen als Kreise, die den scheinbaren Umriß doppelt berühren, also ihn einhüllen; die Berührpunkte zu jedem Parallelkreis erhält man, indem man noch den Drehkegel abbildet, der die Drehfläche längs des Parallelkreises berührt.

74. Perspektive Darstellung von Drehflächen.

Eine Drehfläche Φ mit der Achse a und dem Meridian m sei perspektiv darzustellen. In Abb. 294 a wurde in Grund- und Aufriß der wahre Umriß u eines Torus Φ für das Auge O konstruiert, wobei a lotrecht und die Ebene aO aufrißparallel gestellt wurde. Die Lage der

[1] In der Literatur findet sich die falsche Behauptung, das Rohr berühre die Hyperboloide längs je einer Erzeugenden.

Bildebene Π wird erst gebraucht, wenn der scheinbare Umriß als perspektives Bild u^c von u konstruiert wird.

Die Kugel $\varkappa$, die Φ längs des Parallelkreises p berührt, besitzt als wahren Umriß für das Auge O einen Kreis k. k'' ist die Gerade durch die Berührpunkte der Tangenten, die aus O'' an den scheinbaren zweiten Umriß von $\varkappa$ gelegt werden. k'' und p'' schneiden sich im Aufriß $P_1'' = P_2''$ zweier Punkte P_1, P_2 von u. Zu u gehören auch die Berührpunkte I, II, III, IV der aus O'' an den Meridian legbaren Tangenten. u'' setzt sich über diese Punkte hinaus mit parasitischen Teilen fort; z. B. ist R'' auf q'' der reelle Aufriß zweier konjugiert komplexen Punkte von u auf dem Parallelkreis q (Konstruktion gestrichelt). Aus u läßt sich u^c nach dem Durchschnittverfahren konstruieren.

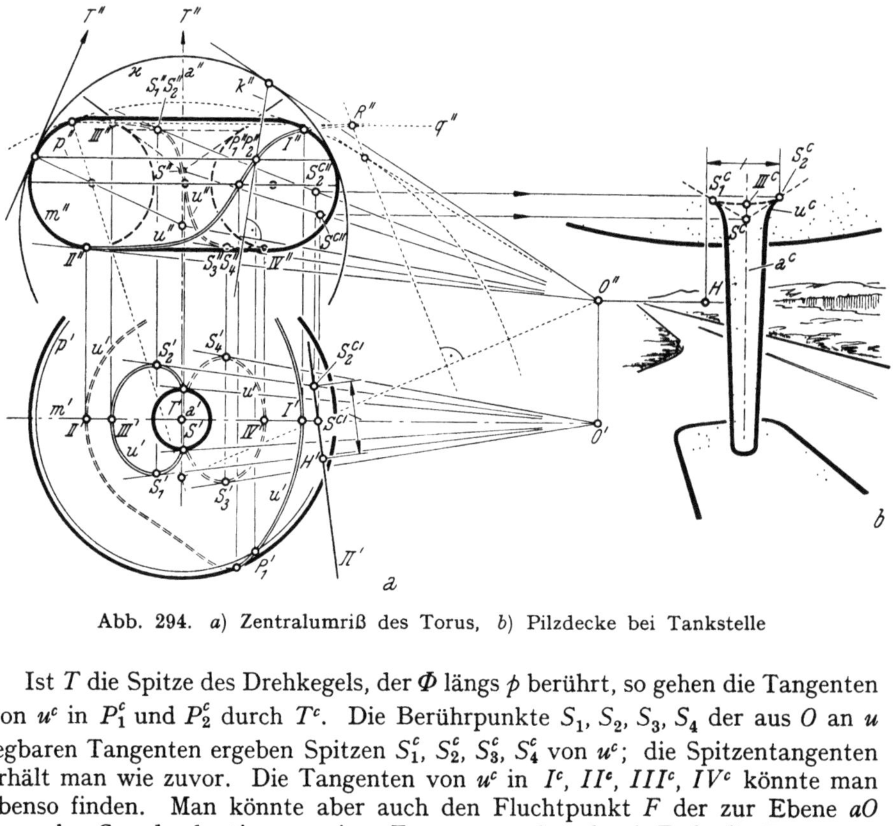

Abb. 294. *a*) Zentralumriß des Torus, *b*) Pilzdecke bei Tankstelle

Ist T die Spitze des Drehkegels, der Φ längs p berührt, so gehen die Tangenten von u^c in P_1^c und P_2^c durch T^c. Die Berührpunkte S_1, S_2, S_3, S_4 der aus O an u legbaren Tangenten ergeben Spitzen S_1^c, S_2^c, S_3^c, S_4^c von u^c; die Spitzentangenten erhält man wie zuvor. Die Tangenten von u^c in I^c, II^c, III^c, IV^c könnte man ebenso finden. Man könnte aber auch den Fluchtpunkt F der zur Ebene aO normalen Geraden bestimmen; jene Tangenten gehen durch F, da die Tangenten an u in I, II, III, IV zur Ebene aO normal sind. In Abb. 294 *b* tritt ein Teil von u^c auf. u^c wurde nach dem Durchschnittverfahren konstruiert.

Übersichtsfragen

Eine Drehfläche entstehe durch Drehung einer gegebenen Kurve um eine Achse; wie erhält man den Meridian der Drehfläche? Wie konstruiert man die Tangentialebene in einem Punkt der Drehfläche? Wann tritt ein Äquator oder ein Kehlkreis auf und wie konstruiert man ihn? Welche besonderen Eigenschaften hat der Torus? Wie konstruiert man den Schnitt von Drehflächen mit Ebenen und mit Zylindern? Wie konstruiert man Punkte und Tangenten der Schnittkurve zweier Drehflächen, deren Achsen zusammenfallen oder parallel sind oder einander schneiden? Wie zeichnet man einen Normalriß einer Drehfläche bei geneigter Achse? Wie zeichnet man ein perspektives Bild einer Drehfläche?

XIII. Schraubflächen

Schraubflächen treten schon seit 3600 Jahren in historischen Stilen auf. Heute liegt ihre Bedeutung im Maschinenbau.

75. Schraublinie und Schraubtorse. Ein Punkt P werde gleichförmig um eine Achse a gedreht und zugleich gleichförmig in der Richtung von a verschoben. Die von P mit konstanter Geschwindigkeit durchlaufene Raumkurve s nennt man eine *Schraublinie* (Abb. 295, a lotrecht). a heißt *Schraubachse.* s liegt auf dem durch den Kreis s' gehenden „*Schraubzylinder*" ζ (Achse a, Radius r). Wird s' von P' einmal durchlaufen, so durchläuft P einen „*Gang*" von s; dabei wird P längs a um die „*Ganghöhe*" h verschoben. Punkte von s erhält man, indem man s' und h in dieselbe Anzahl gleicher Teile teilt, z. B. zwölf Teile in Abb. 295. Weitere Punkte von s ergeben sich, indem man von den erhaltenen Punkten $0, 1, 2, \ldots, 11$ die Ganghöhe wiederholt nach oben und unten aufträgt. Man erkennt, daß s sich unendlich oft um a windet.

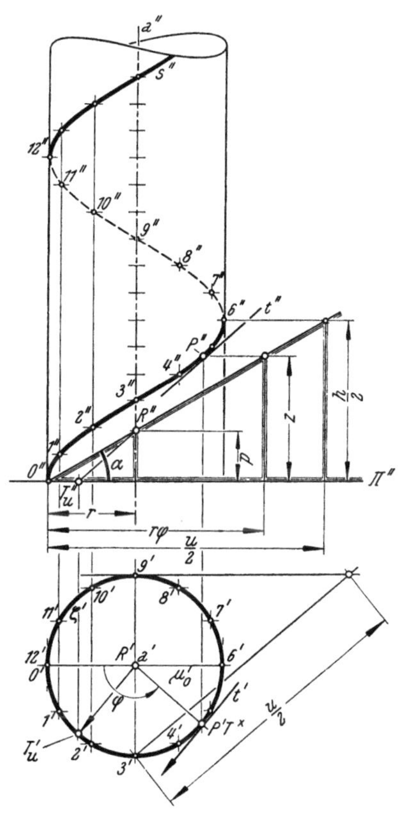

Abb. 295. Schraublinie

Betrachtet man ζ von außen (z. B. im Aufriß), so steigt s in Abb. 295 nach rechts auf; man nennt s eine *rechtsgängige oder rechtsgewundene Schraublinie.* Beim Blick ins Innere von ζ kehrt sich der Windungssinn scheinbar um (z. B. Abb. 301). Die meisten Schrauben sind rechtsgewunden; bei Drillbohrern (Abb. 304), bei Schrägzahnflanken von Stirnrädern, bei Ventilspindeln usw. treten auch *linksgewundene Schrauben* auf.

Π sei die waagrechte Ebene durch den Punkt 0 von s. Der *Schraubwinkel* $\varphi = \sphericalangle\, 0'\, a'\, P'$ in Abb. 295 wächst gleichförmig mit der *Schraubhöhe* z von P über Π. Wird φ im Bogenmaß gemessen und ist p die Schraubhöhe zum Schraubwinkel mit dem Bogenmaß $\varphi = 1$ (rund $57{,}3^0$), so ist $z = p\varphi$ und $h = 2\,p\,\pi$. Die aus Drehung um a und Schiebung längs a zusammengesetzte Bewegung, bei der P die Schraublinie s durchläuft, nennt man eine *Schraubung.* Jeder Punkt von s durchläuft dieselbe Schraublinie s, ***daher läßt sich eine Schraublinie in sich selbst bewegen*** (wie eine Gerade oder ein Kreis); darauf beruhen die meisten ihrer technischen Anwendungen. Die nicht auf s liegenden Punkte durchlaufen andere Schraublinien, für die ebenfalls $z = p\varphi$ gilt. Man nennt $p = h/2\,\pi$ ***die reduzierte Ganghöhe dieser Schraublinien oder den Parameter der Schraubung.***

P durchlaufe einen Gang von s. P' durchläuft dann den Grundrißkreis s' einmal (Weglänge = Umfang $2r\pi$ von s'), P'' wird um h gehoben. Der Steigungswinkel α von s ergibt sich daher aus $\operatorname{tg}\alpha = h/2r\pi = p/r$. In Abb. 295 wurde $u/2$ nach Abb. 63 konstruiert und von $0''$ nach rechts aufgetragen; im Endpunkt wurde $h/2$ parallel zu a'' aufgetragen; dies ergibt den Winkel α. Sein schräger Schenkel schneidet a'' in R''. R liegt wegen $\operatorname{tg}\alpha = p/r$ im Abstand p über Π. Legt man daher zu jeder Tangente von s die Parallele durch R, so schneidet diese Parallele die Ebene Π in einem Punkt von s'. Diese Parallelen durch R bilden einen *Richtkegel* von s. Die zur Tangente t von s in P parallele Erzeugende des Richtkegels schneide Π in T_u. T_u heißt *Fluchtpunkt* von t. Dreht man T_u um R' im Sinn der aufsteigenden Schraublinie durch 90^0 („positive Vierteldrehung"), so erhält man den „*Drehfluchtpunkt*" T^x von t. Wegen $R'T_u \parallel t'$ ist $T^x = P'$, das heißt *der Drehfluchtpunkt einer Schraubtangente ist der Grundriß des Berührpunktes.* — Ist umgekehrt in einem Punkt P an die von P beschriebene Schraublinie s die Tangente t zu legen, so findet man t' als Tangente an den Kreis $(R'; P')$, T_u durch negative Vierteldrehung von P' um R', t'' als Parallele zu $T_u''R''$ durch P''.

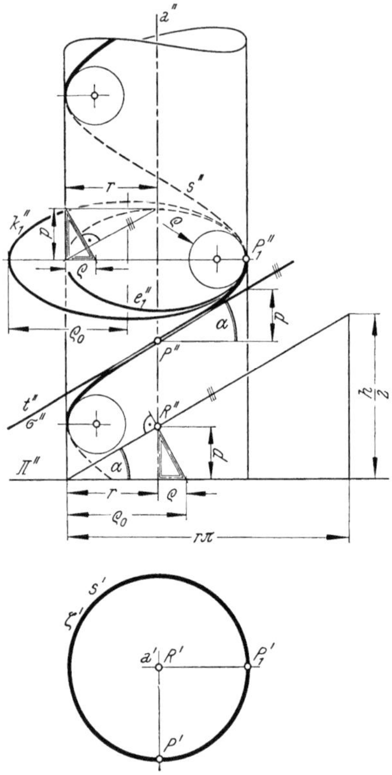

Abb. 296. Krümmung der Schraublinie

Zum Beispiel ist die Tangente von s'' in $3''$ parallel zu $0''R''$; in den Punkten von s'', die nicht auf a'' liegen, schließt t'' mit Π'' einen größeren Winkel als α ein. $3'', 9'', \ldots$ sind daher Wendepunkte von s''.

In Abb. 296 wurde P'' in einem Schnittpunkt von s'' mit a'' angenommen; die Wendetangente t'' schließt mit Π'' den Winkel α ein. Aus 65. folgt, daß t'' zugleich Aufriß der *Schmiegebene* σ von s in P ist. σ schneidet ζ nach einer Ellipse e mit den Halbachsen $r/\cos\alpha$ und r; e hat im Nebenscheitel P denselben *Krümmungsradius* $\varrho_0 = r/\cos^2\alpha$ wie s. In Abb. 296 wurde P in einen Umrißpunkt P_1 des Schraubzylinders ζ verschraubt. Dabei geht σ in die Schmiegebene σ_1 von s in P_1 über, e in die Schnittellipse e_1 von σ_1 mit ζ, der Krümmungskreis k von e und s in P in den *Krümmungskreis* k_1 von s in P_1. e_1'' ist eine Ellipse mit den Halbachsen r und $r\operatorname{tg}\alpha = p$; daher hat e_1'' im Hauptscheitel P_1'' denselben *Krümmungsradius* $\varrho = r\operatorname{tg}^2\alpha$ wie s''. Man kann ϱ nach Abb. 296 unter Benützung von R'' konstruieren und beim Zeichnen von s'' verwenden.

Die von allen Tangenten einer Schraublinie gebildete Tangentenfläche heißt eine *Schraubtorse*. Abb. 297 zeigt einen Ausschnitt der Tangentenfläche Φ von s, begrenzt von dem zwischen 0 und 9 laufenden Bogen von s, von einem Bogen einer zur selben Schraubung gehörenden und auf Φ liegenden Schraublinie s_1, von der Schnittkurve n von Φ mit Π und von der Schnittkurve m_0 von Φ mit der aufrißparallelen Ebene μ_0 durch a. Man nennt s die *Gratlinie* der Schraubtorse Φ, n einen *Normalschnitt* von Φ, m_0 den *Hauptmeridian* von Φ. Die Tangente von s in O wurde wie in Abb. 295 konstruiert; auf ihr wurde der Punkt O_1 angenommen und die von O_1 durchlaufene Schraublinie s_1 konstruiert, indem s_1' in 12 Teile geteilt und im Aufriß von O_1'' aufwärts 12 Zwölftel von h aufgetragen wurden.

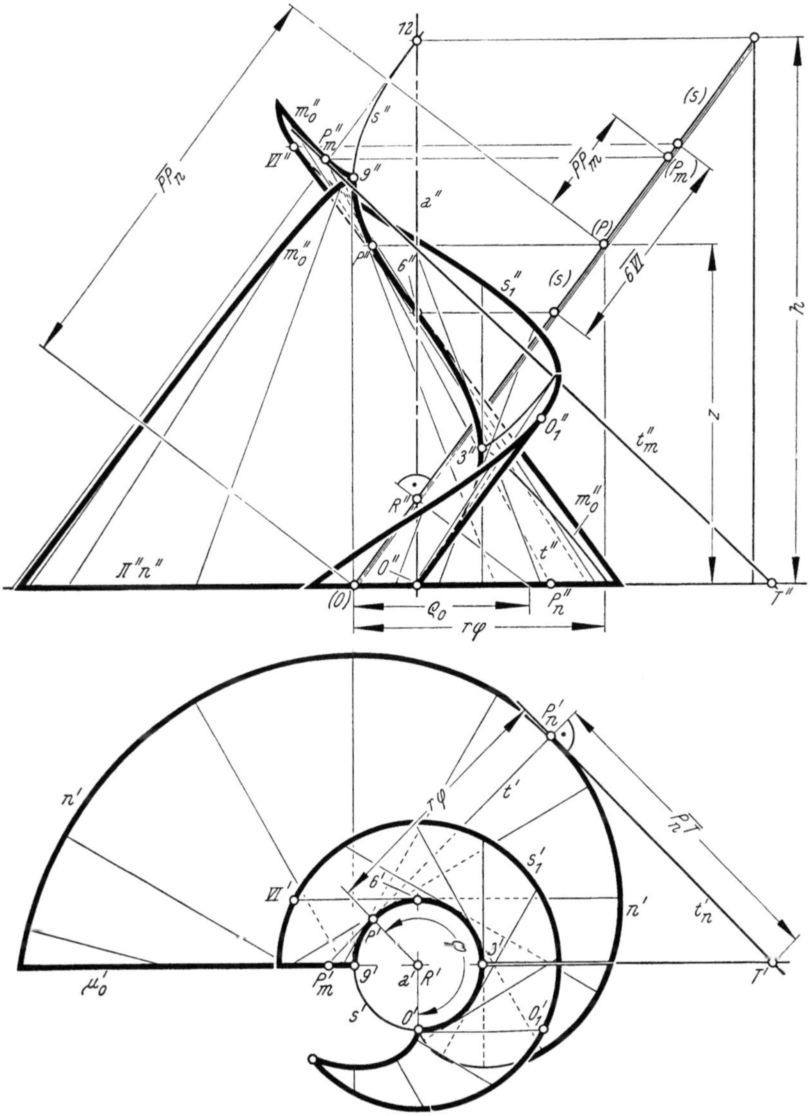

Abb. 297. Schraubtorse

Im Punkt P von s wurde nach Abb. 295 die Tangente t von s konstruiert; sie schneidet Π in einem Punkt P_n von n und sie schneidet μ_0 in einem Punkt P_m von m_0. Zu P gehören der Schraubwinkel φ und die Schraubhöhe z. Aus dem bei P' rechtwinkligen Dreieck $PP'P_n$ im Raum folgt $P'P_n' = P'P \cdot \cot \alpha = z \cot \alpha = p\varphi \cdot r/p = r\,\varphi$, also ist $P'P_n'$ gleich dem Bogen $r\varphi$ von s' zwischen $0'$ und P'. Das bedeutet, daß Π die Tangentenfläche Φ von s nach jener *Evolvente n des Kreises s'* schneidet, deren Spitze in 0 liegt. Da n eine Evolvente von s' ist,

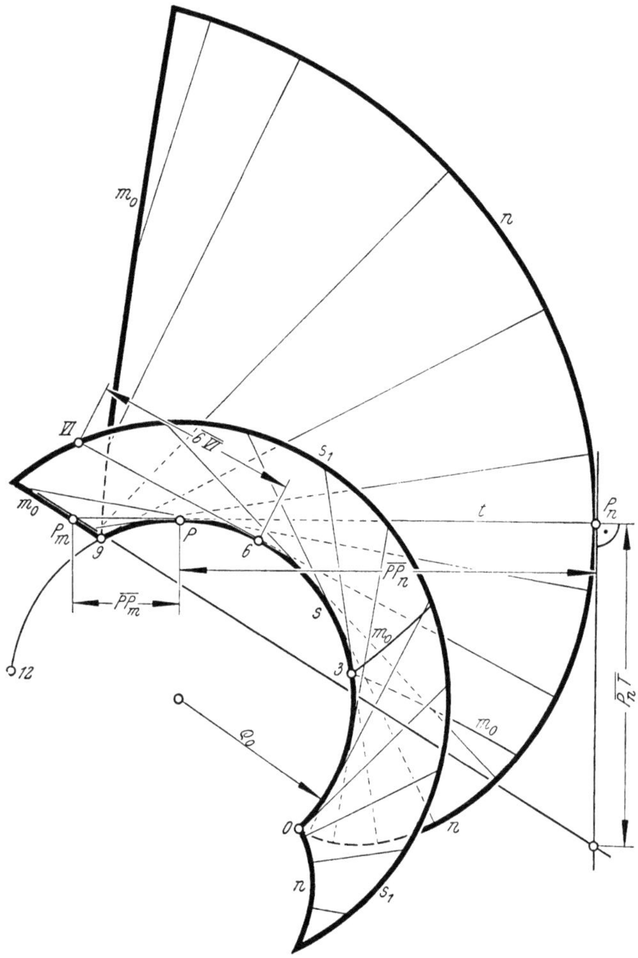

Abb. 298. Abwicklung der Schraubtorse

ist die Tangente t_n von n in P_n normal zu t'. Die Ebene $[t\,t_n]$ ist Schmiegebene σ von s in P, sie berührt Φ längs t. t_n schneide μ_0 in T; dann ist die Gerade $t_m = PT$ Schnittgerade von σ mit μ_0 und daher Tangente von m_0 in P_m. — s ist Gratlinie von Φ, in s stoßen beide Mäntel von s gratartig zusammen (vgl. Abb. 266 *b*, wo die dargestellte Raumkurve ebenfalls eine Schraublinie ist). n und m_0 haben daher in ihren Schnittpunkten mit s Spitzen.

Abb. 298, wo die Bezeichnungen der Raumfigur Abb. 297 beibehalten wurden, zeigt die *Abwicklung der Schraubtorse.* s ergibt abgewickelt einen Kreis, dessen Radius nach 65. gleich dem Krümmungsradius ϱ_0 von s ist. Indem man auf einer Tangente dieses Kreises vom Punkt 6 aus die zwischen s und s_1 liegende

Strecke *6 VI* aufträgt, erhält man in Abb. 298 einen Punkt *VI* des mit s konzentrischen Kreises s_1. Die Übertragung von Punkten und Tangenten von n und m_0 in die Abwicklung ist durch die Maßpfeile in Abb. 297 und 298 verdeutlicht; die Längen PP_n und PP_m bestimmt man im Aufriß von Abb. 297 als Streckenlängen $(0)(P)$ und $(P)(P_m)$ auf (s), die Strecke P_nT entnimmt man dem Grundriß in Abb. 297.

Beispiele:

199. Schneide einen Mantel der Tangentenfläche von s mit einem zu ζ gleichachsigen größeren Drehzylinder ζ_1! Suche die Abwicklung des zwischen s und der Schnittkurve liegenden Teiles. Verwendung als Drallstreifen, der einer durch ζ_1 strömenden Flüssigkeit einen Drall erteilt.

200. Zeichne auf einem Drehzylinder ζ den kürzesten Weg zwischen zwei gegebenen Punkten von ζ und bestimme seine Länge!

201. Zeige: Für $\alpha = 45^0$ ist s'' eine Sinuslinie, für $\alpha \neq 45^0$ affin zu einer Sinuslinie.

76. Verschraubung einer Kurve. Im folgenden wird wiederholt zu einem Schraubwinkel φ die Schraubhöhe $z = p\varphi$ zu konstruieren sein oder umgekehrt φ zu z. Ist die Schraubung durch eine gezeichnet vorliegende Schraublinie s bestimmt, so kann man zu zwei Punkten P', Q' auf s', für die $\sphericalangle P'R'Q' = \varphi$ ist, die Aufrisse P'', Q'' auf s'' suchen; deren Höhenunterschied ist z. Genauer ergibt sich $z = p\varphi$ nach Abb. 62 als Abwicklung eines Bogens vom Zentriwinkel φ auf einem Kreis vom Radius p [1].

Eine Kurve c werde der Schraubung mit der Achse a und dem Parameter p unterworfen (Abb. 299)[2]. Die von c überstrichene Fläche Φ nennt man eine *Schraubfläche.* P sei ein Punkt von c. Verschraubt man P nach Π in den Punkt P_n und nach μ_0 in den Punkt P_m, so hat man zur Höhe $z = P''\Pi''$ den Winkel $\varphi = \sphericalangle P_n'R'P'$ und zum Winkel $\Delta\varphi = \sphericalangle P'R'P_m'$ die Höhe Δz von P_m über P zu konstruieren. Die Punkte P_n erfüllen den in Π liegenden *Normalschnitt* (*Stirnschnitt, Querschnitt*) n von Φ, die Punkte P_m den in μ_0 liegenden *Meridian* (*Achsenschnitt, Profil, Längsschnitt*) m_0 von Φ. In Abb. 299 wurde Φ durch die Bahnschraublinien der Endpunkte des Bogens c und durch die zu c gehörigen Bögen n und m_0 begrenzt. *Der volle Meridian m besteht aus m_0 und den aus m_0 durch halbe oder ganze Schraubungen* (Schraubwinkel = ganzzahlige Vielfache von 180^0) *entstehenden Bögen* $m_{1/2}, m_1, m_{3/2}, \ldots, m_{-1/2}, m_{-1}, \ldots$ n und m_0 ergeben im allgemeinen eine deutlichere Vorstellung von Φ als c. Schablonen von der Form n oder m_0 dienen als Lehren zur Formprüfung schraubenförmiger Werkstücke.

Die *Tangentialebene* τ von Φ in P enthält die Tangente e von c in P und die Tangente t an die durch P gehende Bahnschraublinie s_1. Die durch den Richtpunkt R gelegten Parallelen zu e und t schneiden Π in den *Fluchtpunkten* E_u und T_u. Durch positive Vierteldrehung entstehen daraus die *Drehfluchtpunkte* E^x von e und $T^x = P'$ von t. $t_u = E_u T_u$ heißt die *Fluchtspur*, $t^x = E^x T^x$ die *Drehfluchtspur* von τ. t_u ist zu den ersten Hauptgeraden von τ parallel, daher ist t^x zu den Grundrissen der ersten Fallgeraden von τ parallel. t^x selbst ist zugleich Grundriß der durch P gehenden Fallgeraden von τ. τ ist zur Ebene RT_uE_u parallel.

---

[1] Diese Konstruktion ist nur für kleine Winkel genügend genau. Ist z. B. $\varphi = 170^0 = 150^0 + 20^0$, so gehört dazu $z = \frac{150}{360} h + p \frac{20}{360} \cdot 2\pi$; der erste Summand $5/12\, h$ ist in der punktweisen Konstruktion von s nach Abb. 295 gegeben, der zweite wird nach Abb. 62 konstruiert.

[2] c sei nicht eine Schraublinie, die bei dieser Schraubung in sich übergeht.

Diese Begriffe ermöglichen genauere Konstruktionen, die in manchen technischen Anwendungen benötigt werden (z. B. Abb. 315 bis 318). Durch Verschraubung um $-\varphi$ geht P in P_n, τ in die Tangentialebene von Φ in P_n über; daher erhält man die Richtung der Tangente t_n von n in P_n, indem man t_u um a'

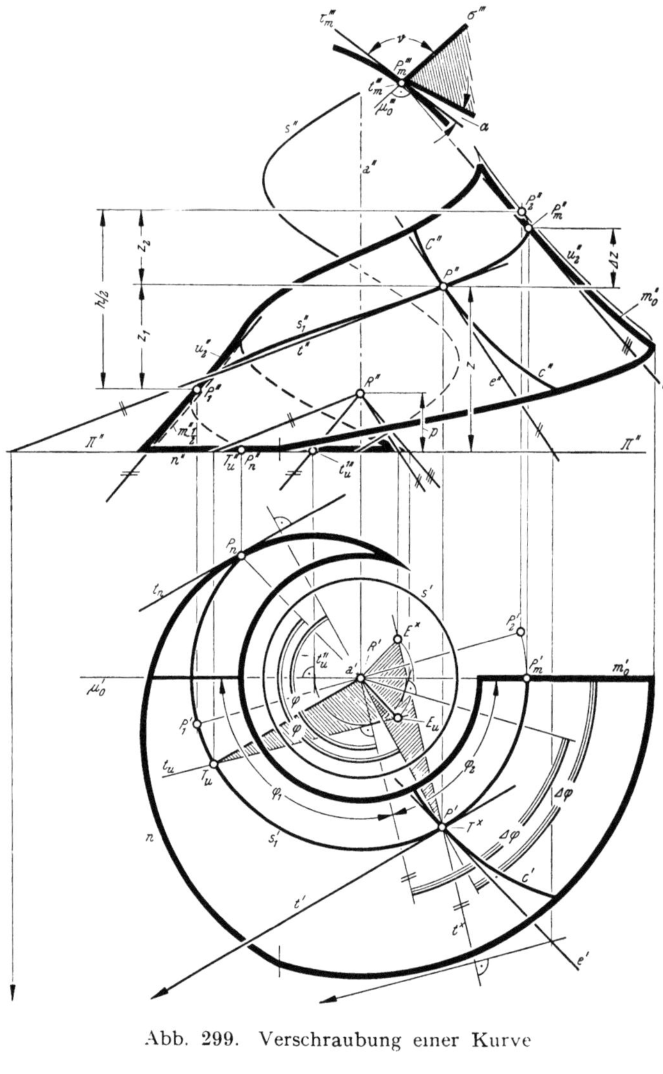

Abb. 299. Verschraubung einer Kurve

durch $-\varphi$ dreht. Durch Verschraubung um $\Delta\varphi$ geht τ in die Tangentialebene τ_m von P_m über; τ_m schneidet μ_0 nach der Tangente t_m von m in P_m. Daher dreht man t_u um a' durch $\Delta\varphi$ und schneidet die gedrehte Gerade mit μ_0'; der Schnittpunkt ist der Fluchtpunkt von t_m; t_m verläuft parallel zu seiner Verbindungsgeraden mit R durch P.

Φ besitzt einen *zweiten Umriß* u_2, in dessen Punkten die Tangentialebenen zu Π_2 normal stehen. Um die auf der Bahnschraublinie s_1 von P liegenden Umrißpunkte zu finden, drehe man t_u um a', bis die gedrehte Fluchtspur in die Ordnerrichtung fällt; es ergeben sich zwei Lagen t_u^1, t_u^2, die mit t_u die Winkel φ_1, φ_2

einschließen. φ_1 und φ_2 sind die Schraubwinkel, mit denen P verschraubt werden muß, um Umrißpunkt zu werden. Aus φ_1, φ_2 und den zugehörigen Schraubhöhen z_1, z_2 findet man die Umrißpunkte P_1, P_2 auf s_1. Die Tangenten des scheinbaren Umrisses u_2'' in P_1, P_2 sind zu $R''t_u^{1''}$ bzw. $R''t_u^{2''}$ parallel[1].

Auf einer Schraubfläche können besondere Schraublinien liegen. Doppelpunkte von n bzw. m ergeben durch Verschraubung „*Doppelschraublinien*" von Φ, längs denen Φ sich selbst durchdringt. Spitzen von n bzw. m ergeben „*Rückkehrkanten*" von Φ. — Ein Punkt von c mit kleinster bzw. größter Entfernung von a beschreibt eine *Kehlschraublinie* bzw. *Äquatorschraublinie* auf Φ.

Oft ist zum Grundriß Q' eines Punktes Q von Φ der Aufriß Q'' zu konstruieren oder umgekehrt. Ist Q' gegeben, so drehe man Q' um a' bis zu einem Punkt P' von c'; der Winkel $\sphericalangle Q'a'P'$ bestimmt dann den Höhenunterschied zwischen P und Q; dadurch ist Q'' auf dem Ordner von Q' (unendlich vieldeutig) bestimmt. Ist Q'' gegeben, so gehört zur Höhe von Q'' über Π ein bestimmter Schraubwinkel; der durch Q'' gehende Ordner wird um a' durch diesen Winkel verdreht und mit n geschnitten; jeder Schnittpunkt von n mit dem gedrehten Ordner ist dann zurückzudrehen.

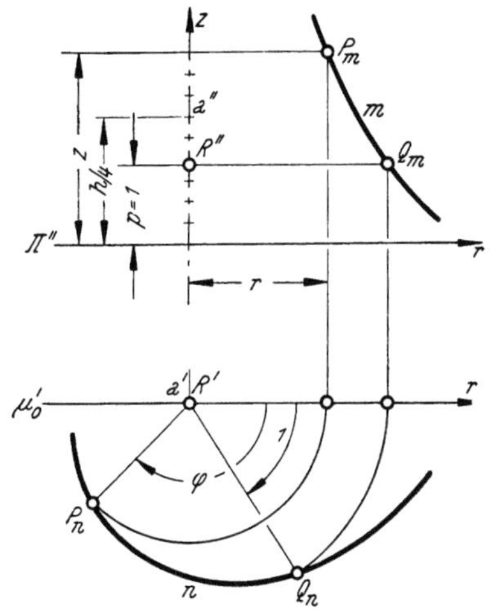

Abb. 300. Zusammenhang zwischen Meridian und Normalschnitt

Beispiele:

202. Führt man in Π Polarkoordinaten r, φ ein, in μ_0 kartesische Koordinaten r, z (Abb. 300), und nimmt man p als Längeneinheit, $p = 1$, so ist $z = \varphi$. Dann lauten die kartesische Gleichung $r = f(z)$ von m und die Polargleichung $r = f(\varphi)$ von n wegen $z = \varphi$ gleich, so daß man sofort m aus n oder n aus m erkennt. Suche Beispiele!

203. *Gewindeschneiden.* Gewinde und andere Schraubflächen werden oft durch Schneiden mit einem Schneidstahl Σ (analog Abb. 44) hergestellt (Abb. 299). Die Spanfläche σ von Σ liegt in einer Meridianebene μ_0 der Schraubfläche Φ, die Schneide hat die Form des Meridians m_0. Damit die Stahlschneide frei arbeiten kann, muß der Stahl nach hinten verjüngt werden und der Freiwinkel α des Schneidstahls ist an jeder Stelle so zu bemessen, daß die Schraubfläche an der Freifläche von Σ vorbeikommt. Wollte man dies sicher beurteilen, so hätte man in jedem Punkt P_m von m_0 die Tangente an m_0 und den Winkel ν der Meridianebene mit der Tangentialebene τ_m von Φ in P_m zu bestimmen (Seitenriß in Abb. 299). In P_m muß $\alpha > 0$ sein.

77. Regelschraubflächen. Eine Schraubfläche Φ, die durch Verschraubung einer Geraden e entsteht, heißt *Regelschraubfläche* oder *Strahlschraubfläche.* Jede Lage von e heißt eine Erzeugende von Φ. Schneiden sich a und e, so heißt Φ *geschlossen*, sonst *offen.* Sind a und e zueinander normal, so heißt Φ *gerade*, sonst *schief.* Die *Schraubtorse* ist eine besondere schiefe, offene Regelschraubfläche. Will man eine Regelschraubfläche mit einem geraden Schneidstahl herstellen, so ist die Schneide in der Lage einer Erzeugenden einzustellen.

[1] Die Verschiedenheit von m_0'' und u_2'' ist die Hauptschwierigkeit bei der optischen Prüfung und Vermessung von Gewinden, Schnecken und anderen Schraubflächen [Z. VDI **78** (1934), 993—1001]. Vgl. auch die Fußnoten [1] und [2], S. 197.

a) *Wendelfläche.* Die gerade, geschlossene Regelschraubfläche Φ heißt auch Wendelfläche. n ist eine Erzeugende, m besteht aus a und aus Erzeugenden, die nach je einer halben Ganghöhe aufeinanderfolgen. Wendelflächen treten als

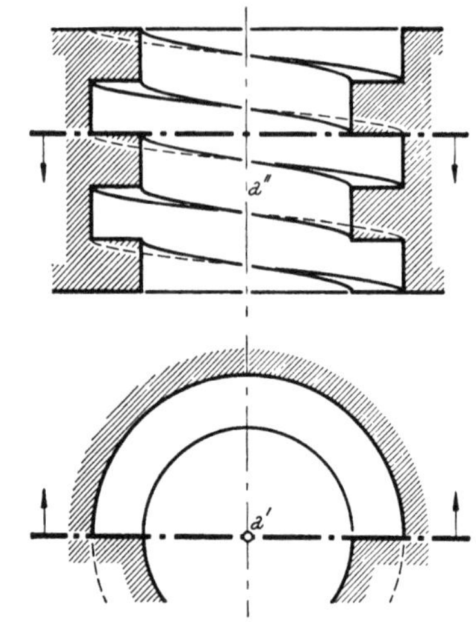

Abb. 301. Flachgewinde

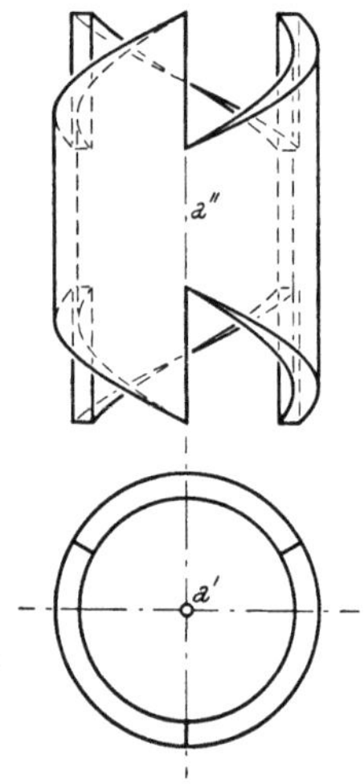

Abb. 302. Kolbenschieber

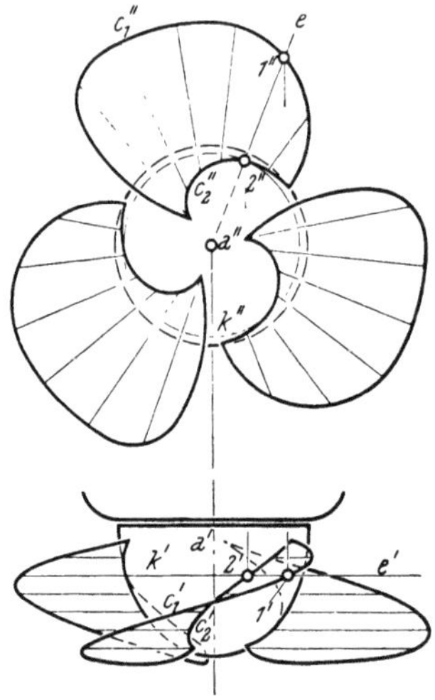

Abb. 303. Ventilator

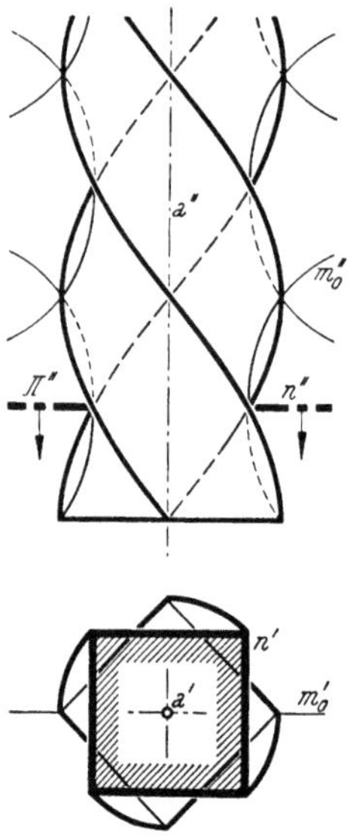

Abb. 304. Drillbohrer

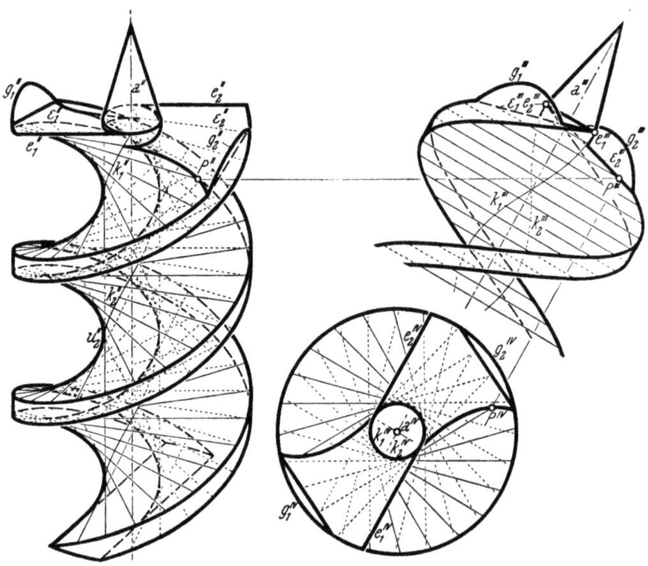

Abb. 305. Zentrumbohrer

Unterseiten von Wendeltreppen auf, als Wendelrampen (statt flacher Wendeltreppen), bei flachgängigen Schrauben (Abb. 301 zeigt die aufgeschnittene Schraubenmutter), bei Förderschnecken (Abb. 319), bei Riderschiebern, bei Kolbenschiebern (Abb. 302, obere oder untere Hälfte auch als Hohlbohrer = Trepanierer für kreisringförmige Bohrungen). Abb. 303 zeigt drei kongruente

Wendelflächen mit der Achse a, außen durch je eine Randkurve c_1 begrenzt, innen durch die Schnittkurve c_2 mit der Nabe. Die Nabe ist eine Drehfläche mit der Achse a. c_1'' sei gegeben; c_1' erhält man punktweise, indem man durch jeden Schnittpunkt $1'' = (e''c_1'')$ den Ordner bis e' zieht. Die achsennormale Ebene durch e schneidet die Nabe im Parallelkreis k. Der Schnittpunkt 2 von e und k gehört c_2 an.

b) *Gerade, offene Regelschraubfläche* Φ; n ist eine Erzeugende, m_0 wird wie in Abb. 299 konstruiert. Der Punkt auf e mit der kleinsten Entfernung von a beschreibt die Kehlschraublinie von Φ. Abb. 304 zeigt vier solche Flächen; ein in Π liegendes Quadrat n mit dem Mittelpunkt auf a ergibt bei steiler Linksverschraubung eine Drillbohrerspindel; die (nicht gezeichnete) Griffmutter besitzt ein Loch mit dem Querschnitt n; wird sie längs a geschoben (statt verschraubt), so zwingt sie die Spindel zur Drehung um a. In Abb. 305 ist ein Zentrumbohrer (für Löcher mit flachem Grund) mit kreuzrißparalleler Achse dargestellt. Der Grundkörper wird von zwei geraden, offenen Regelschraubflächen (Spanflächen) begrenzt, die durch Verschraubung der Stirnschneidenkanten e_1, e_2 entstehen. Hinter der Schneide e_1 liegt als Freifläche die Ebene ε_1, hinter e_2 liegt ε_2. Außen befinden sich die Mantelschneiden g_1, g_2. Einzelne Punkte P der Schnittkurven von ε_1 und ε_2 mit den Spanflächen ergeben sich, indem man einzelne Erzeugende der Spanflächen mit ε_1 bzw. ε_2 schneidet. Die Aufrisse der Erzeugenden der Spanflächen umhüllen deren scheinbare zweite Umrisse u_2'' (siehe auch 81.). Die Kehlschraublinien k_1, k_2 sind dünn gezeichnet.

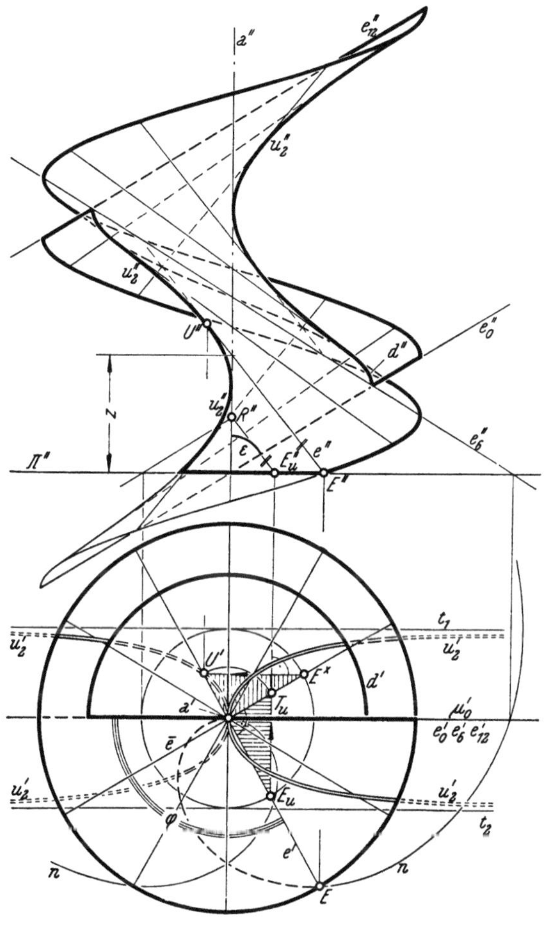

Abb. 306. Scharfgängige Schraubfläche

c) *Schiefe, geschlossene* („*scharfgängige*") *Regelschraubfläche.* e schneidet a unter dem Winkel ε (Abb. 306). Der Meridian von Φ besteht aus a und $e_0, e_6, e_{12}, \ldots, e_{-6}, e_{-12}, \ldots$. Die Schnittpunkte dieser Geraden beschreiben Doppelschraublinien d, längs denen Φ sich selbst durchdringt. Jede Erzeugende e ergibt im Schnitt mit Π einen Punkt E von n. Schneiden sich e und a in der Höhe z über

Π und ist $aE = r$, so ist $r = z \operatorname{tg} \varepsilon = p\varphi \operatorname{tg} \varepsilon$; r wächst also linear mit φ, das heißt n ist eine Archimedische Spirale. Abb. 306 zeigt einen von n, e_0, e_{12} und zwei Bahnschraublinien begrenzten Teil von Φ.

Gerade Regelschraubflächen haben keinen zweiten Umriß, wenn $a \,\|\, \Pi_2$ ist. Hingegen besitzt Φ in Abb. 306 einen zweiten Umriß u_2. E_u sei Fluchtpunkt, E^x Drehfluchtpunkt von e. Der Fluchtpunkt T_u der Schraubtangente t jedes Punktes von e liegt auf der Normalen $\overline{e}$ zu e' durch a'. Damit E_u und T_u eine aufrißnormale Tangentialebene bestimmen, muß $E_u T_u$ in Ordnerrichtung liegen. Der Ordner durch E_u schneidet daher $\overline{e}$ im Fluchtpunkt T_u der Schraubtangente jenes Punktes U von e, dessen Tangentialebene zu Π_2 normal ist. Aus T_u ergibt sich U' auf e' durch positive Vierteldrehung um a'. — Die Konstruktion vereinfacht sich, wenn man das geschraffte Dreieck $a' T_u E_u$ durch 90^0 nach $a' U' E^x$ gedreht denkt; dann ergibt sich U' im Schnitt von e' mit der Parallelen zu μ_0' durch E^x. Die Punkte U' erfüllen den Grundriß u_2' des wahren zweiten Umrisses, die Punkte U'' liegen auf dem scheinbaren zweiten Umriß u_2''. u_2' heißt *Kappakurve* und ist von 4. Ordnung. a' ist Selbstberührungspunkt von u_2'. Im Fernpunkt von μ_0' hat u_2' einen Doppelpunkt; dessen Tangenten t_1, t_2 sind nach Beispiel 170 Wendetangenten. e_0'', e_6'', e_{12}'', ..., e_{-6}'', ... sind Asymptoten von u_2''.

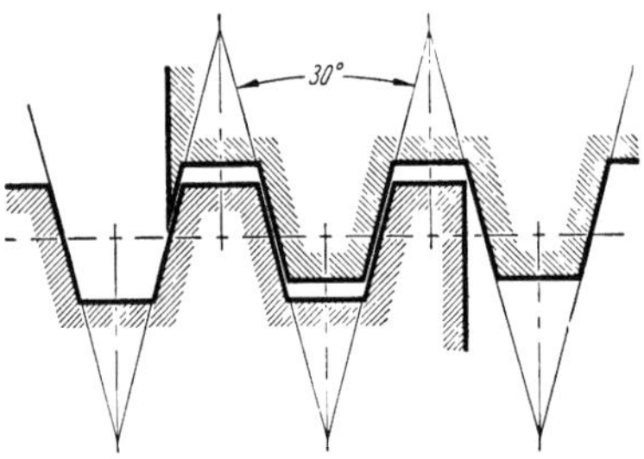

Abb. 307. Trapezgewinde DIN 103

Scharfgängige Regelschraubflächen treten an Gewinden auf, z. B. Abb. 307.

d) *Schiefe, offene Regelschraubfläche* Φ. Eine Gerade e allgemeiner Lage werde um a verschraubt. Abb. 308, wo n und m wie in Abb. 299 konstruiert wurden, zeigt Φ mit der Kehlschraublinie k und der innersten Doppelschraublinie d. Zur Konstruktion von u_2 führen dieselben Überlegungen wie in Abb. 306. T_u liegt auf der Geraden $\overline{e}$, die aus e' durch negative Vierteldrehung um a' entsteht; denn aus T_u ergibt sich durch positive Vierteldrehung der Grundriß U' des Berührpunktes, und dieser muß auf e' liegen. Wird das Dreieck $a' T_u E_u$ um a' durch 90^0 nach $a' U' E^x$ gedreht, so ergibt sich U' im Schnitt von e' mit der zu μ_0' parallelen Geraden durch E^x. Dabei liegen alle Punkte E_u und E^x ebenso wie in Abb. 306 auf einem Kreis um a' mit dem Radius $p \operatorname{tg} \varepsilon$.

Bei anderer Lage von e sieht Φ anders aus, vgl. z. B. Abb. 320.

Spiralbohrer tragen zwei Spannuten, in denen das ausgebohrte Material wie in einer Förderschnecke abgeführt wird[1]. In Abb. 309 sind die Spannuten von zwei schiefen, offenen Regelschraubflächen Φ_1, Φ_2 mit der Achse a gebildet. Oben ist der Bohrer durch zwei Drehkegel Δ_1, Δ_2 (Spitzen S_1, S_2, Achsen a_1, a_2) abgedreht. Δ_1 und Δ_2 schneiden sich in der Nebenschneide s. Δ_1 und Φ_1, Δ_2 und Φ_2 schneiden sich in den Hauptschneiden s_1, s_2. Δ_1 schneidet Φ_2 in k_1, Δ_2 schneidet Φ_1 in k_2. Außerdem treten die Schnitte c_1, c_2 von Δ_1, Δ_2 mit dem Schaftzylinder ζ auf. s, c_1, c_2 wurden nach Abb. 209 konstruiert. s_1, s_2, k_1, k_2 findet man, indem man nach Abb. 111 einzelne Erzeugende e von Φ_1 und Φ_2 mit Δ_1 und Δ_2 schneidet. In Abb. 309 schneiden Δ_1 und e eine zu a_1 normale Hilfsebene ε im Kreis d_0 bzw. im Punkt T. 1 sei ein Punkt von e, $S_1 1$ schneide ε in 1_0. Im Seitenriß auf ε sei

[1] Es gibt auch Spiralbohrer mit drei Spannuten. Eine größere Anzahl von Nuten tritt z. B. bei spiralverzahnten Reibahlen auf.

P_0''' ein Schnittpunkt von $T'''1_0'''$ mit d_0'''. $S_1''P_0''$ schneidet e'' im Punkt P'' von k_1'' [1]. Der „Spitzenwinkel" ist gewöhnlich 118°, bei „Versenkern" (zum Bohren von Kegellöchern für Schraubenköpfe) ist er 90°.

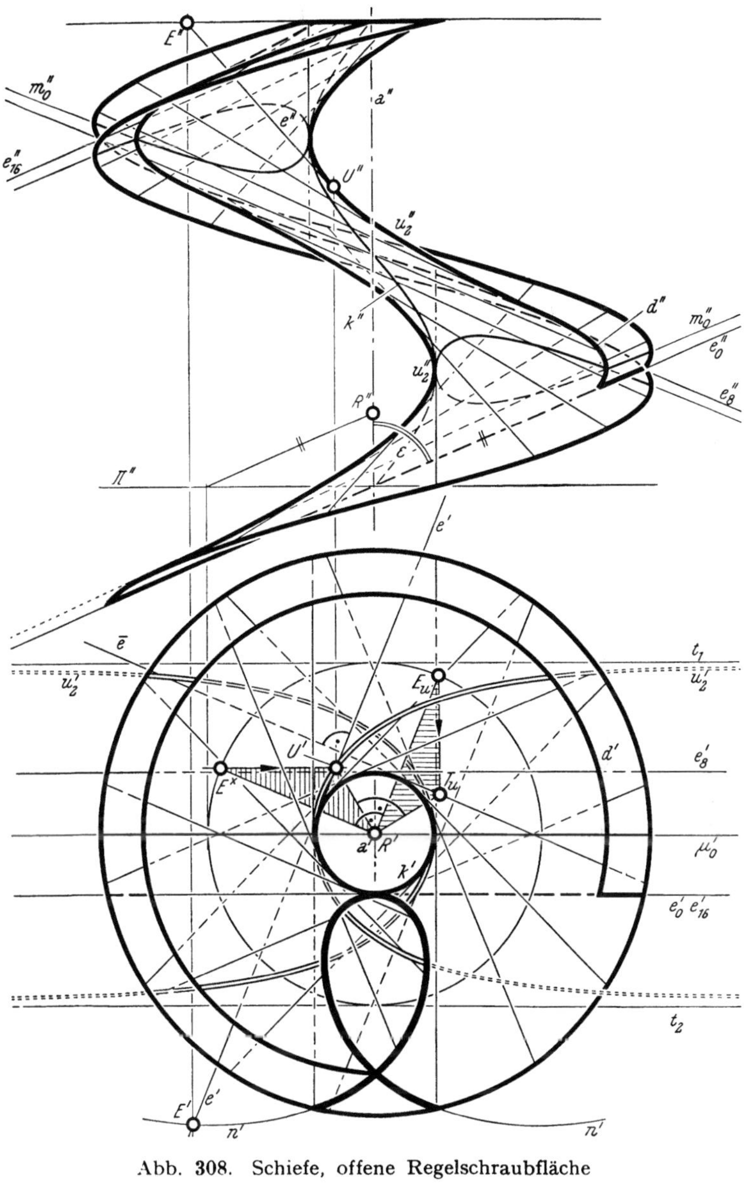

Abb. 308. Schiefe, offene Regelschraubfläche

---

[1] In der technischen Literatur wird manchmal angegeben, s_1 und s_2 seien Geraden. Aber beim üblichen Schleifvorgang ergeben sich s_1, s_2 als schwach nach innen gekrümmte Raumkurven. Wollte man gerade Schneiden s_1, s_2 erreichen, so wäre die Ermittlung passender Kegel Δ_1, Δ_2, die die nötigen Freiwinkel bei s_1, s_2 und eine brauchbare Lage von s gewähren, zwar möglich, aber bedeutend schwieriger.

Beispiele:

204. Zeichne Abb. 303 mit vier statt drei Flügeln!

205. Zeichne die Schraubspindel zu Abb. 301 und drehe sie oben mit einer Kugel φ ab, deren Mitte auf a liegt, oder mit einem Drehkegel φ mit der Achse a! Verschraube einzelne Meridiane von φ nach μ_0 und schraube die Schnittpunkte mit m_0 zurück!

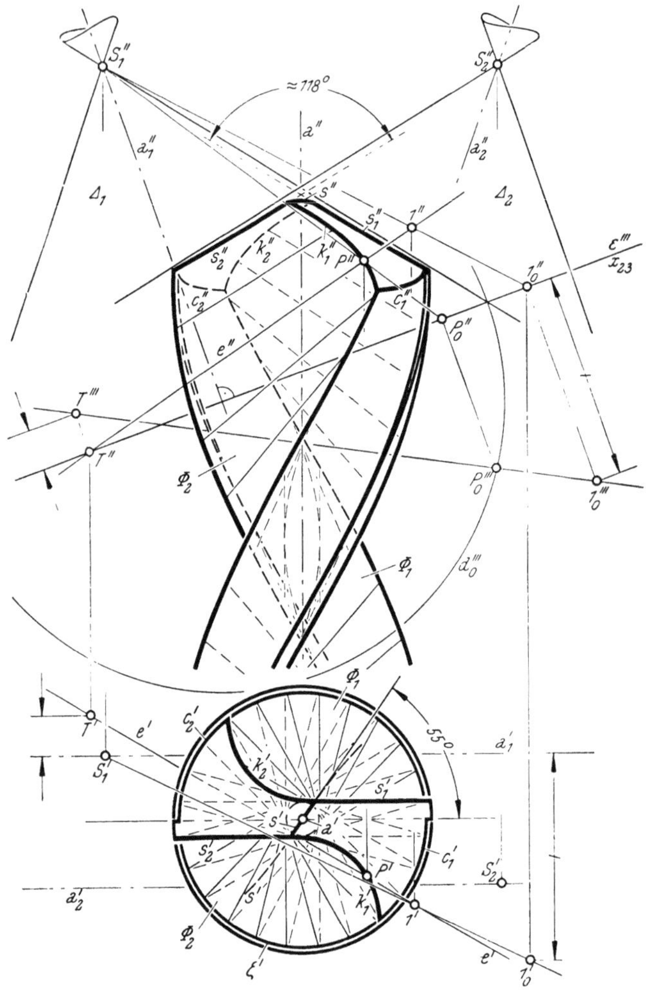

Abb. 309. Spiralbohrer

206. Zeige, daß der Schnitt einer Wendelfläche mit einer achsenparallelen Ebene affin zu einer Tangenslinie mit waagrechten Asymptoten ist!

207. Betrachte Werkzeuge (z. B. Bohrer, Fräser), an denen Schraubflächen auftreten. Versuche durch Messungen ihre geometrische Form zu bestimmen und stelle sie in Grund- und Aufriß dar!

208. In Abb. 309 schließen Φ_1 und Δ_1 in jedem Punkt Q von s_1 einen bestimmten Keilwinkel ein. Bestimme den Freiwinkel α (zwischen der Tangentialebene in Q an Δ_1 und der Ebene, die durch die Tangente an s_1 in Q und die Schraubtangente der Vorschubbewegung des Bohrers bestimmt ist.) Die Vorschubbewegung ist eine

Schraubung mit der Achse a und sehr kleinem Parameter. α ist um so kleiner, je näher Q an a liegt. Damit α nicht negativ werde, ist es oft notwendig, die Schnittkurven in der Nähe von a abzuschleifen („Ausspitzung des Bohrers").

78. Kreisschraubflächen. Eine durch Verschraubung eines Kreises entstehende Fläche nennen wir eine Kreisschraubfläche. Praktisch wichtig sind die Fälle, wo m oder n ein Kreis ist, und die in 79. betrachtete Schraubrohrfläche.

a) *m sei ein Kreis.* Solche Flächen treten bei Gewinden auf (Abb. 310 *a, b, c*, rechts Mutter, links Bolzen), als Gewölbe unter Wendeltreppen (Verschraubung des oberen Halbkreises von m), bei Wendelrutschen (Materialförderer, Abb. 311, Rutschenwendel: Meridian = Kreisbogen *01* + Strecke *12*, Deckenwendel: Meridian = Kreisbogen *34*; zweiter Umriß: Punkt P_2 wie in Abb. 299 konstruiert), in anderer Ausführung als Spiralfliehkraftschleuder auch zum Abscheiden von Bergen aus Kohle[1].

b) *n sei ein Kreis* $(O; r)$. Abb. 312 zeigt einen hinter μ_0 liegenden halben

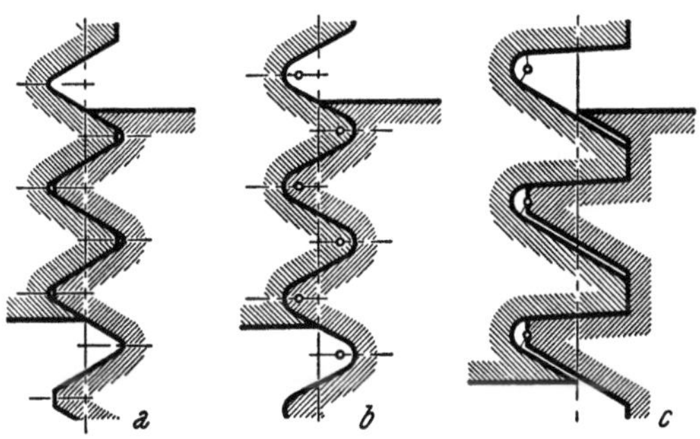

Abb. 310. *a*) Metrisches Gewinde DIN 13, 14, *b*) Whitworthgewinde ohne Spitzenspiel DIN 11, *c*) Sägengewinde DIN 513

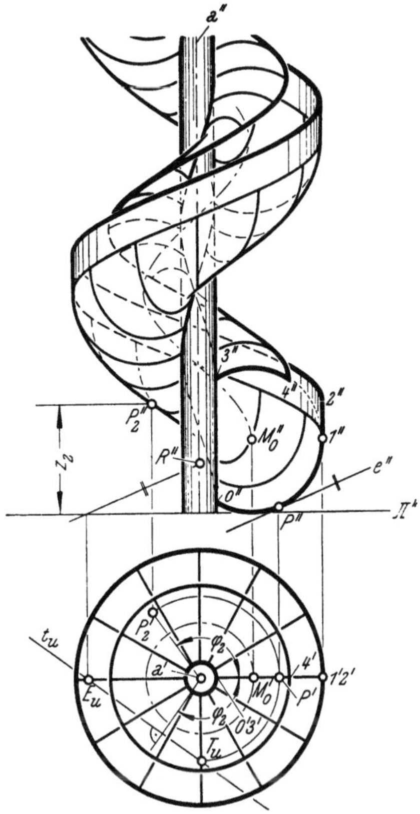

Abb. 311. Wendelrutsche aus Kreisschraubflächen (Materialförderer)

Gang dieser Fläche Φ, unten bis Π fortgeführt. u_2 enthält jene Punkte der waagrechten Schnittkreise, in denen die Tangente normal zu Π_2 steht. Daher besteht u_2 aus zwei Schraublinien; sie entstehen aus der von O beschriebenen Mittenschraublinie o durch Verschiebung um r nach links und nach rechts. m_0 wurde punktweise konstruiert, z. B. Punkte *4, 5, H*. Zur Verdeutlichung sind die Bahnschraublinien der Punkte *1, 2, 3* auf Φ gezeichnet. — Solche Flächen treten an gewundenen Säulen auf (Gotik, Barock), aber auch an geraden Säulen mit gewundener Kannelürung usw. Manche Bohrer enthalten angenähert Schraubflächen, deren Normalschnitte sich aus Kreisen und Geraden zusammensetzen. Über das Auftreten dieser Flächen bei Roots-Rädern und Schraubenverdichtern siehe 103.!

[1] Z. VDI 69 (1925), 978.

Beispiel:

209. Auf einer Wendelrutsche seien m_0 und m_1 zwei Meridiane, deren Ebenen den Winkel 15^0 einschließen. Konstruiere die Verbindungstorse von m_0 und m_1 und wickle sie ab! (Annäherung der Wendelrutsche durch eine Folge von Verbindungstorsen in Blech.)

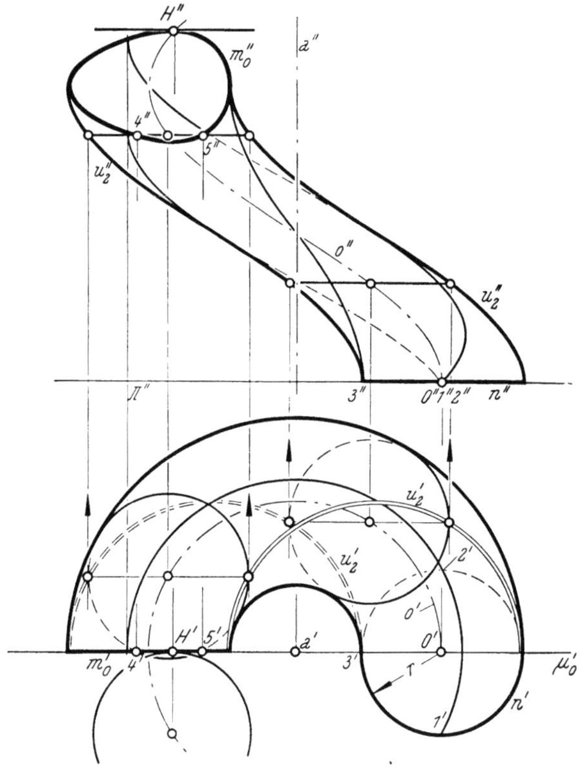

Abb. 312. Verschraubung eines waagrecht liegenden Kreises

79. Verschraubung einer Fläche. *Eine Fläche ψ werde einer Schraubung* (Achse a lotrecht, Parameter p) *unterworfen. Dabei werden die Lagen $\psi_0, \psi_1, \psi_2, \ldots$ von ψ im allgemeinen eine Schraubfläche Φ einhüllen.* Ist z. B. s eine Schraublinie (Achse a, Parameter p), ψ eine Schmiegebene von s, so umhüllt ψ bei der Verschraubung die Tangentenfläche Φ von s. Dabei berührt Φ die einzelnen Lagen von ψ längs je einer Tangente q von s; man kann q als Grenzlage der Schnittgeraden benachbarter Schmiegebenen ψ auffassen (vgl. Abb. 266 *a*). Wird in Abb. 299 der aufrißnormale Zylinder ψ durch u_2 gelegt und ebenso verschraubt wie c, so wird Φ umhüllt; die einzelnen Lagen von ψ berühren Φ längs Kurven, die aus u_2 durch Verschraubung hervorgehen.

Auch wenn ψ eine beliebige Fläche ist, werden ψ und Φ einander in jeder Lage $\psi_0, \psi_1, \psi_2, \ldots$ von ψ im allgemeinen längs je einer Kurve $q_0, q_1, q_2, \ldots$ berühren. Diese Kurven sind kongruent, sie gehen durch Verschraubung auseinander hervor. Φ entsteht durch Verschraubung einer dieser Kurven. Man nennt diese Kurven *Eingriffslinien oder Charakteristiken.* — Verschraubt man ψ aus der Lage ψ_2 in die Lage ψ_1, so geht die Schnittkurve von ψ_1 und ψ_2 in die Kurve q_1 auf ψ_1 über.

Konstruktion von Φ: Sind die Schnitte von ψ mit waagrechten Ebenen bekannt, so verschraube man sie nach Π; die Hüllkurve der nach Π verschraubten Schnitte ist der Normalschnitt n von Φ. Den Meridian m_0 von Φ erhält man als Hüllkurve der nach μ_0 verschraubten Schnitte von ψ mit Ebenen durch a.

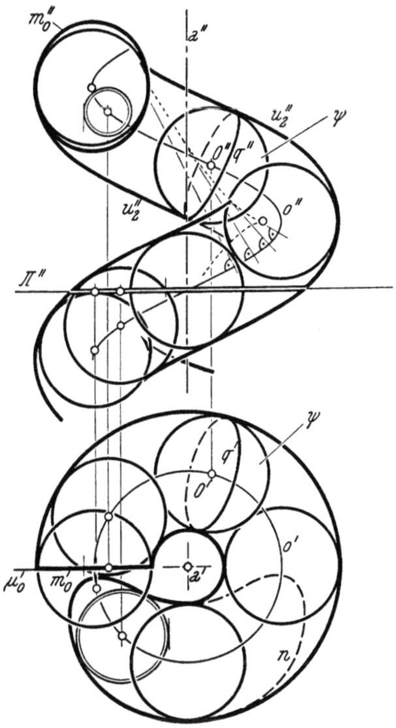

Abb. 313. Schraubrohrfläche

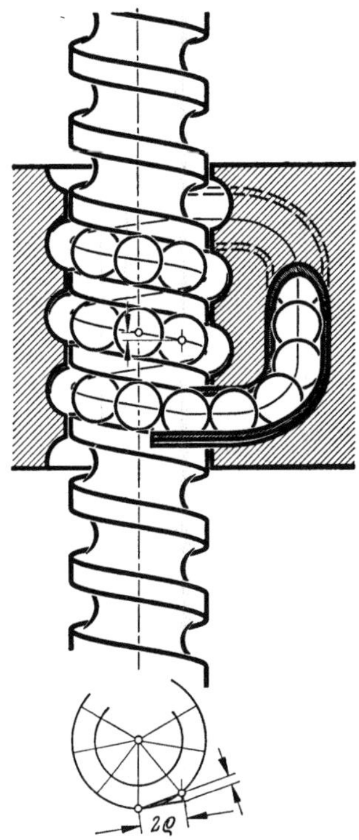

Abb. 314. Kugellager für Schraubgelenk (General Motors Corp.)

Abb. **313** zeigt die *Verschraubung einer Kugel* ψ. Der Mittelpunkt O von ψ beschreibt die Mittenschraublinie o, die Charakteristik q ist jener Großkreis von ψ, dessen Ebene auf der Bahntangente von O normal steht. Der scheinbare zweite Umriß u_2'' von Φ ist die Parallelkurve von o'' im Abstand r (Radius von ψ). r ist in Abb. **313** so groß, daß u_2'' Spitzen hat (auf der gepunkteten Evolute von o''). m und n ergeben sich als Hüllkurven der Schnittkreise von μ_0 bzw. Π mit den einzelnen Lagen von ψ; die Berührpunkte eines Schnittkreises mit m bzw. n liegen auf der Schnittgeraden von μ_0 bzw. Π mit der Ebene des zugehörigen Kreises q. — Diese *Schraubrohrfläche* ist eine Kreisschraubfläche, da sie auch durch Verschraubung des Kreises g entsteht. Sie tritt bei Rohrschlangen auf, ferner bei der Kugellagerung eines Schraubgelenks (Abb. **314**; die Mitten zweier benachbarter Kugeln werden angenommen; ihre Distanz $2\,\varrho$ (nach Abb. 21 konstruiert) gibt dann den Durchmesser der Kugeln an).

Beispiel:

210. In einen Federbolzen (im wesentlichen ein Drehzylinder mit der Achse a) ist eine schraubenförmige Nut Φ eingefräst. In diese greift ein dünner drehzylindrischer Stift ψ vom Radius r ein, dessen Achse f die Achse a von Φ normal schneidet.

Zeige, daß Φ eine Parallelfläche der von f überstrichenen Wendelfläche Φ_0 ist! (ψ ist Hüllfläche der Kugeln $(O; r)$, wenn O auf f wandert; wird ψ verschraubt, so ist Φ die Hüllfläche der Kugeln $(O; r)$, deren Mitten O auf Φ_0 liegen.)

80. Fräsen und Schleifen von Schraubflächen. *Ein um seine Achse f rasch rotierender Fräser, dessen Schneidkanten die Drehfläche ψ überstreichen, fräst aus einem Werkstück, das langsam längs der Achse a verschraubt wird, eine Schraubfläche Φ mit der Achse a.* Φ und ψ berühren sich in jedem Zeitpunkt längs der Grenzkurve q des bereits erzeugten Teiles von Φ. q heißt *Eingriffslinie oder Charakteristik.* Geometrisch gleichartig ist das *Gewindeschleifen*; *Schleifscheibe ψ und Schraubfläche Φ berühren einander jederzeit längs einer Eingriffslinie q* [1].

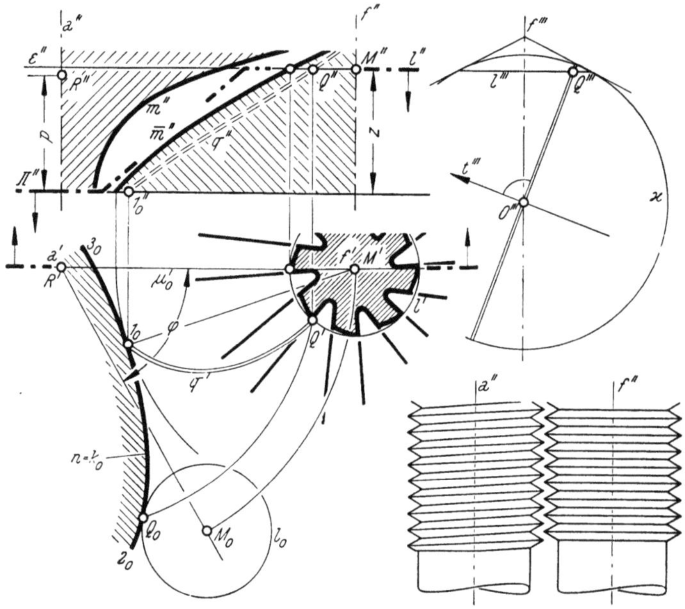

Abb. 315. Achsenparalleler Fräser Abb. 316. Gewindefräsen mit Gruppenfräser

Ist Φ gegeben und f passend gewählt, so ist ψ zu konstruieren. Man schneide Φ mit *Hilfsebenen ε, die zu f normal sind.* Zur Schnittkurve k von Φ mit ε bestimme man in ε den berührenden Kreis l mit dem Mittelpunkt M auf f. l ist der in ε liegende Parallelkreis von ψ, der Berührpunkt Q von l mit k ist ein Punkt von q.

a) Sind a und f parallel (Abb. 315), so ist k ein Normalschnitt von Φ; liegt der Normalschnitt n in Π gezeichnet vor, so verschraube man ε nach Π, M nach M_0 in Π. Der Kreis l_0 um M_0, der $n = k_0$ berührt, ergibt zurückgeschraubt einen Parallelkreis l von ψ, der Berührpunkt Q_0 von l_0 und n einen Punkt Q von q.

[1] Bei Massenfertigung ist das Gewindefräsen wirtschaftlicher als das Gewindeschneiden, weil ein Arbeiter mehrere selbsttätig arbeitende Maschinen bedienen kann und auch ungelernte Arbeiter gute Gewinde herstellen können. Aber auch in anderen Fällen ist das Fräsen wirtschaftlicher, z. B. bei hartem Werkstoff. Bei besonders hartem Werkstoff (z. B. gehärtetem Stahl) versagen auch die Fräser; dann lassen sich Gewinde nur durch Schleifen herstellen. Gewindewerkzeuge (Gewindebohrer, Walzenfräser, Schneckenradfräser, Gewindefräser usw.) und Gewindelehren werden einfacher und genauer durch Schleifen mittels Schleifscheibe bzw. Schleiffinger hergestellt.

So erhält man den Meridian $\overline{m}$ von ψ; er ist deutlich verschieden von q und vom Meridian m von Φ. Soll von Φ jener Schraubstreifen gefräst werden, dessen Normalschnitt auf n zwischen 2_0 und 3_0 liegt, so erhält man die zugehörigen Lagen von M_0, indem man die Normalen von n in 2_0 und 3_0 mit dem Kreis $(a'; M')$ schneidet; die Schnittpunkte ergeben zurückgeschraubt den höchsten und den tiefsten Punkt M auf f. — Jeder Kreis l_0 muß n berühren, aber l_0 darf nicht zugleich an anderer Stelle in n eindringen; träte ein solcher „Unterschnitt" auf, so wäre die gewählte Lage von f ungeeignet[1]. — Die Kreise l_0 in Π besitzen als Hüllkurve außer $n = k_0$ noch eine zweite Kurve $\overline{n}$; der zum Fräsen von Φ konstruierte Fräser ψ, der Φ durch *Außenfräsen* herstellt, fräst dann zugleich auch noch durch *Innenfräsen* die Schraubfläche $\overline{\Phi}$ mit dem Normalschnitt $\overline{n}$.

a und f haben parallele Lage beim Fräsen mit dem Gruppenfräser oder beim Schleifen mit mehrprofiligen Schleifscheiben (Abb. 316). Es folgen soviele Meridiane von ψ aufeinander, als Gänge von Φ geschnitten werden sollen. So werden feine Gewinde oder Gewinde geringerer Länge in Massenfertigung erzeugt, indem das Werkstück um eine einzige Ganghöhe verschraubt wird. Gewinderachenlehren beruhen auf demselben Prinzip; das zu prüfende Gewinde Φ muß mitten zwischen zwei um die halbe Ganghöhe versetzten Drehflächen ψ („stehenden Gewinden" mit zu a parallelen Achsen f) noch durchgeführt werden können[2].

b) Fräser, deren Achsen allgemeine Lage haben oder zu a parallel sind, versagen bei steilgängigen oder sehr tiefen Schraubnuten und Schnecken, denn es treten dann leicht Unterschnitte auf. Hier eignen sich *Fingerfräser, deren Achsen die Achse a normal schneiden.* In Abb. 317 wurde ein Fingerfräser für ein (übertrieben geformtes) Trapezgewinde Φ mit dem Meridian $ABCD$ (etwa für eine Schneckenspindel) konstruiert. f schneidet a normal und geht durch die Mitte von AB. Schneidet man die Bahnschraublinie s eines Punktes P_0 von m mit ε, so ergeben sich Punkte von k, z. B. P; P''' ist Schnittpunkt von s''' mit ε''', P' liegt im Abstand $P'''f'''$ von a', mit dem Unterschied Δz gegenüber P_0, der dem Schraubwinkel $\Delta\varphi = \sphericalangle P_0'''a'''P'''$ entspricht. In ε liegt der Parallelkreis l von ψ; l' berührt k' in Q'; so ergeben sich das Fräserprofil $\overline{m}$ und die Eingriffslinie q [3]. In Abb. 317 ist $\overline{m}$ gepunktet bis zum Schnittpunkt S beider Trapez-

[1] ψ wird längs des Parallelkreises von Q von einer Kugel $\varkappa$ berührt, deren Mitte O auf f liegt. Wird $\varkappa$ der Schraubung längs a unterworfen, so umhüllt $\varkappa$ eine Schraubrohrfläche $\overline{\psi}$. Φ, ψ, $\overline{\psi}$ berühren sich in Q. $\varkappa$ und $\overline{\psi}$ berühren einander nach Abb. 313 längs eines Großkreises von $\varkappa$, dessen Ebene auf der Schraubtangente t von O normal steht. Die gemeinsame Tangentialebene von Φ und ψ in Q enthält daher die Richtung t. Wandert Q auf q, so wandert O auf f. Da die Schraubtangenten aller Punkte von f zu t parallel sind, enthalten die gemeinsamen Tangentialebenen von Φ und ψ in allen Punkten von q die Richtung t, das heißt q ist wahrer Umriß von Φ für die Sehstrahlrichtung t.

[2] Man könnte hier auch die Lichtspaltmethode anwenden, hätte aber nach Fußnote [1] zu beachten, daß die Lichtstrahlen die Richtung t haben. — Eine allgemeinere Frage trat bei der Entwicklung einer kombinierten Grob- und Feineinstellung eines Mikroskops auf: Zwei Schraubflächen mit parallelen Achsen und gleichen Ganghöhen zu bestimmen, die einander längs einer Kurve berühren. W. Noli, Über Schraubenabbildungen. Mitt. Math. Sem. Gießen, H. 51, 1954.

[3] Der eine Teil von k liegt auf der von AD erzeugten Regelschraubfläche; zu k gehört auch der Schnitt von ε mit der von BC erzeugten Regelschraubfläche. Beide Teile von k liegen symmetrisch zum Schnittpunkt von f mit ε, daher liefern sie denselben Kreis l und auf l zwei diametral gelegene Eingriffspunkte Q.

Die in Abb. 317 gezeigte Konstruktion gilt für eine beliebige Schraubfläche Φ; ist Φ eine Regelschraubfläche, so ergibt sich k einfacher, indem man mehrere Erzeugende von Φ mit ε schneidet.

schenkel von $\boldsymbol{m}$ gezeichnet. In Wirklichkeit kann ψ nur bis zum Parallelkreis $\bar{l}$ geführt werden, dessen Ebene $\bar{\varepsilon}$ den von der Schmalseite AB von $\boldsymbol{m}$ erzeugten Drehzylinder berührt. In $\bar{\varepsilon}$ liegen auch Eingriffspunkte $\bar{Q}$, aber ihre Bahnschraublinien treffen $\boldsymbol{m}$ nicht auf AB, sondern innerhalb AD bzw. BC. Daher erfährt $\boldsymbol{m}$ geringfügige Ausrundungen bei A und B. Statt der gewünschten Hohlkanten von Φ,

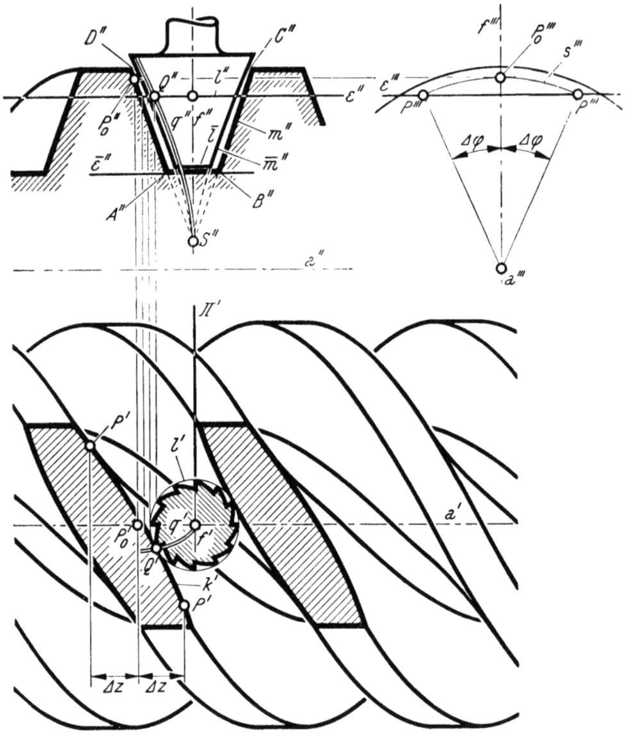

Abb. 317. Schaftstirnfräser (Fingerfräser) für Trapezgewinde

nämlich den Bahnschraublinien von A und B, entsteht beim Fräsen eine durch Verschraubung der Kreisscheibe $\bar{l}$ gebildete Fläche, die berührend in die von den Strecken AD und BC beschriebenen scharfgängigen Regelschraubflächen übergeht. Der Fräser wird nicht als Schaftfräser, sondern als Schaftstirnfräser ausgeführt, das heißt es werden nicht nur auf dem Schaft, sondern auch auf der Stirnseite Schneiden angeordnet.

Will man eine Hohlkante genau ausfräsen, so muß man die Fräserachse in einer Normalebene der Hohlkante liegend annehmen.

c) Die Achse f eines scheibenförmigen Fräsers ψ, der eine tiefe Gewindenut Φ ausfräsen soll, ebenso die Achse f einer einprofiligen Schleifscheibe ψ wird $\boldsymbol{a}$ zumeist ***schiefwinklig kreuzen.*** Zum Beispiel kann Φ in Abb. **314** durch einen torusförmigen Fräser erzeugt werden, dessen Meridian ein Kreis q ist und dessen Achse in der Ebene von q liegt. In Abb. **318** ist der Fräser ψ mit der Achse f für eine Schraubnut Φ des Spiralbohrers von Abb. **309** konstruiert. Der Schnitt k von Φ mit ε ergibt sich punktweise, indem man a) einzelne Schraublinien auf Φ mit ε schneidet, oder b) einzelne Geraden von ε, die zu $\boldsymbol{a}$ normal verlaufen, längs a in eine zu a normale Ebene Π verschraubt, dort mit dem Normalschnitt n von Φ schneidet und die Schnittpunkte zurückschraubt, oder c) einzelne Geraden in ε, die a schneiden, längs a in eine Meridianebene μ_0 von Φ verschraubt,

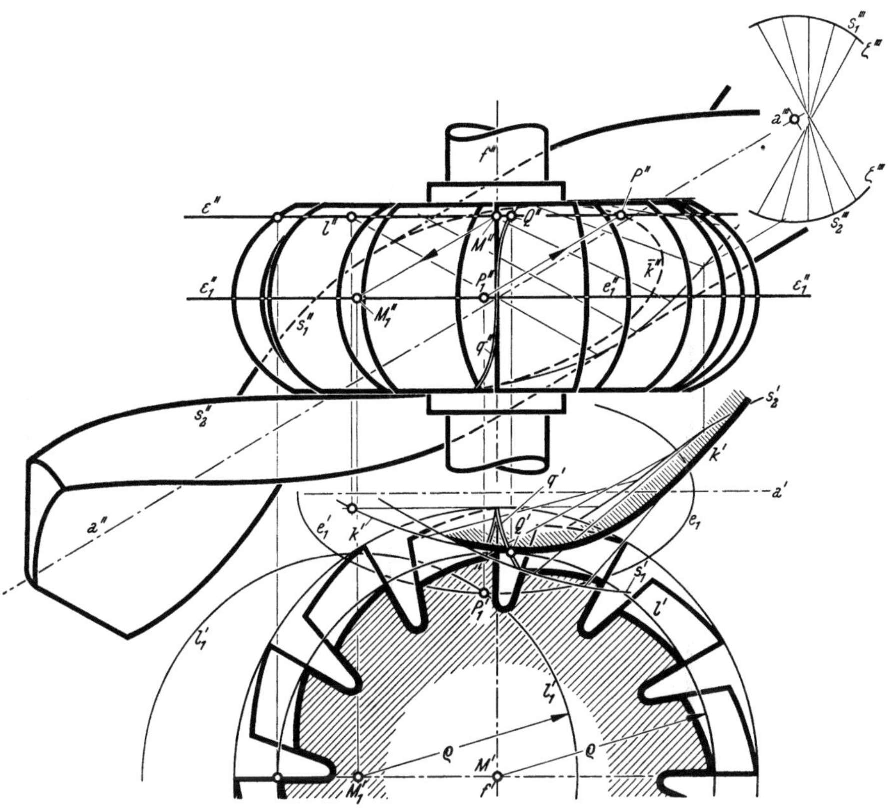

Abb. 318. Scheibenfräser für Spiralbohrernut

dort mit dem Meridian m_0 schneidet und die Schnittpunkte zurückschraubt, oder d) einzelne erzeugende Kurven von Φ mit ε schneidet, z. B. bei Regelschraubflächen, Kreisschraubflächen usw. In Abb. 318 wurden einzelne Erzeugende von Φ mit ε geschnitten. Jene Schraubnut des Bohrers, die soeben gefräst wird, wurde nur bis zur Randkurve $\overline{k}$ gezeichnet. Längs $\overline{k}$ verlassen die Schneiden des Fräsers ψ den Schaftzylinder ζ des Bohrers, das heißt $\overline{k}$ ist ein Teil der Schnittkurve von ψ mit ζ. ε schneidet ψ nach l, ζ nach einer Ellipse e, k in einem Punkt P; P ist ein Schnittpunkt von e und l. Um für verschiedene Lagen von ε das Auslangen mit einer einzigen Ellipse zu finden, wurden e und $l(M; \varrho)$ in Richtung a auf eine zu f normale Ebene ε_1 projiziert, wodurch sich e_1 und $l_1 = (M_1; \varrho)$ in ε_1 ergeben. Projiziert man den rechts liegenden Schnittpunkt P_1 von e_1 und l_1 nach ε zurück, so ergibt sich der Punkt P von $\overline{k}$. — In Abb. 318 hat ψ fast Torusgestalt; man erhält durch torusförmige Fräser ψ ebenfalls brauchbare Bohrernuten Φ.

Die Konstruktion eines Fräsers erfordert genaues Zeichnen in großem Maßstab. Rechnerisch ließe sich ψ beliebig genau ermitteln, aber die erhöhte Genauigkeit ginge durch die natürliche Abnützung des Fräsers bald wieder verloren. Auch gäbe eine rein rechnerische Behandlung keinen Anhaltspunkt, wie f günstig zu wählen ist und es ließen sich Unterschnitte nur schwer feststellen. Außerdem ist der Arbeitsaufwand der rechnerischen Behandlung nur dann erträglich, wenn man zur Auflösung der auftretenden Gleichungen graphische Verfahren heranzieht, also doch graphische Ungenauigkeiten in Kauf nimmt[1]!

Was für Schraubflächen Φ kann man mit einem gegebenen Fräser ψ fräsen bzw. mit einer gegebenen Schleifscheibe ψ durch Schleifen herstellen? Die Lage von ψ sei gegeben; f sei die Achse von ψ. Dann nehme man die Schraubachse a von Φ und den Schraubparameter p an und unterwerfe eine Kugel $\varkappa$, die ψ längs eines Parallelkreises l berührt, der Schraubung. Nach Abb. 313 gibt es auf $\varkappa$ einen Großkreis q, in dessen Punkten die Schraubtangenten die Kugel $\varkappa$ berühren. Die Kreise q und l auf $\varkappa$ schneiden sich in zwei (reellen und getrennten oder zusammenfallenden oder konjugiert komplexen) Punkten, die auch der Eingriffslinie des Fräsers angehören. Führt man dies für mehrere Kugeln $\varkappa$ durch, so erhält man die Eingriffslinie des Fräsers und durch deren Verschraubung die gefräste Schraubfläche Φ. Bei der zeichnerischen Durchführung wird man etwa $a \perp \Pi_1$ und $f \parallel \Pi_2$ annehmen. — Die Konstruktion vereinfacht sich erheblich, wenn a parallel zu f angenommen wird; dann verschraube man wie in Abb. 315 jeden Parallelkreis von ψ in eine beliebig gewählte, zu a und f normale Ebene Π. Die nach Π verschraubten Parallelkreise von ψ besitzen dann als Hüllkurve den gesuchten Normalschnitt n von Φ.

Beispiele:

211. Konstruiere *a*) nach Abb. 315 einen Fräser zu Abb. 307, *b*) nach Abb. 317 einen Fräser zu Abb. 301.

212. Konstruiere nach Abb. 318 einen Fräser für die Schrägzahnflanken, deren Normalschnitt in Abb. 442 oder 443 gegeben ist.

213. Muttergewinde werden manchmal durch Innenfräsen oder Innenschleifen hergestellt. Schiefgestellte Fräser nach Abb. 318 oder Fingerfräser beanspruchen meist zu viel Platz, günstiger sind Fräser nach Abb. 315. Konstruiere einen solchen Fräser für ein Trapezgewinde! Vergleiche ihn mit einem Fräser gleichen Außendurchmessers für die zugehörige Schraubspindel!

214. Wie ist die Konstruktion in Abb. 317 abzuändern, wenn Φ wie in Abb. 299 durch a und p und eine beliebige Kurve c gegeben ist?

81. Normalriß von Schraublinien und Schraubflächen bei geneigter Achse. In Abb. 319 ist eine *Wendelfläche* Φ mit aufrißparalleler, aber nicht lotrechter Achse a dargestellt. Φ ist durch die Schraublinien s_1, s_2 begrenzt. Längs s_1 sitzt Φ auf einer drehzylindrischen Spindel ζ. Im Seitenriß auf eine zu a normale Ebene Π_3 erscheinen s_1 und s_2 als Kreise um a''', daraus ergeben sich analog Abb. 295 die Aufrisse s_1'', s_2''. Aus Seitenriß und Aufriß findet man den Grundriß nach Abb. 16. Mittels des Richtkegels (Spitze R) kann man z. B. die Tangente t von s_2 in P konstruieren; aus t'' und t''' folgt die Tangente t' von s_2' in P'. Jede lotrechte Schmiegebene von s_1 erscheint als Wendetangente von s_1'. Der Grundrißsehstrahl s durch R schneide Π_3 in S_u; die Fluchtpunkte der Tangenten von s_1 liegen auf s_1''', die Fluchtspuren der Schmiegebenen von s_1 berühren s_1''', daher legt man aus S_u''' die Tangenten an s_1'''. Die Berührpunkte W_{1u}''', W_{2u}''' sind die Fluchtpunkte der Wendetangenten w_1, w_2; positive Vierteldrehung um

[1] Vgl. auch W. Wunderlich, Geometrische Grundlagen für das Fräsen von Schraubnuten, Österr. Ingenieur-Archiv **6** (1952), 315—326, und **9** (1955), 273—280, und O. Baier, Z. angew. Math. Mechan. **14** (1934), 248, und G. Jauch, Österr. Ingenieur-Archiv **14** (1960), 1—23.

a''' ergibt die Drehfluchtpunkte und diese sind die Seitenrisse der Berührpunkte W_1, W_2. s_2' hat keine (reellen) Wendetangenten, da S_u''' innerhalb s_2''' liegt.

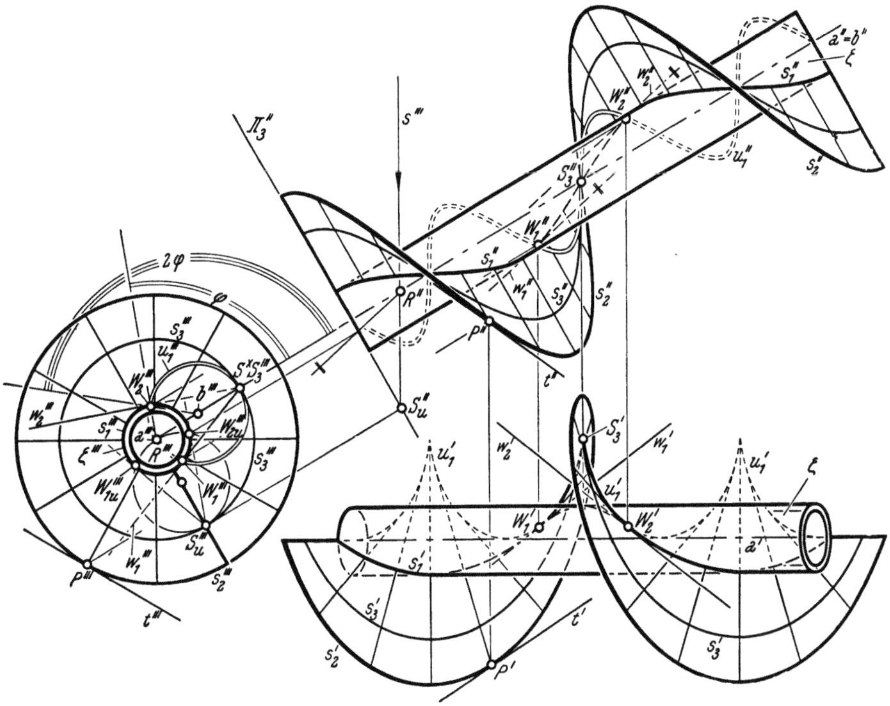

Abb. 319. Schrägförderschnecke

Jene Bahnschraublinie s_3, deren Seitenriß durch S_u''' geht, besitzt lotrechte Tangenten; die Berührpunkte S_3 ergeben sich im Seitenriß durch positive Vierteldrehung von S_u''' um a'''; S_3' ist Spitze von s_3', die Spitzentangente ist Grundriß der zugehörigen Schmiegebene.

In W_1, W_2, S_3 besitzt Φ je eine lotrechte Tangentialebene; diese Punkte gehören daher zum wahren ersten Umriß u_1 von Φ. Läßt man den Radius von s_1''' jeden Wert zwischen 0 und $a'''S_u'''$ annehmen, so erkennt man, daß die Punkte W_1''', W_2''' auf dem Kreis über $a'''S^x$ liegen; dieser Kreis ist daher u_1'''. u_1 liegt auf dem Drehzylinder über u_1'''; dessen Achse heiße b. Ist $\sphericalangle\, S^x a''' W_2''' = \varphi$, so ist nach dem Randwinkelsatz $\sphericalangle\, S^x b''' W_2''' = 2\,\varphi$. Hat ein Punkt von Φ den Abstand $z = p\varphi$ von Π_3, so folgt aus $z = p\varphi = p/2 \cdot 2\,\varphi$, daß u_1 eine Schraublinie mit dem Parameter $p/2$ ist.

In gleicher Weise erhält man den *Umriß einer beliebigen Regelschraubfläche* Φ bei der Darstellung in einem beliebigen Parallelriß. Der scheinbare Umriß u^s wird von den Parallelrissen der Erzeugenden eingehüllt (vgl. Abb. 305). Man kann die Umrißpunkte der einzelnen Erzeugenden und die Spitzen von u^s aber auch genauer konstruieren; Abb. 320 zeigt in Grund- und Aufriß bei lotrechter Achse a die Konstruktion von u für die Sehstrahlrichtung s mit dem Fluchtpunkt S_u und dem Drehfluchtpunkt S^x. Ist U ein Punkt von u, so liegen in der Tangentialebene τ von U ein Sehstrahl s, eine Erzeugende e und die Tangente t an die Bahnschraublinie von U. Deren Fluchtpunkte S_u, E_u, T_u liegen auf der Fluchtspur t_u von τ, die Drehfluchtpunkte S^x, E^x, $T^x = U'$ liegen auf der Drehfluchtspur t^x von τ. Daher ergibt sich U' im Schnitt von e' mit S^xE^x. u^s erhält man aus u durch Projektion in Richtung s auf die (nicht gezeichnete) Bildebene des Parallelrisses.

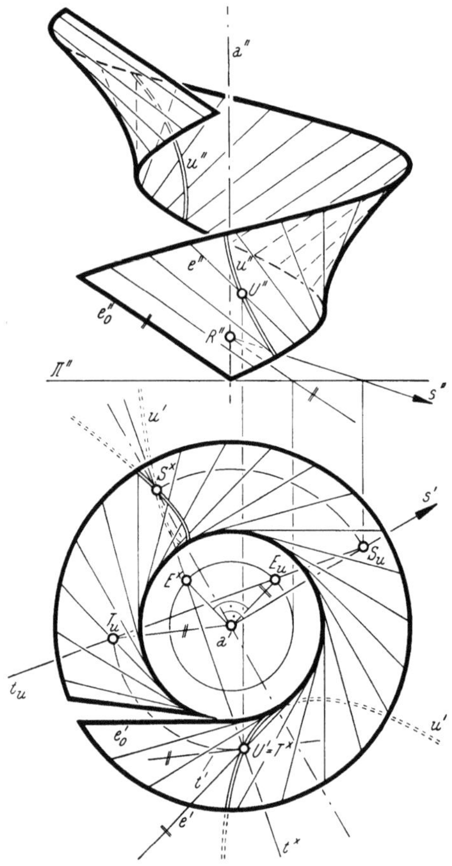

Abb. 320. Parallelumriß einer schiefen, offenen Regelschraubfläche

Für den *Umriß einer beliebigen Schraubfläche* in einem beliebigen Parallelriß ließe sich eine analoge Konstruktion angeben. Im allgemeinen genügt es jedoch, den scheinbaren Umriß als Hüllkurve der Bilder der erzeugenden Kurven (z. B. bei Regelschraubflächen, siehe Abb. 305) oder als Hüllkurve der Bilder von Bahnschraublinien auf der Fläche zu konstruieren[1].

Beispiele:

215. Bestimme nach Abb. **320** den Parallelumriß a) einer geraden, offenen, oder b) einer scharfgängigen Regelschraubfläche!

216. Stelle einen technischen Gegenstand, an dem Schraublinien bzw. Schraubflächen auftreten, normal-axonometrisch dar!

217. Stelle eine Regelschraubfläche mit lotrechter Achse in schiefer Axonometrie nach dem Einschneideverfahren dar! Man zeichne einen Hilfsgrundriß nach Abb. **142**, verwende die $[xy]$-Ebene als Ebene Π und trage den Schraubparameter p auf z^s von U^s bis R^s auf. Der Sehstrahl durch R schneidet Π in S_u; da jeder Sehstrahl im schiefaxonometrischen Bild als Punkt erscheint, ist $S_u^s = R^s$. Zu S_u^s findet man im Hilfsgrundriß den entsprechenden Punkt $\overline{S}_u$, aus ihm durch positive Vierteldrehung um $\overline{U}$ den Drehfluchtpunkt $\overline{S}^x$ im Hilfsgrundriß. Im Hilfsgrundriß konstruiere man $\overline{u}$ mittels $\overline{S}^x$ so, wie u' in Abb. **320** mittels S^x konstruiert wurde. Der zu z^s parallele Einschneidestrahl durch $\overline{U} = \overline{T}^x$ auf $\overline{e}$ schneidet e^s im Umrißpunkt U^s. Die Konstruktion gilt ebenso für das Einschneideverfahren in normaler Axonometrie.

218. Stelle eine Schraublinie in Militärperspektive dar! Die Bildebene sei zur Achse der Schraublinie normal. Ohne Beweis: Als Bildkurve ergibt sich je nach dem Schraubradius eine der in Abb. **412** gezeichneten Kurven.

219. Stelle auch eine Regelschraubfläche oder eine Schraubfläche, deren Normalschnitt ein Kreis ist, in Militärperspektive dar!

---

[1] Nach Fußnote [1], S. **197**, ist die Umrißbestimmung zurückführbar auf die Bestimmung eines Fräsers, dessen Achse f zur Schraubachse a parallel ist; dabei ist $f' = S^x$. u ist die Eingriffslinie dieses Fräsers.

Übersichtsfragen

Wie konstruiert man Punkte, Tangenten und Krümmungskreise einer Schraublinie? Wie konstruiert man Normalschnitt und Meridian einer Schraubtorse? Wie verebnet man eine Schraubtorse? Wie stellt man eine Schraublinie bei geneigter Achse in einem Normalriß dar? — Eine Schraubfläche entstehe durch Verschraubung einer gegebenen Kurve; wie konstruiert man Punkte und Tangenten des Normalschnitts und des Meridians der Schraubfläche? Wann treten Doppelschraublinien, Rückkehrkanten, Äquator- oder Kehlschraublinien auf und wie findet man sie? Wie konstruiert man den zweiten Umriß, wenn die Schraubachse zur Aufrißebene parallel ist? — Was für Regelschraubflächen gibt es, welche besonderen Eigenschaften besitzen sie? Wie findet man ihren zweiten Umriß bei lotrechter Achse und wie stellt man sie bei geneigter Achse in einem Parallelriß dar? — Welche Kreisschraubflächen wurden in diesem Kapitel behandelt und wie stellt man sie in Grund- und Aufriß bei lotrechter Schraubachse dar? — Achse und Parameter einer Schraubung seien gegeben, ebenso die Achse eines Fräsers; wie konstruiert man zu einer gegebenen Schraubfläche den Fräser und wie konstruiert man zu einem gegebenen Fräser die gefräste Schraubfläche? Welche besonderen Lagen der Fräserachse zur Schraubachse ergeben Konstruktionsvereinfachungen?

XIV. Andere Bewegungsflächen

Wird eine Kurve bewegt, so überstreicht sie eine Fläche[1]. Eine so entstehende Fläche heiße eine *Bewegungsfläche.* Außer Zylindern, Kegeln, Torsen, Drehflächen, Schraubflächen gibt es noch andere technisch wichtige Bewegungsflächen.

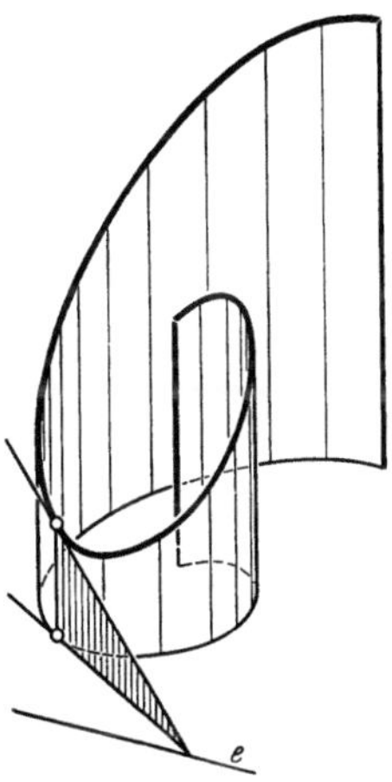

Abb. 321. Zylinder

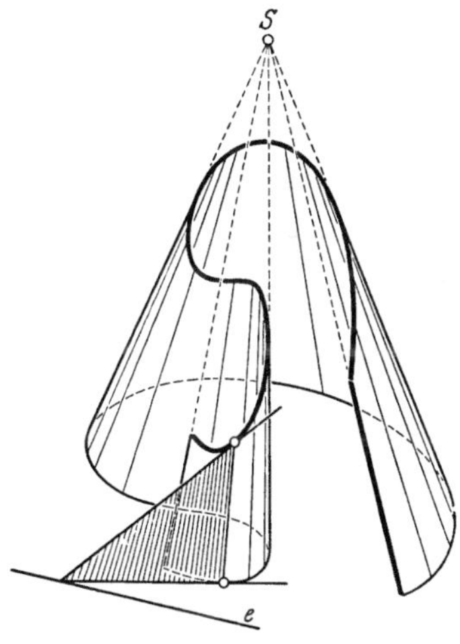

Abb. 322. Kegel

82. Regelflächen. Sie entstehen durch Bewegung einer Geraden g [2].

1. *Abwickelbare Regelflächen.* a) *Zylinder.* Behält g während der Bewegung ihre Richtung bei, so entsteht ein Zylinder (Abb. **321**). Zwei Ebenen, von denen keine zu den Zylindererzeugenden parallel ist, schneiden den Zylinder nach zwei

[1] Ausnahmen treten nur ein, wenn eine Gerade in sich verschoben oder ein Kreis in sich verdreht oder eine Schraublinie in sich verschraubt wird.

[2] Regel ist ein altes Wort für Gerade; man könnte auch von Geradenflächen oder Strahlflächen sprechen.

perspektiv affinen Kurven; Affinitätsstrahlen sind die Zylindererzeugenden, Affinitätsachse ist die Schnittgerade e der beiden schneidenden Ebenen. — Eine Ebene, die normal zu g verläuft, schneidet den Zylinder nach einem Normalschnitt; bei der Abwicklung des Zylinders in eine Ebene gehen die Erzeugenden in parallele Geraden über, jeder Normalschnitt in eine zu ihnen normale Gerade.

b) *Kegel.* Geht die Gerade g während der Bewegung stets durch einen eigentlichen Punkt S, so entsteht ein Kegel mit der Spitze S (Abb. 322). Ein Zylinder kann als Kegel mit einem Fernpunkt als Spitze aufgefaßt werden. Zwei Ebenen, von denen keine durch S geht, schneiden den Kegel nach zwei perspektiv kollinearen Kurven; Kollineationsstrahlen sind die Kegelerzeugenden, Kollineationsachse ist die Schnittgerade e der beiden schneidenden Ebenen. — Die Durchdringung zweier Kegel mit verschiedenen Spitzen erhält man wie in Abb. **209** mittels Hilfsebenen, die durch die Verbindungsgerade beider Spitzen gelegt werden. Haben beide Kegel dieselbe Spitze, so schneide man sie mit einer nicht durch S gehenden Ebene; durch die Schnittpunkte beider Schnittkurven gehen die gemeinsamen Erzeugenden der Kegel.

c) *Torsen* sind Tangentenflächen von Raumkurven (siehe 65.).

Zylinder, Kegel und Torsen heißen abwickelbare Regelflächen, denn sie lassen sich ohne Zerren, Dehnen oder Knittern in die Ebene abwickeln (verebnen). Die Abwicklung erfolgt bei Zylindern und Kegeln nach **30.** c), bei Torsen nach Abb. **266** *a*. Bei allen anderen Regelflächen ist eine Verebnung unmöglich; man nennt sie windschiefe Regelflächen.

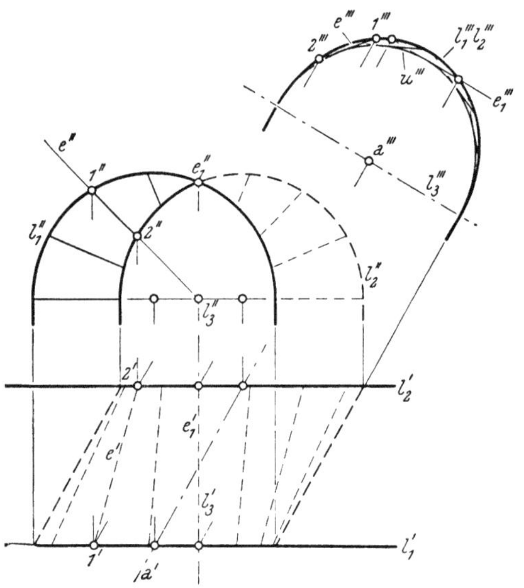

Abb. **323**. Schiefer Durchlaß

2. *Windschiefe Regelflächen.* Zu ihnen gehören z. B. die einschaligen Hyperboloide und hyperbolischen Paraboloide[1], sowie die Regelschraubflächen (außer der Schraubtorse).

Eine Regelfläche Φ wird häufig durch die Forderung bestimmt, daß ihre Erzeugenden drei gegebene Kurven l_1, l_2, l_3 („*Leitkurven*") schneiden sollen. In Abb. **323** sind l_1 und l_2 Kreise in aufrißparallelen Ebenen, l_3 ist eine aufrißnormale Gerade. Nimmt man den Aufriß einer Erzeugenden e als Gerade e'' durch l_3'' an, so folgt e' mittels der Schnittpunkte *1*, *2* von e mit l_1, l_2. Der Seitenriß in Richtung der Achse a, die die Mitten von l_1, l_2 verbindet, zeigt, daß das lichte Profil des Durchlasses (= Hüllkurve u''' aller e''') kleiner ist als $l_1''' = l_2'''$. — Eine Regelfläche mit einer eigentlichen Leitgeraden und einer unendlich fernen

[1] Man kann zeigen, daß auch die Kugel und die aus ihr durch Kollineation hervorgehenden Flächen 2. Ordnung Regelflächen sind. Sie tragen zwei Scharen komplexer Geraden. — Übrigens entsteht jede Fläche 2. Ordnung nicht nur durch Bewegung einer auf ihr liegenden Geraden, sondern auch durch Bewegung jedes auf ihr liegenden Kegelschnitts [H. Brauner, Arch. d. Math. **7** (1956), 78—86].

Leitgeraden nennt man ein *Konoid*. Beim Konoid in Abb. **324** *a* ist l_1 eine Parabel, l_2 eine Gerade, l_3 die Ferngerade der Kreuzrißebene. Eine Ebene λ durch l_2 schneidet l_1 in zwei Punkten *1, 2*, durch die die Erzeugenden e_1, e_2 bestimmt sind. Die Fläche wurde mit der schrägen Ebene ε abgeschnitten; die Schnittpunkte *I, II* von e_1, e_2 mit ε liegen auf der Schnittkurve c der Fläche mit ε. Regelflächen, bei denen alle Erzeugenden dieselbe Horizontalneigung besitzen, werden im nächsten Kapitel betrachtet.

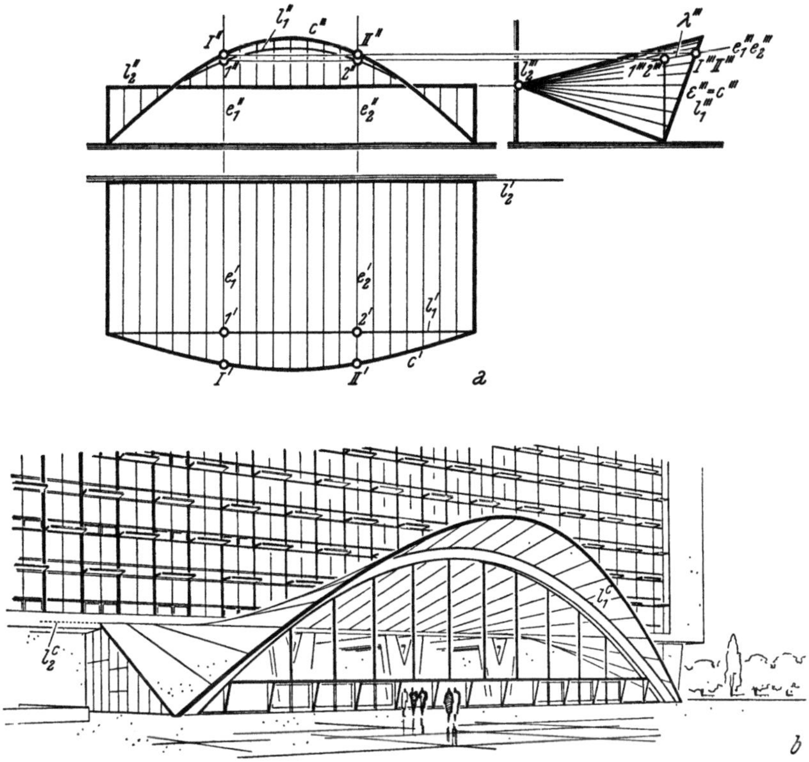

Abb. 324. Vordach (nach einem Projekt von M. BREUER für Unesco, Paris). *a*) Normalrisse, *b*) Perspektive

Bei einer abwickelbaren Regelfläche haben alle Punkte einer Erzeugenden dieselbe Tangentialebene. Bei einer windschiefen Regelfläche besitzen die Punkte einer Erzeugenden im allgemeinen lauter verschiedene Tangentialebenen. Nur längs einzelner Erzeugenden können alle Punkte dieselbe Tangentialebene haben; in den Abb. **323** und **324** sind aus Symmetriegründen die höchsten Erzeugenden solche „Torsalerzeugenden". Die Punkte einer Torsalerzeugenden sind parabolische Punkte der Fläche, alle übrigen Punkte einer windschiefen Regelfläche sind hyperbolische Flächenpunkte.

In einem Parallelriß oder Zentralriß ist der scheinbare Umriß einer windschiefen Regelfläche die *Hüllkurve der Bilder der Erzeugenden* (z. B. Abb. **324** *b*).

Beispiel:

220. Zeichne ein axonometrisches oder perspektives Bild zu Abb. **323**!

83. Rohrflächen, Kanalflächen und andere Kreisflächen. Ein Kreis k vom Radius r werde bewegt; sein Mittelpunkt M durchlaufe eine Kurve m, die Ebene von k bleibe stets Normalebene von m (Abb. 325). Die von k überstrichene Fläche Φ nennt man eine *Rohrfläche*; m heißt *Mittenkurve* von Φ. Drehzylinder, Torus (Kugellager für Drehachse), Schraubrohrfläche sind Rohrflächen. In jeder Lage von k umhüllen die Tangentialebenen von Φ den durch k gehenden Drehzylinder, dessen Achse die Tangente von m in M ist. Längs k wird Φ auch von der Kugel $\varkappa(M; r)$ berührt; daher entsteht Φ auch als *Hüllfläche einer Kugel vom Radius r, deren Mitte M längs m wandert.* In jedem Normalriß ist der scheinbare Umriß von Φ die *Parallelkurve des Normalrisses von m im Abstand r.* Daher hat der scheinbare Umriß dieselbe Evolute wie das Bild von m.

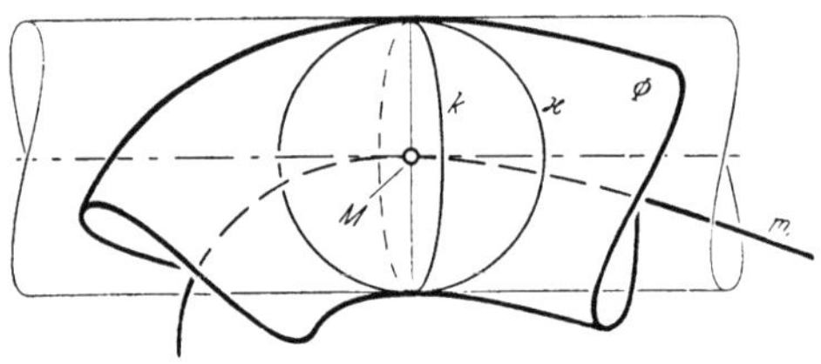

Abb. 325. Rohrfläche

Ein gebogenes Rohr von konstantem kreisförmigem Querschnitt ist eine Rohrfläche. Die Wände eines waagrechten Tunnels, dessen Profil sich aus Kreisbögen zusammensetzt, bestehen aus Rohrflächen. Bei Gußstücken pflegt man Durchdringungskanten durch Rohrflächen zu ersetzen. In Abb. 326 durchdringt ein Drehzylinder Φ_1 (Achse a_1, Radius r_1) einen Torus Φ_2 (Achse a_2, Mittenkreis o_2, Radius des Meridiankreises r_2) nach der Kurve c. Um die Durchdringung auszurunden, bewegt sich eine Kugel $\varkappa$ vom Radius r so, daß sie stets Φ_1 und Φ_2 berührt. Der Mittelpunkt M von $\varkappa$ bewegt sich also längs der Schnittkurve m des Zylinders $\overline{\Phi}_1$ (Achse a_1, Radius $r_1 + r$) mit dem Torus $\overline{\Phi}_2$ (Achse a_2, Mittenkreis o_2, Radius des Meridiankreises $r_2 + r$). m wird wie c nach Abb. 284 mittels Hilfsebenen ε konstruiert. Die von $\varkappa$ eingehüllte Rohrfläche Φ geht längs m_1 berührend in Φ_1 und längs m_2 berührend in Φ_2 über. In jeder Lage von $\varkappa$ liegen M und der Berührpunkt M_1 von $\varkappa, \Phi, \Phi_1$ auf der Flächennormalen von Φ_1 in M_1 und besitzen von a_1 die Abstände $r_1 + r$ bzw. r_1. Im Aufriß verhalten sich daher die Abstände von M'' und M_1'' bis a_1'' wie $r_1 + r$ zu r_1, das heißt m_1'' geht aus m'' hervor, indem die Abstände $a_1''M''$ im Verhältnis $r_1 : (r_1 + r)$ gekürzt werden (perspektive Affinität). Analog ergibt sich m_2'' durch Verkürzung der Abstände von M'' bis o_2'' im Verhältnis $r_2 : (r_2 + r)$.

Wandert der Mittelpunkt einer Kugel $\varkappa$ auf einer Kurve m und verändert die Kugel dabei ihren Radius, so kann eine „*Kanalfläche*" eingehüllt werden. Drehflächen sind besondere Kanalflächen (m = Drehachse). Im allgemeinen sind Kanalflächen jedoch nicht Bewegungsflächen. Turbinengehäuse sind manchmal als Kanalflächen ausgebildet. Abb. 327 zeigt eine Kanalfläche Φ als Übergangsstück zwischen zwei zylindrischen Rohren Φ_1, Φ_2 mit den Achsen a_1, a_2. Um einen guten Übergang zu erhalten, wurde die als Viertelkreis gewählte Mittenkurve m in die Gerade (m) abgewickelt und eine Drehfläche (Φ) angenommen, deren Meridian in der Höhe der Endpunkte der Strecke (m) lotrechte Tangenten hat. Die Kugel $(\varkappa)$ mit dem Mittelpunkt (M) auf (m) berühre (Φ) längs des Parallelkreises (k). Beim Aufwickeln von (m) auf m gelange (M) nach M. Um M zeichne man die gleich große Kugel $\varkappa$. Φ sei die Hüllfläche der Kugeln $\varkappa$. $\varkappa$ berührt Φ längs eines Kreises k, dessen Mitte K auf der Tangente t von m in M liegt. Man kann zeigen, daß $MK = (M)(K)$ ist. Daher sind k und (k) kongruent. Auch die Drehkegel, die (Φ) längs (k) bzw. Φ längs k berühren, sind kongruent. —

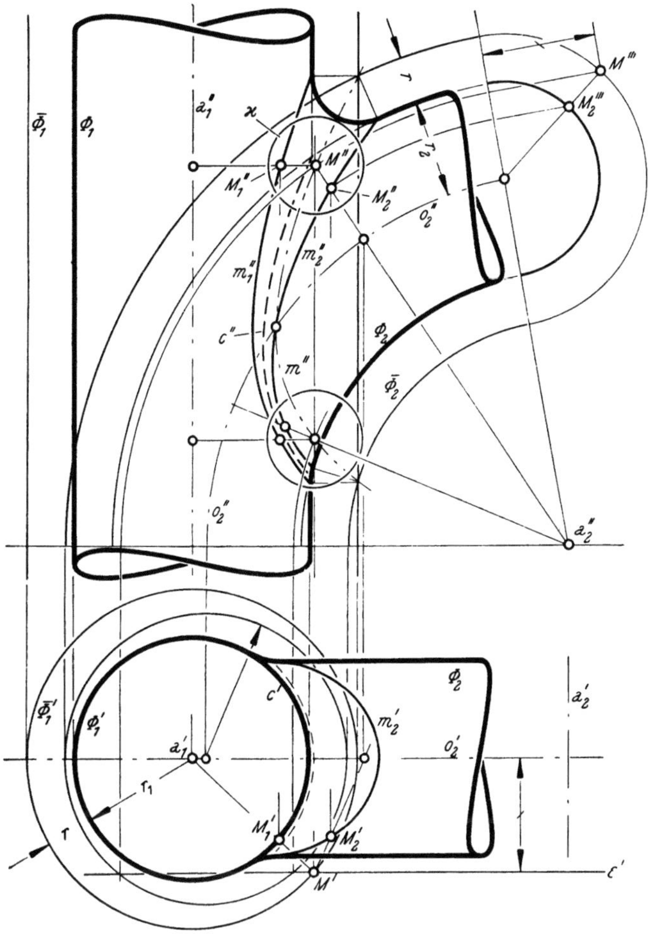

Abb. 326. Ausrundungsfläche bei Durchdringung

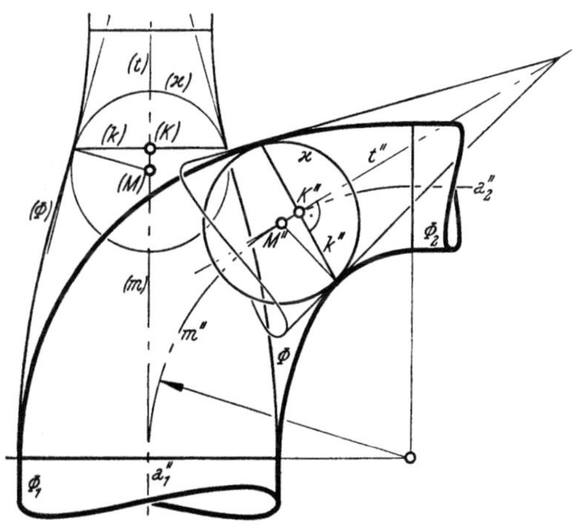

Abb. 327. Reduktionskrümmer

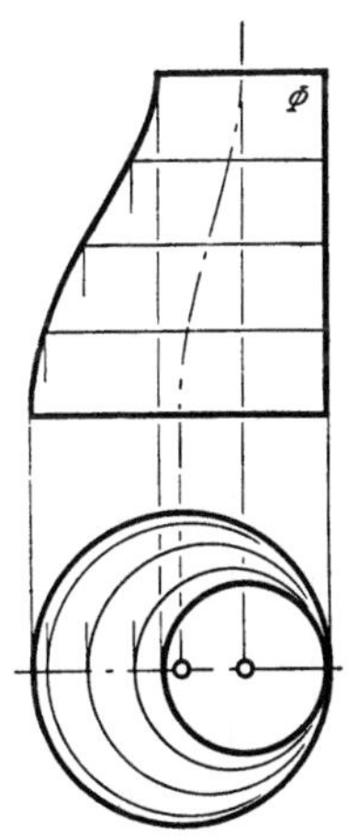

Abb. 328. Exzentrisches Reduktionsstück

Auch bei einer Kanalfläche ist der scheinbare Normalumriß die Hüllkurve der Normalrisse der Kugeln $\varkappa$. — Wie konstruiert man den Schnitt s einer Rohr- oder Kanalfläche mit einer Ebene ε? Jede Kugel $\varkappa$ schneidet ε nach einem Kreis e; die Hüllkurve aller e ist s. e berührt s in den beiden Schnittpunkten mit dem zugehörigen Kreis k auf $\varkappa$. Fallen diese Schnittpunkte zusammen, so ist dieser Punkt ein Scheitel von s; der zugehörige Scheitelkrümmungskreis ist e (siehe z. B. Abb. 81, 84, 85, 281, 313).

In **61**. wurde gezeigt, wie eine Rohrfläche bzw. Kanalfläche durch eine Folge von Drehzylinderschüssen bzw. Drehkegelschüssen angenähert werden kann.

Auch *andere aus Kreisen gebildete Flächen* kommen vor, z. B. Abb. 311, 312. Abb. 328 zeigt eine von Kreisen in parallelen Ebenen gebildete Fläche; sie wird längs jedes Kreises von einem Kegel 2. Ordnung berührt, der aber kein Drehkegel ist. Auch bei Staumauern treten Kreise oder Korbbögen als waagrechte Schnitte auf. Ältere Gewölbeformen enthalten häufig Kreise in parallelen lotrechten Ebenen usw. Es läßt sich zeigen, daß auch die Flächen 2. Ordnung Kreisflächen sind; sie tragen Kreise in mehreren Scharen paralleler Ebenen.

Beispiele:

221. Zeichne nach Abb. 326 Abrundungsflächen zu anderen Durchdringungen, z. B. zu Abb. 215 bis 217, 210, 212, 285 *a*, *b*, 288 bis 290! m, m_1, m_2 erscheinen bei Abb. 215 bis 217 als Geraden, bei Abb. 210 als Hyperbeln, bei Abb. 212 sind sie Raumkurven 4. Ordnung mit Doppelpunkt.

222. Konstruiere wie in Abb. 327 das Gehäuse einer Spiralturbine! (Φ) sei ein Drehkegel.

84. Schiebflächen. Es seien zwei ebene oder räumliche Kurven e und f gegeben, die einen Punkt P gemein haben (Abb. 329). P_1 sei ein anderer Punkt von f. Die Parallelverschiebung, die P nach P_1 bringt, möge e in e_1 überführen. Geschieht dies für alle Punkte P_1 von f, dann heißt die von den verschiedenen Lagen e_1 gebildete Fläche Φ eine *Schiebfläche*. Gelangt z. B. der Punkt Q von e nach Q_1 auf e_1, so ist PQQ_1P_1 ein Parallelogramm, daher kann man auch f längs e in die Lage f_1 schieben. Entsteht daher Φ durch Schiebung von e längs f, so entsteht Φ auch durch Schiebung von f längs e. *Zur ersten Schiebkurvenschar $e, e_1, \ldots$ gehört daher eine zweite Schiebkurvenschar $f, f_1, \ldots$.*

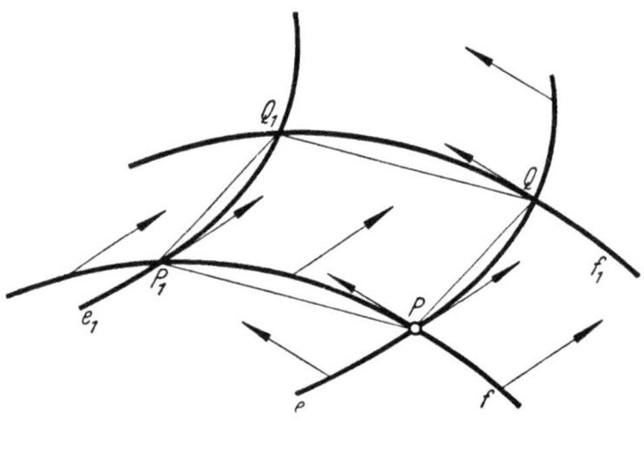

Abb. 329. Schiebfläche

Die *Tangentialebene* in P ist durch die Tangenten an e und f bestimmt. In den Punkten einer Schiebkurve e bilden die Tangenten an die Schiebkurven der anderen Schar einen Zylinder, der Φ längs e berührt. Ein Parallelriß in Richtung dieser Tangenten liefert e als wahren Umriß, das Bild von e als scheinbaren Umriß von Φ. Die Bildkurven der Kurven f haben dort, wo sie die Bildkurve von e treffen, im allgemeinen Spitzen. — Im allgemeinen haben die Sehstrahlen jedoch nicht die Richtung einer Tangente an eine Schiebkurve; dann entsteht der *scheinbare Umriß von Φ als Hüllkurve der Bilder der Schiebkurven.* Die Bilder der Schiebkurven einer Schar gehen in der Bildebene durch Parallelverschiebung auseinander hervor. Es kann natürlich auch vorkommen, daß ein reeller Umriß gar nicht existiert.

Schiebflächen mit ebenen Schiebkurven lassen sich mit ebenen Schablonen herstellen und werden daher öfters technisch angewendet. Man nennt sie auch *Rückungsflächen*[1].

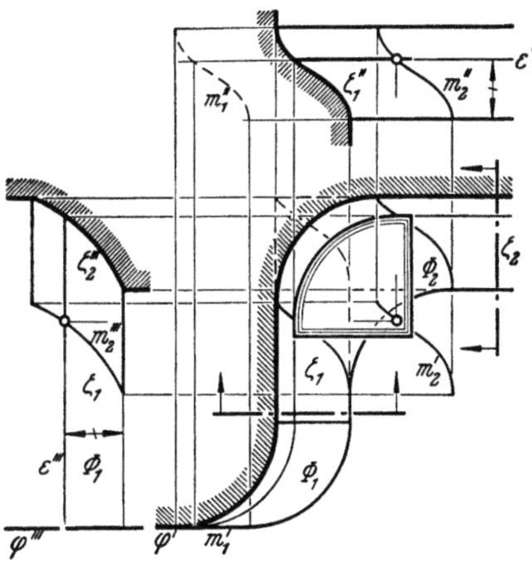

Abb. 330. Übergangsflächen

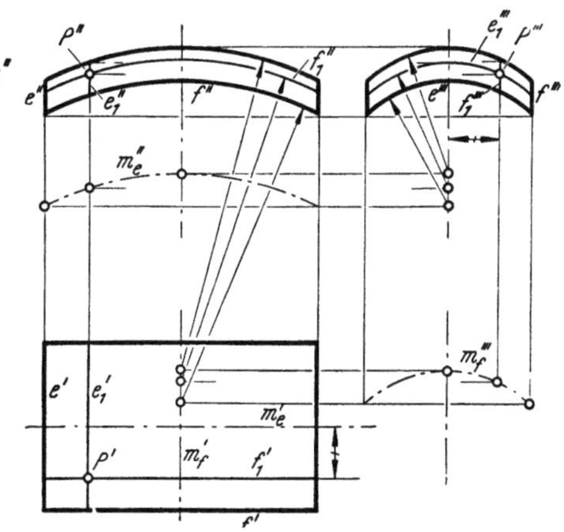

Abb. 331. Tonnengewölbe mit Bogenstich

Abb. 330 zeigt eine Ausrundungsfläche Φ_1 zwischen der Ebene φ und dem Zylinder ζ_1 und eine Ausrundungsfläche Φ_2 zwischen den Zylindern ζ_1 und ζ_2. Φ_1 und Φ_2 entstehen durch Schiebung je eines waagrecht liegenden Viertelkreises (eine waagrechte Kreisschablone, im Grundriß angedeutet). Φ_1 und Φ_2 wurden mittels waagrechter Hilfsebenen ε konstruiert, die φ, ζ_1, ζ_2 nach Geraden schneiden, zwischen die die Viertelkreise von Φ_1, Φ_2 berührend gelegt werden. So werden in Preß- und Gußformen unerwünschte Kanten (insbesondere Hohlkanten) vermieden. Abb. 331 zeigt eine andere Kreisschiebfläche (zur Überdeckung größerer Räume); die Mitte von e wandert auf m_e, die von f auf m_f. Indem man diese Fläche Φ durch die lotrechten Diagonalebenen zerschneidet

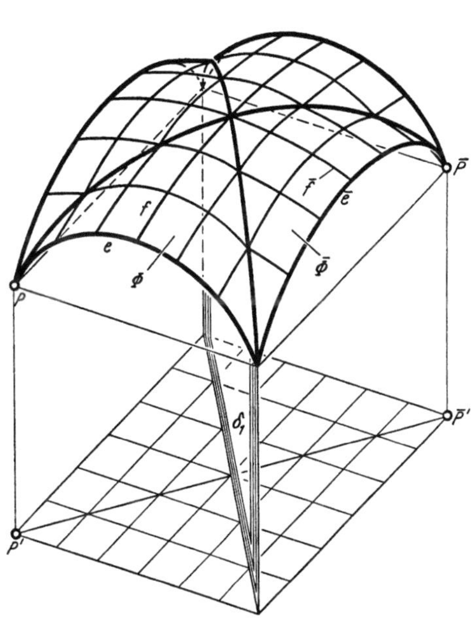

Abb. 332. Durchdringung zweier Tonnengewölbe mit Bogenstich

[1] Zum Beispiel wird eine Schablone von der Form e längs einer Schablone von der Form f geführt („Rutschbogen") oder es werden einer Schablone f mehrere kongruente Schablonen e aufgesetzt.

(Abb. 332), zwei gegenüberliegende Teile wegnimmt und auf die übrigen Teile eine räumliche perspektive Affinität ausübt, die die Affinitätsebene δ_1 besitzt und P in $\overline{P}$ überführt, ergeben sich aus den Schiebkreisen e, f von Φ die Schiebellipsen $\overline{e}$, $\overline{f}$ einer neuen Schiebfläche $\overline{\Phi}$. Das Gewölbe in Abb. 332 setzt sich aus zwei Teilen von Φ und zwei Teilen von $\overline{\Phi}$ zusammen. Es enthält als Grenzfälle das Kreuzgewölbe (f und $\overline{f}$ Geraden) und das Klostergewölbe (e und $\overline{e}$ Geraden). — Auch die Schraubfläche in Abb. 312 ist eine Schiebfläche, denn sie entsteht auch durch Schiebung (statt Schraubung) von n längs o: dabei ist u_2 eine Schiebkurve der anderen Schar.

Schiebt man auf einem Zylinder eine Kurve, die alle Erzeugenden trifft, in Richtung der Erzeugenden, so überstreicht sie den Zylinder. Schon dieses Beispiel zeigt, daß *manche Schiebfläche auf unendlich viele Arten durch Schiebung erzeugt werden kann.* Es läßt sich zeigen, daß auch das elliptische und das hyperbolische Paraboloid Schiebflächen sind, die sich auf unendlich viele Arten durch Schiebung erzeugen lassen; Schiebkurven sind die auf der Fläche liegenden Parabeln. Auch von der Wendelfläche läßt sich zeigen, daß sie auf unendlich viele Arten durch Schiebung erzeugt werden kann; Schiebkurven sind die exzentrischen Schraublinien, deren eine in Abb. 319 als wahrer Umriß auftritt.

Beispiel:

223. Zeichne ein frontalaxonometrisches Bild zu Abb. 331! Erscheinen dabei die Kreise f als Kreise, so ist der scheinbare Umriß eine Parallelkurve der Bildellipse des Kreises m_f.

Übersichtsfragen

Was für abwickelbare Regelflächen gibt es, welche Eigenschaften besitzen sie und wie wickelt man sie ab? Wie stellt man eine Regelfläche in einem Parallelriß oder Zentralriß dar? Wie entstehen Rohr- und Kanalflächen, welche Eigenschaften besitzen sie und wie stellt man sie in einem Normalriß dar? Wie entsteht eine Schiebfläche, wie kommt man zur zweiten Schiebkurvenschar auf ihr und wie stellt man eine Schiebfläche in einem Parallelriß dar? Welche Regelflächen, Rohrflächen, Kanalflächen und Schiebflächen wurden in diesem und in den früheren Kapiteln behandelt?

XV. Kotierte Projektion

Zur Darstellung und konstruktiven Behandlung empirischer Kurven und Flächen eignet sich die kotierte Projektion, die sich vor mehr als 200 Jahren aus der Praxis der holländischen Wasserbauer entwickelt hat. Ihre erste wissenschaftliche Entwicklung erfuhr sie an den Militärschulen Frankreichs, wo sie noch zu Napoleons Zeit militärischer Geheimhaltung unterlag. Heute wird die kotierte Projektion in der Geodäsie, in der Kulturtechnik, im gesamten Tiefbauwesen, im Bergbau, im Maschinenbau, im Schiffbau verwendet, aber auch Geographie, Geologie und Meteorologie bedienen sich ihrer.

85. Geraden und Ebenen in kotierter Projektion. *1.* Wir verwenden eine waagrechte Zeichenebene Π als Grundrißebene (Abb. 333). *Ein Punkt P ist durch seinen Grundriß P' und die Angabe seiner Höhe über Π bestimmt.* Man wählt für die Messung der Höhen einen Maßstab bzw. eine Einheitsstrecke e und gibt die Höhe von P durch die „*Kote*" z an. Die Kote ist hier eine unbenannte Zahl.

P hat die Kote $z = 3{,}2$, das heißt die Höhe $z\,e = 3{,}2\,e$ über Π. Ein Punkt Q unterhalb Π hat negative Kote, ein Punkt R in Π hat die Kote 0 [1].

2. In Abb. **334** ist die *Gerade* $g = AB$ dargestellt. Um auf $g' = A'B'$ die Punkte mit ganzzahligen Koten zu finden, wurde der Seitenriß auf die durch g gehende lotrechte Ebene gezeichnet. Dieser ergibt die Länge $AB = A'''B'''$, den „*Fallwinkel*" $\alpha = \sphericalangle\, g\,\Pi$, den „*Spurpunkt*" von g mit der Kote *0*, die „*Hauptschichtenpunkte*" von g mit den Koten ... — *2*, —*1*, *0*, *1*, *2*, *3*,.... $\operatorname{tg}\alpha$ heißt *Böschung, Steigung oder Gefälle* von g. Die Entfernung zwischen den Grundrissen benachbarter Hauptschichtenpunkte heißt das *Intervall* i von g. Nach Abb. **334** ist $i = e \cot\alpha$. Man nennt g' mit den Grundrissen der Hauptschichtenpunkte den *gestuften* oder *graduierten Grundriß* oder den *Böschungsmaßstab* von g.

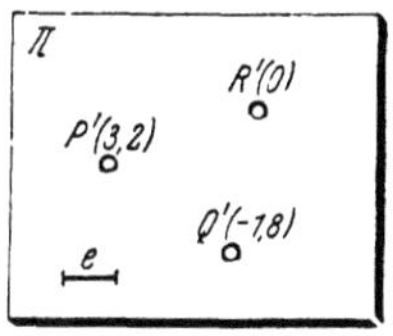

Abb. 333. Darstellung von Punkten

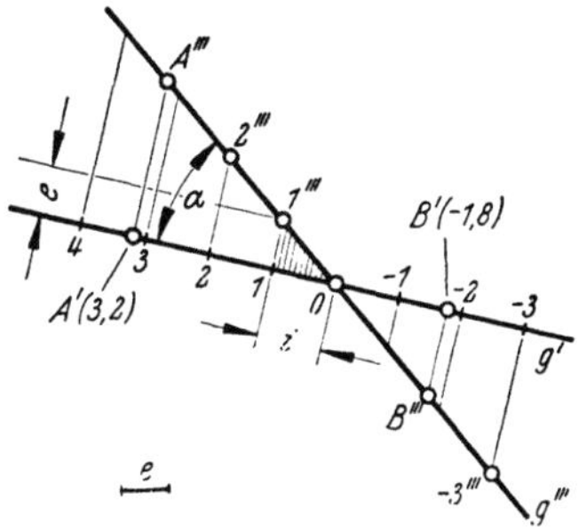

Abb. 334. Bild einer Geraden

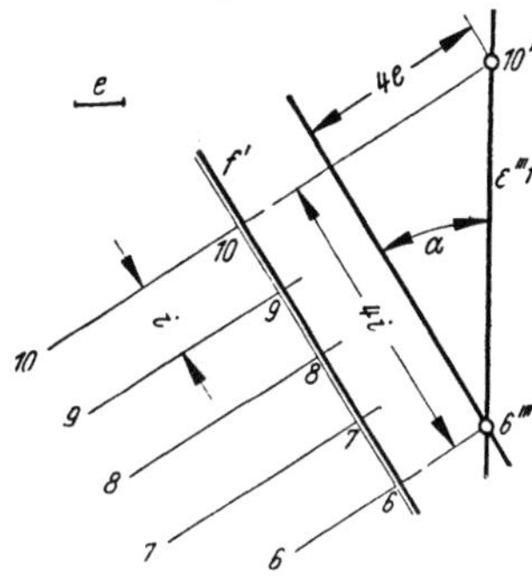

Abb. 335. Bild einer Ebene

Eine Gerade wird in kotierter Projektion durch ihren gestuften Grundriß dargestellt. Parallele Geraden des Raumes haben kongruente und gleich gerichtete Böschungsmaßstäbe.

3. Eine waagrechte Ebene nennt man eine Schichtenebene; alle ihre Punkte haben dieselbe Kote. Eine lotrechte Ebene wird durch ihre Schnittgerade mit Π dargestellt. *Eine andere Ebene* ε *läßt sich durch ihre ersten Hauptgeraden* („*Schichtenlinien*" z. B. *6*, *7*, *8*,... in Abb. **335**) *darstellen oder auch durch den gestuften Grundriß einer ersten Fallgeraden* f *von* ε („*Böschungsmaßstab*" von ε, gewöhnlich als Doppelstrich gezeichnet). Den Neigungswinkel α von ε gegen Π sieht man in einem zu f parallelen Seitenriß. Ist i das Intervall von f, so ist wieder $i = e \cot\alpha$. Man nennt α den *Böschungswinkel*, $\operatorname{tg}\alpha$ die *Böschung*, i das *Intervall* von ε. *Parallele Ebenen haben kongruente und gleich gerichtete Böschungsmaßstäbe.*

4. Die Schnittgerade g *zweier Ebenen* ε, ε_1 mit den Fallgeraden f, f_1 ergibt sich, indem man gleich hohe Schichtenlinien beider Ebenen miteinander schneidet (Abb. **336**). Sind die Schichtenlinien beider Ebenen parallel, ohne daß die Ebenen parallel sind, so versagt diese Konstruktion; man kann dann ε und ε_1 mit einer zu den Schichtenlinien normalen Hilfsebene schneiden und erhält in ihr einen

[1] Ist im Raum ein Achsenkreuz eingeführt und ist Π dessen $[x, y]$-Ebene, so kann man die kotierte Projektion von $P(x, y, z)$ aus dem Grundriß $P'(x, y, 0)$ auf Π und aus einer Abbildung von P auf den Punkt $P_z\ (0, 0, z)$ der z-Achse zusammensetzen. Man könnte P auch auf die Punkte $P_x\ (x, 0, 0)$, $P_y\ (0, y, 0)$, $P_z\ (0, 0, z)$ der Achsen abbilden und diese Achsen auf einer festen „Zeichengeraden" vereinigen. Auf diese Art legen z. B. die Tischler die Abmessungen einfacher Möbelstücke auf einer einzigen Meßlatte (Richtscheit) fest; das stellt höhere Anforderungen an das räumliche Vorstellen, bietet aber während der Arbeit Vorteile.

Punkt G von g; g geht durch G und ist zu den Schichtenlinien parallel. — *Der Schnittpunkt S einer Geraden g mit einer Ebene ε* ergibt sich, indem man durch g eine Hilfsebene φ legt (Abb. **337**); die Schichtenlinien von φ werden in einer

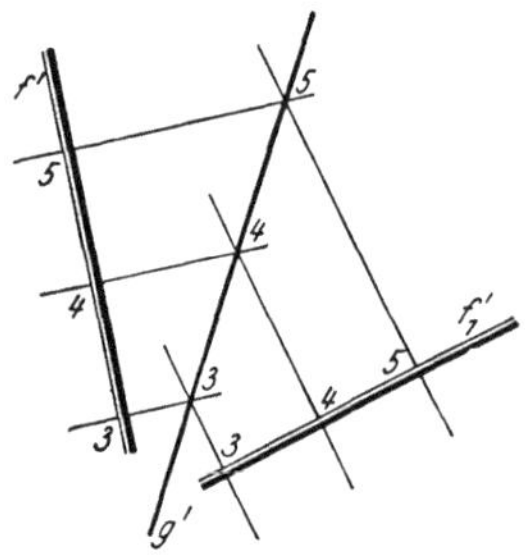

Abb. **336**. Schnittgerade $g = (\varepsilon\varepsilon_1)$

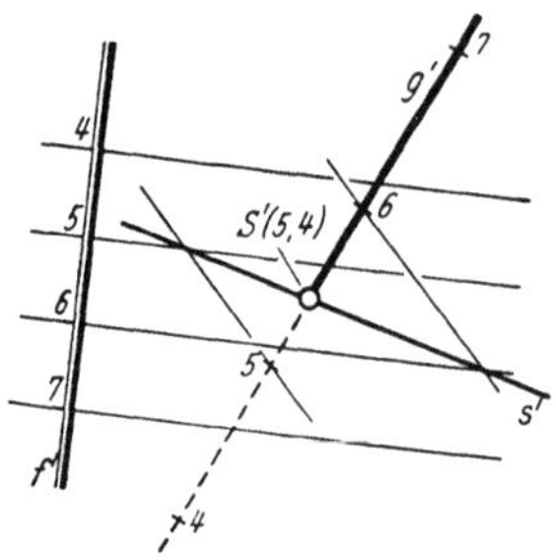

Abb. **337**. Schnittpunkt $S = (g\,\varepsilon)$

gewählten Richtung durch die Hauptschichtenpunkte von g gelegt. $s = (\varphi\varepsilon)$ schneidet g in S. — Auch *Abstände und Winkel* lassen sich leicht konstruieren.

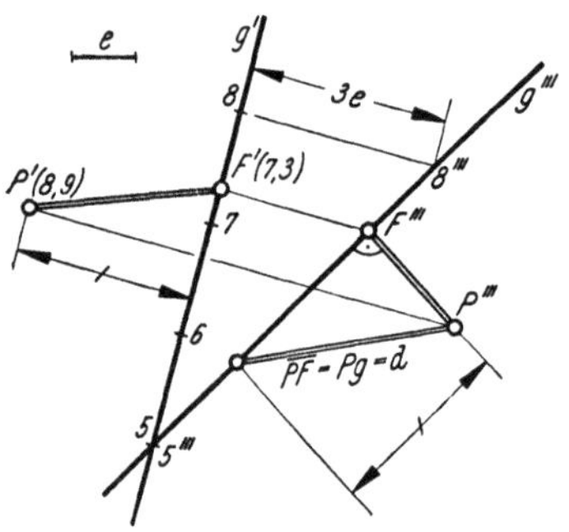

Abb. **338**. Abstand Pg

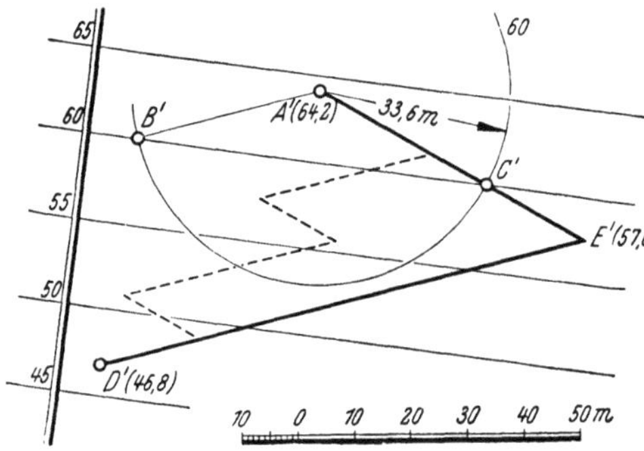

Abb. **339**. Weg in ebenem Gelände

Ist z. B. der Abstand d eines Punktes P von der Geraden g zu ermitteln (Abb. **338**, kürzester Anschluß von P an den Weg g im ebenen Gelände Pg), so lege man eine Seitenrißebene durch g; die Normale aus P''' auf g''' schneidet g''' in F'''. Daraus erhält man nach Abb. 21 die Länge $PF = Pg = d$.

5. Als *Böschungskegel* bezeichnet man jeden Drehkegel mit lotrechter Achse. Alle Geraden und Ebenen durch einen Punkt P, die mit Π einen festen Winkel einschließen, sind Erzeugende bzw. Tangentialebenen eines Böschungskegels mit der Spitze P. Waagrechte Ebenen schneiden einen Böschungskegel nach „*Schichtenkreisen*".

In Abb. **339** ist ein ebenes Gelände ε gegeben; vom Punkt A(**64,2**) soll ein Weg mit dem Gefälle $\operatorname{tg}\alpha = 1 : 8$ bergab angelegt werden. Der Maßstab (in Metern) ist unten gezeichnet. Der Weg hat das Intervall 8 m je 1 m Steighöhe; von A bis zur Schichtenlinie 60 herab hat der Weg daher die Horizontallänge $4{,}2 \cdot 8\,\text{m} = 33{,}6\,\text{m}$. Der Schichtenkreis 60 des Böschungskegels mit der Spitze A und der Steigung 1 : 8 erscheint daher als Kreis (A'; **33,6**). Er schneidet die Schichtenlinie 60 von ε in zwei Punkten B, C, durch die die beiden möglichen

Wege mit der Steigung 1 : 8 gehen. (Wäre die Wegsteigung gleich der Böschung von ε, so fielen B und C zusammen und der Weg wäre eine Fallgerade von ε. Noch steiler könnte der Weg nicht sein.) — Soll der Weg von A herab zum Punkt $D(46{,}8)$ führen, so lege man durch D den zu AB parallelen Weg bergauf; er schneidet AC in E. Für E ergibt sich graphisch die Kote 57,6. Jeder andere Weg gleicher Steigung zwischen A und D (z. B. der gestrichelte in Abb. 339) besteht aus Stücken, die zu AB oder zu AC parallel sind; er hat dieselbe Länge wie der Weg AED.

Grundlegend ist die *Aufgabe, durch eine gegebene Gerade* g *eine Ebene* ε *von gegebener Böschung* $\operatorname{tg}\alpha$ *zu legen* (Abb. 340). ε muß alle Böschungskegel mit der Böschung $\operatorname{tg}\alpha$, deren Spitzen auf g liegen, berühren. Daher wird man etwa den Schichtenkreis 10 des Böschungskegels, dessen Spitze im Punkt 11 von g liegt, zeichnen (Radius $i = e \cot \alpha$) und an ihn aus dem Punkt 10 von g die Tangenten legen. Diese Tangenten sind die Schichtenlinien 10 der zwei möglichen Ebenen ε, die übrigen Schichtenlinien 11, 12,... folgen im Abstand i. Es gibt zwei reelle Ebenen ε, wenn g flacher als ε ist. Es gibt eine reelle Ebene ε, wenn g und ε dieselbe Böschung haben; g ist dann Fallgerade von ε. Aber man kann durch g keine (reelle) Ebene legen, die flacher als g ist.

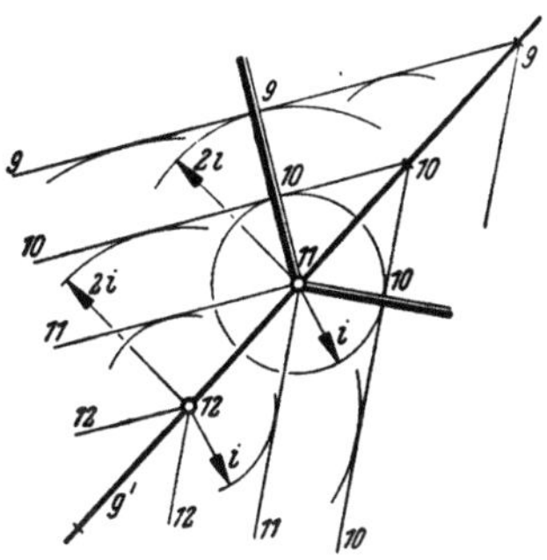

Abb. 340. Böschungskegel

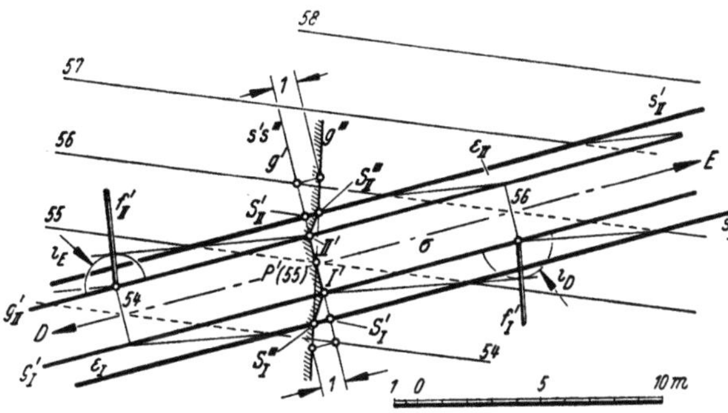

Abb. 341. Saumweg

6. Abb. 341 ist ein vergrößerter Ausschnitt aus Abb. 339. Nach beiden Seiten der Wegachse DE wurde die halbe Wegbreite aufgetragen. So ergibt sich das „*Wegplanum*" σ mit den zu DE normalen Schichtenlinien und mit den Wegkanten g_I, g_{II}. — $I\,II$ ist die Schichtenlinie 55 von σ. I liegt über ε, II unter ε, daher ist auf der Talseite des Weges ein *Damm*, auf der Bergseite ein *Einschnitt* anzuordnen. Ein solcher Weg heißt Saumweg. Der Damm sei eine durch g_I gehende Ebene ε_I mit der Böschung 2 : 3, der Einschnitt eine durch g_{II} gehende Ebene ε_{II} mit der Böschung 4 : 5. Nach Abb. 340 erhält man die Schichtenlinie 55 von ε_I als Tangente aus I an den Schichtenkreis 55 (Radius $i_D = 3/2\, e$) des Böschungskegels mit der Spitze 56 auf g_I. Die Schnittgerade s_I von ε_I mit dem Gelände ε ergibt sich nach Abb. 336; sie ist in Abb. 341 zu g_I parallel, denn g_I ist zu DE und daher zu ε parallel. Ebenso ergibt sich ε_{II}; ihre Schichtenlinie 55 geht von II berührend an den Schichtenkreis 55 (Radius $i_E = 5/4\, e$) des Böschungskegels mit der Spitze 54 auf g_{II} [1]. Längs g_{II} sollte ein Wassergraben angeordnet werden, der das von ε und ε_{II} herabrinnende Wasser ableitet.

[1] Vom Böschungskegel wird hier der Teil ober der Spitze verwendet („Böschungstrichter").

In Abb. 341 wurde ein lotrechter Schnitt durch $s = I\,II$ gelegt und um s nach Π geklappt. g ist Schnittgerade von ε mit der Schnittebene. Die Inhalte der Dreiecke $P'I'S_I'''$ und $P'II'S_{II}'''$ ergeben mit der Grundrißweglänge multipliziert die Rauminhalte des im Damm aufzutragenden bzw. des im Einschnitt abzutragenden Materials („*Auftrag*“ bzw. „*Abtrag* oder *Aushub*“). — Ein solcher lotrechter Schnitt heißt ein *Profil*. Beachte, daß die Schnittgeraden von ε_I und ε_{II} mit der Profilebene etwas flacher sind als die Fallgeraden f_I von ε_I bzw. f_{II} von ε_{II}. Nur wenn der Weg waagrecht verläuft, wird ε_I bzw. ε_{II} von der Profilebene nach einer Fallgeraden geschnitten.

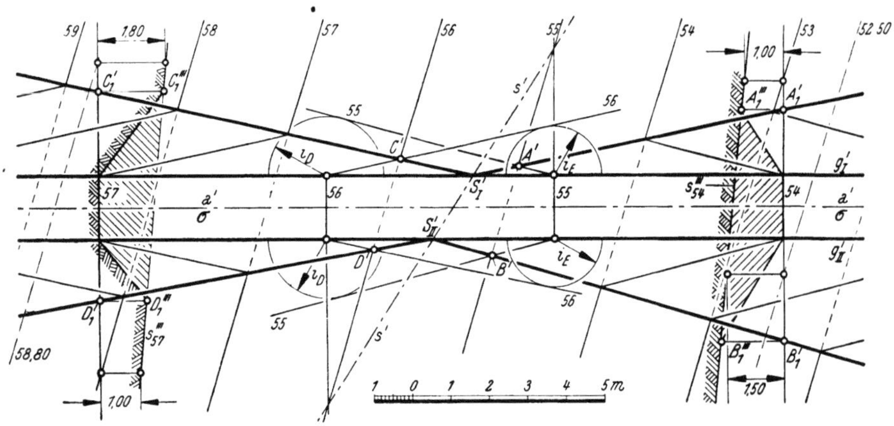

Abb. 342. Hohlweg und Dammweg

In Abb. 342 ist in einem ebenen Gelände ε ein Weg geführt, dessen Achse a nicht in ε liegt. Der Weg ist eine geneigte Ebene σ. Man konstruiert zuerst die Schnittgerade $s = (\sigma\varepsilon)$; s heißt *Nullinie oder Anschnittlinie.* s schneidet g_I in S_I, g_{II} in S_{II}. Rechts von S_I liegt σ höher als ε (Dammweg), links von S_{II} tiefer als ε (Hohlweg). Um die Schichtenpunkte 56 von g_I und g_{II} wurden mit dem Radius i_D die Schichtenkreise 55 der Böschungskegel gezeichnet. Die Schichtenlinien 55 der Dammflächen gehen von den Schichtenpunkten 55 von g_I bzw. g_{II} berührend an jene Schichtenkreise. Sie schneiden die Schichtenlinie 55 von ε in A bzw. B. Um die Schichtenpunkte 55 von g_I und g_{II} wurden mit dem Radius i_E die Schichtenkreise 56 der Böschungskegel für den Einschnitt gezeichnet. Die Schichtenlinien 56 der Einschnittflächen gehen von den Schichtenpunkten 56 von g_I bzw. g_{II} berührend an jene Schichtenkreise. Sie schneiden die Schichtenlinie 56 von ε in C bzw. D. Damm und Einschnitt schneiden das Gelände in den Geraden S_IA, $S_{II}B$, S_IC, $S_{II}D$. — Längs S_IA und im Einschnitt längs g_I und g_{II} wäre für Wasserabfluß zu sorgen, z. B. durch Wassergräben. — Dieses Verfahren zur Konstruktion von Dämmen und Einschnitten heißt *Schichtenmethode.*

In der Praxis verwendet man oft die „*Profilmethode*“, das heißt man legt normal zu a' Profile. So wurde in Abb. 342 rechts ein Dammprofil, links ein Einschnittprofil gelegt und um die Schnittgerade der Profilebene mit σ in waagrechte Lage geklappt. In der Zeichnung wurde das Damm- bzw. Einschnittprofil mit der verlangten Neigung 2 : 3 bzw. 4 : 5 eingetragen und mit dem Geländeprofil s_{54} bzw. s_{57} geschnitten. So ergeben sich die Punkte A_1, B_1, C_1, D_1. Graphisch besteht kein merkbarer Unterschied zwischen den Geraden S_IA, $S_{II}B$, S_IC, $S_{II}D$ und S_IA_1, $S_{II}B_1, \ldots$, jedoch sind z. B. S_IA und S_IA_1 voneinander verschieden, denn bei einer geneigten Straße schneidet die Profilebene den Damm und den Einschnitt in Wirklichkeit nicht nach Fallinien, sondern nach Geraden, die etwas geringeres Gefälle aufweisen. Daß man dennoch die verlangten Neigungen von Damm und Einschnitt im Profil aufträgt, bewirkt die Ungenauigkeit der Profilmethode. Diese Ungenauigkeit kann bei schwach geneigten Straßen geduldet werden; bei waagrechten Straßen ist die Profilmethode ohnehin genau.

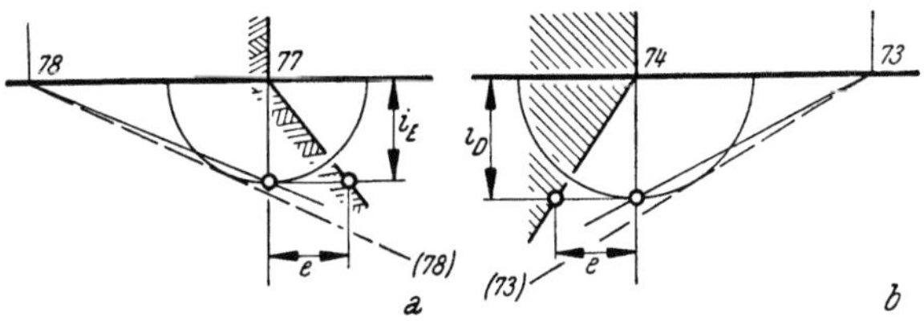

Abb. 343. Profilmethode und Schichtenmethode. *a*) Einschnitt, *b*) Damm

Abb. **343** *a, b* zeigt bei übertrieben großer Straßensteigung die Schichtenlinien von Einschnitt bzw. Damm bei Profilmethode (voll) und bei Schichtenmethode (gestrichelt).

Beispiele:

224. Neben einer geraden waagrechten Straße liegt ein waagrechter rechteckiger Parkplatz. Das Gelände sei eine schwach geneigte Ebene. Konstruiere Dämme **1 : 2** und Einschnitte **3 : 4**!

225. Eine waagrechte Bahn (Achse *a* in der Höhe **324,00** m, Breite **3,60** m) überkreuzt eine **1 : 20** geneigte gerade Straße mit der Achse *b* und der Breite **4,50** m. $\sphericalangle a'b' = 75^0$; die Lotrechte durch $O' = (a'b')$ trifft *b* in der Höhe **318,60** m. Das Gelände sei eine **1 : 5** geneigte Ebene, deren Schichtenlinien zu *b'* parallel sind und die in *O'* die Kote **320,40** m hat. Konstruiere Dämme **2 : 3** und Einschnitte **4 : 5**!

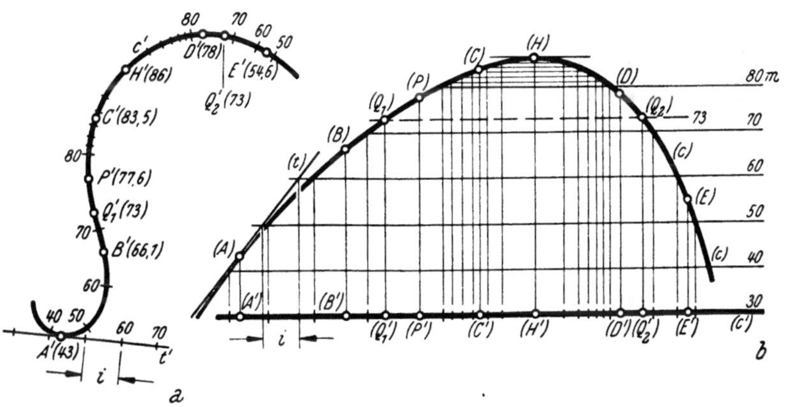

Abb. 344. Kurve. *a*) Kotierter Grundriß, *b*) Längenprofil

86. Kurven in kotierter Projektion. *Eine Kurve c stellt man durch ihren gestuften Grundriß dar,* das heißt durch *c'* und die Angabe der Hauptschichtenpunkte auf *c* bzw. *c'*. Dabei wird vorausgesetzt, daß *c* zwischen den Hauptschichtenpunkten möglichst glatt verlaufe. Legt man durch *c* den lotrechten Zylinder γ und wickelt man γ in eine Ebene ab, so geht *c* in eine Kurve (*c*) über.

(c) heißt *Längenprofil* von c. — Sind von c die Punkte A, B, C, D, E gegeben (Abb. **344** *a*), so lege man c' möglichst glatt durch A', B', C', D', E' und zeichne das Längenprofil (Abb. **344** *b*); man wickelt den Normalschnitt c' von γ (etwa durch Eintragen kleiner Sehnen mit dem Stechzirkel oder mittels Meßrädchen = Kurvimeter) in die Gerade (c') ab und trägt über $(A'), (B'), \ldots$ die Höhen der Punkte $A, B, \ldots$ bis $(A), (B), \ldots$ auf. Dann wird (c) durch $(A), (B), \ldots$ gelegt. Mittels (c) wurden in Abb. **344** *b* konstruiert und nach Abb. **344** *a* übertragen: a) die Hauptschichtenpunkte von c mit den Koten 40, 50, ... 80 und die Schichtenpunkte 81, 82, ... 86 (Interpolation), b) der höchste Punkt H von c und seine Kote 86, c) zum Punkt P mit gegebenem Grundriß P' die Kote 77, 6, d) die Punkte Q_1, Q_2 mit der gegebenen Höhe 73 m. Entsprechende Bögen von c und (c) haben dieselbe Länge. In entsprechenden Punkten haben c und (c) dieselbe Steigung. Zum Beispiel wurde die Tangente t in A konstruiert; t' berührt c' in A', das Intervall i (zum Hauptschichtenabstand $e = 10$ m) von t ist gleich dem Intervall der Tangente (t) an (c) in (A).

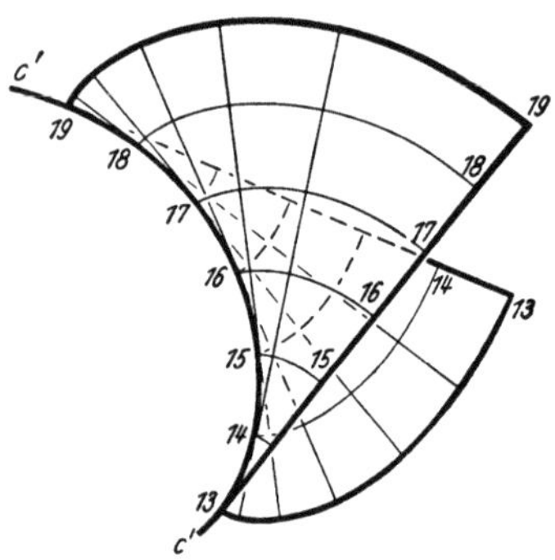

Abb. 345. Böschungstorse

Manchmal werden die Höhen im Längenprofil in einem anderen Maßstab aufgetragen als die Grundrißlängen (z. B. „überhöhte Längenprofile" von Wasserläufen, Straßen, Bahnen usw.). An solchen Längenprofilen lassen sich die Konstruktionen a) bis d) durchführen; auch Tangenten lassen sich konstruieren, jedoch erscheinen Bogenlängen und Neigungswinkel von Tangenten nicht in wahrer Größe. *Als Böschungskurve bezeichnet man eine Kurve c mit konstanter Steigung* (Abb. **345**). Die Hauptschichtenpunkte folgen auf c' in konstanten Bogenentfernungen i aufeinander, das Längenprofil ist eine Gerade. Alle Tangenten von c besitzen dieselbe Steigung; ihr Intervall ist i. Daher erscheinen die Schichtenlinien der Tangentenfläche Φ von c im Grundriß als Evolventen von c'. Da diese Evolventen die Tangenten von c im Raum und im Grundriß rechtwinklig schneiden, sind die Tangenten von c zugleich Fallinien von Φ. Jede Tangentialebene von Φ berührt Φ längs einer Fallinie und hat das Intervall i. Daher haben alle Tangentialebenen von Φ dieselbe Horizontalneigung und man nennt Φ eine *Böschungstorse.*

Beispiele:

226. Deute die Abwicklung in Abb. **116** als Längenprofil der Schnittellipse!

227. Zeichne ein überhöhtes Längenprofil eines Flusses, wenn eine Karte mit Höhenangaben vorliegt! Einmündende Wasserläufe können in dasselbe Längenprofil als einmündende Kurven eingetragen werden.

228. Zeichne das Längenprofil einer Gebirgsstraße, die durch eine Karte mit Höhenangaben gegeben ist!

87. Flächen in kotierter Projektion. *Eine Fläche Φ wird durch ihre Schnittkurven mit waagrechten Hauptschichtenebenen dargestellt.* Diese Schnitte heißen *Hauptschichtenlinien* von Φ, die Gesamtheit ihrer Grundrisse der *Schichtenplan* von Φ. In welchen Höhenabständen die Hauptschichtenebenen aufeinanderfolgen, hängt vom Maßstab der Zeichnung und von ihrem Zweck ab, aber auch von der Form von Φ selbst. Die Touristenkarte von Freytag & Berndt 1 : 100 000 enthält Schichtenlinien von 100 zu 100 m Seehöhe im Alpengebiet. Bei einem Meliorationsplan

1 : 5000 ist diese Hauptschichtenhöhe 1 m oder weniger, bei der Darstellung krummer Flächen im Maschinenbau noch viel weniger.

Die Vermessung eines Geländes erfolgt durch Triangulierung und Tachymetrierung. Im Triangulationsnetz 1. Ordnung haben die Dreiecke Seitenlängen von 40 bis 70 km. Durch fortschreitende Unterteilung gelangt man zu Triangulationsnetzen höherer Ordnung; im Triangulationsnetz 5. Ordnung soll ungefähr auf 1 km² ein Triangulationspunkt liegen. Zwischen diesen Triangulationspunkten laufen Polygonzüge, eine weitere Verfeinerung entsteht durch Nebenpolygonzüge (Tachymetrierung). Die Ecken dieser Polygonzüge werden vermessen. Ihre Auswahl im Gelände erfolgt so dicht, daß man mit genügender Genauigkeit annehmen darf, die Strecke zwischen je zwei benachbarten Polygonecken liege in der Geländefläche; auf solchen Strecken gewinnt man durch lineare Interpolation nach Abb. 334 Hauptschichtenpunkte. Die so erhaltenen Hauptschichtenpunkte sollen so liegen, daß man die Hauptschichtenlinien mit genügender Genauigkeit durch sie hindurchlegen kann. Es erfordert gutes Vorstellungsvermögen und man muß die Schichtenlinien im Gelände bereits „sehen“, um die Polygone so zu wählen, daß jene beiden Forderungen mit möglichst wenig Vermessungsarbeit, das heißt mit einer möglichst geringen Zahl zu vermessender Punkte erfüllt werden.

Analog vermißt man den Meeresgrund durch Tiefenmessungen, die Grenzfläche einer Lagerstätte oder den Grundwasserstand durch Bohrungen.

Photogrammetrisch erhält man die Schichtenlinien eines Geländes unmittelbar. — *Im Maschinenbau* können die Schichtenlinien einer im Modell vorliegenden Fläche mittels Beleuchtung durch parallele schmale Schlitze erhalten werden.

Umgekehrt kann eine Fläche aus ihren Schichtenlinien modelliert werden, indem man Scheiben von der Form der Schichtenlinien und von der Höhe des Hauptschichtenabstandes übereinanderlegt und die Stufen zwischen benachbarten Scheiben glatt ausfüllt. So wird z. B. ein Relief eines Geländes hergestellt.

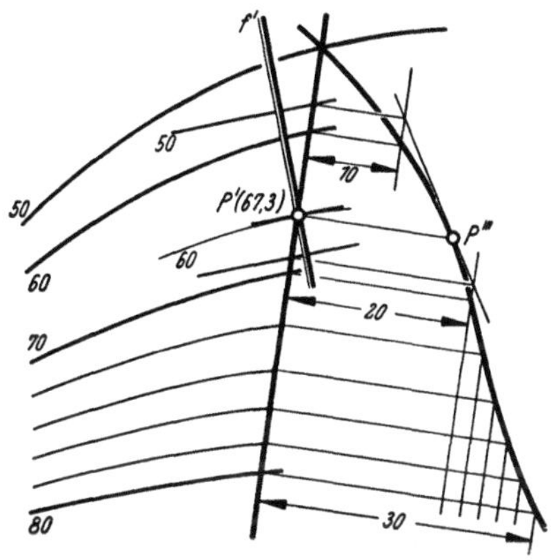

Abb. 346. Geländeprofil

Zwischenschichtenlinien im Plan könnte man konstruieren, indem man an vielen Stellen den Abstand benachbarter Schichtenlinien unterteilt; genauer wäre die Interpolation mittels Profilen (Abb. 346), weil sie die Krümmung der Fläche berücksichtigt[1]. Ebenso könnte man die Höhe eines Punktes P von Φ, wenn P' gegeben ist, mittels eines durch P' gelegten Profiles konstruieren. Die Tangentialebene von Φ in P ist dann durch die Tangente an die Schichtenlinie in P und die Tangente an eine Profilkurve in P bestimmt (Abb. 346). Die durch P gehende Fallgerade f der Tangentialebene ist Falltangente von Φ in P. — Die Falltangenten in den Punkten von Φ umhüllen die „*Fallinien*“ von Φ; diese schneiden im Raum und im Grundriß die Schichtenlinien rechtwinklig[2].

[1] Ist das Profil flach, so zeichnet man besser ein überhöhtes Profil, das heißt man wählt für die Höhen einen größeren Maßstab als für den Grundriß.

[2] Ausnahmen treten in Punkten mit waagrechter Tangentialebene auf, z. B. Abb. 347 *a*, *b*.

Abb. 347 zeigen *einige typische Geländeformen.* Schichtenlinien sind voll, Fallinien gestrichelt gezeichnet. Die Schichtenlinien in der Nähe eines *Gipfels G* erscheinen im Grundriß als Ovale, die sich auf G' zusammenziehen. Die Schichtenlinie durch einen *Sattelpunkt* S hat in S einen Doppelpunkt[1], die benachbarten Schichtenlinien erscheinen im Grundriß ungefähr wie Hyperbeln mit gemeinsamen Asymptoten. In Abb. 347 *c* sind die Schichtenlinien S-förmig. In Abb. 347 *d* beginnt sich in T ein Tal zwischen zwei Bergrücken zu entwickeln[1];

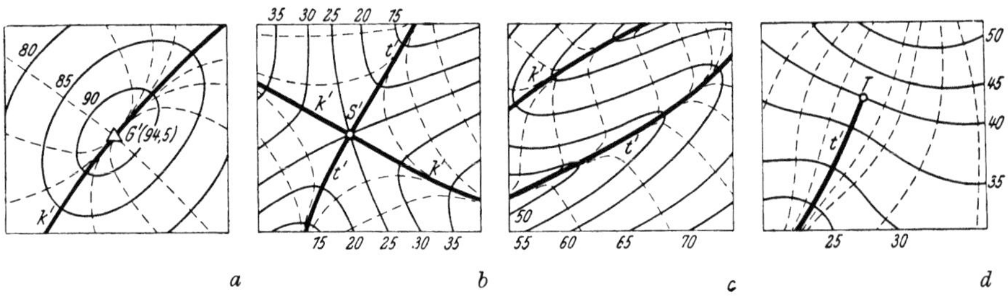

Abb. 347. Geländeformen. *a*) Gipfel, *b*) Sattelpunkt (Jochpunkt), *c*) Geländefalte, *d*) Ausbildung eines Tales an einem Berghang

die oberen Schichtenlinien sind konvex, die unteren besitzen zwei Wendepunkte; bei der durch T gehenden Schichtenlinie sind die Wendepunkte in einen Flachpunkt T zusammengerückt. — Verfolgt man die Fallinien nach abwärts, so nähern sie sich in Abb. 347 *b, c, d* einer „*Tallinie*" t. Verfolgt man sie nach aufwärts, so nähern sie sich in Abb. 347 *a, b, c* einer „*Kammlinie*" k. Tallinien und Kammlinien sind besondere Fallinien, denen sich andere Fallinien unbegrenzt nähern[2]. In einer Tallinie pflegt sich ein Wasserlauf auszubilden, eine Kammlinie wirkt als Wasserscheide.

Manchmal interessieren *Sichtbestimmungen im Gelände.* Bei waagrechten Sehstrahlen s erhält man den wahren Umriß u_2 und den scheinbaren Umriß u_2'', indem man Tangenten in der Richtung s an die Schichtenlinien legt (Abb. 348). Da u_2 in A, B, C, D vom Sehstrahl berührt wird, sind A'', B'', C'', D'' Spitzen von u_2''; u_2'' scheint in B'', C'' und D'' aufzuhören, setzt sich aber in einem unsichtbaren Bogen fort. Berührt ein Sehstrahl eine Schichtenlinie in 1 und schneidet er sie dann noch in 1_s, so liegt zwischen 1 und 1_s ein sichttoter Raum. In Abb. 348 wurde das Gelände vorne mit einer aufrißparallelen Ebene abgeschnitten. — Bei der Darstellung eines Geländes Φ in einem Schrägriß oder in Perspektive hat man aus dem (uneigentlichen oder eigentlichen) Auge O den Tangentialkegel an Φ zu legen. Man legt Profilebenen durch O und kann im umgelegten Profil die Tangente (es können auch mehrere existieren) aus O an die Profilkurve legen; der Berührpunkt gehört dem wahren Umriß an, sein Bild dem scheinbaren Umriß. Während bei waagrechtem Sehstrahl (Abb. 348) Gipfel und Sattelpunkte zum wahren Umriß gehören, ist dies bei einem Schrägriß oder bei einer Perspektive im allgemeinen nicht der Fall. Zum Beispiel erblickt man beim Besteigen einer Bergkuppe den Gipfel erst knapp ehe man ihn erreicht.

Die *Schnittkurve zweier Flächen* konstruiert man, indem man gleich hohe Schichtenlinien miteinander schneidet; es ergibt sich die Schnittkurve in ko-

[1] Abb. 347 *b* und 347 *d* sind nur „Schulbeispiele", denn S und T werden nicht ganzzahlige Koten haben.

[2] Man kann zeigen, daß die Schichtenlinien in ihren Schnittpunkten mit Tallinien und Kammlinien größte Krümmung besitzen. Manchmal wird t Muldenlinie, k Rückenlinie genannt.

tierter Projektion. *Schnittpunkte einer Kurve mit einer Fläche* konstruiert man in kotierter Projektion, indem man durch die Kurve eine beliebige Fläche legt; deren Schichtenlinien sind durch die Schichtenpunkte der Kurve zu legen, sonst aber frei wählbar; die Schnittkurve beider Flächen schneidet die gegebene Kurve in den gesuchten Schnittpunkten.

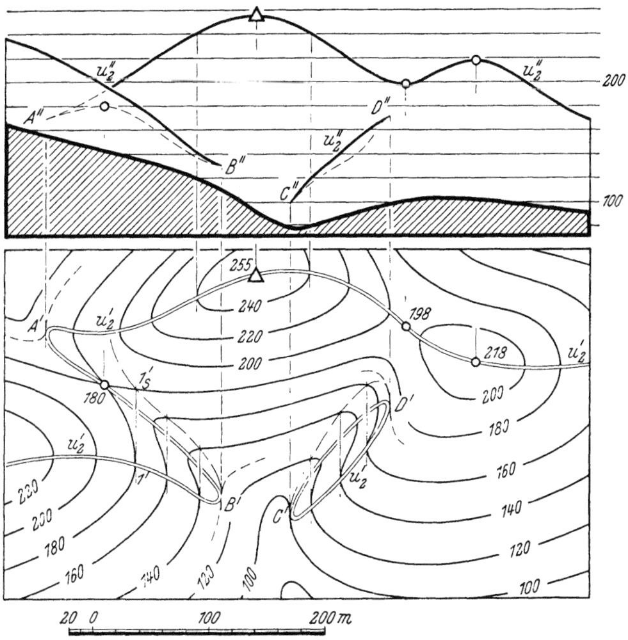

Abb. 348. Aufriß eines Geländes

Beispiele:

229. Beschreibe die Abb. **272**, **273** als Geländeformen!

230. Ersetze in Abb. **347**, **348** die Koten z durch $300 - z$ und deute die entstehenden Geländeformen (Gipfel → Mulde, Sattelpunkt → Sattelpunkt usw.)!

231. Deute in Abb. **347** die Schichtenlinien als Fallinien, die Fallinien als Schichtenlinien (mit irgend einer Kotierung)! Beschreibe die entstehenden Geländeformen!

232. Wähle die Schichtenlinien eines Geländes und zeichne a) Fallinien, Tallinien, Kammlinien, b) einen Aufriß, c) einen Schrägriß, d) eine Perspektive!

233. Ist jedem Punkt eines Gebietes der waagrechten Ebene Π ein Funktionswert z (z. B. Temperatur oder Luftdruck) zugeordnet, so kann man z über jedem Punkt des Gebietes lotrecht maßstäblich auftragen. Man erhält als Bild der Funktion eine Fläche Φ. Längs jeder Schichtenlinie von Φ ist z konstant (z. B. Isothermen oder Isobaren); die Fallinien geben das größte Gefälle (den Gradienten) der Funktion z an. Analog: Potentialkurven und Kraftlinien in einem Kraftfeld. Suche andere Beispiele!

234. Ist die Luftdruckverteilung von gestern durch eine Fläche Φ_1 und die von heute durch eine Fläche Φ_2 gegeben, so bezeichnet man als Isallobaren die Linien, deren Punkte seit gestern dieselbe Druckänderung ζ erfahren haben. Man erhält die Isallobare ζ, indem man jede Schichtenlinie z von Φ_1 mit der Schichtenlinie $z + \zeta$ von Φ_2 schneidet. Die Steig- und Fallgebiete grenzen längs einer Kurve $\zeta = 0$ aneinander. Isallobaren (und analog Isallothermen) erleichtern die Wettervorhersage. Suche andere Beispiele!

235. Bestimme die Fallinien auf der windschiefen Dachfläche in Abb. **245**! (Die Schichtenlinien erscheinen im Grundriß als Geraden durch einen Punkt, die Fallinien daher als Kreise um jenen Punkt; sie sind Raumkurven 4. Ordnung.) Von welchem Teil der Dachfläche rinnt das Wasser gegen den Dachsaum an der Schmalseite?

88. Anwendungen im Straßenbau. In waagrechtem oder fast waagrechtem Gelände kann die Linienführung einer Straße oder Bahn im allgemeinen ohne besondere Rücksicht auf die Geländeform erfolgen. In geneigtem Gelände muß man Steigungen und Kurven der Straße anordnen, um die Erdbewegung (Abtrag und Auftrag) in erträglichen Grenzen zu halten. In Abb. **349** ist ein Weg von A nach rechts bergauf zu führen; die Maximalsteigung soll 8% betragen. Das

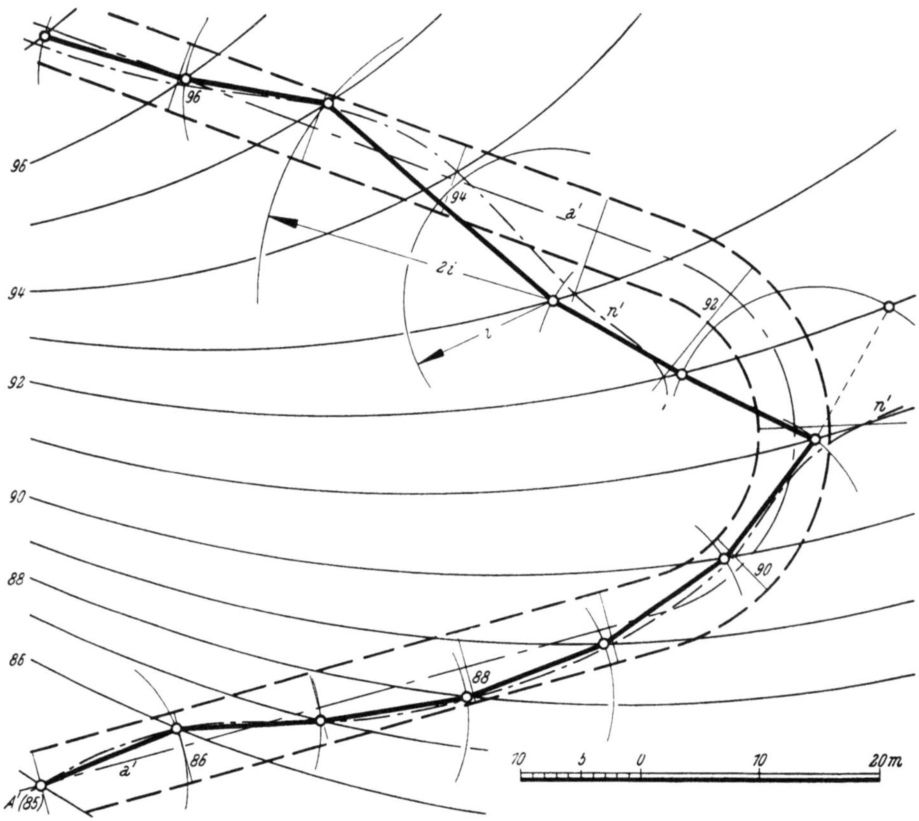

Abb. 349. Linienführung einer Straße

Intervall ist daher $i = 100/8$ m $= 12{,}5$ m. Von A ausgehend wurde $i = 12{,}5$ m maßstäblich von jeder Schichtenlinie bis zur nächsten abgeschlagen; wo mit einem Zirkelschlag die nächste Schichtenlinie nicht erreicht wird (z. B. von Kote 93 aus), trachtet man mit der doppelten Zirkelöffnung die zweitnächste Schichtenlinie zu erreichen (oder mit der dreifachen die drittnächste) oder man vergrößert das Intervall, das heißt man vermindert die Steigung. Nahe zu den erhaltenen Schnittpunkten legt man die Straßenachse a nach bestimmten technischen Regeln über Maximalkrümmung, Übergangsbogen, Maximalsteigung,

Ausrundung des Längenprofils bei Steigungswechsel usw. In Abb. 349 wurde a' ohne Rücksicht auf jene Regeln aus zwei Geraden und einem berührenden Kreisbogen zusammengesetzt. Nun trägt man nach beiden Seiten von a' die halbe Straßenbreite auf. Von Querneigungen im Straßenprofil sehen wir ab und zeichnen die Schichtenlinien der Straße als waagrechte Geraden, die a' normal schneiden. Ihre Grundrisse sind Kurvennormalen von a'. Indem man gleich kotierte Schichtenlinien von Straße und Gelände schneidet, erhält man Punkte der „*Nullinie*" n, der Schnittkurve der Straßenfläche mit dem Gelände. n zeigt, wo Dämme und Einschnitte beginnen.

Zur Konstruktion von Dämmen und Einschnitten verwendet man die Schichtenmethode oder die Profilmethode. *Die Schichtenmethode ergibt Dämme und Einschnitte, die genau die verlangte Böschung aufweisen, die Profilmethode ergibt etwas zu steile Dämme und Einschnitte.* — Bei der Schichtenmethode legt man durch den Straßenrand r eine Böschungstorse Φ nach Abb. 345. In Abb. 350 ist r eine ungleichförmig steigende Kurve und Φ ein Damm. Die Grundrisse der Hauptschichtenlinien von Φ sind Parallelkurven, die im Abstand des gewählten Dammintervalls i_D aufeinanderfolgen. Daher muß die Schichtenlinie 50 von Φ durch den Schichtenpunkt 50 von r gehen und die Kreise $(51; i_D)$, $(52; 2\,i_D)$, $(53; 3\,i_D), \ldots$ berühren. Analog erhält man die übrigen Schichtenlinien von Φ.

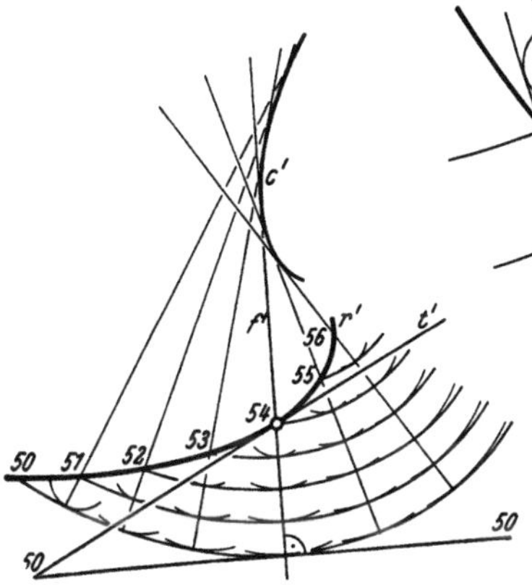

Abb. 350. Böschungstorse durch Straßenrand

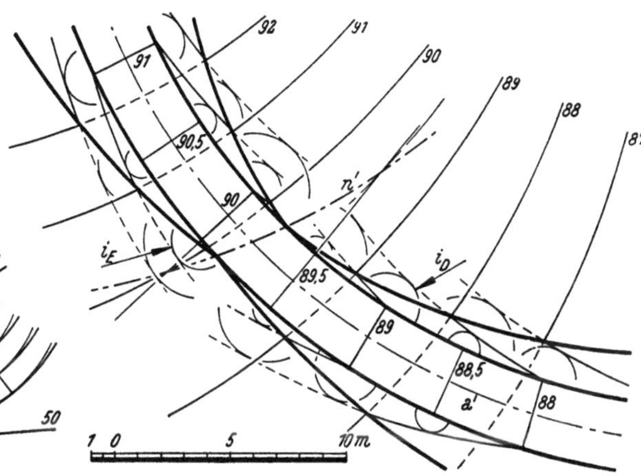

Abb. 351. Straßenböschungen (Schichtenmethode)

— Diese Konstruktion läßt sich räumlich deuten: Die z. B. um den Punkt 54 von r beschriebenen Kreise lassen sich als Schichtenkreise eines Böschungskegels auffassen, der Φ längs der Fallgeraden f berührt. Daher ist Φ die Hüllfläche der Böschungskegel, deren Spitzen auf r liegen und die dieselbe Böschung wie Φ besitzen. f läßt sich auch genauer konstruieren: In den Punkten von f besitzt Φ eine und dieselbe Tangentialebene τ; konstruiert man nach Abb. 344 im Punkt 54 von r die Tangente t an r, so geht die Schichtenlinie 50 von τ durch den Punkt 50 von t berührend an den Schichtenkreis 50 des Böschungskegels mit der Spitze 54; f' verläuft normal dazu. Die Fallinien f sind Tangenten der Gratlinie c von Φ, die Geraden f' umhüllen c'. Die Grundrisse der Schichtenlinien von Φ sind Parallelkurven mit der gemeinsamen Evolute c'. Abb. 351 zeigt die Konstruktion von Damm und Einschnitt nach der Schichtenmethode; Neigung 2 : 3 bzw. 4 : 5, Intervall $i_D = 3/2\,e$ bzw. $i_E = 5/4\,e$.

Bei der Profilmethode legt man an vielen Stellen Profile normal zu a'. So wurde in Abb. 352 die durch den Punkt 87 von a gehende Profilebene Π_{87} um ihre Schichtenlinie 87 in waagrechte Lage geklappt und dargestellt. Zuerst wurden die Schnittpunkte der Geländeschichtenlinien mit Π_{87} im Profil gezeichnet,

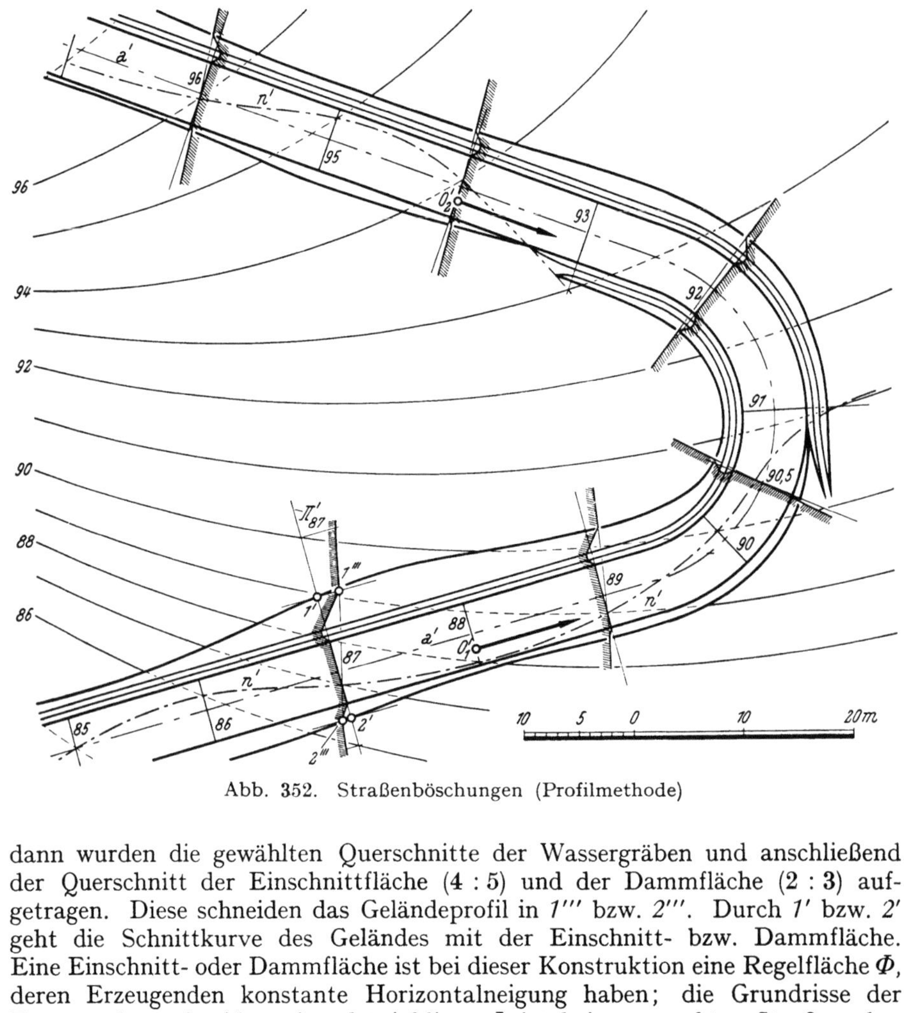

Abb. 352. Straßenböschungen (Profilmethode)

dann wurden die gewählten Querschnitte der Wassergräben und anschließend der Querschnitt der Einschnittfläche (4 : 5) und der Dammfläche (2 : 3) aufgetragen. Diese schneiden das Geländeprofil in $1'''$ bzw. $2'''$. Durch $1'$ bzw. $2'$ geht die Schnittkurve des Geländes mit der Einschnitt- bzw. Dammfläche. Eine Einschnitt- oder Dammfläche ist bei dieser Konstruktion eine Regelfläche Φ, deren Erzeugenden konstante Horizontalneigung haben; die Grundrisse der Erzeugenden schneiden a' rechtwinklig. Φ ist bei waagrechter Straßenachse eine Torse, bei geneigter Straßenachse eine windschiefe Regelfläche.

In der Praxis kann man sich bei nicht zu steilen Straßen und nicht zu starker Krümmung der Straßenachse mit der Profilmethode begnügen. Die Profile benötigt man zur Berechnung der Rauminhalte von Auftrag und Abtrag und zum Abstecken auf der Baustelle. Während man früher in Plänen Dammflächen grün und Einschnittflächen braun färbte, verdeutlicht man heute die Formgebung auf ungefärbten Lichtpausen manchmal dadurch, daß man außer den Profilen noch Hauptschichtenlinien der Damm- und Einschnittflächen einzeichnet (mittels der Hauptschichtenpunkte der Erzeugenden in den Profilebenen). An Hand dieser Schichtenlinien werden die Profile überdies so abgeändert, daß die scharfen Schnittkurven des Geländes mit den Dämmen und Einschnitten verschwinden und die Schichtenlinien der Dämme und Einschnitte in die des Geländes fließend übergehen. Denn das Endziel der Konstruktion ist nicht die konstruierte Form, sondern die organische Einfügung der Straße ins Gelände.

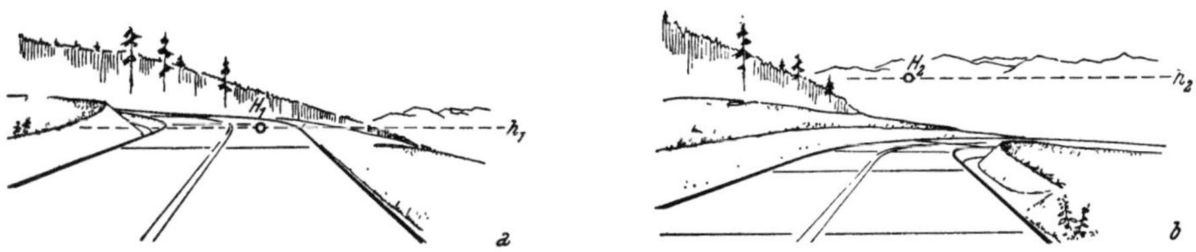

Abb. 353. Sicht bei der Kehre, *a*) von unten, *b*) von oben kommend

Der Fahrer sieht die Straße in perspektiver Verzerrung vor sich. Fahrdynamisch richtig, aber optisch falsch geführte Kurven führen zu Unfällen, indem der voraustastende Blick des Fahrers einen falschen Eindruck empfängt und der Wagen falsch gelenkt wird. Kein kotierter Grundriß, kein verkleinertes Modell zeigt die künftige Erscheinung eines geplanten Straßenstückes und seiner Umgebung so gut wie ein perspektives Bild. Wegen der hohen Kosten moderner Straßen empfiehlt es sich, beim Entwerfen von Straßen die Linienführung und die Sichtverhältnisse durch Zeichnen von Perspektiven zu prüfen und zu verbessern[1]. Zur Konstruktion eignet sich das Aufbauverfahren nach **43**. Abb. **353** *a*, *b* sind perspektive Bilder der Kehre in Abb. 352. Abb. 352 zeigt die Lage der Augen O_1, O_2 und der Hauptsehstrahlen; die Aughöhe ist 1,50 m.

Beispiele:

236. Zeichne jenen Sonderfall von Abb. **350**, wo *a* eine Schraublinie mit lotrechter Achse und die Straße eine Wendelfläche ist! Die durch beide Straßenränder gehenden Dammflächen oder Einschnittflächen sind bei Schichtenmethode Schraubtorsen, deren Gratlinien einen und denselben mit a' konzentrischen Kreis c' als Grundriß besitzen. Bei Profilmethode ergeben sich scharfgängige Regelschraubflächen.

237. Planieren eines Grundstückes. Innerhalb eines Grundstückes in einem krummflächigen Gelände soll in einer mittleren Höhe z ein waagrechter Platz geschaffen werden. Lege durch die Grundstückgrenzen nach innen Böschungsflächen bis zur Höhe z!

238. Dasselbe, wenn mehrere Terrassen mit Verbindungsrampen angelegt werden.

239. *Übergangsfläche* (Abb. **354** zu Abb. **33**). In eine ebene Straße ε_1 mündet ein ebener Weg ε_2. Liegen Straße und Weg nicht in einer und derselben Ebene, so muß die Schnittkante s durch eine Übergangsfläche φ ersetzt werden. φ sei ein Kegel mit der Spitze S im Schnittpunkt von s mit dem Straßenrand r. φ berühre ε_1 längs r, ε_2 längs der durch S gehenden Schichtenlinie s_2 von ε_2. Die Schnittkurve k von φ mit einer zu r' normalen Ebene v klappen wir nach Π um. k hat im Schnittpunkt P_1 von r mit v die waagrechte Tangente t_1, im Schnittpunkt P_2 von s_2 mit v eine Tangente t_2, die durch den Schnittpunkt von s mit v geht. Wir wählen k als Parabel und konstruieren sie nach Abb. **97** *b*. Bestimme daraus die Schichtenlinien von φ, indem einzelne Erzeugenden von φ kotiert werden, z. B. wie e in *1*! Die Schichtenlinien sind Hyperbeln (warum?). Ermittle die Kotierung der Straßenränder, nimm ein Gelände an und konstruiere Dämme und Einschnitte! Zeichne dasselbe für eine andere Annahme! Bei krummen Straßen wird man die Straßenränder bei der Abzweigung

[1] Siehe V. J. v. Ranke und H. Niebler, Perspektive im Ingenieurbau, insbesondere im Straßenbau. Wiesbaden-Berlin: Bauverlag GmbH., **1956**, und die dort angegebene Literatur.

durch Geraden annähern. — Manchmal wird als Übergangsfläche ein hyperbolisches Paraboloid empfohlen, aber dieses ginge nicht berührend in ε_1 bzw. ε_2 über!

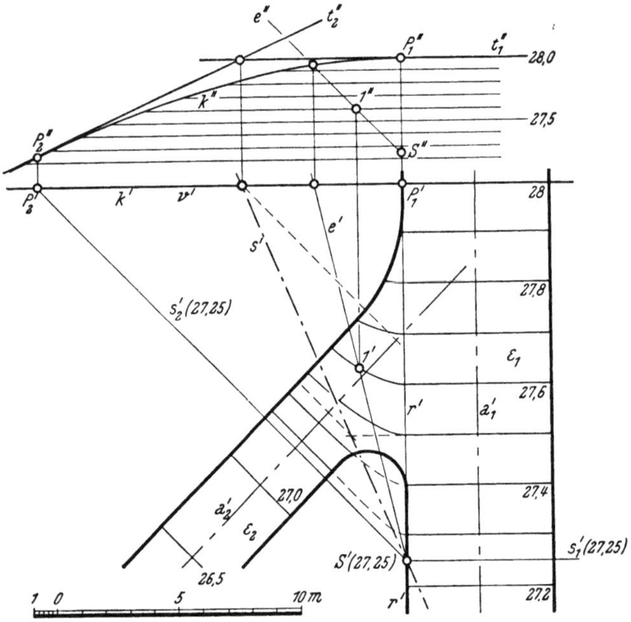

Abb. 354. Übergangsfläche bei einer Abzweigung (Aufriß fünffach überhöht)

240. Über eine tiefe Mulde wird ein waagrechtes Geleise geführt, von dem Material aus Kippwagen abgeschüttet wird und sich unten unter bekanntem Böschungswinkel ablagert. Zeichne Profile der Aufschüttung!

241. Zeichne in einem angenommenen Gelände eine Straße, Straßenabzweigung oder Straßenkreuzung mit Dämmen und Einschnitten a) nach Schichtenmethode, b) nach Profilmethode! Konstruiere auch ein perspektives Bild wie Abb. **353**!

89. Andere Anwendungsgebiete. Im Maschinenbau stellt man krumme Flächen oft durch ihre Schnitte mit parallelen Ebenen dar. Diese Schichtenlinien sollen meist einen „fließenden" Verlauf haben, z. B. Stromlinien. Zum Zeichnen verwendet man vorteilhaft biegsame Kurvenlineale aus plastischem Kunststoff oder auch *Straaklatten*, das sind dünne Stäbchen, die gebogen an die gegebenen Kurvenpunkte angelegt und in regelmäßigen Abständen mit Gewichten beschwert werden; so ergeben sich rein mechanisch günstige Kurvenformen. — An sich würden die Schnitte der Fläche mit einer Schar paralleler Ebenen genügen, aber man konstruiert bei Turbinenschaufeln, Peltonbechern, Luftschrauben usw. die Schnitte der Fläche mit zwei oder drei Scharen paralleler Ebenen, um die Fläche graphisch *glätten* zu können. Die Glättungsbedürftigkeit ist vielleicht in der einen Kurvenschar nicht deutlich sichtbar, wird aber in der anderen erkannt. Ebene Schnitte einer Fläche braucht man nicht nur zur zeichnerischen Glättung und Festlegung einer Fläche, sondern auch zur Herstellung von Rippenmodellen und Lehren, die eine genaue Ausführung und Formprüfung ermöglichen („Modellschnitte"). In Abb. **355** wurden aus den gegebenen aufrißparallelen Schnitten die Schnitte mit waagrechten und kreuzrißparallelen Ebenen konstruiert. Im Schiffbau stellt man die Schiffshaut durch

Spantenrisse und Längsrisse (= lotrechte Schnitte quer bzw. parallel zur Längsachse des Schiffes) und durch Wasserlinienrisse (waagrechte Schnitte) dar. Für Stabilitätsuntersuchungen konstruiert man auch Sentenrisse (Senten = waagrechte Schnitte, wenn das Schiff um seine Längsachse gedreht ist). Durch eine dieser Kurvenscharen sind die übrigen bestimmt.

Statt paralleler Ebenen verwendet man manchmal auch Schnittebenen durch eine Gerade *a* (Abb. 356). Eine Ebene Π durch *a* diene als Zeichenebene. Ein Raumpunkt *P* wird dann um *a* nach Π gedreht. Das ergibt zwei Bildpunkte P^z, von denen gewöhnlich der mit dem kleineren Drehwinkel α genommen wird.

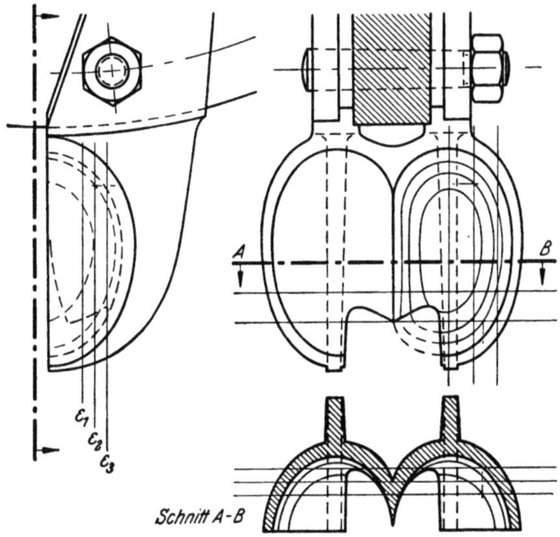

Abb. 355. Schaufel eines Peltonrades (Becherturbine)

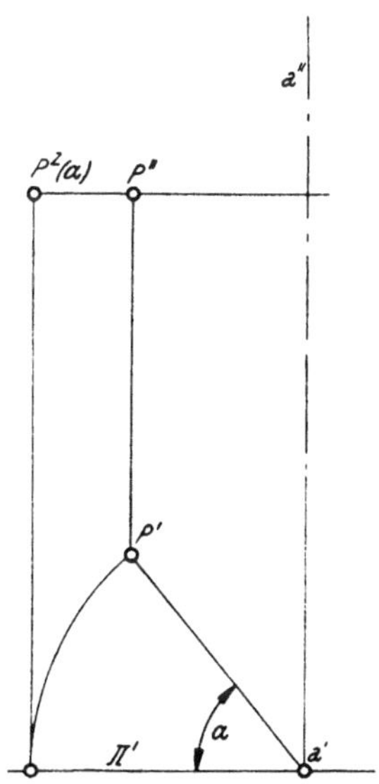

Abb. 356. Kotierter Drehriß

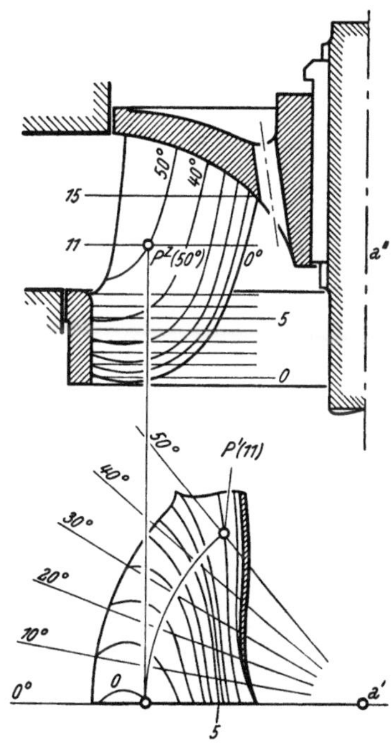

Abb. 357. Schaufelfläche einer Francis-Turbine

$P^z(\alpha)$ *mit der „Winkelkote“* α *heißt kotierter Drehriß oder kotierte Zirkularprojektion von P.* Eine Kurve wird durch ihren Drehriß, auf dem die Punkte mit den Hauptwinkelkoten (etwa $\alpha = 0^0, 10^0, 20^0, \ldots$) angezeichnet sind, dargestellt. Eine Fläche wird durch die Drehrisse ihrer Schnittkurven mit den durch a gehenden Ebenen dargestellt[1]. Abb. 357 zeigt, wie man vom Drehriß zum gewöhnlichen kotierten Grundriß übergehen kann oder umgekehrt.

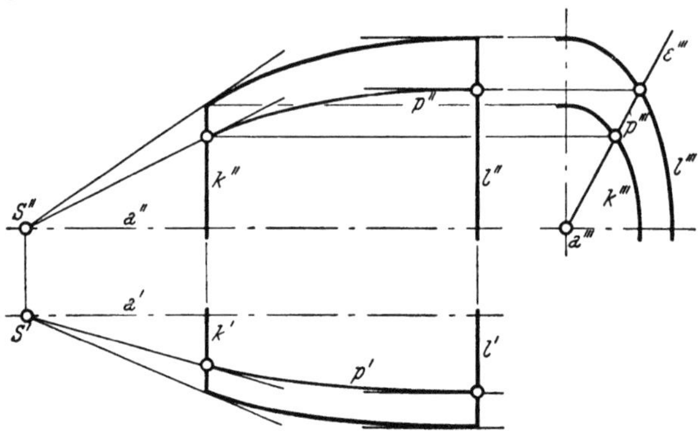

Abb. 358. Teil eines Flugzeugrumpfes

Beispiele:

242. Wie konstruiert man in Abb. 355 in einem Punkt P der Schaufelfläche die Tangentialebene? Wie trägt man in P eine gegebene Wandstärke auf?

243. Konische Glättung. Manchmal (z. B. im Flugzeugbau) werden krumme Flächen aus Kegelschnitten gebildet. In Abb. 358 soll die Fläche Φ längs der Ellipse k den Kegel mit der Spitze S und längs der Ellipse l den kreuzrißnormalen Zylinder berühren. Jeder durch a gelegte ebene Schnitt p sei eine (nach Abb. 97 b zu konstruierende) Parabel. Konstruiere a) den kotierten Drehriß zur Achse a, b) kotierten Grundriß, Aufriß und Kreuzriß analog Abb. 355!

244. *Eine Funktion $z = f(x, y)$ stellt eine Fläche Φ dar,* wenn x, y, z z. B. als kartesische Koordinaten gedeutet werden. Die graphische Darstellung von Φ ist praktisch wichtig, wenn ein Rechenausdruck für $f(x, y)$ nicht bekannt oder zu kompliziert ist. Ein kotierter Grundriß enthält die Schichtenlinien $z =$ const. Manchmal ist es günstiger, die Schichtenlinien $x =$ const. oder $y =$ const. oder beide zu zeichnen. *Eine anschaulichere Vorstellung erhält man, wenn Φ axonometrisch gezeichnet wird.* In Abb. 359 ist frontalaxonometrisch die thermische Zustandsgleichung $F(p, v, t) = 0$ des Wasserdampfes als „Zustandsfläche" Φ dargestellt. Volumen v, Temperatur t und Druck p wurden als kartesische Koordinaten aufgetragen. Jeder Punkt von Φ gibt drei zusammengehörige Werte der thermischen Zustandsgrößen p, v, t an. Φ enthält vorne einen waagrechten Zylinder (für gesättigten Wasserdampf), der nach oben durch die „Grenzkurve" g mit dem höchsten Punkt K begrenzt ist. Rechts dahinter liegt jener Teil von Φ, der zu ungesättigtem Wasserdampf gehört. Dünn gezeichnet wurden Isobaren $p =$ const. (in waagrechten Ebenen) und Isothermen $t =$ const. Durch den „kritischen Punkt" K geht (gestrichelt gezeichnet) die kritische Isobare $p_K = 225{,}5$ at, die kritische Isotherme $t_K = 374{,}1$ °C und die kritische Isochore $v_K = 0{,}003$ m³/kg. Im Gebiet des ungesättigten Wasserdampfes wurden außerdem dick gezeichnet die Linien konstanter Entropie s und die Linien konstanter Enthalpie i (kalorische Zustandsgrößen). Rechts oben wurde die Umgebung von K mit gleichem Maßstab für p und t, aber zehnfach vergrößertem Maßstab für v verdeutlicht. —

[1] Die Drehrisse dieser Schnittkurven können eine Kurve q^s in Π einhüllen. q^s ist Drehriß einer Kurve q auf der Fläche. Rotiert q oder q^s um a, so entsteht eine Drehfläche ψ mit der Achse a, die die gegebene Fläche Φ längs q berührt. Ist Φ ein Zylinder, eine Drehfläche oder eine Schraubfläche und wird Φ in sich selbst verschoben, bzw. verdreht, bzw. verschraubt, so wird die als Fräser oder Schleifscheibe ausgebildete Fläche ψ die Fläche Φ fräsen bzw. schleifen.

Sind zwei der vier Größen p, t, s, i gegeben, so kann man die zwei anderen aus dem Bild ablesen, wenn die vier Kurvenscharen in der Nähe des zugehörigen Punktes von Φ hinreichend dicht gezeichnet sind. Hier kommt es nicht mehr darauf an, daß diese „Netztafel" als axonometrisches Bild entstanden ist; der Zusammenhang bleibt erhalten, wenn auf diese Netztafel eine beliebige punktweise Verformung (z. B. eine Kollineation) ausgeübt wird.

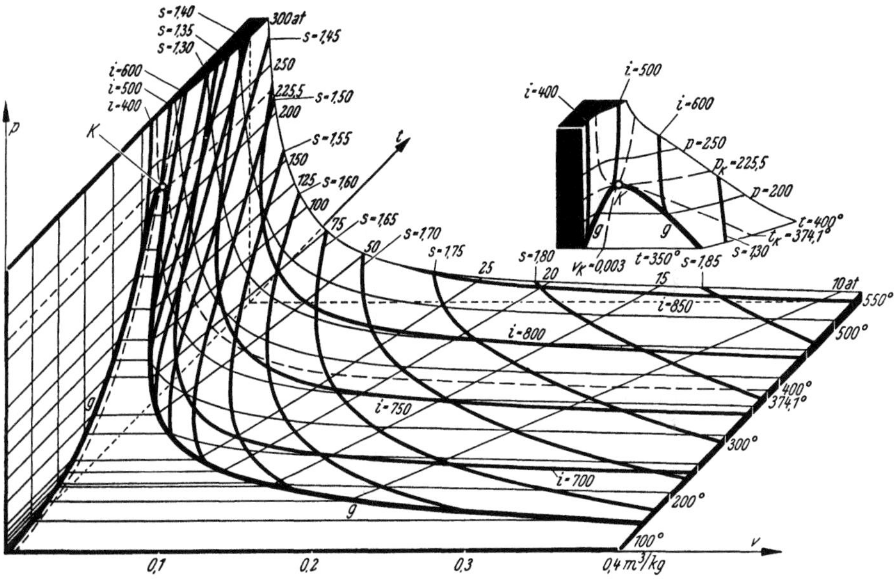

Abb. 359. Zustandsfläche des Wasserdampfes

Wie konstruiert man in Abb. 359 die Isochoren v = const., wenn Isothermen und Isobaren gegeben sind? Wie konstruiert man aus Abb. 359 durch Ablesen zusammengehöriger Werte die folgenden Diagramme bzw. Flächen für ungesättigten Wasserdampf: a) Abszisse t, Ordinate i; Kurven p = const., analog b) p, i; t, c) s, t; Kurven p oder v oder i, d) s, i; p?

Übersichtsfragen

Wie stellt man Punkte, Geraden, Ebenen, Kurven und Flächen in kotierter Projektion dar? Wie konstruiert man a) die Schnittkurve zweier Flächen, b) die Schnittpunkte einer Kurve mit einer Fläche in kotierter Projektion? Was ist das Längenprofil einer Raumkurve und wozu verwendet man es? Was ist eine Böschungstorse? Wie konstruiert man den Umriß einer Fläche? Wodurch unterscheiden sich Profilmethode und Schichtenmethode in der Konstruktion und im Ergebnis? — Was ist ein kotierter Drehriß? Wie konstruiert man aus der Darstellung einer Kurve oder Fläche in kotierter Projektion ihren kotierten Drehriß?

C. Geometrie der Getriebe und Verzahnungen

XVI. Kinematische Geometrie in der Ebene

In der kinematischen Geometrie werden geometrische Eigenschaften von Bewegungen untersucht. Geschwindigkeiten, Beschleunigungen, Kräfte usw. bleiben außer Betracht. Das Ziel ist eine Einführung in die Geometrie der technisch wichtigen Getriebe und Verzahnungen.

90. Bahnkurven, Polkurven, Hüllkurven. a) *Bahnkurven.* Über einer ruhenden Ebene Σ_0 bewege sich eine andere Ebene Σ (Abb. 360). Einzelne Lagen von Σ seien durch obere Indizes gekennzeichnet, z. B. $\Sigma^0, \Sigma^1, \Sigma^2, \ldots$. Ein mitgeführter Punkt A von Σ habe dabei die Lagen $A^0, A^1, A^2, \ldots$ in Σ_0. Wird in A ein Schreibstift mitgeführt, so zeichnet er in Σ_0 die Bahnkurve a von A.

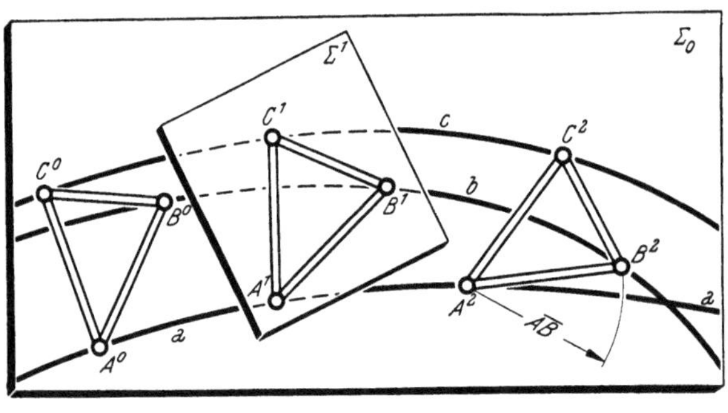

Abb. 360. Zweipunktführung

Kennt man von einer mitbewegten Strecke AB eine Lage A^0B^0 und die Bahnkurven a, b ihrer Endpunkte, so ist die Bewegung der ganzen Ebene Σ bestimmt („*Zweipunktführung*"). Gelangt z. B. A in einen Punkt A^2 von a, so wird B einen Punkt B^2 von b erreichen, der von A^2 die Entfernung $AB = A^0B^0$ hat[1]. Hat ein Punkt C von Σ die Anfangslage C^0 in Σ_0, so erhält man die Lage C^2 durch kongruente Übertragung des Dreiecks ABC aus der Lage $A^0B^0C^0$ nach $A^2B^2C^2$. So konstruiert man punktweise die Bahnkurve c von C.

b) *Polkurven. Eine Lage Σ^0 von Σ läßt sich in eine andere Lage Σ^1 von Σ stets durch Drehung oder Parallelverschiebung überführen* (Abb. 361): Σ^0 sei durch A^0, B^0 gegeben, Σ^1 durch A^1, B^1; schneiden sich die Streckensymmetralen von A^0A^1 und B^0B^1 in einem im Endlichen gelegenen Punkt M_{01}, so stimmen die

---

[1] B^2 ist Schnittpunkt von b mit dem Kreis $(A^2; AB)$. Treten mehrere Schnittpunkte auf, so ist zu entscheiden, in welchen Punkt B wirklich gelangt. Bei der zeichnerischen Durchführung nach e) bereitet dies im allgemeinen keine Schwierigkeit.

Dreiecke $A^0B^0M_{01}$ und $A^1B^1M_{01}$ in den Seiten überein, daher ist $\alpha = \sphericalangle A^0M_{01}A^1 = \sphericalangle B^0M_{01}B^1$; ferner ist $\sphericalangle C^0M_{01}C^1 = \alpha$. Die Drehung um den „Drehpol" M_{01} durch α führt daher Σ^0 in Σ^1 über. – Ist $A^0A^1 \parallel B^0B^1$, so ist M_{01} ein Fernpunkt und $C^0C^1 \parallel A^0A^1$; Σ^0 geht durch Parallelverschiebung in der zu M_{01} normalen Richtung in Σ^1 über[1].

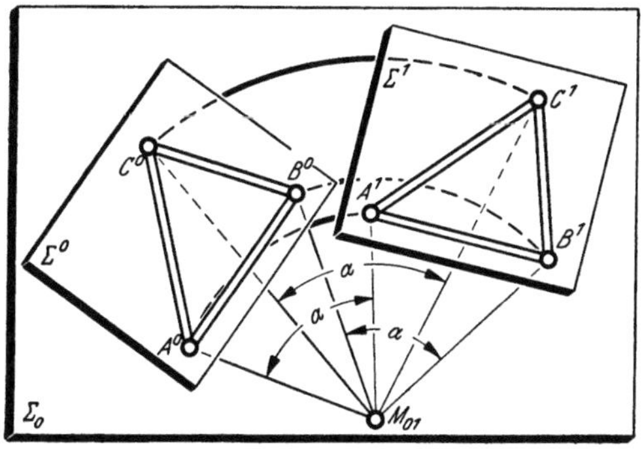

Abb. 361. Drehpol

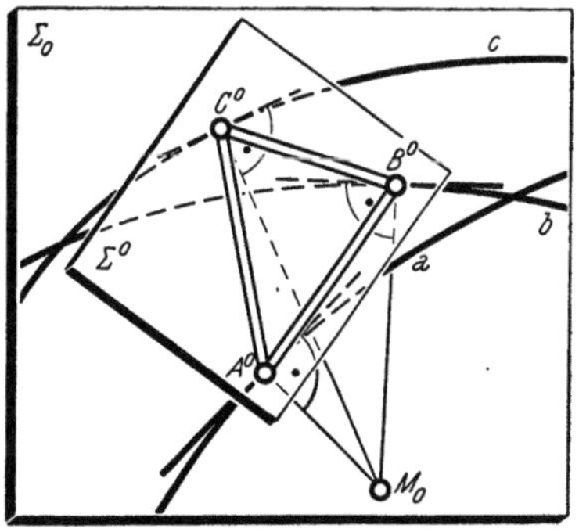

Abb. 362. Momentanpol

Nähert sich die Lage Σ^1 der Lage Σ^0, so wird die Sehne A^0A^1 zur Tangente von a in A^0, die Streckensymmetrale von A^0A^1 zur Normalen von a in A^0 (Abb. 362), analog für B^0 und C^0. *Daher gehen in einer bestimmten Lage Σ^0 von Σ alle Bahnnormalen durch einen Punkt, den „Momentanpol" M_0 dieser Lage*[2]. M_0 ist Grenzlage von M_{01}. Die Geraden durch M_0 heißen *Polstrahlen*.

Bei der Drehung um M_{01} in Abb. 361 sind die Geschwindigkeiten der Punkte von Σ ihren Entfernungen von M_{01} proportional; nach dem Grenzübergang $\Sigma^1 \to \Sigma^0$, $\alpha \to 0$ gilt dies auch in Abb. 362. Man sagt abgekürzt: In jeder Lage von Σ (das heißt in jedem Zeitpunkt) kann die Bewegung von Σ als eine unendlich kleine Drehung um den Momentanpol M_0 aufgefaßt werden (CHASLES 1828). An Stelle dieser „*Momentandrehung*" tritt eine „*Momentanschiebung*", wenn M_0 Fernpunkt ist; Drehung um einen Fernpunkt bedeutet Parallelverschiebung in der dazu normalen Richtung.

In Abb. 363 wurden zu den Lagen $\Sigma^0, \Sigma^1, \Sigma^2, \Sigma^3, \Sigma^4 \ldots$ nach Abb. 361 die Drehpole $M_{01}, M_{12}, M_{23}, M_{34}, \ldots$ konstruiert. Sie bilden den „*festen Polzug*" p_0. Überträgt man das Dreieck $A^1B^1M_{12}$ gleichsinnig kongruent nach $A^0B^0M_{12}^0$, $A^2B^2M_{23}$ nach $A^0B^0M_{23}^0$, $A^3B^3M_{34}$ nach $A^0B^0M_{34}^0$ usw., so ergeben sich in der Lage Σ^0 jene Punkte $M_{01}, M_{12}^0, M_{23}^0, M_{34}^0, \ldots$ von Σ, die der Reihe nach Drehpole werden. Sie bilden den „*bewegten Polzug*" p in der Lage p^0. Die Drehung um M_{01} durch $\alpha_{01} = \sphericalangle A^0M_{01}A^1 = \sphericalangle B^0M_{01}B^1$ führt A^0B^0 in A^1B^1 über und somit auch das Dreieck $A^0B^0M_{12}^0$ in das gleichsinnig kongruente Dreieck $A^1B^1M_{12}$. Daher führt jene Drehung M_{12}^0 in M_{12} über und es ist $M_{01}M_{12} = M_{01}M_{12}^0$ und

[1] Haben A^0A^1 und B^0B^1 zufällig dieselbe Streckensymmetrale, so verwende man statt B^0 irgendeinen Punkt C^0, der nicht auf der Geraden A^0B^0 liegt, und seine Endlage C^1.

[2] Natürlich gilt dies nur, wenn die Bahntangenten existieren. Man erkennt: Besitzen in einer bestimmten Lage Σ^0 von Σ zwei Punkte eine Bahntangente, so besitzt jeder von M_0 verschiedene Punkt von Σ eine Bahntangente (und daher auch eine Bahnnormale). Über die Bewegung jenes Punktes von Σ, der im betrachteten Zeitpunkt in M_0 liegt, siehe Abb. 364.

$\sphericalangle\, M_{12}^0 M_{01} M_{12} = \alpha_{01}$. Zugleich führt jene Drehung M_{23}^0 in M_{23}^1, M_{34}^0 in M_{34}^1 usw. über und p^0 in p^1. Fährt man so fort, so zeigt sich, daß der bewegte Polzug p auf dem festen Polzug p_0 abrollt. Nimmt man die Lagen $\Sigma^0, \Sigma^1, \Sigma^2, \ldots$ immer dichter an, so werden die Drehpole zu Momentanpolen, p_0 wird die „*feste Polkurve*" oder „*Rastpolbahn*", p die „*bewegte Polkurve*" oder „*Gangpolbahn*"

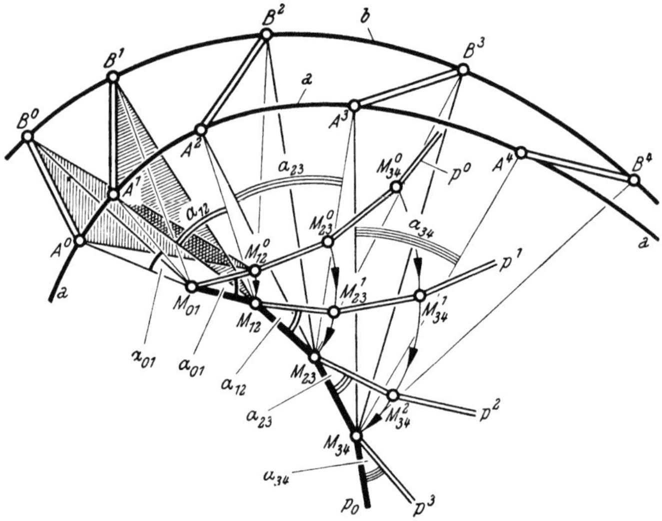

Abb. 363. Polzüge

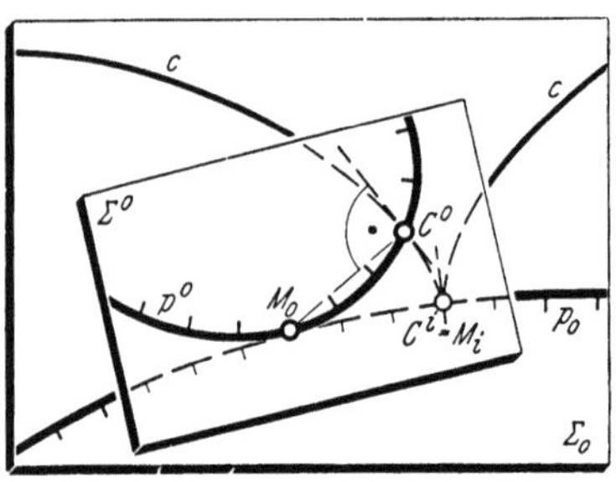

Abb. 364. Polkurven

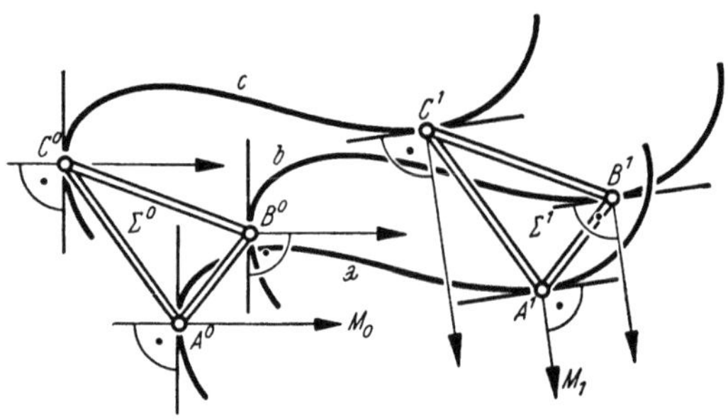

Abb. 365. Krumme Schiebung

Abb. 364). Da $\alpha_{01}, \alpha_{12}, \ldots$ gegen 0 konvergieren, berühren p_0 und p einander in jeder Lage. Da überdies je zwei zur Deckung gelangende Seiten der Polzüge gleich lang sind, folgt im Grenzübergang: p rollt auf p_0 (ohne Gleiten). *Eine gegebene Bewegung in der Ebene läßt sich also erzeugen, indem eine Kurve p (Gangpolbahn) auf einer anderen Kurve p_0 (Rastpolbahn) abrollt* (CAUCHY 1827). Wie aus dem Beweis hervorgeht, treten Ausnahmen ein, wenn a) nur ein Momentanpol auftritt (die Bewegung ist dann eine Drehung um einen eigentlichen Punkt oder eine Parallelverschiebung), oder wenn b) alle Momentanpole Fernpunkte sind (siehe unten, Abb. 365).

Von den Polkurven wohl zu unterscheiden sind die Bahnkurven der Punkte von p. Abb. 364 zeigt die Bahnkurve c des Punktes C von Σ, der in der Lage Σ^i zum Momentanpol M_i wird. c hat in $C^i = M_i$ im allgemeinen eine Spitze, deren Tangente die Kurve p_0 normal schneidet.

Hat p_0 einen Fernpunkt M_0, so ist M_0 auch Fernpunkt von p^0; p_0 und p^0 haben dort dieselbe Asymptote. Bewegungen, bei denen alle Momentanpole Fernpunkte sind, nennt man *krumme Schiebungen* (Abb. 365). In einer bestimmten Lage von Σ haben hier alle Punkte von Σ dieselbe Bewegungsrichtung. Aus einer Bahnkurve gehen die übrigen durch Parallelverschiebung hervor.

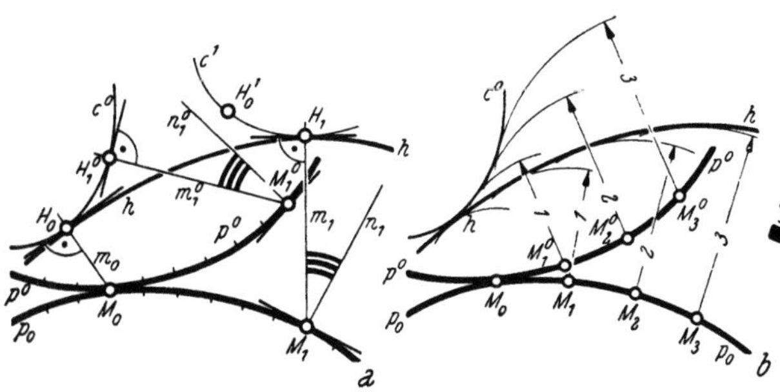

Abb. 366. *a*) Hüllkurvenkonstruktion, *b*) abgekürzte Konstruktion

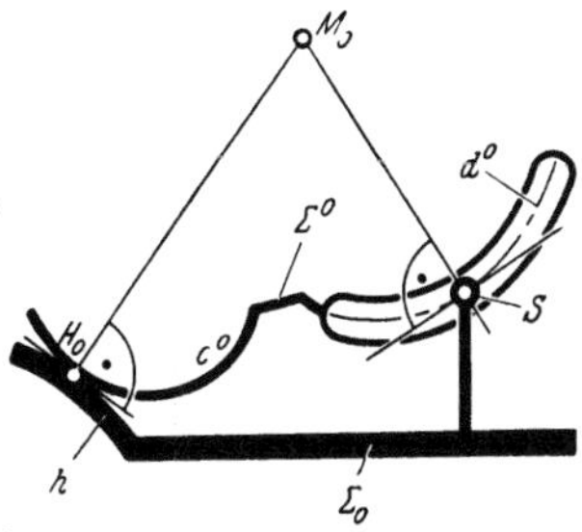

Abb. 367. Führung von *c* und *d*

c) *Hüllkurven.* Eine Kurve c von Σ wird bei der Bewegung verschiedene Lagen $c^0, c^1, c^2, \ldots$ in Σ_0 einnehmen. Diese Lagen werden im allgemeinen eine Hüllkurve h in Σ_0 besitzen. Geht die Kurvennormale von c^0 in H_0 durch M_0 (Abb. 366 *a*, wo auf p_0 und p längengleiche Intervalle maßstabartig aufgetragen sind), so ist die Tangente von c^0 in H_0 zugleich Bahntangente von H_0. H_0 ist *Hüllpunkt* von c in der Lage Σ^0, h berührt c^0 in H^0. — Nun nehmen wir auf c^0 einen Punkt H_1^0 an; die Normale m_1^0 von c^0 in H_1^0 schneide p^0 in M_1^0. Wir bestimmen M_1 auf p_0 durch Abwicklung des Bogens $M_0M_1^0$ von p^0 auf p_0 und übertragen den von m_1^0, n_1^0 gebildeten Sektor nach m_1, n_1; die Normale n_1^0 von p^0 in M_1^0 gelangt in die Normale n_1 von p_0 in M_1; $M_1^0H_1^0 = M_1H_1$. Dann ist H_1 Hüllpunkt von c in der Lage Σ^1, denn die Normale m_1 von c^1 in H_1 geht durch M_1. Man sieht, daß die Bogenlängen $H_0H_1^0$ und H_0H_1 ungleich sind; c rollt nicht auf h, sondern c rollt *und* gleitet zugleich auf h. — Abb. 366 *b* zeigt eine abgekürzte Konstruktion von h; um $M_1^0, M_2^0, M_3^0, \ldots$ werden Kreise geschlagen, die c^0 berühren; ihre Radien *1, 2, 3,*... sind zugleich Radien der Kreise um $M_1, M_2, M_3, \ldots$, die h einhüllen.

Ist c ein Kreis, so ist h die Parallelkurve zur Bahnkurve des Mittelpunktes von c (im Abstand des Radius von c). — Die Hüllkurve einer mitbewegten Kurve d kann auch auf einen Punkt S in Σ_0 zusammenschrumpfen, wenn nämlich d in jeder Lage durch S gleitet (Abb. 367). S heißt *Stützpunkt* von d. Ein Punkt auf d^0, der S benachbart ist, bewegt sich gegen S hin, daher ist die Bewegungsrichtung jenes Punktes von d, der S im betrachteten Zeitpunkt deckt, die Tangente von d^0 in S. M_0 liegt daher irgendwo auf der Normalen von d^0 in S. Ist überdies von einer mitbewegten Kurve c die Hüllkurve h gegeben, so liegt M_0 auf der Normalen von h in H_0 und die Bewegung ist durch c, h, d, S bestimmt[1].

[1] Hat die Kurve d von Σ einen Stützpunkt S in Σ_0, so kann sie auch noch eine Hüllkurve in Σ_0 besitzen. Wendet man die Konstruktion von Abb. 366 *b* auf d an, so gehen die Kreise um $M_0, M_1, M_2 \ldots$ durch S und sie können überdies eine Hüllkurve haben. Ist z. B. d selbst ein Kreis vom Radius r, so ist die Hüllkurve der Kreis um S mit dem Radius $2r$.

Eine Bewegung kann durch Bahnkurven, Hüllkurven, Stützpunkte oder auch durch ihre Polkurven gegeben sein. Man spricht in allen diesen Fällen von „*Zwanglauf*", denn in jeder Lage existiert ein Momentanpol und jeder Punkt von Σ hat eine bestimmte Bahntangente.

d) *Umkehrbewegung.* Wir haben eine ruhende Ebene Σ_0 und eine bewegte Ebene Σ betrachtet. Einem Beobachter, der in Σ steht und die Bewegung von Σ mitmacht, wird es aber scheinen, als ob Σ und alles darin Befindliche feststünde und Σ_0 sich unter Σ bewegte[1]. Für ihn wird nicht p auf p_0 rollen, sondern p_0 auf p. Für ihn wird nicht ein Punkt A von Σ eine Bahnkurve a in Σ_0 beschreiben, sondern A still stehen und die in Σ_0 liegende Kurve a durch den in Σ liegenden Stützpunkt A gleiten. Für ihn wird eine Kurve d in Σ, die durch den Stützpunkt D in Σ_0 gleitet, still stehen und D längs d zu wandern scheinen. Für ihn wird nicht eine Kurve c von Σ eine Kurve h in Σ_0 einhüllen, sondern h verschiedene Lagen einnehmen, die c umhüllen. Die (*scheinbare*) *Bewegung von Σ_0 gegenüber Σ nennt man die Umkehrbewegung oder die inverse Bewegung zur Bewegung von Σ in Σ_0.*

e) *Zeichnerische Durchführung.* Man verwendet zweckmäßig zwei durchsichtige Papiere, eines für Σ_0, eines für Σ. In Σ_0 sei p_0, in Σ sei p gezeichnet; auf p_0 und p seien analog Abb. 366 *a* längengleiche Intervalle maßstabartig aufgetragen und numeriert. Ist nun in Σ ein Punkt A oder eine Kurve c gegeben, so lege man Σ_0 auf Σ und bewege Σ_0 so über Σ, daß p_0 auf p rollt und entsprechende Punkte beider Polkurven zur Deckung gelangen. Dabei lassen sich einzelne Lagen $A^0, A^1, A^2, \ldots$ von A, bzw. $c^0, c^1, c^2, \ldots$ von c auf Σ_0 zeichnen. Die Bahnkurve a von A ist dann durch $A^0, A^1, A^2, \ldots$ gegeben. Die Hüllkurve h von c ist Hüllkurve der Lagen $c^0, c^1, c^2, \ldots$. Ganz analog verfährt man, wenn der Zwanglauf von Σ gegenüber Σ_0 in anderer Weise bestimmt ist, z. B. durch die Bahnkurven zweier Punkte von Σ [2].

f) *Beispiele.* Die Beispiele dieses Kapitels, in denen technische Verwirklichungen der untersuchten Bewegungen in Getrieben gezeigt werden, sollen das Vorstellen von Bewegungen fördern und praktisch wichtige Konstruktionen einüben. Die Polkurven braucht man zur Untersuchung der Geschwindigkeiten und Beschleunigungen, also besonders bei der dynamischen Untersuchung schnelllaufender Getriebe. Bahnkurven treten entweder im Getriebe materiell auf oder man braucht sie bei dynamischen Untersuchungen (z. B. Bahn des Getriebeschwerpunktes). Hüllkurven braucht man unter anderem bei der Beurteilung, ob ein Glied genügend Platz für seine Bewegung findet.

In den technischen Beispielen wurden die oberen Indizes meist weggelassen. *Kennzeichnungen:* Polkurven strichpunktiert, Bahnkurven volle Linien, Hüllkurven Doppellinien, Polstrahlen dünn voll. Bei praktischen Getrieben werden Polkurven, Bahnkurven und Hüllkurven nicht immer in ihrem ganzen geometrischen Verlauf verwendet; die wirklich verwendeten Bögen sind stärker gezeichnet. Bei vielen Getrieben erfolgt der Antrieb durch gleichförmige Drehung. Zumeist wurde dann der Antrieb in zwölf gleiche Teile je Umlauf geteilt; die zugehörigen Punkte auf den Bahnkurven und auf den festen Polkurven wurden

---

[1] Zum Beispiel Blick aus dem fahrenden Zug, heliozentrisches und geozentrisches Weltsystem. Auch in sprachlichen Wendungen angedeutet, z. B. „Das Ziel kommt näher".

[2] Ist das Papier Σ_0 undurchsichtig, so liege Σ stets über Σ_0 und man steche mit dem Stechzirkel einzelne Lagen von A oder zwei markierte Punkte von c (durch die dann in Σ_0 eine Schablone für c gelegt werden kann) durch. Die Kurve d in Σ, die einen vorgegebenen Stützpunkt S in Σ_0 besitzt, wird bestimmt, indem man in mehreren Lagen von Σ diesen Stützpunkt auf das Blatt Σ durchzeichnet.

meist geringelt hervorgehoben. Der Antrieb wurde durch einen vollschwarzen Pfeil angedeutet, der Abtrieb durch einen leeren Pfeil. Die Achsen von Getriebegliedern sind dünn strichpunktiert. Ortsfeste Gelenke sind durch vollschwarze Kreise dargestellt, bewegte Gelenke durch leere Kreise[1].

91. Elliptische Bewegung. Als Beispiel eines Zwanglaufes betrachten wir die Bewegung, bei der für zwei Punkte A, B von Σ gerade Bahnen a, b in Σ_0 vorgeschrieben sind (Abb. 368). a und b mögen sich in U rechtwinklig schneiden. Durch A^0B^0 sei eine Anfangslage Σ^0 gegeben, durch A^iB^i irgend eine andere Lage Σ^i.

Abb. 368. Elliptische Bewegung

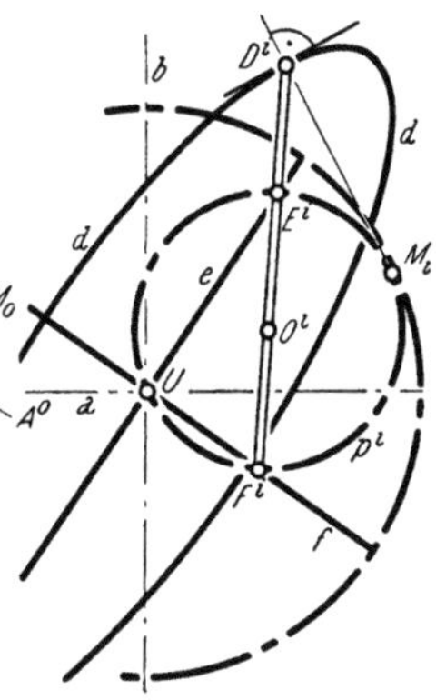

Abb. 369. Bahnellipsen

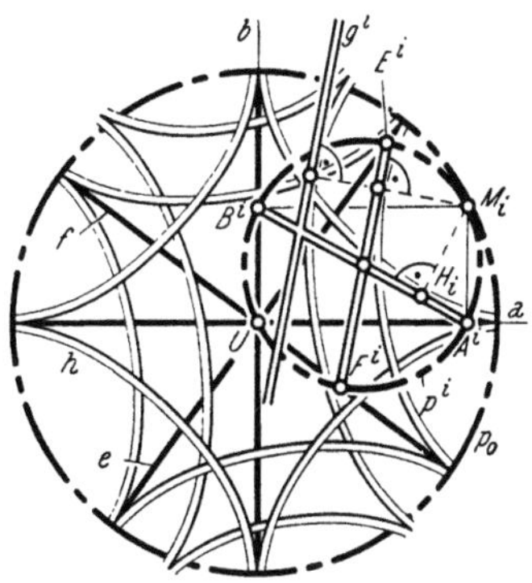

Abb. 370. Hüllkurven von Geraden

a) *Polkurven.* Die Bahnnormalen von A^0 und B^0 schneiden sich in M_0, die von A^i und B^i in M_i. In den Rechtecken $UA^0M_0B^0$ und $UA^iM_iB^i$ haben die Diagonalen die Länge AB, daher ist $UM_i = UM_0 = AB$, das heißt die feste Polkurve p_0 ist der Kreis $(U; AB)$. Überträgt man $A^iB^iM_i$ kongruent nach $A^0B^0M_i^0$, so liegt M_i^0 wegen $\sphericalangle A^0M_i^0B^0 = 90^0$ auf dem Kreis über A^0B^0, das heißt die bewegte Polkurve p in Σ ist der Kreis über AB. p heißt auch Kardankreis, die Bewegung heißt auch ebene Kardanbewegung.

b) *Bahnkurven.* Die Mitte O von p beschreibt den Kreis $o = (U; \frac{1}{2}AB)$, denn p geht immer durch U [2] und O hat von jedem Punkt von p den Abstand $\frac{1}{2}AB$. Ein Punkt C von p beschreibt einen Durchmesser c von p_0, denn in jeder Lage Σ^i von Σ ist die Bahnnormale von C^i nach M_i gerichtet, die Bahntangente daher nach dem Satz von THALES nach U. Zur Herstellung der Bewegung kann man statt a und b auch z. B. a und o oder a und c verwenden (siehe die Beispiele

[1] Darstellungen der Getriebelehre und zahlreiche Beispiele findet der Leser z. B. in **1.** A.W.F.—Getriebeblätter **601—625**, Berlin: Beuth-Vertrieb, **2.** R. BEYER, Technische Kinematik, Leipzig: J. A. Barth, **1931**, **3.** R. FRANKE, Vom Aufbau der Getriebe, Berlin: Beuth-Vertrieb, **1948**, **4.** K. RAUH, Praktische Getriebelehre, 2. Aufl., Berlin-Göttingen-Heidelberg: Springer, **1951**, **5.** O. KRAEMER, Getriebelehre, Karlsruhe: Braun, **1950**.

Die Beispiele **251**, **257**, **301** stammen aus **1**, die Beispiele **259**, **260**, **262**, **283**, **284**, **287**, **300**, **302** aus **2**, Beispiel **246** aus **3**, die Beispiele **247**, **279**, **280** aus **4**, Beispiel **258** aus **5**; Beispiel **278** stammt aus „Bewegliche Brücken" von A. HAWRANEK, Berlin: Springer, **1936**. Die meisten übrigen Beispiele entstammen Veröffentlichungen der Herstellerfirmen.

[2] U ist daher Stützpunkt für p.

246 bis 249). Die Bahnkurve d eines allgemeinen Punktes D von Σ erkennt man, wenn man D mit O verbindet (Abb. 369). Die Schnittpunkte E, F von DO mit p beschreiben Durchmesser e, f von p_0; nach Abb. 73 ist d eine Ellipse (Mitte U, Achsen e, f, Halbachsendifferenz oder -summe AB) — daher der Name „elliptische Bewegung".

c) *Hüllkurven.* Den Hüllpunkt von AB in der Lage Σ^i erhält man als Fußpunkt H_i der Normalen aus M_i auf A^iB^i (Abb. 370). Die Hüllkurve h von AB ist eine sogenannte Astroide (symmetrisch bezüglich a und b, Spitzen in den Schnittpunkten von a und b mit p_0). Zur Bestimmung der Hüllkurve einer allgemeinen Geraden g von Σ zeichne man den zu g parallelen Durchmesser EF von p. E, F beschreiben Durchmesser e, f von p_0, die Hüllkurve von EF ist eine zur Hüllkurve von AB kongruente, aber um U verdrehte Astroide. Die Hüllpunkte von g und EF liegen auf einem Polstrahl, ihr Abstand ist der Abstand von g und EF, daher ist die Hüllkurve von g Parallelkurve einer Astroide.

Abb. 371. Schnellpresse von KOENIG und BAUER

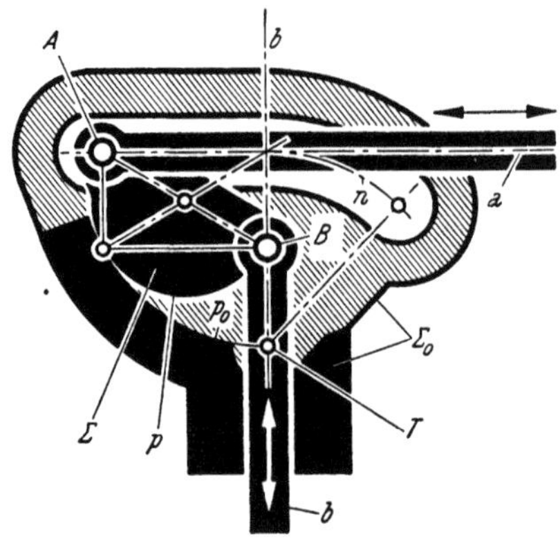

Abb. 372. Wälzhebelsteuerung von HARTMANN

Beispiele:

245. Zeichne die Hüllkurve eines mitbewegten Kreises! (Im allgemeinen Parallelkurve einer Ellipse, wie Abb. 292; Sonderfälle?)

246. Schnellpresse von KOENIG und BAUER (Abb. 371). Antrieb: O um U. Verzahnung erzwingt Rollen von p auf p_0. Abtrieb: Preßkolbenstange s, C längs c.

247. Wälzhebelsteuerung von HARTMANN (Abb. 372). Antrieb: Stange a, Abtrieb: Steuerstange b. a, b mit Gelenken A, B an Kardanscheibe Σ befestigt. Vertikaler Hub von b mit Stillstand von B im tiefsten Punkt T von p_0, solange A in Kreisbogennut n läuft.

248. Bohrwerkzeug für dreiseitige Löcher (Abb. 373). Bohrwerkzeug Σ (Bogenzweieck mit Schneiden C, D, Drittelkreisbögen CAD und CBD mit den Mitten B bzw. A) gleitet in gleichseitigem Dreieck des Werkstücks Σ_0. Bewegt sich Σ nach links, so wandert A auf a, B auf b usw. p ist ein Bogenzweieck, p_0 ist ein Bogendreieck, die Bewegung ist aus sechs elliptischen Bewegungen zusammengesetzt. Konstruiere p_0, p, Eckenausrundungen = Bögen von Bahnellipsen, Bahnkurve m des Mittelpunktes M von Σ!

249. Bohrwerkzeug für vierseitige Löcher (Abb. 374). Gleichseitiges Bogendreieck Σ (REULEAUXsches Gleichdick) mit Schneiden C, D, E gleitet in Qua-

drat des Werkstücks Σ_0. Bogendreieck p rollt in Bogenviereck p_0. Sonst wie Beispiel 248.

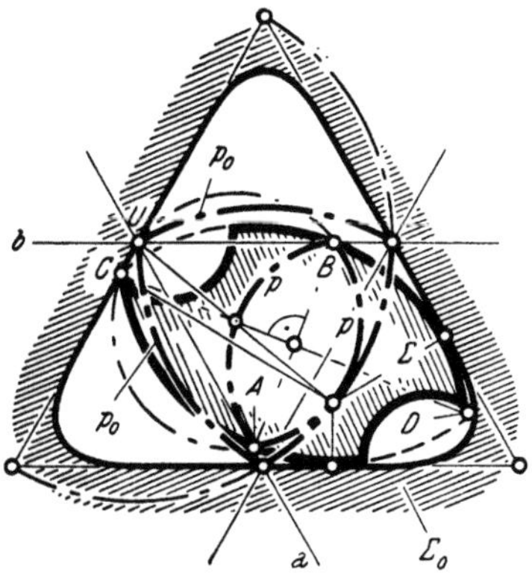

Abb. 373. Bohrwerkzeug für dreiseitige Löcher

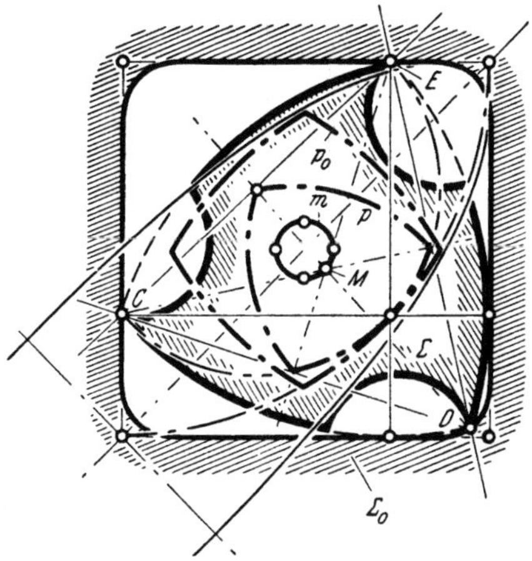

Abb. 374. Bohrwerkzeug für vierseitige Löcher

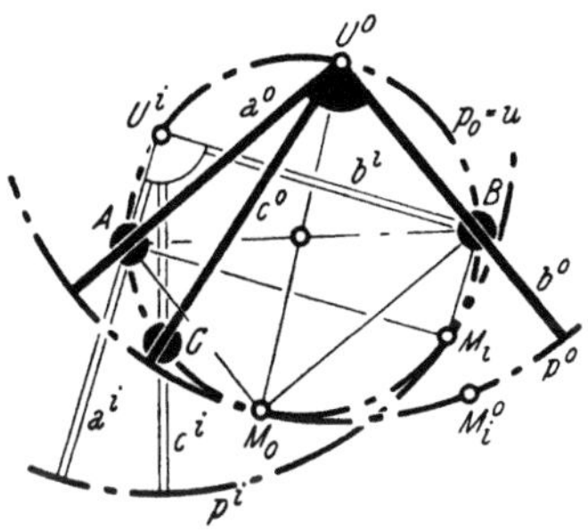

Abb. 375. OLDHAM-Bewegung

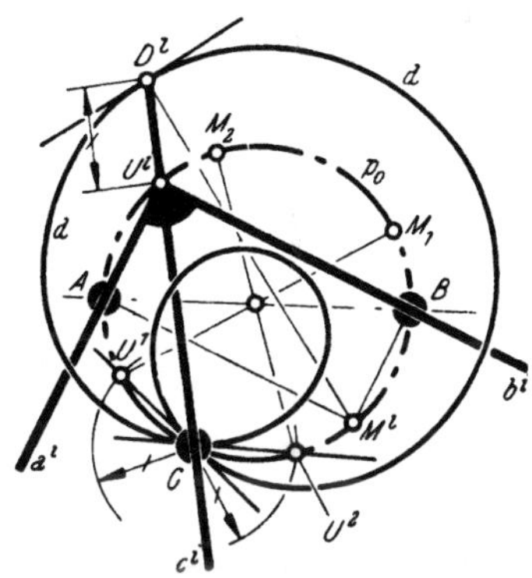

Abb. 376. Bahnkurve von D

92. Oldhambewegung (Kreuzschieberbewegung). In Σ seien zwei zueinander normale Geraden a, b mit dem Schnittpunkt U gegeben, in Σ_0 die Stützpunkte A (für a) und B (für b), z. B. als drehbare Hülsen ausgebildet (Abb. 375). Die Normalen zu a^i und b^i in A bzw. B schneiden sich in M_i. U^iAM_iB ist ein Rechteck, daher ist die feste Polkurve der Kreis p_0 über AB. Wegen $U^iM_i = AB$ ist die bewegte Polkurve p in Σ der Kreis $(U; AB)$. — *Die Oldhambewegung ist die Umkehrbewegung der elliptischen Bewegung.* Das zeigen die Polkurven, das zeigt aber auch schon die Definition; hier sind A, B Stützpunkte für a, b, bei der elliptischen Bewegung wandert A auf a, B auf b. Aus 90. d folgt, daß jede Bahnellipse der elliptischen Bewegung jetzt Σ angehört und einen Stützpunkt in Σ_0 besitzt, durch den sie gleitet. Wird auf Σ ein Werkstück befestigt, so kann ihm elliptische Form gegeben werden, indem ein spanabhebendes Werkzeug in Σ_0 bis an den Stützpunkt der gewünschten Ellipse herangeführt wird (Ovalwerk von LEONARDO DA VINCI). — Bei der elliptischen Bewegung beschreibt ein Punkt der Gangpolbahn einen Durchmesser der Rastpolbahn, bei der OLDHAM-

Bewegung gleitet jeder Durchmesser c von p durch einen Punkt C von p_0 (Abb. 375). Eine zu c parallele Gerade von Σ umhüllt einen Kreis um C.

p_0 ist zugleich Bahnkurve u von U. Um die Bahnkurve d eines anderen Punktes D von Σ zu finden, bestimme man den Schnittpunkt C von $c = UD$ mit p_0 (Abb. 376). c gleitet durch C, U wandert auf p_0, daher erhält man d, indem man auf allen Geraden durch C vom zweiten Schnittpunkt U^i mit p_0 aus die Entfernung UD aufträgt[1]. Man erkennt, daß p_0 von U zweimal durch-

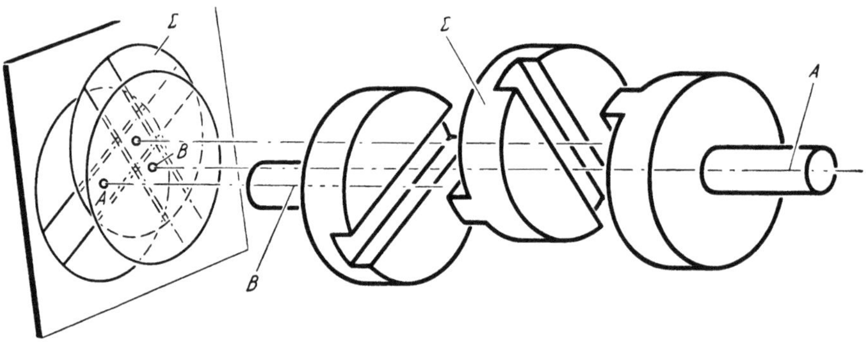

Abb. 377. Oldham-Kupplung

laufen wird, ehe die Anfangslage wieder erreicht wird. Dabei gelangt D zweimal nach C; die zugehörigen Punkte U^1 und U^2 liegen auf p_0 im Abstand UD von C; im Doppelpunkt C hat d die Tangenten U^1C, U^2C. Wenn D auf p liegt, wird C Spitze von d (im Einklang mit Abb. 364). C ist isolierter Punkt von d, wenn D außerhalb p liegt (z. B. in Abb. 378 für $D = E$, $C = A$).

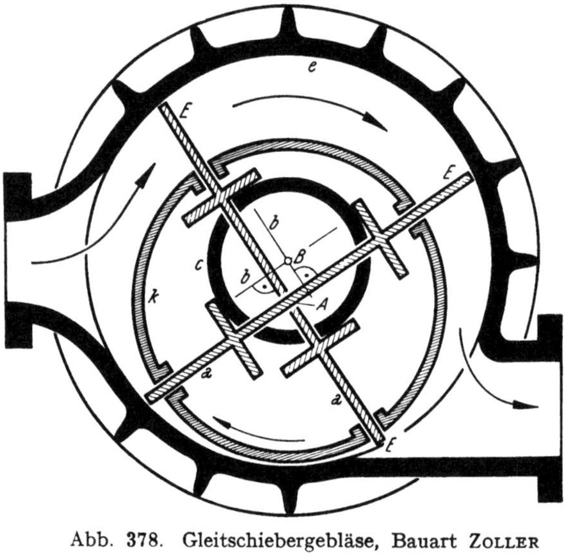

Abb. 378. Gleitschiebergebläse, Bauart Zoller

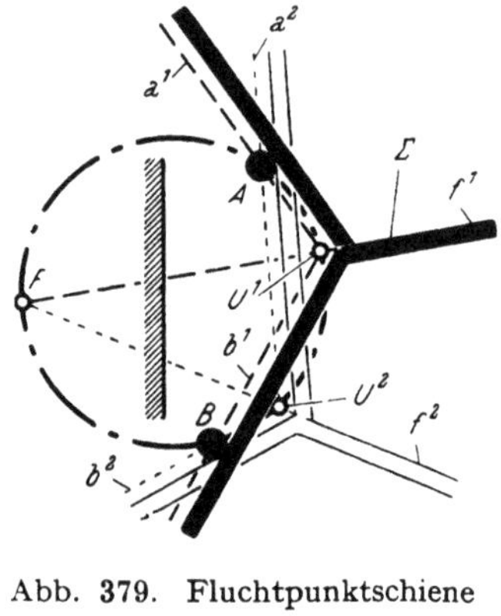

Abb. 379. Fluchtpunktschiene (Nicholson)

[1] d nennt man eine „Konchoide" des Kreises p_0 bezüglich C, und zwar, da C auf p_0 liegt, eine Pascalsche Schnecke. Man kann zeigen, daß d eine Kurve 4. Ordnung ist.

Beispiele:

250. Ein starrer Winkel (Keil) bewege sich so, daß seine Schenkel je einen Kreis umhüllen. Zeige, daß dies eine OLDHAM-Bewegung ist und gib die Polkurven an!

251. OLDHAM-Kupplung oder Kreuzschieberkupplung (Abb. 377). Parallele Wellen A, B. Gleichförmige Übertragung einer Drehung von A auf B mittels Kupplungsscheibe Σ, die mit Endscheiben von A und B je durch Schieber und Nut verbunden ist. Wellenabstand AB während der Bewegung begrenzt veränderbar.

252. Gleitschiebergebläse, Bauart ZOLLER (Gebläse oder Kompressor, Abb. 378). Antrieb: Kreis k um A. Zwei durchgehende, zueinander normale Schieber, die unabhängig voneinander mit a durch A schleifen und mittels Gleitschuhen längs des ortsfesten Hüllkreises c geführt werden, so daß die Symmetralen b durch den Mittelpunkt B von c schleifen. Als Gebläseprofil ergibt sich die gemeinsame Bahnkurve e der Schieberendpunkte E, also eine Konchoide des festen Polkreises (Durchmesser AB) bezüglich A. An den Führungen kurze Reibungswege, daher bis 5000 U/min.

253. Fluchtpunktschiene von NICHOLSON, zum Zeichnen zahlreicher Geraden nach einem unzugänglichen Punkt F (Abb. 379, Blattrand geschrafft). F als Schnittpunkt von f^1 und f^2 gegeben. Σ enthält drei in U starr verbundene Geraden a, b, f. Stützpunkte A, B, F. Einstellung: A in der Nähe des geschrafften Blattrandes wählen, a an A, f auf f^1 legen, b^1 zeichnen. Ebenso für b^2. b^1 und b^2 ergeben B. Gleiten Linealkanten von Σ an kreisrunden Stiften mit den Mitten A und B, so geht f immer durch F. Verwendung in der Perspektive bei unzugänglichem Fluchtpunkt F. Die Lineale lassen sich unter beliebigen Winkeln feststellen.

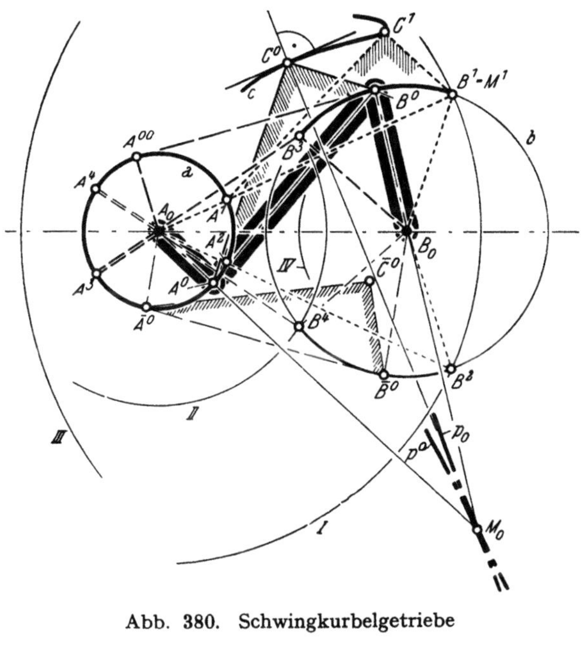

Abb. 380. Schwingkurbelgetriebe

93. Allgemeine Dreistabgetriebe. Ein Dreieck ist durch die Seitenlängen bestimmt, ein Viereck aber nicht; es kann noch unendlich viele Formen annehmen, wenn in den vier Ecken Gelenke angebracht sind. Hält man eine Seite fest, so entsteht aus einem solchen „*Gelenkviereck*" ein „*Dreistabgetriebe*". Die ortsfeste Seite im ruhenden System Σ_0 sei A_0B_0. Wir untersuchen die Bewegung der gegenüberliegenden Seite AB und des durch sie bestimmten Systems Σ. Abb. 380 zeigt Σ in der Lage Σ^0 mit A^0B^0. Man nennt A_0B_0 in Σ_0 den *Steg*, A_0A und B_0B

die *Arme*, AB in Σ die *Koppel* des Dreistabgetriebes. A läuft auf dem Kreis a um A_0, B auf b um B_0. Zu den Lagen von A auf a ergeben sich die zugehörigen Lagen von B auf b nach Abb. 360.

Schneidet man b mit den Kreisen $I = (A_0; AB + A_0A)$ und $II = (A_0; |AB - A_0A|)$, so ergeben sich „*Umkehrpunkte*" B^1, B^2, B^3, B^4, zu denen auf a die „*Wechselpunkte*" A^1, A^2, A^3, A^4 gehören. In B^1 und B^2 besitzt B die größtmögliche, in B^3 und B^4 die kleinstmögliche Entfernung von A_0. Arm A_0A und Koppel AB liegen hier in einer Geraden. Gelangt B in einen Umkehrpunkt, z. B. von B^0 nach B^1, so *muß* B seine Bewegungsrichtung umkehren; zugleich *kann* A im Wechselpunkt A^1 seine Bewegungsrichtung umkehren (dann gelangt A wieder nach A^0 zurück) oder beibehalten (dann gelangt A nach A^{00}, wenn B nach B^0 zurückkehrt). Die Koppellagen A^1B^1, A^2B^2, A^3B^3, A^4B^4 kennzeichnen „*Totlagen*" von Σ.

Geht man von A^0B^0 aus, so kann B_0B zwischen den Lagen B_0B^1 und B_0B^3 schwingen. Der Arm B_0B heißt daher eine *Schwinge*. Umkehrpunkte von A können nur in einem Schnittpunkt von a mit den Kreisen $III = (B_0; AB + B_0B)$ oder $IV = (B_0; |AB - B_0B|)$ liegen. Da diese Schnittpunkte in Abb. 380 nicht reell sind, vermag sich A auf dem ganzen Kreis a zu bewegen; A_0A heißt daher eine *Kurbel*, das Getriebe ein *Schwingkurbelgetriebe*. Bei anderen Abmessungen können beide Arme Kurbeln oder Schwingen sein; man spricht dann von *Doppelkurbelgetrieben* bzw. *Doppelschwinggetrieben*.

Die Bahnkurve c eines Punktes C von Σ erhält man wie in Abb. 360, indem das Dreieck ABC über den einzelnen Koppellagen A^iB^i gezeichnet wird. Die *Bahnkurven dieser Bewegung heißen Koppelkurven*. Man kann zeigen, daß sie im allgemeinen von sechster Ordnung sind. Sie liegen ganz im Endlichen und bestehen aus einem oder aus zwei Teilen; der eine Teil von c (in Abb. 380 angedeutet) wird von C wirklich durchlaufen, der andere Teil (nicht gezeichnet) ergibt sich als Bahn eines bestimmten Punktes $\overline{C}$ [1].

Den *Momentanpol* M_0 zur Lage Σ^0 erhält man im Schnitt der Bahnnormalen von A^0 und B^0, also im Schnitt der Arme A_0A^0, B_0B^0 (Abb. 381; dort ist auch — ohne Beweis — zu entnehmen, wie man durch Übertragung des Winkels ε die Tangente t in M_0 an p_0 und p findet). So konstruiert man p_0 und p^0 punktweise. Man kann zeigen, daß p_0 und p im allgemeinen Kurven achter Ordnung sind und daß p_0 in A_0 und B_0, p in A und B vierfache Punkte hat. In einer Totlage fällt der Momentanpol in den Umkehrpunkt; p_0 geht daher durch die Umkehrpunkte[2]. Fernpunkte M von p_0 ergeben sich, wenn die Arme parallel sind; diese Lagen findet man nach Abb. 382 *a*, *b* mit Hilfe der geschrafften Dreiecke, deren Seitenlängen die Steglänge, die Koppellänge und die Differenz bzw. Summe der Armlängen sind[3]. Jene Seitenlängen können M als reellen oder komplexen Punkt ergeben (Dreiecksungleichung!). Aus Abb. 382 *a*, *b* kann man auch — ohne Beweis — die Konstruktion der Asymptote t von p_0 und p in M entnehmen.

Dreistabgetriebe und andere aus ihnen zusammengesetzte Gelenkgetriebe finden vielfältige Anwendungen zur *Verwirklichung periodischer Bewegungsvor-*

---

[1] $\overline{C}$ ergibt sich, wenn man das Getriebe auseinanderlöst und z. B. in der gestrichelten Lage $A_0B_0\overline{A}^0\overline{B}^0$ zusammenfügt und über der neuen Koppel $\overline{A}\overline{B}$ das zu ABC gleichsinnig kongruente Dreieck $\overline{A}\overline{B}\overline{C}$ aufsetzt. $\overline{A}$ durchläuft a, $\overline{B}$ schwingt auf b zwischen B^2 und B^4.

[2] Zu p_0 und p gehören auch jene Teile, die sich aus der Bewegung von $\overline{A}\overline{B}$ ergeben.

[3] Der zu $\overline{A}\overline{B}$ gehörige Teil von p_0 besitzt die bezüglich des Steges spiegelbildlich gelegenen Fernpunkte.

gänge. Sie sind billiger und einfacher herzustellen als Kurventriebe. Wegen des Formenreichtums der Koppelkurven lassen sich diese Getriebe verschiedenen

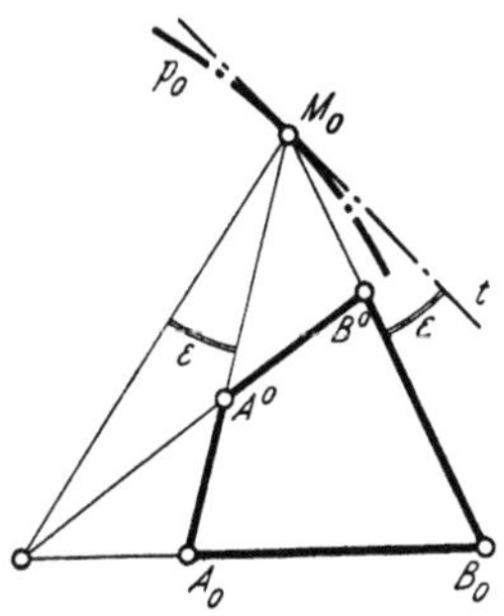

Abb. 381. Pol und Polkurventangente

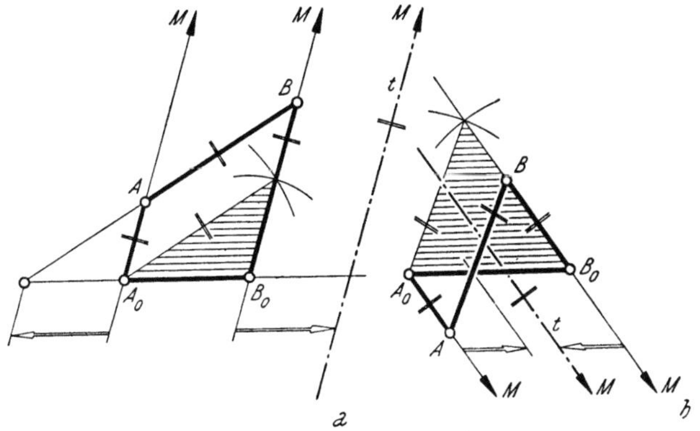

Abb. 382 *a, b*. Fernpunkte und Asymptoten der Polkurven

Forderungen anpassen. Zum Beispiel verwendet man Getriebe, bei denen eine Bahnkurve einen langen flachen Bogen aufweist, für *angenäherte Geradführungen*[1]. Kreisartige Teile von Bahnkurven lassen sich bei *Rastgetrieben* verwerten (z. B. Beispiel 259). Punkte von p besitzen Bahnkurven mit Spitze auf p_0; dies wird benützt, wenn ein Punkt von Σ an einer bestimmten Stelle umkehren soll. Mit solchen und anderen Fragen befaßt sich das ausgedehnte Gebiet der *Getriebesynthese*[2]. Auf der Drehbank lassen sich Drehflächen herstellen, die als ebenen Schnitt (insbesondere als Meridian) eine gegebene Koppelkurve besitzen, indem man der Koppel einen Schneidstahl aufsetzt[3].

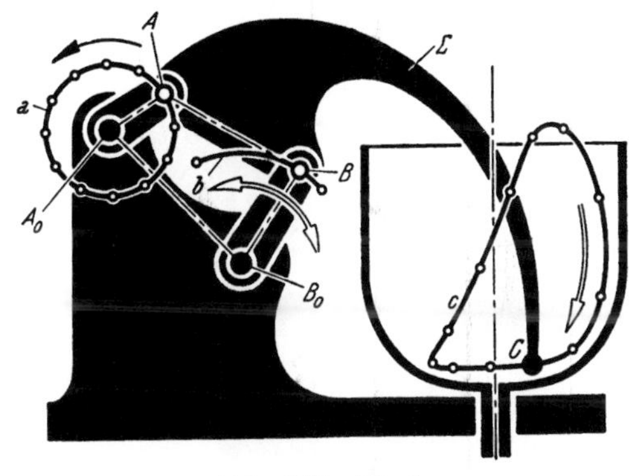

Abb. 383. Mischer

Beispiele:

254. Nach Abb. 361 kann man zwei Lagen Σ^0, Σ^1 von Σ durch eine Drehung ineinander überführen. Liegt M_{01} ungünstig, so kann man Σ^0 in Σ^1 durch Dreistab-

---

[1] Es gibt auch exakte Geradführungen, aber sie sind meist mechanisch ungünstiger. Zahlreiche exakte Geradführungen zeigt A. B. KEMPE, How to draw a straight line, 1877. Neudruck bei Chelsea Publishing Company, New York, In diesem Buch gibt KEMPE auch den allgemeinen *Satz, daß jede ebene algebraische Kurve durch ein geeignetes Gelenkwerk (wenigstens stückweise) verwirklicht werden kann.* Vgl. auch W. BLASCHKE und H. R. MÜLLER, Ebene Kinematik, S. 107—110. Mathematische Einzelschriften, herausgegeben von W. BLASCHKE. München: Oldenbourg, 1956.

[2] Siehe z. B. G. KIPER, Synthese der ebenen Gelenkgetriebe, VDI-Forschungsheft 433, 1952.

[3] Z. VDI, Getriebeheft 1953.

getriebe überführen; man wählt A und B in Σ, A_0 auf der Streckensymmetrale von A^0A^1, B_0 auf der von B^0B^1.

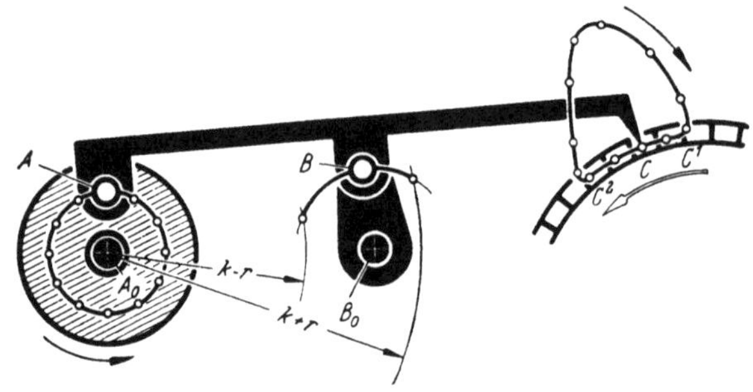

Abb. 384. Stillstandgetriebe

255. Eine Bewegung, bei der für eine Strecke AB von Σ drei Lagen Σ^0, Σ^1, Σ^2 vorgeschrieben sind, kann durch ein Dreistabgetriebe erzeugt werden; A_0 ist der Umkreismittelpunkt von $A^0A^1A^2$, B_0 der von $B^0B^1B^2$.

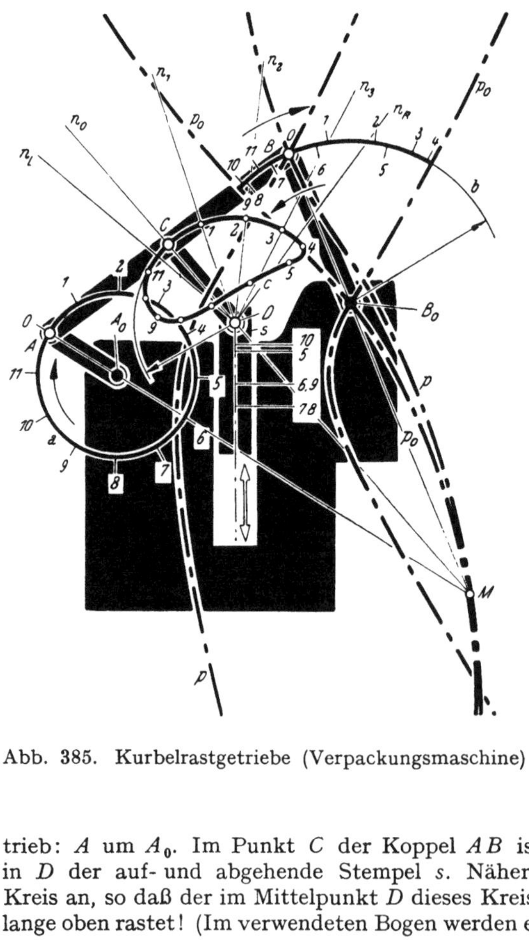

Abb. 385. Kurbelrastgetriebe (Verpackungsmaschine)

256. Die Umkehrung des Dreistabgetriebes A_0B_0AB liefert das Dreistabgetriebe mit dem Steg AB und der Koppel A_0B_0. Verwende dies zur Konstruktion von p^0! Beachte: Ist ein Arm bei der einen Bewegung eine Kurbel, so kann er bei der Umkehrbewegung eine Kurbel oder eine Schwinge sein.

257. Mischer (Abb. 383). Antrieb: A um A_0. B schwingt um B_0. Untersuche Änderung von c bei Änderung der Länge oder Lage von AB! Suche die Hüllkurve des Mischgliedes Σ!

258. Stillstandgetriebe (Abb. 384). Antrieb: A um A_0. $AA_0 = r$, Koppellänge $AB = k$. Ruckweise Drehung des Punktes C von C^1 bis C^2. Suche die Hüllkurve des Koppelgliedes! Welchen Bruchteil der Umlaufzeit von A benötigt die Drehung von C^1 bis C^2? Versuche durch andere Annahmen diesen Bruchteil zu erniedrigen!

259. Kurbelrastgetriebe (Abb. 385, bei einer Verpackungsmaschine). Gleichförmiger Antrieb: A um A_0. Im Punkt C der Koppel AB ist das Glied CD angelenkt, daran in D der auf- und abgehende Stempel s. Nähere einen Bogen von c durch einen Kreis an, so daß der im Mittelpunkt D dieses Kreises angelenkte Stempel s möglichst lange oben rastet! (Im verwendeten Bogen werden einige Normalen n_L, n_0, n_1, n_2, n_3, n_R

gezeichnet, D wird in der Nähe ihrer Schnittpunkte gewählt; die Skala rechts gibt die Höhenlage von D für verschiedene Zeitpunkte an).

260. Rota-Kompressor (Kurbelkapselwerk, SYLBE und PONDORF, Abb. 386). Antrieb: A um A_0 (geschraffte Exzenterscheibe). Koppelglied Σ = Kreisring um A, dessen Hüllkreis die Kapsel k bildet. Schwinge B_0B wirkt als Ventil und trennt Saugraum S und Druckraum D.

261. Kurbelkapselwerk von HEPPEL, Pumpe (Abb. 387). Vier Doppelkurbelgetriebe A_0B_0AB mit gemeinsamer Kapsel k und gemeinsamen Polkurven. Antrieb: Scheibe mit a um A_0. Vier Lager A auf a für die Koppeln AB. In B Arm B_0B angelenkt. B_0 bleibt durch Stützung der Kolben B_0B an k in Ruhe. Fördervolumen = Differenz der unten und oben eingeschlossenen Volumina. Versuche andere Abmessungen!

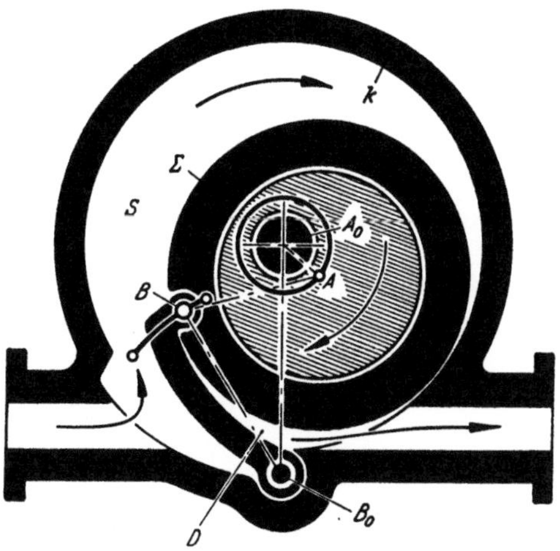

Abb. 386. Rota-Kompressor (Kurbelkapselwerk, SYLBE und PONDORF)

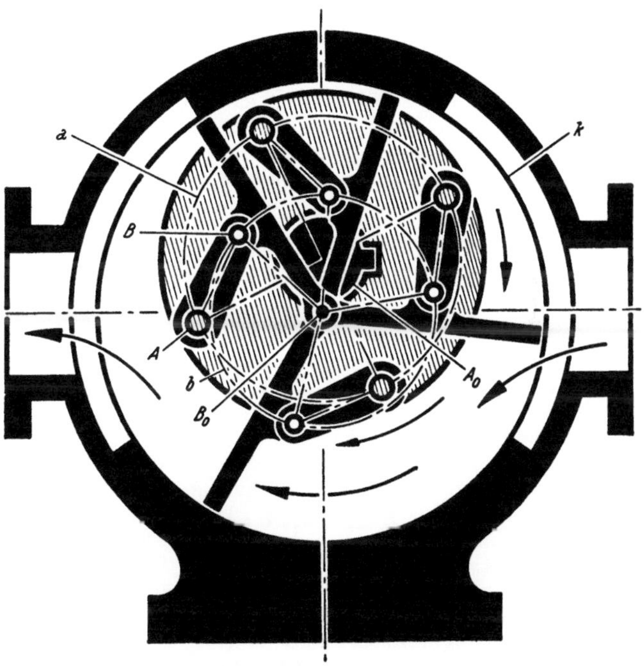

Abb. 387. Kurbelkapselwerk von HEPPEL (Pumpe)

262. Hochleistungskipper für EVA-Kippanhänger, Bauart BENEKE (Abb. 388). Kippkasten K in A_0 (oder A_0') fixiert. Seilzug (Winde) W bewirkt gleichzeitigen Antrieb der Gelenkvierecke A_0B_0AB und A_0C_0AC. $A_0B_0 = A_0'C_0$, $B_0B = C_0C$,

$AB = AC$. Gesucht Polkurven von AB oder AC, obere Totlagen (extreme Kippstellungen). Welchen Platz brauchen die Bewegungen von AB, AC, BC?

263. Angenäherte Geradführung von S. ROBERTS (1860): $A_0A = B_0B = AC = BC$, $A_0B_0 = 2 \cdot AB$; in der Ausgangslage liegt C im Mittelpunkt von A_0B_0.

264. *Drehstreckung durch Plagiograph.* Abb. 389 *a* zeigt als Vorbereitung auf Beispiel **265** ein Gelenkwerk, bestehend aus drei Gelenkparallelogrammen und zwei zueinander ähnlichen Dreiecken. Die Seitenlängen des Dreiecks ABC seien mit i, j, k bezeichnet, die von $A'CC'$ seien λi, λj, λk, wobei λ das Ähnlichkeitsverhältnis beider Dreiecke ist. Wegen $A_0B' \| AB$ und $A_0A' \| AC$ ist $\sphericalangle\, B'A_0A' = \alpha$, wegen $A_0A \| A'C$ und $A_0A'' \| A'C'$ ist $\sphericalangle\, AA_0A'' = \alpha$. Daher ist $\sphericalangle\, B'A_0A = \sphericalangle\, A'A_0A''$. Die Parallelogramme $A_0B'BA$ und $A_0A'C'A''$ stimmen demnach in den Winkeln überein; da auch ihre Seiten k, λk bzw. j, λj im selben Verhältnis stehen, sind die Parallelogramme ähnlich und es folgt $\sphericalangle\, BA_0C' = \alpha$ und $A_0C' : A_0B = j : k$. Hält man A_0 ortsfest und führt man B längs einer Kurve b, so beschreibt C' eine Kurve c, die aus b durch *Drehstreckung* (= Drehung aller Punkte der Ebene um A_0 durch den festen Winkel α und Streckung aus A_0 im festen Verhältnis $j : k$) hervorgeht; dabei können die nur zum Beweis verwendeten Stäbe $B'A_0$, $B'B$, $A''A_0$, $A''C'$ weggelassen werden. Im Falle $j = k$ ergibt sich nur die Drehung um A_0 durch α. — In der Nachformtechnik kann eine in C' angebrachte Schneide die Kurve c erzeugen, wenn ein Taster B längs b geführt wird. Auch als Zeichenapparat (Fahrstift in B, Schreibstift in C') zum Konstruieren von c bei gegebener Kurve b läßt sich dies verwenden; liegt insbesondere C auf der Geraden AB (also $\alpha = 0$ oder 180^0), so ergibt sich der bekannte *Storchschnabel* (*Pantograph*) von G. SCHEINER (1631), mit dem eine Streckung aus A_0 verwirklicht werden kann (Abb. 389 *b*).

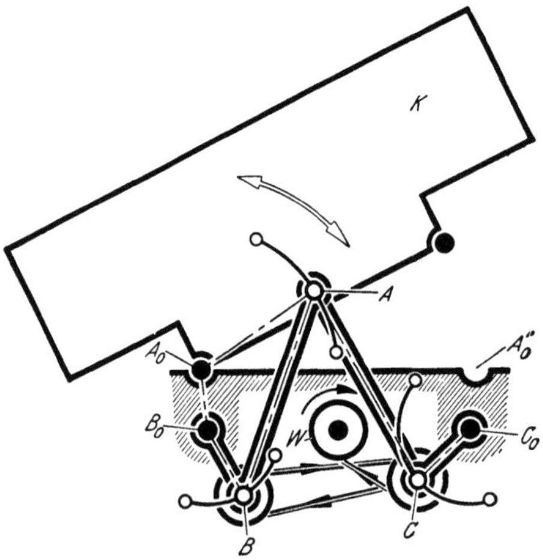

Abb. 388. Hochleistungskipper für EVA-Kippanhänger, Bauart BENEKE

265. *Dreifache Erzeugung der Koppelkurven.* Nehmen wir nun ein Dreistabgetriebe (Abb. 390 *a* mit $AB = k$, $A_0A = \lambda k$, $B_0B = \mu k$) mit einem der Koppel AB aufgesetzten Dreieck ABC (Seitenlängen i, j, k). Die Beweglichkeit wird nicht gestört, wenn wir A_0AC und B_0BC zu Gelenkparallelogrammen A_0ACA' bzw. B_0BCB'' ergänzen und diesen die zu ABC ähnlichen Dreiecke $A'CC'$ bzw. $CB''C''$ aufsetzen. Hier beschreibt B den Kreis b um B_0 mit dem Radius μk, nach Beispiel **264** beschreibt daher C' einen Kreis vom Radius $\mu k \cdot j/k = \mu j$. Den Mittelpunkt C_0 erhält man, indem man auf den Mittelpunkt B_0 von b dieselbe Drehstreckung ausübt, also B_0 um A_0 durch α dreht und $A_0C_0 = A_0B_0 \cdot j/k$ macht. Die Dreiecke ABC und $A_0B_0C_0$ sind ähnlich, denn sie stimmen im Winkel α und im Seitenverhältnis $A_0C_0 : A_0B_0 = AC : AB = j : k$ überein. Wendet man Beispiel **264** auf B_0BCB'' und die Bahnkurven von A und C'' an, so folgt ebenso, daß C'' einen Kreis vom Radius $\lambda k \cdot i/k = \lambda i$ beschreibt. Nun sind die Radien μj und λi zugleich die Längen von CC'' und CC'. Verbindet man daher C_0 mit C' und C'' durch Stäbe, so entsteht das Gelenkparallelogramm $C'CC''C_0$ mit ortsfestem Punkt C_0. Dies ergibt den *Satz von S. Roberts* (1875):

Die von C im Dreistabgetriebe A_0B_0AB beschriebene Koppelkurve kann auch durch zwei andere Dreistabgetriebe erzeugt werden, nämlich $A_0C_0A'C'$ und $B_0C_0B''C''$; dabei sind die Dreiecke $A_0B_0C_0$, ABC, $A'CC'$, $CB''C''$, A_0BC', AB_0C'', $A'B''C_0$ ähnlich.
Der Satz hat die technische Bedeutung, daß man bei der mechanischen Verwirk-

lichung einer Koppelkurve unter drei möglichen Getrieben jenes mit den günstigsten Abmessungen wählen kann. Suche bei einigen hier gezeigten Koppelkurven die anderen beiden Dreistabgetriebe, durch die sie erzeugt werden!

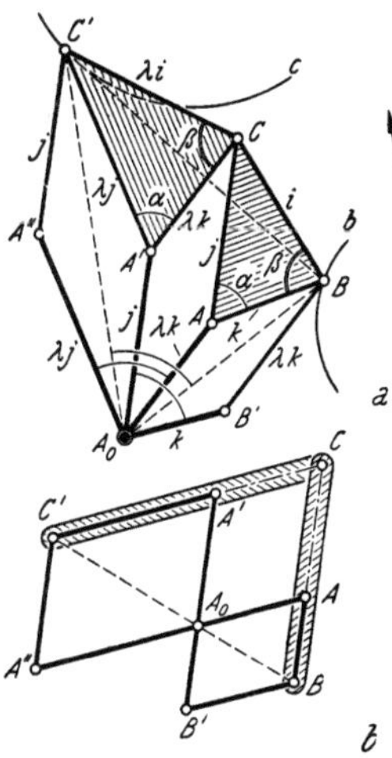

Abb. 389. *a*) Plagiograph, *b*) Pantograph

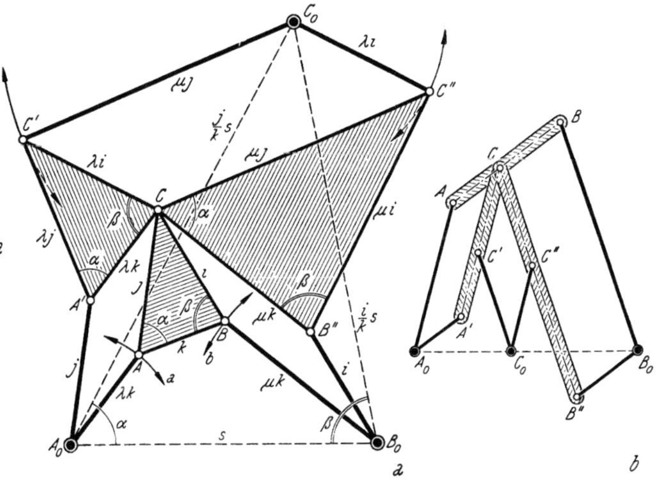

Abb. 390. Satz von ROBERTS, *a*) für allgemeine Koppelkurven, *b*) für WATTsche Kurven

266. *Wattsche Kurven.* Läßt man C in Abb. **390** *a* gegen einen Punkt der Geraden AB rücken, so rückt wegen der Ähnlichkeit der geschrafften Dreiecke C' gegen einen Punkt auf $A'C$ und C'' gegen einen Punkt auf CB'' und es ist in der neuen Lage (Abb. **390** *b*) $AC : BC = A'C' : CC' = CC'' : B''C''$. Mit Hilfe von Abb. **389** *b* folgt dann: Die Bahnkurve eines Punktes auf der Koppel AB ist auch Bahnkurve eines Punktes der Koppel bei zwei anderen Dreistabgetrieben, nämlich $A_0C_0A'C'$ und $B_0C_0B''C''$. Dies legt nahe, den Bahnkurven von Punkten der Koppel einen eigenen Namen zu geben; man nennt sie WATTsche Kurven. J. WATT entdeckte einen Sonderfall (Beispiel 268). WATTsche Kurven eignen sich oft für angenäherte Geradführungen. Zeichne in folgenden Fällen die Bahn des Mittelpunktes C von AB: a) Es sei $A_0B_0 = 2\,A_0A = 2\,B_0B$, die Koppel sei in der Ausgangslage eine innere gemeinsame Tangente von a und b; die Kurve hat Achterform mit flachen Bögen, b) Kreuzlenker von TSCHEBYSCHEFF. Überschlagenes Viereck (analog Abb. **393**) mit $A_0B_0 : A_0A : B_0B : AB = 3 : 4 : 4 : 1$ oder $4 : 5 : 5 : 2$. Konstruiere auch die anderen beiden Getriebe, die die Kurve erzeugen!

94. Durchschlagende Dreistabgetriebe. Bei diesen Dreistabgetrieben gibt es eine „*Durchschlaglage*", *in der die vier Glieder in einer Geraden liegen* (Abb. **391** *a*, *b*). Offenbar kann dies nur eintreten, wenn die Summe oder Differenz der Längen zweier benachbarter Glieder gleich der Summe oder Differenz der beiden anderen Gliedlängen ist. Abb. **391** *a* zeigt den Fall $A_0A + AB = A_0B_0 + B_0B$ und die Durchschlaglage A^0B^0 der Koppel. Bewegt sich B von B^0 nach B^1, so kann sich A von A^0 nach A^1 oder $\overline{A^1}$ bewegen, denn der Kreis $(B^1; AB)$ schneidet a in A^1 und $\overline{A^1}$. Wandert B nach B^2, so ergeben sich ebenfalls zwei Möglichkeiten für A. Abb. **391** *a* zeigt ein Schwingkurbelgetriebe; die Kreise I, II, III, IV haben dieselbe Bedeutung wie in Abb. **380**. Bei anderen Abmessungen ergeben sich durchschlagende Doppelkurbel- oder Doppelschwinggetriebe. Abb. **391** *b* zeigt den Fall $A_0A - AB = A_0B_0 - B_0B$. Technisch wichtig sind einige *Sonderfälle:*

a) *Parallelkurbelgetriebe* (Abb. 392). A_0B_0AB ist ein Parallelogramm. Alle Momentanpole sind Fernpunkte, die Bewegung ist Beispiel einer krummen Schiebung (Abb. 365). Alle Punkte von Σ beschreiben kongruente Kreise in Σ_0,

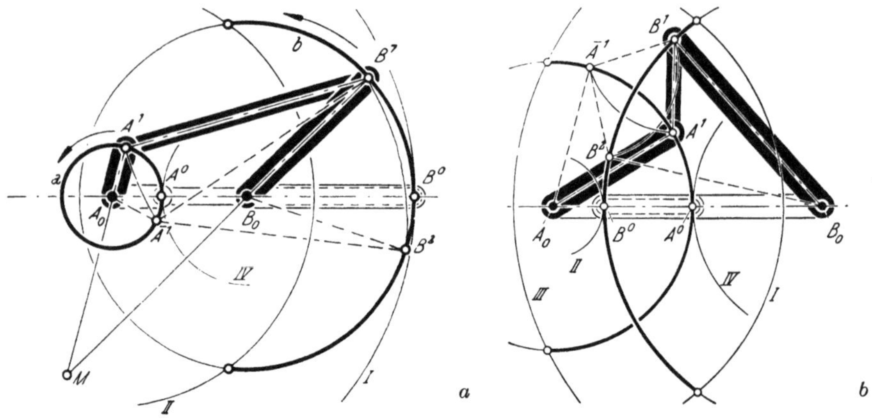

Abb. 391. Durchschlagende Dreistabgetriebe
a) $A_0A + AB = A_0B_0 + B_0B$, *b)* $A_0A - AB = A_0B_0 - B_0B$

z. B. hat C den Bahnkreis c um C_0. Parallelkurbelgetriebe werden daher für Parallelführungen verwendet (ROBERVALsche Tafelwaage, Parallelkurbelgetriebe zur Übertragung von Drehungen zwischen parallelen Wellen A_0, B_0, Zeichenmaschine, siehe auch Beispiel 269).

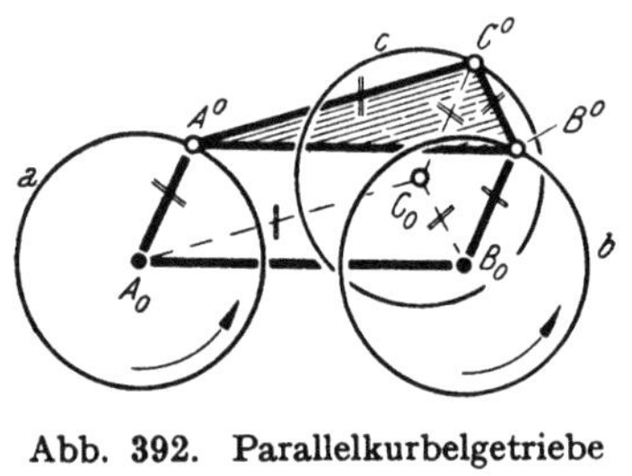

Abb. 392. Parallelkurbelgetriebe

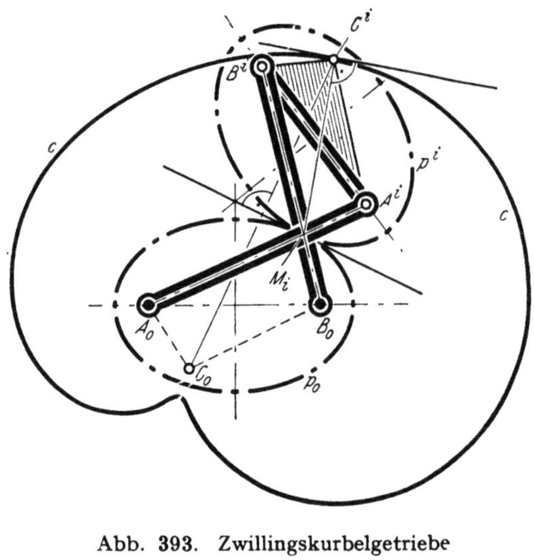

Abb. 393. Zwillingskurbelgetriebe

b) *Zwillingskurbelgetriebe* (Abb. 393). Spiegelt man eine Ellipse p_0 samt den Brennpunkten A_0, B_0 an allen Tangenten, so kennzeichnen die Spiegelbilder p^i, B^i, A^i die Lagen eines bewegten Systems Σ. Der Berührpunkt M_i von p_0 und p^i ist Momentanpol für die Lage Σ^i. Die kongruenten Ellipsen p_0 und p sind die Polkurven. Es ist $A_0A = A_0M_i + M_iA = A_0M_i + M_iB_0$, $B_0B = B_0M_i + M_iA_0$, das heißt es liegt ein Dreistabgetriebe mit $A_0B_0 = AB$ und $A_0A = B_0B$ vor. Wird ein Punkt C_0 von Σ_0 an allen Tangenten von p_0 gespiegelt, so entstehen die Lagen C^i eines Punktes C von Σ (wegen $A^iB^iC^i \cong A_0B_0C_0$).

Daher entsteht die Bahn c von C auch, indem man C_0 an allen Tangenten von p_0 spiegelt. Man nennt c die Gegenkurve von C_0 bezüglich p_0. c ist von vierter Ordnung[1]. — In Abb. 393 sind die Arme länger als Steg bzw. Koppel. Ist p_0 eine Hyperbel, so entsteht in gleicher Weise ein Zwillingskurbelgetriebe, in dem die Arme kürzer als Steg bzw. Koppel sind. Kongruente Parabeln als Polkurven ergeben sich in Beispiel 276[2].

c) *Gallowaygetriebe.* Hier ist $A_0A = A_0B_0$, $B_0B = AB$ (z. B. Abb. 396).

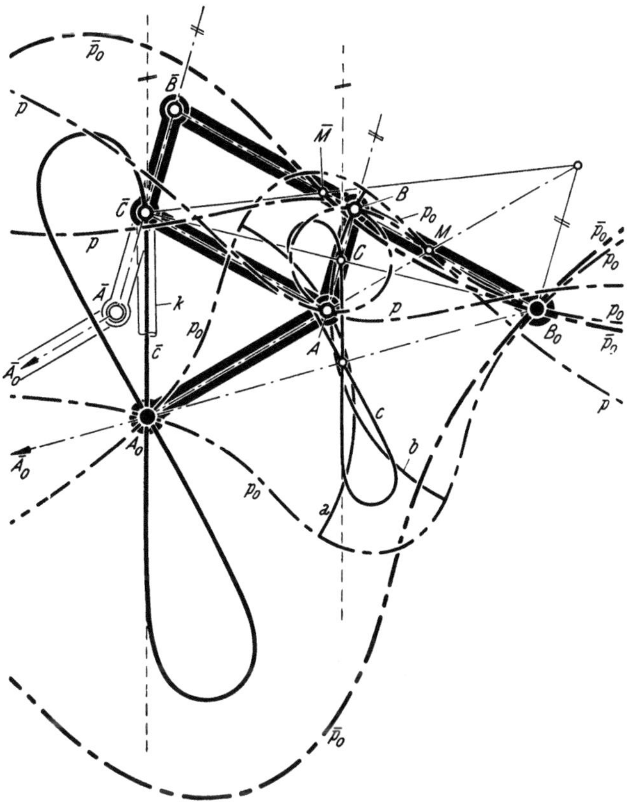

Abb. 394. WATTsche Geradführung

Beispiele:

267. Zeichne ein Zwillingskurbelgetriebe, bei dem p_0 und p Hyperbeln sind!

268. WATTsche Geradführung (Abb. 394). JAMES WATT verwendete sie 1784 an seiner Dampfmaschine zur angenäherten Geradführung der in $\overline{C}$ angelenkten Kolbenstange k. $A_0A = B_0B = A\overline{C}$, $AC = CB$. Durch zentrische Verdopplung aus B_0

[1] Liegt C_0 außerhalb p_0, so ist C_0 Doppelpunkt von c; die Doppelpunktstangenten stehen normal auf den Tangenten aus C_0 an p_0. Liegt C_0 auf p_0, so ist C_0 Spitze von c; die Spitzentangente ist normal zur Tangente von p_0 in C_0; zum Beweis betrachte man eine Tangente von p_0, die fast durch C_0 geht.

[2] Diese Bewegungen sind besondere „symmetrische Rollungen". Eine symmetrische Rollung ist eine Bewegung, bei der die Polkurven in jedem Zeitpunkt symmetrisch zur Polkurventangente im Momentanpol sind. Eine solche Bewegung ist geometrisch mit ihrer Umkehrbewegung gleichartig.

geht B in $\overline{B}$, C in $\overline{C}$, A in $\overline{A}$, A_0 in $\overline{A}_0$ über, das Getriebe A_0B_0AB in ein zu ihm ähnliches Getriebe $\overline{A}_0B_0\overline{A}\overline{B}$. Die Polkurven p_0, p von A_0B_0AB gehen durch zentrische Verdopplung aus B_0 in die Polkurven $\overline{p}_0$, $\overline{p}$ von $\overline{A}_0B_0\overline{A}\overline{B}$ über ($\overline{p}$ in Abb. 394 nicht gezeichnet). In der gezeichneten Lage berühren sich p_0 und p in M, $\overline{p}_0$ und $\overline{p}$ in $\overline{M}$ und es ist $B_0\overline{M} = 2 \cdot B_0M$.

269. Fahrbarer Stapler, Maschinen- und Waggonbaufabrik A. G., Wien XI. (Abb. 395). Parallelkurbelgetriebe A_0B_0AB bewirkt krumme Schiebung der Plattform Π (Hebung von 1 Tonne Last auf Π auf 3,35 m Höhe, während das Gerät nur 1,95 m Bauhöhe hat, um übliche Türhöhen durchfahren zu können). Die Arme A_0A und B_0B sind durch Bögen ersetzt.

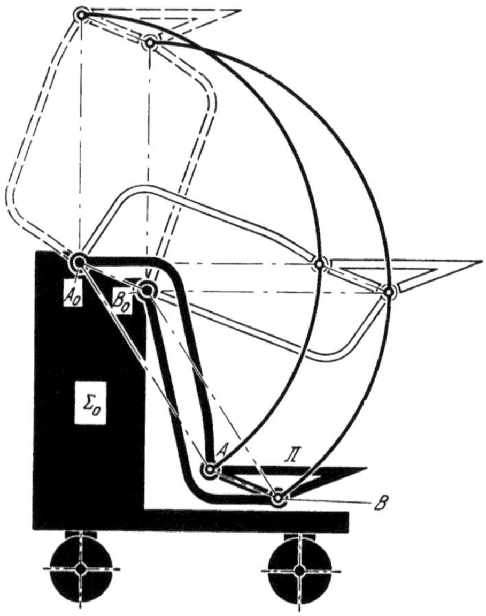

Abb. 395. Fahrbarer Stapler (Maschinen- und Waggonbaufabrik A.G., Wien XI.)

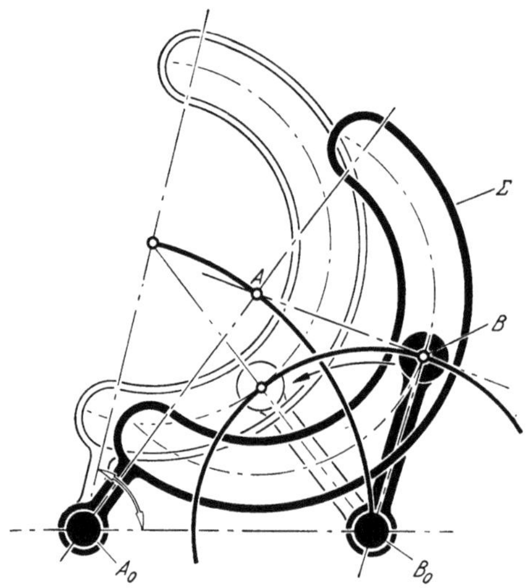

Abb. 396. Webstuhl-Ladenantrieb

270. Webstuhl-Ladenantrieb (Abb. 396). GALLOWAY-Getriebe; B in halbkreisförmiger Kulisse von Σ geführt, daher bleibt Σ während einer halben Umdrehung von B_0B in Ruhe. Antrieb: B um B_0; langsames Heben bis in die (dünn gezeichnete) Totlage, schnelles Senken.

271. Satz von ROBERTS für durchschlagende Dreistabgetriebe. Ist eines der Getriebe in Abb. 390 *a*, *b* durchschlagend, so sind auch die anderen beiden Getriebe durchschlagend und alle drei Getriebe gelangen gleichzeitig in Durchschlaglage. Beweis durch Multiplikation von $A_0A \pm AB = A_0B_0 \pm B_0B$ mit j/k bzw. i/k! Zeichne Abb. 390 *a*, *b* für eine Durchschlaglage!

95. Ausartungsfälle und ihre Umkehrungen. Ein Getriebe kann auf verschiedene Arten mechanisch verwirklicht werden. Bei einem Dreistabgetriebe können A und B durch drehende Arme A_0A, B_0B geführt werden, aber man kann A und B auch in Rillen („Kulissen") von der Form der Bahnkreise a, b führen. Artet ein Bahnkreis, z. B. b, in eine Gerade b aus, so entsteht ein *Schubkurbelgetriebe*. Abb. 397 zeigt die Konstruktion von M_i (= Schnitt von A_0A^i mit der Normalen zu b in B^i, B_0 ist Fernpunkt der zu b normalen Geraden) und die Polkurven p_0 und p^i. Die Schnittpunkte von b mit den Kreisen $I = (A_0;$

$AB + A_0A$) und $II = (A_0; |AB - A_0A|)$ ergeben die Umkehrpunkte B^1, B^2, B^3, B^4. Umkehrpunkte auf a lägen im Abstand AB von b; sie sind in Abb. 397

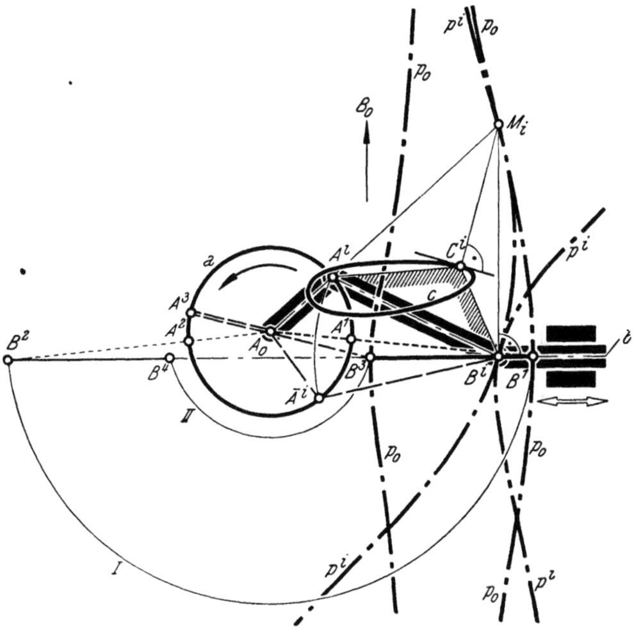

Abb. 397. Schubkurbelgetriebe

nicht reell. Abb. 397 enthält auch die Bahnkurve c von C. Die Bahnkurven sind hier von 4. Ordnung.

Sind a und b Geraden, so ergibt sich eine elliptische Bewegung.

Die Umkehrbewegung zu einer allgemeinen Koppelbewegung (Dreistabgetriebe) ist wieder eine Koppelbewegung — die Koppel AB bleibt fest, die Arme drehen sich um A bzw. B, der frühere Steg bewegt sich nun als neue Koppel. Aber die Umkehrung der elliptischen Bewegung ist die OLDHAM-Bewegung, und diese ist keine Koppelbewegung. Auch die Umkehrung des Schubkurbelgetriebes ist kein Dreistabgetriebe,

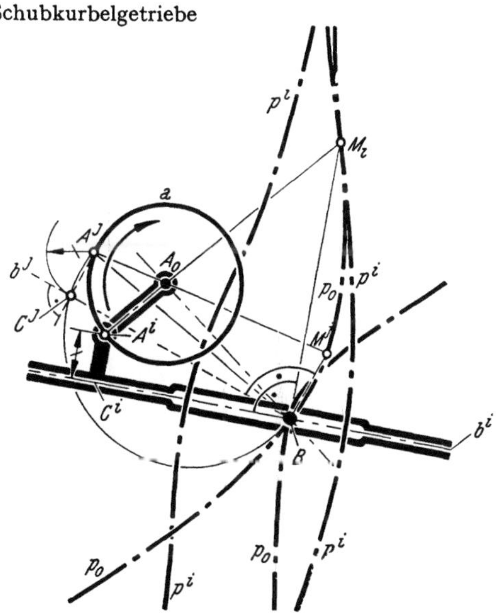

Abb. 398. Schleifkurbelgetriebe

sondern ein sogenanntes *Schleifkurbelgetriebe* (oder Kurbelschleife) (Abb. 398). Ein Punkt A von Σ läuft auf einem Kreis a um den Punkt A_0 von Σ_0, eine Gerade b von Σ schleift durch den Stützpunkt B von Σ_0.

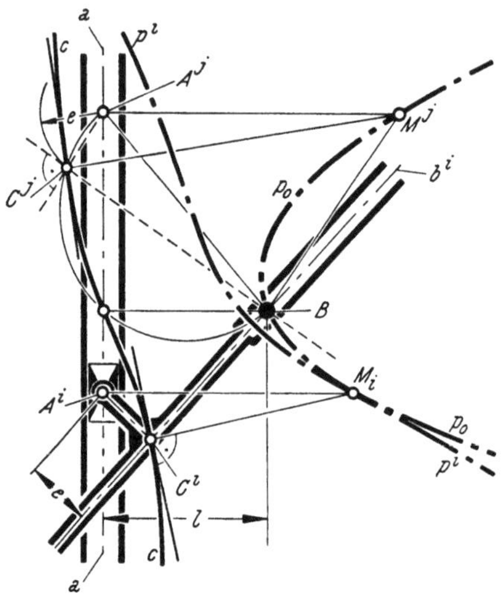

Abb. 399. Schleifschiebergetriebe

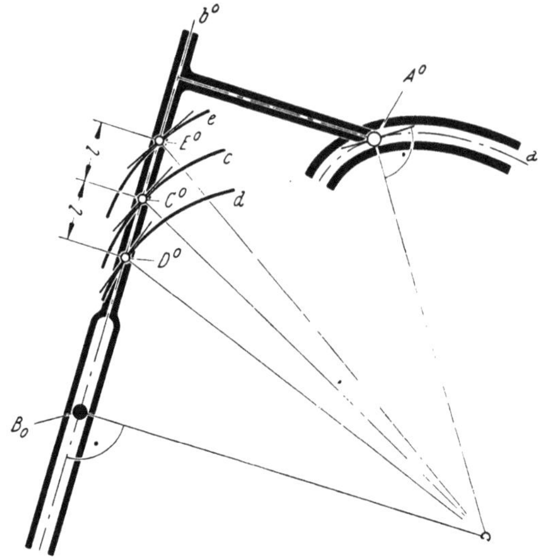

Abb. 400. Konchoidenbewegung

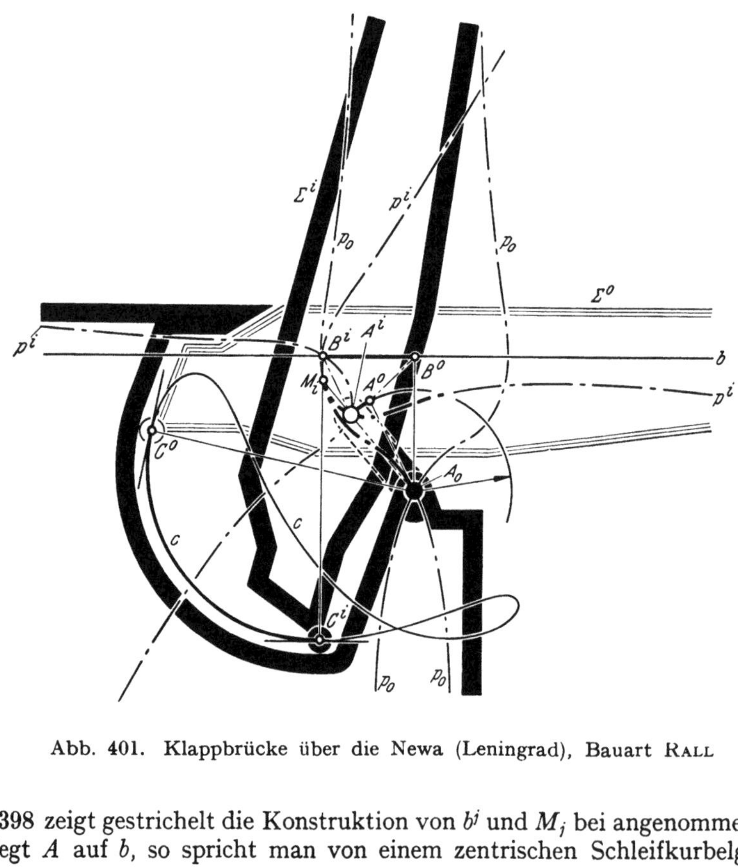

Abb. 401. Klappbrücke über die Newa (Leningrad), Bauart RALL

Abb. 398 zeigt gestrichelt die Konstruktion von b^j und M_j bei angenommenem A^i. — Liegt A auf b, so spricht man von einem zentrischen Schleifkurbelgetriebe.

— Liegt A auf b und B auf dem Kreis a, so ergibt sich als Sonderfall die OLDHAM-Bewegung. — Artet a in Abb. 398 in eine Gerade aus, so entsteht das *Schleifschiebergetriebe* (Abb. 399, Bezeichnungen wie in Abb. 398). Seine Umkehrung ist wieder ein Schleifschiebergetriebe.

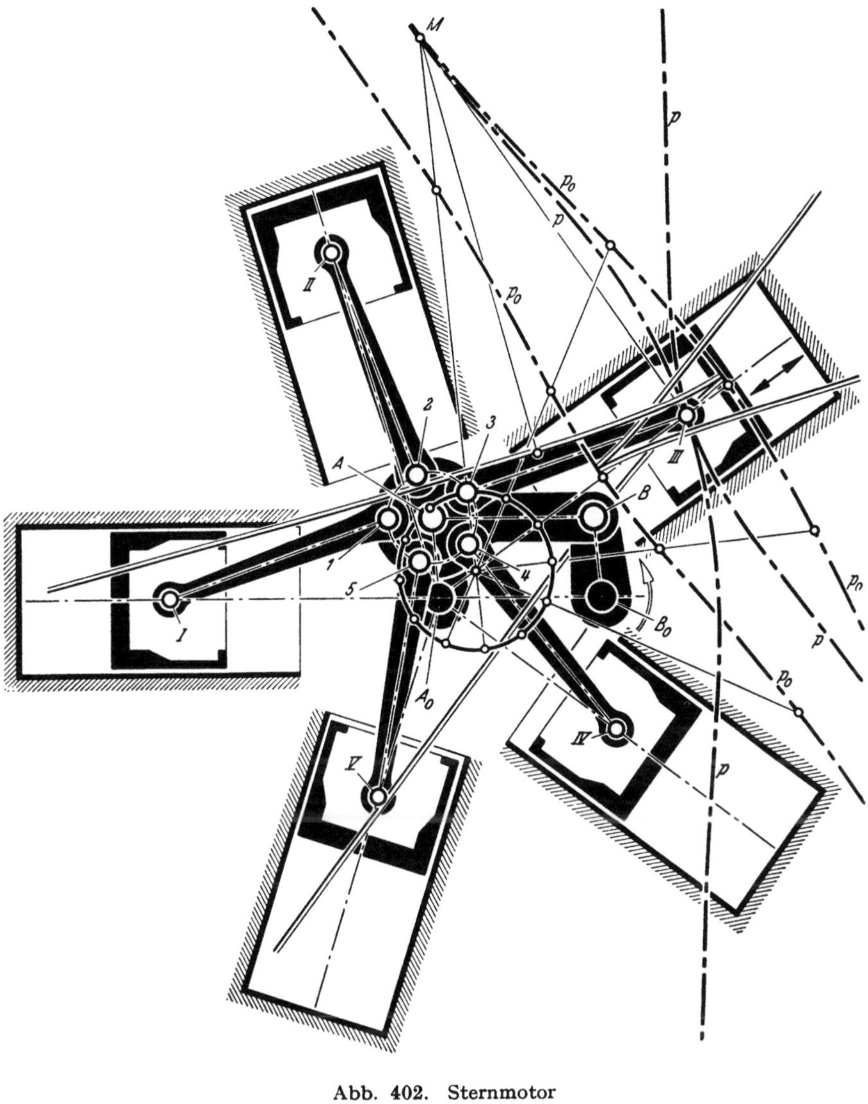

Abb. 402. Sternmotor

Die Bewegungen des Schleifkurbelgetriebes und des Schleifschiebergetriebes sind Sonderfälle der „allgemeinen Konchoidenbewegung" (Abb. 400). Diese entsteht, wenn ein Punkt A von Σ längs einer beliebigen Kurve a in Σ_0 geführt wird und eine Gerade b von Σ durch einen Stützpunkt B in Σ_0 gleitet. — Von einem Punkt C von b werde auf b nach beiden Seiten eine Strecke l bis D bzw. E aufgetragen; die Bahnkurven d und e heißen zusammen eine Konchoide der

Bahnkurve c von C bezüglich B. Konchoiden finden verschiedene technische Anwendungen[1].

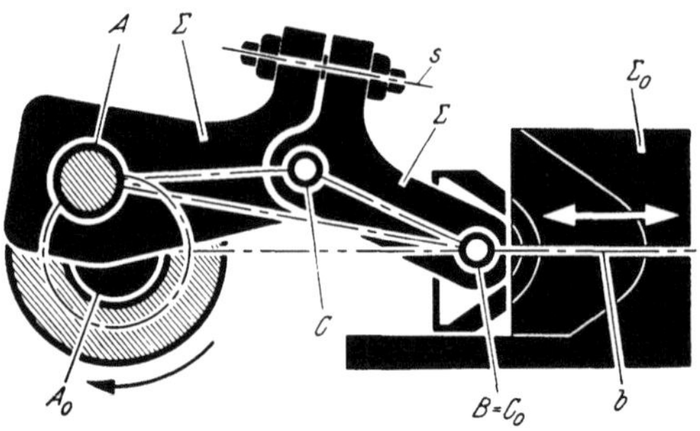

Abb. 403. Horizontalschmiedepresse

Beispiele:

272. Untersuche ein Schubkurbelgetriebe, bei dem A_0 auf b liegt („symmetrisches Schubkurbelgetriebe")!

273. Jede Bahnkurve einer Schubkurbelbewegung läßt sich noch durch ein zweites Schubkurbelgetriebe erzeugen. Beweis durch Grenzübergang aus Abb. 390 *a*, *b*.

274. Untersuche ein Schleifkurbelgetriebe, bei dem A auf b liegt („symmetrisches Schleifkurbelgetriebe")!

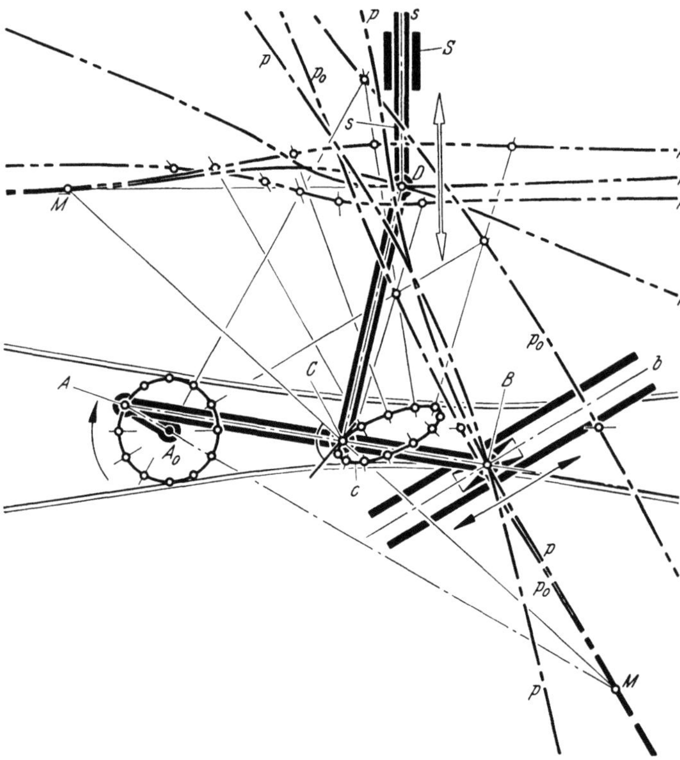

Abb. 404. Lenkerumsteuerung von HACKWORTH-BREMME (bei Dampfmaschinen)

275. Eine Geradführung durch ein symmetrisches Schleifkurbelgetriebe. Es sei $A_0A : A_0B = 1 : 2$; trägt man auf b von A aus in Richtung B die Strecke $9 \cdot A_0A$

[1] Vgl. W. H. GRES, Die geometrischen Verhältnisse bei der Herstellung unregelmäßiger Flächen, S. 50. Berlin: Springer, 1953.

bis zum Punkt D auf, so ergibt sich eine angenäherte Geradführung von D, da die Bahnkurve d von D einen langen flachen Bogen hat. Zeichne d!

276. Untersuche ein Schleifschiebergetriebe, bei dem A auf b liegt („Konchoidenbewegung")!

277. Symmetrisches Schleifschiebergetriebe. Hier sind die Abstände $l = aB$ und $e = Ab$ gleich. M_i hat im festen System gleichen Abstand von a und B, im bewegten System gleichen Abstand von A und b, daher sind p_0 und p kongruente Parabeln, deren Scheitel beim Rollen von p auf p_0 zur Deckung gelangen.

278. Klappbrücke über die Newa (Leningrad), Bauart RALL (Abb. 401). Schubkurbel, A um

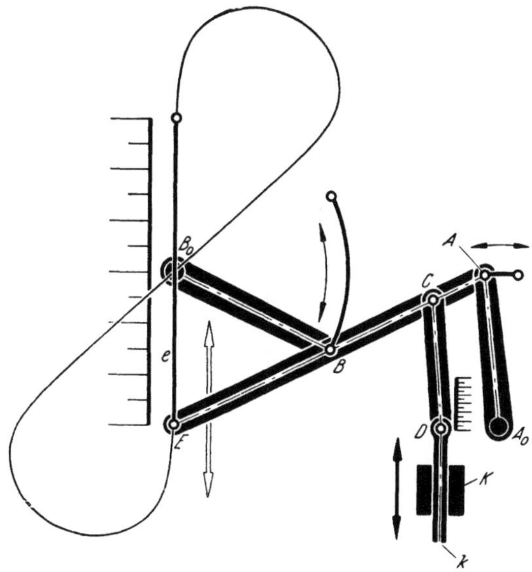

Abb. 405. Indikator von ROSENKRANZ

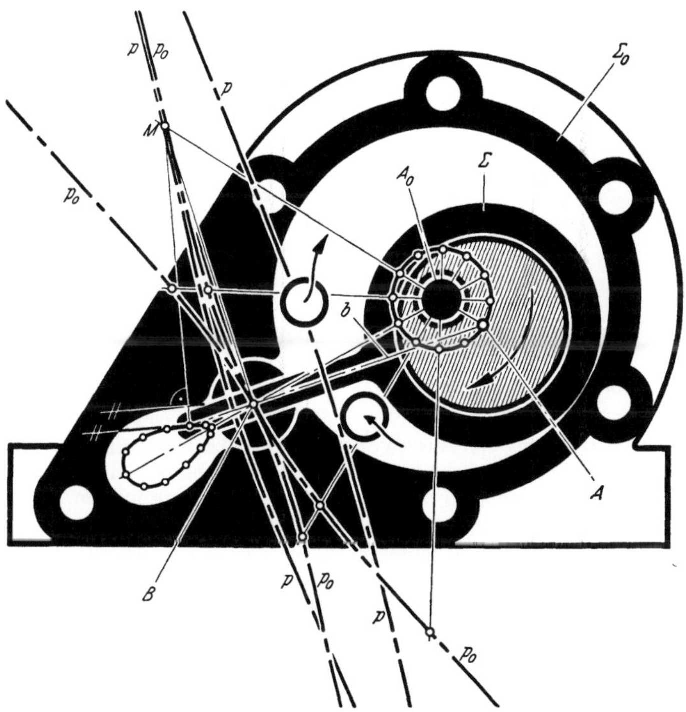

Abb. 406. Ibra-Pumpe (Kapselwerk, Knorr-Bremse-A.G.)

A_0 rotierend, Brückenschwerpunkt B bewegt sich waagrecht längs b, indem C mittels Zahnkranz längs seiner Bahnkurve c geführt wird. Konstruiere Polkurven,

Bahn c von C, Hüllkurven zur Bemessung des Brückenkellers! Horizontallage Σ^0, hochgeklappte Lage Σ^i.

279. Sternmotor (Abb. **402**). Die Koppelebene des Parallelkurbelgetriebes A_0B_0AB trägt die Drehgelenke *1, 2, 3, 4, 5*, die mit den Drehgelenken *I, II, III, IV, V* durch Kolbenpleuel verbunden sind. Fünf kongruente zentrische Schubkurbeln *1 I* usw. Eingezeichnet: Bahnkreis von *3*, Momentanpol M der gezeichneten Lage

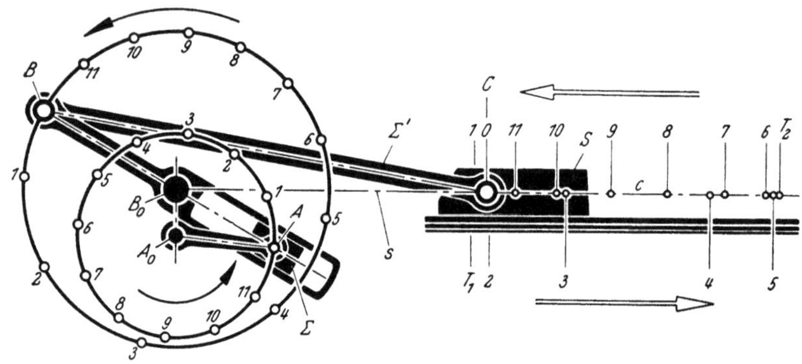

Abb. 407. Schlittenantrieb für Shapingmaschine

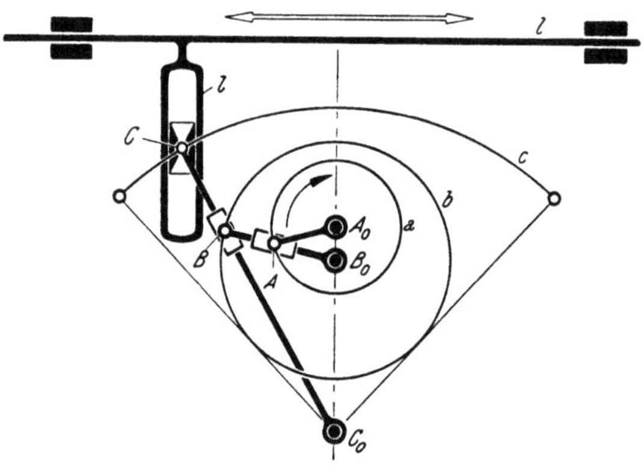

Abb. 408. Ladenantrieb

von *3 III*, Polkurven für *3 III*, Hüllkurve (Doppellinie) für die obere Seite des Pleuels *3 III*.

280. Horizontalschmiedepresse (Abb. **403**). Schubkurbel $AB = \Sigma$. Antrieb: A um A_0. Zwei Teile von Σ durch Gelenk C und Sicherung s verbunden. Wird der Widerstand des Werkstückes zu groß, so reißt s und es entsteht das Gelenkviereck A_0C_0AC. Für die dynamische Untersuchung benötigt man die Polkurven vor dem Zerreißen, Bahn von C usw.

281. Lenkerumsteuerung von HACKWORTH-BREMME bei Dampfmaschinen (Abb. **404**). Antrieb: A und A_0. Abtrieb: Schieberstange s in Führung S. Die Schieberbewegung wird von einem Zwischenpunkt C der Schubkurbel AB abgenommen. AB ist Schubkurbel, CD nicht. Suche Polkurven p_0, p für AB und $\bar{p}_0$, $\bar{p}$ für CD, Bahn c von C und Skala für D (oder für einen anderen Punkt von s) bei gleichförmigem Antrieb. Zur Änderung der Füllung ist b verstellbar.

282. Indikator von ROSENKRANZ (Abb. **405**). Antrieb: Kolben k in Führung K, durch CD mit AB verbunden. Dreistabgetriebe A_0B_0AB bewirkt angenäherte Geradführung des Schreibstifts E und annähernd gleichförmige Übertragung des Hubes von k auf Skala e, wenn $BB_0 = AB = EB$. Konstruiere Skala auf e usw.!

283. Ibrapumpe der Knorr-Bremse-A.G., Kapselwerk (Schleifkurbelgetriebe Abb. **406**). Pumpenkolben Σ mittels Exzenterscheibe, die um A_0 rotiert, angetrieben. b schleift durch B. Fördervolumen: zwischen Σ_0 und Σ. Einlaß und Auslaß (Pfeile!) werden stets durch b getrennt, Σ wirkt als Kolben und Ventil.

284. Schlittenantrieb für Shapingmaschine (Abb. **407**). Schleifkurbelgetriebe. Antrieb (A um A_0) und Schubkurbel BC (B um B_0, C längs c zwischen T_1 und T_2)

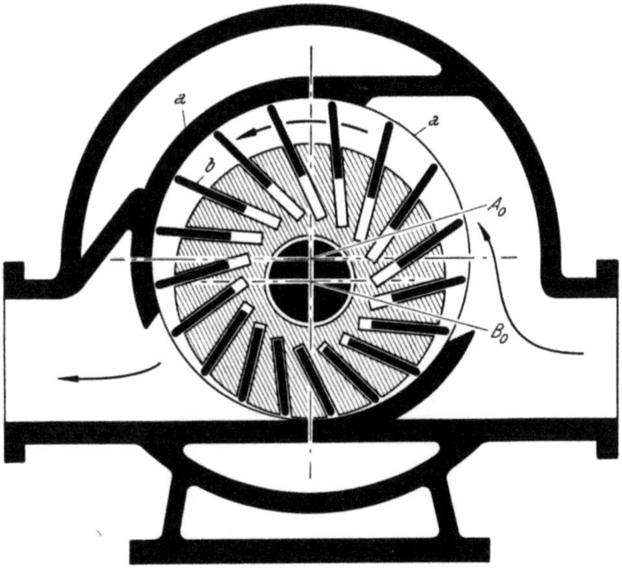

Abb. 409. Rotationskompressor Wittig-Demag (Kurbelkapselwerk)

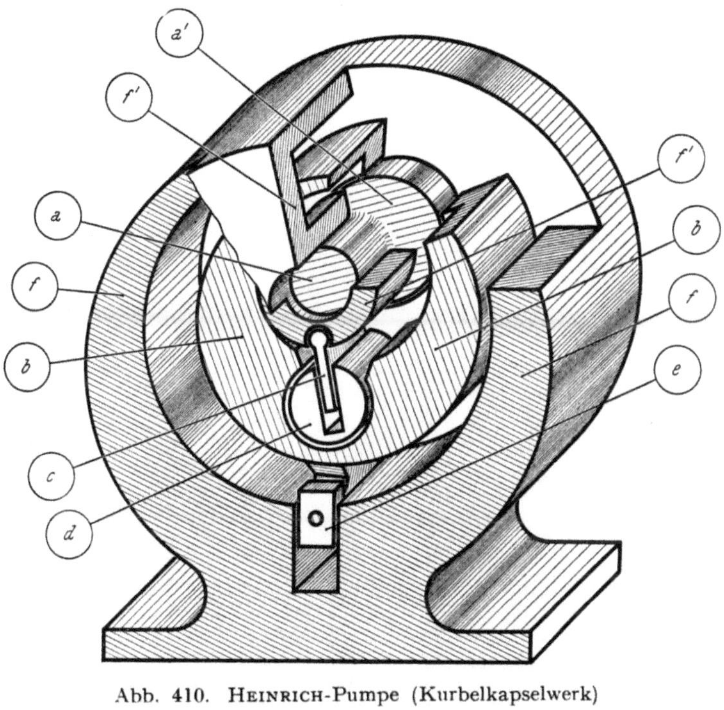

Abb. 410. HEINRICH-Pumpe (Kurbelkapselwerk)

bewirken langsamen Arbeitsgang und raschen Rücklauf des Arbeitsschlittens (Stößels) S. Suche die Polkurven des Gleitsteins Σ und die Polkurven von BC, die Hüllkurve von BC usw.! Vergleiche den zeitlichen Ablauf der Bewegung von C bei gleichförmigem Antrieb von A um A_0 mit dem Ablauf, der durch gleichförmigen Antrieb von B (ohne Schleifkurbel) entstünde!

285. Ladenantrieb (Abb. 408). Antrieb: A um A_0, Abtrieb: Lade l. Untersuche bei gleichförmigem Antrieb den zeitlichen Ablauf der Hin- und Herbewegung von l!

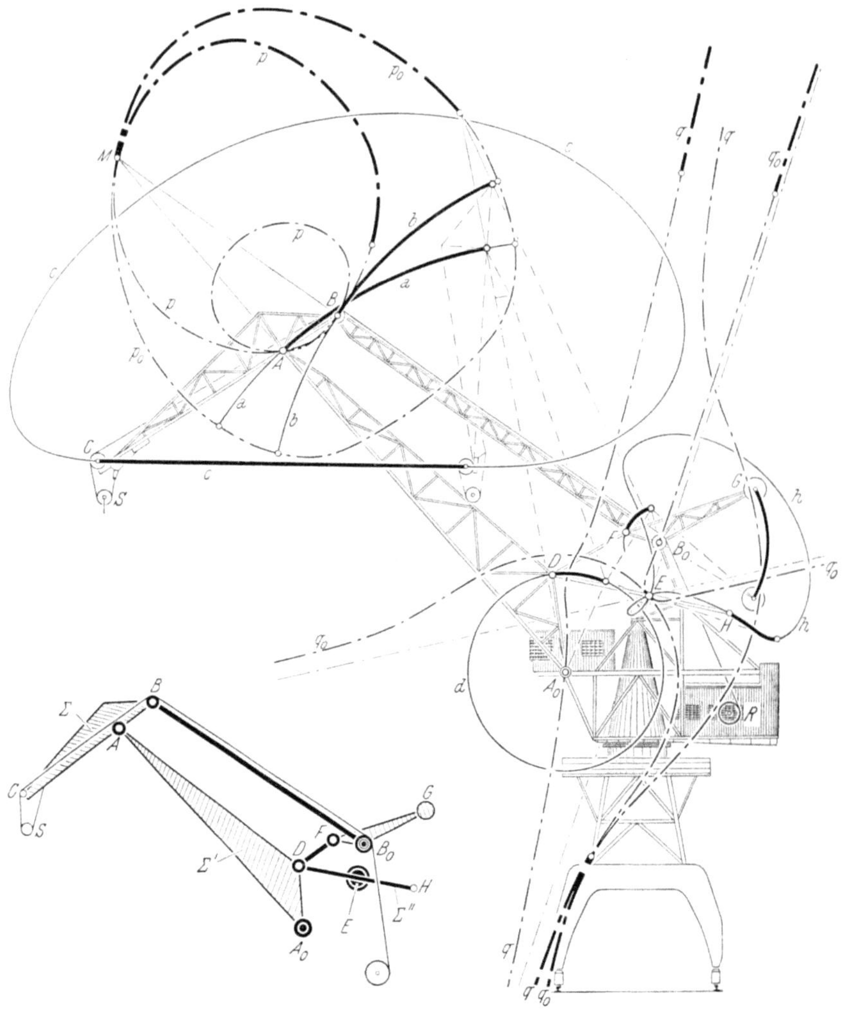

Abb. 411. MAN-45 t-Dockkran mit Doppellenker-Wippausleger

286. Rotationskompressor Wittig-Demag, Kurbelkapselwerk, als Vakuumpumpe oder als Verdichter verwendbar (Abb. 409). Kapsel a (Mitte A_0) fest. Antrieb: in B_0 gelagerte Walze mit Führungsschlitzen für Schieber b, die durch Fliehkraft nach außen an Laufring l (nicht gezeichnet) gedrängt werden. Durch die Reibung von b am Innenrand von l wird l mitgedreht, daher geringe Reibung und Abnützung. Fördervolumen: zwischen Walze und a. Untersuche die Bewegung eines Schiebers b!

287. Heinrich-Pumpe, Kurbelkapselwerk (Abb. 410). Ortsfest: Gehäuse f und Lager f' für Welle a. Antrieb: Welle a mit Exzenterscheibe a'. Das Glied b ist eine Schubkurbel: im rückwärtigen Teil von b ist exzentrisch die Scheibe a' gelagert, das heißt die Achse von a' bleibt gegenüber b fest, sie beschreibt gegenüber f einen

Drehzylinder; unten wird b mittels Gleitstein e geführt, der sich in einer lotrechten Nut bewegt. In b ist die „Nuß" d gelagert, in d gleitet das Ventilglied c, das oben drehbar in f' gelagert ist. c trennt Saugraum und Druckraum. Untersuche die Bewegungen der Glieder b und d!

288. MAN-45 t-Dockkran mit Doppellenker-Wippausleger (Abb. **411**, links unten Schema). Links: Doppelschwinggetriebe A_0B_0AB bewirkt fast waagrechte Führung des Punktes C bzw. (bei konstanter Seilstellung) des Lastschwerpunktes S beim Einziehen und Auslegen des Auslegers Σ. Rechts: Antrieb DH in D an $\Sigma' = A_0A$ angelenkt und durch E schleifend. Um B_0 drehbares Gegengewicht G durch Gelenk F und Glied DF mit dem Antrieb verbunden. Last S wird durch Seil $SCBB_0R$ gehoben oder gesenkt. Einziehbewegung von der Hub- und Drehbewegung des Krans unabhängig. Konstruiere Bahnkurve c, Polkurven p_0, p von A_0B_0AB, Polkurven des Doppelschwinggetriebes A_0B_0DF, Polkurven q_0, q der Kurbelschleife $\Sigma'' = DH$, Bahn h von H. Abb. **411** zeigt zwei extreme Kranlagen (voll bzw. gestrichelt).

96. Zyklische Bewegungen. Bewegungen, deren Polkurven Kreise sind, nennt man zyklische Bewegungen[1]. Auch wenn eine Polkurve eine Gerade, die andere ein Kreis ist, nennt man die Bewegung zyklisch.

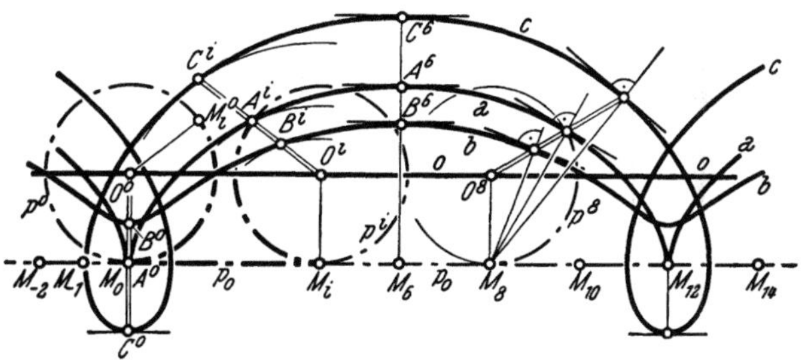

Abb. 412. Zykloidenbewegung

a) *Zykloidenbewegung.* Hier ist p_0 eine Gerade und p ein Kreis (Abb. 412). p_0 und p^i berühren sich in M_i. Der Mittelpunkt O von p wandert auf der Geraden o. A falle in der Lage A^0 mit M_0 zusammen; gelangt p in die Lage p^i, so sind die Bögen $A^0M_i^0$ und A^iM_i untereinander und mit den Strecken M_0M_i und O^0O^i längengleich. Auch die Sehnen $A^0M_i^0$ und A^iM_i sind längengleich, daher ergibt sich A^i im Schnitt von p^i mit dem Kreis $(M_i;\ A^0M_i^0)$; dieser Kreis berührt die Bahnkurve a von A in A^i, weil M_i Momentanpol ist. Die Bahnen b, c der Punkte B, C auf OA findet man ebenso; z. B. liegt B^i im Schnitt des Kreises $(O^i; OB)$ mit dem Kreis $(M_i;\ B^0M_i^0)$, der b in B^i berührt[2]. Die Bahnen der Punkte eines anderen Durchmessers von p, z. B. OM_i, gehen aus den Bahnen der Punkte von OM_0 durch die Parallelverschiebung $M_0 \to M_i$ hervor. — *Die Bahnkurven heißen Zykloiden.* Ein Punkt A von p beschreibt eine *gespitzte Zykloide,* ein Punkt B im Innern von p eine *gestreckte Zykloide* b, ein Punkt C außerhalb p eine *geschlungene Zykloide* c.

[1] Bögen gleicher Länge auf p_0 und p werden hier nach Abb. **62** *b* konstruiert. In grober Näherung kann man auch mit dem Stechzirkel Skalen auf p_0 und p auftragen.

[2] Zweckmäßig teilt man p in **12** gleiche Bögen und konstruiert die zugehörigen **12** Lagen von A, B, C. Die so erhaltenen Bögen von a, b, c kehren periodisch wieder, sie folgen im Abstand M_0M_{12} (= Umfang von p) aufeinander.

b) *Kreisevolventenbewegung.* Sie ist die Umkehrbewegung der Zykloidenbewegung. Eine Gerade p rollt auf einem Kreis p_0 (Mitte O_0). Abb. **413** zeigt die Bahnen a, b, c, d von A, B, C, D. A liegt auf p, daher ist a eine *Evolvente des Kreises* p_0. — Jede zu p parallele Gerade g von Σ behält ihren Abstand von p bei und umhüllt daher in Σ_0 einen Kreis um O_0. Insbesondere schleift die zu p parallele und durch O_0 gehende Gerade m durch O_0. $D^0 D^i A^i M_i$ ist ein Rechteck; $O_0 D^i = M_i A^i$ wächst gleichförmig mit dem Winkel $\sphericalangle m^0 m^i = \sphericalangle p^0 p^i$, daher ist d eine Archimedische Spirale. Der Kreis $(M_i; M_i^0 C^0)$ berührt c in C^i; analog für A^i, B^i, D^i usw. — Die Bahnen der Punkte einer anderen zu p normalen Geraden in Σ, z. B. der Geraden n, die p in M_i normal schneidet, gehen aus den Bahnkurven der Punkte von AB hervor, indem man diese um O_0 durch $\sphericalangle M_0 O_0 M_i$ dreht.

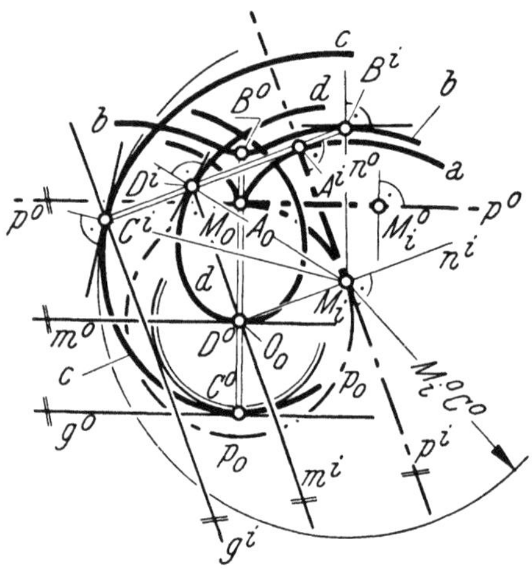

Abb. 413. Kreisevolventenbewegung

c) *Trochoidenbewegung.* Hier sind p_0 und p Kreise[1] (Abb. 414). *Die Bahnkurven heißen Trochoiden*[2]. Sie ergeben sich mit denselben Bezeichnungen und Konstruktionslinien wie in Abb. **412** und **413**. Der Kreis $(M_i; M_i^0 C^0)$ berührt c in C^i; analog für A^i, B^i usw. Man unterscheidet zwischen *Epitrochoiden und Hypotrochoiden*, je nachdem die Kreislinie p außerhalb oder innerhalb p_0 liegt.

Liegt O_0 auf p, so ist die Bewegung die elliptische Bewegung. Liegt O_0 nicht auf p, so liegt O_0 entweder im Innengebiet oder im Außengebiet von p. Gehört ein Punkt von Σ demselben Gebiet von p an wie O_0, so wird seine Bahnkurve wegen ihrer Gestalt eine *geschlungene Trochoide* genannt (z. B. c in Abb. 414). Die Bahnkurven der Punkte von p heißen *gespitzte Trochoiden.* Die Bahnkurven der übrigen Punkte von Σ nennt man *gestreckte Trochoiden.* Bei dieser Unterscheidung ist es notwendig, den Bahnkreis o von O entweder als Grenzfall einer geschlungenen oder als Grenzfall einer gestreckten Trochoide aufzufassen. Die gespitzten Trochoiden heißen manchmal auch *Epizykloiden* bzw. *Hypozykloiden.*

Eine einzelne Trochoide a entsteht auch so (Abb. **415** *a, b*): O dreht sich um O_0; zugleich dreht sich OA um O. Das Verhältnis beider Winkelgeschwindigkeiten bleibt während der Bewegung von A konstant. Ergänzt man die Gelenkstäbe O_0O und OA zu einem Gelenkparallelogramm $O_0 O A \overline{O}$, so bleibt die Beweglichkeit erhalten. Nun kann man die ersten beiden Stäbe entfernen; dann entsteht a, indem sich $O_0\overline{O}$ um O_0 dreht und zugleich $\overline{O}A$ um $\overline{O}$ gedreht wird. Bei dieser zweiten Erzeugung von a liegt der Momentanpol $\overline{M}_i$ im Schnitt von $O_0\overline{O}^i$ mit der Bahnnormalen $A^i M_i$ von A^i. Auf dem festen Polkreis $\overline{p}_0$ (um O_0)

---

[1] Elliptische Bewegung und Oldham-Bewegung sind Sonderfälle, Zykloidenbewegung und Kreisevolventenbewegung sind Grenzfälle der Trochoidenbewegung.

[2] trochus = Reif.

rollt der bewegte Polkreis $\bar{p}$ (um $\bar{O}$). — In Abb. 415 *a* wird p_0 von p, ebenso $\bar{p}_0$ von $\bar{p}$ von außen berührt, in Abb. 415 *b* von innen. Dies rechtfertigt die Einteilung in Epitrochoiden und Hypotrochoiden.

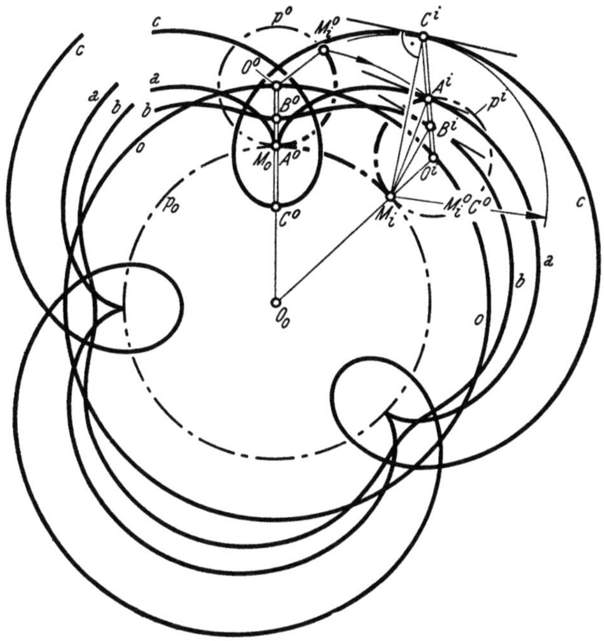

Abb. 414. Epitrochoidenbewegung

Eine Hypotrochoidenbewegung hat als Umkehrung eine Epitrochoidenbewegung, bei der die Polkreise einander von innen berühren; die Bahnkurven der einen Bewegung haben bei der anderen Bewegung Stützpunkte. Eine Epi-

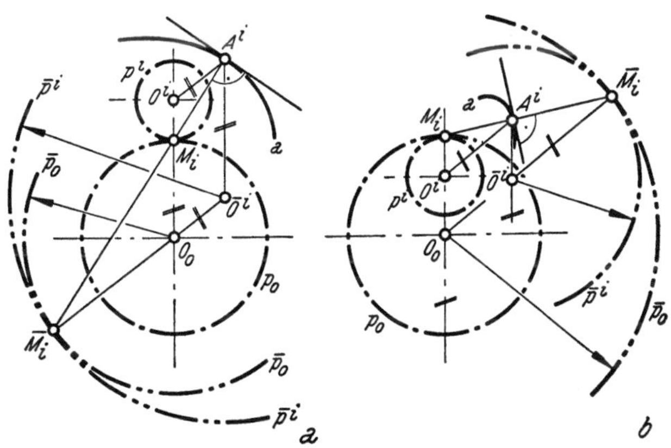

Abb. 415. Doppelte Erzeugung *a*) einer Epitrochoide, *b*) einer Hypotrochoide

trochoidenbewegung, bei der die Polkreise einander von außen berühren, hat als Umkehrung eine gleichartige Epitrochoidenbewegung; bei beiden Bewegungen treten Epitrochoiden als Bahnkurven auf und als Kurven mit Stützpunkten.

Trochoiden bestehen im allgemeinen aus unendlich vielen kongruenten Bögen und sind transzendente Kurven[1]. *Verhalten sich aber die Radien von p_0 und p wie zwei ganze Zahlen, so kehrt Σ nach endlich vielen Umläufen in die Ausgangslage zurück, die Bewegung verläuft periodisch und die Trochoiden sind hier geschlossene algebraische Kurven.*

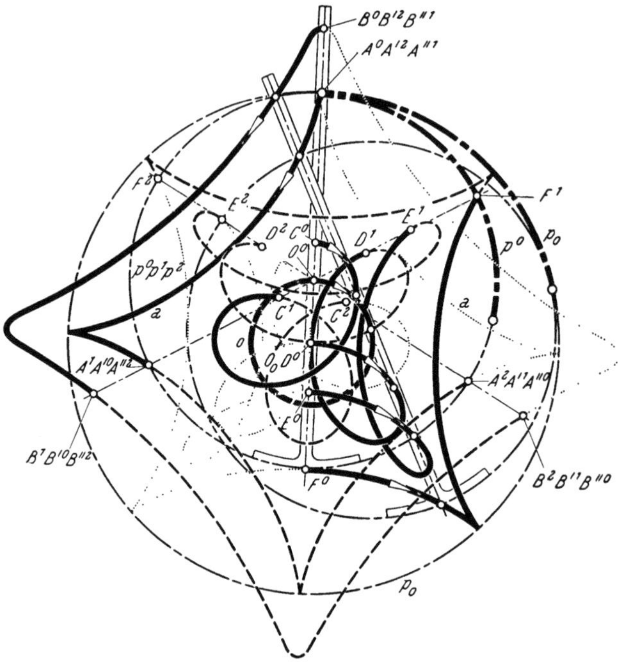

Abb. 416. Geschlossene Hypotrochoiden

Geschlossene Trochoiden besitzen eine Eigenschaft, die technische Bedeutung erlangt hat (siehe z. B. 99. und 103.) und die an der Hypotrochoidenbewegung in Abb. 416 gezeigt werden soll. Dort rollt p innerhalb p_0 und die Radien von p und p_0 verhalten sich wie 3 : 4. In Σ seien die Punkte A, B, C, D, E, F auf einem Durchmesser von p angenommen; in der Anfangslage p^0 gehe dieser Durchmesser durch den Momentanpol, der sich mit A^0 deckt. Abb. 416 zeigt auch eine Nachbarlage des Durchmessers, die nach Abrollen des dick gezeichneten Bogens von p auf dem dick gezeichneten Bogen von p_0 erreicht wird. Durchrollt p, ausgehend von der Lage p^0, einmal den Umfang von p_0 und gelangt dabei in die Lage p^1 zurück, die sich mit p^0 deckt, so werden die mitgenommenen Punkte $A,\ldots,F$ von der Anfangslage $A^0,\ldots,F^0$ ausgehend die *voll gezeichneten* Trochoidenbögen durchlaufen und in die Lage $A^1,\ldots,F^1$ kommen; denn wenn p von p^0 nach p^1 rollt, haben sich vier Drittel des Umfangs von p auf dem Umfang von p_0 abgewickelt und p hat sich dabei gegenüber Σ_0 durch 480^0 gedreht. Durchrollt p noch einmal den Umfang von p_0 bis zur Lage p^2, die sich mit p^0 und p^1 deckt, so wandern die Punkte $A,\ldots,F$ längs der *gestrichelten* Trochoidenbögen weiter in die Lage $A^2,\ldots,F^2$. Erst beim dritten Durchrollen von p auf dem Umfang von p_0 kehrt nicht nur p nach p^0 zurück, sondern es kehren auch die Punkte

[1] Das sind Kurven, die sich in kartesischen Koordinaten durch analytische, nicht aber durch algebraische Funktionen darstellen lassen.

$A, \ldots, F$ längs der *gepunkteten* Trochoidenbögen in die Ausgangslage $A^0, \ldots, F^0$ zurück. Der Mittelpunkt O von p durchläuft bei diesem Vorgang seinen Bahnkreis o dreimal. Man kann nun A^1 und A^2 als Anfangslagen A'^0 und A''^0 zweier anderer Punkte A' und A'' von Σ betrachten, und da p^1 und p^2 sich mit p^0 decken, haben A, A', A'' dieselbe Bahnkurve $\boldsymbol{a}$; analog für die anderen Punkte $B, \ldots, F$.

Allgemeiner: Verhalten sich die Radien von p und p_0 wie zwei ganze Zahlen n und n_0, so gibt es in Σ zu jedem (von O verschiedenen) Punkt ein regelmäßiges n-Eck (im Fall $n = 2$ eine Strecke) mit dem Mittelpunkt O, dessen Ecken dieselbe Trochoide durchlaufen. Bei der Umkehrbewegung besitzt diese Trochoide jene n Punkte als Stützpunkte.

Beispiele:

289. Konstruiere analog Abb. **414** Bahnkurven einer Hypotrochoidenbewegung!

290. Bezeichnet man die Radien von $p_0, p, \overline{p}_0, \overline{p}$ mit $r_0, r, \overline{r}_0, \overline{r}$, so folgt aus ähnlichen Dreiecken in Abb. **415** *a*, daß dort $\overline{r}_0 : \overline{r} = r_0 : (r_0 + r)$ ist, und in Abb. **415** *b*, daß dort $\overline{r}_0 : \overline{r} = r_0 : (r_0 - r)$ ist.

291. Man zeige auf Grund ähnlicher Dreiecke in Abb. **415** *a*, *b*: Ist eine Trochoide im Sinne der oben angegebenen Definition bei der einen Erzeugung geschlungen oder gespitzt oder gestreckt, so ist sie es auch bei der anderen Erzeugung.

292. Suche die doppelte Erzeugung einer Epizykloide bzw. Hypozykloide! ($p_0 = \overline{p}_0$; Radiendifferenz bzw. -summe von p und $\overline{p}$ = Radius von p_0.)

293. Suche die doppelte Erzeugung einer Ellipse! (Bahnkurve der elliptischen Bewegung; zwei Papierstreifenkonstruktionen.)

294. Suche die doppelte Erzeugung der PASCALschen Schnecken! (Bahnkurven der OLDHAM-Bewegung.)

295. Ein Kreis p (Radius r) rollt auf einem Kreis p_0 (Radius nr) einmal herum. Wie oft hat sich p um sich gedreht? [$(n - 1)$-mal, wenn p den Kreis p_0 von innen berührt, $(n + 1)$-mal, wenn er ihn von außen berührt.]

296. Zeichne eine zu Abb. **416** analoge Figur für eine Epitrochoidenbewegung, bei der p und p_0 einander von außen berühren und ihre Radien im Verhältnis $2 : 5$ oder $3 : 5$ oder $4 : 5$ stehen!

297. *Verwandlung kartesischer Diagramme in Polardiagramme* (Abb. **417**). Eine Funktion $y = f(x)$ werde in kartesischen Koordinaten x, y durch eine Kurve k_1 dargestellt. Deutet man die unabhängige Veränderliche x hingegen als Polarwinkel φ (wobei zu $\varphi = 0$ bzw. $\varphi = 2\pi$ die Abszissen $x = 0$ bzw. $x = 2R\pi$ gehören sollen) und die abhängige Veränderliche y als Radiusvektor r, so wird die Funktion im Polardiagramm durch eine Kurve k_2 dargestellt. Abb. **417** zeigt eine Einrichtung zur Verwandlung von k_1 in k_2. Das kartesische Koordinatensystem x, y (Ursprung U) mit k_1 liegt in einer Ebene Σ_0, das Polarkoordinatensystem φ, r (Pol O, Polarachse $\varphi = 0$) mit k_2 in einer Ebene Σ. Die Bewegung von Σ über Σ_0 besteht im Rollen eines Kreises p (Mittelpunkt O, Radius R) auf der Geraden p_0 von Σ_0, die im Abstand R unterhalb der x-Achse liegt. O bewegt sich demnach längs der x-Achse. Das genaue Rollen von p auf p_0 wird durch Verzahnung erreicht. — Überdies wird ein System Σ' verwendet, das einen Fahrstift F und einen Schreibstift S enthält und das über Σ_0 beliebige Parallelverschiebungen durchführen kann (so wie das Lineal einer Zeichenmaschine über dem Zeichenbrett). Die Achse O des Rades p liege in einer Rille von Σ' und werde dadurch gezwungen, die seitlichen Verschiebungen von Σ' mitzumachen und das Rad p zum Rollen auf p_0 zu veranlassen. Lotrechte Verschiebungen von Σ' wirken sich auf Σ nicht aus, p bleibt an p_0 gebunden (bei aufrechter Stellung von Σ_0 z. B. durch Schwerkraft). — In der Anfangsstellung befinde sich F in F_0, S in S_0 und die Polarachse $\varphi = 0$ zeige nach oben. Nun werde F längs k_1 geführt und dadurch das ganze System Σ' der krummen Schiebung längs k_1 unterworfen. Bewegt sich F um die Strecke x nach rechts, so wird von p dieselbe Bogenlänge x auf p_0 abrollen und dadurch das System Σ durch einen Winkel φ verdreht; dabei ist $R\varphi = x$. S wird in Σ den zum Polarwinkel φ gehörenden Bogen von k_2 zeichnen. In Abb. **417** hat k_1 in $x = 0$ und in $x = 2R\pi$ dieselbe Ordinate, daher hat k_2 für $\varphi = 0$ und

$\varphi = 2\pi$ denselben Radiusvektor, d. h. k_2 ist eine geschlossene Kurve, die O einmal umläuft. Besitzen Anfangs- und Endpunkt von k_1 überdies parallele Tangenten, so hat k_2 im Punkt $\varphi = 0$ keine Ecke.

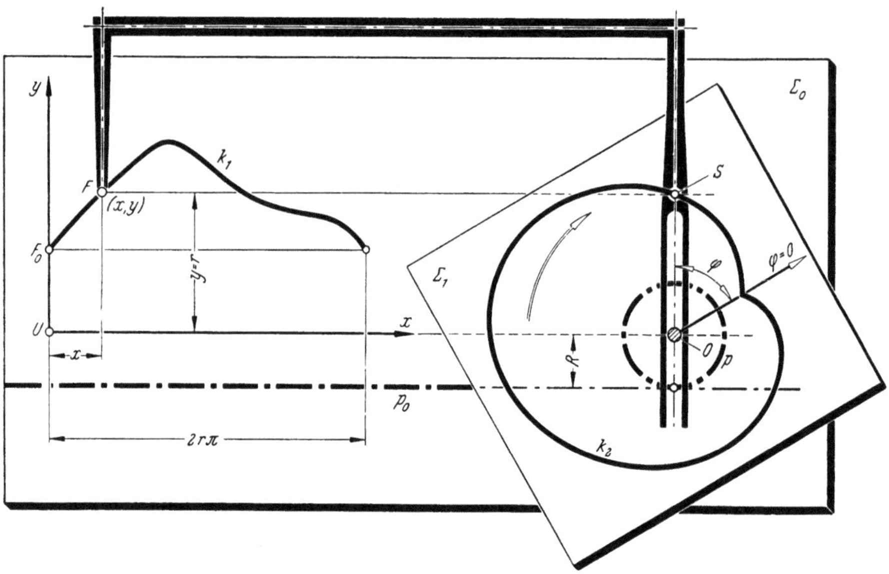

Abb. 417. Verwandlung kartesischer Diagramme in Polardiagramme

Ist z. B. k_1 eine waagrechte Gerade, so ist k_2 ein Kreis um O. Ist k_1 eine schiefliegende Gerade, so ist k_2 eine Archimedische Spirale (vgl. Abb. **413**). Nach Beispiel **202**. können k_1 und k_2 immer als Meridian und Normalschnitt einer und derselben Schraubfläche gedeutet werden.

Wird k_1 um eine Strecke h nach oben oder unten geschoben, so entsteht statt k_2 eine äußere oder innere *Konchoide* von k_2 im Abstand h. Setzt man statt des Rades p ein Rad vom Radius R/n ein, so ergibt sich aus einem Punkt (x, y) von k_1 nicht der Punkt (φ, r) von k_2, sondern der Punkt $(n\varphi, r)$ einer Kurve k_2'. Man sagt, k_2 gehe in k_2' durch *n-fache Winkelstreckung* über. Von der Möglichkeit, aus bekannten Kurven durch Winkelstreckung neue Kurven herzustellen, macht man in der Nachformtechnik Gebrauch[1].

97. Mehrere Bewegungen in einer Ebene. *Über der Ebene Σ_0 mögen sich zwei Ebenen Σ_1 und Σ_2 unabhängig voneinander bewegen* (Abb. 418). In einem bestimmten Zeitpunkt gehört zur Bewegung von Σ_1 über Σ_0 ein Momentanpol, den wir hier mit *01* bezeichnen; zugleich gehört zur Bewegung von Σ_2 über Σ_0 der Momentanpol *02*. Führt man während der Bewegung einen Stich durch Σ_2 und Σ_1, so hat der in Σ_1 liegende Stichpunkt A_1 eine gegen *01* gerichtete Normale seiner Bahn a_1 in Σ_0, der Stichpunkt A_2 in Σ_2 eine gegen *02* gerichtete Normale seiner Bahn a_2 in Σ_0. — Für einen in Σ_1 stehenden Beobachter vollführt Σ_2 die „*Relativbewegung von Σ_2 gegenüber Σ_1*". Diese hat im betrachteten Zeitpunkt einen „*Relativmomentanpol*" *12*, der relativ zu Σ_1 die Geschwindigkeit 0 hat. Daher hat *12* gegenüber Σ_0 dieselbe Geschwindigkeit, einerlei, ob man *12* zu Σ_1 oder zu Σ_2 rechnet[2]. Seine Bahnnormale in Σ_0 geht daher durch *01* und *02*,

[1] Vgl. z. B. W. H. GRES, l. c., S. 52—53.

[2] Eine Person Σ_1 kann nur dann ohne Ruck auf ein bewegtes Fahrzeug Σ_2 springen, wenn die Geschwindigkeiten von Σ_1 und Σ_2 gleich und gleich gerichtet sind.

das heißt *12* muß auf der Geraden *01, 02* liegen. Diese Gerade heißt die „*Polgerade*" *012*.

Sucht man für alle Zeitpunkte die Relativmomentanpole in Σ_1 und Σ_2, so ergeben sich die *Relativpolkurven* p_1 *in* Σ_1 *und* p_2 *in* Σ_2. p_1 *und* p_2 *rollen ohne*

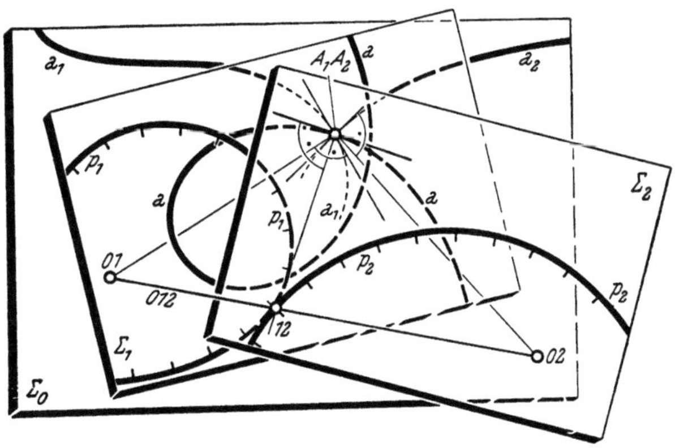

Abb. 418. Zwei Bewegungen

Gleiten aufeinander ab. Zugleich bewegt sich p_1 *mit* Σ_1, p_2 *mit* Σ_2 *über* Σ_0. Abb. 418 enthält auch die in Σ_1 gelegene *Relativbahn a* des Punktes A_2 von Σ_2. Umgekehrt ist A_2 „Relativstützpunkt" von *a* bei der Relativbewegung von Σ_1 gegenüber Σ_2. Eine Kurve *c* in Σ_2 kann eine „Relativhüllkurve" *h* in Σ_1 besitzen; umgekehrt wird *h* bei der Relativbewegung von Σ_1 gegenüber Σ_2 die Kurve *c* einhüllen.

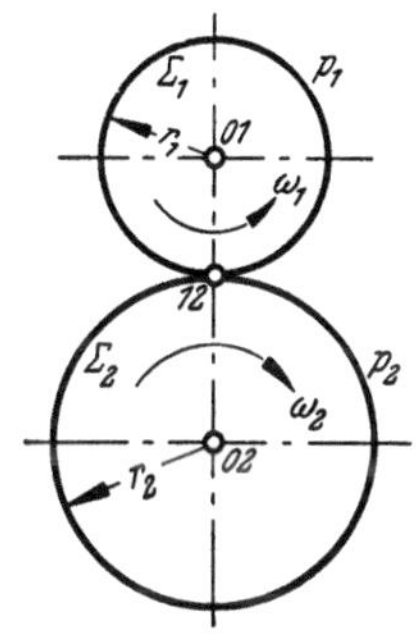

Abb. 419. Reibräder

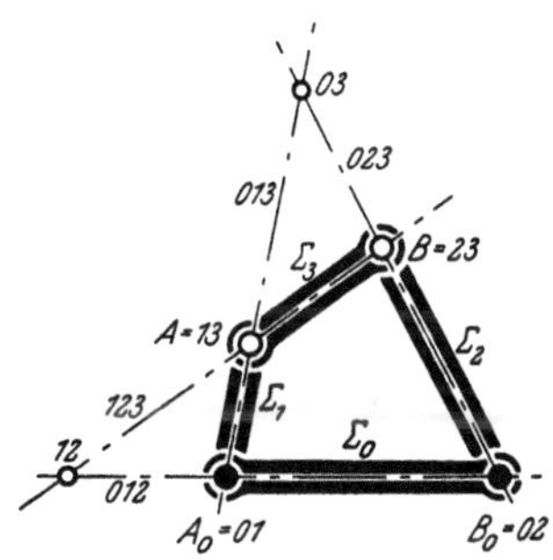

Abb. 420. Dreistabgetriebe, Polfigur

Zwei Beispiele. a) *Reibräder* (Abb. 419). Σ_1 rotiert um *01*, Σ_2 um *02*. Winkelgeschwindigkeiten ω_1, ω_2 konstant. p_1, p_2 sind Kreise (*01*; r_1) und (*02*; r_2). p_1 und p_2 haben dieselbe Umfangsgeschwindigkeit, $r_1\,\omega_1 = r_2\,\omega_2$, das heißt *12* teilt die Strecke *01, 02* im festen Verhältnis $\omega_2 : \omega_1$. *Die Relativbewegung ist eine Trochoidenbewegung,* für einen in Σ_1 stehenden Beobachter rollt p_2 auf p_1, für einen in Σ_2 stehenden Beobachter rollt p_1 auf p_2 [1]. b) *Elliptische Räder* (bei

[1] Reibräder und Reibrädergetriebe mit parallelen, schneidenden oder kreuzenden Achsen werden bei mathematischen Geräten verwendet (W. Meyer zur Capellen, Mathematische Instrumente. Leipzig: Akad. Verlagsges., 2. Aufl. **1944**, 3. Aufl. **1948**), aber auch im Werkzeugmaschinenbau als stufenlose Getriebe [H. Schöpke, Stufenlos regelbare Antriebe in Werkzeugmaschinen, Z. VDI **87** (**1943**), 773—780]. — Die Relativbewegung ist ein einfaches Beispiel eines „Planetengetriebes". (Σ_1 festes Sonnenrad, Σ_2 bewegtes Planetenrad, [*01,02*] rotierender Steg.)

Webstühlen). Hält man in Abb. **393** das Glied A_0A fest, so dreht sich p_0 um A_0 und p um A. M_i ist dann der Relativmomentanpol, der hier seine Lage auf A_0A ändert, p_0 und p werden Relativpolkurven[1].

Es mögen sich nun *mehrere Systeme über der ruhenden Ebene* Σ_0 bewegen. Zum Beispiel sei bei einem Dreistabgetriebe (Abb. **420**) Σ_0 das System des ruhenden Steges, Σ_1 und Σ_2 seien die Systeme der Arme, die um *01* bzw. *02* rotieren, Σ_3 sei das System der Koppel. Da Σ_1 in A an Σ_3 angelenkt ist, ist $A = 13$; ebenso ist $B = 23$. Die Verbindungsgerade von *01* und *13* ist die Polgerade *013*; durch *02* und *23* geht die Polgerade *023*. *03* ergibt sich im Schnitt von *013* und *023*, *12* im Schnitt von *012* und *123*. *Allgemein: Bei mehreren in einer Ebene bewegten Systemen liegen die drei Relativmomentanpole je dreier Systeme auf einer Polgeraden. Die Pole und Polgeraden bilden die „Polfigur".*

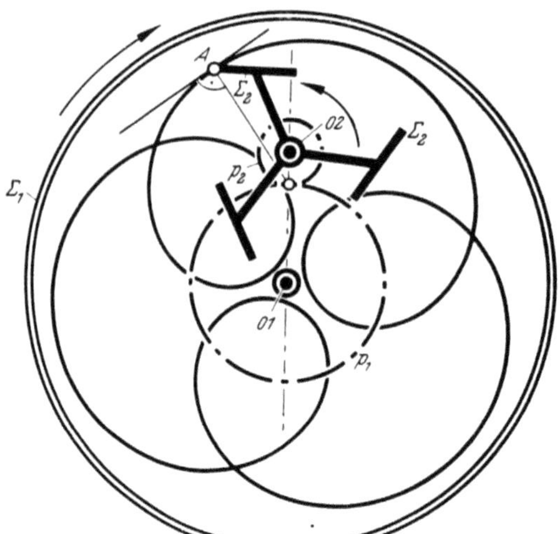

Abb. **421**. Eirich-Mischer

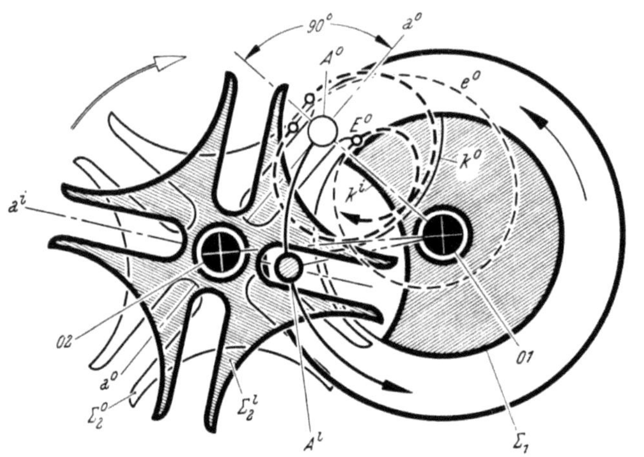

Abb. **422**. Malteserkreuzgetriebe

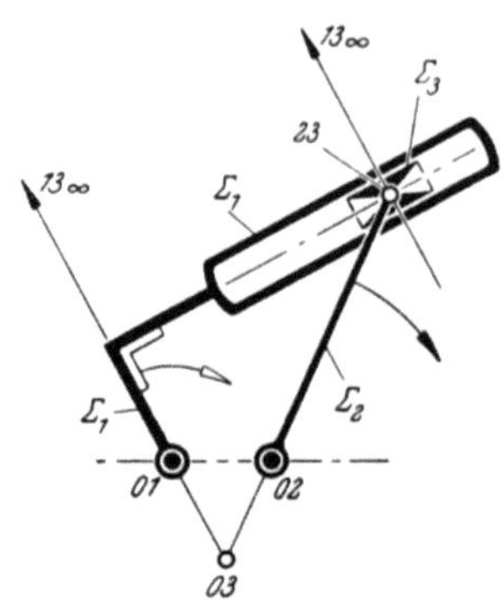

Abb. **423**. Umlaufende Kurbelschleife, Polfigur

Beispiele:

298. Eirich-Mischer (Abb. **421**). Behälter Σ_1 rotiert um *01*, Mischstern Σ_2 taucht von oben in das Mischgut ein und rotiert gegenläufig um *02*. Drehzahlverhältnis 1 : 3.

[1] Dagegen vollführt B_0B eine Zwillingskurbelbewegung, deren Polkurven kongruente Hyperbeln sind.

p_1 und p_2 sind Kreise. Konstruiere die Relativbahn des Punktes A von Σ_2 bezüglich Σ_1! (Geschlossene Epitrochoide mit drei Schlingen.)

299. Malteserkreuzgetriebe (Abb. **422**). Vier Kurbelschleifen (= Schleifkurbelgetriebe). Σ_1 dreht sich um *01*, greift mit Kurbelzapfen A in Kulisse a von Σ_2 und dreht Σ_2 durch **90°**. Dann während **270°** Drehung von Σ_1 Stillstand von Σ_2; Σ_2 verriegelt durch Rand von Σ_1. Konstruiere Ausschnitt k so, daß die Relativbahn e der Ecke E nicht gestört wird. Abb. 422 zeigt die Lagen $\Sigma_1{}^0$, $\Sigma_2{}^0$ (dünn) und $\Sigma_1{}^i$, $\Sigma_2{}^i$ (dick). Relativbewegung: der Punkt *02* von Σ_2 dreht sich um den Punkt *01* von Σ_1, die Gerade a von Σ_2 schleift durch A in Σ_1.

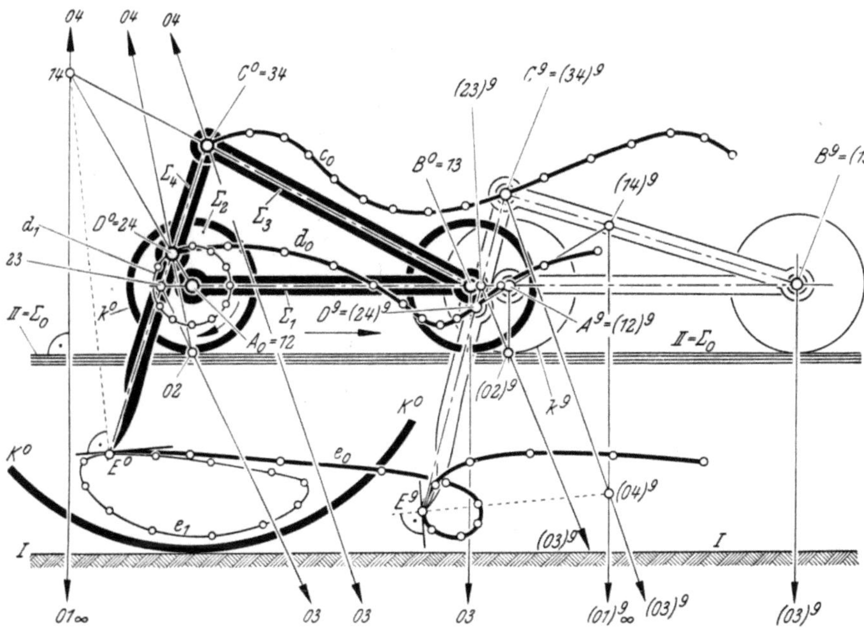

Abb. **424.** Gabelheuwendegetriebe (SCHOTTE)

300. Umlaufende Kurbelschleife (Abb. **423**). Polfigur. Σ_0 ortsfest. Der „Kulissenstein" Σ_3 bewegt sich in einer Rille von Σ_1, daher ist *13* Fernpunkt der zur Rille normalen Geraden. Σ_3 ist in *23* an Σ_2 angelenkt. *03* ist Schnittpunkt der in Abb. **423** gezeichneten Polgeraden *013* und *023*.

301. Gabelheuwendegetriebe, SCHOTTE (Abb. **424**). Antrieb: Großrad K. In Lager A_0 ist eine Übersetzung von K auf das Kleinrad k angeordnet, so daß das Rollen von K auf dem Boden I durch das Rollen von k auf II ersetzt wird. D beschreibt im Gerät Σ_1 einen Kreis d_1, im ortsfesten System $II = \Sigma_0$ eine gestreckte Zykloide d_0. Gesucht: Polfigur (für die dick gezeichnete Lage ohne Index, für die dünn gezeichnete Lage mit Index 9), Bahnkurven e_0, e_1 von E bezüglich Σ_0 und Σ_1, eventuell auch die Polkurven von Σ_4 bezüglich Σ_0 und bezüglich Σ_1 [1].

302. Kulissensteuerung (Abb. **425**). Antrieb: Doppelexzenterscheibe Σ_1 um *01*. Fest: *01*, *03*, H. Die eine Scheibe von Σ_1 wird von der Exzenterstange Σ_2 umschlossen, die andere von der Exzenterstange Σ_4. Bogenkulisse Σ_5 (Kreisform) ist in *25* an Σ_2 und in *45* an Σ_4 angelenkt. In Σ_5 gleitet Gleitstein Σ_6, der die Steuerstange (Schieber) Σ_7 in H treibt (Abtrieb). Σ_3 ist um *03* drehbar. *15* ist Schnitt der

[1] Die Bewegungen beim Radfahren verlaufen näherungsweise analog: Arme = Oberschenkel und Tretkurbel, Koppel = Unterschenkel. Zu diesem „Dreistabgetriebe" kommt noch die Fortbewegung des Rades hinzu.

Polgeraden *125* und *145*, daraus ergibt sich *05* als Schnitt von *015* und *035*. Untersuche die auftretenden Bewegungen! Konstruiere die Bahn c des Gelenks *45* gegenüber dem ortsfesten System Σ_0! Konstruiere die in Abb. **425** gezeichneten Polkurven p_0, p von Σ_5 gegenüber Σ_0!

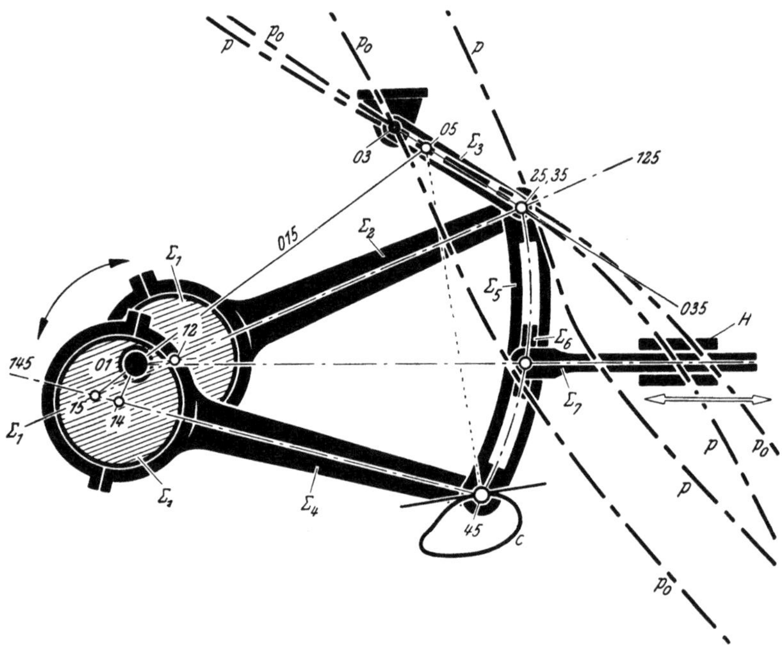

Abb. 425. Kulissensteuerung

98. Krümmung von Bahnkurven und Hüllkurven. Bei der Untersuchung der in einem Getriebe auftretenden Beschleunigungen und Kräfte, bei der Entwicklung angenäherter Geradführungen und Rastgetriebe usw. muß man die Krümmung von Bahnkurven kennen. Manchmal wird man Krümmungskreise auch beim Zeichnen der Bahnkurven verwenden. — Beginnen wir mit der speziellen Bewegung, bei der p_0 in Σ_0 eine beliebige Kurve ist und p in Σ eine Gerade (z. B. Abb. **413**, wo p_0 ein Kreis ist). Jede Lage p^i von p ist Tangente von p_0. Ein Punkt A von p beschreibt eine Evolvente a von p_0. Daher hat a in A^i den Krümmungsmittelpunkt M_i [1].

Nun betrachten wir eine allgemeine Bewegung (Abb. **426** *a*). Im festen System Σ_0 liegt die Polkurve p_0 mit der Evolute g_0, im bewegten System Σ_1 die Polkurve p_1 mit der Evolute g_1. p_0 und p_1 berühren sich im Momentanpol *01* und haben dort die Tangente t und die Normale n. Der Punkt A von Σ_1 beschreibe die Bahnkurve a in Σ_0. Wir verwenden ferner das aus t und n gebildete System Σ_2 und das aus Bahnnormale n_A und Bahntangente t_A von a in A gebildete System Σ_3. Wandert Σ_2 so, daß t und n stets Tangente und Normale von p_0 bleiben, so hüllt n die Evolute g_0 von p_0 ein; der jeweilige Berührpunkt ist *02*. Wandert Σ_2 so,

[1] B sei ein Punkt von Σ. Steht AB auf p normal, so beschreibt B eine Äquitangentialkurve b von a. Da die Normale von b in B^i durch M_i geht, folgt die Konstruktion von Abb. **261** *b*. Ist M_i ein Fernpunkt, so folgt die Konstruktion von Abb. **260**.

daß t und n stets Tangente und Normale von p_1 bleiben, so wird n die Evolute g_1 einhüllen und der Berührpunkt ist *12*. In Σ_1 liegt A fest, Σ_3 dreht sich relativ zu Σ_1 um A, daher ist *13* $= A$. Die Gerade n_A von Σ_3 geht stets durch den in Σ_2 festen Schnittpunkt von t und n, daher ist dieser Punkt Stützpunkt von n_A bei der Bewegung von Σ_3 gegen Σ_2, und der relative Momentanpol *23* liegt daher auf der Normalen zu n_A durch *01*. Er ergibt sich im Schnitt dieser Normalen mit der durch *12* und *13* gehenden Polgeraden *123*. Durch *01* und *13* geht die Polgerade *013*, durch *02* und *23* die Polgerade *023*, beide schneiden sich in *03*. n_A rollt auf der in Σ_0 liegenden Evolute e von a, daher ist *03* der Krümmungsmittelpunkt K_A von a in A.

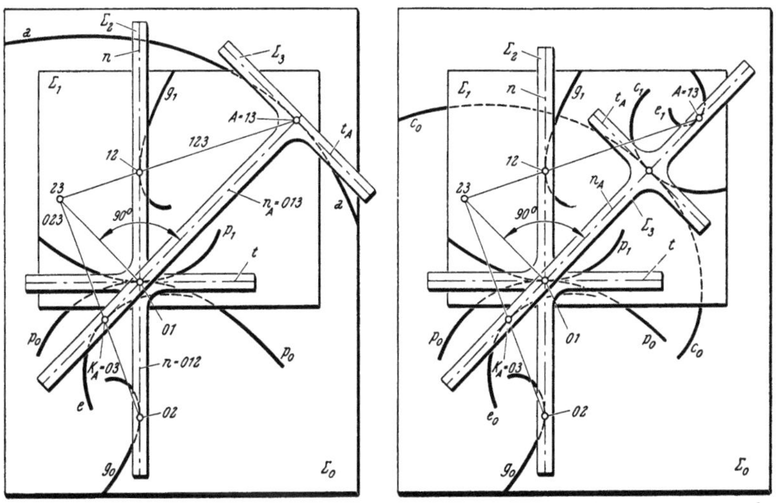

Abb. 426. Krümmung *a*) von Bahnkurven, *b*) von Hüllkurven

In gleicher Weise kann man vorgehen, wenn eine Kurve c_1 von Σ_1 eine Kurve c_0 in Σ_0 einhüllt (Abb. 426 *b*). c_1 habe die Evolute e_1. Das System Σ_3 bewege sich jetzt so, daß t_A und n_A stets Tangente und Normale von c_1 im jeweiligen Hüllpunkt von c_1 sind. Dann hüllt n_A die Evolute e_1 ein und der jeweilige Berührpunkt ist der Relativmomentanpol *13*. So erhält man mit denselben Überlegungen und Konstruktionslinien wie zuvor den Krümmungsmittelpunkt $K_A = 03$ der Hüllkurve c_0 im Hüllpunkt[1].

In erster Näherung ist eine beliebige Bewegung in jedem Zeitpunkt eine Drehung um den Momentanpol, das heißt Bahntangenten, Bahnnormalen, Geschwindigkeiten sind dieselben wie bei einer Drehung um den Momentanpol. *In zweiter (besserer) Näherung läßt sich eine beliebige Bewegung durch eine Trochoidenbewegung ersetzen, indem man im Momentanpol die Polkurven durch ihre Krümmungskreise ersetzt. Da in Abb. 426 a, b nur diese Krümmungskreise verwendet werden, haben Bahnkurven und Hüllkurven im betrachteten Zeitpunkt bei der gegebenen Bewegung dieselben Krümmungsmittelpunkte wie bei der Ersatz-Trochoidenbewegung.*

[1] Zu dieser Herleitung vgl. J. KRAMES, Getriebetechnik (Reuleaux-Mitteilungen) **10** (1942), 481, A. REUSCHEL, Österr. Ing.-Arch. **3** (1949), 9—23 und 311—324, W. BLASCHKE und H. R. MÜLLER, Ebene Kinematik, S. 23 ff. München: Oldenbourg, 1956.

Ergänzungen. 1. Bei der Umkehrbewegung rollt p_0 auf p_1. Die Konstruktion in Abb. **426** *a* zeigt, daß im betrachteten Zeitpunkt die Bahnkurve von K_A bei der Umkehrbewegung die Krümmungsmitte A besitzt. — 2. In Abb. **427**, wo die Polkurven gleich als Kreise p_0, p_1 angenommen wurden, wurde nach Abb. **426** *a* auf einer Geraden g durch *01* jener Punkt $W = 13$ konstruiert, dessen Krümmungsmitte *03* der Fernpunkt von g ist ($023 \parallel g$). Dreht man g um *01*, so liegen die Punkte *23* auf dem Kreis über *01*, *02* (wegen des rechten Winkels bei *23*). Wegen $12, W : 12, 23 = r_1 : (r_0 + r_1)$ liegen die Punkte $W = 13$ auf einem Kreis w, der p_0 und p_1 in *01* berührt. w heißt *Wendekreis; jeder von 01 verschiedene Punkt von w durchläuft im betrachteten Zeitpunkt einen Wendepunkt seiner Bahnkurve; die Wendetangente geht durch den höchsten Punkt T von w.*

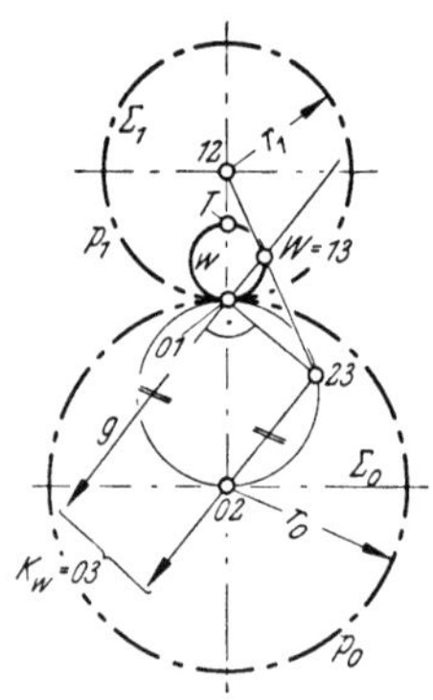

Abb. 427. Wendekreis

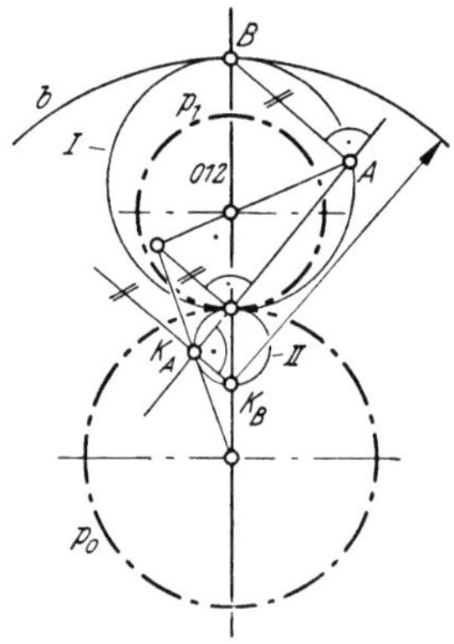

Abb. 428. Krümmungskreis von b in B

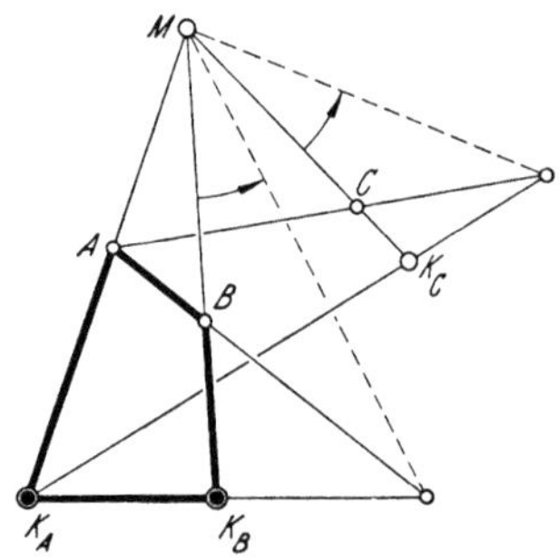

Abb. 429. Konstruktion von Krümmungsmittelpunkten nach Bobillier

Die Bahnkurven der außerhalb (innerhalb) w liegenden Punkte kehren dem Punkt *01* ihre konkave (konvexe) Seite zu. — 3. Aus ähnlichen Dreiecken in Abb. 428 läßt sich folgern: Für die Punkte A eines Kreises I, der p_0 in *01* berührt, liegen die Krümmungsmitten K_A auf einem anderen Kreis II, der p_0 in *01* berührt. Damit läßt sich *für einen Punkt B auf 012 die Krümmungsmitte* K_B konstruieren (Abb. 428; im Bereich der Zeichnung weicht der Krümmungskreis nicht merklich von der Bahnkurve b von B ab). — 4. In gleicher Weise läßt sich zeigen: Ist *13* ein Fernpunkt, so liegt *03* auf einem Kreis, der t in *01* berührt. Dieser Kreis heißt *Rückkehrkreis.* Hat eine Kurve c_1 im Hüllpunkt einen Wendepunkt, so liegt der zugehörige Krümmungsmittelpunkt *03* der Hüllkurve c_0 auf dem Rückkehrkreis. Dies ist z. B. der Fall, wenn c_1 eine Gerade ist. — 5. Liegt *13* auf t, so liegt *03* stets im Momentanpol *01*. — 6. Liegt *13* in *12*, so liegt *03* in *02*, d. h. die Bahnkurve des Punktes *12* von Σ_1 hat im betrachteten Zeitpunkt den Krümmungsmittelpunkt *02*. — 7. Haben p_0 und p_1 in *01* denselben Krümmungskreis, so ist für jeden Punkt A im betrachteten Zeitpunkt $03 = 13$, das heißt jeder Punkt von Σ_1 durchläuft eine Spitze seiner Bahnkurve; die Spitzentangente ist normal zum Polstrahl. Dieser Fall tritt in der Getriebetechnik auf.

Sind nicht die Krümmungskreise der Polkurven gegeben, sondern zu zwei Punkten A, B von Σ die Krümmungsmittelpunkte K_A, K_B ihrer Bahnkurven a, b, so kann man zeigen, daß man zu einem weiteren Punkt C von Σ den Krümmungsmittelpunkt K_C seiner Bahnkurve c nach Abb. 429 erhält. Dies läßt sich z. B. beim Dreistabgetriebe anwenden ($K_A = A_0$, $K_B = B_0$). Dieselbe Konstruktion liefert zum Krümmungsmittelpunkt C im Hüllpunkt einer Kurve von Σ den Krümmungsmittelpunkt K_C im Hüllpunkt ihrer Hüllkurve in Σ_0.

Beispiele:

303. Zeichne Abb. **426** *a*, *b* für eine Trochoidenbewegung! (*02* und *12* sind die Mittelpunkte der Polkreise.)

304. Entwickle aus Beispiel **303.** Krümmungskreiskonstruktionen für die Bahnkurven der Zykloidenbewegung, der Kreisevolventenbewegung, der elliptischen Bewegung und der OLDHAM-Bewegung!

305. Zykloidenlenker. Um einen Punkt O von Σ längs einer Geraden o zu führen, kann man einen um O gelegten Kreis p auf einer zu o parallelen Tangente p_0 von p rollen lassen. Ersatzgetriebe zur angenäherten Geradführung: Dreistabgetriebe A_0B_0AB, wo A, B in Σ gewählt werden und A_0, B_0 Krümmungsmitten von A, B beim Rollen von p auf p_0 sind. Suche die Bahn von O beim Ersatzgetriebe!

306. ROBERTSscher Dreieckslenker. Um einen Punkt O längs einer Geraden o zu führen, kann man einen durch O gelegten Kreis p in einem doppelt so großen Kreis p_0 rollen lassen. Ersatzgetriebe analog Beispiel **305.**

307. Schubkurbellenker. Suche in gleicher Weise angenäherte Geradführungen durch Dreistabgetriebe A_0B_0AB, wenn A_0, B_0 Krümmungsmitten von A, B bei einer Schubkurbelbewegung sind!

308. Ellipsenlenker. Bei der elliptischen Bewegung mögen die Punkte A, B von p die Durchmesser a, b von p_0 durchlaufen. Zu einem Punkt C zwischen A und B gehört in einem bestimmten Zeitpunkt die Krümmungsmitte C_0. Ersatzschubkurbel für die Geradführung von B längs b: A wandert auf a, C dreht sich um C_0. Suche Polkurven und Bahn von B beim Ersatzgetriebe!

309. ZOLLER-Gebläse (Abb. **378**). Wie können die Maße abgeändert werden, so daß e noch konvex bleibt?

310. Führe die Beweise zu den Ergänzungen **3** bis **7** im Text durch und wende die Ergebnisse auf einige besondere Bewegungen an!

311. Zeichne Abb. **429** für eine Schubkurbelbewegung!

312. Entwickle aus Beispiel **311.** eine Krümmungskreiskonstruktion für die Bahnkurven einer Schleifkurbelbewegung! (Siehe Ergänzung **1**, im Text.)

99. Einige Trochoidenmaschinen[1]. 1. *Der NSU-Wankelmotor.* Abb. **430** zeigt drei Systeme: a) das ortsfeste System Σ_0, vollschwarz gezeichnet; zu Σ_0 gehören das Gehäuse (Innenwand a) und das kreisringförmig angedeutete Lager (Mitte O_0) für die Motorwelle; b) das System Σ des dreiseitigen „Läufers" mit dem Mittelpunkt O, gezeichnet in den Lagen $O^0A^0A'^0A''^0$ und $O^1A^1A'^1A''^1$; c) die in Σ_0 gelagerte Motorwelle (Mitte O_0) mit der in Σ gelagerten Exzenterscheibe (Mitte O). Motorwelle und Exzenterscheibe sind miteinander starr verbunden.

Die Bewegung von Σ gegenüber Σ_0 ist eine Epitrochoidenbewegung. Der bewegte Polkreis p umschließt den festen Polkreis p_0; die Radien von p_0 und p

[1] Vgl. F. WANKEL und W. FROEDE, Bauart und gegenwärtiger Entwicklungsstand einer Trochoiden-Rotationskolbenmaschine, MTZ, Motortechn. Z. **21** (1960), **33—45**, und: Dreh- und Kreiskolbenmaschinen als Verbrennungsmotoren, VDI-Fachtagung in München am **19.** Januar **1960**, Berichte von E. SCHMIDT, E. W. HUBER, W. FROEDE in Z. VDI **102** (**1960**), **293—322**, und O. BAIER. Seine **1954** durchgeführten Untersuchungen veröffentlichte O. BAIER im VDI-Bericht Nr. **45**, **31—37** (**1960**). Auch das Direktverfahren (Abb. **433**) stammt von O. BAIER (DBP **1012802** (**1954**) und DBP **1050149** (**1955**)). Einen guten Eindruck von der historischen Entwicklung und von der Fülle der Möglichkeiten, Trochoidenmaschinen zu entwerfen, erhält man aus dem Buch „Einteilung der Rotationskolbenmaschinen" von FELIX WANKEL, Stuttgart: Deutsche Verlags-Anstalt, Abt. Fachverlag, **1963**.

verhalten sich wie 2 : 3. Das genaue Abrollen von p auf p_0 wird durch die in Abb. 430 angedeutete Verzahnung erreicht. In Σ wird ein außerhalb p gelegener Punkt A gewählt; seine (nach Abb. 414 zu konstruierende) Bahnkurve a ist eine Epitrochoide, die bei der angenommenen Lage von A zwei Ausbuchtungen und zwei flache Einsattelungen besitzt. Nach Abb. 416 ist a zugleich die Bahnkurve von weiteren zwei Punkten A' und A'' von Σ; $AA'A''$ ist ein gleichseitiges Dreieck mit dem Mittelpunkt O. Die Kurvennormalen von a in A, A', A'' schneiden sich im jeweiligen Momentanpol. a dient als Innenwand des Gehäuses.

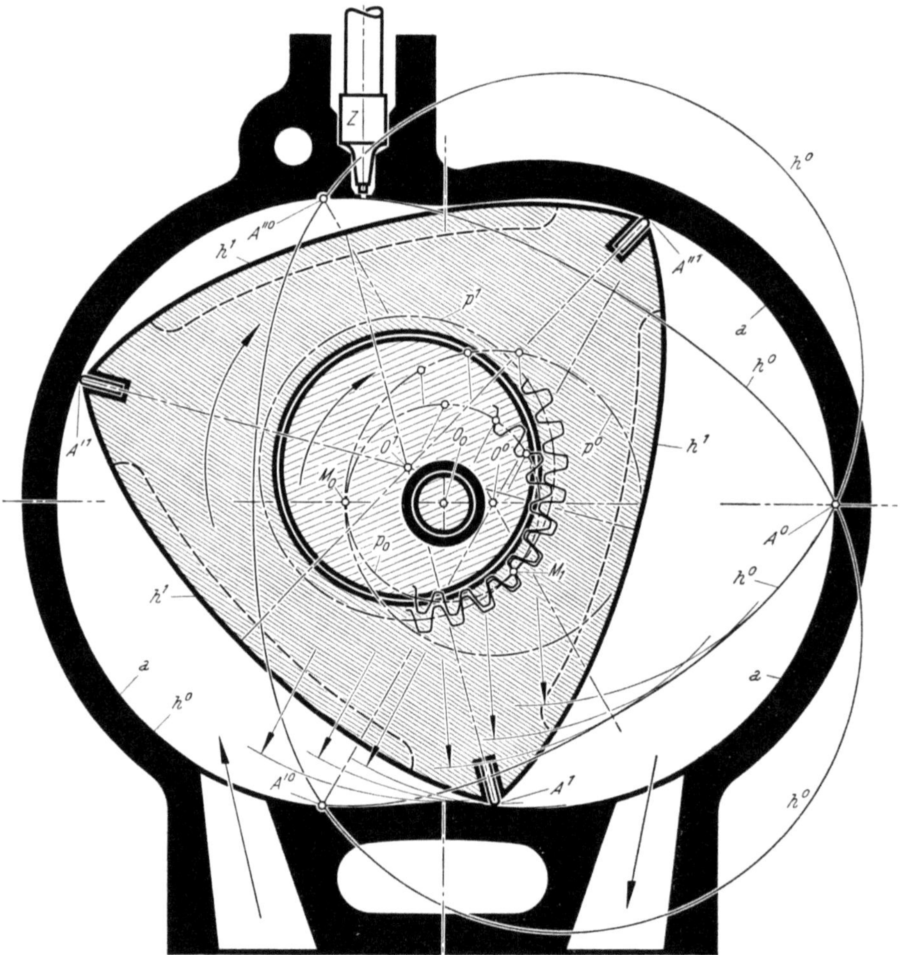

Abb. **430**. NSU-Wankelmotor

Nun entsteht die Frage, welches größte Profil h man dem Läufer geben kann, so daß der Läufer noch innerhalb a herumbewegt werden kann. Um h zu finden, ziehen wir die Umkehrbewegung heran, also das Rollen von p_0 auf p, wobei wir p in der Lage p^0 festgehalten denken. Bei der Umkehrbewegung wird die Kurve a von Σ_0 durch die Stützpunkte A^0, A'^0, A''^0 laufen und zugleich wird a eine Hüllkurve h^0 besitzen (vgl. Fußnote [1] auf S. 231), von der in Abb. 430

drei berührende Kreisbögen nach Abb. 366 *b* konstruiert wurden. h^0 besitzt die Doppelpunkte A^0, A'^0, A''^0. In jedem dieser Doppelpunkte treffen zwei innere und zwei äußere Bögen von h^0 zusammen. Die äußeren Bögen unterscheiden sich kaum von den Ausbuchtungen von a, wie der linke Teil von Abb. 430 zeigt. Die inneren Bögen von h^0 bilden das größte Profil, das man dem Läufer geben kann; beim Rollen von p auf p_0 wird dieses Profil h mit den Ecken A, A', A'' längs a wandern und zugleich a einhüllen. Man könnte dieses Profil (aus Fertigungs- oder Materialgründen) durch ein anderes ersetzen, das ebenfalls die Punkte A, A', A'' enthält und ganz innerhalb h liegt, z. B. durch Kreisbögen $AA', A'A'', A''A$, die innerhalb h verlaufen; tatsächlich weicht das gegenwärtig verwendete Läuferprofil nur ganz wenig von h ab. — In A, A', A'' werden Dichtleisten angeordnet; sie teilen den Raum zwischen h und a in drei sichelförmige Kammern, die noch durch flache (gestrichelt angedeutete) Mulden im Läufer vergrößert werden und deren Volumina sich periodisch ändern. Mit Zündelement Z (oben) und mit Einlaß- und Auslaßkanal (unten) führen die drei Räume Viertaktprozesse in gleicher Weise aus wie ein üblicher Ottomotor mit drei Zylindern.

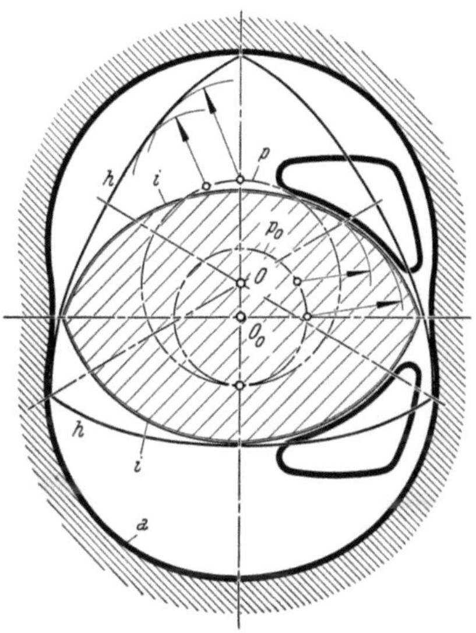

Abb. 431. Innere Hüllkurve der Läuferkontur

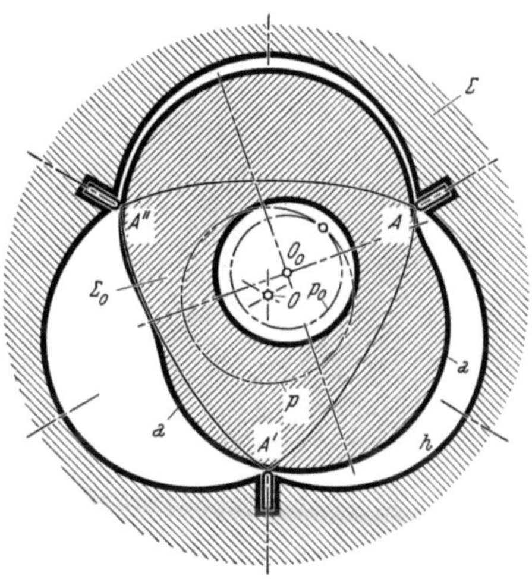

Abb. 432. Kreiskolbenkompressor (Borsig)

Die Läuferkontur h ergibt beim Rollen von p auf p_0 neben der Hüllkurve a noch eine innere Hüllkurve i, deren Konstruktion nach Abb. 366 *b* in Abb. 431 (in kleinerem Maßstab) gezeigt ist. Würden an den Stirnseiten des Gehäuses, also parallel zur Zeichenebene, zusätzlich Einlaßfenster und Auslaßfenster angeordnet, so sollten diese außerhalb i liegen. (Abb. 431).

2. *Andere Trochoidenmaschinen.* Die Umkehrbewegung zur Trochoidenbewegung des Läufers Σ im Gehäuse Σ_0 ist jene Trochoidenbewegung, bei der p_0 auf p rollt und die Kurve a in Σ_0 durch drei Stützpunkte A, A', A'' auf der ortsfesten Kurve h in Σ wandert und überdies h als Hüllkurve besitzt. Dies wird bei einem von Borsig gebauten Kreiskolbenkompressor (Abb. 432) ver-

wendet; dabei treten die drei äußeren Bögen von h als Innenwand des Kompressors auf, während die drei inneren Bögen von h nicht verwendet werden. In der gezeichneten Stellung berührt a die Kurve h in einem Punkt des linken inneren Bogens.

Eine andere Möglichkeit besteht darin, daß in Abb. 430 Gehäuse *und* Läufer sich bewegen; dabei sind die Punkte O_0 und O ortsfest, das Gehäuse Σ_0 mit a

Abb. **433**. Direktverfahren für Rohbearbeitung

vollführt eine reine Drehung um O_0, der Läufer Σ mit h vollführt eine reine Drehung um O. Die Relativbewegung von Σ gegenüber Σ_0 besteht im Rollen von p auf p_0, wobei jetzt O_0 und O ortsfest sind und die Kreise p_0 und p einander im Punkt M_0 berühren, der jetzt ebenfalls ortsfest ist (analog Abb. 421). In jedem Zeitpunkt werden A, A', A'' von Σ auf a liegen und h wird a überdies berühren. Man spricht hier von einem *Drehkolbenmotor*; der Nachteil ist, daß Ein- und Auslaßkanal und Zündelement nicht ortsfest sind. NSU baute nach diesem Prinzip einen Drehkolbenkompressor.

Die in Abb. **430** konstruierten Kurven a und h sind durch die Radien r_0 und r von p_0 und p und durch den Abstand OA bestimmt. Man kann andere Verhältnisse $r_0 : r$ und andere Abstände OA wählen, die Trochoide a und ihre Hüllkurve h konstruieren und das Kurvenpaar a, h auf seine technische Brauchbarkeit untersuchen. Stets muß a frei von Doppelpunkten sein. Von h können die äußeren oder die inneren Bögen verwendet werden. Die so entstehenden Motoren heißen, wenn Σ_0 ortsfest ist, *Kreiskolbenmotoren.* Als aussichtsreich gilt neben dem in Abb. **430** gezeigten Fall der Fall einer dreibogigen Epitrochoide ($r_0 : r = 3 : 4$).

3. *Trochoiden-Schneid- und Schleifmaschinen.* Hier sollen einige mögliche Werkzeuge zur Herstellung von a im Wankelmotor gezeigt werden. Die Überlegungen lassen sich auf die Herstellung beliebiger Trochoidenprofile und der entsprechenden Hüllkurven übertragen.

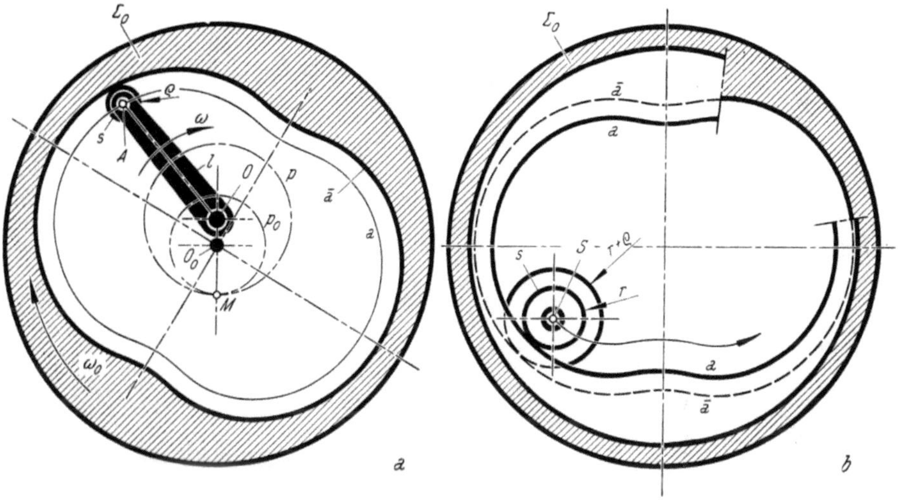

Abb. 434 *a, b.* Nachformverfahren für Feinbearbeitung

a) *Direktverfahren für Rohbearbeitung* (Abb. **433**). Hier wird die zweite Erzeugungsweise von a herangezogen; sie besteht im Rollen des Kreises $\bar{p}$ (Mitte $\bar{O}$) auf dem Kreis $\bar{p}_0$ (Mitte O_0). $\bar{p}$ und $\bar{p}_0$ berühren einander von außen im Momentanpol $\bar{M}$ und ihre Radien verhalten sich nach Beispiel 290 wie $1 : 2$. Das bewegte System mit $\bar{p}$ und dem Punkt A heiße jetzt $\bar{\Sigma}$, das ruhende System wie früher Σ_0. Durch einen um O_0 drehbaren Arm $\bar{O}\bar{O}'$ wird ein System $\bar{\Sigma}'$ gezwungen, mit dem Kreis $\bar{p}'$ auf $\bar{p}_0$ zu rollen, wobei $\bar{p}$ und $\bar{p}'$ symmetrisch zu O_0 liegen. Die Bahnnormale n von a in A geht durch M und $\bar{M}$. Zieht man durch $\bar{O}'$ die Parallele zu $\bar{O}A$ bis zum Schnittpunkt A' mit n, so sind die Dreiecke $\bar{O}\bar{M}A$ und $\bar{O}'\bar{M}A'$ ähnlich und wegen $\bar{O}'\bar{M} = 5 \cdot \bar{O}\bar{M}$ ist $\bar{O}'A' = 5 \cdot \bar{O}A$. Da überdies während der Bewegung von $\bar{\Sigma}$ und $\bar{\Sigma}'$ die Strecken $\bar{O}A$ und $\bar{O}'A'$ parallel bleiben, ist der Punkt A' fest im System $\bar{\Sigma}'$. n geht stets durch A', daher ist A' ein im System

$\bar{\Sigma}'$ liegender Stützpunkt von n, wenn A längs a wandert. Man kann also auf n ein rotierendes zylindrisches Schneidwerkzeug aufbringen (Achse durch W, Radius ϱ; „Zustellung" durch Verschiebung längs n); dieses wird a in A berühren und im Werkstück die Innenwand a erzeugen.

b) *Nachformverfahren für Feinbearbeitung. Im ersten Arbeitsgang* (Abb. **434** *a*) wird aus einem Werkstück eine Lehre von der Form $\bar{a}$ geschliffen; $\bar{a}$ hat in Abb. **434** *a* die Form des äußeren Teils der Parallelkurve von a im Abstand ϱ. O_0 und O sind hier ortsfest, Σ_0 dreht sich um O_0, Σ dreht sich um O (wie beim Drehkolbenmotor), wobei die Winkelgeschwindigkeiten ω_0 und ω sich wie 3 : 2 verhalten, so daß die Polkreise p_0 (in Σ_0) und p (in Σ) aufeinander abrollen und einander stets im ortsfesten Relativmomentanpol M berühren. In Σ_0 liegt der Tisch mit dem Werkstück, zu Σ gehören die Tragwelle (Zentrum O) mit Schleifmotor, der Arm l und die Schleifspindel s (Achse durch A, Radius ϱ).

Im zweiten Arbeitsgang (Abb. **434** *b*) wird die Innenwand a des Gehäuses geschliffen. Das Werkstück und die Lehre $\bar{a}$ sind ortsfest. Eine Schleifspindel s (Achse S, Radius r) wird mittels eines Tasters (Achse S, Radius $r + \varrho$) geführt, der längs $\bar{a}$ gleitet. Die Schleifspindel erzeugt dann im Werkstück die Trochoide a.

Beispiele:

313. Zeichne Abb. 430 und 432 mit demselben Radienverhältnis 2 : 3, aber verschiedenen Entfernungen OA und untersuche die Formänderungen bei a und h!

314. Ersetze das Radienverhältnis 2 : 3 in Abb. 430 und 432 durch 1 : 2 oder 3 : 4 oder 4 : 5 und konstruiere für eine angenommene Lage von A die Epitrochoide a und ihre Hüllkurve h!

315. Zeichne ebenso die Hypotrochoide a für das Radienverhältnis 1 : 2 oder 2 : 3 oder 3 : 4 oder 4 : 5 für einen angenommenen Punkt A und konstruiere deren Hüllkurve h! (Zu diesem und dem vorigen Beispiel siehe auch die in Fußnote [1], S. **267**, genannten Aufsätze!)

316. Zeichne die Polfigur der in Abb. **434** auftretenden bewegten Systeme!

Übersichtsfragen

Eine Bewegung in der Ebene sei durch zwei Punkte des bewegten Systems Σ und ihre Bahnkurven im festen System Σ_0 gegeben. Wie konstruiert man die Bahnkurve eines weiteren Punktes von Σ? Wie kommt man zu den Begriffen Momentanpol, Momentandrehung und Polkurven? Wie zeigt man, daß die bewegte Polkurve auf der festen Polkurve rollt? Warum bilden dabei Drehungen, Parallelverschiebungen und krumme Schiebungen Ausnahmen? Wie konstruiert man Tangenten von Bahnkurven? Welche Besonderheit hat die Bahnkurve eines Punktes, wenn dieser Punkt Momentanpol wird? Wie konstruiert man die Hüllkurve einer mitbewegten Kurve? Wie erhält man die Hüllkurve eines Kreises aus der Bahnkurve seines Mittelpunkts? Was ist ein Stützpunkt einer Kurve? Auf welche Arten kann ein Zwanglauf durch Bahnkurven gegebener Punkte oder durch Hüllkurven gegebener Kurven oder durch Kurven mit gegebenen Stützpunkten bestimmt werden? Wie konstruiert man dann den Momentanpol und die Polkurven? Was versteht man unter der Umkehrbewegung einer gegebenen Bewegung? Welche Bedeutung haben Polkurven, Bahnkurven, Hüllkurven, Kurven mit Stützpunkten der gegebenen Bewegung für die Umkehrbewegung? Wie kann man die erforderlichen Konstruktionen mittels Pauspapiers durchführen?

Über der ruhenden Ebene Σ_0 mögen sich zwei Ebenen Σ_1 und Σ_2 bewegen. Was versteht man unter der Relativbewegung von Σ_2 gegen Σ_1 (oder umgekehrt), unter Relativmomentanpol und unter der Polgeraden? Was sind Relativpolkurven, Relativbahnkurven, Relativhüllkurven, Relativstützpunkte?

Wie ermittelt man die Krümmung von Bahnkurven und Hüllkurven und von Kurven mit Stützpunkten, wenn die Krümmung der Polkurven oder die Krümmung zweier Bahnkurven gegeben ist?

Die wichtigsten Eigenschaften der Bewegung des Dreistabgetriebes und der Trochoidenbewegung a) im allgemeinen Fall, b) in Sonderfällen und Ausartungsfällen dieser Bewegungen und ihrer Umkehrbewegungen.

XVII. Verzahnung von Stirnrädern

100. Verzahnungsgesetz. Konstruktion von Reuleaux. Zahnräder dienen der Übertragung von Bewegungen. Wir untersuchen zunächst den einfachsten und zugleich praktisch wichtigsten Fall, bei dem eine Drehung von einer Welle auf eine dazu parallele Welle gleichförmig übertragen werden soll. *Zahnräder entstehen aus Reibrädern* (Abb. 419) *durch Anbringen von Zahnkränzen.* Die Relativpolkurven p_1, p_2 nennt man in der Verzahnungslehre *Teilkreise oder Wälzkreise*; wir bezeichnen sie mit t_1, t_2 (Abb. 435). Die Trochoidenbewegung, die Σ_1 relativ zu Σ_2 ausführt, nennt man das *Abwälzen von* Σ_1 *auf* Σ_2 *oder von* t_1 *auf* t_2. Der Relativpol $\cdot$ *12* heißt *Wälzpunkt.*

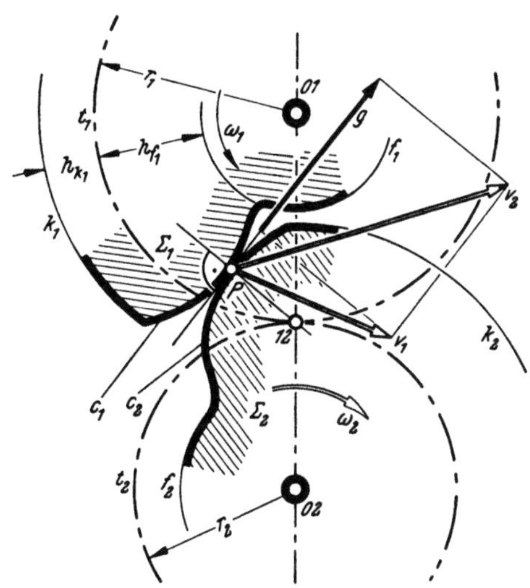

Abb. 435. Verzahnungsgesetz

In jedem Zeitpunkt müssen sich die Zahnkränze in (mindestens) einem Punkt berühren. Beim Abwälzen von t_1 auf t_2 wird daher ein *Zahnprofil* c_1 des ersten Rades ein Zahnprofil c_2 des zweiten Rades einhüllen müssen. Berühren sich c_1 und c_2 in einem bestimmten Zeitpunkt im „*Eingriffspunkt*" P, so geht die gemeinsame Normale von c_1 und c_2 in P nach Abb. 366 durch den Wälzpunkt *12* (*Verzahnungsgesetz*, Abb. 435).

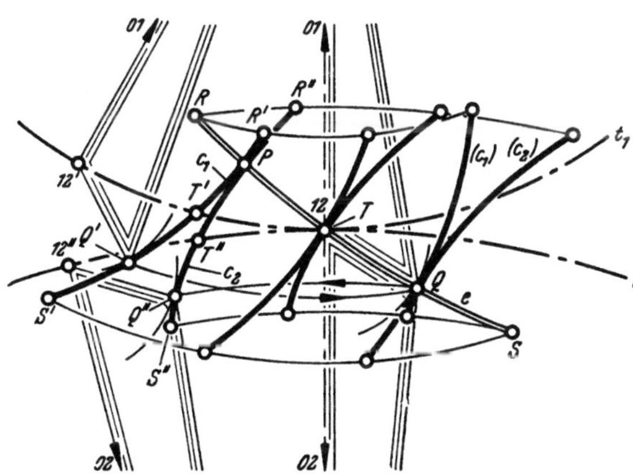

Abb. 436. Konstruktion von REULEAUX

Ein Zahnprofil c_1 *werde angenommen.* Wenn t_1 auf t_2 abrollt und dabei c_1 mitnimmt, dann hüllt c_1 das „Gegenprofil" c_2 ein. Darauf beruht *eine Konstruktion des Gegenprofils* (REULEAUX 1875). Es sei c_1 in der Anfangslage gegeben (Abb. 436). Der Eingriffspunkt P ergibt sich als Fußpunkt der Normalen aus *12* auf c_1. Die Anfangslage von c_2 muß daher c_1 in P berühren. Q' sei ein anderer Punkt von c_1. Die Normale von c_1 in Q' schneidet t_1 in *12'*. Den Bogen *12, 12'* von t_1 wickeln wir auf t_2 von *12* bis *12''* ab. Wenn *12'* bei der Drehung von t_1 um *01* nach *12* kommt und Wälzpunkt wird, wandert Q' auf dem Kreis (*01*; Q')

bis zu einem Punkt Q, der von *12* die Entfernung *12'*, Q' besitzt. Nun ist Q Eingriffspunkt geworden, (c_1) ist die zugehörige Lage des ersten Zahnprofils und das Gegenprofil in dieser Lage (c_2) muß (c_1) in Q berühren. Führt man nun Q auf dem zweiten Rad durch Drehung um *02* zurück, so erhält man die Anfangslage Q'' im Schnitt des Kreises (*02*; Q) mit dem Kreis (*12''*; *12*, Q). Der Kreis (*12''*; *12*, Q) berührt die Anfangslage c_2 in Q''. Führt man dies wiederholt durch, so ergeben sich Punkte Q'',... der Anfangslage c_2 des Gegenprofils samt den zugehörigen Tangenten[1].

Die Eingriffspunkte $P, Q, \ldots$ erfüllen die „*Eingriffslinie*" e. Ist T' ein Schnittpunkt von c_1 mit t_1, so fällt der Eingriffspunkt T nach *12*, e geht durch *12* und T'' liegt auf t_2. In Abb. 436 wurde c_1 durch R' und S', c_2 durch R'' und S'', e durch R und S begrenzt. Zur Beurteilung einer Verzahnung benötigt man die Kenntnis von e, denn der *Zahndruck* wirkt in der Geraden vom Eingriffspunkt nach *12*.

Eine Verzahnung, bei der t_1 und t_2 einander von außen berühren, heißt *Außenverzahnung*. Bei einer *Innenverzahnung* liegen t_1 und t_2 auf derselben Seite ihrer Tangente in *12*. Tritt an die Stelle eines Teilkreises eine Gerade, so heißt diese eine Teilgerade und man spricht von einer *Zahnstange*. Für Innenverzahnungen und Zahnstangen gelten dieselben Konstruktionen wie für Außenverzahnungen. (Ist t_1 eine Gerade, so ist *01* Fernpunkt der zu t_1 normalen Geraden und eine Drehung um *01* bedeutet eine Schiebung längs t_1.)

101. Gestaltung der Zahnkränze. Schon die Verschiedenheit der Bogenlängen PR' auf c_1 und PR'' auf c_2 in Abb. 436 läßt erkennen, daß c_1 und c_2 aufeinander nicht rollen, sondern nur gleiten. Dieses Gleiten beruht darauf, daß z. B. in Abb. 435 die Geschwindigkeit v_1 des Punktes P von c_1, der Σ_1 angehört, von der Geschwindigkeit v_2 des Punktes P von c_2, der Σ_2 angehört, verschieden ist. Der Differenzvektor $v_2 - v_1$ gibt die Richtung g und die Größe der Geschwindigkeit an, mit der c_1 in P auf c_2 gleitet. Diese Gleitgeschwindigkeit ist um so kleiner, je näher P dem Wälzpunkt *12* ist, denn in *12* ist $v_1 = v_2$.

Daher verwendet man nur einen kleinen Bogen von c_1, abgegrenzt von *Kopfkreis* k_1 und *Fußkreis* f_1 des ersten Rades (Abb. 435, analog für das zweite Rad). Wirksam ist dann nur jener Bogen der Eingriffslinie, der innerhalb beider Kopfkreise liegt. Jene kleinen Bögen von c_1 und c_2 ordnet man in regelmäßiger Folge auf beiden Rädern an. Nach den in Abb. 435 angegebenen Drehsinnen ist dort Σ_1 das treibende, Σ_2 das getriebene Rad. Damit Σ_2 von Σ_1 auch im umgekehrten Drehsinn angetrieben werden kann, hat man überdies Zahnprofile auf Σ_1 und Σ_2 anzuordnen, die aus den früher erhaltenen Profilen durch Spiegelung an einem Durchmesser von t_1 bzw. t_2 hervorgehen. So entstehen die bekannten Zahnkranzformen.

Sind z_1 und z_2 die Anzahlen der Zähne beider Räder, so nennt man die Länge des Teilkreisbogens zwischen den Mitten benachbarter Zähne, nämlich $t = \frac{2\,r_1\,\pi}{z_1} = \frac{2\,r_2\,\pi}{z_2}$ die *Teilung*, $m = \frac{t}{\pi} = \frac{2\,r_1}{z_1} = \frac{2\,r_2}{z_2}$ den *Modul* der Zahnräder. Da z_1 und z_2 ganze Zahlen sind, folgt, daß das *Übersetzungsverhältnis* $i = \frac{\omega_1}{\omega_2} = \frac{r_2}{r_1} = \frac{z_2}{z_1}$ *eine rationale Zahl* sein muß. DIN 780 gibt runde Normwerte für m. Andere Maße werden durch ihr Verhältnis zu m angegeben.

[1] Die Normale von c_1 in Q' schneidet t_1 in zwei Punkten; gewöhnlich wird jedoch nur der Q' nächstgelegene Punkt *12'* verwendet. — Würde t_1 von der Normalen von c_1 in Q' überhaupt nicht reell geschnitten, so wäre die Stelle Q' von c_1 für die Verzahnung nicht geeignet.

Als Bögen im Teilkreis werden die *Zahndicken* s_1 und s_2 und die *Zahnlückenweiten* w_1 *und* w_2 gemessen (z. B. Abb. 438). Das *Flankenspiel* $S_f = w_1 - s_1 = w_2 - s_2$ beträgt bei unbearbeiteten Zähnen etwa 0,16 m, bei bearbeiteten Zähnen 0,08 m bis 0,04 m. Die *Kopfhöhen* h_k und die *Fußhöhen* h_f werden vom Teilkreis aus gemessen. Bei bearbeiteten Zähnen ist etwa $h_k = m$, $h_f = 1{,}1\,m$ bis 1,3 m; um deutlich zu bleiben, weicht Abb. 435 von diesen Werten stark ab. Das *Kopfspiel* S_k (= Abstand des Kopfkreises vom Fußkreis des Gegenrades) beträgt etwa 0,2 m.

Damit in jedem Zeitpunkt beide Zahnräder in mindestens einem Punkt in Eingriff stehen, dürfen die Zähnezahlen z_1 und z_2 eine gewisse Mindestgrenze nicht unterschreiten. Denn sind z. B. in Abb. 436 nur die Bögen PQ' und PQ'' von c_1 und c_2 wirklich ausgeführt, so stehen beide Räder nur während des Abrollens der Teilkreisbögen $12, 12'$ bzw. $12, 12''$ im Eingriff. Die Länge l dieser „*Eingriffsbögen*" $12, 12'$ bzw. $12, 12''$ muß größer als die Teilung t sein, damit noch vor dem Abrollen der Länge l ein neues Flankenpaar zum Eingriff kommt. Setzt man $l = \varepsilon\, t$, so muß der „*Überdeckungsgrad*" ε größer als 1 sein. Gewöhnlich ist $\varepsilon \geqq 1{,}2$.

Der nicht zum Eingriff kommende Zwischenraum (Kopfspiel) zwischen dem Kopfkreis des einen und dem Fußkreis des anderen Rades wird meist benutzt, um dem Übergang zwischen Zahnfuß und Fußkreis aus Festigkeitsgründen eine Abrundung zu geben. Diese Abrundung ist aber nicht frei wählbar; während z. B. in Abb. 438 vom Zahnkopf des oberen Rades der ganze Bogen $12, K_1'$ zum Eingriff kommt, greift vom Zahnfuß des unteren Rades nur der Bogen $12, K_1''$ ein. Die Abrundung zwischen Zahnfuß und Fußkreis des unteren Rades kann nun in K_1'' beginnen, sie darf aber die Beweglichkeit der Kopfecke K_1' des Gegenrades nicht stören. K_1' beschreibt relativ zu Σ_2 eine geschlungene Epitrochoide e_1, die nach Abb. 414 zu konstruieren ist. Sie gibt die Grenze für jene Abrundung an. Analog für das andere Rad.

Werden die konstruierten Profile längs der Wellenachsen verschoben, so ergeben sich *zylindrische Zahnflanken* (Geradzahnflanken). Bei Hochleistungsgetrieben und bei großen Übersetzungen, z. B. bei Dampfturbinen-, Walzwerk-, Werkzeugmaschinen-, Kraftwagengetrieben usw. werden die Profile aber längs der Wellenachsen verschraubt und ergeben dann als „*Schrägzahnflanken*" zwei Schraubflächen. Die Parameter p_1 und p_2 dieser Schraubungen sind so zu wählen, daß die Schraubtangente in 12 für beide Räder dieselbe ist. Daraus folgt $p_1 : p_2 = r_1 : r_2$. Bei Außenverzahnung ist die eine Zahnflanke eine rechtsgewundene, die andere eine linksgewundene Schraubfläche, bei Innenverzahnung haben beide Schraubflächen denselben Windungssinn, das heißt p_1 und p_2 haben gleiches Vorzeichen[1]. Bei einer Zahnstange bilden die Zahnflanken gerade oder schiefe Zylinder. — Bei einfachen Schrägzähnen tritt in der Achsenrichtung eine Komponente des Zahndrucks auf; dieser Nachteil wird durch Verwendung von „*Pfeilrädern*" vermieden (das Zahnprofil wird über die halbe Zahnradbreite in Linkswindung, über die andere halbe Zahnradbreite in Rechtswindung verschraubt).

102. Evolventenverzahnung. Diese Verzahnung entsteht aus der praktisch wichtigen *Forderung, daß sich die Richtung des Zahndrucks nicht ändern soll. Die Eingriffslinie e muß daher eine durch 12 gehende Gerade sein.* Abb. 437 zeigt jenen

[1] Legt man in der Ebene einen positiven Drehsinn und im Raum einen positiven Windungssinn fest, so haben ω_1 und ω_2 bei Außenverzahnung verschiedene Vorzeichen, bei Innenverzahnung gleiches Vorzeichen. Dasselbe gilt wegen $r_1\omega_1 = r_2\omega_2$ auch für r_1 und r_2 und wegen $p_1 : p_2 = r_1 : r_2$ auch für p_1 und p_2.

Sonderfall von Abb. **436**, wo e eine Gerade ist, die die Teilkreise t_1 und t_2 in *12* unter dem Winkel α schneidet. Für jeden Eingriffspunkt Q auf e schneidet daher auch die Profilnormale *12'*Q' den Teilkreis t_1 unter dem festen Winkel α. Alle Profilnormalen *12'*Q' sind also Tangenten jenes Kreises g_1, der e berührt und den Mittelpunkt *01* hat. Da das Profil c_1 diese Tangenten von g_1 normal schneidet, ist c_1 eine Evolvente von g_1. Ebenso folgt, daß c_2 eine Evolvente jenes Kreises g_2 ist, der e berührt und den Mittelpunkt *02* hat. g_1 und g_2 heißen Grundkreise.

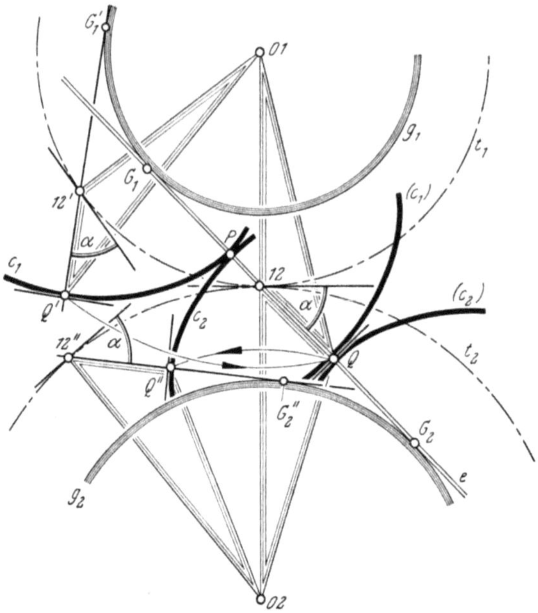

Abb. **437**. Prinzip der Evolventenverzahnung

Abb. **438** zeigt eine fertige Verzahnung. Als Eingriffspunkte kommen nur die Punkte zwischen G_1 und G_2 in Betracht, in denen g_1 und g_2 von e berührt werden, denn sonst träten in den Zahnprofilen Spitzen auf, z. B. G_1' und G_2''. Die Spitze G_1' von c_1 kommt mit dem Punkt G_1'' von c_2 in G_1 zum Eingriff, die Spitze G_2'' von c_2 mit dem Punkt G_2' von c_1 in G_2. c_1 und c_2 erhalten daher in G_2' bzw. G_1'' eine natürliche Begrenzung. Praktisch müssen die Kopfkreise k_1 und k_2 in Abb. 438 so gewählt werden, daß G_1 außerhalb k_2, G_2 außerhalb k_1 liegt. Daher liegen die tatsächlichen Eingriffspunkte innerhalb k_1 und k_2 auf der Strecke K_1K_2 von e. In K_2' kann die Abrundung des Zahnfußes des oberen Rades beginnen, in K_1'' die des unteren Rades. Dabei muß z. B. die Abrundung des zweiten Zahnfußes so erfolgen, daß die (dünn gezeichnete) Relativbahn e_1 von K_1' bezüglich des zweiten Rades genügend Platz findet. e_1 ist eine (nach Abb. **414** zu konstruierende) geschlungene Epitrochoide, die natürlich auch durch K_1'' geht.

Der „*Eingriffswinkel*" α zwischen e und der Teilkreistangente in *12* ist nach DIN 867 zu 20^0 (früher 15^0) genormt.

Abb. **439** zeigt eine *Zahnstange mit Evolventenverzahnung*. c_2 schneidet wie in Abb. **438** die Tangenten des Grundkreises g_2 rechtwinklig und ist eine Evolvente von g_2. Die Drehung von e um den Fernpunkt *01* bedeutet eine Schiebung von e längs t_1 mit der Geschwindigkeit $r_2\omega_2$. c_1 schneidet die bei dieser Schiebung von e angenommenen Lagen normal, daher ist c_1 eine zu e normale Gerade. Die Zahnstange erhält daher Zähne von trapezförmigem Querschnitt. Die übrigen Bezeichnungen in Abb. **439** haben dieselbe Bedeutung wie in Abb. **438**.

Eine solche Zahnstange dient auch als *Werkzeug* (*Kammstahl*) *zur Herstellung von Evolventenzahnrädern nach dem Abwälzverfahren*. Die ausspringenden Ecken des Kammstahlprofils werden dabei kreisförmig abgerundet. Der Kreismittelpunkt beschreibt beim Abwälzen eine im allgemeinen nicht gespitzte Kreisevolvente, der Kreis umhüllt beim Abwälzen eine Parallelkurve dieser Evolvente und diese Parallelkurve stellt den Übergang von der Zahnflanke zum Fußkreis des Zahnrads her.

Unter einem *Rädersatz* versteht man (auch bei beliebiger Verzahnung) eine Anzahl von Zahnrädern, die zur Erreichung verschiedener Übersetzungsver-

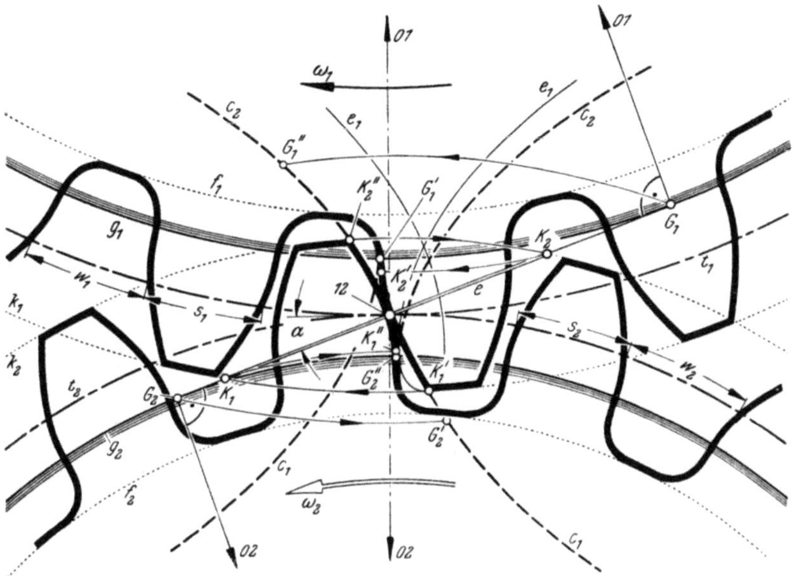

Abb. 438. Evolventen-Außenverzahnung, $z_1 = 24$, $z_2 = 18$

hältnisse in beliebiger Paarung miteinander arbeiten können. Die Räder dieses Satzes nennt man *Satzräder*. *Eine Anzahl von Evolventenzahnrädern bildet offen-*

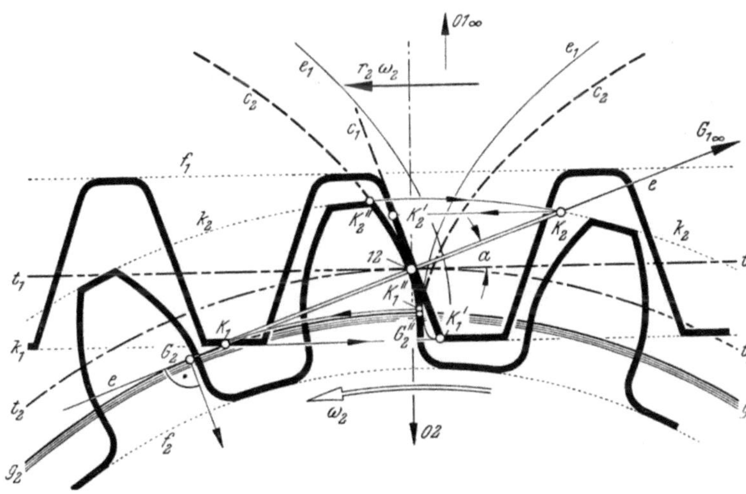

Abb. 439. Evolventen-Zahnstange, $z_2 = 18$

bar dann einen Satz, wenn diese Räder mit demselben Kammstahl hergestellt worden sind. Das Profil dieses Kammstahls heißt das *Bezugsprofil* des Satzes.

Abb. 440 (Bezeichnungen wie in Abb. 438) zeigt eine *Innenverzahnung mit Evolventenzahnrädern.* Da die Zahnprofile des Hohlrades hier konkav, die des Kleinrades konvex sind, legen sich die Räder besser an und nützen sich weniger ab als bei Außenverzahnung. Bei zu geringer Differenz $z_1 - z_2$ der Zähnezahlen besteht hier die Gefahr, daß während des Eingriffs von c_1 und c_2 andere Zähne beider Räder mit ihren Köpfen zusammenstoßen. Die Annahme von Abb. 440 ($z_1 = 24$, $z_2 = 18$) liegt an der Grenze des Erlaubten. Solche Räder können nicht radial zusammengefügt, sondern müssen axial ineinandergeschoben werden.

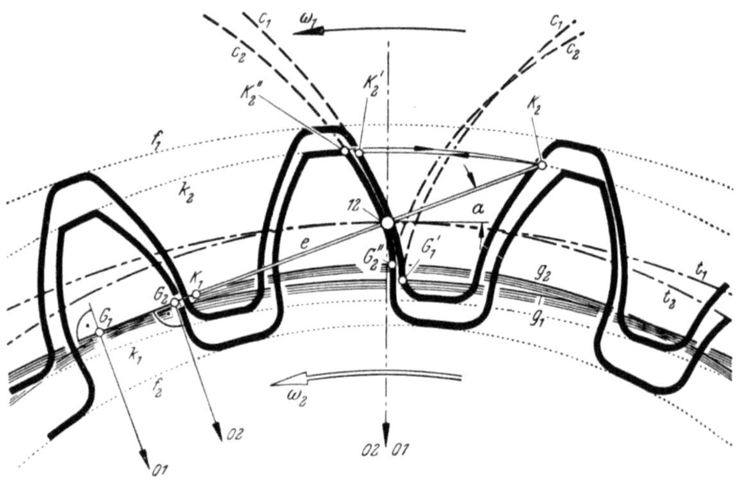

Abb. 440. Evolventen-Innenverzahnung, $z_1 = 24$, $z_2 = 18$

Evolventenzahnräder gestatten eine (geringfügige) Veränderung des Achsenabstands beider Wellen. Denn verändert man in Abb. 438 oder 440 den Abstand *01, 02*, so bleiben die Zahnprofile Evolventen der verschobenen Grundkreise. Als neue Eingriffslinie tritt eine gemeinsame Tangente der verschobenen Grundkreise auf. Diese schneidet die Gerade *01, 02* im neuen Punkt *12.* Durch den neuen Punkt *12* sind neue Teilkreise bestimmt, die dasselbe Radienverhältnis wie die Grundkreise bzw. wie die alten Teilkreise haben. Die Räder stehen daher auch in der neuen Lage im Eingriff und das Übersetzungsverhältnis bleibt dasselbe, jedoch ändert sich der Eingriffswinkel in Abb. 438 und 440. Auch die Zahnstange in Abb. 439 kann um eine (kleine) Strecke gehoben werden, denn man kann sie hernach in der Richtung von t_1 so verschieben, daß die Zahnprofile c_1 in der alten und in der neuen Lage auf derselben Geraden liegen. Die Achsenverschiebbarkeit der Evolventenzahnräder macht kleine Montagefehler unwirksam und gestattet eine einwandfreie Übertragung auch großer und veränderlicher Kräfte (z. B. beim Antrieb von Walzwerken)[1].

Bei kleineren Zähnezahlen weisen gewöhnliche Evolventenzahnräder zu geringen Überdeckungsgrad und andere Nachteile auf. Man hilft sich durch Sonderverzahnung (Profilverschiebung, Kopf- und Fußkreise werden vergrößert oder verkleinert, manchmal wird auch der Achsenabstand verändert).

---

[1] Nur bei der Evolventenverzahnung bleibt das Übersetzungsverhältnis bei *beliebigen* Änderungen des Achsenabstands ungeändert; O. Baier, Über die Abstandsempfindlichkeit ebener Verzahnungen, Konstruktion **5** (1953), 242—245.

Schrägzahnflanken von Evolventenzahnrädern sind Schraubtorsen, denn nur Schraubtorsen besitzen Kreisevolventen als Normalschnitte. Rad und Gegenrad berühren einander in jedem Zeitpunkt längs einer geradlinigen Erzeugenden. Da diese Schrägzahnflanken Torsen sind, werden sie von jeder Tangentialebene längs einer Erzeugenden berührt, sie lassen sich daher mit ebenen Schleifscheiben bearbeiten und nachschleifen.

Die Evolventenverzahnung stammt von LEONHARD EULER (1765). Wegen ihrer Vorteile — konstante Richtung des Zahndrucks, leichte und genaue Herstellung mittels Kammstahl, Achsenverschiebbarkeit, Torsen als Schrägzahnflanken — wird sie *heute fast allgemein für Zahnräder verwendet.*

Beispiele:

317. Bestimme durch Messungen an den Abb. **438**, **439**, **440** den Überdeckungsgrad dieser Zahnräder!

318. Konstruiere Evolventenzahnräder zu bestimmten Werten von z_1 und z_2!

319. Zeige, daß sich die Eingriffslinie in Abb. **438** bis **441**, **444** an *01*, *02* spiegelt, wenn die Räder ihren Drehsinn umkehren! Zeige, daß sich die Eingriffslinie an *01*, *02* spiegelt, wenn treibendes und getriebenes Rad ihre Rollen vertauschen!

103. Triebstockverzahnung. *Das Zahnprofil c_1 ist hier ein Kreis vom Radius r, dessen Mitte O meist auf dem Teilkreis t_1 liegt* (Abb. **441**). Die Bahnkurve von O beim Abwälzen von t_1 (samt c_1) auf t_2 ist bei einer Außenverzahnung (Abb. **441**) eine gespitzte Epitrochoide o, bei einer Innenverzahnung eine gespitzte Hypotrochoide, bei einer Zahnstange eine Kreisevolvente. Die Parallelkurve c_2 von o im Abstand r wäre das theoretisch richtige Gegenprofil, aber Abb. **441** *b* zeigt in starker Übertreibung, daß dieses Profil nur teilweise verwendbar ist. c_2 hat nämlich auf der Evolute k von o (und c_2) Spitzen S und T. S und T liegen innerhalb des Kreises $(12; r)$, weil die Strecke $12, S$ kürzer ist als die Bogenlänge $12, S$ $(= r$, nach Abb. 252) auf k. Das Gegenprofil darf aber nicht in den (als Bolzen materiell ausgeführten) Kreis $(12; r)$ eindringen, sondern kann nur bis zu den Schnittpunkten A und B mit dem Kreis $(12; r)$ geführt werden und muß zwischen A und B z. B. durch den Kreisbogen AB von c_1 ersetzt werden. Liegt der Mittelpunkt O von c_1 in 12, so besteht Eingriff längs des Bogens AB von c_1, wenn man vom Flankenspiel absieht. Liegt O zwischen 12 und O_A oder O_B, so besteht kein Eingriff[1]. — Die *Eingriffslinie e* entsteht nach Abb. **436**, indem

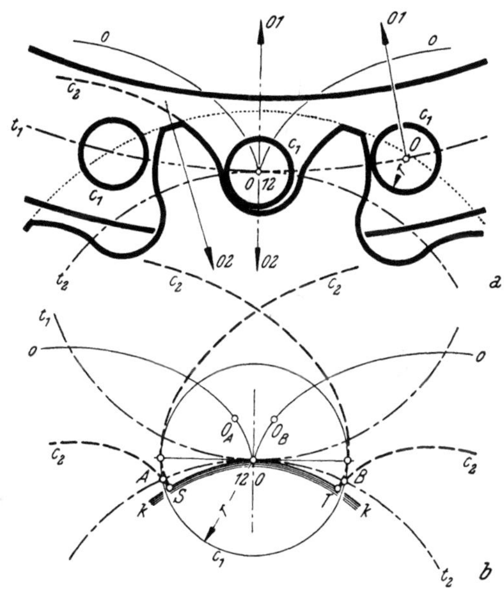

Abb. 441. *a*) Triebstockverzahnung, $z_1 = 30$, $z_2 = 10$, *b*) Eingriffsverhältnisse

[1] FR. SCHILLING, Über neuere kinematische Modelle zur Verzahnungstheorie, Z. Math. Phys. **51** (1904), 1—29.

aus *12* auf alle Lagen von c_1 die Normale gezogen wird, das heißt indem auf jedem Strahl durch *12* vom zweiten Schnittpunkt mit t_1 aus die Strecke r nach beiden Seiten aufgetragen wird[1].

Abb. 442. Roots-Räder

Die Triebstockverzahnung wird für große Übersetzungen und für langsam laufende Getriebe verwendet (Hebezeuge, Winden für Schützen und Schleusen, Drehtürme, Drehwerke bei Baggern usw.). Die Triebstöcke werden kostensparend auf dem Großrad angeordnet. Das Gleiten der Profile verwandelt sich in Rollen, wenn die Triebstöcke c_1 als Bolzen ausgebildet werden, die um ihre Achsen drehbar sind (*Grissongetriebe*).

Bei Außen- oder Innenverzahnung verhalten sich die Radien von t_1 und t_2 wie zwei ganze Zahlen; daher ist die Trochoide o geschlossen. Eine Ausführungsform, bei der die ganze Trochoide o verwendet wird, entsteht aus Abb. **416**, wenn dort auf p in A, A', A'' Triebstöcke vom Radius ϱ angebracht und mit dem Radmittelpunkt O durch einen „Dreistern" verbunden werden. Das Gegenprofil ist dann der äußere Teil der Parallelkurve von a im Abstand ϱ. Bei solchen

[1] e ist eine Konchoide des Kreises t_1 bezüglich *12*, und zwar eine Pascalsche Schnecke (siehe Fußnote [1], S. **236**).

Zyklogetrieben müssen sich die Radien von t_1 und t_2 wie zwei aufeinanderfolgende ganze Zahlen verhalten, denn sonst wäre o nicht frei von Doppelpunkten.

Eine Anwendungsform, bei der der Mittelpunkt von c_1 innerhalb t_1 liegt und daher die in Abb. **441** gezeigte Schwierigkeit nicht besteht, stellen die *Rootsschen Räder* dar (Abb. **442**). Zwei kongruente Profile c_1 und c_2 („Kolben") werden mit entgegengesetzt gleichen Winkelgeschwindigkeiten angetrieben und pumpen ein Gas oder eine Flüssigkeit in der Pfeilrichtung (z. B. bei Kompressormotoren, 10 000 U/min, oder als ROOTS-Gebläse, bzw. als ROOTS-Ventilator in Bergwerken). Die Punkte A', B', C', D' teilen t_1, die Punkte A'', B'', C'', D'' teilen t_2 in je vier Viertelkreise. Die außerhalb t_1 bzw. t_2 liegenden Teile von c_1 bzw. c_2 werden als Kreisbögen $B'C'$, $A'D'$, $A''B''$, $C''D''$ von gleichem Radius r gewählt, deren Mitten innerhalb t_1 bzw. t_2 liegen. Beim Abwälzen von t_1 auf t_2 beschreibt z. B. der Mittelpunkt O des Kreisbogens $A'D'$ eine nach Abb. **414** zu konstruierende gestreckte Epitrochoide o (und zwar eine PASCALsche Schnecke, weil t_1 und t_2 kongruent sind, siehe Beispiel **294**.). Das Gegenprofil des Kreisbogens $A'D'$ ist ein Bogen $A''D''$ der Parallelkurve von o im Abstand r. Die Bögen $A'B'$ und $C'D'$ von c_1, sowie $B''C''$ von c_2 sind mit dem Bogen $A''D''$ kongruent. Abb. **442** zeigt das Gehäuse und eine Zwischenstellung der Kolben, ferner die Eingriffslinie e. Die Kolben werden nicht nach den konstruierten Profilen geometrisch genau angefertigt, sondern etwas kleiner — siehe die Zwischenstellung in Abb. **442**; denn diese Verzahnung dient nicht der Übertragung einer Drehung, sondern der Abdichtung des Druckraums D gegen den Saugraum S und jeder Kolben erhält einen eigenen Antrieb. — Die Kolben werden meist nicht zylindrisch, sondern als Schraubflächen (mit entgegengesetzt gleichen Parametern) ausgebildet.

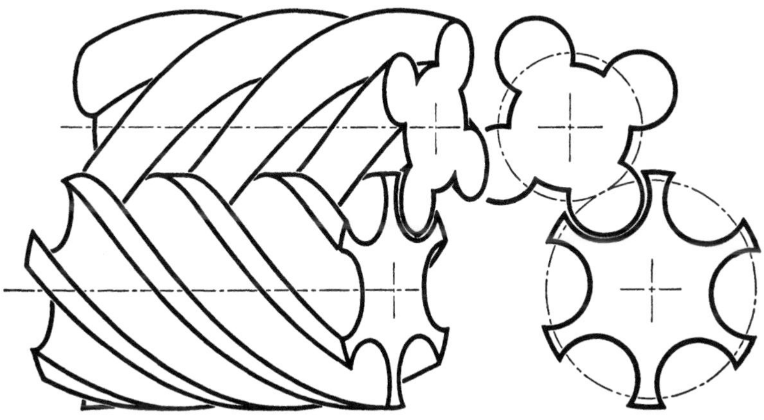

Abb. **443**. Schraubenverdichter (Gutehoffnungshütte, Sterkrade A.G.)

In gleicher Weise lassen sich ROOTS-Räder konstruieren, deren Kolben nicht zwei, sondern drei oder mehr „Zähne" besitzen. Ähnliche Verzahnungen treten bei allen *Kapselrädern mit stetigem Eingriff* auf (z. B. PAPPENHEIMsches Räderkapselwerk mit sechs Zähnen, Profilverdrängerpumpen mit Halbmond- oder Rippenprofil, z. B. als Mischer).

Abb. **443** zeigt axonometrisch einen schrägverzahnten *Gasverdichter*. Die Drehzahlen beider „Läufer" verhalten sich wie **2** : **3**. Der Hauptläufer hat vier Zähne mit kreisbogenförmigem Querschnitt, aus denen sich durch Abwälzen die Normalschnitte der sechs Schraubnuten des Nebenläufers ergeben. Während sich die Teilkreisradien wie 2 : 3 verhalten, sind die Kopfkreise beider Läufer gleich groß gewählt. Wie bei den ROOTS-Rädern keine metallische Berührung, daher keine Schmierung und kein Verschleiß. Bei umgekehrter Strömungs- und Drehrichtung als Motor arbeitend.

104. Zykloidenverzahnung. t_1 und t_2 drehen sich um ihre Mittelpunkte und berühren sich ständig in *12*. Ein Hilfskreis h (Abb. **444**, Durchmesser beliebig, etwa 1/3 des Durchmessers von t_1), der t_1 und t_2 in *12* berührt, möge sich um seinen Mittelpunkt so drehen, daß er ohne Gleiten auf t_1 und daher auch auf t_2 abrollt, wenn t_1 und t_2 sich um ihre Mittelpunkte drehen. Die Relativbewegung von h bezüglich Σ_1 ist eine Rollung. Ein Punkt P, der in der Anfangslage z. B.

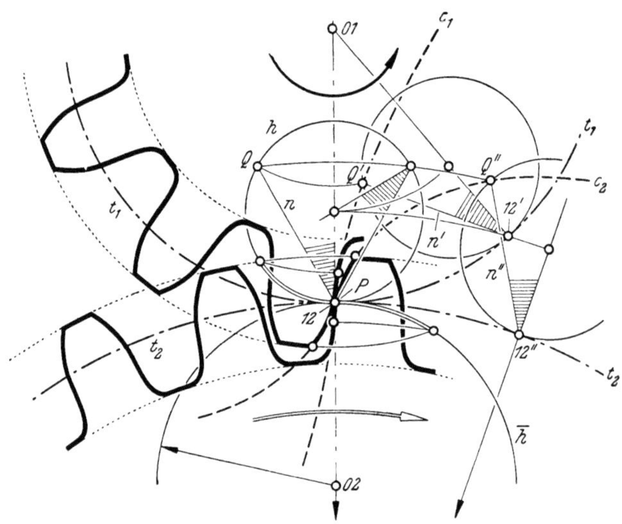

Abb. **444**. Zykloidenverzahnung, $z_1 = 12$, $z_2 = 24$

in *12* liegen möge, beschreibt relativ zu Σ_1 eine Hypotrochoide c_1. Relativ zu Σ_2 beschreibt er eine Epitrochoide c_2. Dann sind c_1 und c_2 passende Zahnprofile, denn wenn *12'* auf t_1 und zugleich *12''* auf t_2 nach *12* gelangen, kommen die Normalen n' von c_1 in Q' und n'' von c_2 in Q'' zur Deckung mit der Geraden n durch *12* und den Eingriffspunkt Q auf h. Gewöhnlich fügt man zu c_1 und c_2 noch die Trochoidenbögen hinzu, die von P beim Abrollen eines zweiten Hilfskreises $\bar{h}$ auf t_1 bzw. t_2 beschrieben werden. Die Eingriffslinie e besteht aus je einem Bogen von h und $\bar{h}$, der innerhalb beider Kopfkreise liegt. Abb. **444** zeigt links die Formgebung.

Diese von DE LA HIRE (1694) stammende Verzahnung findet heute z. B. in der Feinmechanik Anwendung[1]. Sie ist schwierig herzustellen, besitzt aber weicheren Gang und geringere Abnützung, weil sich die konvexen Zahnköpfe den konkaven Zahnfüßen gut anlegen.

[1] Z. VDI **78** (1934), 1174, siehe auch RICHTER-VOSS, Bauelemente der Feinmechanik, 2. Aufl., S. 47. Berlin: VDI-Verlag, 1938. — Auch ROOTS-Räder werden manchmal mit Zykloidenverzahnung versehen. Dabei ist (mit den Bezeichnungen von Abb. 442) der Durchmesser von h ein Viertel des Durchmessers von t_1 bzw. t_2; $A'D'$ ist ein voller Epizykloidenbogen, $A''D''$ ein voller Hypozykloidenbogen.

Ist h_1 halb so groß wie t_1, so ist c_1 ein Durchmesser von t_1 (elliptische Bewegung). Diese „radiale Geradflankenverzahnung“ ist bei großen Übersetzungen billig. Auf dem Großrad werden die geraden Zahnprofile angeordnet, die Zahnflanken des Kleinrades sind Hüllkurven von Durchmessern von t_1 beim Abwälzen von t_1. Die Eingriffspunkte liegen auf dem Kreis über *01, 12.*

105. Allgemeine Stirnradverzahnung. Sind die Relativpolkurven p_1, p_2 zweier bewegter ebener Systeme Σ_1, Σ_2 nicht Kreise, sondern andere Kurven (Abb. 418), so nennt man die nach diesen Kurven geformten Reibräder unrund. Auch solche Räder lassen sich verzahnen[1]. Wir untersuchen die Verzahnung unrunder Räder weniger wegen ihrer Anwendungen[2], sondern vielmehr deswegen, weil sie die Geometrie der ebenen Verzahnung besser verstehen lehren. Die Relativpolkurven nennen wir auch hier t_1, t_2 (Teilkurven) statt p_1, p_2.

Konstruktion nach Reuleaux. In Abb. 445 haben t_1 und t_2 in *12* gemeinsame Tangente t und gemeinsame Normale n. *Wir beziehen alle Betrachtungen auf das aus t und n gebildete System* Σ_0, das heißt wir nehmen an, t_1 und t_2 rollen so aufeinander, daß ihr Berührpunkt *12* samt Tangente t ortsfest bleibt[3]. In Abb. 445 wurden t_1, t_2 und c_1 in der Anfangslage angenommen. Der zugehörige Eingriffspunkt P ergibt sich als Fußpunkt der Normalen aus *12* auf c_1. Die Normale in einem anderen Punkt Q' von c_1 schneide t_1 in *12'* unter dem Winkel α. Den Gegenpunkt Q'' von c_2 findet man, indem man die Bogenlänge *12, 12'* von t_1 nach *12, 12''* auf t_2 abwickelt und die Strecke *12', Q'* unter dem Winkel α von *12''* bis Q'' aufträgt. Trägt man *12', Q'* unter dem Winkel α gegen t von *12* aus auf, so erhält

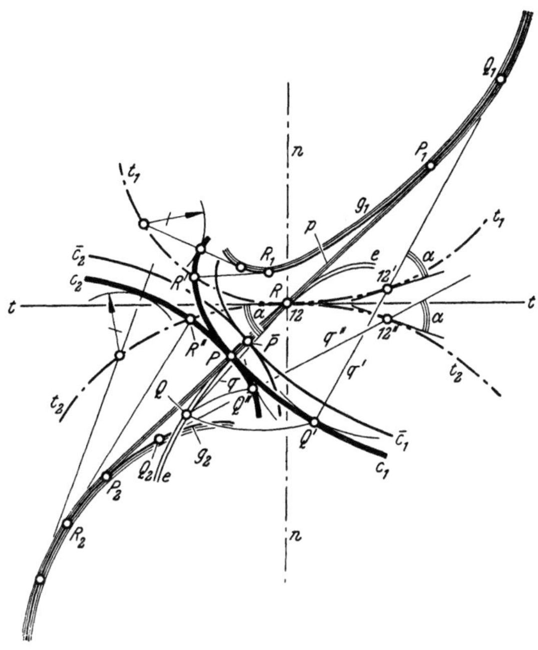

Abb. 445. Konstruktion nach REULEAUX

[1] Man könnte p_1 und p_2 in entsprechenden Punkten durch ihre Krümmungskreise ersetzen und für diese in der Nähe jener Punkte eine Verzahnung konstruieren (Näherungsverfahren).

[2] Zum Beispiel werden in der Textiltechnik elliptische Räder verwendet. In Abb. 393 sind dabei A_0 und A ortsfest aufzufassen; Σ_0 mit p_0 dreht sich um A_0, Σ mit p dreht sich um A, der Wälzpunkt M ändert seine Lage auf A_0A.

[3] Verhalten sich Σ_1 und Σ_2 anders, so ist Σ_0 nicht ruhend, sondern selbst bewegt. Drehen sich z. B. elliptische Räder um je einen Brennpunkt, so nimmt *12* im System jener Brennpunkte verschiedene Lagen ein. In einem solchen Fall denken wir uns den Beobachter im System Σ_0, dem *12*, t und n angehören, mitbewegt.

man den Eingriffspunkt Q. Gelangen *12'* und *12''* nach *12*, so vereinigen sich Q' und Q'' in Q. Die Punkte Q erfüllen die *Eingriffslinie* e [1].

Die Evoluten g_1, g_2 von c_1, c_2, also die Hüllkurven der Profilnormalen $Q'12'$ bzw. $Q''12''$, nennen wir *Grundkurven* oder sekundäre Polkurven. c_1 ist eine Evolvente von g_1, c_2 eine Evolvente von g_2. c_1 und g_1 liegen in Σ_1, c_2 und g_2 in Σ_2. – Über P_1, *12*, P_2 spanne man einen *Riemen* und setze ihn längs g_1 und g_2 fort (dreifacher dünner Strich in Abb. **445**). Vollführt dann etwa Σ_1 mit c_1 und g_1 seine Bewegung gegenüber Σ_0, so zieht Σ_1 den Riemen durch *12* und treibt dadurch Σ_2 an[2]. Zugleich folgt: *Sind* c_1, c_2 *passende Zahnprofile, so sind auch Parallelkurven* $\bar{c}_1$, $\bar{c}_2$ *von* c_1, c_2, *die einander berühren, passende Zahnprofile* (*denn beide Profilpaare liefern denselben Riementrieb*); die neue Eingriffslinie entsteht aus der alten, indem man die Abstände aller Eingriffspunkte von *12* um dieselbe Strecke vergrößert oder verkleinert.

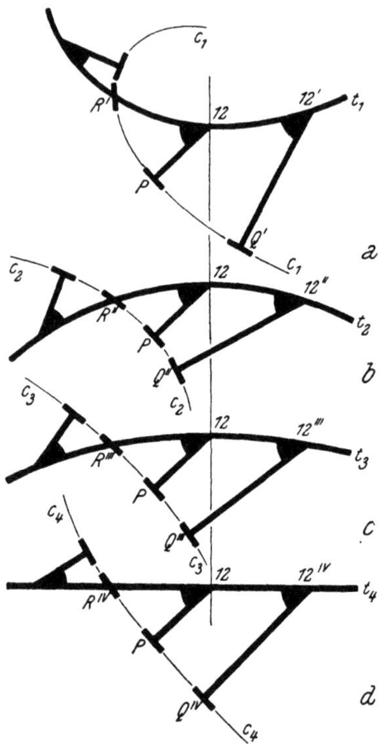

Abb. **446** *a* bis *d*. Satzräder, Zahnstange

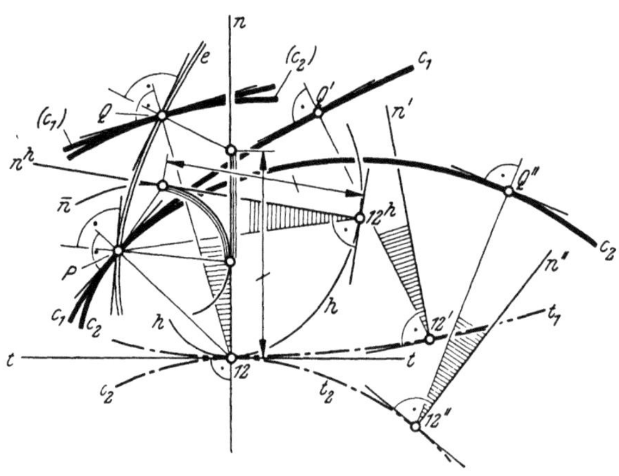

Abb. **447**. Konstruktion nach CAMUS

Nun lege man längs t_1 ein *Stahlband* an und verbinde mit ihm starr die Strecken *12,P*, *12',Q'* usw. (Abb. **446** *a*). Wird das Stahlband längs t_2 angelegt, so legen sich die Strecken *12,P*, *12',Q'* usw. nach Abb. **445** in die Lagen *12,P*, *12'',Q''* usw. (Abb. **446** *b*). Aber man kann das Stahlband auch in eine andere Form t_3 verbiegen und erhält durch die mitgenommenen und starr mit dem Stahlband verbundenen Strecken *12,P*, *12',Q'* usw. ein neues Profil c_3; c_3 läßt sich mit t_1 und c_1 oder mit t_2 und c_2 paaren (*Prinzip der Satzräder*, Abb. **446** *c*). Biegt man

[1] In technischen Anwendungen ist zu beachten, daß c_1 nirgends in sein Gegenprofil c_2 oder in benachbarte Zahnprofile auf Σ_2 eindringen darf. – Die Normale von c_1 in Q' kann t_1 außer in *12'* noch in weiteren Punkten schneiden; jeder solche Schnittpunkt liefert dann einen weiteren Punkt von c_2, der mit dem Punkt Q' von c_1 zum Eingriff kommt.

[2] Kehren die Zahnprofile einander nicht ihre konvexen Seiten zu, so läuft der Riemen von P_1 nach *12* und von *12* in umgekehrter Richtung nach P_2.

das Stahlband gerade, so erhält man die zu diesen Satzrädern gehörige *Zahnstange* t_4 mit dem „*Bezugsprofil*" c_4 (Abb. **446** *d*)[1].

Konstruktion nach Camus (Verallgemeinerung der Konstruktion von Abb. **444**). Abb. **447** zeigt ein anderes Verfahren zur Konstruktion von Zahnprofilen. Eine Hilfskurve h rolle auf t_1 und t_2, ein mitgenommener Punkt P beschreibe dabei die Bahnkurven c_1, c_2. Von *12* aus seien auf t_1, t_2, h gleiche Bogenlängen bis *12'*, *12''*, 12^h aufgetragen. Gelangt 12^h beim Rollen von h auf t_1 bzw. t_2 nach *12'* bzw. *12''*, so gelangt P nach Q' bzw. Q''. Die Normale von t_1 in *12'* sei n', die von t_2 in *12''* sei n'', die von h in 12^h sei n^h. Man erhält Q', Q'' durch Übertragung des Sektors $12^h\, n^h\, P$ nach $12'\, n'\, Q'$ bzw. $12''\, n''\, Q''$. Bewegen sich nun Σ_1, Σ_2 und h, indem t_1, t_2 und h aufeinander rollend in *12* die Gerade t berühren, so vereinigen sich die drei Sektoren zugleich im Sektor $12\, n\, Q$. Im Eingriffspunkt Q berühren sich die neuen Lagen (c_1), (c_2) von c_1, c_2. Daher sind c_1 und c_2 passende Zahnprofile. Für Teilkreise ist dieses Verfahren von CH. E. L. CAMUS (**1733**) angegeben worden.

Nimmt 12^h verschiedene Lagen auf h an, so umhüllen die zugehörigen Normalen n^h die Evolute $\overline{n}$ von h. $\overline{n}$ berührt n in der Anfangslage. Macht $\overline{n}$ die Bewegung von h mit, so gelangt jede Gerade n^h nach n, das heißt $\overline{n}$ wird immer n berühren. Die Entfernung des Berührpunktes von *12* ist gleich dem zugehörigen Krümmungsradius von h, das heißt $\overline{n}$ rollt auf n. Gelangt n^h nach n, so gelangt P nach Q. Daher bewegt sich h so, daß die Evolute $\overline{n}$ von h auf n rollt, und *die Eingriffslinie e entsteht als Bahnkurve von P beim Rollen von* $\overline{n}$ *auf n* [2].

Läßt man h noch auf anderen Kurven t_3 und auch auf einer Geraden t_4 abrollen, so bilden die Bahnkurven des mitgenommenen Punktes P Satzräderprofile c_3 und die zugehörige Zahnstange mit dem Bezugsprofil c_4 des Rädersatzes.

Legt man in Abb. **445** über der waagrecht gedachten Zeichenebene Π lotrechte „Teilzylinder" τ_1, τ_2 durch t_1, t_2, lotrechte „Grundzylinder" γ_1, γ_2 durch g_1, g_2, lotrechte Ebenen τ, ν durch t, n, so läßt sich der oben erwähnte Riementrieb um γ_1 und γ_2 legen und zwischen den durch P_1 und P_2 gehenden Erzeugenden spannen. Zerschneidet man den Riemen längs einer schrägen (nicht lotrechten) Geraden p durch P und wickelt man den einen Teil auf γ_1, den anderen auf γ_2 auf, so beschreibt P einmal c_1, einmal c_2. Ein anderer Punkt $\overline{P}$ von p beschreibt in einer zu Π parallelen Ebene $\overline{\Pi}$ einmal eine Kurve $\overline{c}_1$, einmal $\overline{c}_2$. Im Normalriß auf Π erscheinen $\overline{c}_1$, $\overline{c}_2$ als Parallelkurven von c_1, c_2, die einander im Normalriß von $\overline{P}$ berühren. Daher sind $\overline{c}_1$, $\overline{c}_2$ passende Zahnprofile in $\overline{\Pi}$. Wandert $\overline{P}$ auf p, so erfüllen die Kurven $\overline{c}_1$, $\overline{c}_2$ *zwei Böschungstorsen* Φ_1, Φ_2, *deren Erzeugenden gegen* Π *gleich geneigt sind und deren Gratlinien auf* γ_1 *bzw.* γ_2 *liegen.* $\overline{c}_1$ sind die Schichtenlinien von Φ_1, $\overline{c}_2$ die von Φ_2. Diese *Schrägzahnflanken* Φ_1 und Φ_2 berühren einander in jedem Zeitpunkt längs einer Erzeugenden p, die die lotrechte Gerade durch *12* schneidet, und ihre gemeinsame Tangentialebene ist normal zur Ebene $[p, 12]$. Abb. **445** zeigt p in Eingriffslage; andere Erzeugenden von Φ_1 bzw. Φ_2 kommen zu anderer Zeit und anderswo paarweise zum Eingriff,

---

[1] Für Teilkreise bei O. BAIER, l. c., S. **243**.

[2] Bei der Zykloidenverzahnung setzt sich h aus den Kreisen h und $\overline{h}$ zusammen; P liegt in der Anfangslage in *12*, $\overline{n}$ reduziert sich auf die Mittelpunkte von h_1, h_2; e fällt mit h zusammen. Bei der Evolventenverzahnung benötigt man vier logarithmische Spiralen als Hilfskurven h, je eine für jeden Bogen der Kreisevolvente c_1 zwischen t_1 und der Spitze von c_1 (auf g_1), je eine für jeden Bogen von c_1 außerhalb t_1; die Windungspunkte der Spiralen beschreiben je einen dieser Bögen von c_1 bzw. c_2. (FR. SCHILLING, l. c., S. **26**.)

z. B. q' und q'' in der Lage q. — Schrägzahnflanken ergeben ruhigeren Gang und größeren Überdeckungsgrad. Da die Schrägzahnflanken Torsen sind, lassen sie sich mit ebenen Schleifscheiben bearbeiten und nachschleifen. Ist c_1 eine Gerade, so sind die Zahnflanken des ersten Rades schräge Ebenen, die des zweiten Torsen.

Beispiel:

320. Konstruiere eine Verzahnung für den Zahnkranz c in Abb. 401! (Entweder nach Fußnote [1], S. 283, oder nach Abb. 445 oder nach Abb. 447.)

Übersichtsfragen

Die Konstruktion von Zahnprofilen nach REULEAUX und CAMUS a) bei Teilkreisen, b) bei allgemeinen Teilkurven. Was ist die Eingriffslinie und wie wird sie konstruiert? Eigenschaften der Evolventenverzahnung, der Triebstockverzahnung und der Zykloidenverzahnung. Was sind Satzräder und ihr Bezugsprofil?

XVIII. Geometrie der Bewegungen im Raum

Im Maschinenbau treten auch räumliche Getriebe und Verzahnungen auf. Entwurf, Herstellung und Formprüfung erfordern geometrische Kenntnisse. Hier sollen nur die einfachsten geometrischen Grundlagen betrachtet werden.

106. Bewegungen im Raum. *Als Umwendung an einer Geraden u bezeichnet man die Drehung aller Punkte des Raumes um u durch 180°. u heißt Achse der Umwendung.* — Wir beweisen den grundlegenden Satz: *Eine Schraubung läßt sich durch zwei Umwendungen ersetzen; deren Achsen u, $\bar{u}$ schneiden die Schraubachse a normal* (Abb. 448), *sie schließen den halben Schraubwinkel $\varphi/2$ ein und ihr* (auf a zu messender) *Normalabstand ist die halbe Schraubhöhe $z/2$.* Diese Ersetzung ist auf unendlich viele Arten möglich; ist u gewählt, so ist $\bar{u}$ bestimmt. Beweis: Irgend ein Raumpunkt P gehe durch Umwendung an u in $\bar{P}$ über, $\bar{P}$ durch Umwendung an $\bar{u}$ in P_1. Um $\bar{P}$ zu finden, lege man durch P die Normale n zu u ($n' \perp u'$ durch P', aus dem Fußpunkt $1' = (n'u')$ folgt $1''$ auf u'') und übertrage $P\,1$ nach $1\,\bar{P}$. Ebenso wird $\bar{P}$ an $\bar{u}$ umgewendet. Abb. 448 zeigt, daß $\sphericalangle\, P'\, a'\, P_1' = \varphi$ ist und P_1 um z höher als P liegt, daß also P durch Nacheinanderausführung beider Umwendungen in P_1 übergeht. — Ist $z = 0$ (Drehung um a durch φ), so schneiden sich u und $\bar{u}$. Ist $\varphi = 0$ (Parallelverschiebung in Richtung a um die Strecke z), so sind u und $\bar{u}$ parallel; dabei kann für u irgend eine zur Verschiebungsrichtung normale Gerade genommen werden. Im folgenden verstehen wir unter Schraubung immer eine echte Schraubung oder eine Drehung oder eine Parallelverschiebung.

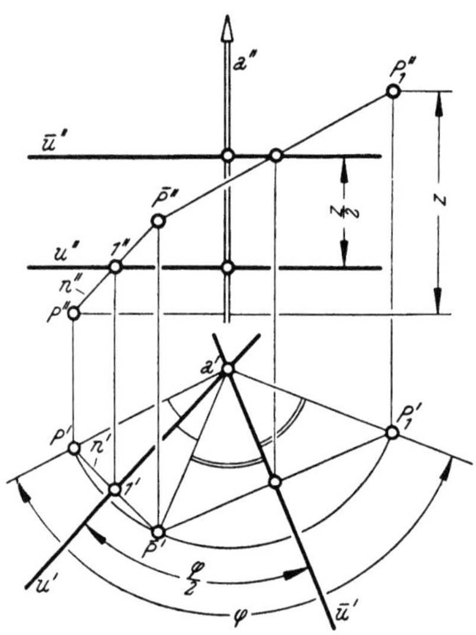

Abb. 448. Zerlegung einer Schraubung in zwei Umwendungen

Wir zeigen nun, daß die Nacheinanderausführung zweier Schraubungen (Achsen a_1, a_2, Schraubwinkel φ_1, φ_2, Schraubhöhen z_1, z_2) sich durch eine einzige Schraubung ersetzen läßt (Abb. 449). Wir zerlegen beide Schraubungen in je zwei Umwendungen. Die Umwendungsachsen u_1, $\overline{u}_1$ und u_2, $\overline{u}_2$ lassen sich so legen, daß $\overline{u}_1$ und u_2 mit dem Gemeinlot von a_1 und a_2 identisch sind. Die erste Schraubung führe einen Raumpunkt P in P_1 über; P_1 gelange durch die zweite Schraubung nach P_2. Unterwirft man P statt dessen der Reihe nach den Umwendungen an u_1, $\overline{u}_1$, u_2, $\overline{u}_2$, so gehen aus P die Punkte $\overline{P}$, P_1, $\overline{P}_1$, P_2 hervor. Wegen $\overline{u}_1 = u_2$ heben sich die Umwendungen an $\overline{u}_1$ und u_2 gegenseitig auf und es ist $\overline{P}_1 = \overline{P}$. Es bleiben nur die Umwendungen an u_1 und $\overline{u}_2$ übrig, diese ergeben zusammengesetzt die resultierende Schraubung.

Die Zusammensetzung zweier Schraubungen ergibt also wieder eine Schraubung; die Achse a der resultierenden Schraubung ist das Gemeinlot von u_1 und $\overline{u}_2$, Schraubwinkel φ und Schraubhöhe z sind der doppelte Winkel- bzw. doppelte Abstand von u_1 und $\overline{u}_2$ [1]. — Auch die Zusammensetzung zweier Drehungen ($z_1 = 0$, $z_2 = 0$)

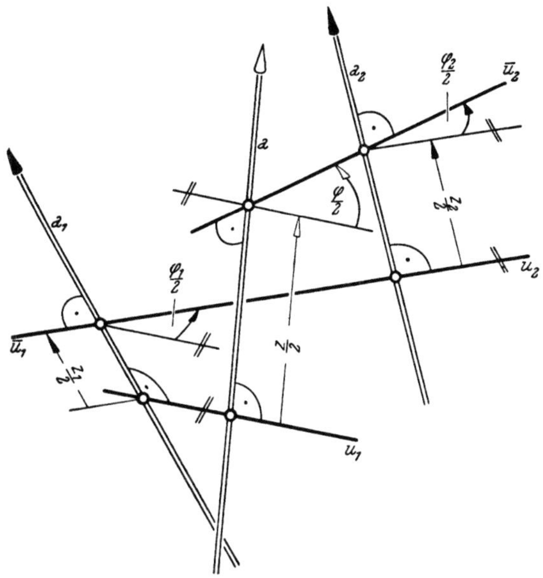

Abb. 449. Zusammensetzung zweier Schraubungen

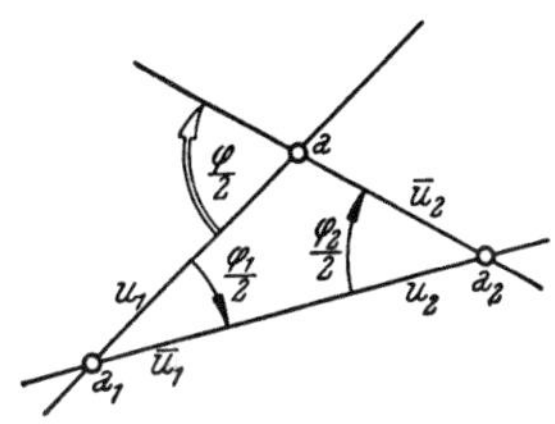

Abb. 450. Zusammensetzung zweier Drehungen um parallele Achsen

ergibt im allgemeinen nicht eine Drehung, sondern eine Schraubung ($z \neq 0$). Wenn die Drehachsen a_1, a_2 einander jedoch in einem Punkt O schneiden, so ist $\overline{u}_1 = u_2$ die in O errichtete Normale zur Ebene $[a_1 a_2]$, $\sphericalangle\, u_1\overline{u}_1 = \varphi_1/2$, $\sphericalangle\, u_2\overline{u}_2 = \varphi_2/2$, und die Zusammensetzung beider Drehungen ergibt die Drehung um die in O errichtete Normale a zur Ebene $[u_1\overline{u}_2]$ durch den Winkel $2 \cdot \sphericalangle\, u_1\overline{u}_2$. — Sind die Drehachsen a_1, a_2 parallel, so ergibt sich eine Drehung um eine zu ihnen parallele Achse a; Abb. 450 zeigt den Normalriß in Richtung der Achsen.

[1] Beachte, daß durch u_1 und $\overline{u}_2$ nur die Achse a und die Schraubhöhe z der resultierenden Schraubung eindeutig bestimmt sind. Der Winkel von u_1 und $\overline{u}_2$ ist jedoch nicht eindeutig bestimmt; schließen u_1 und $\overline{u}_2$ den Winkel $\varphi/2$ ein, so schließen sie auch die Winkel $\varphi/2 + m\,\pi$ und $n\pi - \varphi/2$ ein (m, n ganze Zahlen). Als Schraubwinkel kommt daher nicht nur φ in Betracht, sondern auch $\varphi + 2\,m\pi$ und $2\,n\,\pi - \varphi$. Dem entspricht, daß man auf einem bestimmten Schraubzylinder durch zwei gegebene Punkte unendlich viele rechtsgewundene und unendlich viele linksgewundene Schraublinien legen kann; die zugehörigen Schraubparameter sind $z/(\varphi + 2\,m\,\pi)$ bzw. $z/(2\,n\,\pi - \varphi)$, die zugehörigen Ganghöhen sind das $2\,\pi$-fache davon.

In der Ebene läßt sich ein bewegtes System Σ aus einer Lage Σ^0 in eine Lage Σ^1 durch Drehung oder Parallelverschiebung überführen (Abb. 361). Im Raum gilt analog der *Satz von Chasles (1860)*: *Ein starrer Körper (ein räumliches System) Σ läßt sich aus einer Lage Σ^0 in eine Lage Σ^1 stets durch Schraubung überführen.* Um dies zu beweisen, kennzeichnen wir die Lagen Σ^0 und Σ^1 von Σ durch die Lagen $U^0x^0y^0z^0$ und $U^1x^1y^1z^1$ eines mitbewegten Achsenkreuzes $Uxyz$ (Abb. 451). s sei die Schnittgerade der Ebenen $[x^0y^0]$ und $[x^1y^1]$. Wir drehen Σ^0 um s so, daß die Oberseite der $[x^0y^0]$-Ebene in die Oberseite der $[x^1y^1]$-Ebene gelangt. $U^0x^0y^0z^0$ komme dabei nach $\overline{U}\overline{x}\overline{y}\overline{z}$. Nach Abb. 361 kann man dann $\overline{U}\overline{x}\overline{y}$ durch Drehung um eine bestimmte zu $[x^1y^1]$ normale Gerade $\overline{s}$ in $U^1x^1y^1$ überführen. Die Drehungen $U^0x^0y^0z^0 \to \overline{U}\overline{x}\overline{y}\overline{z}$ und $\overline{U}\overline{x}\overline{y}\overline{z} \to U^1x^1y^1z^1$ ergeben nach Abb. 449 zusammengesetzt die gesuchte Schraubung $\Sigma^0 \to \Sigma^1$ [1]. Bei besonderen Lagen von Σ^0 und Σ^1 geht Σ^0 in Σ^1 durch Drehung oder durch Parallelverschiebung über[2]. — Der Beweis verläuft ebenso, wenn s oder $\overline{s}$ Ferngerade ist.

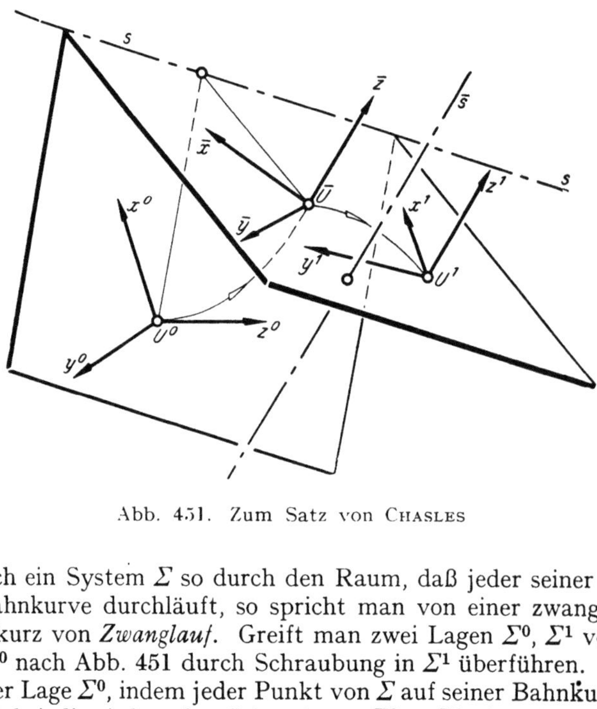

Abb. 451. Zum Satz von CHASLES

Bewegt sich ein System Σ so durch den Raum, daß jeder seiner Punkte eine bestimmte Bahnkurve durchläuft, so spricht man von einer zwangläufigen Bewegung oder kurz von *Zwanglauf*. Greift man zwei Lagen Σ^0, Σ^1 von Σ heraus, so läßt sich Σ^0 nach Abb. 451 durch Schraubung in Σ^1 überführen. Nähert man die Lage Σ^1 der Lage Σ^0, indem jeder Punkt von Σ auf seiner Bahnkurve wandert, und besitzt dabei die Achse der Schraubung $\Sigma^0 \to \Sigma^1$ eine Grenzlage m_0 und ihr Parameter einen Grenzwert p_0 [3], so nennt man m_0 die *Momentanachse*, p_0 den

[1] Der Schraubwinkel ist nach Fußnote [1], S. 287, nicht eindeutig bestimmt.

[2] Geht Σ^0 in Σ^1 durch Drehung über, so ist der Drehwinkel nicht eindeutig bestimmt; ist φ ein Drehwinkel, so führen nach Fußnote [1], S. 287, auch Drehungen durch $\varphi + 2m\pi$ oder $2n\pi - \varphi$ die Lage Σ^0 in Σ^1 über. Geht Σ^0 in Σ^1 durch eine Parallelverschiebung über ($z \neq 0$, $\varphi = 0$), dann auch durch Schraubungen mit der Schraubhöhe z und den Schraubwinkeln $2m\pi$ (m ganz); die Schraubachse liegt beliebig in Richtung der Schiebung.

[3] Unter den nach Fußnote [1], S. 287, möglichen Schraubungen, die Σ^0 in Σ^1 überführen, ist dabei jene herauszugreifen, deren Schraubwinkel gegen 0 konvergiert, wenn sich Σ^1 der Lage Σ^0 nähert.

Momentanparameter der zwangläufigen Bewegung für die Lage Σ^0. *Die Punkte von Σ haben in der Lage Σ^0 Bahntangenten, die mit den Tangenten an die Schraublinien dieser „Momentanschraubung" übereinstimmen.* Dieser schon 1763 von G. Mozzi ausgesprochene Satz ist das räumliche Analogon dazu, daß bei einer ebenen Bewegung die Bahntangenten aller Punkte in einer bestimmten Lage mit den Tangenten der Kreise um den Momentanpol übereinstimmen (Abb. 362) oder zueinander parallel sind.

Die Momentanachse wechselt im allgemeinen während der Bewegung ihre Lage im festen System Σ_0 und im bewegten System Σ [1]. Die Gesamtheit der Momentanachsen in Σ_0 bzw. Σ heißt die *feste Polfläche* Φ_0 bzw. die *bewegte Polfläche* Φ *der Bewegung. Diese beiden Regelflächen berühren einander in jeder Lage von Σ längs einer Erzeugenden, der Momentanachse dieser Lage von Σ. Φ „schrotet" auf* Φ_0, das heißt Φ wälzt sich durch infinitesimale Schraubungen auf Φ_0 ab[2].

Ein wichtiger *Sonderfall* liegt vor, *wenn Σ während der Bewegung in einem Punkt O von Σ_0 festgehalten wird.* Dann geht jede Momentanachse m_0 durch O, und weil O festbleibt, bleibt jeder Punkt von m_0 fest, das heißt die Bewegung kann in jedem Zeitpunkt durch eine *Momentandrehung* (statt Momentanschraubung) angenähert werden. *Φ_0 und Φ sind hier Kegel mit der Spitze O. Φ rollt* (statt schrotet) *auf* Φ_0. Man spricht von einer *sphärischen Bewegung*, weil jede Kugel mit der Mitte O in sich übergeht. Abb. 126 zeigt ein Beispiel; die Achse o_1 wird über den Halbkreis k_1, die Achse a, den Kreis k, die Achse b und den Halbkreis k_2 mit der Achse o_2 verbunden. Liegen o_1 und o_2 in einer Geraden x (wie in Abb. 126), so wird eine Drehung um o_1 im Übersetzungsverhältnis 1 : 1 auf eine Drehung um o_2 übertragen. Bleibt o_1 in der Geraden x, während o_2 in eine andere Gerade durch U ausgelenkt wird, so wird die Drehung ungleichförmig übertragen; der Kreis k bewegt sich dann so, daß sein Durchmesser a sich in der zu o_1 normalen Ebene um U dreht, während sein Durchmesser b sich in der zu o_2 normalen Ebene um U dreht[3]. — Sind beide Polkegel einer sphärischen Bewegung Drehkegel, so spricht man von einer *sphärischen Trochoidenbewegung* und nennt die Bahnkurve *sphärische Trochoiden.* Artet dabei der feste oder der bewegte Polkegel in eine Ebene aus, so heißen die Bahnkurven *sphärische Zykloiden* bzw. *sphärische Kreisevolventen.*

Wenn beide Polflächen Zylinder sind und aufeinander rollen, dann geht jede zu den Zylindererzeugenden normale Ebene in sich über und in ihr findet eine ebene Bewegung statt, deren Polkurven die Normalschnitte jener Zylinder sind.

Der Begriff *Umkehrbewegung* wird wie in der Ebene erklärt. In jedem Zeitpunkt haben Bewegung und Umkehrbewegung dieselbe Momentanachse und denselben Momentanparameter. Die bewegte Polfläche wird zur festen, die feste zur bewegten. Parallelverschiebungen, Drehungen und Schraubungen,

[1] Sie bleibt jedoch bei einer Drehung sowohl in Σ_0 als auch in Σ punktweise fest. Bei einer Schraubung bleibt sie in Σ_0 punktweise fest, während sie in Σ in sich selbst verschoben wird. Bei einer Parallelverschiebung könnte man die Ferngerade der zur Schiebrichtung normalen Ebenen als Momentanachse ansehen.

[2] Während in der Ebene zwei beliebige Kurven aufeinander rollen können, müssen im Raum zwei Regelflächen gewisse differentialgeometrische Bedingungen erfüllen, damit sie aufeinander schroten können.

[3] Fallen o_1 und o_2 nicht in eine Gerade und hält man ihre Lage fest, so ist die Bewegung von k Sonderfall eines sphärischen Dreistabgetriebes; o_1, o_2 bzw. a, b schneiden eine um U gelegte Kugel in den Endpunkten des Steges bzw. der Koppel Arme und Koppel sind hier Viertelkreise.

sphärische Trochoidenbewegungen besitzen als Umkehrung gleichartige Bewegungen. Die Umkehrung einer sphärischen Zykloidenbewegung jedoch ist eine sphärische Kreisevolventenbewegung.

Vollführen zwei Systeme Σ_1, Σ_2 in einem ruhenden System Σ_0 die Bewegungen B_1, B_2, so vollführt Σ_2 gegenüber Σ_1 eine *Relativbewegung*. Für einen in Σ_1 stehenden Beobachter vollführt Σ_0 die Umkehrbewegung $\overline{B}_1$ von B_1. Σ_2 vollführt gegenüber Σ_0 die Bewegung B_2, daher ergibt sich die Relativbewegung von Σ_2 gegenüber Σ_1 durch Zusammensetzung der Bewegungen $\overline{B}_1$ und B_2. In einem bestimmten Zeitpunkt mögen B_1 bzw. $\overline{B}_1$, B_2 und die Relativbewegung die Momentanachsen *01*, *02*, *12* und die Momentanparameter p_{01}, p_{02}, p_{12} haben. Setzt man in Abb. **449** $a_1 = 01$, $a_2 = 02$, $z_1 = p_{01}\varphi_1$, $z_2 = p_{02}\varphi_2$, und streben φ_1 und φ_2 gegen 0, so erkennt man, daß a die Grenzlage *12* einnimmt und $\overline{u}_1 = u_2$ normal schneidet. *Bei drei Systemen Σ_0, Σ_1, Σ_2 haben die Momentanachsen 01, 02, 12 daher ein gemeinsames Gemeinlot* (Abb. 452). Schneiden sich *01* und *02* in einem eigentlichen Punkt *O* (sphärische Bewegung), so liegen *01*, *02*, *12* in einer Ebene und gehen durch *O*. Sind *01* und *02* parallel, so liegen *01*, *02*, *12* in einer Ebene und sind parallel.

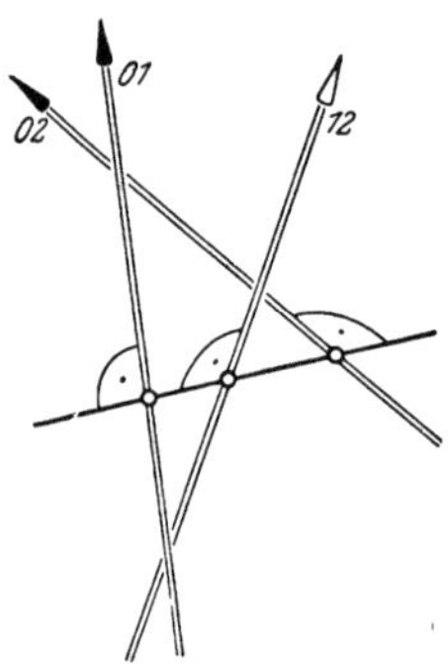

Abb. 452. Drei Relativmomentanachsen

Vollführen z. B. Σ_1 und Σ_2 gegenüber Σ_0 Schraubungen mit festen Achsen und konstanten Winkelgeschwindigkeiten, so sind *01*, *02* die ortsfesten Achsen dieser Schraubungen. Auch *12* hat in jedem Zeitpunkt dieselbe ortsfeste Lage, wie sich durch Grenzübergang aus Abb. **449** ergibt. Wird *12* beiden Schraubungen unterworfen, so entstehen als *Relativpolflächen zwei im allgemeinen schiefe, offene Regelschraubflächen*, die sich in sich verschrauben und dabei aneinander längs *12* berührend abschroten[1]. *Vollführen Σ_1 und Σ_2 gegenüber Σ_0 Drehungen mit konstanten Winkelgeschwindigkeiten*, so sind *01*, *02* die ortsfesten Achsen dieser Drehungen. Wird die ortsfeste Relativmomentanachse *12* beiden Drehungen unterworfen, so entstehen *als Relativpolflächen im allgemeinen zwei einschalige Drehhyperboloide*, die sich in sich drehen und dabei aneinander längs *12* berührend abschroten (Abb. 457)[1]. *Schneiden sich überdies 01 und 02 in einem Punkt O*, so entstehen *als Relativpolflächen zwei Drehkegel mit der Spitze O*, die sich in sich drehen und dabei aneinander längs *12* abrollen (Abb. **453**). Einer dieser Drehkegel kann auch in eine Ebene ausarten.

Die Fülle der Möglichkeiten räumlicher Getriebe ist technisch bisher noch wenig genutzt, doch haben Raumgetriebe zunehmende Bedeutung[2].

---

[1] Die Relativbewegung von Σ_2 gegenüber Σ_1 untersucht F. HOHENBERG, Mh. Math. **54** (1950), 221–234.

[2] Siehe F. G. ALTMANN, Z. VDI **93** (1951), **765** a, und zahlreiche andere Aufsätze desselben Verfassers. Einen Überblick über das Gebiet gibt K. FEDERHOFER, Graphische Kinematik und Kinetostatik, Berlin: Springer-Verlag, **1932**. Zahlreiche Beispiele enthält R. BEYER, Technische Kinematik, Leipzig: J. A. Barth, **1931**. Ein neueres Beispiel sind die „magischen Hände"; eine Person steuert mit ihren Handbewegungen über eine strahlenabhaltende Glaswand hinweg die Bewegungen von Greifern. Die Greifer sind wie menschliche Hände geformt. Sie verrichten Handarbeit an radioaktiven Stoffen.

Beispiel:

321. Suche und untersuche Sonderfälle von Abb. **449**, **450**, **451**! (Drehungen oder Parallelverschiebungen statt Schraubungen.)

107. Verzahnung von Kegelrädern. *Kegelräder dienen der gleichförmigen Übertragung von Drehungen, deren Achsen 01, 02 einander in einem Punkt O schneiden.* Die Relativpolflächen der rotierenden Systeme Σ_1, Σ_2 sind Drehkegel mit den Achsen *01*, *02* und der Spitze *O*. Sie heißen hier *Teilkegel* (Abb. **453**). Sind ω_1, ω_2 die Winkelgeschwindigkeiten beider Drehungen und hat ein Punkt *P* der Ebene [*01*, *02*] von *01* bzw. *02* die Entfernung r_1 bzw. r_2, so hat *P* bei der ersten bzw. zweiten Drehung die Geschwindigkeit $r_1\omega_1$ bzw. $r_2\omega_2$. Soll *P* auf der Relativmomentanachse *12* liegen, so muß $r_1\omega_1 = r_2\omega_2$ sein. Man erhält daher einen Punkt *P* von *12* im Schnitt von Parallelen zu *01* und *02*, deren Abstände r_1, r_2 von *01*, *02* sich wie $\omega_2 : \omega_1$ verhalten[1].

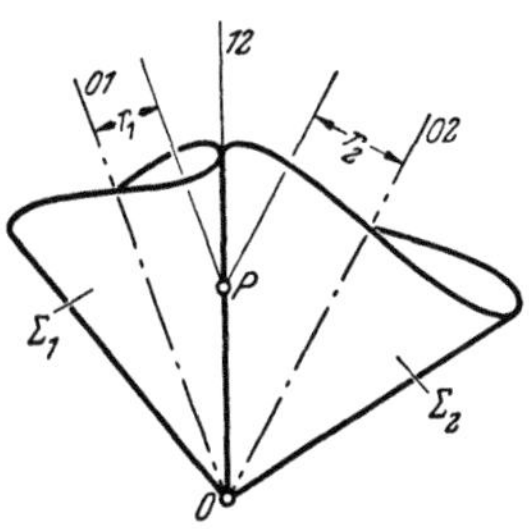

Abb. **453**. Teilkegel

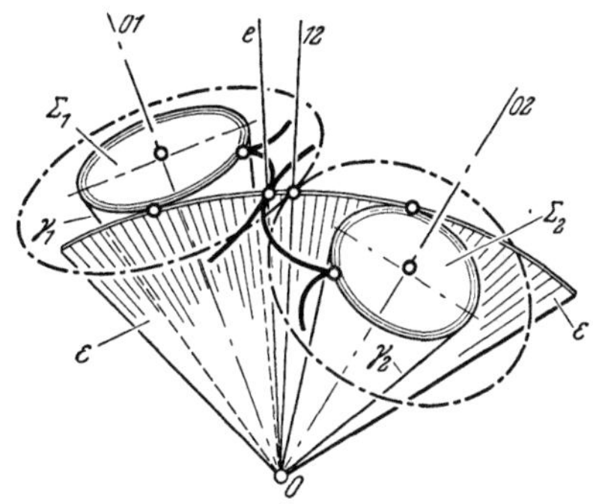

Abb. **454**. Konische Evolventenverzahnung

Kegelräder lassen sich nach ähnlichen Gesetzen wie Stirnräder verzahnen. Im einfachsten Fall sind die Zahnflanken Kegel mit der Spitze *O* (*Geradzahnkegelräder*). τ_1 und τ_2 seien die Teilkegel, Φ_1 und Φ_2 passende Zahnflankenkegel, die sich in einem bestimmten Zeitpunkt längs einer Erzeugenden *e* berühren. Beim Abwälzen von Σ_1 auf Σ_2 (Relativbewegung von Σ_1 gegenüber Σ_2, Rollen von τ_1 auf τ_2) hüllt die mitgenommene Zahnflanke Φ_1 die Gegenflanke Φ_2 ein. Da die Momentandrehung um *12* erfolgt, stehen die Bahntangenten der Punkte von *e* auf der Ebene [*e*, *12*] normal. *e* befindet sich im Eingriff, wenn jene Bahntangenten Φ_1 berühren, das heißt wenn die Tangentialebene von Φ_1 längs *e* normal zur Ebene [*e*, *12*] steht (*Verzahnungsgesetz*). Die Gesamtheit der Geraden *e* im ortsfesten System Σ_0, in denen Φ_1 und Φ_2 zum Eingriff kommen, heißt der *Eingriffskegel* oder die *Eingriffsfläche* ε.

Von hier aus lassen sich wie bei Stirnrädern Konstruktionen passender Zahnflanken entwickeln. Zum Beispiel erhält man die *konische Evolventenverzahnung* (Abb. **454**), *indem man eine durch 12 gehende Ebene* ε *als Eingriffsfläche vorgibt.* Dazu gehören *Grundkegel* γ_1, γ_2 (= Drehkegel mit den Achsen *01*, *02*), die ε berühren. Zerschneidet man ε längs einer durch *O* gehenden Geraden *e* und rollt die eine Halbebene auf γ_1, die andere auf γ_2 ab, so beschreibt *e* passende konische Evolventenzahnflanken. *Solche Räder arbeiten auch dann noch im selben konstanten Übersetzungsverhältnis, wenn der Winkel zwischen 01 und 02 sich mäßig*

[1] Bei Kegelradinnenverzahnung wäre r_1 oder r_2 nach der anderen Seite aufzutragen.

ändert; denn in der neuen Lage beider Achsen existiert eine neue Eingriffsebene, die die neuen Lagen der Grundkegel berührt und bei deren Rollen auf den Grundkegeln dieselben Evolventenflanken erzeugt werden.

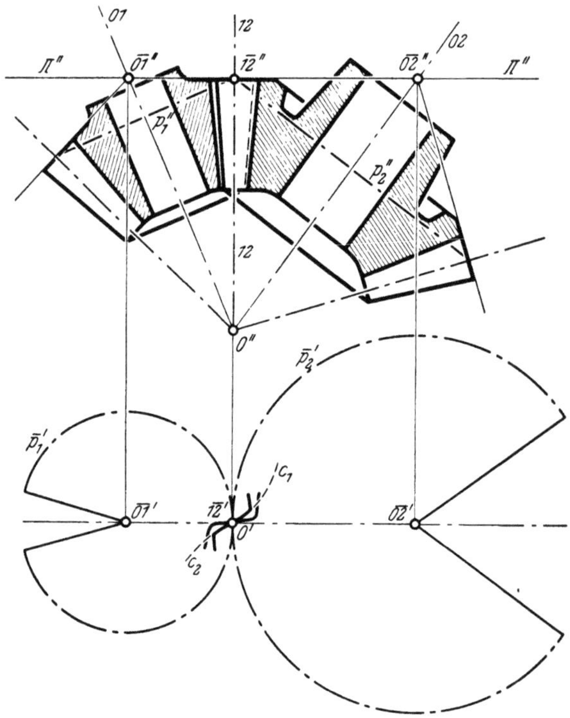

Abb. 455. Angenäherte Kegelradverzahnung, $i = 3 : 2$

Die theoretisch richtige Konstruktion konischer Zahnflanken ist umständlich und daher zeichnerisch ungenau. Abb. 455 zeigt eine *Näherungskonstruktion*, die selbst bei feinbearbeiteten Rädern völlig ausreicht. Eine zu *12* normale Ebene Π schneide *01* in $\overline{01}$, *02* in $\overline{02}$, *12* in $\overline{12}$. Durch $\overline{12}$ legt man die Parallelkreise p_1, p_2 beider Teilkegel und wickelt die durch p_1 bzw. p_2 gehenden „Ergänzungskegel" (Spitze $\overline{01}$ bzw. $\overline{02}$) in die Kreissektoren $(\overline{01}; \bar{p}_1)$ bzw. $(\overline{02}; \bar{p}_2)$ in Π ab. Nun konstruiert man eine ebene Verzahnung mit den Teilkreisen $\bar{p}_1$, $\bar{p}_2$ und wickelt deren Zahnprofile c_1, c_2 auf die Ergänzungskegel auf. Durch die aufgewickelten Zahnprofile werden die Flankenkegel mit der Spitze O gelegt. — Ist einer der Teilkegel in eine Ebene ausgeartet (*Planrad oder Tellerrad*, Abb. 456), so artet der zugehörige Ergänzungskegel in einen Drehzylinder aus und man hat in der Abwicklung eine Zahnstangenverzahnung (Teilkreis $\bar{p}_1$, Teilgerade $\bar{p}_2$) zu konstruieren.

Auf Kegelrädern lassen sich auch *Schrägzahnflanken* anordnen, das heißt Zahnflanken, die nicht Kegel mit der Spitze O sind. Ist die Flanke Φ_1 angenommen, so ergibt sich die Gegenflanke Φ_2 als Hüllfläche aller Lagen von Φ_1 beim Abrollen des ersten auf dem zweiten Teilkegel. In jeder Lage berühren sich Φ_1 und Φ_2 längs einer Kurve, in deren Punkten die gemeinsamen Flächennormalen von Φ_1 und Φ_2 die Relativmomentanachse *12* schneiden[1]. Man spricht daher von *Linienberührung* oder *Linienverzahnung*.

Kleine Formungenauigkeiten der Flanken infolge Herstellungsmängeln oder Abnützung, kleine Fehler in der gegenseitigen Lage beider Räder infolge ungenauer Montage oder Erschütterungen oder Schwingungen, Durchbiegung der Zähne unter dem Zahndruck und andere Ursachen können die Vorteile einer theoretisch genauen Linienberührung zunichte machen. Daher haben sich bei schrägverzahnten Kegelrädern und bei Hyperboloidrädern (siehe 108.) Verzahnungen durchgesetzt, bei denen entsprechende Zahnflanken einander in jedem Zeitpunkt nicht längs einer Kurve, sondern genau nur in einem Punkt berühren (*Punktverzahnung*). Die Gestaltung der Zahnflanken beruht nicht auf geometrischen Gesetzen im strengen Sinn, sondern auf geometrischen Näherungsbetrachtungen und Versuchen. Es wird erreicht, daß die Zahnflanken sich unter dem Zahndruck in einem kleinen Bereich flächig anlagern und daß diese „ballige Auflage" bei Abnützung, Zahndruckänderungen usw. sich nur verschiebt, im wesentlichen aber erhalten bleibt. Die bekanntesten Räder dieser Art sind *die Klingelnberg-Palloid-Spiralkegelräder in Europa und die spiralverzahnten Gleasonräder in Amerika.*

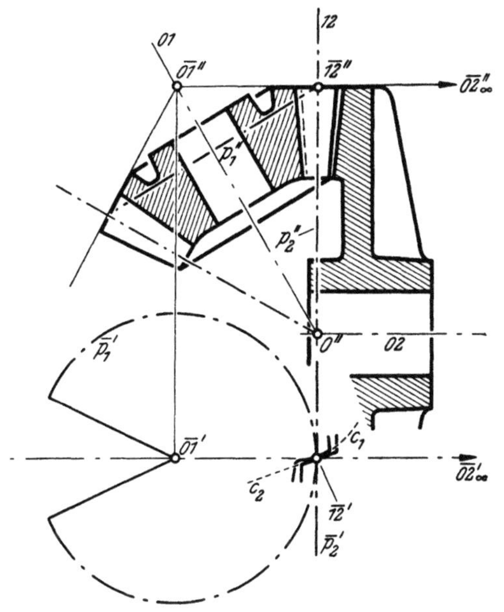

Abb. 456. Angenäherte Planradverzahnung, $i = 2:1$

Beispiel:

322. Konstruiere nach Abb. **455** oder **456** Kegelräder mit angenäherter Evolventenverzahnung!

108. Räumliche Verzahnungen. *Sollen zwischen zwei windschiefen Achsen 01 und 02 Drehungen mit den Winkelgeschwindigkeiten* ω_1, ω_2 *in festem Übersetzungsverhältnis* $i = \omega_1 : \omega_2$ *übertragen werden, so sind die Relativpolflächen* (*Teilflächen* τ_1, τ_2) der rotierenden Systeme Σ_1, Σ_2 nach 106. *einschalige Drehhyperboloide mit den Achsen 01 und 02, die einander längs der Relativmomentanachse 12 berühren.* Sind *01*, *02* und i gegeben, so ist zunächst *12* zu konstruieren (Abb. 457). Zu diesem Zweck denken wir uns zu jeder Geraden g von Σ_1 und Σ_2 durch einen beliebigen Hilfspunkt R die Parallele g^k gelegt; g^k heiße konisches Bild von g. Zum Beispiel mögen *01*, *02* die konischen Bilder 01^k, 02^k besitzen. Vollführen Σ_1 und Σ_2 ihre Drehungen, so drehen sich die konischen Bilder mit denselben Winkelgeschwindigkeiten ω_1, ω_2 um 01^k bzw. 02^k. Alle Punkte der gesuchten Relativmomentanachse *12* haben dieselbe Relativgeschwindigkeit in der Richtung

[1] W. Wunderlich [Betrieb und Fertigung **2** (1948), 81—87] bestimmt die Kegelradschrägverzahnungen, deren Flanken Torsen sind.

von *12*, denn *12* ist Achse der Relativmomentanschraubung und bei einer Schraubung haben alle Punkte der Achse dieselbe Geschwindigkeit. Das konische Bild 12^k von *12* muß in jedem seiner Punkte die Relativgeschwindigkeit 0 haben, weil *ein* Punkt von 12^k, nämlich R, festbleibt. Daher muß 12^k die Relativmomentanachse der Drehungen um 01^k und 02^k sein. Im Normalriß in Richtung des Gemeinlotes n von *01* und *02* (in Abb. **457** als Grundriß gezeichnet, da *01* und *02* waagrecht angenommen wurden) läßt sich daher $12'$ wie in Abb. **453** konstruieren. Im Seitenriß in Richtung *12* erscheinen dann *01* und *02* als Parallelen $01'''$, $02'''$ mit demselben Normalabstand wie *01* und *02* im Raum. In jedem Punkt P von *12* berühren sich beide Hyperboloide; da *12* waagrecht liegt, erscheint die gemeinsame Flächennormale f eines Punktes P im Grundriß als Normale zu $12'$ durch P'. Die Flächennormalen jeder Drehfläche schneiden die Drehachse, daher werden *01* und *02* von f geschnitten. Führt man die Schnittpunkte I, II vom Grundriß in den Seitenriß, so ergibt sich $12'''$ im Schnitt von n''' mit $f''' = I'''II'''$. Die Abstände ϱ_1, ϱ_2 des Punktes $12'''$ von $01'''$ bzw. $02'''$ sind dann die Kehlkreisradien von τ_1 und τ_2.

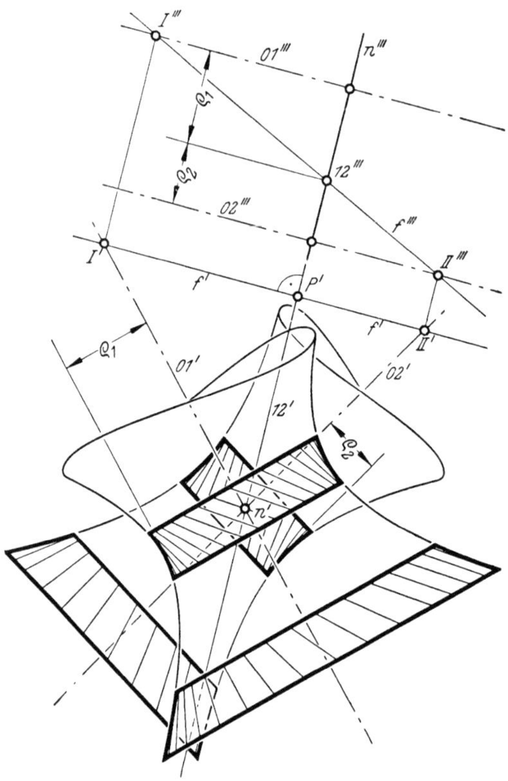

Abb. 457. Hyperboloidräder

In den technischen Anwendungen kreuzen sich 01 und 02 zumeist rechtwinklig. Zur Verzahnung werden stets nur Zonen zwischen Parallelkreisen der Drehhyperboloide herangezogen. Man erhält die Grundformen wichtiger räumlicher Getriebe, wenn man bei größerem Abstand beider Hyperboloidachsen Zonen um die Kehlkreise herausgreift, bei kleinerem Achsenabstand dagegen Zonen zwischen Parallelkreisen, die von den Kehlkreisen weiter entfernt sind; beides ist in Abb. 457 angedeutet. Solche Zonen entstehen, wenn eine auf *12* liegende Strecke sich um *01* bzw. *02* dreht. — Jedes solche Getriebe ließe sich auch durch zwei Kegelräderpaare ersetzen, indem man eine neue Drehachse zwischenschaltet, die *01* und *02* schneidet. Aber Kegelräder haben den Nachteil, daß nur eine Radachse materiell durch den Achsenschnittpunkt O geführt werden kann, während die andere (meist die des kleineren Rades) „fliegend" angeordnet werden muß. Dagegen können die Achsen von Hyperboloidrädern beliebig lang materiell ausgeführt werden. Hat man freie Wahl, ob sich die Drehachsen schneiden oder kreuzen sollen, so wird man lieber Hyperboloidräder als Kegelräder verwenden.

Verzahnungen von Hyperboloidrädern ergeben sich wie bei Stirn- oder Kegelrädern. Ist eine Zahnflanke Φ_1 des Rades Σ_1 gewählt, so findet man die Gegenflanke Φ_2 des Rades Σ_2 als Hüllfläche aller Lagen von Φ_1 beim Abwälzen des ersten auf dem zweiten Hyperboloid. In jeder Lage berühren sich Φ_1 und Φ_2 längs einer Kurve (*Linienberührung*)[1].

Daneben gibt es *Näherungskonstruktionen*, die praktisch befriedigende *Punktverzahnungen* liefern. Abb. 458 (Aufrißsehstrahl || *12*) zeigt eine solche Näherungskonstruktion für ein beliebiges, aber nicht zu sehr von 1 abweichendes Übersetzungsverhältnis $i = \omega_1 : \omega_2$ und für einen beliebigen Winkel der Achsen *01* und *02*. Man wählt die Radien r_1, r_2 zweier Drehzylinder mit den Achsen *01*, *02* so, daß die Zylinder sich in einem Punkt P von außen berühren. Drehen sich beide Zylinder mit den Winkelgeschwindigkeiten ω_1, ω_2 um ihre Achsen, so hat P im ersten Rad die Geschwindigkeit $r_1\omega_1$, im zweiten $r_2\omega_2$. Der Differenzvektor beider Geschwindigkeitsvektoren gibt die relative Gleitgeschwindigkeit beider Zylinder in P an. Man bildet die Räder als *Schrägzahnstirnräder* aus, *deren Zahnrichtung d in P in die Richtung der Gleitgeschwindigkeit fällt.* — Läge P auf *12*, so wäre d || *12*. In Abb. 458 liegt P nicht genau auf *12* und d ist nicht genau parallel zu *12*. Liegt P zu weit von *12* entfernt, so wird die Gleitgeschwindigkeit unnötig vergrößert und die Zahnrichtung ungünstig.

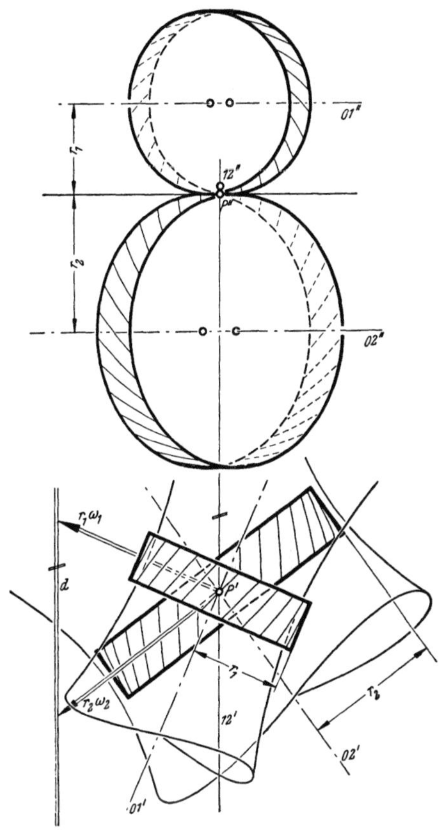

Abb. 458. Schraubenrädergetriebe

Die Konstruktion einer exakten Linienverzahnung vereinfacht sich sehr, wenn 01 und 02 einander rechtwinklig kreuzen. Diesen praktisch wichtigsten Sonderfall betrachten wir am Beispiel des Schneckenradgetriebes (Abb. 459). Die treibende *Schnecke* Σ_1 ist meistens eine Regelschraubfläche Φ_1 mit der Achse *01*. Das Gegenprofil Φ_2 des getriebenen *Rades* Σ_2 ist danach zu konstruieren. In Abb. 459 ist Φ_1 eine Schraubtorse, ihre Normalschnitte erscheinen im Kreuzriß als Evolventen des Kreises g'''. Um Φ_2 zu finden, lege man eine zu *02* normale Hilfsebene ε. Da jede solche Hilfsebene bei der Drehung des Rades in sich übergeht, findet in ihr zwischen den Schnittkurven von ε mit Φ_1 und mit Φ_2 ein eben-

[1] Hyperboloidräder kannte schon F. Reuleaux [Der Konstrukteur, 3. Aufl. (S. 447—453). Braunschweig, 1869. Siehe auch Z. VDI **87** (1943), 440]. Eine übersichtliche Berechnung der Gegenflanke, die zu einer beliebig angenommenen Flanke gehört, gab P. Matthieu [Ing.-Archiv **21** (1953), 55—62 und 287—291]. M. Disteli [Z. Math. Phys. **51** (1904), 51—88, und **59** (1911), 244 ff.] bestimmte die Verzahnungen, deren Flanken windschiefe Regelflächen sind. E. Stübler [Z. angew. Math. Mech. **2** (1922), 429—446) bestimmte die Verzahnungen, deren Flanken Torsen sind.

solcher Eingriff statt wie bei Zahnrad und Zahnstange. Zur viergängigen Schnecke Σ_1 in Abb. 459 mit der Ganghöhe h gehört die Teilung $t = h/4$. In der Zeit T dreht sich Σ_1 um 01 durch den Winkel $T\omega_1$. Dabei gelangt eine Ebene $\bar{\varepsilon}$, die ursprünglich mit ε den Winkel $T\omega_1$ einschloß, in die Lage ε. ε und $\bar{\varepsilon}$ sind zu 01 parallel und haben von 01 denselben Abstand. Daher ist der Schnitt $\bar{c}_1$ von $\bar{\varepsilon}$ mit Φ_1 kongruent mit dem Schnitt c_1 von ε mit Φ_1. Gelangt $\bar{\varepsilon}$ nach ε, so gelangt $\bar{c}_1$ in eine Lage, die aus c_1 durch Verschiebung in der Richtung 01 um $pT\omega_1$ entsteht (p = Parameter der Schraubfläche Φ_1). In derselben Zeit T dreht sich das Rad Σ_2 um 02 durch den Winkel $T\omega_2$. Für den Wälzpunkt im Mittelschnitt müssen die Geschwindigkeiten der Schiebung in Richtung 01 und der Drehung um 02 nach Größe und Richtung übereinstimmen. Der Teilkreisradius r_2 von Σ_2 ist daher so zu wählen, daß $r_2 T\omega_2 = pT\omega_1$ ist, das heißt $r_2 = p\omega_1/\omega_2 = pi$.

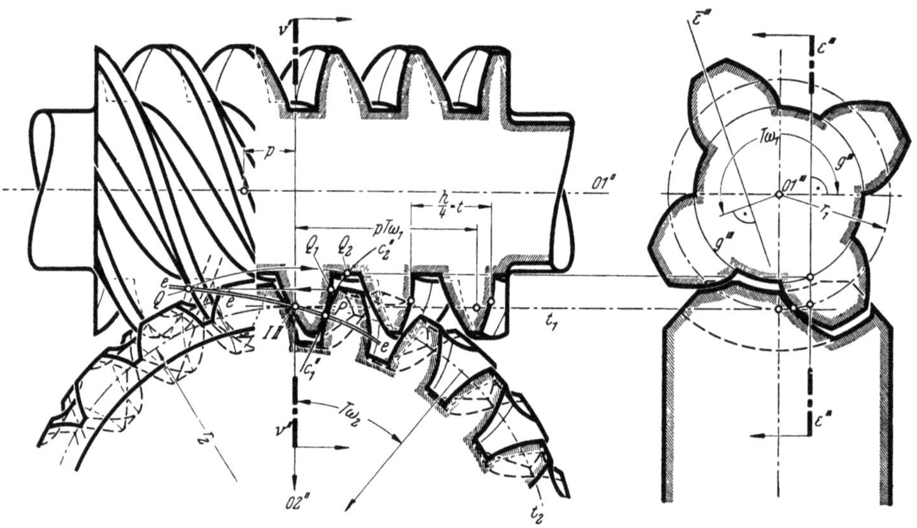

Abb. 459. Evolventenschneckenradgetriebe, $i = 5:1$

In ε ist nach Abb. 436 zur Zahnstange mit dem Profil c_1 (Schnittkurve von Φ_1 mit ε) das Gegenprofil c_2 zu konstruieren; zu c_2 gehört der Teilkreis t_2 mit dem Radius r_2, zu c_1 gehört die zu 01 parallele Teilgerade t_1. t_1 berührt t_2 im Wälzpunkte $I\,II$. Die Normale aus $I\,II$ auf c_1 trifft c_1 im Eingriffspunkt P, wo c_1 und c_2 einander berühren. Weitere Punkte von c_2 (z. B. Q_2, der mit Q_1 von c_1 im Punkt Q von e zum Eingriff gelangt) und die Eingriffslinie e werden nach Abb. 436 konstruiert. Legt man mehrere zu 02 normale Ebenen ε, so erhält man in jeder eine Kurve c_1 und daraus c_2 und gewinnt so Φ_2. Im Aufriß ist in der Mitte und rechts der Schnitt mit ε stark gezeichnet, links hingegen die Ansicht. Dünn gezeichnet ist im Aufriß der Mittelschnitt. — Die Kurven e erfüllen die *Eingriffsfläche*; auf dieser liegen auch die Kurven, deren Punkte gleichzeitig im Eingriff stehen. Beachte, daß Φ_2 keine Schraubfläche ist! Φ_2 kann durch eine Frässchnecke, die der Getriebeschnecke Φ_1 gleichgestaltet ist, deren Außenhalbmesser jedoch um das Kopfspiel vergrößert ist, hergestellt werden.

Diese exakte Konstruktion kann bei Schneckenradgetrieben mit unbearbeiteten Zähnen durch eine einfachere Näherungskonstruktion ersetzt werden, die zu einer Punktverzahnung führt. Auch *Hypoidräder*, die z. B. beim Hinterachsantrieb von Kraftfahrzeugen verwendet werden, besitzen Punktverzahnung;

Φ_1 und Φ_2 werden durch eine Näherungskonstruktion ermittelt. Solche durch die Herstellungsverfahren nahegelegten Näherungskonstruktionen werden in der Literatur eingehend behandelt[1].

Beispiele:

323. Konstruiere ein Schneckenradgetriebe, dessen Schnecke eine scharfgängige Regelschraubfläche ist! (Archimedische Schnecke oder Drehbankschnecke.)

324. Konstruiere ein Schneckenradgetriebe, dessen Schnecke mit einem Kegelfräser hergestellt wird. Die Fräserachse liege windschief zu *01* [2].

Übersichtsfragen

Wie kann eine Bewegung (Schraubung oder Drehung oder Parallelverschiebung) in zwei Umwendungen zerlegt werden? Wie kann man zwei Bewegungen zusammensetzen? Wie bestimmt man nach dem Satz von CHASLES die Bewegung, die einen Körper aus einer gegebenen Lage in eine andere gegebene Lage überführt? Was folgt aus diesen Ergebnissen für die sphärische und für die ebene Bewegung?

Was versteht man unter Zwanglauf im Raum? Wie kommt man zu den Begriffen Momentanachse, Momentanparameter, Momentanschraubung, Polflächen einer räumlichen Bewegung? Was bedeuten Umkehrbewegung und Relativbewegung im Raum? Welche gegenseitige Lage haben bei zwei bewegten Systemen die drei Momentanachsen? Welche besonderen Eigenschaften hat die sphärische Bewegung?

Wie wird bei einer räumlichen Verzahnung zu einer angenommenen Zahnflanke die Gegenflanke bei Linienberührung konstruiert? Was sind Kegelräder und Hyperboloidräder und wie konstruiert man sie?

Welche Ergebnisse der Kapitel XVI und XVII gewinnt man als Sonderfall der Ergebnisse von Kapitel XVIII?

---

[1] Zum Beispiel A. SCHIEBEL, Zahnräder, Berlin: Springer-Verlag, 2. Aufl. (1. Teil **1922**, 2. Teil **1923**), 3. Aufl. (2. und 3. Teil **1934**). — DIN **868**, Kegelschraubgetriebe. — W. LINDNER, Berechnung, Eigenschaften und Herstellung von Kegelschraubgetrieben mit Palloidverzahnung, Berlin: VDI-Verlag, **1943**. — W. KRUMME, KLINGELNBERG-Palloid-Spiralkegelräder, Berlin: Springer-Verlag, **1941**, und Praktische Verzahnungstechnik, München: C. Hanser, **1943**. — W. BAUERSFELD, Ein Beitrag zur Theorie der Schneckengetriebe und zur Normung der Schnecken, VDI-Forschungsheft **427**, **1949/50**. — NIEMANN-HEYER, Untersuchungen an Schneckengetrieben, Z. VDI **1953**, Heft **6**, und VDI-Forschungsheft **412**.

[2] F. ALTMANN, Masch. Bau, Betrieb **8** (**1940**), **353**—**357**.

Namen- und Sachverzeichnis

A. Geometrie

B. Anwendungen

Satz: Dipl.-Ing. Schwarz' Erben KG, A-3910 Zwettl, NÖ

MIX
Papier aus verantwortungsvollen Quellen
Paper from responsible sources
FSC® C105338

If you have any concerns about our products,
you can contact us on
ProductSafety@springernature.com

In case Publisher is established outside the EU,
the EU authorized representative is:
Springer Nature Customer Service Center GmbH
Europaplatz 3, 69115 Heidelberg, Germany

Printed by Libri Plureos GmbH
in Hamburg, Germany